Dyrba, B./Dyrba P.

Dyrba · Praxishandbuch Zoneneinteilung

Praxishandbuch Zoneneinteilung

Einteilung explosionsgefährdeter Bereiche in Zonen

Bearbeitet von Dr.-Ing. Berthold Dyrba und Patrick Dyrba

Illustrationen von Dieter Settele

4. vollständig überarbeitete und aktualisierte Auflage

Carl Heymanns Verlag 2023

Bibliografische Information der Deutschen Nationalbibliothek

Die Deutsche Nationalbibliothek verzeichnet diese Publikation in der Deutschen Nationalbibliografie; detaillierte bibliografische Daten sind im Internet über http://dnb.d-nb.de abrufbar.

ISBN 978-3-452-30294-6

www.wolterskluwer.de

Umschlagkonzeption: Martina Busch, Grafikdesign, Homburg-Kirrberg
Satz: mediaTEXT Jena GmbH, Jena
Druck und Weiterverarbeitung: Rodona Industria Gráfica, Spanien

Gedruckt auf säurefreiem, alterungsbeständigem und chlorfreiem Papier.

Vorwort

Mit dieser vierten Ausgabe erhalten Sie die vollständig überarbeitete und aktualisierte Auflage des Praxishandbuches Zoneneinteilung. Aufgenommen wurde ein neuer Punkt mit Aussagen zum Explosionsschutzkonzept. Vollständig überarbeitet wurde die EX-RL-Beispielsammlung. Angepasst wurden die neuen Inhalte aus der 30. Überarbeitung der DGUV Regel 113-001 EX-RL (Ausgabe Dezember 2022), insbesondere die Aktualisierungen zur EX-RL-Beispielsammlung. Aus der Neufassung der TRGS 722 resultierten vielfältige Änderungen. Insofern wurden die Inhalte der Spalte 4 systematisch entsprechend der neuen Gliederung der TRGS 722 angepasst. Dementsprechend wurden im grafischen Teil die bildlichen Darstellungen angepasst und die dazugehörigen Bildunterschriften aktualisiert. Weiterhin wurde ein neues Kapitel zu Grenzen der Zoneneinteilung eingefügt.

Kann die Bildung explosionsfähiger Atmosphäre in gefahrdrohender Menge im Inneren von Arbeitsmitteln oder in deren Umgebung nicht sicher ausgeschlossen werden, ist in der Regel die Einteilung explosionsgefährdeter Bereiche in Zonen notwendig.

Für viele Betreiber, die mit der Bildung gefährlicher explosionsfähiger Atmosphäre rechnen müssen, stellt sich die Einteilung der explosionsgefährdeten Bereiche in Zonen als äußerst schwierig dar. Oftmals fehlen die notwendigen Erfahrungen, zuverlässige Praxishilfen oder die erforderlichen Daten für mögliche Berechnungen. Andererseits verbinden sich mit der Zoneneinteilung oftmals spürbare finanzielle Aufwendungen. So kostet beispielsweise ein Elektrodeichselgabelhubwagen bis 2,5 t in der Standardausführung 6.000 Euro bis 10.500 Euro, in der Kategorie 3 zum Einsatz in der Zone 2 19.000 Euro bis 27.000 Euro und in der Kategorie 2 zum Einsatz in der Zone 1 26.000 Euro bis 36.000 Euro. Insofern ist eine großzügige Einteilung ganzer Bereiche in die Zone 1 bzw. Zone 2, wie früher oftmals üblich, aus wirtschaftlichen Gründen nicht mehr vertretbar.

Würde man aber auf die mögliche Explosionsgefahr nicht mit angemessenen Maßnahmen reagieren, stiegen die Schäden infolge einer Explosion sehr schnell in Millionenhöhe – ganz zu schweigen von der Gefahr auch tödlicher Verletzungen der in den Bereichen arbeitenden Beschäftigten.

Das vorliegende Praxishandbuch soll:

- Unsicherheiten bei der Beurteilung der Dauer und Häufigkeit des Vorhandenseins gefährlicher explosionsfähiger Atmosphäre abbauen,
- eine verlässliche Basis zur Zoneneinteilung schaffen,
- aktuelle Problemstellungen aufgreifen und Lösungsvorschläge aufzeigen,
- etliche der bisher nur in tabellarischer Form vorhandenen Beispiele grafisch darstellen,
- auf vielfältige Quellen zu diesem Thema verweisen und
- den Kenntnisstand auf diesem Gebiet zusammenfassend darstellen.

Unter der 25-jährigen Leitung des Autors bis 2016 beschäftigte sich das Sachgebiet „Explosionsschutz" im Fachbereich „Rohstoffe und chemische Industrie" intensiv mit Fragen der Einteilung explosionsgefährdeter Bereiche in Zonen. Dazu wurden experimentelle Untersuchungen durchgeführt, reale betriebliche Verhältnisse analytisch bewertet, Abschätzungsrechnungen und Simulationen ausgewertet und eine Vielzahl von Expertenberatungen auch in internationalen Gremien durchgeführt. Neueste Arbeitsergebnisse aus dem Sachgebiet (Stand Frühjahr 2023) wurden in dieser vierten Auflage des Handbuches ebenfalls eingearbeitet. Insofern spiegeln die hier vorliegenden Ausführungen den aktuellen Kenntnisstand nationaler und internationaler Experten wider.

Heidelberg, im April 2023 Dr. Berthold Dyrba und Patrick Dyrba

Hinweise zum Gebrauch des Praxishandbuches

Das Praxishandbuch besteht aus drei Teilen:

- dem Textteil (Teil A),
- dem grafischen Teil (Teil B) und
- dem tabellarischen Teil (Teil C).

Im Textteil werden alle wichtigen Grundlagen zur Einteilung explosionsgefährdeter Bereiche in Zonen vermittelt. Durch Verweise auf weiterführende Literaturstellen besteht die Möglichkeit, im Einzelfall tiefer in die Materie einzusteigen. Die Kernaussagen eines jeden Abschnittes werden zusammenfassend in einem grün unterlegten Kästchen und mit dem Warnzeichen 

versehen. So besteht die Möglichkeit, sich zunächst einen schnellen Überblick zu verschaffen und anschließend den Textteil schwerpunktmäßig zu lesen.

Im grafischen Teil werden 114 Beispiele aus dem tabellarischen Teil der Explosionsschutz-Regeln mit Beispielsammlung grafisch perspektivisch dargestellt. In der Bildunterschrift sind die wesentlichen Merkmale, Bemerkungen bzw. Voraussetzungen, die zur Zonenfestlegung geführt haben, konform mit der EX-RL-Beispielsammlung Spalte 3 aufgeführt. Durch die Angabe der exakten Beispielnummern kann man nähere Informationen aus der Beispielsammlung zu diesem Fall entnehmen. Diese müssen bei der Übertragung auf konkrete Fälle in der betrieblichen Praxis berücksichtigt werden (s. Teil B Abschnitt 2.1 „Vorbemerkungen" und Teil C Abschnitt 1 „Vorbemerkungen der EX-RL-Beispielsammlung"). Die Beispielsammlung hat den Stand Dezember 2022, so dass hier die aktuellsten Ergebnisse des Sachgebietes „Explosionsschutz" eingeflossen sind. In der zweiten Tabellenspalte „Beispiel" wird auf die Bild-Nummer im grafischen Teil hingewiesen. Auf den letzten Seiten des Teils C befinden sich ein Abkürzungsverzeichnis und eine Tabelle. Aus dieser Tabelle ist zu entnehmen, was die Zahlenangaben in der Spalte 4 der EX-RL-Beispielsammlung bedeuten und in welchem Abschnitt des Teiles A die Ausführungen zu finden sind. Die Ausführungen des Kapitels 4 Teil A stimmen mit der TRGS 722[10] vollständig überein.

Inhaltsverzeichnis

Teil A Textteil

1 Explosionsschutzkonzept

Explosionen im Betrieb zählen zu den fünf häufigsten Ursachen für tödliche Arbeitsunfälle. Dies unterstreicht die Bedeutung einer gut strukturierten Gefährdungsbeurteilung, durch die Gefahren erkannt und bewertet werden. Besteht das Risiko einer Explosion, muss ein Explosionsschutzkonzept erstellt werden. Darin sind Maßnahmen zur Vermeidung einer Explosion oder zumindest zur Reduzierung der Auswirkungen auf ein vertretbares Maß beschrieben[18].

Im Rahmen seiner Verpflichtung nach § 5 ArbSchG[19] i. V. m. § 6 Abs. 8 GefStoffV[7] hat der Arbeitgeber die Gefährdung seiner Beschäftigten durch Explosionen zu ermitteln, zu beurteilen und die notwendigen Schutzmaßnahmen abzuleiten. Die allgemeine Vorgehensweise ist im Ablaufdiagramm in Abbildung 1 nach TRGS 720[8] gezeigt.

Schematische Darstellung zum Erkennen von Explosionsgefährdungen und zur Festlegung von Schutzmaßnahmen bei explosionsfähigen Atmosphären und Ermittlung von Prüfverpflichtungen.

(Explosionsfähige Gemische unter nichtatmosphärischen Bedingungen werden in diesem Schema nur noch als „explosionsfähige Gemische“ bezeichnet.)

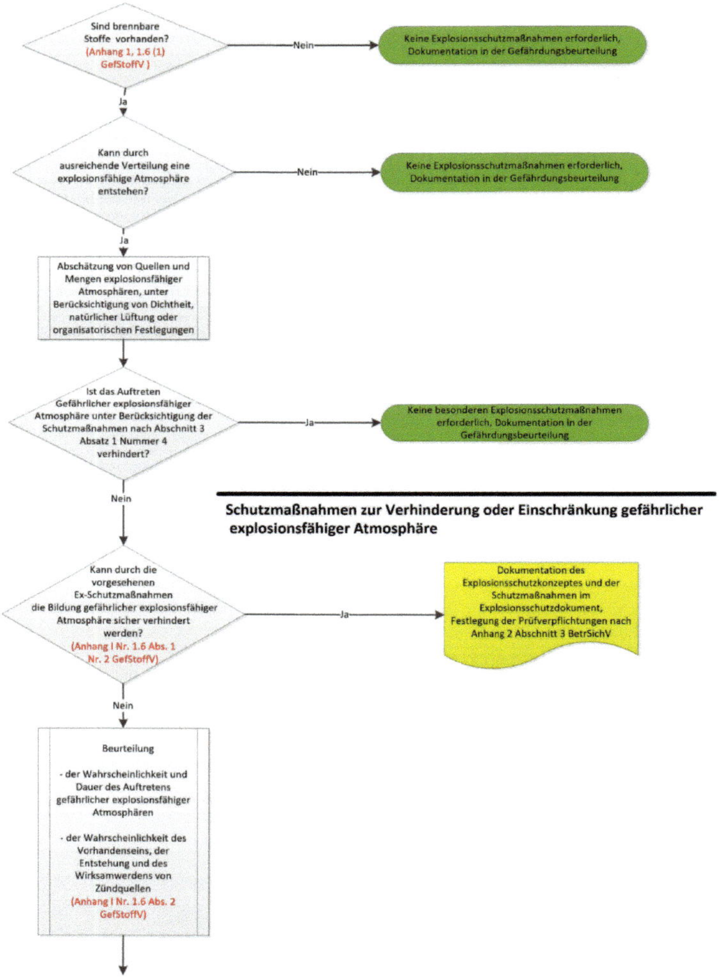

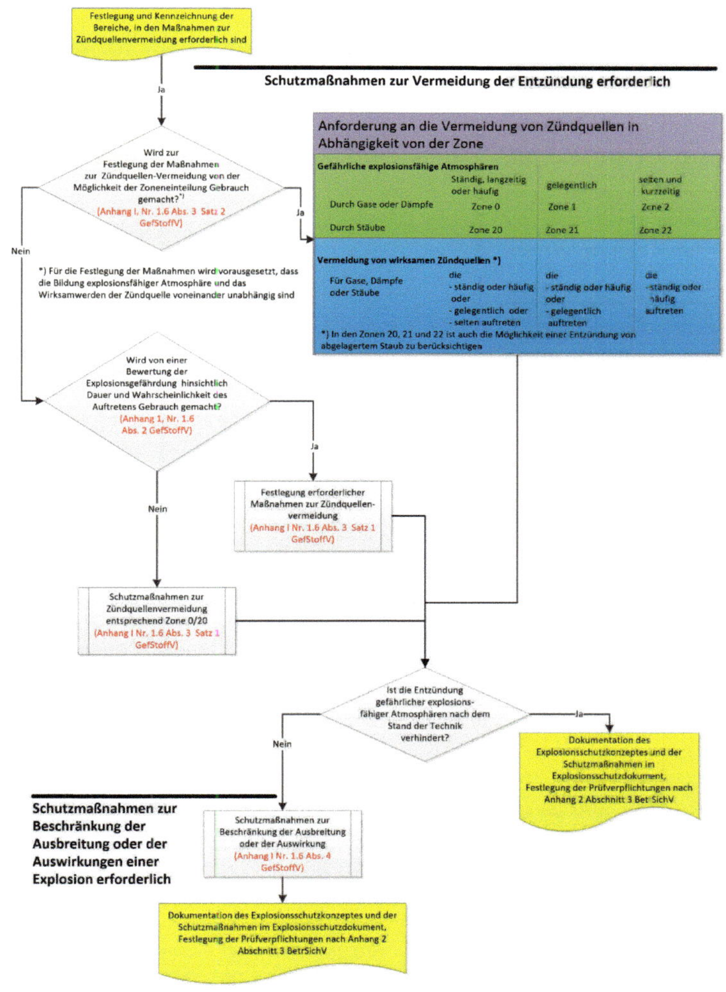

Abbildung 1: Bewertung der Explosionsgefährdung und Festlegung von Schutzmaßnahmen unter atmosphärischen Bedingungen

Dabei sind die folgenden Gesichtspunkte nach TRGS 720[8] in der genannten Reihenfolge zu beachten:

1. Es ist zu prüfen, ob brennbare feste, flüssige, gasförmige oder staubförmige Stoffe betriebsmäßig vorhanden sind oder unter den in Betracht zu ziehenden Betriebszuständen gebildet werden können. S. hierzu TRGS 721[9]. Ist dies nicht der Fall, wird dies in der Gefährdungsbeurteilung dokumentiert und es sind keine Explosionsschutzmaßnahmen erforderlich.
2. Wenn gemäß Nr. 1 brennbare Stoffe betriebsmäßig vorhanden sind oder gebildet werden können, muss festgestellt werden, ob nach Art des Auftretens dieser brennbaren Stoffe mit der Bildung explosionsfähiger Atmosphäre zu rechnen ist. S. hierzu TRGS 721[9].
3. Es ist zu prüfen, ob Stoffe eingesetzt werden können, die keine explosionsfähige Atmosphäre bilden können. Werden ausschließlich Stoffe eingesetzt, die keine explosionsfähige Atmosphäre bilden können, wird dies in der Gefährdungsbeurteilung dokumentiert, und es sind keine Explosionsschutzmaßnahmen erforderlich.
4. Es ist zu beurteilen, ob unter Berücksichtigung
   a) passiver technischer Maßnahmen, wie z. B. Dichtheit von Behältern oder Anlagen,
   b) organisatorischer Maßnahmen, wie z. B. Beseitigung von Staubablagerungen, oder
   c) natürlicher Lüftung sicher verhindert ist, dass gefährliche explosionsfähige Atmosphäre auftreten kann. Ist das Auftreten einer gefährlichen explosionsfähigen Atmosphäre dadurch sicher verhindert, wird dies in der Gefährdungsbeurteilung dokumentiert und es sind keine weiteren Explosionsschutzmaßnahmen erforderlich. Eine besondere Prüfverpflichtung nach Anhang 2 Abschnitt 3 BetrSichV[3] besteht nicht.
5. Es ist zu beurteilen, ob durch aktive technische Schutzmaßnahmen, wie z. B. eine technische Lüftung oder sicherheitsrelevante MSR-Einrichtungen i. S. d. TRGS 725[75], das Auftreten einer gefährlichen explosionsfähigen Atmosphäre sicher verhindert ist (zu den Schutzmaßnahmen s. TRGS 722[10] bzw. 725[75]).
6. Wenn durch die getroffenen besonderen Schutzmaßnahmen das Auftreten explosionsfähiger Atmosphäre in einer gefahrdrohenden Menge sicher verhindert ist, sind keine weiteren Schutzmaßnahmen erforderlich.
7. Ist das Auftreten einer gefährlichen explosionsfähigen Atmosphäre nicht sicher verhindert, sind die Wahrscheinlichkeit und Dauer des Auftretens gefährlicher explosionsfähiger Atmosphären und die Wahrscheinlichkeit des Vorhandenseins, der Entstehung und des Wirksamwerdens von Zündquellen zu bewerten.
8. Die Bereiche, in denen Maßnahmen zur Zündquellenvermeidung erforderlich sind, sind festzulegen und nach Anhang 1 Nr. 1.6 Abs. 5 GefStoffV[7] zu kennzeichnen.
9. Für die Festlegung von Maßnahmen zur Zündquellenvermeidung wird vorausgesetzt, dass das Auftreten gefährlicher explosionsfähiger Atmosphäre und das

Wirksamwerden der Zündquelle voneinander unabhängig sind. Die Fälle, in denen keine Unabhängigkeit zwischen dem Auftreten der gefährlichen explosionsfähigen Atmosphäre und der Zündquelle gegeben ist, erfordern i. d. R. Maßnahmen des konstruktiven Explosionsschutzes oder eine Konzeptänderung, die in einer gesonderten Betrachtung festzulegen ist.

10. Zur Festlegung der Maßnahmen zur Zündquellenvermeidung besteht die Möglichkeit, explosionsgefährdete Bereiche in Zonen einzuteilen.

> Die Zoneneinteilung ist die Grundlage für die Zündquellenvermeidung.

11. Werden explosionsgefährdete Bereiche nicht in Zonen eingeteilt, ist bei der Festlegung der Schutzmaßnahmen von einer ständig vorhandenen gefährlichen explosionsfähigen Atmosphäre auszugehen und sind Schutzmaßnahmen i. S. d. Zone 0 bzw. 20 zu treffen, sofern in der Gefährdungsbeurteilung für den Einzelfall nichts Anderes festgelegt ist, z. B. bei Tätigkeiten gemäß TRGS 507.[76]

> Werden keine Zonen eingeteilt, müssen Schutzmaßnahmen entsprechend der Zonen 0 bzw. 20 ergriffen werden.

12. Für die Bereiche nach Nr. 8 werden Maßnahmen zur Zündquellenvermeidung entsprechend Anhang 1 Nr. 1.8 GefStoffV[7] festgelegt.
13. Ist nach Festlegung der Maßnahmen die Entzündung einer gefährlichen explosionsfähigen Atmosphäre nicht sicher verhindert, sind Schutzmaßnahmen zur Beschränkung der Ausbreitung oder der Auswirkung der Explosion zu treffen.

> Ist das Auftreten einer gefährlichen explosionsfähigen Atmosphäre nicht sicher verhindert, sind die Wahrscheinlichkeit und Dauer des Auftretens gefährlicher explosionsfähiger Atmosphären und die Wahrscheinlichkeit des Vorhandenseins, der Entstehung und des Wirksamwerdens von Zündquellen zu bewerten.

Maßnahmen zur Vermeidung gefährlicher explosionsfähiger Atmosphären sind sicherheitstechnisch Vorrang zu geben. Es ist deshalb zunächst zu überlegen, ob und wie weit diese Maßnahmen sinnvoll angewendet werden können. Führt diese Überlegung nicht zu einer befriedigenden Lösung, so sind Schutzmaßnahmen gemäß Absatz 1 zur Vermeidung der Entzündung oder zur Beschränkung der Auswirkungen anzuwenden (TRGS 720[8]).

> Die erforderlichen Explosionsschutzmaßnahmen nach Absatz 1 Nr. 5 bis 13 müssen im Rahmen eines in sich widerspruchsfreien Explosionsschutzkonzeptes ausgewählt und bewertet werden.

Die Beurteilung der Gefährdungen durch explosionsfähige Gemische ist nach § 6 GefStoffV[7] gefordert. Die Gefährdungsbeurteilung bildet die Basis für die Entwicklung des Explosionsschutzkonzeptes. Ein Explosionsschutzkonzept ist erforderlich, sofern das Auftreten explosionsfähiger Gemische nicht bereits unter Berücksichtigung der Dichtheit der Anlage, der natürlichen Lüftung oder organisatorischer Maßnahmen sicher verhindert ist. Dies gilt sowohl für explosionsfähige Atmosphären (TRGS 720[8] Abschnitt 3 Abs. 2 Nr. 1 bis 3) als auch für explosionsfähige Gemische unter nicht atmosphärischen Bedingungen (TRGS 720[8] Abschnitt 4 Absatz 2 Nummer 1 bis 3).

> Die Beurteilung der Gefährdungen durch explosionsfähige Gemische ist nach § 6 GefStoffV gefordert.

Die Bewertung der Auftretenswahrscheinlichkeit explosionsfähiger Gemische und wirksamer Zündquellen erfolgt zunächst auf Basis des vorliegenden Betriebskonzeptes. Basierend auf dieser Ausgangssituation werden dann erforderlichenfalls weitere Explosionsschutzmaßnahmen festgelegt (Explosionsschutzkonzept).

Das aus dieser Bewertung entsprechend TRGS 720[8] und TRGS 721[9] abgeleitete Explosionsschutzkonzept kann sich aus Explosionsschutzmaßnahmen in der Rangfolge zum Verhindern oder Einschränken explosionsfähiger Gemische zur Vermeidung von Zündquellen oder zur Beschränkung der Auswirkung von Explosionen zusammensetzen.

Beim Anfahren und Abfahren kann der Explosionsbereich durchfahren werden. Dieses ist im Explosionsschutzkonzept zu berücksichtigen.

2 Gefährdungsbeurteilung und Explosionsschutzdokument

Die Anforderungen zum betrieblichen Explosionsschutz werden sowohl durch die Gefahrstoffverordnung[7] (GefStoffV[7]) als auch durch die Betriebssicherheitsverordnung[3] (BetrSichV[3]) geregelt. Dabei wird der grundlegende Explosionsschutz in der GefStoffV[7] verankert. Die Prüfungen sind jedoch in der BetrSichV[3] verblieben. Auf der Grundlage einer Gefährdungsbeurteilung hat der Arbeitgeber Maßnahmen zu ergreifen, die die Sicherheit der Beschäftigten gewährleisten. Die Ergebnisse der Gefährdungsbeurteilung sowie die daraus abzuleitenden Sicherheitsmaßnahmen sind durch den Arbeitgeber in einem Explosionsschutzdokument darzustellen. Dies gilt unabhängig von der Zahl der Beschäftigten. Die Gefährdungsbeurteilung als Basis für das Explosionsschutzdokument wird in verschiedenen Vorschriften gefordert (Abbildung 2).

Forderung zur Gefährdungsbeurteilung

Arbeitsschutzgesetz	§ 5	Beurteilung von Gefährdungen und Belastungen
	§ 3	Wirksamkeitsprüfung der Arbeitsschutzmaßnahmen
GefStoffV	§ 6 Abs. 9	Ausweisung der Gefährdungen im Explosionsschutzdokument
	§ 11	Schutz vor Explosionsgefahren
	Anhang I Nr. 1	Zoneneinteilung
BetrSichV	§ 9	Schutzmaßnamen in explosionsgefährdeten Bereichen
	Anhang 2 Abschnitt 3	Bei Prüfung Zonen im Explosionsschutzdokument berücksichtigen (Punkt 4.1)
DGUV Vorschrift 1	§ 3	Gefährdungsermittlung und Dokumentationspflicht
TRGS 721		Beurteilung der Explosionsgefährdung
DGUV Information 213-106		Explosionsschutzdokument

Abbildung 2: Vorschriften, die eine Gefährdungsbeurteilung fordern

Die Gefährdungsbeurteilung stellt die Basis für das Explosionsschutzdokument dar.

Die Gefährdungsbeurteilung ist die systematische und umfassende Untersuchung zur Ermittlung von Gefährdungen und Belastungen und die Ableitung entsprechender Schutzmaßnahmen. Bei der Gefährdungsbeurteilung werden vor allem nach § 5 Abs. 3 Arbeitsschutzgesetz[19] erfasst:

1. die Gestaltung und die Einrichtung der Arbeitsstätte und des Arbeitsplatzes,
2. physikalische, chemische und biologische Einwirkungen,
3. die Gestaltung, die Auswahl und der Einsatz von Arbeitsmitteln, insbesondere von Arbeitsstoffen, Maschinen, Geräten und Anlagen sowie der Umgang damit,
4. die Gestaltung von Arbeits- und Fertigungsverfahren, Arbeitsabläufen und Arbeitszeit und deren Zusammenwirken,
5. unzureichende Qualifikation[63] und Unterweisung[72] der Beschäftigten.

Dabei sind die Gefährdungen zu berücksichtigen, die mit der Benutzung von Arbeitsmitteln verbunden sind und die am Arbeitsplatz durch Wechselwirkung der Arbeitsmittel untereinander oder mit Arbeitsstoffen oder der Arbeitsumgebung hervorgerufen werden.

Im Rahmen einer Gefährdungsbeurteilung als Bestandteil der Beurteilung der Arbeitsbedingungen nach § 5 des ArbSchG[19] hat der Arbeitgeber festzustellen, ob die Beschäftigten Tätigkeiten mit Gefahrstoffen ausüben oder ob bei Tätigkeiten Gefahrstoffe entstehen oder freigesetzt werden können. Ist dies der Fall, so hat er alle hiervon ausgehenden Gefährdungen der Gesundheit und Sicherheit der Beschäftigten beispielsweise unter folgenden Gesichtspunkten zu beurteilen:

- Gefährliche Eigenschaften der Stoffe oder Gemische, einschließlich ihrer physikalisch-chemischen Wirkungen,
- Informationen des Lieferanten zum Gesundheitsschutz und zur Sicherheit insbesondere im Sicherheitsdatenblatt,
- Möglichkeiten einer Substitution,
- Arbeitsbedingungen und Verfahren, einschließlich der Arbeitsmittel und der Gefahrstoffmenge,
- Wirksamkeit der ergriffenen oder zu ergreifenden Schutzmaßnahmen.

Der Arbeitgeber hat sich die für die Gefährdungsbeurteilung notwendigen Informationen beim Lieferanten oder aus anderen, ihm mit zumutbarem Aufwand zugänglichen Quellen zu beschaffen. Insbesondere hat der Arbeitgeber die Informationen zu beachten, die ihm nach Titel IV der Verordnung (EG) Nr. 1907/2006 zur Verfügung gestellt werden; dazu gehören Sicherheitsdatenblätter und die Informationen zu Stoffen oder Gemischen, für die kein Sicherheitsdatenblatt zu erstellen ist.

Der Arbeitgeber hat festzustellen, ob die verwendeten Stoffe, Gemische und Erzeugnisse bei Tätigkeiten, auch unter Berücksichtigung verwendeter Arbeitsmittel, Verfahren und der Arbeitsumgebung sowie ihrer möglichen Wechselwirkungen, zu Brand- oder Explosionsgefährdungen führen können. Dabei hat er zu beurteilen,

1. ob gefährliche Mengen oder Konzentrationen von Gefahrstoffen, die zu Brand- und Explosionsgefährdungen führen können, auftreten; dabei sind sowohl Stoffe und Gemische mit physikalischen Gefährdungen nach der Verordnung (EG) Nr. 1272/2008 wie auch andere Gefahrstoffe, die zu Brand- und Explosionsgefährdungen führen können, sowie Stoffe, die in gefährlicher Weise miteinander reagieren können, zu berücksichtigen,
2. ob Zündquellen oder Bedingungen, die Brände oder Explosionen auslösen können, vorhanden sind und
3. ob schädliche Auswirkungen von Bränden oder Explosionen auf die Gesundheit und Sicherheit der Beschäftigten möglich sind.

Insbesondere hat er zu ermitteln, ob die Stoffe, Gemische und Erzeugnisse aufgrund ihrer Eigenschaften und der Art und Weise, wie sie am Arbeitsplatz vorhanden sind oder verwendet werden, explosionsfähige Gemische bilden können. Im Fall von nicht atmosphärischen Bedingungen sind auch die möglichen Veränderungen der für den

Explosionsschutz relevanten sicherheitstechnischen Kenngrößen zu ermitteln und zu berücksichtigen.

> Bei nichtatmosphärischen Bedingungen sind die sicherheitstechnischen Kennzahlen zu ermitteln.

Bei der Gefährdungsbeurteilung sind ferner Tätigkeiten zu berücksichtigen, bei denen auch nach Ausschöpfung sämtlicher technischer Schutzmaßnahmen die Möglichkeit einer Gefährdung besteht. Dies gilt insbesondere für Instandhaltungsarbeiten, einschließlich Wartungsarbeiten. Darüber hinaus sind auch andere Tätigkeiten wie Bedien- und Überwachungsarbeiten zu berücksichtigen, wenn diese zu einer Gefährdung von Beschäftigten durch Gefahrstoffe führen können.

Der Arbeitgeber kann bei der Festlegung der Schutzmaßnahmen eine Gefährdungsbeurteilung übernehmen, die ihm der Lieferant mitgeliefert hat, sofern die Angaben und Festlegungen in dieser Gefährdungsbeurteilung den Arbeitsbedingungen und Verfahren, einschließlich der Arbeitsmittel und der Gefahrstoffmenge, im eigenen Betrieb entsprechen.

Der Arbeitgeber hat die Gefährdungsbeurteilung unabhängig von der Zahl der Beschäftigten erstmals vor Aufnahme der Tätigkeit zu dokumentieren.

Im Rahmen der Dokumentation der Gefährdungsbeurteilung können auch vorhandene Gefährdungsbeurteilungen, Dokumente oder andere gleichwertige Berichte verwendet werden, die aufgrund von Verpflichtungen nach anderen Rechtsvorschriften erstellt worden sind.

Bei der Dokumentation hat der Arbeitgeber die Gefährdungen durch gefährliche explosionsfähige Gemische besonders auszuweisen (Explosionsschutzdokument[35]). Daraus muss nach § 6 Abs. 9 GefStoffV[7] insbesondere hervorgehen,

1. dass die Explosionsgefährdungen ermittelt und einer Bewertung unterzogen worden sind,
2. dass angemessene Vorkehrungen getroffen werden, um die Ziele des Explosionsschutzes zu erreichen (Darlegung eines Explosionsschutzkonzeptes),
3. ob und welche Bereiche entsprechend Anhang I Nr. 1.7 GefStoffV[7] in Zonen eingeteilt wurden,
4. für welche Bereiche Explosionsschutzmaßnahmen nach § 11 und Anhang I Nr. 1 GefStoffV[7] getroffen wurden,
5. wie die Vorgaben nach § 15 GefStoffV[7] umgesetzt werden und
6. welche Überprüfungen nach § 7 Abs. 7 GefStoffV und welche Prüfungen[70] zum Explosionsschutz nach Anhang 2 Abschnitt 3 BetrSichV[3] durchzuführen sind.

Explosionsgefährdungen sind in einem Explosionsschutzdokument besonders auszuweisen.

Aus dem Explosionsschutzdokument muss hervorgehen, ob und welche Bereiche entsprechend Anhang I Nr. 1.7 GefStoffV in Zonen eingeteilt wurden,

Bei Tätigkeiten mit geringer Gefährdung nach § 6 Abs. 13 GefStoffV[7] kann auf eine detaillierte Dokumentation verzichtet werden. Falls in anderen Fällen auf eine detaillierte Dokumentation verzichtet wird, ist dies nachvollziehbar zu begründen. Die Gefährdungsbeurteilung ist regelmäßig zu überprüfen und bei Bedarf zu aktualisieren. Sie ist umgehend zu aktualisieren, wenn maßgebliche Veränderungen oder neue Informationen dies erfordern.

Das Explosionsschutzdokument muss immer aktuell sein.

Die Gefährdungsbeurteilung darf nur von fachkundigen Personen durchgeführt werden. Verfügt der Arbeitgeber nicht selbst über die entsprechenden Kenntnisse, so hat er sich fachkundig beraten zu lassen.

Die Gefährdungsbeurteilung darf nur von fachkundigen Personen durchgeführt werden.

Welche Schwerpunkte sind durch die Gefährdungsbeurteilung bei Explosionsgefahr zu bearbeiten?

1. Ermittlung der Explosionsfähigkeit
2. Zoneneinteilung
3. Ermittlung wirksamer Zündquellen
4. Abschätzung der Auswirkungen einer Explosion
5. Festlegung konstruktiver Explosionsschutzmaßnahmen

Gefährdungsbeurteilung
ist ein iterativer Prozess!

Abbildung 3: Schwerpunkte der Gefährdungsbeurteilung

Die Schwerpunkte der Gefährdungsbeurteilung bei Explosionsgefahr sind in Abbildung 3 ersichtlich. Sind Maßnahmen nach 3. bis 4. z. B. nicht durchführbar, kann z. B. mittels Inertisierung ggf. eine Zonenreduzierung erreicht oder sogar auf eine Zoneneinteilung verzichtet werden, so dass weitere Maßnahmen nach 3. bis 5. realisierbar werden oder auf diese Maßnahmen verzichtet werden kann.

Die fünf Stufen der Gefährdungsbeurteilung bei Explosionsgefahr können iterativ angewandt werden.

Der Unternehmer kann und sollte folgende Personen in die Gefährdungsbeurteilung einbeziehen:

- Betriebliche Führungskräfte,
- Fachkräfte für Arbeitssicherheit,
- Sicherheitsbeauftragte,
- Angehörige des Betriebsrates.

Zusätzlich können externe Explosionsschutzexperten wie beispielsweise Fachmanager Explosionsschutz[5] zur Beratung herangezogen werden.

Es gibt beispielsweise folgende Hilfsmittel zur Gefährdungsbeurteilung:

- A 016, bisher BG-Information BGI 570[58]
- A 017, bisher BG-Information BGI 571[59]
- Nicht verbindlicher Leitfaden zur Richtlinie 1999/92/EG[4, 60]
    - o Checkliste A.3.1
    - o Checkliste A.3.2
- TRGS 721[9]
- PAAG-(HAZOP-)Verfahren
- Ausfalleffektanalyse nach DIN EN 60812[66]
- Fehlzustandsbaumanalyse nach DIN EN 61025[64]
- Verfahren zur Analyse der Zuverlässigkeit – Ereignisbaumanalyse nach DIN IEC 62502[65]; VDE 0050-3[65]

Unabhängig von der Wahl der Methode spielt die Einteilung explosionsgefährdeter Bereiche in Zonen eine zentrale Bedeutung.

Die Zoneneinteilung ist ein wesentlicher Schwerpunkt der Gefährdungsbeurteilung.

In § 11 GefStoffV[7] werden besondere Schutzmaßnahmen gegen physikalisch-chemische Einwirkungen, insbesondere gegen Brand- und Explosionsgefährdungen formuliert:

1. Der Arbeitgeber hat auf der Grundlage der Gefährdungsbeurteilung Maßnahmen zum Schutz der Beschäftigten und anderer Personen vor physikalisch-chemischen Einwirkungen zu ergreifen. Er hat die Maßnahmen so festzulegen, dass die Gefährdungen vermieden oder so weit wie möglich verringert werden. Dies gilt insbesondere bei Tätigkeiten einschließlich Lagerung, bei denen es zu Brand- und Explosionsgefährdungen kommen kann. Dabei hat der Arbeitgeber Anhang I Nr. 1 und 5 GefStoffV[7] zu beachten. Die Vorschriften des Sprengstoffgesetzes und der darauf gestützten Rechtsvorschriften bleiben unberührt.
2. Zur Vermeidung von Brand- und Explosionsgefährdungen hat der Arbeitgeber Maßnahmen nachfolgender Rangfolge zu ergreifen:
    a) Gefährliche Mengen oder Konzentrationen von Gefahrstoffen, die zu Brand- und Explosionsgefährdungen führen können, sind zu vermeiden,
    b) Zündquellen oder Bedingungen, die Brände oder Explosionen auslösen können, sind zu vermeiden,
    c) schädliche Auswirkungen von Bränden und Explosionen auf die Gesundheit und Sicherheit der Beschäftigten und anderer Personen sind so weit wie möglich zu verringern.
3. Arbeitsbereiche, Arbeitsplätze, Arbeitsmittel und deren Verbindungen untereinander müssen so konstruiert, errichtet, zusammengebaut, installiert, verwendet und instandgehalten werden, dass keine Brand- und Explosionsgefährdungen auftreten.

Für die Gesamtproblematik gibt es eine Vielzahl spezieller Hilfestellungen[5, 18, 29, 30, 32, 35, 36, 38, 40, 42, 43, 51, 61]:

- Moderne Weiterbildungsmethoden[5]
- Rechtlicher Wegweiser im Explosionsschutz[18]
- Praxishilfen zur Erstellung eines Explosionsschutzdokumentes für Betriebe der Getreideverarbeitung, Getreidelager und des Handels[29]
- Praxisleitfaden zur Erstellung eines Explosionsschutzdokumentes für Brauereien[30]
- Brand- und Explosionsgefahren – Schutzmaßnahmen für sichere Tätigkeiten mit brennbaren Stoffen[32]
- Lackierräume und -einrichtungen für flüssige Beschichtungsstoffe – Bauliche Einrichtungen, Brand- und Explosionsschutz[35]
- Keine Abstriche beim Ex-Schutz[36]
- Sicherheitsregeln für Biogasanlagen[38]
- Fassmerkblatt Umgang mit entleerten gebrauchten Gebinden[40]
- Lehren aus Ereignissen – Sicherheitstechnische Erkenntnisse für die Bewertung chemischer Reaktionen und thermisch sensibler Stoffe[42]
- Mühlen, Brecher, Mischer, Abscheider, Siebmaschinen[43]
- Explosionsschutzdokument[51]
- Staubexplosionen – Schutz vor Explosionen durch brennbare Stäube[61]
- Mobiles Lernen: Moderne Schulungsmöglichkeiten am Beispiel des Explosionsschutzes[72]
- Kompetenzen im Explosionsschutz – Die Bedeutung von Fachkompetenz für die Sicherheit in Ex-Anlagen[74]
- TRGS 510 Lagerung von Gefahrstoffen in ortsbeweglichen Behältern[57]

3 Grundlagen der Zoneneinteilung

3.1 Allgemeines

Der Umgang mit brennbaren Stoffen sollte so erfolgen, dass mögliche Freisetzungen auf ein Minimum begrenzt werden. Zum Umgang gehören Herstellung, Bearbeitung, Verarbeitung, Vernichtung, Lagerung, Bereitstellung und Umschlag sowie Beförderung mit Fahrzeugen, in Rohrleitungen oder mit anderen Hilfsmitteln. Durch die Begrenzung der Freisetzung brennbarer Stoffe soll die Größe der gefährdeten Bereiche sowohl bei Normalbetrieb als auch bei betriebsüblichen Störungen sowie menschlichem Fehlverhalten bezüglich der Häufigkeit, der Dauer und der Menge so weit wie möglich eingeschränkt werden. Diese Überlegungen sind bereits bei der Planung, vor Errichtung neuer bzw. Veränderung bestehender Anlagen anzustellen, da sie eine direkte Auswirkung auf die Zoneneinteilung besitzen. Die Einteilung explosionsgefährdeter Bereiche in Zonen hat sich als Konzept für die Festlegung der Anforderungen an die Zündquellenvermeidung bewährt. Nach § 6 Abs. 9 GefStoffV[7] muss aus dem Explosionsschutzdokument[29, 30, 44, 45] u. a. hervorgehen, ob und welche Bereiche entsprechend Anhang I Nr. 1.7 GefStoffV[7] in Zonen eingeteilt wurden.

Hinzu kommen die rechtlichen Konsequenzen und aus heutiger Sicht hohe finanzielle Aufwendungen durch die überzogenen Zonenausdehnungen in der Vergangenheit.

> Aus dem Explosionsschutzdokument muss hervorgehen, ob und welche Bereiche in Zonen eingeteilt wurden.

Liegt im Ergebnis der Gefährdungsbeurteilung ein explosionsgefährdeter Bereich vor, muss:

1. die Zündquelle beseitigt oder unwirksam gemacht werden oder
2. die Wahrscheinlichkeit, dass sich um eine Zündquelle, die explosionsfähige Atmosphäre bildet, ausgeschlossen werden. Gelingt dies nicht, müssen die Schutzmaßnahmen, Anlagen und Verfahren so ausgewählt und ausgeführt werden, dass die Wahrscheinlichkeit des Zusammentreffens von 1. und 2. so niedrig wie möglich ist.

Werden die Maßnahmen als hochzuverlässig eingeschätzt, können sie einzeln, ansonsten auch in Kombination angewandt werden, um ein entsprechendes Sicherheitsniveau zu erreichen.

3.2 Ziele der Zoneneinteilung

Die Zoneneinteilung wird verwendet, um die Anforderungen an die Vermeidung von wirksamen Zündquellen, z. B. bei der Auswahl von Geräten, festlegen zu können[32, 71]. Kann das Auftreten gefährlicher explosionsfähiger Gemische nicht sicher verhindert werden, sind Schutzmaßnahmen zu ergreifen, um eine Entzündung dieser zu vermeiden. Für die Festlegung in explosionsgefährdete Bereichen von Maßnahmen und die Auswahl der Arbeitsmittel hat sich die Zoneneinteilung äußerst positiv bewährt. Ein Verzicht auf die Einteilung explosionsgefährdeter Bereiche in Zonen würde bedeuten, die gesamte Auslegung der Schutzmaßnahmen nach Zone 0 bzw. 20 vorzunehmen, vgl. Kapitel 5 „Notwendigkeit der Zonen". Das ist i. d. R. wirtschaftlich nicht vertretbar!

Die Zoneneinteilung selbst ist ein Verfahren zur Einteilung der Umgebung oder des Inneren von Anlagen oder Anlagenteilen, in denen explosionsfähige Atmosphäre auftreten kann, um auf diese Weise den Umfang der zu ergreifenden Maßnahmen zur Gewährleistung der Sicherheit und des Gesundheitsschutzes der Beschäftigten, die durch gefährliche explosionsfähige Atmosphäre gefährdet werden können, zu erleichtern.

> Die Zoneneinteilung ist die Grundlage zur Festlegung des Umfangs der Schutzmaßnahmen zur Vermeidung wirksamer Zündquellen.

3.3 Definition und Interpretation der Zonen[4]

Im Anhang I der Richtlinie 1999/92/EG[2] „Einteilung von Bereichen, in denen explosionsfähige Atmosphären vorhanden sein können" wird Folgendes definiert:

1. Bereiche, in denen explosionsfähige Atmosphären vorhanden sein können

   Ein Bereich, in dem explosionsfähige Atmosphäre in solchen Mengen auftreten kann, dass besondere Schutzmaßnahmen für die Aufrechterhaltung des Schutzes von Sicherheit und Gesundheit der betroffenen Arbeitnehmer erforderlich werden, gilt als explosionsgefährdeter Bereich.

   Ein Bereich, in dem explosionsfähige Atmosphäre nicht in solchen Mengen zu erwarten ist, dass besondere Schutzmaßnahmen erforderlich werden, gilt als nicht-explosionsgefährdeter Bereich.

   Brennbare Substanzen sind als Stoffe, die explosionsfähige Atmosphäre bilden können, einzustufen, es sei denn, die Prüfung ihrer Eigenschaften ergibt, dass sie in Mischungen mit Luft nicht in der Lage sind, eine Explosion selbsttätig fortzuleiten.

2. Einteilung von explosionsgefährdeten Bereichen

   Explosionsgefährdete Bereiche werden nach Häufigkeit und Dauer des Auftretens von explosionsfähiger Atmosphäre in Zonen unterteilt.

   Aus dieser Einteilung ergibt sich der Umfang der zu ergreifenden Maßnahmen nach Anhang II Abschnitt A der Richtlinie 1999/92/EG.[2]

   Zone 0

   Bereich, in dem explosionsfähige Atmosphäre als Gemisch aus Luft und brennbaren Gasen, Dämpfen oder Nebeln ständig, über lange Zeiträume oder häufig vorhanden ist.

   Zone 1

   Bereich, in dem sich bei Normalbetrieb gelegentlich eine explosionsfähige Atmosphäre als Gemisch aus Luft und brennbaren Gasen, Dämpfen oder Nebeln bilden kann.

   Zone 2

   Bereich, in dem bei Normalbetrieb eine explosionsfähige Atmosphäre als Gemisch aus Luft und brennbaren Gasen, Dämpfen oder Nebeln normalerweise nicht oder aber nur kurzzeitig auftritt.

   Zone 20

   Bereich, in dem explosionsfähige Atmosphäre in Form einer Wolke aus in der Luft enthaltenem brennbaren Staub ständig, über lange Zeiträume oder häufig vorhanden ist.

Zone 21

Bereich, in dem sich bei Normalbetrieb gelegentlich eine explosionsfähige Atmosphäre in Form einer Wolke aus in der Luft enthaltenem brennbaren Staub bilden kann.

Zone 22

Bereich, in dem bei Normalbetrieb eine explosionsfähige Atmosphäre in Form einer Wolke aus in der Luft enthaltenem brennbaren Staub normalerweise nicht oder aber nur kurzzeitig auftritt.

Anmerkungen:

1. Schichten, Ablagerungen und Aufhäufungen von brennbarem Staub sind wie jede andere Ursache, die zur Bildung einer explosionsfähigen Atmosphäre führen kann, zu berücksichtigen. In der Regel liegt dann eine Zone 22 vor.
2. Normalbetrieb

   Im Rahmen der Gefährdungsbeurteilung nach § 5 ArbSchG[19] i. V. m. § 6 Abs. 9 GefStoffV[7] und § 9 BetrSichV[3] sind die notwendigen Maßnahmen zum Explosionsschutz für alle Phasen der Benutzung einer Anlage zu ermitteln und festzulegen. Zu den notwendigen Maßnahmen zählt insbesondere die Festlegung der explosionsgefährdeten Bereiche für den sogenannten Normalbetrieb.

   Explosionsgefährdete Bereiche sind entsprechend Anhang I GefStoffV[7] unter Berücksichtigung der Ergebnisse der Gefährdungsbeurteilung einschließlich betriebsüblicher Störungen in Zonen einzuteilen. Bei der Zoneneinteilung nach Anhang I Nr. 1.7 GefStoffV[7] wird bei Zone 1, Zone 2, Zone 21 und Zone 22 der „Zustand, in dem die Anlagen oder deren Einrichtungen innerhalb ihrer Auslegungsparameter benutzt oder betrieben werden" (s. auch TRGS 720[8] Abschnitt 2.2 Abs. 2 und 3 Vorbemerkungen zur EX-RL-Beispielsammlung) als Normalbetrieb[69] zugrunde gelegt.

   Zum Normalbetrieb gehören i. d. R. auch:

   - Das Anfahren und Abfahren von Anlagen,
   - die Freisetzung bei betriebsüblichen Störungen, z. B. Abriss eines Sackes einer Sackabfülleinrichtung,
   - die regelmäßig wiederkehrende Reinigung von Anlagen, die zum laufenden Betrieb erforderlich ist,
   - Tätigkeiten wie häufige bzw. gelegentliche Inspektion, Wartung und ggf. Überprüfung,
   - die Freisetzung geringer Mengen brennbarer Stoffe (z. B. aus Dichtungen, deren Wirkung auf der Benetzung durch die geförderte Flüssigkeit beruht).

   Außerhalb des Normalbetriebs gibt es besondere und sehr seltene Vorgänge und Tätigkeiten, die bei der Zoneneinteilung nicht berücksichtigt werden müssen, die jedoch Explosionsschutzmaßnahmen erfordern. Solche Vorgänge und Tätigkeiten können z. B. sein:

- Störungen, z. B. Versagen von Dichtungen, von Pumpen oder Flanschen oder die Freisetzung von Stoffen infolge von Unfällen, die z. B. Instandsetzung oder Abschaltung erfordern, werden nicht als Normalbetrieb angesehen (TRGS 720[8] Absatz 3)
- Das einmalige Durchlaufen eines explosionsfähigen Bereichs im Inneren eines Flüssiggas-Lagerbehälters während der erstmaligen Befüllung
- Die Instandsetzung nach unplanmäßiger Abschaltung mit möglichem Auftreten einer explosionsfähigen Atmosphäre durch den Vorgang der Instandsetzung
- Der Eingriff in eine auf Dauer technisch dichte Anlage mit möglichem Auftreten einer explosionsfähigen Atmosphäre durch den Eingriff
- Sehr seltene Instandsetzungs- und Wartungsmaßnahmen mit möglichem Auftreten einer explosionsfähigen Atmosphäre
- Unfälle

Wichtig ist, dass innerhalb des Explosionsschutzkonzepts einer Anlage alle Betriebsphasen betrachtet und die erforderlichen Maßnahmen auch für Betriebsphasen bzw. Tätigkeiten außerhalb des Normalbetriebs getroffen werden.

Die festgelegten Maßnahmen sowohl innerhalb als auch außerhalb der Zeitdauer des Normalbetriebs sind im Explosionsschutzdokument festzuhalten. Das heißt, im Explosionsschutzdokument finden sich auch Maßnahmen, die nicht im engen Zusammenhang mit einer Zone stehen müssen.

Für explosionsgefährdete Bereiche, die nicht nach Anhang I Nr. 1.7 GefStoffV[7] in Zonen eingeteilt sind, sind die Maßnahmen auf der Grundlage der Gefährdungsbeurteilung festzulegen und durchzuführen. Dies gilt insbesondere für

1. zeitlich und örtlich begrenzte Tätigkeiten, bei denen nur für die Dauer dieser Tätigkeiten mit dem Auftreten gefährlicher explosionsfähiger Atmosphäre gerechnet werden muss,
2. An- und Abfahrprozesse in Anlagen, die nur sehr selten oder ausnahmsweise durchgeführt werden müssen, und
3. Errichtungs- oder Instandhaltungsarbeiten.

Hinsichtlich der Zoneneinteilung sind das Innere und das Äußere (die Umgebung) von Apparaten, Anlagen bzw. den Anlagenteilen getrennt zu betrachten.

Die Zonendefinitionen sind auf der Basis dieser EG-Richtlinie in allen EU-Mitgliedsstaaten gleich. Auf eine Besonderheit in Deutschland ist jedoch hinzuweisen: Für diese Besonderheit ist der Anhang I Punkt 1 Abs. 1 der Richtlinie 1999/92/EG[2, 4] von besonderer Bedeutung und muss im Zusammenhang mit der nachfolgenden Einteilung explosionsgefährdeter Bereiche gesehen werden. Die Einteilung explosionsgefährdeter Bereiche in Zonen muss nämlich nur dann erfolgen, wenn explosionsfähige Atmosphäre in solchen Mengen auftreten kann, dass besondere Maßnahmen zum Schutz der Arbeitnehmer erforderlich werden. Dieser Sachverhalt wird in Deutschland mit dem Begriff der „gefährlichen explosionsfähigen Atmosphäre" benannt und ist in die Definitionen der GefStoffV[7] bzw. TRGS 722[10] implementiert.

Nach Anhang I Punkt 1 Abs. 2 der genannten Richtlinie ist dann nämlich in einem Bereich, in dem keine besonderen Schutzmaßnahmen erforderlich sind, keine **gefährliche** explosionsfähige Atmosphäre vorhanden und dieser deshalb zonenfrei.

Zonen charakterisieren explosionsgefährdete Bereiche in Abhängigkeit von der Häufigkeit und Dauer des Auftretens gefährlicher explosionsfähiger Atmosphäre. Für Bereiche, die durch brennbare Gase, Dämpfe oder Nebel explosionsgefährdet sind, gilt nach Anhang I Nr. 1 Punkt 1.7 GefStoffV[7]:

Zone 0 ist ein Bereich, in dem gefährliche explosionsfähige Atmosphäre als Gemisch aus Luft und brennbaren Gasen, Dämpfen oder Nebeln ständig, über lange Zeiträume oder häufig vorhanden ist.

Bemerkung: Der Begriff „häufig" ist i. S. v. „zeitlich überwiegend" zu verwenden.

Zone 1 ist ein Bereich, in dem sich bei Normalbetrieb gelegentlich eine gefährliche explosionsfähige Atmosphäre als Gemisch aus Luft und brennbaren Gasen, Dämpfen oder Nebeln bilden kann.

Zone 2 ist ein Bereich, in dem im Normalbetrieb eine gefährliche explosionsfähige Atmosphäre als Gemisch aus Luft und brennbaren Gasen, Dämpfen oder Nebeln normalerweise nicht auftritt und wenn doch, dann nur selten und für kurze Zeit.

Bemerkung 1: Dies ist gleichbedeutend damit, dass gefährliche explosionsfähige Atmosphäre nur selten und auch nur kurzzeitig auftritt.

Bemerkung 2: Als Normalbetrieb gilt der Zustand, in dem Anlagen innerhalb ihrer Auslegungsparameter verwendet werden. Im Zweifelsfall ist die strengere Zone zu wählen. Inspektion und Wartung sowie die Freisetzung geringer Mengen brennbarer Stoffe können zum Normalbetrieb gehören, z. B. die geringe Freisetzung von Stoffen aus Dichtungen, deren Wirkungen auf der Benetzung durch die geförderte Flüssigkeit beruhen.

Störungen (z. B. Versagen von Dichtungen, von Pumpen oder Flanschen oder die Freisetzung von Stoffen infolge von Unfällen), die z. B. Instandsetzung oder Abschaltung erfordern, werden nicht als Normalbetrieb angesehen.

Für Bereiche, die durch brennbare Stäube explosionsgefährdet sind, gilt:

Zone 20 ist ein Bereich, in dem gefährliche explosionsfähige Atmosphäre in Form einer Wolke aus in der Luft enthaltenem brennbaren Staub ständig, über lange Zeiträume oder häufig vorhanden ist.

Bemerkung: Der Begriff „häufig" ist i. S. v. „zeitlich überwiegend" zu verwenden.

Zone 21 ist ein Bereich, in dem sich bei Normalbetrieb gelegentlich gefährliche explosionsfähige Atmosphäre in Form einer Wolke aus in der Luft enthaltenem brennbaren Staub bilden kann.

Zone 22 ist ein Bereich, in dem bei Normalbetrieb gefährliche explosionsfähige Atmosphäre in Form einer Wolke aus in der Luft enthaltenem brennbaren Staub normalerweise nicht auftritt und wenn doch, dann nur selten und für kurze Zeit.

Bemerkung 1: Dies ist gleichbedeutend damit, dass gefährliche explosionsfähige Atmosphäre nur selten und auch nur kurzfristig auftritt.

Bemerkung 2: Schichten, Ablagerungen und Aufhäufungen von brennbarem Staub sind wie jede andere Ursache, die zur Bildung gefährlicher explosionsfähiger Atmosphäre führen kann, zu berücksichtigen.

Bemerkung 3: Als Normalbetrieb gilt der Zustand, in dem Anlagen innerhalb ihrer Auslegungsparameter verwendet werden. Im Zweifelsfall ist die strengere Zone zu wählen. Inspektion und Wartung sowie die Freisetzung geringer Mengen brennbarer Stoffe können zum Normalbetrieb gehören, z. B. die geringe Freisetzung von Stoffen bei betriebsüblichen Störungen (z. B. Abrutschen eines Sackes von einer Fülleinrichtung).

Störungen (z. B. Versagen von Dichtungen, von Pumpen oder Flanschen oder die Freisetzung von Stoffen infolge von Unfällen), die z. B. Instandsetzung oder Abschaltung erfordern, werden nicht als Normalbetrieb angesehen.

Zone 0 bzw. Zone 20[4]

In den Definitionen zur Zone 0 bzw. Zone 20 sind die Begriffe „ständig", „über lange Zeiträume" oder „häufig" zu finden. Der Begriff „häufig" ist i. S. v. „zeitlich überwiegend" zu verwenden. Als Betrachtungseinheit ist hier die tatsächliche Betriebsdauer einer Anlage anzuwenden. Das heißt, dass explosionsgefährdete Bereiche der Zone 0 bzw. Zone 20 zuzuordnen sind, wenn während mehr als 50 % der Betriebsdauer der betrachteten Anlage oder eines Anlagenteils über eine Schicht explosionsfähige Atmosphäre vorherrscht. Wird der betrachtete Teil einer Anlage z. B. im Ein-Schicht-Betrieb zehn Stunden täglich betrieben, wären dies mehr als fünf Stunden. Hierzu gehört i. d. R. nur das Innere von Anlagen oder das Innere von Anlagenteilen (Verdampfer, Reaktionsgefäß, Staubfilter usw.), wenn die Bedingungen der Definition der Zone 0 bzw. Zone 20 erfüllt sind (s. Kapitel 6.1 und 6.2).

In anderen Quellen findet man zur Zone 0 bzw. Zone 20 ähnliche Aussagen, z. B. im Praxisleitfaden zur Erstellung eines Explosionsschutzdokumentes für Brauereien[30]: „Häufig oder über lange Zeiträume heißt zeitlich überwiegend bezogen auf die effektive Betriebszeit (z. B. > 50 %)" oder in der IVSS-Broschüre „Praxishilfen zur Erstellung des Explosionsschutzdokumentes"[31]: „Häufig oder über lange Zeiträume heißt zeitlich überwiegend bezogen auf die effektive Betriebszeit (z. B. in Deutschland > 50 %)".

Auch in folgenden Fällen kann die Einteilung in eine Zone 0 bzw. 20 erforderlich sein[69], z. B.

- bei kurzzeitigen, regelmäßigen Prozessen, die so häufig erfolgen, dass das Auftreten der g. e. A. vergleichbar mit „ständig" einzustufen ist (z. B. zeitgetaktete Filterreinigung, innerhalb von drei bis fünf Minuten werden alle Filterelemente nacheinander gereinigt),
- bei täglich wiederkehrenden Prozessen, bei denen in einem Behälter über mehrere Stunden g. e. A. auftritt,
- bei Mehrzweckanlagen, die sowohl mit wässrigen als auch mit brennbaren Systemen arbeiten,
- wenn die Möglichkeit besteht, dass g. e. A. zu jeder Zeit auftreten kann und das Auftreten nicht rechtzeitig erkannt wird.

Bestehen Unsicherheiten hinsichtlich Häufigkeit und Dauer des Auftretens explosionsfähiger Atmosphären, muss Zone 0 bzw. 20 gewählt werden.

EX

> Zone 0 bzw. Zone 20 liegt vor, wenn während der Betriebsdauer einer Anlage, i. d. R. über eine Schicht, zeitlich überwiegend explosionsfähige Atmosphäre in gefahrdrohender Menge vorliegt.

Zone 2 bzw. Zone 22[4]

Die Definitionen für die Zone 2 bzw. 22 besagen, dass explosionsfähige Atmosphäre bei Normalbetrieb normalerweise nicht oder aber nur kurzzeitig auftritt. Unter vielen Experten besteht allgemeiner Konsens darin, dass der Begriff „kurzzeitig" einer Zeitdauer von etwa 30 Minuten entspricht. Weiterhin heißt es, dass explosionsfähige Atmosphäre bei Normalbetrieb normalerweise nicht zu erwarten ist. Entsteht mindestens einmal im Jahr kurzzeitig explosionsfähige Atmosphäre, so sollte bereits in Zone 2 eingestuft werden. Ein Beispiel dafür wäre die Freisetzung geringer Mengen brennbarer Stoffe aus Dichtungen, deren Wirkung auf der Benetzung durch die geförderte Flüssigkeit beruht.

Ist die Bildung explosionsfähiger Atmosphäre aufgrund der Freisetzung brennbarer Stoffe nur kurzzeitig (z. B. wenige Minuten) zu erwarten, aber die Häufigkeit mehrmals im Jahr, z. B. mehr als einmal monatlich, so entspricht das Vorhandensein explosionsfähiger Atmosphäre nicht mehr den Kriterien der Zone 2 bzw. 22. Ist die Bildung explosionsfähiger Atmosphäre beispielsweise bei der Befüllung eines Vorratssilos nur einmal jährlich, aber über eine Zeitdauer von Stunden zu erwarten, so liegt auch in diesem Fall keine Zone 22 mehr vor, sondern es muss in Zone 21 eingestuft werden. Zur Zone 2 bzw. 22 gehören beispielsweise die offene Probenahme unter Kontrolle bei Austritt nur kleiner Mengen und Objektabsaugung, Umgang mit brennbaren Flüssigkeiten im Abzug in nicht laborüblichen Mengen, z. B. Rotationsverdampfer mit 10 l brennbarer Flüssigkeit oberhalb des Flammpunktes, Lagerung in staubdurchlässigen Gebinden, wie z. B. Jutesäcken, wo Staubablagerungen vorhanden sind und durch Aufwirbeln gefährliche explosionsfähige Atmosphäre entstehen könnte.

Auch diese Aussage deckt sich mit Veröffentlichungen in anderen Publikationen[29, 30, 31]. Dort heißt es: Normalerweise nicht oder nur kurzzeitig bedeutet wenige Male/Jahr für je ca. 1/2 Stunde je Vorgang.

> Zone 2 bzw. Zone 22 liegt vor, wenn wenige Male im Jahr, z. B. 1 x monatlich, explosionsfähige Atmosphäre in gefahrdrohender Menge nicht länger als ca. 30 Minuten je Vorgang vorliegt.

Zone 1 bzw. Zone 21[4]

Überschreitet das Vorhandensein explosionsfähiger Atmosphäre eine Zeitdauer von etwa 30 Minuten oder tritt diese gelegentlich, z. B. täglich, auf, ist aber kleiner als 50 % der Betriebsdauer der Anlage während einer Schicht (z. B. zehn Stunden), so liegt die Zone 1 bzw. 21 vor. Beispiele dafür sind die nähere Umgebung von Beschickungsöffnungen, die nähere Umgebung an Umfüll- und Entleerungseinrichtungen hochentzündlicher oder leichtentzündlicher Flüssigkeiten.

In anderen Literaturstellen[29, 30, 31] heißt es, gelegentlich bedeute, dass Dauer und Häufigkeit zwischen „häufig oder über lange Zeiträume" und „normalerweise nicht oder nur kurzzeitig" liegen.

> Zone 1 bzw. Zone 21 liegt vor, wenn Dauer und Häufigkeit der gefährlichen explosionsfähigen Atmosphäre zwischen Zone 2 bzw. Zone 22 und Zone 0 bzw. Zone 20 liegen.

Bestehen bei der Einteilung in Zonen Zweifel, muss sich in dem gesamten explosionsgefährdeten Bereich der Umfang der Schutzmaßnahmen nach der jeweils höchstmöglichen Wahrscheinlichkeit des Auftretens gefährlicher explosionsfähiger Atmosphäre richten. Aus diesem Grunde ist in den Fällen, in denen Stäube mit Gasen, Dämpfen oder Nebeln gemeinsam gefährliche explosionsfähige Atmosphäre bilden können (hybride Gemische), die Einteilung des explosionsgefährdeten Bereiches sowohl nach den Zonen 0, 1 und 2 als auch nach den Zonen 20, 21 und 22 in Erwägung zu ziehen. In solchen Fällen sollten Experten zu Rate gezogen werden.

Einige Publikationen versuchen, über das Zählen einzelner Vorgänge und das genaue Bestimmen der Zeitdauer eines einzelnen Vorgangs das Vorhandensein gefährlicher explosionsfähiger Atmosphären in Zonen festzulegen. Diese Publikationen sind jedoch weder vom Fachbereich „Rohstoffe und chemische Industrie", Sachgebiet „Explosionsschutz", noch von dem Ausschuss für Gefahrstoffe (AGS) autorisiert. Grundsätzlich wird jeder Versuch der exakten Quantifizierung von zeitlichen Grenzwerten scheitern, da der wahrscheinlichkeitsbasierte Ansatz der Zoneneinteilung und Zündquellenvermeidung nur qualitativ definiert wurde[46].

Tabelle 1: Tabellarische Zusammenfassung des aktuellen Standes nach Auswertung verschiedener Quellen

<table>
<tr><th>Art der Zone</th><th>Schlüsselwörter</th><th>Interpretationshilfen</th><th>Beispiele</th></tr>
<tr><td rowspan="3">0/20</td><td>ständig</td><td>Es muss immer damit gerechnet werden, dass explosionsfähige Atmosphäre auftritt.</td><td rowspan="3">Liegt i. d. R. nur im Innern von Anlagen oder Anlagenteilen vor, z. B. Verdampfer, Reaktionsgefäße, Silos, Mischer, Mühlen, Trockner, Förderleitungen, Silos</td></tr>
<tr><td>über langen Zeitraum</td><td></td></tr>
<tr><td>häufig</td><td>zeitlich überwiegend mehr als 50 %</td></tr>
<tr><td>1/21</td><td>gelegentlich</td><td>zwischen Zone 0/20 und Zone 2/22</td><td>die nähere Umgebung der Zone 0; Zone 20;
die nähere Umgebung von Beschickungsöffnungen;
der nähere Bereich um Einfüll- und Entleerungseinrichtungen;
der nähere Bereich um leicht zerbrechliche Apparaturen oder Leitungen aus Glas, Keramik und dergleichen;
der nähere Bereich um nicht ausreichend dichtende Stopfbuchsen, z. B. an Pumpen und Schiebern mit Stopfbuchsen</td></tr>
</table>

2/22	normalerweise nicht oder aber	selten; 1 x monatlich, max. 12 x im Jahr	Bereiche um die Zone 0/ Zone 20 oder Zone 1/Zone 21; Verbindungen, z. B. Flanschverbindungen, die nicht auf Dauer technisch dicht sind
	nur kurzzeitig	max. 30 Minuten	

3.4 Zoneneinteilung

3.4.1 Allgemeines

Nur in seltenen Fällen genügt eine einfache Untersuchung der Umgebung von Anlagen oder Anlagenteilen und deren Innerem, um zu entscheiden, welche Bereiche welcher Zone zuzuordnen sind. Insofern ist ein detaillierteres Vorgehen erforderlich. Grundlage ist die Beurteilung der Wahrscheinlichkeit des Auftretens explosionsfähiger Atmosphäre, um Art und Ausdehnung der Zone festzulegen. Wesentliche Einflussparameter sind z. B.:

- sicherheitstechnische Kenngrößen, z. B. Dichteverhältnis bei Gasen und Korngrößenverteilung bei Stäuben (s. Kapitel 3.5),
- Verarbeitungszustand der Stoffe (s. Kapitel 3.5.11),
- Maßnahmen zur Verhinderung oder Einschränkung der Bildung gefährlicher explosionsfähiger Atmosphäre, z. B. Lüftung, Freisetzung, Thermik (s. Kapitel 4).

Das Nichtvorhandensein von Zündquellen hat keinen Einfluss auf die Art oder Ausdehnung der Zonen. Gehen mit der Bildung explosionsfähiger Atmosphäre Zündquellen einher, macht die Zoneneinteilung keinen Sinn.

> Bei der Zoneneinteilung sind Art und Ausdehnung festzulegen. Das Nichtvorhandensein von Zündquellen hat keinen Einfluss auf die Art oder Ausdehnung der Zonen.

Im Ergebnis der Gefährdungsbeurteilung können die Schutzmaßnahmen tätigkeitsbezogen festgelegt werden, unabhängig vom jeweiligen Ort der ausgeführten Tätigkeit. Speziell für den Explosionsschutz kann dies z. B. effiziente Absaugung, wirksame Lüftung und/oder Zündquellenvermeidung[74] bedeuten.

Bei zeitlich eng begrenzten Tätigkeiten, die an einem Ort nur einmalig durchgeführt werden und bei denen mit der Bildung von gefährlicher explosionsfähiger Atmosphäre gerechnet werden muss, ist die Ausweisung von explosionsgefährdeten Bereichen und deren Einteilung in Zonen nicht notwendig (s. Kapitel 5).

Dennoch sind geeignete Explosionsschutzmaßnahmen erforderlich und im Rahmen der Gefährdungsbeurteilung zu dokumentieren. Zur Dokumentation gehört auch die schriftliche Arbeitsanweisung.

3.4.2 Art der Zone

Die verschiedenen Zonenarten 0, 1, 2 für Gase, Dämpfe oder Nebel und 20, 21, 22 für Stäube sind im Kapitel 2.3 definiert. Die Wahrscheinlichkeit des Vorhandenseins einer explosionsfähigen Atmosphäre und somit die Art der Zone hängen hauptsächlich von den Eigenschaften der Stoffe, deren Verarbeitungszustand und den Maßnahmen, welche eine Bildung gefährlicher explosionsfähiger Atmosphäre verhindern oder einschränken, ab. Entstehen durch Überlappung von benachbarten Freisetzungsquellen Zonen, die unterschiedliche Zoneneinteilungen haben, dann gilt in dem Überlappungsbereich die Einteilung mit der höheren Gefährdungsstufe. Haben überlappende Zonen die gleiche Einteilung, dann gilt normalerweise diese Einteilung. Im Freien kann infolge von Witterungseinflüssen gegenüber vergleichbaren Situationen in Räumen im Allgemeinen eine Zone mit geringeren Anforderungen festgelegt bzw. die Zonenausdehnung reduziert werden. Umfangreiche Beispiele finden sich in der EX-RL-Beispielsammlung[6] (s. Teile B und C).

> In Europa gibt es einheitliche Zonendefinitionen. Das sind die Zonen 0, 1, 2 für Gase, Dämpfe oder Nebel und 20, 21, 22 für Stäube.

Auch wenn es in Europa auf der Basis der Europäischen Richtlinie 1999/92/EG[2] einheitliche Zonendefinitionen gibt, können teilweise erhebliche Abweichungen in der Art und Ausdehnung der Zonen in den einzelnen europäischen Ländern auftreten (s. Kapitel 5, Abbildungen 9 bis 11).

Vor Inkrafttreten der BetrSichV[3] im Jahr 2002 gab es in Deutschland im Bereich der Stäube nur die beiden Zonen 10 und 11:

> Alte Zoneneinteilung: Zone 10 umfasst Bereiche, in denen gefährliche explosionsfähige Atmosphäre durch Staub langzeitig oder häufig vorhanden ist.

> Alte Zoneneinteilung: Zone 11 umfasst Bereiche, in denen damit zu rechnen ist, dass gelegentlich durch Aufwirbeln abgelagerten Staubes gefährliche explosionsfähige Atmosphäre kurzzeitig auftritt.

Bei der Erarbeitung der Explosionsschutzdokumente wurden die alten Zonenpläne den neuen Zonen für Stäube angepasst. Folgendes Übertragungsschema wurde angewandt:

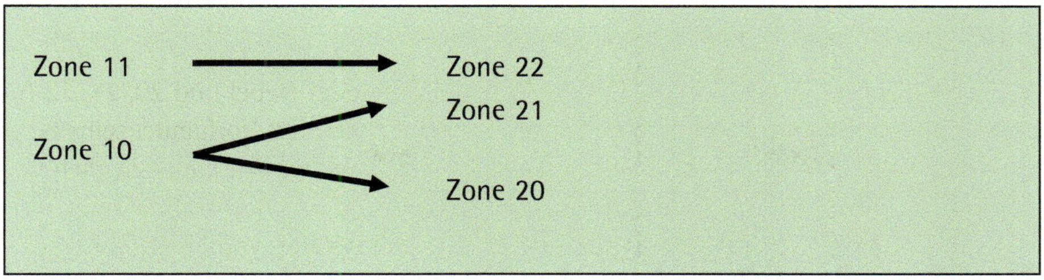

Ein Silo, das wöchentlich innerhalb von zwei Stunden befüllt wird und früher der Zone 10 entsprach, fällt heute in die Zone 21. Ein Silo, in dem zur Verhinderung von Klumpenbildung das Produkt häufig im Kreislauf gefahren wird und das der alten Zone 10 entsprach, fällt unter die Zone 20.

3.4.3 Ausdehnung der Zone

Die Ausdehnung der Zone hängt von der geschätzten, gemessenen oder berechneten Entfernung ab, über die eine explosionsfähige Atmosphäre vorhanden ist, bevor sie sich in der Luft auf eine Konzentration unterhalb von 50 % ihrer unteren Explosionsgrenze abschwächt. Für die Beurteilung der Ausdehnung von Gasen, Dämpfen oder Stäuben zur Festlegung der Zonen kann in vielen Fällen die EX-RL-Beispielsammlung[6] angewandt werden (s. Teile B und C). Ist dies nicht möglich, sollte Rat von Experten eingeholt werden.

Es sollte immer die Möglichkeit in Erwägung gezogen werden, dass ein schwereres Gas als Luft in Bereiche unterhalb der Bodenhöhe fließen kann (z. B. in Gruben oder Vertiefungen) und dass ein leichteres Gas als Luft auf höherer Ebene zurückgehalten werden kann (z. B. unter einem Dach). Eine niedrige konzentrierte oder schwach kontinuierliche Staubfreisetzungsquelle kann über längere Zeit gefährliche Staubablagerungen bilden.[28]

Liegt die Freisetzungsquelle außerhalb eines Bereiches oder in einem angrenzenden Bereich, kann das Eindringen einer bedeutsamen Menge brennbaren Gases oder Dampfes in den Bereich durch folgende Maßnahmen verhindert werden:

a) physische Barrieren (bauliche Maßnahmen, z. B. gasdichte oder staubdichte Trennwände),

b) Aufrechterhaltung eines ausreichenden Überdruckes in einem Bereich in Bezug auf die angrenzenden gefährdeten Bereiche, um so das Eindringen der gefährlichen Atmosphäre zu verhindern (s. z. B. Teil B, Bild 18),

c) Spülen der Bereiche mit einem starken Luftstrom, um so sicherzustellen, dass die Luft aus allen Öffnungen entweicht, in die sonst die gefährlichen Gase oder Dämpfe eindringen könnten.

Die Ausdehnung der Zone wird in erster Linie durch die nachfolgenden chemischen, physikalischen und technischen Parameter bestimmt, bei denen es sich zum Teil um dem brennbaren Stoff innewohnende Eigenschaften handelt; andere sind prozessspezifisch. Der Einfachheit halber geht man bei der Wirkung jedes der unten genannten Parameter davon aus, dass die übrigen Parameter unverändert bleiben.

Die Ausdehnung der Zone hängt von der geschätzten, gemessenen oder berechneten Entfernung ab, über die eine explosionsfähige Atmosphäre vorhanden ist, bevor sie sich in der Luft auf eine Konzentration unterhalb von 50 % ihrer unteren Explosionsgrenze abschwächt.

3.5 Einflüsse auf die Zonen

3.5.1 Allgemeines

Sicherheitstechnische Kenngrößen geben Aufschluss über mögliche Explosionsgefahren und stellen somit eine wesentliche Grundlage für die Beurteilung der Möglichkeiten der Bildung gefährlicher explosionsfähiger Atmosphäre dar. Sicherheitstechnische Kenngrößen sind quantitative oder qualitative Aussagen über Stoffeigenschaften. Von Ausnahmen abgesehen, sind sie keine physikalischen Konstanten, sondern von der benutzten Messmethode abhängig.

Darüber hinaus sind die Untersuchungsergebnisse i. d. R. abhängig von der Zusammensetzung, der Reinheit und ggf. der physikalischen Konsistenz der Proben. Änderungen der Bezugsquelle der Einsatzstoffe oder Änderungen im Herstellungsverfahren einschließlich Aufarbeitung, die z. B. zu einer anderen Kristallform oder Korngröße oder auch zu einem qualitativ oder quantitativ anderen Gehalt an Nebenprodukten führen, können auch das sicherheitstechnische Verhalten der Stoffe verändern. Um das tatsächliche Verhalten untersuchen zu können, sollten daher möglichst die im Betrieb eingesetzten Stoffe bzw. Handelsprodukte verwendet werden und nicht hochreine Analysesubstanzen. Die Übernahme einer sicherheitstechnischen Kenngröße aus der Literatur ist nur für solche Stoffe sinnvoll, die der angegebenen Spezifikation entsprechen. Für alle anderen Substanzen oder für Prozessparameter außerhalb der atmosphärischen Bedingungen ist die Bestimmung der relevanten Kenngrößen i. d. R. auf experimentellem Weg erforderlich[11, 49, 50] oder durch Abschätzungen, wenn vorhandene Forschungsergebnisse[73] dies zulassen. Im Folgenden werden die sicherheitstechnischen Kenngrößen, die für die Beurteilung der Bildung explosionsfähiger Atmosphäre von Bedeutung sind, der Verarbeitungszustand der Stoffe und weitere für die Zoneneinteilung wichtige Parameter besprochen.

Es ist zu beachten, dass sicherheitstechnische Kenngrößen des Explosionsschutzes i. d. R. nur unter atmosphärischen Bedingungen gelten:

$-20\ °C \leq T \leq +60\ °C$,

$0{,}8\ bar \leq p \leq 1{,}1\ bar$,

soweit nicht ausdrücklich andere Bedingungen für den zulässigen Anwendungsbereich angegeben sind.

Unter anderen als atmosphärischen Bedingungen ändern sich die sicherheitstechnischen Kenngrößen. Liegen entsprechende Kenngrößen nicht vor, so müssen sie bestimmt werden[7]. In Zweifelsfällen gelten die Festlegungen der für die Bestimmung sicherheitstechnischer Kennzahlen akkreditierten Stellen.

> Sicherheitstechnische Kenngrößen sind keine physikalischen Konstanten. Sie hängen vom Bestimmungsverfahren ab und gelten meist nur für Umgebungsbedingungen.

3.5.2 Dichteverhältnis bei Gasen und Dämpfen

Das Dichteverhältnis von Gasen und Dämpfen bezogen auf Luft kann einen großen Einfluss auf die Festlegung der Zonen besitzen. Die Dichte der Dämpfe aller brennbaren Flüssigkeiten ist größer als die der Luft bei gleicher Temperatur.

> Alle Dämpfe brennbarer Flüssigkeiten sind schwerer als Luft.

Die Dichte von Gasen ist im Allgemeinen größer als die Dichte der Luft (ausgenommen Acetylen, Ammoniak, Cyanwasserstoff (Blausäuregas), Ethylen, Kohlenmonoxid, Methan und Wasserstoff). Je schwerer die Gase und Dämpfe sind, desto schneller fallen sie nach unten, wobei sie sich fortschreitend mit der zur Verfügung stehenden Luft vermischen. Gase, die leichter als Luft sind, steigen umso schneller nach oben, je geringer ihre Dichte ist; sie vermischen sich hierbei fortschreitend mit Luft.

> Alle Gase außer Acetylen, Ammoniak, Cyanwasserstoff, Ethylen, Kohlenmonoxid, Methan und Wasserstoff sind schwerer als Luft.

Die Entmischung eines einmal gebildeten Gemisches in leichte und schwere Anteile allein durch die Schwerkraft ist nicht möglich[41]. Schwere Schwaden fallen nach unten und breiten sich aus. Sie können auch über weite Strecken „kriechen" und dort ggf. entzündet werden.

Hierbei ist zu beachten, dass die Dichte des sich über einer Flüssigkeit bildenden Dampf/Luft-Gemisches durch den temperaturabhängigen Sattdampfdruck der Flüssigkeit begrenzt wird. So beträgt z. B. die auf Luft bezogene Dichte (Dichteverhältnis) des Dampfes von Hexan 2,97. Da jedoch Hexan bei 20 °C nur einen Sattdampfdruck von 0,16 bar hat, lässt sich die auf Luft bezogene Dichte des sich über der Flüssigkeit bildenden Dampf/Luft-Gemisches wie folgt berechnen: $2{,}97 \times 0{,}16 + (1 - 0{,}16) = 1{,}3$.

3.5.3 Unterer Explosionspunkt/Flammpunkt

Ob sich bei brennbaren Flüssigkeiten explosionsfähige Dampf/Luft-Gemische bilden können, kann unter der Bedingung, dass Versprühen, Verspritzen und Aufreißen eines

Flüssigkeitsstrahles ausgeschlossen sind, über den unteren Explosionspunkt abgeschätzt werden. Liegt z. B. die maximale Verarbeitungstemperatur über dem unteren Explosionspunkt (UEP) der Flüssigkeit, so können explosionsfähige Dampf/Luft-Gemische vorhanden sein. Oftmals ist der untere Explosionspunkt nicht bekannt. In diesem Fall kann er wie folgt abgeschätzt werden:

- Bei reinen, nicht halogenierten Flüssigkeiten liegt dieser 5 K unter dem Flammpunkt,
- bei Lösemittel-Gemischen ohne halogenierte Komponenten liegt der UEP 15 K unter dem Flammpunkt.

Der UEP kann auch im Einzelfall experimentell nach DIN EN 15794[67], z. B. von der PTB bestimmt werden.

Werden jedoch die Flüssigkeiten in Tröpfchen verteilt, z. B. versprüht, ist auch bei Temperaturen unterhalb des UEP mit der Bildung explosionsfähiger Atmosphäre zu rechnen.[48] Bei Nebeln können sich wegen des Dampfdruckes der Flüssigkeit bei höheren Temperaturen die gefährlichen Eigenschaften den Werten des Dampf/Luft-Gemisches annähern.

> Beim offenen Umgang mit brennbaren Flüssigkeiten bildet sich keine explosionsfähige Atmosphäre, wenn die maximale Verarbeitungstemperatur 5 K bei reinen Flüssigkeiten und 15 K bei Gemischen unter dem Flammpunkt liegt.

> Beim Versprühen und Verspritzen brennbarer Flüssigkeiten ist selbst beim sicheren Unterschreiten des Flammpunktes mit der Bildung explosionsfähiger Atmosphäre zu rechnen.

3.5.4 Untere und obere Explosionsgrenzen (UEG bzw. OEG)

In Gemischen brennbarer Gase und Dämpfe mit Luft kann sich eine selbstständige Verbrennung innerhalb eines gewissen Konzentrationsbereiches fortpflanzen. Die Grenzkonzentrationen, bei denen dies gerade nicht mehr möglich ist, werden als untere und obere Explosionsgrenze bezeichnet. Bei einer Konzentration unterhalb der unteren Explosionsgrenze ist das Gemisch zu „mager" (es enthält zu wenig Brennstoff), bei einer Konzentration oberhalb der oberen Explosionsgrenze ist es zu „fett" (es enthält zu viel Brennstoff, d. h. zu wenig Sauerstoff), um eine Flammenfortpflanzung nach erfolgter Entzündung zu ermöglichen.

> Wird die untere Explosionsgrenze (UEG) unterschritten, ist das Gemisch zu mager; wird die obere Explosionsgrenze (OEG) überschritten, ist das Gemisch zu fett. In beiden Fällen liegt keine explosionsfähige Atmosphäre vor.

Die Ausdehnung einer Zone hängt selbstverständlich auch von der Höhe der unteren Explosionsgrenze ab.

Die Erfahrung hat gezeigt, dass sich freigesetztes Ammoniak mit einer z. B. extrem hohen UEG von 15 Vol.-% in der freien Luft schnell verteilt, so dass die eventuelle explosionsfähige Gasatmosphäre i. d. R. eine zu vernachlässigende Ausdehnung hat[27].

> Für ein gegebenes Freisetzungsvolumen gilt: Je niedriger die untere Explosionsgrenze (UEG), desto größer die Ausdehnung der Zone.

Liegt man dauerhaft sicher unter 50 % der UEG (Überprüfung beispielsweise durch Gaswarn- und -messgeräte), liegt keine Zone vor. Bei Gasen (z. B. in Stadtgasleitungen) wird die obere Explosionsgrenze ständig sicher überschritten, so dass auch hier keine Zone vorliegt. An- und Abfahrvorgänge sind hierbei jedoch zu berücksichtigen, ggf. wird beim An- oder Abfahren von Anlagen der Explosionsbereich durchfahren. Diese Vorgänge sind bei der Zoneneinteilung zu berücksichtigen. Bei Stäuben kann i. d. R. die Unterschreitung der unteren Explosionsgrenze als Schutzprinzip nicht angewandt werden, da bei abgelagertem Staub Aufwirbelungen möglich sind und bereits zur Zone 22 führen.

> Abgelagerter Staub führt bereits zur Zone 22.

Liegt die Konzentration in der Anlage oder dem Anlagenteil über der oberen Explosionsgrenze, besteht zwar im Inneren keine Explosionsgefahr; austretende Gemische können jedoch durch Luftzutritt Explosionsgefahr außerhalb der Apparatur hervorrufen.

Bei Gasen lässt sich das Ziel, die Konzentrationen außerhalb der Explosionsgrenze zu halten, häufig ohne besondere Schwierigkeiten erreichen.

Bei brennbaren Flüssigkeiten ist das Ziel erreicht, wenn die Temperatur an der Flüssigkeitsoberfläche stets genügend weit (etwa 5 K bis 15 K, vgl. Kapitel 3.5.3) unterhalb des Flammpunktes gehalten und nicht versprüht bzw. verspritzt wird. Liegt die Temperatur der Flüssigkeitsoberfläche oberhalb des oberen Explosionspunktes, so ist in der Anlage oder dem Anlagenteil in unmittelbarer Nähe der Flüssigkeitsoberfläche mit Sättigung, also mit Gemischkonzentrationen oberhalb der oberen Explosionsgrenze, stets zu rechnen. In einem von den jeweiligen Betriebsbedingungen abhängigen Abstand von der Flüssigkeitsoberfläche kann aber die Konzentration wesentlich geringer sein. Bei vielen Arbeitsprozessen lassen sich jedoch durch geeignete Wahl der Betriebsbedingungen auch in der gesamten Anlage oder dem Anlagenteil Sattdampfkonzentrationen aufrechterhalten. In manchen Fällen – z. B. bei der Lagerung – nimmt die Konzentration jedoch nach oben hin ab, so dass das Gemisch in gewissen Abständen von der Flüssigkeitsoberfläche explosionsfähig sein kann; erst nach extrem langer Lagerzeit in wenig atmenden Lagerbehältern und wenn die Oberflächentemperatur weit über dem oberen Explosionspunkt liegt, hat das Gemisch an allen Stellen im Lagerbehälter eine Konzentration oberhalb der oberen Explosionsgrenze.

Bei Stäuben ist das Ziel, explosionsfähige Atmosphäre durch Begrenzung der Konzentration zu vermeiden, schwer zu erreichen. Homogene Staub/Luft-Gemische treten äußerst selten auf. In der Regel ist es falsch, als Staubkonzentration einfach die Gesamtmenge des Staubes bezogen auf den gesamten Raum oder das Gesamtvolumen einer Anlage zu betrachten und dabei eine gleichmäßige Verteilung anzunehmen. Diese summarische Betrachtung gibt bei inhomogener Staubverteilung nicht die Konzentrationsverhältnisse für jedes Teilvolumen wieder, so dass örtlich Staubkonzentrationen vorliegen können, die von der so errechneten sehr verschieden sind. In Anlagen oder Anlagenteilen kann also auch dann Explosionsgefahr bestehen, wenn die auf das Gesamtvolumen bezogene Staubmenge außerhalb der Explosionsgrenze liegt. In Absaugleitungen jedoch können durchaus Konzentrationswerte erreicht werden, die auch bei Spitzenwerten unter 1/10 der UEG liegen, wenn beispielsweise bei Schleifvorgängen der Staubanfall gering, aber die Absaugleistung hoch ist.

> Die Vermeidung explosionsfähiger Staub/Luft-Gemische durch Konzentrationsbegrenzung ist schwer zu erreichen.

Es ist auch möglich, durch Zugabe von brennbaren Gasen die Gesamtkonzentration der brennbaren Komponenten stets oberhalb der oberen Explosionsgrenze zu halten.

3.5.5 Sauerstoffgrenzkonzentration

Die Sauerstoffgrenzkonzentration ist die maximale Sauerstoffkonzentration in einem Gemisch eines brennbaren Stoffes mit Luft und inertem Gas, in dem unter festgelegten Versuchsbedingungen bei beliebigen Brennstoffkonzentrationen keine Explosion auftreten kann. Die Sauerstoffgrenzkonzentration wird im Allgemeinen anhand der Explosionsbereiche von Dreistoffgemischen (Brenngas/Inertgas/Luft) ermittelt (s. Kapitel 4.3).

> Bei Unterschreitung der Sauerstoffgrenzkonzentration ist keine Explosion mehr möglich.

3.5.6 Diffusionskoeffizient

Der Diffusionskoeffizient ist eine temperatur- und druckabhängige Stoffkonstante, die zur quantitativen Charakterisierung der Diffusion dient und die Stoffmenge angibt, die in der Zeiteinheit beim Konzentrationsgefälle 1 durch den Einheitsquerschnitt diffundiert.

Dieser ist nur dann eine die Menge explosionsfähiger Atmosphäre bestimmende Größe, wenn im Raum keine wesentlichen Strömungen vorhanden sind (s. a. Kapitel 4.6).

> Der Diffusionskoeffizient spielt im Explosionsschutz i. d. R. keine Rolle.

3.5.7 Schwelpunkt

Schwelgase können bei unvollständiger Verbrennung, bei endothermer oder exothermer Zersetzung, bei Deflagration oder durch Pyrolyse entstehen[37].

Der Schwelpunkt ist die niedrigste Temperatur, bei der ein Staub brennbaren Dampf oder gasförmige Produkte („Schwelgas") in solchen Mengen entwickelt, dass diese im Luftraum oberhalb der Schüttung durch eine Flamme entzündet werden können.

Gefährlich werden Schwelgase dadurch, dass sie zu einem Druckaufbau führen und mit Luft explosionsfähige Gemische bilden können. Zu klären sind deshalb:

- Können Schwelgase entstehen?
- Menge der gebildeten Schwelgase,
- Brennbarkeit der Schwelgase,
- Schwelpunkt.

> Bei Erwärmung eines brennbaren Staubes können explosionsfähige Schwelgase entstehen.

3.5.8 Verdunstungszahl

Die Verdunstungszahl ist das Verhältnis aus den nach DIN 53170[53] gemessenen Verdunstungszeiten für die zu prüfende Flüssigkeit und Diethylether als Vergleichsflüssigkeit.

> Die Verdunstungszahl ist eine dimensionslose Zahl, die angibt, um wie viel langsamer als die gleiche Menge Bezugsflüssigkeit eine bestimmte Menge Flüssigkeit bei Normaltemperatur verdunstet.

3.5.9 Staubexplosionsfähigkeit/Staubexplosionsklasse

Eine Staubexplosionsfähigkeit ist dann gegeben, wenn sich in einem Staub/Luft-Gemisch nach dem Entzünden eine Flamme ausbreitet, die im geschlossenen Behälter mit einer Drucksteigerung verbunden ist. Der K_{St}-Wert ist eine staub- und prüfverfahrensspezifische Kenngröße, die die Explosionsfähigkeit eines Staubes charakterisiert und nach dem kubischen Gesetz berechnet wird. Der K_{St}-Wert ist numerisch gleich dem Wert des maximalen zeitlichen Druckanstiegs ($(dp/dt)_{max}$), der in einem 1-m^3-Explosionsbehälter unter vorgeschriebenen Versuchsbedingungen gemessen wird (DIN EN 14491[54]). Die Bestimmung der Staubexplosionsfähigkeit wird vorzugsweise für geschlossene Anlagen und Anlagenteile durchgeführt. Die Staubexplosionsklassen sind für den konstruktiven Explosionsschutz bei Anwendung von Druckentlastungstechnik oder der Verwendung von Explosionsunterdrückungssystemen relevant[17, 34, 52].

Tabelle 2: Klassen, in die Stäube aufgrund ihrer K_{St}-Werte eingeordnet sind

Staubexplosionsklasse	K_{St}-Wert in bar · m · s^{-1}
St 1	> 0 bis 200
St 2	> 200 bis 300
St 3	> 300

Explosionsfähige Stäube werden in Staubexplosionsklassen eingeteilt.

3.5.10 Korngrößenverteilung

Das Explosionsverhalten von Stäuben ist in starkem Maße von der Korngrößenverteilung (Feinheit) abhängig. Mit den Explosionskenngrößen sollte daher gleichzeitig die dazugehörige Korngrößenverteilung oder zumindest in erster Näherung hierfür der Medianwert angegeben werden. Untersuchungen zeigen, dass mit abnehmender Korngröße die Neigung der Stäube zur Explosion zunimmt. Korngrößenbereiche zwischen 1 mm und 0,5 mm können im Einzelfall explosionsfähige Stäube in Abhängigkeit der Stoffe bewirken. Stäube mit einem Durchmesser < 0,5 mm sind grundsätzlich staubexplosionsfähig. Feinere Stäube sind leichter entzündbar und reagieren heftiger als gröbere Stäube. Ein Erhöhen des Grobkornanteils in der Staubprobe, z. B. durch Beimischen von für sich allein nicht explosionsfähigem Granulat zu explosionsfähigem Feinstaub, führt nur zu einer Dämpfung des Explosionsablaufes und damit zu verringerten Werten von p_{max} und K_{St} bzw. zu höheren Werten, z. B. für die Mindestzündenergie oder die Sauerstoffgrenzkonzentration. Solange der Feinstaubanteil im Gemisch mit Luft oberhalb seiner unteren Explosionsgrenze liegt, ist im Allgemeinen eine Staubexplosion möglich. In diesem Zusammenhang ist zu beachten, dass in der Praxis aus den verschiedensten Gründen aus grobem Material durch Abrieb Feinstaub entstehen kann und eine Zoneneinteilung ggf. notwendig wird. Die Bildung gefährlicher explosionsfähiger Atmosphäre ist nicht zu erwarten, wenn eine sichere Zugabe oder das Vorhandensein eines ausreichenden Anteils inerter Feststoffe (z. B. über 80 %) gegeben und eine Entmischung verhindert ist.

> Das Explosionsverhalten der Stäube wird maßgeblich durch die Korngrößenverteilung bestimmt. Brennbare Stäube mit Korngrößen < 0,5 mm sind grundsätzlich staubexplosionsfähig.

3.5.11 Verarbeitungszustand der Stoffe

Für die Zoneneinteilung sind bei allen Stoffen während des Umganges entstehende oder herrschende maximale (ggf. auch minimale) Konzentrationen der brennbaren Stoffe von Bedeutung.

Flüssigkeiten und Nebel:

- Art der Verarbeitung einer Flüssigkeit (z. B. Versprühen, Verspritzen und Aufreißen eines Flüssigkeitsstrahles, Verdampfen und Kondensieren).
- Maximale (ggf. auch minimale) Verarbeitungs- bzw. Umgebungstemperaturen.
- Liegt z. B. die maximale Verarbeitungstemperatur über dem unteren Explosionspunkt (UEP) der Flüssigkeit, so können explosionsfähige Dampf/Luft-Gemische vorhanden sein.
- Werden die Flüssigkeiten in Tröpfchen verteilt, z. B. versprüht, ist auch bei Temperaturen unterhalb des UEP mit der Bildung von explosionsfähiger Atmosphäre zu rechnen.
- Bei Nebeln können sich wegen des Dampfdruckes der Flüssigkeit bei höheren Temperaturen die gefährlichen Eigenschaften den Werten des Dampf/Luft-Gemisches annähern.

Stäube:

Vorhandensein oder Entstehen von Staub/Luft-Gemischen bzw. Staubablagerungen, z. B. beim Mahlen, Sieben, Fördern, Füllen, Entleeren und Trocknen.

> Der Verarbeitungszustand der Stoffe kann die Bildung gefährlicher explosionsfähiger Atmosphäre maßgeblich beeinflussen.

3.5.12 Weitere zu berücksichtigende Parameter[27]

Klimatische Bedingungen

Die Verteilungsrate von Gas und Dampf in der Atmosphäre erhöht sich mit der Windgeschwindigkeit, jedoch ist eine Mindestgeschwindigkeit von 2 m/s bis 3 m/s erforderlich, um turbulente Diffusion auszulösen; unterhalb dieser Geschwindigkeit kommt es zur Schichtenbildung von Gas oder Dampf und die Entfernung für sichere Verdünnung ist deutlich vergrößert. In Anlagenbereichen, die durch große Kessel oder Gebäude geschützt sind, kann die Bewegungsgeschwindigkeit der Luft beträchtlich unterhalb der Windgeschwindigkeit liegen; die Behinderung der Luftbewegung durch Teile der

Anlagen führt jedoch sogar bei niedrigen Windgeschwindigkeiten zur Bildung von Turbulenzen. Bei der üblichen Praxis wird das Bestreben zur Schichtenbildung bei der Zoneneinteilung nicht berücksichtigt, weil die Bedingungen, die zu dieser Schichtenbildung führen, selten sind und nur kurzzeitig auftreten. Wenn jedoch unter besonderen Umständen verlängerte Zeiträume mit verringerter Windgeschwindigkeit zu erwarten sind, dann sollte die Ausdehnung der Zone die zusätzliche Entfernung berücksichtigen, die für die Verdünnung erforderlich ist.

Topographie

Einige Flüssigkeiten haben eine geringere Dichte als Wasser und sind mit diesem nicht leicht mischbar; derartige Flüssigkeiten können sich auf der Wasseroberfläche ausbreiten (unabhängig davon, ob auf dem Boden, in Entsorgungsleitungen von Anlagen oder in Rohrleitungskanälen) und dann an einer vom ursprünglichen Verschüttungsort weit entfernten Stelle entzündet werden, wodurch eine Gefahr für einen großen Bereich der Anlage entsteht.

Die Anlage sollte möglichst so geplant werden, dass ein schneller Abbau der brennbaren Atmosphäre unterstützt wird. Bereiche mit eingeschränkter Lüftung (z. B. in Gruben oder Gräben), die sonst Zone 2 wären, können die Einteilung in Zone 1 notwendig machen; andererseits erfordern ausgedehnte flache Landsenken, die für Pumpenkomplexe oder als Absenkungen für Rohrleitungen genutzt werden, i. d. R. keine derart strenge Handhabung.

4 Maßnahmen[1)], die eine Bildung gefährlicher explosionsfähiger Atmosphäre verhindern oder einschränken[10]

4.1 Vermeiden von Gefahrstoffen, die gefährliche explosionsfähige Gemische zu bilden vermögen

Es ist zu prüfen, ob brennbare Gefahrstoffe durch solche ersetzbar sind, die keine explosionsfähigen Gemische zu bilden vermögen. Beispiele für Ersatzmöglichkeiten sind:

1. Einsatz wässriger Lösungen statt brennbarer Löse- und Reinigungsmittel,
2. Einsatz von Reinstoffen oder Gemischen mit hohem unteren Explosionspunkt (UEP), der ausreichend sicher über Raum- oder Verarbeitungstemperatur liegt, statt Reinstoffen oder Gemischen mit einem niedrigen UEP,
3. Einsatz von nicht brennbaren Füllstoffen statt brennbarer staubförmiger Füllstoffe,

---

[1)] Dieses Kapitel entspricht den gleichnamigen Abschnitten der TRGS 722[10] und besitzt die gleiche Nummerierung. Damit können die einzelnen Ordnungsnummern der Spalte 4 in der EX-RL-Beispielsammlung diesem Kapitel direkt zugeordnet werden.

4. Zusatz von nicht brennbaren Stäuben, z. B. Steinsalz, Natriumsulfat oder Phosphat, zu brennbaren Stäuben, wenn der Anteil der nicht brennbaren Stäube oberhalb von 90 Gew.-% liegt und eine Entmischung vermieden ist, oder
5. Einsatz von Pasten statt Pulvern.

> An erster Stelle sollten alle Maßnahmen zum Vermeiden der Bildung gefährlicher explosionsfähiger Atmosphäre umgesetzt werden.

> Vermeiden und Einschränken explosionsfähiger Atmosphäre umfasst die räumliche, zeitliche und mengenmäßige Einschränkung und Begrenzung.

4.2 Konzentrationsbegrenzung

4.2.1 Allgemeines

(1) Durch Maßnahmen zur Konzentrationsbegrenzung soll die Konzentration der brennbaren Gefahrstoffe unterhalb der unteren oder oberhalb der oberen Explosionsgrenze gehalten werden. Beim Anfahren und Abfahren kann der Explosionsbereich durchfahren werden. Dieses ist im Explosionsschutzkonzept zu berücksichtigen.

(2) Bei nicht atmosphärischen Bedingungen ist die Konzentration in der Gasphase für die Beurteilung maßgebend. Einflüsse von Druck und Temperatur auf die Explosionsgrenzen oder abweichende Oxidationsmittel sind dabei zu berücksichtigen (s. a. TRGS 721[9] „Gefährliche explosionsfähige Gemische – Beurteilung der Explosionsgefährdung").

4.2.2 Gase und Dämpfe

(1) In den folgenden Abschnitten sind relevante Eigenschaften und Maßnahmen zur Konzentrationsbegrenzung aufgeführt.

(2) Bei brennbaren Flüssigkeiten wird die Bildung explosionsfähiger Atmosphäre vermieden, wenn die Temperatur an der Flüssigkeitsoberfläche sicher unter dem UEP gehalten wird (bei Aerosolen s. aber Absätze 5 und 6). Liegt z. B. die maximale Verarbeitungstemperatur über dem UEP der Flüssigkeit, so können explosionsfähige Dampf/Luft-Gemische vorhanden sein.

(3) Sofern der jeweilige UEP nicht bekannt ist, kann er in den folgenden beiden Fällen für Umgebungsdruck und Luft als Bestandteil des explosionsfähigen Gas- bzw. Dampf/Luft-Gemisches abgeschätzt werden:

1. bei reinen, nicht halogenierten Flüssigkeiten 5 K unter dem Flammpunkt,
2. bei Lösemittel-Gemischen ohne halogenierte Komponente 15 K unter dem Flammpunkt.

(4) Für explosionsfähige Gemische mit anderen Sauerstoffvolumenanteilen als Luft sowie Drücken kleiner Umgebungsdruck kann dieses Abschätzverfahren nicht angewendet werden.

(5) Bei Gemischen aus Kohlenwasserstoffen und niedrigsiedenden nicht- oder schwerbrennbaren Halogenkohlenwasserstoffen wird der Flammpunkt dieser Gemische heraufgesetzt oder das Gemisch ist als nicht brennbar eingestuft. In diesen Fällen kann allerdings aufgrund des unterschiedlichen Verdampfungsverhaltens der Anteil von Halogenkohlenwasserstoffen in der Flüssigkeit so stark abnehmen, dass die später freiwerdenden Dämpfe wieder explosionsfähige Atmosphäre bilden können.

(6) Explosionsfähige Gemische können auch durch Aerosol/Luft-Gemische gebildet werden. Für den Begriff Aerosol werden im Sprachgebrauch häufig auch die Begriffe Spray, Sprühstrahl oder Nebel verwendet. Wesentlichen Einfluss auf die Ausbildung eines explosionsfähigen Aerosol/Luft-Gemisches hat die Tropfengrößenverteilung und die Tropfenverteilung (lokale Konzentration). Ein Aerosol ist bei ansonsten gleichen Randbedingungen mit sinkendem Tropfendurchmesser leichter entzündbar.

(7) Für Aerosol/Luft-Gemische kann angenommen werden, dass sie ab einer Konzentration von ca. 40 g/m^3 gezündet werden können, wenn es sich um reine Tröpfchen/Luft-Gemische handelt. Wenn es gleichzeitig zu Verdampfungsprozessen kommt, so können hybride Gemische aus Tröpfchen/Dampf/Luft-Gemischen entstehen. Bei Tropfengrößen kleiner 20 µm ist davon auszugehen, dass das Aerosol Kenngrößen aufweist, die den zugehörigen Gasen/Dämpfen entsprechen.

(8) Liegt die Konzentration in einem Arbeitsmittel einschließlich Anlagen und Anlagenteilen über der oberen Explosionsgrenze, besteht zwar im Inneren keine Explosionsgefahr; austretende Gemische können jedoch durch Vermischung mit Luft Explosionsgefahr außerhalb des Anlagenteils hervorrufen.

(9) Liegt die Temperatur einer Flüssigkeitsoberfläche in einem Anlagenteil oberhalb des oberen Explosionspunktes, so ist innerhalb des Anlagenteils nicht notwendigerweise von Gemischkonzentrationen oberhalb der oberen Explosionsgrenze auszugehen. Hierbei sind auch die Randbedingungen des Prozesses, wie z. B. Möglichkeiten der Konzentrationsänderung durch Kondensation, zu berücksichtigen.

(10) Durch Zugabe von brennbaren Gasen ist es möglich, die Gesamtkonzentration der brennbaren Komponenten in Arbeitsmitteln einschließlich Anlagen und Anlagenteilen stets oberhalb der für das gesamte Gemisch gültigen oberen Explosionsgrenze zu halten.

4.2.3 Stäube

(1) In den folgenden Abschnitten sind Maßnahmen zur Konzentrationsbegrenzung und relevante Informationen zu deren Eignung aufgeführt.

(2) Für die Beurteilung von staubexplosionsfähigen Gemischen ist die Angabe einer mittleren Konzentration innerhalb einer Anlage nicht aussagekräftig, da von einer

inhomogenen Staubverteilung innerhalb der Anlage ausgegangen werden muss. Daher kann in Teilen von Anlagen, Behältern oder Räumen auch dann Explosionsgefahr bestehen, wenn die auf das Gesamtvolumen bezogene Staubmenge unterhalb der unteren Explosionsgrenze (UEG) liegt.

(3) Bei der Bewertung explosionsfähiger Gemische ist zu berücksichtigen, dass abgelagerter Staub wieder aufgewirbelt werden kann.

(4) Auch bei hohen mittleren Konzentrationen, wie z. B. in Mühlen und Mischern, muss davon ausgegangen werden, dass innerhalb des Apparates auf Grund der inhomogenen Staubverteilung Explosionsgefahr besteht.

(5) Beim Austritt brennbarer Stäube aus Öffnungen, undichten Stellen usw. können sich außerhalb der Anlagen und Anlagenteile gefährliche explosionsfähige Atmosphäre und auch Ablagerungen bilden. Staubablagerungen in der Umgebung staubführender Anlagenteile und Behälter sind nach Möglichkeit zu vermeiden. Unerwünschte Staubablagerungen können sich auch entfernt von der Austrittsstelle bilden, insbesondere wenn es sich um sehr feinkörnigen Staub handelt.

(6) Durch organisatorische Maßnahmen kann bei Stäuben die Auftrittswahrscheinlichkeit explosionsfähiger Atmosphäre z. B. durch Staubablagerungen infolge von verfahrens- oder störungsbedingten Austritten verringert werden. Damit ist ggf. eine Reduzierung der Zoneneinstufung bzw. deren Ausdehnung möglich.

(7) Auftretende Staubablagerungen in der Umgebung staubführender Anlagenteile und Behälter sind regelmäßig ohne Aufwirbeln zu beseitigen, z. B. durch Aufsaugen oder Nassreinigung. Die erforderlichen Reinigungsmaßnahmen sind hinsichtlich Art, Umfang, Häufigkeit und Verantwortlichkeiten festzulegen.

(8) Die individuellen Verhältnisse sind zu berücksichtigen, insbesondere auch schlecht einsehbare, z. B. höher gelegene oder schwer zugängliche Oberflächen, auf denen sich im Lauf der Zeit erhebliche Staubmengen ablagern können.

(9) Ist eine größere Staubfreisetzung infolge von Betriebsstörungen möglich, z. B. Beschädigen oder Platzen von Gebinden oder Leckagen, sind zusätzliche Maßnahmen zur unverzüglichen Beseitigung der Staubablagerungen zu treffen.

Eine Konzentrationsbegrenzung als Schutzmaßnahme lässt sich bei Gas/Luft-Gemischen realisieren. Bei Staub/Luft-Gemischen ist die Vermeidung explosionsfähiger Gemische nur schwer zu erreichen.

Staubablagerungen in der Umgebung staubführender Anlagen und Anlagenteile sind nach Möglichkeit zu vermeiden. Unvermeidbare Staubablagerungen sind regelmäßig zu beseitigen.

4.3 Inertisieren für das Innere von Anlagen

(1) Bei der Inertisierung kann durch Zugabe von Stoffen, die mit dem Brennstoff nicht reagieren (Inertstoff), die Bildung explosionsfähiger Gemische verhindert werden. Beispiele für gasförmige Inertstoffe sind Stickstoff, Kohlendioxid, Edelgase oder Wasserdampf. Bei Inertisierung mit Wasserdampf ist die Auswirkung einer möglichen Kondensation zu berücksichtigen.

(2) Da viele Leichtmetallstäube mit Kohlendioxid, mit Wasser und zum Teil auch mit Stickstoff reagieren können, sind Kohlendioxid, Wasserdampf und Stickstoff in diesen Fällen als Inertstoffe nicht geeignet. In solchen Fällen können z. B. Edelgase eingesetzt werden.

(3) Die Sauerstoffgrenzkonzentration (vgl. Abschnitt 2.3 Abs. 4 der TRGS 7208) ist vom brennbaren Gefahrstoff und vom Inertgas abhängig. Beim Einsatz von Kohlendioxid als Inertgas werden für die Sauerstoffgrenzkonzentration höhere Werte gemessen als beim Einsatz von Stickstoff.

(4) Im Kapitel 4.3.1.1 sind für einige brennbare Gase und Dämpfe (Tabelle 3) und für einige brennbare Stäube (Tabelle 5) die maßgeblichen Grenzwerte tabellarisch aufgeführt.

(5) Die Sauerstoffgrenzkonzentration fällt mit zunehmender Temperatur und steigendem Druck ab. In Kapitel 4.3.1.1 ist eine Abschätzformel für den Einfluss der Temperatur und die zugehörigen Temperaturkoeffizienten (Tabelle 4) aufgeführt. Eine Abschätzformel für den Einfluss des Drucks liegt auf Grund der geringen Datenlage nicht vor.

(6) Bei gleichzeitigem Vorhandensein gasförmiger und staub- oder nebelförmiger brennbarer Gefahrstoffe (hybride Gemische) ist zur Ermittlung der höchstzulässigen Sauerstoffkonzentration die Komponente mit der niedrigsten Sauerstoffgrenzkonzentration zugrunde zu legen.

(7) Hybride Gemische sind i. d. R. nicht zu unterstellen, wenn bei brennbaren Schüttgütern die Konzentration brennbarer Gase und Dämpfe sicher unterhalb 20 % der UEG des Gases/Dampfes liegt. Diese Bedingung ist oft erfüllt, wenn z. B. unmittelbar nach einem Trocknungsprozess der restliche Anteil eines brennbaren Lösemittels weniger als 0,5 Gew.-% des Schüttgutes beträgt.

(8) In der Praxis bewährte Inertisierungsmethoden mit Inertgasen sind das Druckwechselverfahren mit oder ohne Vakuumanwendung und die Durchflussspülung. In der Gefährdungsbeurteilung ist festzulegen, wie die Aufrechterhaltung der Inertisierung erfolgt. Die Vorgehensweise für eine Druckwechselinertisierung (Druckwechselverfahren ohne Vakuumanwendung) ist im Kapitel 4.3.2 beschrieben.

(9) Die höchstzulässige Sauerstoffkonzentration für die Inertisierung ergibt sich aus der experimentell bestimmten Sauerstoffgrenzkonzentration durch Abzug eines Sicherheitsabschlags. Der Sicherheitsabschlag zwischen der experimentell bestimmten

Sauerstoffgrenzkonzentration und der höchstzulässigen Sauerstoffkonzentration ist unter Berücksichtigung der betriebs- und störungsbedingten örtlichen und zeitlichen Schwankungen der Sauerstoffkonzentration und der Zeitspanne für das Wirksamwerden von Maßnahmen festzulegen.

(10) Wird als Explosionsschutzmaßnahme eine Inertisierung verwendet, sind für deren Umsetzung die erforderliche Absenkung der Sauerstoffkonzentration sowie die notwendigen Maßnahmen zur Aufrechterhaltung der Inertisierung festzulegen. In Abhängigkeit des Konzeptes können MSR-Einrichtungen zur Aufrechterhaltung der Inertisierung erforderlich sein. Dies können z. B. sein:

1. Sauerstoffkonzentrationsmessungen,
2. Messungen der Inertgaskonzentration,
3. Druckmessungen oder
4. Durchflussmessungen.

(11) Die Anforderungen an die Zuverlässigkeit der MSR-Einrichtungen für die Inertisierung sind in Übereinstimmung mit TRGS 725[75] festzulegen.

> Ist die Bildung explosionsfähiger Atmosphäre nicht sicher auszuschließen, so sollte die Menge begrenzt oder inertisiert werden.

4.3.1 Sauerstoffgrenzkonzentration

4.3.1.1 Gase und Dämpfe

(1) Bei Gasen und Dämpfen kann zwischen partieller und totaler Inertisierung unterschieden werden.

1. Bei der totalen Inertisierung ist das Verhältnis des Anteiles von Inertstoff zu dem des brennbaren Gefahrstoffes so hoch, dass das Gemisch auch nach Zumischung beliebig großer Luftmengen nicht explosionsfähig wird.
2. Bei der partiellen Inertisierung wird dem Gemisch so viel Inertstoff zugeführt, dass die Sauerstoffgrenzkonzentration (vgl. Abschnitt 2.3 Abs. 4 der TRGS 720[8]) sicher unterschritten wird (höchstzulässige Sauerstoffkonzentration). Bei einer partiellen Inertisierung kann das Gasgemisch nach ausreichender Zugabe eines Oxidators, z. B. wie Luft bei einem Austreten in die Umgebung, wieder explosionsfähig werden.

(2) Bei der totalen Inertisierung werden explosionsfähige Gemische dadurch vermieden, dass das Verhältnis des Partialdruckes des Inertgases zu demjenigen des brennbaren Gases oder Dampfes einen bestimmten Grenzwert (s. Tabelle 3) überschreitet. Im Kapitel 4.3.2 ist ein Rechenbeispiel für eine totale Inertisierung aufgeführt. Der Partialdruck des brennbaren Gases ist oft verfahrenstechnisch oder bei Dampf physi-

kalisch (entsprechend der Dampfdruckkurve der Flüssigkeit) vorgegeben. Dadurch kann eine totale Inertisierung einen erheblichen Überdruck in der Anlage erforderlich machen.

(3) Bei der partiellen Inertisierung muss die in Tabelle 3 angegebene Sauerstoffgrenzkonzentration unterschritten oder der Mindestwert des Verhältnisses der Molanteile von Inertgas (N_2 oder CO_2) und Luft (L) (zur Inertisierung bei beliebiger Zugabe von brennbarem Gefahrstoff) überschritten werden. Einflüsse nicht atmosphärischer Bedingungen auf die Sauerstoffgrenzkonzentration sind zu berücksichtigen. Ein Rechenbeispiel für eine partielle Inertisierung ist in Kapitel 4.3.3 aufgeführt.

(4) In Tabelle 3 sind Beispiele für experimentell ermittelte Sauerstoffgrenzkonzentrationen für Gase und Dämpfe aufgeführt.

Tabelle 3: Grenzwerte für die Inertisierung brennbarer Gase und Dämpfe bei 1 bar Gesamtdruck aus der Datenbank „Chemsafe" der DECHEMA

Partielle Inertisierung						Totale Inertisierung	
Brennbarer Gefahrstoff	Temperatur in °C	Sauerstoffgrenzkonzentration im Gesamtgemisch brennbarer Gefahrstoff/Inertgas/Luft bei der Inertisierung mit:		Mindestwert des Verhältnisses der Molanteile von Inertgas (N_2 oder CO_2) und Luft (L) notwendig zur Inertisierung bei beliebiger Zugabe von brennbarem Gefahrstoff		Mindestwert des Verhältnisses der Molanteile von Inertgas (N_2 oder CO_2) und brennbarem Gefahrstoff (B) notwendig zur Inertisierung bei beliebiger Zugabe von Luft	
		N_2	CO_2	N_2/L	CO_2/L	N_2/B	CO_2/B
		$c_{max O_2}$ in mol %	$c_{max O_2}$ in mol %				
Acetaldehyd	50	8,4	-	1,5	-	-	-
Acrylsäure	60	8,0	-	1,6	-	-	-
Benzol	100	8,5	11,8	1,4	0,7	42	22
i-Butan	20	10,3	13,1	1,0	0,5	28	13
n-Butan	20	9,6	13,2	1,1	-	27	-
n-Butanal	100	8,2	-	1,6	-	-	-
1-Butanol	130	8,2	-	1,6	-	-	-
t-Butanol	100	8,6	-	1,4	-	-	-
1-Butoxy-2-propanol	100	8,0	-	1,6	-	49	-
n-Butylacetat	100	9,5	-	1,2	-	-	-
Cyclohexan	100	8,5	11,3	1,3	0,8	54	27
Cyclohexanol	100	8,8	-	1,4	-	-	-
Cyclohexanon	100	8,0	-	1,6	-	-	-
Cyclopropan	20	11,7	13,9	-	-	-	-
Dimethylether	20	8,5	-	1,5	-	-	-
1,4-Dioxan	100	7,0	-	2,0	-	-	-
Dipropylenglykoldimethylether	150	7,4	-	1,9	-	-	-

Partielle Inertisierung						Totale Inertisierung	
Brennbarer Gefahrstoff	Temperatur in °C	Sauerstoffgrenzkonzentration im Gesamtgemisch brennbarer Gefahrstoff/Inertgas/Luft bei der Inertisierung mit:		Mindestwert des Verhältnisses der Molanteile von Inertgas (N_2 oder CO_2) und Luft (L) notwendig zur Inertisierung bei beliebiger Zugabe von brennbarem Gefahrstoff		Mindestwert des Verhältnisses der Molanteile von Inertgas (N_2 oder CO_2) und brennbarem Gefahrstoff (B) notwendig zur Inertisierung bei beliebiger Zugabe von Luft	
		N_2	CO_2	N_2/L	CO_2/L	N_2/B	CO_2/B
		c_{maxO_2} in mol %	c_{maxO_2} in mol %				
Dipropylether	100	8,4	–	1,5	–	–	–
Ethan	20	8,7	11,8	1,3	0,7	21	11
Ethanol	20	8,5	–	1,4	–	17	–
Ethylacetat	20	9,8	–	1,1	–	23	–
Ethylen	20	7,6	10,5	1,7	0,9	24	13
Ethylenoxid	20	wegen Zerfallsfähigkeit von Ethylenoxid existieren diese Werte nicht				17	15
Heptan	100	–	10,9	–	0,9	–	35
Hexamethyldisiloxan	80	8,9	–	1,4	–	–	–
Hexan	20	9,1 8,3 (100°C)	11,6* (100 °C)	1,3	0,8* (100 °C)	42	32* (100 °C)
1-Hexanol	100	8,5	–	1,5	–	–	–
Kohlenmonoxid	20	6,2	–	3,1	1,7	6	3
Methan	20	9,9	13,6	1,0	0,4	11	5
Methanol	20	8,1	–	1,4	–	7	–
Methylethylketon (2-Butanon)	20	9,5	–	1,2	–	26	–
n-Pentan		9,3	–	~1,3	–	~42	–
Pentylacetat	100	9,2	–	1,3	–	–	–
Propan	20	9,3	12,6	1,1	0,6	26	13
1-Propanol	20	9,3	–	1,3	–	19	–
2-Propanol	20	8,7	–	1,4	–	25	–
Propylen	20	9,4	12,5	1,2	0,6	23	12
Propylenoxid	25	7,7	10,3 (20 °C)	1,7	–	26	–
Propylformiat	20	9,8	–	1,1	–	21	–
Schwefelkohlenstoff	20	4,6	–	3,5	–	49	–
Tetrahydrofuran	100	8,3	–	1,5	–	–	–
Toluol	100	9,6	12,9	1,1	0,6	42	21
Wasserstoff	20	4,3	5,2	3,4	1,8	17	12
Xylol	100	9,7	13,1	1,1	0,6	42	21

„~" = Schätzwert

* Konzentration bei 20 °C nicht erreichbar

(5) Die Sauerstoffgrenzkonzentration hängt vom Inertgas ab. Sie sinkt für die meisten Stoffe mit steigender Temperatur. Die Temperaturabhängigkeit kann in guter Näherung für viele Gefahrstoffe als Gerade dargestellt werden:

$$SGK^I(T) = SGK^I(T_0) \cdot (1 + k_S[T - T_0])$$

Dabei ist $SGK^I(T)$ die Sauerstoffgrenzkonzentration für das Inertgas I (in Vol.-%) bei der Temperatur T (in °C), $SGK^I(T_0)$ die entsprechende Sauerstoffgrenzkonzentration (in Vol.-%) bei der Bezugstemperatur T_0 (in °C) und k_s die Änderung der SGK pro K (Temperaturkoeffizient in K^{-1}). Tabelle 4 fasst die bekannten Werte für k_s für die gängigen Inertgase N_2, CO_2 und H_2O-Dampf zusammen.

(6) Zur Druckabhängigkeit der Sauerstoffgrenzkonzentration liegen nur wenige Messungen vor, so dass an dieser Stelle keine allgemeingültige Abschätzformel gegeben werden kann.

Tabelle 4: Temperaturkoeffizient zur Berechnung der Sauerstoffgrenzkonzentration (Auswertung der empfohlenen Datensätze aus CHEMSAFE)

Substanz	K_s (N_2) K^{-1}	K_s (CO_2) K^{-1}	K_s (H_2O) K^{-1}
Wasserstoff	-0,0018	-0,0013	-0,0013
Kohlenmonoxid	-0,0016	-0,0012	-0,0011
Methan	-0,0012	-0,0005	-0,0006
Ethan	-0,0012	-0,0008	-0,0006
Propan	-0,0012	-0,0007	-0,0008
i-Butan	-0,0012	-0,0007	-0,0003
n-Hexan	-0,0012	0	
Cyclohexan	-0,0004	-0,0010	
Ethen	-0,0009		-0,0006
Propen	-0,0005	-0,0006	
i-Buten	-0,0011	-0,0005	-0,0007

Substanz	K_s (N_2) K^{-1}	K_s (CO_2) K^{-1}	K_s (H_2O) K^{-1}
Benzol	-0,0011	-0,00065	
Toluol	-0,0010	-0,0005	
o-Xylol	-0,0008	-0,0006	
Methanol	-0,0013	-0,0007	
Ethanol	-0,0007	-0,0004	
Propanol	-0,0011		
i-Propanol	-0,0004	-0,0004	
Butanol	-0,0002		
tert.-Butanol	-0,0004		
Hexanol-1	-0,0013		
Propylformiat	-0,0009		
Ethylacetat	-0,0011		
Butylacetat	-0,0012		
Butanon-2	-0,0016		
Cyclohexanon	-0,0008		
Dimethylether	-0,0011		
Dipropylether	-0,0012		
Tetrahydrofuran	-0,0012		
Dioxan	-0,001		
Acetaldehyd	-0,001		
Acrylsäure	-0,0012		
Schwefelkohlenstoff	-0,0008		

In Abhängigkeit von der Zuverlässigkeit der Inertisierung ist eine Zonenreduzierung für das Innere von Anlagen und Anlagenteilen möglich.[10]

Erläuterungen mit Berechnungsbeispielen finden sich in der TRGS 509[77], Anhang 2, Punkt 1.2:

„1.2

Explosionsgefährdete Bereiche in inertisierten Tanks

1.2.1 Inertisierte nicht einatmende Tanks

Wenn in einem Tank ohne Verbindung zur Atmosphäre, die zu einer Beatmung des Tanks führen kann, durch ausreichende Zugabe von Inertgas, z.B. Stickstoff oder

Kohlendioxid, gewährleistet ist, dass sich außer bei der Erstinertisierung keine explosionsfähige Atmosphäre im Tankinneren bilden kann, muss im Inneren dieser Tanks kein explosionsgefährdeter Bereich unterstellt werden.

1.2.2 Inertisierte Tanks mit Belüftungsarmaturen

(1) Bei intertisierten Tanks mit Belüftungsarmatur wird durch die Inertisierung die Wahrscheinlichkeit und die Dauer des Auftretens einer gefährlichen explosionsfähigen Atmosphäre reduziert, so dass von der Festlegung einer Zone 0 gemäß Abschnitt 1.1 Absatz 1 dieser Anlage abgewichen werden kann. Satz 1 gilt bei Umsetzung der Anforderungen der Absätze 2 bis 10 als erfüllt, wenn in der Gefährdungsbeurteilung aufgrund der betrieblichen Verhältnisse und der Eigenschaften der gelagerten Stoffe keine anderen Festlegungen getroffen wurden.

(2) Die Belüftungsarmatur einer Lüftungseinrichtung von inertisierten Tanks ist als Noteinrichtung vorzusehen, die nur sehr selten in Grenzfällen (Ausfall der Inertgaszufuhr, extreme witterungsbedingte Abkühlung) anspricht.

(3) Bei Tanks dürfen durch Zugabe von Inertgas die Anforderungen an die Ausrüstung der Tanks wegen der geringeren Wahrscheinlichkeit für das Auftreten explosionsfähiger Atmosphäre verringert werden, wenn die unter den Absätzen 4 bis 6 genannten Anforderungen erfüllt sind.

(4) Vor der erstmaligen Befüllung des Tanks (z.B. auch nach Wartungsarbeiten) ist durch Inertgaszugabe die Sauerstoffkonzentration der Tankatmosphäre auf unter 50 % der z. B. in der TRGS 722 Abschnitt 4.3 genannten Sauerstoffgrenzkonzentration abzusenken. Diese Erstinertisierung ist durch Messung der Sauerstoffkonzentration zu überprüfen.

(5) Die Lüftungseinrichtungen von inertisierten Tanks müssen so bemessen sein, dass sowohl der maximal zulässige Atmungsvolumenstrom als auch der maximal mögliche Inertgasvolumenstrom abgeleitet werden können, ohne dass im Tank unzulässige Druckverhältnisse auftreten können. Hinsichtlich der Bemessung der Lüftungseinrichtungen wird auf Abschnitt 7.1.1 der TRGS 509 sowie auf Abschnitt 1.1 der Anhang 1 verwiesen. Ist bei dem Ausfall von Regeleinrichtungen der Inertisierungsanlage eine Notspülung mit Inertgas vorgesehen, so ist der anfallende Inertgasvolumenstrom bei der Bemessung der Entlüftungsarmatur der Lüftungseinrichtung zu berücksichtigen. Die Entlüftungsarmatur muss auch für den Versagensdurchlass der Druckreduzierung der Inertisierungsanlage ausreichend bemessen sein.

(6) Die Tankbeatmung bei dem Entleeren oder bei witterungsbedingter Abkühlung der Tanks muss mit Inertgas erfolgen. Hierbei ist auf eine ausreichende Inertgasversorgung zu achten. ..."

Durch Zugabe gasförmiger Inertstoffe kann die Bildung explosionsfähiger Gemische verhindert werden. Wird eine hohe Zuverlässigkeit erreicht, liegt im Inneren von Anlagen und Anlagenteilen keine Zone vor.

4.3.1.2 Stäube

(1) In Tabelle 5 sind Beispiele für experimentell ermittelte Sauerstoffgrenzkonzentrationen für Stäube aufgeführt.

(2) Die Werte in Tabelle 5 dienen nur als Anhalt. Sicherheitstechnische Kenngrößen von Stäuben sind abhängig von der Beschaffenheit der Stäube wie z. B. Zusammensetzung, Korngröße, Wassergehalt und Oberflächenstruktur sowie ggf. vom gewählten Untersuchungsverfahren (s.a. GESTIS Staub Ex-Datenbank: https://staubex.ifa.dguv.de/).

(3) Zum Vermeiden von Glimm- oder Schwelbränden bei Ablagerungen brennbarer Stäube müssen zum Teil noch wesentlich niedrigere Sauerstoffkonzentrationen eingehalten werden, als es zum Vermeiden von Staubexplosionen notwendig ist. Die dafür maßgeblichen Sauerstoffkonzentrationen müssen gesondert ermittelt werden.

Tabelle 5: Sauerstoffgrenzkonzentration für verschiedene Stäube für das Inertisieren von Staub/Luft-Gemischen durch Stickstoff bei einer Gemischtemperatur von etwa 20 °C und einem Gesamtdruck von etwa 1 bar

	Feinheit (Medianwert) [µm]	Sauerstoffgrenzkonzentration (Molgehalt in der Gasphase) [%]
ABS Mischgut	125	11
Aluminium	22	5
Bariumstearat	< 63	13
Braunkohle	63	12
Cadmiumlaurat	< 63	14
Cadmiumstearat	< 63	12
Calciumstearat	< 63	12
Cellulose	22	9
Erbsenmehl	25	15
Harnstoff	< 10	10
Harz	< 63	10
Herbizid	10	12
Holz	27	10
Hopfen	500	17
Kakao	< 63	9

	Feinheit (Medianwert) [µm]	Sauerstoffgrenzkonzentration (Molgehalt in der Gasphase) [%]
Kautschuk	95	11
Kolophonium, Balsamharz	440	12
Lykopodium	30	7,5
Maisstärke	17	9
Malzschrot	25	11
Methionin	< 10	12
Methylcellulose	70	10
Organisches Pigment	< 10	12
Paraformaldehyd	23	6
Polyacrylnitril	26	10
Polyethylen (HDPE)	26	10
Polymethacrylat	18	7
Roggenmehl Typ 1150	29	13
Ruß	13	12
Stärkederivat	24	14
Steinkohle (Fett-)	17	14
Wachs	< 10	11
Weizenmehl Typ 550	60	11
Zink	< 10	10

Explosionsfähige Staub/Luft-Gemische können sowohl mit Inertgasen als auch mit inerten Stäuben verhindert werden.

4.3.1.3 Totale Inertisierung

Nachfolgend ist ein Rechenbeispiel für die totale Inertisierung mit zwei unterschiedlichen Inertgasen aufgeführt:

1. In einem Behälter soll Hexan bei 20 °C mit Inertgas (ohne Luft) so unter Druck stehen, dass bei einer Undichtigkeit im Gasraum des Behälters explosionsfähige

Atmosphäre im Freien nicht entstehen kann. Hexan hat bei 20 °C einen Sattdampfdruck von ca. 0,16 bar.

2. Stickstoff als Inertgas: Der Tabelle 3 ist zu entnehmen, dass für die Inertisierung mit Stickstoff das Verhältnis der Molanteile und damit in guter Näherung der Partialdrücke von Stickstoff und Hexandampf mindestens 42 betragen muss, d. h., der Partialdruck des Stickstoffs muss mindestens bei (42 x 0,16) bar = 6,7 bar liegen. Bei homogener Mischung des Stickstoffs mit dem Hexandampf im Behälter ist somit durch Aufdrücken von Stickstoff ein Gesamtdruck von (6,7 + 0,16) bar = 6,9 bar (entsprechend einem Überdruck gegen Atmosphäre von 5,9 bar) im Behälter erforderlich.
3. Kohlendioxid als Inertgas: Bei der Inertisierung mit Kohlendioxid beträgt das Verhältnis der Molanteile von Kohlendioxid zu Hexandampf nach Tabelle 3 mindestens 32. Der Partialdruck des Stickstoffs muss mindestens bei (32 x 0,16) bar = 5,14 bar liegen. Die analoge Rechnung ergibt, dass zum Erreichen des Schutzzieles durch Zugabe von Kohlendioxid ein Gesamtdruck von (32 x 0,16 + 0,16) bar = 5,3 bar (entsprechend einem Überdruck von 4,3 bar) einzustellen ist.

> Beim totalen Inertisieren kann auch nach Zumischung beliebiger Mengen Luft kein explosionsfähiges Gemisch mehr entstehen.

4.3.1.4 Partielle Inertisierung

Nachfolgend ist ein Rechenbeispiel für die partielle Inertisierung aufgeführt:

1. Ein bestimmter Prozess mit Propan (als einzigem brennbaren Gefahrstoff) ist bei ca. 20 °C und 1 bar so mit Stickstoff zu inertisieren, dass im Inneren der Anlagenteile und Rohrleitungen keine gefährliche explosionsfähige Atmosphäre entsteht. Die Sauerstoffkonzentration der Gasphase kann überwacht werden.
2. Die Sauerstoffgrenzkonzentration wird Tabelle 3 entnommen (Molgehalt C_{maxO_2} = 9,3 %, alte Bezeichnung C_{maxO_2} = 9,3 Vol.-%). Im vorliegenden Fall sei bekannt, dass verfahrensbedingt die Sauerstoffkonzentration örtlich und zeitlich um ±1 % (Molgehalt) schwanken kann. Ferner sollen evtl. Schutzfunktionen so schnell wirksam werden, dass nach ihrer Auslösung die Sauerstoffkonzentration maximal noch um 1 % absolut ansteigen kann. Für die Schwankung werden hier 2 % absolut angesetzt, da bei einer möglichen Schwankung von ±1 % um einen mittleren Wert der höchste Wert (der in diesem Beispiel nicht über 9,3 % – dem Wert der Sauerstoffgrenzkonzentration – liegen darf) und der niedrigste Wert, der z. B. am Ort der Sauerstoffkonzentrationsmessung vorliegen kann, um 2 % auseinanderliegen können.
3. Damit wird die höchstzulässige Sauerstoffkonzentration auf (9,3 – 2 – 1) % = 6,3 % festgelegt. Zur Berücksichtigung der Eigenschaften der Sauerstoffüberwachungseinrichtung (u. a. Messabweichungen, Alarmverzögerungen) wird weiterhin

eine Alarmschwelle unterhalb der höchstzulässigen Sauerstoffkonzentration bestimmt. Der hierfür nötige Sicherheitsabstand betrage im vorliegenden Fall 3 %, so dass die Alarmschwelle bei (6,3 – 3) % > 3,3 % liegt. Überschreitet die im Prozess gemessene Sauerstoffkonzentration die Alarmschwelle von 3,3 % (Molgehalt), so werden die Schutzfunktionen ausgelöst.

Beim partiellen Inertisieren kann nach Zumischung von Luft wieder ein explosionsfähiges Gemisch entstehen.

4.3.2 Beispiel einer Druckwechselinertisierung

Vorgehensweise:

Bei der Druckwechselinertisierung wird der Druck ausgehend vom Umgebungsdruck durch Zugabe von Inertgas erhöht. Nach diesem Schritt wird das Gas an die Atmosphäre abgegeben, bis der Umgebungsdruck wieder erreicht ist. Dieser Druckwechselzyklus wird wiederholt, bis die Sauerstoffkonzentration den Zielwert erreicht oder unterschreitet.

Verfahren geeignet für:

Dieses Verfahren ist nur geeignet, wenn die Anlage die erforderliche Druckfestigkeit aufweist.

Anwendung:

Die Anzahl der erforderlichen Druckwechselzyklen kann durch Berechnung nach der Formel

$$n = k \times \frac{\log\frac{c_n - c_i}{c_0 - c_i}}{\log\frac{p_1}{p_2}}$$

abgeschätzt werden.

c_n	Sauerstoffkonzentration nach n Druckwechselzyklen
c_0	Ursprüngliche Sauerstoffkonzentration
c_i	Sauerstoffkonzentration im Inertgas
p_1	niedrigerer Druck (absolut)
p_2	oberer Druck (absolut)
k	isentropischer Exponent (cp/cv); 1,4 für zweiatomige Gase wie Luft
n	Anzahl der Druckwechselzyklen

Diese Gleichung basiert auf der konservativen Annahme, dass Kompression und Expansion adiabatisch sind. Wenn Komprimierung und Expansion ausreichend langsam sind, um als isotherm angenommen zu werden, kann k = 1 verwendet werden. Als Beispiel dient das folgende Diagramm:

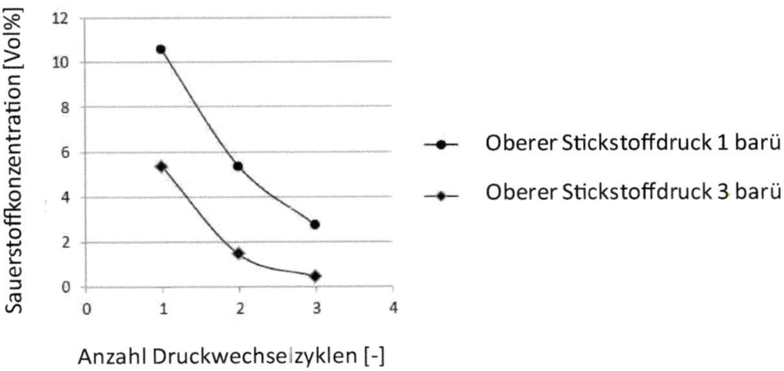

Abbildung 4: Abnahme der Sauerstoffkonzentration in Abhängigkeit der Druckwechselzyklen (ci = 0,1 Vol.-%)

Diese Methode setzt voraus, dass Gasaustausch in allen Anlagenteilen stattfindet, und kann daher bei Vorliegen von nicht durchströmten Rohrleitungsstücken zu unzureichenden Ergebnissen führen. In diesen Fällen wird eine Druckwechselinertisierung durch Anlegen von Vakuum empfohlen.

4.3.3 Inertisieren hybrider Gemische

Bei gleichzeitigem Vorhandensein gasförmiger, staubförmiger und/oder nebelförmiger Stoffe ist zur Ermittlung der höchstzulässigen Sauerstoffkonzentration die Komponente mit der niedrigsten Sauerstoffgrenzkonzentration zugrunde zu legen. Im Einzelfall sollten Experten hinzugezogen werden.

> Das Inertisieren hybrider Gemische verlangt besondere Kenntnisse (s. a. www.exinfo.de, Seiten-ID: #C253.

4.4 Vermeidung gefährlicher explosionsfähiger Gemische durch Druckabsenkung oder Reduzierung der Auswirkung durch Druckabsenkung

(1) Wird der Betriebsdruck unter den Zündgrenzdruck abgesenkt, ist nicht mehr mit einer Explosion zu rechnen. Für die meisten Gefahrstoffe liegt dieser Druck unterhalb ca. 50 mbara.

(2) An- und Abfahrvorgänge sind hinsichtlich des Explosionsschutzes gesondert zu betrachten. Erforderlichenfalls sind für diese Betriebszustände zusätzliche Explosionsschutzmaßnahmen, z. B. zeitweise Inertisierung oder zeitweise Vermeidung von Zündquellen, vorzusehen.

(3) Betriebsstörungen, z. B. Lufteinbruch, sind in der Gefährdungsbeurteilung zu bewerten und ggf. zusätzliche Explosionsschutzmaßnahmen, z. B. Abschaltung von Zündquellen, festzulegen.

(4) Wird der Betriebsdruck unter 100 mbara abgesenkt, liegt der zu erwartende Explosionsdruck i. d. R. unter dem Atmosphärendruck. Es sind ggf. Explosionsschutzmaßnahmen zur Vermeidung der Fortpflanzung einer Explosion im Rahmen der Gefährdungsbeurteilung festzulegen[47].

(5) Werden im Rahmen von Explosionsschutzmaßnahmen MSR-Einrichtungen verwendet, sind die Anforderungen an die Zuverlässigkeit in Übereinstimmung mit TRGS 725[75] festzulegen.

> Durch Absenken des Betriebsdruckes unter 100 mbara können gefährliche explosionsfähige Gemische vermieden werden.

> In der Umgebung von Anlagen und Anlagenteilen ist die Bildung gefährlicher explosionsfähiger Atmosphäre zu verhindern oder einzuschränken.

> Durch kontinuierliche Verfahrensweisen in geschlossenen Systemen kann die Bildung gefährlicher explosionsfähiger Atmosphäre in der Umgebung von Anlagen und Anlagenteilen verhindert bzw. eingeschränkt werden.

4.5 Dichtheit von Anlagenteilen

4.5.1 Allgemeines

(1) Die Bildung von gefährlichen explosionsfähigen Gemischen innerhalb und außerhalb von Anlagenteilen kann durch die Dichtheit des Anlagenteils verhindert oder eingeschränkt werden.

(2) Hierbei wird unterschieden in:

1. auf Dauer technisch dichte Anlagenteile,
2. technisch dichte Anlagenteile und
3. Anlagenteile mit betriebsbedingtem Austritt brennbarer Gefahrstoffe.

(3) Bei der Konstruktion von Anlagenteilen für die Handhabung mit brennbaren Gasen, Flüssigkeiten und Stäuben sind die Werkstoffe so auszuwählen, dass sie den zu erwartenden mechanischen, thermischen und chemischen Beanspruchungen standhalten. Gefahren durch abrasive Beanspruchung sind zu berücksichtigen. Gefahren durch Reaktionen des Wandmaterials mit den brennbaren Gefahrstoffen sind auszuschließen.

(4) Bei der Auswahl der Werkstoffe ist das Korrosionsverhalten zu berücksichtigen. Bei flächenhafter Abtragung sind bei der Berechnung der Wanddicke Zuschläge zu berücksichtigen; gegen Lochfraßkorrosion sind grundsätzlich geeignete Werkstoffe auszuwählen und erforderlichenfalls sachgerechte Konservierungsmaßnahmen in Stillstandsphasen durchzuführen.

> In Abhängigkeit von der Dichtheit der Anlagen und Anlagenteile kann das Freisetzen brennbarer Gase, Dämpfe, Nebel oder Stäube in gefahrdrohender Menge in die Umgebung der Anlagen und Anlagenteile vermieden werden.

4.5.2 Auf Dauer technisch dichte Anlagenteile

(1) Bei Anlagenteilen, die auf Dauer technisch dicht sind, sind keine Freisetzungen zu erwarten.

(2) Auf Dauer technisch dichte Anlagen sind vor Inbetriebnahme bzw. Wiederinbetriebnahme, nach Änderungen oder Reparaturarbeiten als Ganzes oder in betroffenen Abschnitten auf Dichtheit zu kontrollieren. Das geeignete Verfahren ist in Abhängigkeit vom Anwendungsfall festzulegen. Geeignete Verfahren können z. B. sein:

1. für Gase und Dämpfe: schaumbildende Mittel oder Lecksuchgeräte,
2. für Stäube: regelmäßige Kontrolle auf Staubaustritte und -ablagerungen sowie auf sichtbare Defekte oder Beschädigungen.

(3) Die im Folgenden bewerteten Dichtungen sind hinsichtlich der Stofffreisetzungen in die Umgebung bewertet. Ob die hier beschriebenen Dichtungsprinzipien auch zur Vermeidung des Sauerstoffeintrags in die Anlage herangezogen werden können, ist im Einzelfall zu bewerten.

(4) Anlagenteile gelten als auf Dauer technisch dicht, wenn

1. sie so ausgeführt sind, dass sie aufgrund ihrer Konstruktion technisch dicht bleiben oder
2. ihre technische Dichtheit durch Wartung und Überwachung ständig gewährleistet wird.

(5) Anlagenteile, die auf Dauer technisch dicht sind, verursachen durch ihre Bauart in ihrer Umgebung im ungeöffneten Zustand keine explosionsgefährdeten Bereiche.

(6) Dichtungssysteme, die nach TRGS 500 für inhalativ toxische Gefahrstoffe mit einem Verfahrensindex von 0,25 bewertet sind, gelten i. S. d. Explosionsschutzes als

auf Dauer technisch dicht. Sind zum Erreichen des Verfahrensindexes Zusatzmaßnahmen erforderlich, sind diese in der Gefährdungsbeurteilung zu dokumentieren. Erforderliche MSR-Maßnahmen sind hinsichtlich ihrer Zuverlässigkeit nach TRGS 725[75] zu bewerten.

(7) Auf Dauer technisch dichte Anlagen- und Ausrüstungsteile nach Absatz 4 Nr. 1 sind z. B.

1. geschweißte Anlagenteile mit
   a) lösbaren Komponenten, wobei die hierfür erforderlichen lösbaren Verbindungen betriebsmäßig nur selten gelöst und hinsichtlich der Dichtungselemente konstruktiv entsprechend den nachstehenden Anforderungen in diesem Abschnitt ausgeführt sind,
   b) lösbaren Verbindungen zu Rohrleitungen, Armaturen oder Blinddeckeln, wobei die hierfür erforderlichen lösbaren Verbindungen nur selten gelöst und hinsichtlich der Dichtungselemente konstruktiv entsprechend den nachstehenden Anforderungen in diesem Abschnitt ausgeführt sind,
2. für Gase, Dämpfe, Flüssigkeiten: Anlagenteile, die auch Dichtungselemente enthalten, wie
   a) Wellendurchführungen mit doppelt wirkender Gleitringdichtung, z. B. an Pumpen, Rührwerken,
   b) Spaltrohrmotorpumpen,
   c) magnetgekuppelte Pumpen,
   d) Membranpumpen mit Doppelmembran und Zwischenraumüberwachung,
   e) Armaturen mit Abdichtung der Spindeldurchführung mittels Faltenbalg und Sicherheitsstopfbuchse,
   f) Gasgeschmierte Dichtungen mit Überwachung des Gasflusses oder -drucks,
   g) stopfbuchsenlose Armaturen mit Permanent-Magnetantrieb.
3. für Stäube: Anlagenteile, die auch Dichtungselemente enthalten können, wie
   a) Wellendurchführungen mit überwachter Sperrluft, z. B. bei Labyrinth- oder Stopfbuchsdichtungen,
   b) Armaturen mit üblichen Abdichtungssystemen, z. B. Scheibenventile, Schieber in geschlossener Bauart, Kugelhähne,
   c) magnetisch gekuppelte, dichtungslose Antriebssysteme.

(8) Auf Dauer technisch dichte Anschlüsse für Armaturen oder Rohrleitungsverbindungen (Schlauchleitungen sind wie Rohrleitungen zu behandeln) nach Absatz 4 Nr. 1 sind z. B.

1. unlösbare Verbindungen, z. B. geschweißt, gelötet,

2. lösbare Verbindungen, die betriebsmäßig nur selten gelöst werden; dies ist für Kombinationen von Flanschverbindungen mit Weichstoffdichtungen der Fall, wenn
   a) Flansch und Dichtung entsprechend den Herstellervorgaben ausgewählt und montiert wurden,
   b) die Kombination für die Anwendung geeignet ist,
   c) der Weichstoff der Dichtung weder versprödet noch unzulässig fließt,
   d) die Dichtung gegen Ausblasen sicher ist und
   e) die Flächenpressung der Dichtung ausreichend über der erforderlichen Mindestpressung liegt.

   Beispiele für Dichtungen, die diese Kriterien erfüllen, sind:
   a) Flansche mit Schweißlippendichtungen,
   b) Flansche mit Nut und Feder,
   c) Flansche mit Vor- und Rücksprung,
   d) Flansche mit V-Nuten und V-Nutdichtungen,
   e) Flansche mit glatter Dichtleiste und besonderen Dichtungen, wie z. B. Weichstoffdichtungen bis PN 25 bar, metallinnenrandgefasste Dichtungen, kammprofilierte Dichtungen, wellverpresste Flachdichtungen oder metallummantelte Dichtungen, wenn bei Verwendung von Norm-Flanschen eine rechnerische Nachprüfung ausreichende Sicherheit gegen die Streckgrenze aufweist,
   f) metallisch dichtende Verbindungen,
   g) Schneid- und Klemmringverbindungen ≤ DN32,
   h) NPT-Gewinde (National Pipe Taper Thread, kegeliges Rohrgewinde) oder andere konische Rohrgewinde mit Abdichtung im Gewinde bis DN50, soweit sie nicht wechselnden thermischen Belastungen (T > 100 K) ausgesetzt sind.

(9) Für Stäube kann durch Flanschverbindungen mit Dichtungen oder durch Clamp-Verschlüsse eine auf Dauer technische Dichtheit erreicht werden, wenn die Anlage

1. nur geringer mechanischer oder thermischer Beanspruchung und
2. nur geringer Schwingungsbelastung ausgesetzt ist.

(10) Neben den rein konstruktiven Maßnahmen können nach Absatz 4 Nr. 2 auch technische Maßnahmen, kombiniert mit organisatorischen Maßnahmen, zu einem auf Dauer technisch dichten Anlagenteil führen. Hierunter fallen bei entsprechender vorbeugender Instandhaltung und Kontrolle z. B.

1. dynamisch beanspruchte Dichtungen, z. B. bei Wellendurchführungen an Pumpen oder selbsttätig nachstellende Stopfbuchspackungen an staubführenden Apparaten,
2. thermisch beanspruchte Dichtungen an Anlagenteilen oder
3. mechanisch beanspruchte Anlagenteile, z. B. bei Förderung von Gefahrstoffen mit abrasiven Eigenschaften.

(11) Umfang und Häufigkeit der Maßnahmen im Rahmen der vorbeugenden Instandhaltung richten sich im Einzelnen nach der Art der Verbindung und Konstruktion, Betriebsweise, Beanspruchung sowie Zustand und Eigenschaften der Gefahrstoffe. Sie sollen die technische Dichtheit auf Dauer gewährleisten. Es ist darauf zu achten, dass Umfang und Häufigkeit der Maßnahmen im Explosionsschutzdokument oder in dort in Bezug genommenen Unterlagen festgelegt sind, z. B. in einer zugehörigen Betriebsanweisung oder im Instandhaltungsplan.

(12) Geeignete Maßnahmen zur regelmäßigen Kontrolle der Dichtheit können sein:

1. bei Gasen und Dämpfen
   a) Begehung der Anlage und Kontrolle z. B. auf Schlieren, Eisbildung, Geruch und Geräusche infolge Undichtheiten,
   b) Begehung der Anlage mit mobilen Leckanzeigegeräten oder tragbaren Gaswarneinrichtungen,
   c) kontinuierliche oder periodische Überwachung der Atmosphäre durch selbsttätig arbeitende, fest installierte Messgeräte mit Warnfunktion,
2. bei Stäuben
   Begehung der Anlage und Kontrolle auf Staubaustritte und -ablagerungen.

EX

Anlagen und Anlagenteile, die auf Dauer technisch dicht sind, verursachen in ihrer Umgebung im ungeöffneten Zustand keine explosionsgefährdeten Bereiche.

4.5.3 Technisch dichte Anlagenteile

(1) Bei Anlagenteilen, die technisch dicht sind, können seltene Freisetzungen auftreten.

(2) Technisch dichte Anlagen sind vor Inbetriebnahme bzw. Wiederinbetriebnahme, nach Änderungen oder Reparaturarbeiten als Ganzes oder in betroffenen Abschnitten auf Dichtheit zu kontrollieren. Das geeignete Verfahren ist in Abhängigkeit vom Anwendungsfall festzulegen. Geeignete Verfahren können z. B. sein:

1. für Gase und Dämpfe: schaumbildende Mittel oder Lecksuchgeräte,
2. für Stäube: regelmäßige Kontrolle auf Staubaustritte und -ablagerungen sowie auf sichtbare Defekte oder Beschädigungen.

(3) Beispiele für technisch dichte Anlagenteile sind:

1. für Gase und Dämpfe
   a) Flansch mit glatter Dichtleiste und keinen besonderen konstruktiven Anforderungen an die Dichtung,
   b) Schneid- und Klemmringverbindungen > DN 32,

c) Wellendichtungen, die auf einfachen Wirkprinzipien beruhen, wie z. B. einfach wirkende Gleitringdichtungen oder Stopfbuchsen,

d) lösbare Verbindungen nach Abschnitt 4.5.2, die nicht nur selten gelöst werden,

2. für Stäube

a) Kompensatoren,

b) flexible Verbindungen,

c) Stopfbuchsenabdichtung,

d) lösbare Verbindungen nach Nr. 4.5.2, die nicht nur selten gelöst werden,

e) Einstiegs- und Inspektionsöffnungen, die nicht nur selten geöffnet werden.

(4) Im Rahmen der vorbeugenden Instandhaltungen sind die erforderlichen Maßnahmen zur Aufrechterhaltung der technischen Dichtheit festzulegen. Eine regelmäßige Kontrolle der Dichtheit kann z. B. durch regelmäßige Begehungen der Anlage erfolgen.

Bei Anlagenteilen, die technisch dicht sind, sind seltene Freisetzungen nicht auszuschließen, so dass explosionsgefährdete Bereiche der Zone 2 oder Zone 22 zu erwarten sind.

4.5.4 Betriebsbedingte Austritte brennbarer Stoffe

(1) Außerhalb von Anlagenteilen, die weder auf Dauer technisch dicht noch technisch dicht sind, ist mit der Bildung von gefährlicher explosionsfähiger Atmosphäre durch betriebsbedingten Austritt brennbarer Flüssigkeiten, Gase, Dämpfe oder Stäube zu rechnen. Beispiele für Austrittsstellen können sein:

1. Entlüftungs- und Entspannungsleitungen,
2. Umfüllanschlussstellen,
3. Peilventile,
4. Probenahmestellen,
5. Entwässerungseinrichtungen und
6. bei Stäuben z. B. Übergabestellen.

(2) Maßnahmen zur Reduzierung betriebsbedingter Freisetzungen sind möglichst in der Planungsphase zu berücksichtigen (s. a. Abschnitt 3.1). Verbleibende betriebsbedingte Freisetzungen können durch Maßnahmen nach Abschnitt 4.6 oder 4.7 minimiert werden.

Außerhalb von Anlagen und Anlagenteilen, die weder auf Dauer technisch dicht noch technisch dicht sind, ist mit der Bildung gefährlicher explosionsfähiger Atmosphäre zu rechnen, die zu einer Zone 1 oder Zone 21 führt.

Um den angestrebten Dichtheitsgrad der Anlagen und Anlagenteile zu erhalten, sind Dichtheitsprüfungen erforderlich.

4.6 Lüftungsmaßnahmen

4.6.1 Allgemeines

(1) Werden Lüftungsmaßnahmen zur Vermeidung oder Verringerung explosionsfähiger Atmosphäre eingesetzt, wird unterschieden zwischen

1. Natürlicher Lüftung,
2. Technischer Lüftung und
3. Objektabsaugung.

(2) Für die Auslegung einer geeigneten Lüftungsmaßnahme muss abgeschätzt werden, mit welcher maximalen Quellstärke Gase und Dämpfe, die explosionsfähige Atmosphäre zu bilden vermögen, auftreten können. Ferner müssen die Lage der Quellen sowie die Ausbreitungsbedingungen hinreichend bekannt sein. Dabei sind die Dichteverhältnisse, die Luftmengen, die Strömungsverhältnisse von Zu- und Abluft sowie etwaige „Totzonen" zu berücksichtigen. Strömungshindernisse können zu räumlichen Bereichen mit geringer Luftbewegung führen.

(3) Bei einer wirksamen Luftführung führen Lüftungsmaßnahmen zu einer Reduzierung der Konzentration brennbarer Gefahrstoffe in der Raumluft.

(4) Brennbare Gase und Dämpfe haben i. d. R. eine von Luft verschiedene Dichte. Eine Ausbreitung von explosionsfähigen Gasen und Dämpfen erfolgt entsprechend der Dichteunterschiede, z. B. „Schwergasverhalten":

1. Gase schwerer als Luft und Lösemitteldämpfe können sich in Bodennähe und unter Erdgleiche z. B. in Gruben, Rinnen oder schiefen Ebenen sammeln und in andere Bereiche ausbreiten. Insbesondere in Ecken, abgeteilten Bereichen, Bodenvertiefungen etc. kann sich gefährliche explosionsfähige Atmosphäre bilden.
2. Gase leichter als Luft können sich im Deckenbereich sammeln. Kassettendecken, breite Querträger oder Deckenbalken können eine ausreichende Abfuhr und Verdünnung solcher Gase verhindern. Die Gestaltung von Decken und Deckenauslassöffnungen kann die Wirkung der Lüftung unterstützen. Eine glatte, ggf. zur Abluftöffnung hinaufsteigende Decke kann z. B. auch ohne technische Lüftung zur Abführung etwaiger Freisetzungen beitragen.

(5) Bei der Bewertung ist der Einfluss der Temperatur auf die Dichte zu beachten.

(6) Veränderungen der Randbedingungen können die Lüftungssituation wesentlich beeinflussen. Ist dies der Fall, ist eine Neubewertung der Lüftungssituation erforderlich.

(7) In der Regel führen Lüftungsmaßnahmen zu einer Verringerung der Wahrscheinlichkeit des Auftretens gefährlicher explosionsfähiger Atmosphäre, z. B. Zone 2 statt Zone 1, oder zu einer Verringerung der Ausdehnung der Zonen. In günstigen Fällen können Lüftungsmaßnahmen auch zur vollständigen Vermeidung von Zonen führen (s. a. Abschnitt 4.6.4 Objektabsaugung).

(8) Bei Stäuben sind Lüftungsmaßnahmen im Allgemeinen nur dann wirksam, wenn der Staub an der Entstehungsstelle erfasst wird (s. a. Abschnitt 4.6.4 Objektabsaugung).

> Die Bildung gefährlicher explosionsfähiger Atmosphäre kann nur dort durch Lüftungsmaßnahmen sicher vermieden werden, wo eine Abschätzung der maximalen Menge (Quellstärke) eventuell austretender Gase und Dämpfe, die explosionsfähige Atmosphäre zu bilden vermögen, möglich ist und die Lage der Quelle sowie die Ausbreitungsbedingungen ausreichend bekannt sind.

> Verstärkte Lüftung verringert normalerweise die Ausdehnung der Zone.

4.6.2 Natürliche Lüftung

(1) Natürliche Lüftung ist Austausch von Raumluft mit Frischluft ohne gezielte technische Mittel. Der natürliche Luftaustausch erfolgt aufgrund von Dichte- und Druckdifferenzen von Luft räumlich benachbarter Bereiche, etwa durch Temperaturdifferenzen oder durch Wind. Bei Gebäuden wird die natürliche Lüftung zusätzlich durch die Dichtigkeit des Gebäudes (bestimmt z. B. durch Fenster, Türen, Tore und deren Nutzung) beeinflusst.

(2) In Räumen oberhalb Erdgleiche ohne besondere Be- und Entlüftungsöffnungen darf aufgrund von Witterungseinflüssen und baulicher Gestaltung eine Luftwechselzahl von mindestens $n = 1$ angenommen werden, sofern keine austauscharme Energiespar-Bauweise vorliegt.

(3) Die räumliche Anordnung der Öffnungen von Zuluft und Abluft sollte die natürliche Lüftung unterstützen. Bei kleinen Räumen wird i. d. R. die beste Wirkung erzielt, wenn sich die Öffnungen raumdiagonal gegenüber befinden (Querlüftung). Werden die sich in größeren Räumen ausprägenden Konvektionswalzen durch entsprechende Abluftöffnungen im Deckenbereich unterstützt, lassen sich Luftwechselzahlen $n > 1$ erreichen.

(4) Wenn bauliche Maßnahmen für ungehinderten Ein- und Auslass von Luft vorgesehen werden und als treibende Kräfte für natürliche Lüftung großflächig andauernd warme Flächen mit einer Temperaturdifferenz von mindestens 5 K gegenüber Außentemperatur zur Verfügung stehen, stellt sich eine natürliche Lüftung ein, die signifikant über einer üblichen technischen Lüftung liegen kann. In diesen Fällen ist sie gleichwertig zu einer technischen Lüftung (nach Abschnitt 4.6.3).

(5) In Kellerräumen ist mit geringerer natürlicher Lüftung zu rechnen. Es stehen meist nur kleine Öffnungen und Fenster zur Verfügung, Temperaturdifferenzen im Raum können zwar zu Konvektion führen, aber der Luftaustausch mit Luft von außerhalb des betrachteten Raumes ist gering. Als Luftwechselzahl ist bei allseits unter Erdgleiche liegenden Kellerräumen als Richtwert etwa n = 0,4 anzunehmen. Durch gezielte Zu- und Abluftöffnungen lässt sich dieser Wert bis auf ungefähr das Doppelte erhöhen. Eine weitere Erhöhung ist bei großflächigen Wärmequellen (Temperaturdifferenz gegenüber Außentemperatur mind. 5 K) möglich.

Natürliche Lüftung kann als Explosionsschutzmaßnahme nur in Anspruch genommen werden, wenn die notwendigen treibenden Kräfte der natürlichen Lüftung einen ausreichenden Luftaustausch gewährleisten.

4.6.3 Technische Lüftung (Raumlüftung)

(1) Technische Lüftung ist der Austausch von Raumluft mit Frischluft durch gezielte technische Mittel, z. B. durch Ventilatoren oder Luftinjektoren raumlufttechnischer Anlagen. In der Regel besteht eine raumlufttechnische Anlage u. a. aus Zu- und Abluftanlage. Werden nicht sowohl Zuluft als auch Abluft technisch gefördert, werden ersatzweise ausreichend dimensionierte Abluft- oder Zuluftöffnungen benötigt.

(2) Lufttechnische Anlagen müssen aus Gründen des Explosionsschutzes bezüglich der Luftführung folgenden Anforderungen genügen:

1. Die Ansaugung von Frischluft erfolgt aus einem ungefährdeten Bereich. Wird aus besonderen Gründen Zuluft aus Bereichen mit Explosionsgefährdung (Zonen) entnommen, sind zusätzliche Explosionsschutzmaßnahmen, z. B. Einsatz von Gaswarneinrichtungen, erforderlich, um eine Erhöhung der Gefährdung zu vermeiden.
2. Die Luftführung in Räumen soll so gewählt werden, dass die vorhandene Bewegungsrichtung der zu verdünnenden oder abzuführenden Luftströme unterstützt wird. Sofern die Luftbewegung nicht durch Thermik bestimmt wird, erfolgt die Anordnung der Öffnungen von Zu- und Abluftanlage in Abhängigkeit von der Dichte der freigesetzten Gefahrstoffe (Öffnung der Absauganlage bodennah bei Schwergasverhalten, Öffnung der Absauganlage deckennah bei Leichtgasverhalten).
3. Querlüftung

4. Ausreichende Abdeckung des Raums durch die Anordnung von An- und Absaugöffnungen
5. Vermeiden von Kurzschlüssen und Totzonen
6. Gefahrlose Abführung der belasteten Abluft
7. Fortluft- und Außenluftöffnungen müssen so zueinander angeordnet sein, dass die Fortluft nicht wieder in den Raum zurückgeführt wird (Abluftwiedereintritt, „lüftungstechnischer Kurzschluss", „Re-Entrainment").

Die Luftführung kann z. B. durch Nebelfreisetzung („Rauchröhrchen") sichtbar gemacht und so qualitativ überprüft werden.

(3) Wird Abluft aus energetischen Gründen teilweise in den Raum zurückgeführt, ist bei der Auslegung der Lüftungsanlage die Frischluftzufuhr so zu bemessen, dass eine ausreichende Verdünnung durch die Frischluft gewährleistet bleibt.

(4) Wird in einem Abluftsystem explosionsfähige Atmosphäre gefördert, ist sie in Bereiche ohne Zündgefahren abzuführen. Ist dies nicht möglich, sind in den Auslassbereichen entsprechend der im Abluftsystem vorliegenden Zone Explosionsschutzmaßnahmen gegen Zündgefahren zu treffen. Ein Flammenrückschlag in das Abluftsystem ist zu verhindern, dies betrifft insbesondere nachgeschaltete Abluftreinigungsanlagen.

(5) Werden nach Maßgabe der Gefährdungsbeurteilung MSR-Einrichtungen zur Überwachung der technischen Lüftung erforderlich, um deren Ausfall zu erkennen, sind diese entsprechend TRGS 725[75] zu bewerten. Um den Ausfall der Lüftung zu erkennen, kann der Luftstrom z. B. durch Strömungswächter, die Funktion z. B. durch Unterdruckmessungen oder das Auftreten von gefährlicher explosionsfähiger Atmosphäre z. B. durch Gaswarneinrichtungen an repräsentativer Stelle überwacht werden. Eine Überwachung der Funktion von Teilen der Lüftungsanlage, z. B. Überwachung der Ventilatordrehzahl, ist i. d. R. nicht ausreichend.

(6) Ist nach Maßgabe der Gefährdungsbeurteilung eine Überwachung der technischen Lüftung erforderlich, sind Maßnahmen festzulegen, die bei Ausfall der Lüftung den sicheren Zustand aufrechterhalten.

> Der mindestens erforderliche Volumenstrom der reinen Zuluft kann bei kontinuierlichem Betrieb der Anlagen (kein Chargenbetrieb) mit folgender Berechnungsgleichung (Lüftergleichung) abgeschätzt werden (s. Abbildung 5):

Lüftergleichung

$$\dot{V}_{min} \geq \frac{\dot{G}_{max} \cdot f}{k_{zul} \cdot UEG} \cdot \frac{T}{293\,K}$$

mit

$\dot{V}_{min}$ Mindestvolumenstrom der reinen Zuluft oder der Abluft (in m^3/min)

$\dot{G}_{max}$ maximaler Quellstrom (in g/min) der brennbaren Gase und Dämpfe
Bei betrieblichen Quellen (z. B. Dampfaustritt beim Öffnen der Apparatur oder bei Trocknungsprozessen) ist der maximale Quellstrom abschätzbar oder durch Versuche zu ermitteln. Bei störungsbedingten Quellen (z. B. Leckagen) ist die maximale Quellstärke nur unter gewissen Voraussetzungen abschätzbar; in diesen Fällen sind je nach der Wahrscheinlichkeit, mit der die angenommene Quellstärke überschritten werden kann, explosionsgefährdete Bereiche Zone 1 oder 2 festzulegen.

T maximale Lufttemperatur im belüfteten Raum (in K)

UEG Untere Explosionsgrenze (in g/m^3), bezogen auf 20 °C

k_{zul} Sicherheitsfaktor, um den die Konzentration c des brennbaren Gases oder Dampfes unter der UEG liegen muss (k_{zul} = c/UEG); in der Regel ist wegen der örtlichen und zeitlichen Schwankungen der Konzentration c sowie wegen der Messunsicherheiten der Überwachungseinrichtungen k_{zul} = 0,5 zu setzen.

f Gütefaktor ($f \geq 1$) zur Erfassung der Qualität der Luftführung. Im Idealfall (keine Strömungshindernisse und Durchströmung aller Raumteile) ist f = 1 zu setzen. Anhaltspunkte für die über den Raum verteilte Luftführung und damit für den Gütefaktor f liefert die Konzentrationsverteilung. Bei Räumen mit ungünstigen Strömungsverhältnissen kann in der Regel f = 5 gesetzt werden.

Abbildung 5: Lüftergleichung zur Berechnung des Mindestvolumenstroms der reinen Zuluft bzw. der Abluft

Bei verstellbaren Drosselklappen in den Lüftungskanälen ist zu beachten, dass der für die jeweiligen Verhältnisse erforderliche Mindestvolumenstrom V_{min} und die Qualität der Luftführung (Faktor f) bei allen Klappenstellungen gewährleistet bleibt.

Die technische Lüftung führt sowohl zu einer Reduzierung brennbarer Stoffe als auch zu einer Verringerung der Wahrscheinlichkeit des Auftretens gefährlicher explosionsfähiger Atmosphäre und/oder deren Ausdehnung.

4.6.4 Objektabsaugung

(1) Bei einer Objektabsaugung werden die Gemische an der Entstehungsstelle/Austrittsstelle erfasst und sicher abgeführt. Voraussetzung ist, dass die Austrittstelle brennbarer Gase, Dämpfe oder Stäube bekannt und räumlich begrenzt ist, z. B. Entlüftungs- und Beschickungsöffnungen.

(2) Die Wirksamkeit einer Objektabsaugung wird wesentlich durch den Erfassungsgrad beschrieben: je besser der Erfassungsgrad, umso kleiner ist die Ausdehnung des Bereichs, in dem noch gefährliche explosionsfähige Atmosphäre vorliegt.

(3) Bei den Erfassungselementen von Objektabsaugungen werden die geschlossene, die halboffene und die offene Bauart unterschieden:

1. Bei der geschlossenen Bauart, z. B. Kapselung oder Einhausung, wird die Austrittsstelle vollständig umschlossen. Der Luftaustausch am Ort der Austrittsstelle erfolgt, indem der umschlossene Raum abgesaugt wird und Luft aus der Umgebung gezielt durch Öffnungen nachströmt. Erfassungselemente geschlossener Bauart (Kapselung) ermöglichen eine nahezu vollständige Erfassung, so dass außerhalb der Einhausung keine gefährliche explosionsfähige Atmosphäre mehr auftreten kann.
2. Bei der halboffenen Bauart, z. B. Absaugstand, Abzugschrank, befindet sich die Austrittsstelle innerhalb der Erfassungseinrichtung, die abgesaugt wird. Luft soll nur aus einer Richtung (offene Seite) gezielt nachströmen.
3. Erfassungselemente halboffener Bauart liefern nur dann zufriedenstellende Erfassungsgrade, wenn die Erfassungsgeschwindigkeit im gesamten Öffnungsquerschnitt so groß ist, dass sie erzwingt, dass die gefährliche explosionsfähige Atmosphäre zur Absaugöffnung strömt.
4. Bei der offenen Bauart, z. B. Saugrohr mit Flansch, Absaughaube oder Badabsaugung, liegt die Austritts-/Entstehungsstelle außerhalb der Erfassungseinrichtung. Das Nachströmen der Luft erfolgt undefiniert aus verschiedenen Richtungen.
5. Bei Erfassungselementen offener Bauart sind gute Erfassungsgrade schwer zu erzielen. Die Erfassungselemente müssen möglichst nahe an der Austrittsstelle positioniert werden und erfassen die gefährliche explosionsfähige Atmosphäre nur, wenn die Erfassungsgeschwindigkeit die Richtwerte nach BGIA-Report 5/2005 „Lufttechnik in Industriehallen", alternativ nach VDI 2262-4, erreicht oder überschreitet. Diese gelten nur für die jeweiligen Einsatzbedingungen. Die Wirksamkeit dieser Erfassungselemente kann bei Auftreten von Querströmungen z. B. durch Öffnen von Hallentoren sehr stark reduziert werden.

(4) Allgemeine Anforderungen für die richtige Auswahl und Anordnung von Erfassungselementen sind:

1. Erfassungselemente müssen so gestaltet sein, dass gefährliche explosionsfähige Atmosphäre an der Entstehungs-/Austrittsstelle möglichst vollständig erfasst wird.

2. Erfassungselemente sind räumlich so anzuordnen, dass sie weder von einer bestehenden Raumlüftung in ihrer Wirksamkeit nachteilig beeinflusst werden noch diese nachteilig beeinflussen.

(5) Daraus ergibt sich folgende Rangfolge für die Wirksamkeit der Erfassungselemente:

1. geschlossene Bauart (Kapselung),
2. halboffene Bauart,
3. offene Bauart.

(6) Bei offener Bauart kann das Auftreten von gefährlicher explosionsfähiger Atmosphäre in der Umgebung der Austrittsstelle eingeschränkt werden, wenn zusätzlich zur Objektabsaugung eine Raumlüftung eingesetzt wird.

> Bei der Objektabsaugung ist i. d. R. nur noch im Nahbereich der Austrittstelle mit gefährlicher explosionsfähiger Atmosphäre zu rechnen.

4.7 Überwachen der Konzentration in der Umgebung von Anlagen und Anlagenteilen

4.7.1 Allgemeines

(1) Zur Erkennung gefährlicher explosionsfähiger Atmosphäre können Gaswarneinrichtungen verwendet werden. Sie werden verwendet zur manuellen oder automatischen Auslösung weiterer Maßnahmen. Werden Gaswarneinrichtungen zur Warnung vor Gesundheitsgefahren verwendet, können diese auch zur Warnung vor Explosionsgefahr dienen. Die hierfür maßgeblichen Grenzwerte liegen um Zehnerpotenzen niedriger als die unteren Explosionsgrenzen.

(2) Für den Einsatz von Gaswarneinrichtungen gelten die folgenden Voraussetzungen:

1. genügende Kenntnisse über die zu erwartenden Gefahrstoffe, die Lage ihrer Quellen, ihre maximalen Quellstärken und die Ausbreitungsbedingungen,
2. eine den Einsatzbedingungen angemessene Funktionsfähigkeit der Geräte, insbesondere bezüglich Ansprechzeit, Ansprechwert und Querempfindlichkeit,
3. die zu erwartenden Gefahrstoffe durch geeignete Wahl von Anzahl und Ort der Messstellen ausreichend schnell und sicher zu erfassen,
4. Kenntnis des Bereiches, der bis zum Wirksamwerden der durch das Gerät auszulösenden Explosionsschutzmaßnahmen explosionsgefährdet sein wird. In diesem Bereich (abhängig von Nr. 1 bis 3) sind Explosionsschutzmaßnahmen zur Zündquellenvermeidung erforderlich,
5. ausreichend sicheres Verhindern des Auftretens gefährlicher explosionsfähiger Atmosphäre außerhalb des Bereiches in Nr. 4 durch die auszulösenden Explosionsschutzmaßnahmen und

6. durch eine Fehlauslösung dürfen keine anderweitigen Gefahren auftreten.

(3) Gaswarneinrichtungen für den Einsatz im Rahmen von Explosionsschutzmaßnahmen sind hinsichtlich der messtechnischen Funktionsfähigkeit und der funktionalen Sicherheit für den vorgesehenen Einsatzfall geeignet auszuwählen. Hierbei sind die in der Betriebsanleitung durch den Hersteller getroffenen Festlegungen zur bestimmungsgemäßen Verwendung zu berücksichtigen. Die in der von der Berufsgenossenschaft Rohstoffe und Chemische Industrie herausgegebenen „Liste funktionsgeprüfter Gaswarngeräte" aufgeführten Gaswarngeräte gelten als geeignet[55]. Dies gilt auch für andere Gaswarngeräte, wenn die Messfunktion von einer in der EU dafür notifizierten Stelle (EN 60079-29-1) geprüft ist. Hilfestellungen zur Gewährleistung der erforderlichen Funktionsfähigkeit können dem DKE-Rundschreiben K966.1_2018-0112 entnommen werden.

(4) Anforderungen an die Zuverlässigkeit von Gaswarneinrichtungen und damit ggf. verbundener Schaltfunktionen können der TRGS 725[75] entnommen werden. Hilfestellungen zur Gewährleistung der Zuverlässigkeit können dem DKE-Rundschreiben K966.1_2019-0028 entnommen werden.

(5) Beim Einsatz von Gaswarneinrichtungen muss berücksichtigt werden, dass auch während der Phasen, in denen die Einrichtung temporär nicht funktionsbereit ist, z. B. im Rahmen von Kalibrierung oder Wartung, die Explosionssicherheit der Anlage gewährleistet bleibt.

(6) Die Funktion der Gaswarneinrichtungen ist vor Inbetriebnahme und wiederkehrend zu prüfen. Die wiederkehrende Prüfung kann entfallen, wenn ein Instandhaltungskonzept nach TRBS 1201-1 angewendet wird; nähere Informationen s. DGUV Information 213-057 (Merkblatt T 023 der BG RCI)[62].

(7) Gaswarneinrichtungen müssen so installiert und betrieben werden, dass jederzeit ein Eingreifen von Hand in den von der Gaswarneinrichtung gesteuerten automatischen Ablauf möglich ist. Dieser Eingriff darf nicht zum Verlust der Explosionssicherheit führen und darf nur von hierfür befugten Personen vorgenommen werden.

> Gaswarneinrichtungen können zum Erkennen gefährlicher explosionsfähiger Atmosphäre verwendet werden. Sie dienen als Grundlage für die Einleitung von Schutzmaßnahmen. Eine Liste der funktionsgeprüften Gaswarngeräte befindet sich auf www.exinfo.de, Seiten-ID #6HY9. Wertvolle Hinweise findet man im Merkblatt T 023 der BG RCI.

EX

4.7.2 Gaswarneinrichtungen mit Alarmierung

(1) Die Messstellen der Gaswarngeräte sind in der Nähe der Stellen anzubringen, an denen mit dem Auftreten explosionsfähiger Atmosphäre zu rechnen ist. Die Alarmschwelle des Gerätes muss auf eine Konzentration mindestens so weit unterhalb der

unteren Explosionsgrenze eingestellt sein, dass nach Alarmierung die in der Betriebsanweisung festgelegten Maßnahmen rechtzeitig wirksam werden können. Es empfiehlt sich, die Alarmschwelle bei so niedrigen Konzentrationen festzusetzen, wie es aus betriebstechnischen Gründen gerade noch sinnvoll ist.

> Die Alarmschwelle sollte so niedrig wie betriebswirtschaftlich möglich eingestellt sein, um eine möglichst lange Reaktionszeit bis zur Einleitung von Schutzmaßnahmen zu realisieren. Zu prüfen ist, ob eine Alarmierung ausreichend ist.

4.7.3 Gaswarneinrichtungen mit automatischen Schaltfunktionen

(1) Gaswarneinrichtungen können neben der Alarmierung noch zusätzliche Funktionen übernehmen. Die verfahrenstechnische Anlage bleibt dabei in Betrieb. Die Maßnahmen können sich entweder auf die Atmosphäre außerhalb oder auf das Innere der Anlagenteile beziehen. Beim Erreichen einer Schaltschwelle oder bei darüber liegenden, aber noch unbedenklichen Konzentrationen löst die Gaswarneinrichtung über automatische Schaltvorgänge Maßnahmen aus, die erfahrungsgemäß eine Bildung gefährlicher explosionsfähiger Atmosphäre sicher verhindern. Beispielsweise können beim Erreichen der Schaltschwelle besondere Lüftungseinrichtungen durch die Gaswarneinrichtung in Betrieb gesetzt werden. In dem Anlagenteil können weitere Maßnahmen ausgelöst werden, z. B. Herabsetzung des Innendruckes, Absperren der undichten Anlagenteile, Inertisierung, Abschalten von wirksamen Zündquellen.

> Gaswarnanlagen mit automatischen Schaltfunktionen lösen bei einer Schaltschwelle bestimmte Funktionen aus, um z. B. die Bildung gefährlicher explosionsfähiger Atmosphäre zu verhindern oder wirksame Zündquellen abzuschalten.

4.7.4 Gaswarneinrichtungen mit automatischer Auslösung von Notfunktionen

(1) Erreicht die Konzentration eine festzulegende Schaltschwelle, die üblicherweise oberhalb der Schaltschwelle nach Abschnitt 4.7.2 oder Abschnitt 4.7.3 liegt, werden durch die Gaswarneinrichtung über die in Abschnitt 4.7.3 beschriebenen Maßnahmen hinaus automatische Abschaltvorgänge ausgelöst, die ein gefahrloses Abfahren der gefährdeten Anlagen oder Anlagenteile bewirken.

> Es können auch Gaswarneinrichtungen eingesetzt werden, die beim Überschreiten der nach Abschnitt 4.7.4 festgelegten Schaltschwelle automatische Abschaltvorgänge auslösen. Diese Maßnahmen haben damit i. d. R. einen Einfluss auf die Ausdehnung der gefährlichen explosionsfähigen Atmosphäre bzw. auf die Wahrscheinlichkeit des Auftretens explosionsfähiger Atmosphäre (s. Teile B und C).

5 Notwendigkeit der Zoneneinteilung

Verwirrung stiftete der folgende Absatz der GefStoffV[7] Anhang I Nummer 1 Punkt 1.6:

„(3) Kann das Auftreten gefährlicher explosionsfähiger Gemische nicht sicher verhindert werden, sind Schutzmaßnahmen zu ergreifen, um eine Zündung zu vermeiden. Für die Festlegung von Maßnahmen und die Auswahl der Arbeitsmittel **kann** der Arbeitgeber explosionsgefährdete Bereiche nach Nummer 1.7 in Zonen einteilen und entsprechende Zuordnungen nach Nummer 1.8 vornehmen."

Viele Betreiber meinten daraufhin, dass sie in jedem Fall ohne Zoneneinteilung Explosionsschutz betreiben können.

Bei der Formulierung diese Absatzes hatte der Gesetzgeber im Blick, dass es unter bestimmten Bedingungen keine Zoneneiteilung geben muss:

Außerhalb des Normalbetriebs gibt es besondere und seltene Vorgänge und Tätigkeiten, die bei der Zoneneinteilung nicht berücksichtigt werden müssen, die jedoch Explosionsschutzmaßnahmen erfordern. Solche Vorgänge und Tätigkeiten können z. B. sein:

- Das einmalige Durchlaufen eines explosionsfähigen Bereichs im Inneren eines Flüssiggas-Lagerbehälters während der erstmaligen Befüllung,
- die Instandsetzung nach unplanmäßiger Abschaltung mit möglichem Auftreten einer explosionsfähigen Atmosphäre,
- der Eingriff in eine technisch dichte oder auf Dauer technisch dichte Anlage mit möglichem Auftreten einer explosionsfähigen Atmosphäre,
- seltene Instandsetzungs- und Wartungsmaßnahmen mit möglichem Auftreten einer explosionsfähigen Atmosphäre.

Wenn z. B. in einem Schiff Tanks für Brauchwasser oder Seewasser mit lösemittelhaltigem Korrosionsschutz beschichtet werden, kann ein Bereich mit Explosionsgefahren nicht ausgeschlossen werden. Eine Zoneneinteilung für die Dauer der Tätigkeiten erfolgt dabei jedoch nicht. Die bestimmungsgemäße Verwendung des Tanks ist nicht das Laminieren, sondern die Aufnahme von Brauch- bzw. Seewasser in diesem Behälter. Für das Betreiben des Behälters stellt das Laminieren keinen Normalbetrieb dar. Nach TRGS 507[76] „Oberflächenbehandlung in Räumen und Behältern" erfolgt die schriftliche Arbeitsfreigabe über den Erlaubnisschein.

Für explosionsgefährdete Bereiche, die nicht nach Anhang I Nr. 1.7 GefStoffV[7] in Zonen eingeteilt sind, sind die Maßnahmen auf der Grundlage der Gefährdungsbeurteilung festzulegen und durchzuführen. Dies gilt insbesondere für

1. zeitlich und örtlich begrenzte Tätigkeiten, bei denen nur für die Dauer dieser Tätigkeiten mit dem Auftreten gefährlicher explosionsfähiger Atmosphäre gerechnet werden muss, z. B. Wechsel einer auf Dauer technisch dichten Gleitringdichtung nach ca. fünf Jahren,

2. An- und Abfahrprozesse in Anlagen, die nur sehr selten oder ausnahmsweise durchgeführt werden müssen, z. B. Revision mit Befahren eines Flüssiggasbehälters mit nachfolgender Neibefüllung, und
3. Errichtungs- oder Instandhaltungsarbeiten, z. B. Austausch einer Förderschnecke in einem Silo nach mehreren Jahren.

> Bei zeitlich eng begrenzten Tätigkeiten, die an einem Ort nur einmalig durchgeführt werden und bei denen mit der Bildung von gefährlicher explosionsfähiger Atmosphäre gerechnet werden muss, ist die Ausweisung von explosionsgefährdeten Bereichen und deren Einteilung in Zonen nicht erforderlich.

Sind diese oben genannten besonderen Bedingungen nicht gegeben, dann ergibt sich folgende Konsequenz nach TRGS 720[8], Punkt 3 (11):

„11. Werden explosionsgefährdete Bereiche nicht in Zonen eingeteilt, ist bei der Festlegung der Schutzmaßnahmen von einer ständig vorhandenen gefährlichen explosionsfähigen Atmosphäre auszugehen und sind Schutzmaßnahmen im Sinne der Zone 0 bzw. 20 zu treffen, sofern in der Gefährdungsbeurteilung für den Einzelfall nichts Anderes festgelegt ist, z. B. bei Tätigkeiten gemäß TRGS 507[76]."

> Werden keine Zonen festgelegt, müssen alle Zündquellen wie für Zone 0 bzw. 20 vermieden werden.

Wichtig ist, dass innerhalb des Explosionsschutzkonzepts einer Anlage alle Betriebsphasen betrachtet und die erforderlichen Maßnahmen auch für Betriebsphasen bzw. Tätigkeiten außerhalb des Normalbetriebs getroffen werden.

Die festgelegten Maßnahmen sowohl innerhalb als auch außerhalb der Zeitdauer des Normalbetriebs sind im Explosionsschutzdokument festzuhalten. Im Explosionsschutzdokument finden sich auch Maßnahmen, die nicht im engen Zusammenhang einer Zone stehen müssen.

Sind die Einflussfaktoren auf die Zonen (Kapitel 3.5) hinreichend bekannt und die Maßnahmen, welche eine Bildung gefährlicher explosionsfähiger Atmosphäre verhindern oder einschränken, diskutiert und festgelegt, kann beurteilt werden, ob überhaupt eine gefahrdrohende Menge vorliegt, und wenn ja, die endgültige Einteilung explosionsgefährdeter Bereiche in Zonen erfolgen. In der TRGS 721[9] werden im Punkt 3.4.3 „Beurteilung der Gefährlichkeit explosionsfähiger Atmosphäre" vier Hinweise gegeben:

„(1) Die Gefährlichkeit einer explosionsfähigen Atmosphäre wird insbesondere durch die Mengen und die Art ihres Einschlusses, z. B. in Behältern, mehr oder weniger geschlossenen Räumen, Gruben, Kanälen und im Freien, beeinflusst.

(2) Mehr als 10 Liter zusammenhängende explosionsfähige Atmosphäre müssen in geschlossenen Räumen unabhängig von der Raumgröße grundsätzlich als gefährliche explosionsfähige Atmosphäre angesehen werden. Auch kleinere Mengen können bereits gefahrdrohend sein, wenn sie sich in unmittelbarer Nähe von Menschen befinden. Auch in Räumen von weniger als etwa 100 m^3 kann bereits eine kleinere Menge als 10 Liter gefahrdrohend sein. Eine grobe Abschätzung ist mit Hilfe der Faustregel möglich, dass in solchen Räumen explosionsfähige Atmosphäre von mehr als einem Zehntausendstel des Raumvolumens gefahrdrohend sein kann, also z. B. in einem Raum von 80 m^3 bereits 8 Liter. Hieraus darf aber nicht gefolgert werden, dass dann der gesamte Raum als explosionsgefährdeter Bereich gilt. Nur der Teilbereich, in dem gefährliche explosionsfähige Atmosphäre auftreten kann, gilt als explosionsgefährdeter Bereich. Die Auswirkungen einer Explosion können jedoch darüber hinausgehen und sind zu beachten."

Bereits 10 Liter zusammenhängende explosionsfähige Atmosphäre müssen als gefährliche explosionsfähige Atmosphäre angesehen werden.

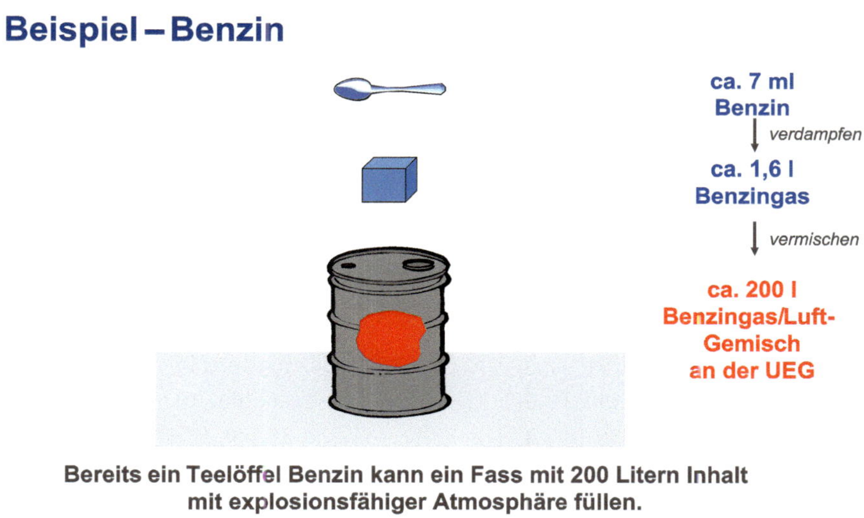

Abbildung 6: Ein Rest von einem Teelöffel Benzin füllt ein 200-Liter-Fass mit explosionsfähiger Atmosphäre

„(3) Bei vielen brennbaren Stäuben reicht bereits eine gleichmäßig über die gesamte Bodenfläche verteilte Staubablagerung von weniger als 1 mm Schichtdicke aus, um beim Aufwirbeln einen Raum normaler Höhe mit explosionsfähigem Staub/Luft-Gemisch vollständig auszufüllen. Infolge einer ersten Explosion kann abgelagerter Staub aufgewirbelt werden und zu Folgeexplosionen führen. In der Gefährdungsbeurteilung ist dies besonders zu beachten, weil in diesem Fall explosionsfähige Staub/Luft-Gemische und wirksame Zündquellen gleichzeitig auftreten."

Wichtig ist auch die regelmäßige Reinigung und Entfernung von Staubablagerungen, da bei Überschreitung von zulässigen Staubablagerungshöhen bei Feinstäuben < 500 µm explosionsfähige Staubwolken entstehen können, die bei Vorhandensein einer Zündquelle zu gefährlichen Raumexplosionen führen. Die Berechnung der zulässigen Ablagerungshöhe kann nach der Formel

$$h_{zul} = \frac{V_R \cdot UEG}{2 \cdot A_R \cdot \rho_{Sch}}$$

h_{zul} – maximal zulässige Ablagerungshöhe
V_R – Raumvolumen
UEG – Untere Explosionsgrenze des Staubes
A_R – Fläche des Raumes, Kabel, Rohrleitungen, Träger
ρ_{Sch} – Schüttdichte des Staubes

berechnet werden[12].

Beispielrechnung

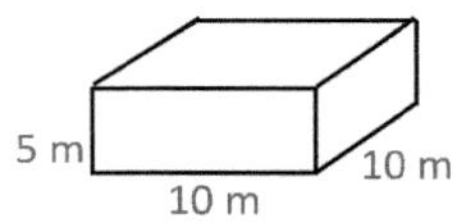

$$h_{zul} = \frac{500\ m^3 \bullet 60\ g \bullet m^3}{m^3 \bullet 2 \bullet 105\ m^2 \bullet 500\ g \bullet 10^3}$$

$= 0{,}3$ mm

$$h_{zul} = \frac{V_R \cdot UEG}{2 \cdot A_R \cdot \rho_{sch}}$$

h_{zul} – maximal zulässige Ablagerungshöhe
V_R – Raumvolumen
UEG – Untere Explosionsgrenze des Staubes
A_R – Fläche des Raumes, Kabel, Rohrleitungen, Träger
ρ_{sch} – Schüttdichte des Staubes

Untere Explosionsgrenze UEG g/m³	Ablagerungshöhe h mm	maximal zulässige Ablagerungshöhe h_{zul} mm
60	**0,6**	0,3
100	**1,0**	0,5
500	**4,6**	2,3

Abbildung 7: Beispiel für die Berechnung der maximal zulässigen Ablagerungshöhe

Steht beispielsweise eine Absackanlage in einem Raum der Größe 5 x 10 x 10 m und wird Mehl mit einem Medianwert von 62 µm und einer unteren Explosionsgrenze von 60 g/m³ abgefüllt, so reichen bei einer Ablagerungshöhe von 0,6 mm unter Berücksichtigung von Ablagerungen auf Rohrleitungen, Trägern, Kabeln usw. von ca. 5 m² aus, um bei Aufwirbelung gerade die untere Explosionsgrenze über den gesamten Raum zu erreichen. Um 50 % der UEG zu unterschreiten, darf die maximal zulässige

Ablagerungshöhe hier lediglich 0,3 mm betragen, so dass hohe Anforderungen an die Dichtheit der Absackanlage bzw. Absaugung und regelmäßige Reinigung zu stellen sind. Als kritische Schichtdicke, bei der Reinigungen erforderlich werden, kann angesetzt werden, dass die Oberfläche der Anlage überall zu sehen sein muss (Farbe, Struktur). Ist die Oberfläche mit einem dünnen, durchgängigen Staubfilm überzogen, so muss eine Reinigung erfolgen[46].

Bewährt haben sich beispielsweise maisgelbe Markierungen auf den Fußböden in der Mehlherstellung. Sind die Markierungen gerade noch erkennbar, muss der nächste Reinigungszyklus gestartet werden.[31]

„(4) Befindet sich explosionsfähiges Gemisch in Behältern oder Anlagenteilen, die dem möglicherweise auftretenden Explosionsdruck nicht standhalten, so sind wegen der Gefährdung, beispielsweise durch Splitter beim Bersten, weitaus geringere Mengen als die oben angegebenen als gefahrdrohend anzusehen. Eine untere Grenze kann hierfür nicht angegeben werden."

> Bereits weniger als 1 mm Staubablagerungshöhe kann beim Aufwirbeln eine gefährliche explosionsfähige Atmosphäre erzeugen.

Bei brennbaren Stäuben sind Maßnahmen nach Abbildung 8 geeignet, um gefährliche Staub/Luft-Gemische zu vermeiden.

Vermeidung der Bildung gefährlicher Staub/Luft-Gemische

- Partikelgröße über 1 mm: keine Staubexplosionsgefahr
- Partikelgröße < 500 µm: immer Staubexplosionsgefahr
- Vermeidung von Staubfreisetzungen durch eine dichte Anlagenkonstruktion
- Regelmäßige Wartung und Instandhaltung
- Objektabsaugung an möglichen Emissionsstellen, z. B. Absackanlagen
- Reinigungsarbeiten zur regelmäßigen Entfernung von Staubablagerungen (Unterschreitung von h_{zul})

Abbildung 8: Geeignete Maßnahmen zur Vermeidung der Bildung gefährlicher Staub/Luft-Gemische

> Maßnahmen, die eine Bildung gefährlicher Staub/Luft-Gemische vermeiden (s. Abbildung 8), ist der Vorrang vor einer Zoneneinteilung zu geben.

Hinweis: Welche Mengen explosionsfähiger Atmosphäre im Freien als gefahrdrohend angesehen werden müssen, lässt sich nur für den Einzelfall abschätzen.

Auch wenn die Zonendefinitionen auf Basis der Richtlinie 1999/92/EG[2] in allen europäischen Ländern einschließlich der Schweiz gleich sind, können die Beurteilungsergebnisse sowohl innerhalb eines größeren Unternehmens am gleichen Standort als auch in den verschiedenen europäischen Ländern stark differieren:

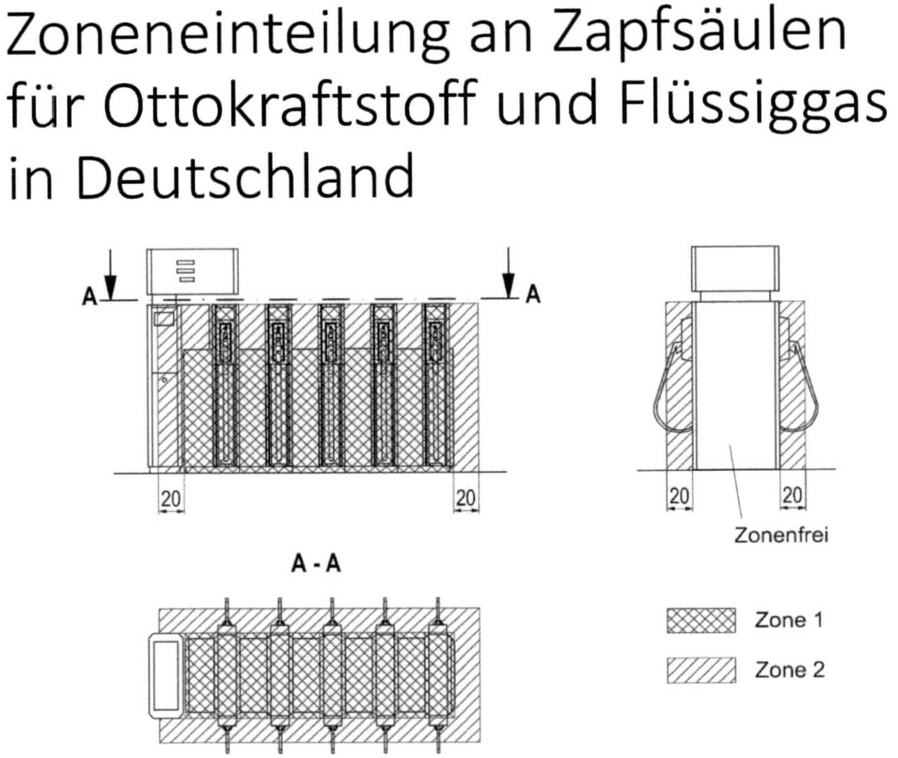

Abbildung 9: Zoneneinteilung im Bereich einer Zapfsäule in Deutschland nach TRBS 3151/ TRGS 751[13]

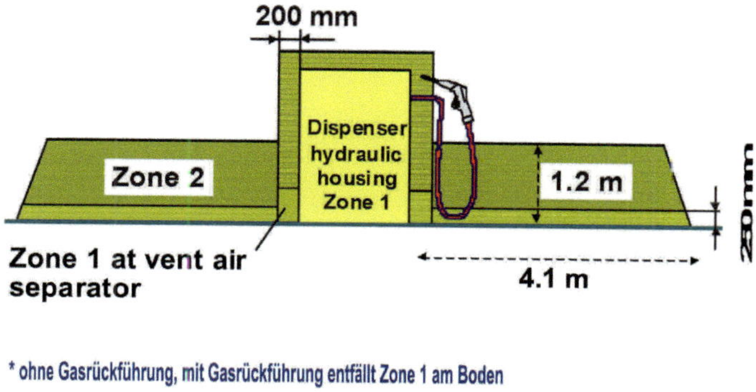

Abbildung 10: Zoneneinteilung im Bereich einer Zapfsäule in Großbritannien[4] (s. a.[14])

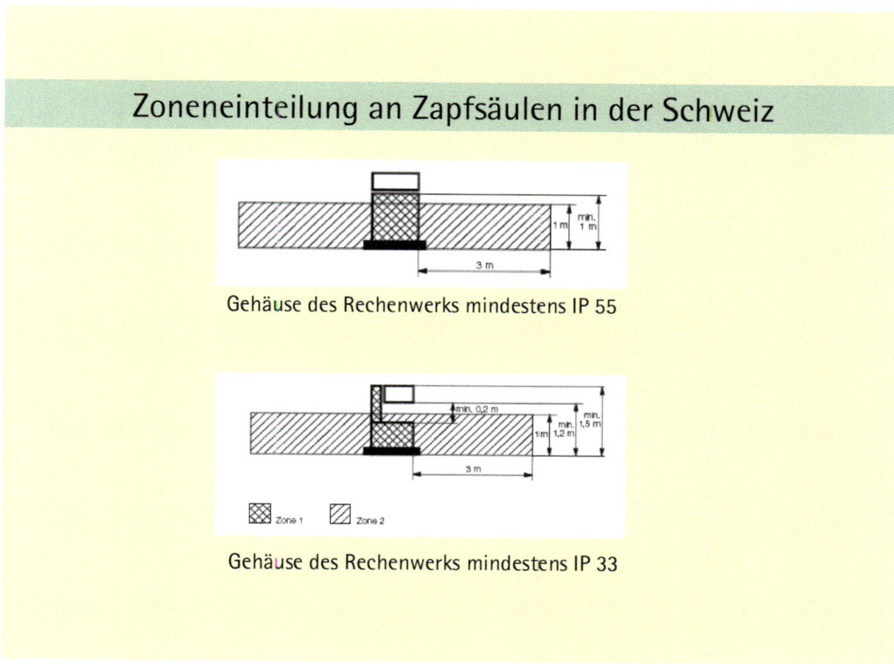

Abbildung 11: Zoneneinteilung im Bereich einer Zapfsäule in der Schweiz[20]

Obwohl in Europa die Zonendefinitionen einheitlich sind, gibt es teilweise noch erhebliche Unterschiede bei der Zonenausdehnung.

Um ein gleiches Niveau in Deutschland bei der Zoneneinteilung zu erreichen, wird im Fachbereich Rohstoffe und chemische Industrie, Sachgebiet „Explosionsschutz", i. V. m.

Experten der verschiedenen Berufsgenossenschaften, Verbänden, besonderen Sachverständigen und Behörden die Beispielsammlung zur EX-RL (DGUV 113-001)[6] ständig den neuesten Erkenntnissen angepasst. Von 2000 bis 2023 wurden 30 Ergänzungslieferungen der EX-RL herausgegeben.

In seltenen Fällen wird der Autor mit der Frage einer temporären Zone konfrontiert. Diese ist kein definierter Begriff. Bei der Festlegung von Zonen ist neben der Dauer des Auftretens explosionsfähiger Atmosphäre in gefahrdrohender Menge bereits auch die zeitliche Komponente über die Häufigkeit des Vorhandenseins dieser berücksichtigt, so dass es keiner weiteren zeitlichen Komponente bedarf[4]. Das Auftreten explosionsfähiger Atmosphäre muss für das Innere und für die Umgebung der zu beurteilenden Arbeitsmittel und Anlagen beurteilt werden. Die Einteilung explosionsgefährdeter Bereiche in Zonen sicherzustellen, hat sich als Konzept dafür bewährt.

Die Zoneneinteilung sollte von einem Team vorgenommen werden, dessen Mitglieder aus folgenden Bereichen kommen könnten:

- Mitglieder der Sicherheitsabteilung
- Betreiber der Anlage
- Ingenieurtechnisches Personal, z. B. aus dem Bereich Elektro, Instandhaltung, Maschinentechnik
- Sicherheitsingenieur

Handelt es sich um klein- und mittelständische Unternehmen, ist es oftmals sinnvoll, Externe, Fachmanager Explosionsschutz[5] wie z. B. Aufsichtspersonen der Berufsgenossenschaften, Mitarbeiter der Gewerbeaufsicht bzw. der staatlichen Ämter für Arbeitsschutz, Ingenieurbüros mit der Spezialisierung Explosionsschutz oder zugelassene Überwachungsstellen, miteinzubeziehen.

In einigen Fällen wird auch die Zoneneinteilung an externe Explosionsschutzexperten vergeben[4]. Die Zoneneinteilung selbst ist ein iterativer Prozess. Erste Überlegungen für eine Neuanlage werden bereits im Planungs- und Entwicklungsstadium durchgeführt. Dabei ist darauf zu achten, dass Bereiche der Zone 0 oder 1 bzw. 20 oder 21 von ihrer Anzahl und ihrem Umfang her durch entsprechende technische Maßnahmen oder geeignete Arbeitsverfahren auf ein Minimum beschränkt werden. Ist die Freisetzung brennbarer Stoffe unvermeidbar, muss gewährleistet sein, dass die Freisetzung auf kleine Mengen und kleine Raten begrenzt sein sollte. Das ist für die Zoneneinteilung von größter Wichtigkeit. Wenn nötig, sollten die Konstruktion, der Betrieb und die räumliche Anordnung der Prozessausrichtung sicherstellen, dass selbst bei betriebsüblichen Störungen nur eine geringe Menge brennbaren Stoffes in die Atmosphäre gelangen kann, um die Abmessungen des gefährdeten Bereiches so klein wie möglich zu halten. Auch für bestehende Anlagen ist der Einfluss von Änderungen der Einsatzstoffe bzw. Prozessparameter zu prüfen.

6 Allgemeine Beispiele für Zonen

Allgemein lassen sich folgende prinzipielle Zuordnungen von Bereichen, in denen gefährliche explosionsfähige Atmosphäre auftreten kann, vornehmen[10, 27, 28]:

6.1 Beispiele für Zonen aus brennbaren Gasen, Dämpfen oder Nebeln im Gemisch mit Luft

- Zone 0: Hierzu gehört i. d. R. nur das Innere von Anlagen oder Anlagenteilen (Verdampfer, Reaktionsgefäße usw.), wenn die Bedingungen der Definitionen der Zone 0 erfüllt sind.

Zone 0 tritt nur im Inneren von Anlagen oder Anlagenteilen auf.

- Zone 1: Hierzu können u. a. gehören:
  - die nähere Umgebung der Zone 0,
  - die nähere Umgebung von Beschickungsöffnungen,
  - der nähere Bereich um Füll- und Entleerungseinrichtungen,
  - der nähere Bereich um leicht zerbrechliche Apparaturen oder Leitungen aus Glas, Keramik und dergleichen,
  - der nähere Bereich um nicht ausreichend dichtende Stopfbuchsen, z. B. an Pumpen und Schiebern, das Innere von Anlagen und Anlagenteilen wie Verdampfer, Reaktionsgefäße.

Zone 1 tritt in der Umgebung betriebsbedingter Öffnungsstellen auf oder im Inneren, wenn gelegentlich gefährliche explosionsfähige Atmosphäre auftritt.

- Zone 2: Hierzu können u. a. gehören:
  - Bereiche, welche die Zone 0 oder 1 umgeben,
  - Bereiche um technisch dichte Anlagen oder Anlagenteile, z. B. Stopfbuchsen, glatte Flansche (s. Kapitel 4.5.3).

Zone 2 tritt in der Umgebung von Zone 0 und 1 sowie um technisch dichte Anlagen oder Anlagenteile auf.

Bereiche um Rohrleitungen, die auf Dauer technisch dicht sind und in denen brennbare Stoffe gefördert werden, sind keine explosionsgefährdeten Bereiche.

6.2 Beispiele für Zonen aus Staub/Luft-Gemischen

- Zone 20: Hierzu gehört i. d. R. nur das Innere von Anlagen und Anlagenteilen, wenn die Bedingungen der Zone 20 erfüllt sind, z. B.
  - Bereiche im Inneren von Staub einschließenden Behältnissen,
  - Silos, Zyklone (Fliehkraftabscheider) und Filter,
  - Staubtransportsysteme, ausgenommen einige Bereiche von Förderbändern und Kettenförderern usw.,
  - Mischer, Mühlen, Trockner.

> Zone 20 tritt nur im Inneren von Anlagen oder Anlagenteilen auf.

- Zone 21:
  - Bereich außerhalb von Staub einschließenden Behältnissen in unmittelbarer Nähe von Kontrollöffnungen für häufige Entnahme oder Arbeitsöffnungen, falls im Inneren explosionsfähige Staub/Luft-Gemische vorhanden sind.
  - Bereiche außerhalb von Staub einschließenden Behältnissen in der Nähe von Füll- und Entnahmestellen, Förderbändern, Probeentnahmestellen, LKW-Abkippstellen, Förderband-Übergabestellen usw., wenn keine Schutzmaßnahmen ergriffen wurden, um die Bildung explosionsfähiger Staub/Luft-Gemische zu verhindern.
  - Bereiche außerhalb von Staub einschließenden Behältnissen, in denen sich Staub ansammeln kann und wo aufgrund der Arbeitsweise zu erwarten ist, dass die Staubschichten aufgewirbelt werden und dadurch explosionsfähige Staub/Luft-Gemische gebildet werden.
  - Bereiche im Inneren von Staub einschließenden Behältnissen, in denen Staubwolken mit gutem Sedimentationsverhalten zu erwarten sind (aber nicht ständig oder langzeitig oder häufig), z. B. in Silos, die nur gelegentlich befüllt oder entleert werden, und die staubbelastete Seite von Filtern, falls nur große Abreinigungsintervalle auftreten.

> Zone 21 tritt in der Umgebung betriebsbedingter Öffnungsstellen auf oder im Inneren, wenn gelegentlich gefährliche explosionsfähige Atmosphäre auftritt.

- Zone 22:
  - Aspirationsöffnungen von Sack-Filtern, weil im Falle von Funktionsstörungen die Freisetzung explosionsfähiger Staub/Luft-Gemische erfolgen kann.
  - Stellen in der Nähe von Anlagen, die seltener geöffnet werden, oder Anlagen, die erfahrungsgemäß zu Leckage neigen, falls durch inneren Überdruck Staub

ausgeblasen werden kann; pneumatische Fördereinrichtungen, flexible Verbindungen, die beschädigt werden können, usw.

- Lagerung von Säcken mit staubförmigem Inhalt. Beschädigung der Säcke kann während der Handhabung eintreten, so dass Staub-Leckage auftritt.
- Normalerweise als Zone 21 klassifizierte Bereiche können zur Zone 22 werden, wenn Schutzmaßnahmen zur Vermeidung der Bildung explosionsfähiger Staub/Luft-Gemische ergriffen wurden. Diese Maßnahmen schließen die Staubabsaugung ein. Die Maßnahmen sollten in der Umgebung von Sack-Einfüllöffnungen, Sackentleerstellen, Förderbändern, Probenahmestellen, LKW-Abkippstellen, Band-Übergabestellen usw. angewendet werden.
- Bereiche, in denen Staubschichten begrenzter Schichtdicke gebildet werden, aus denen explosionsfähige Staub/Luft-Gemische aufgewirbelt werden können. Solche Bereiche sind nur dann als nicht explosionsgefährdet zu betrachten, wenn die Staubschicht durch Reinigungsmaßnahmen entfernt wird, ehe gefährliche Staub/Luft-Gemische entstehen können.

> Zone 22 tritt in der Umgebung von Zone 20 und 21 sowie um technisch dichte Anlagen auf.

Es muss sich nicht zwingend nach der Zone 0 eine Zone 1 bzw. danach eine Zone 2 anschließen. Wird beispielsweise an einem Reaktionsgefäß, in dem die Zone 0 vorherrscht, aufgrund einer betriebsüblichen Störung die Öffnung einer Kontrollöffnung zur Sichtung des Innenraumes von außen notwendig und wird vor Öffnung die Kesselabsaugung, die gegenüber einer Kontrollöffnung liegt, eingeschaltet, so wird Umgebungsluft in den Kessel gesaugt. Damit wird verhindert, dass Gas/Dampf-Luftgemische in die Umgebung austreten, so dass im Nahbereich, um diese Öffnung nur eine Zone 2 zu erwarten ist. Als Nahbereich wird ein Radius von maximal 0,5 m um die Öffnungsstelle entsprechend Vorwort zur EX-RL-Beispielsammlung (s. Teil C) angesehen. Die gleichen Aussagen gelten für staubexplosionsgefährdete Bereiche.

6.3 Zonen infolge des Vorhandenseins von Gasen, Dämpfen oder Nebeln und Stäuben

Explosionsgefährdete Bereiche, die sowohl durch das Auftreten explosionsfähiger Gas-, Dampf/Luft-Gemische als auch explosionsfähiger Staub/Luft-Gemische entstehen, müssen sowohl nach Zonen 2, 1 bzw. 0 als auch nach Zonen 22, 21 bzw. 20 eingeteilt werden.

7 Umfangreiche Zoneneinteilung in der EX-RL-Beispielsammlung

Eine wesentliche Basis für die Zoneneinteilung in Deutschland ist die Beispielsammlung der EX-RL[6]. Hier findet man sowohl für brennbare Gase, brennbare Flüssigkeiten als auch brennbare Stäube Einteilungsbeispiele zunächst allgemeiner Art und im Weiteren konkrete Fallbeispiele. Auf dieser Basis lassen sich viele explosionsgefährdete Bereiche in der Praxis eindeutig in Zonen einteilen. Im Anhang zur TRGS 722[10] heißt es im Punkt 3 (4): „Für bestimmte Anwendungsfälle kann die Beispielsammlung der DGUV Regel 113-001 als Erkenntnisquelle für die Einstufung explosionsgefährdeter Bereiche in Zonen herangezogen werden."

> Die Beispielsammlung befindet sich im Teil C dieses Praxishandbuches.

> Die EX-RL-Beispielsammlung bietet die umfangreichste und aktuelle Sammlung von Beispielen für die Einteilung explosionsgefährdeter Bereiche in Zonen.

Die dort aufgeführten Beispiele werden durch den Fachbereich Rohstoffe und chemische Industrie, Sachgebiet „Explosionsschutz", der Deutschen Gesetzlichen Unfallversicherung (DGUV) regelmäßig aktualisiert, ergänzt und erweitert. Dazu werden die langjährigen Erfahrungen der Arbeitskreismitglieder, aber auch Messungen in den Betrieben und Abschätzungsrechnungen miteinander verglichen und ausgewertet. Die in den einzelnen Beispielen aufgeführten Maßnahmen gelten für den Normalbetrieb, berücksichtigen aber auch betriebsübliche Störungen. Betriebsübliche Störungen sind vorhersehbare Störungen oder Gerätefehler, die üblicherweise in der Praxis auftreten.[4, 15] So ist beispielsweise der Sackabriss bei einer Absackmaschine als betriebsübliche Störung anzusehen und muss bei der Zoneneinteilung mit berücksichtigt werden.

> Betriebsübliche Störungen sind bei der Zoneneinteilung mit zu berücksichtigen.

Für das erstmalige und wiederholte An- und Abfahren einer Anlage und für Räume, die über Öffnungen in Verbindung stehen, sind besondere Überlegungen anzustellen.

Die Beispielsammlung kann als Entscheidungshilfe bei der Auswahl von Ort und Umfang der Schutzmaßnahmen zum Vermeiden von Explosionsgefahren dienen. Die Entscheidung, ob und mit welcher Wahrscheinlichkeit gefährliche explosionsfähige Atmosphäre auftreten kann, hängt von den gegebenen Umständen ab und muss sich stets auf den vorliegenden Einzelfall beziehen. Deshalb ist bei Anwendung der Beispielsammlung immer zu untersuchen, ob in dem zu beurteilenden Fall das Auftreten von gefährlicher explosionsfähiger Atmosphäre hinsichtlich der Menge und Wahrscheinlichkeit mit dem Sachverhalt übereinstimmt, der dem Beispiel der Sammlung zugrunde liegt. Insofern sind sowohl die einführenden Hinweise zur EX-RL-Beispielsammlung als auch die Umsetzung der Schutzmaßnahmen nach TRGS 722[10] (Spalte 4 der EX-RL-Beispielsammlung – s. a. Teil A Kapitel 4) zu berücksichtigen. Der Fachbereich „Rohstoffe und chemische Industrie" mit dem Sachgebiet „Explosionsschutz" hat seit 1993 allen außerberufsgenossenschaftlichen und berufsgenossenschaftlichen Arbeitskreisen angeboten, Regelungen, die den Explosionsschutz und im Speziellen die Einteilung explosionsgefährdeter Bereiche in Zonen betreffen, zu begleiten. Damit sollen Widersprüche in der Zoneneinteilung in verschiedenen Regelungen vermieden werden.

Insofern gibt es im Punkt 5 der EX-RL-Beispielsammlung „Hinweis auf weitere Beispiele in Regeln, Merkblättern und Informationen", die mit dem Fachbereich „Rohstoffe und chemische Industrie", Sachgebiet „Explosionsschutz", hinsichtlich des Explosionsschutzes abgestimmt sind, etliche weitere Fundstellen (s. Tabelle 6).

Der Vorteil dieser Regelungen besteht auch darin, dass nicht nur abstrakt in einer Tabelle die Ergebnisse der Zoneneinteilung dargestellt sind, sondern in diesen Schriften auch näher auf Begleitumstände, die zu dieser Zoneneinteilung geführt haben, eingegangen werden kann. Bestehen Zweifel bei der Anwendung der in der EX-RL-Beispielsammlung oder in anderen Regelungen fixierten Zoneneinteilung, können diese Einteilungen durch Messungen begleitet werden. Orientierende Messungen können mit geeigneten Messgeräten und erfahrenem Personal entweder selbst oder durch Messstellen durchgeführt werden.

Tabelle 6: Hinweise auf weitere Beispiele in Regeln, Merkblättern und Informationen, die hinsichtlich des Explosionsschutzes mit dem Fachbereich „Rohstoffe und chemische Industrie", Sachgebiet „Explosionsschutz", abgestimmt sind

Lfd. Nr.:	Kurztitel	Vorschriften-Nr.:	Ausgabe
5	Hinweise auf weitere Beispiele in Regeln, Merkblättern und Informationen, die hinsichtlich des Explosionsschutzes mit dem Fachbereich Rohstoffe und chemische Industrie der Deutschen Gesetzlichen Unfallversicherung, Sachgebiet „Explosionsschutz", abgestimmt sind		
5.1	Zurzeit nicht belegt		

Lfd. Nr.:	Kurztitel	Vorschriften-Nr.:	Ausgabe
5.2	Lagern von flüssigen und festen Gefahrstoffen in ortsfesten Behältern sowie Füll- und Entleerstellen für ortsbewegliche Behälter	TRGS 509	2014 (2020)
5.3	Fassmerkblatt „Umgang mit entleerten gebrauchten Gebinden"	T 005 der BG RCI	2016
5.4	Lagerung von Gefahrstoffen in ortsbeweglichen Behältern	TRGS 510	2020 (überarbeitet 2021)
5.5	Vermeidung von Brand-, Explosions- und Druckgefährdungen an Tankstellen und Gasfüllanlagen zur Befüllung von Landfahrzeugen	TRBS 3151/TRGS 751	2019
5.6	Elektrostatisches Beschichten	DGUV Information 209-052 (früher BGI 764)	2009/ Redaktioneller Stand 2014
5.7	Lackierräume und -einrichtungen; Bauliche Einrichtungen, Brand- und Explosionsschutz, Betrieb	DGUV Information 209-046 (früher BGI 740)	2016
5.8	Brand- und Explosionsschutz an Werkzeugmaschinen, deutsche Version (s. a. 5.21)	DGUV Information 209-026 (früher BGI/ GUV-I 719 D)	2012
5.9	Einsatz von Flurförderzeugen – Batterieladeanlagen für Flurförderzeuge	BGHW Spezial SP 02	2008 Unveränderter Nachdruck: 2010
5.10	Gasverdichteranlagen	DVGW-Arbeitsblatt G 497	2019
5.11	Sicherheitstechnische Hinweise über das Verwenden von Aluminiumpulver, -pellets und -pasten bei der Herstellung von Porenbeton	DGUV Information 213-003 (früher BGI 626)	2006

Lfd. Nr.:	Kurztitel	Vorschriften-Nr.:	Ausgabe
5.12	Reinigen von Werkstücken mit Reinigungsflüssigkeiten	DGUV Information 209-088	2017
5.13	Zurzeit nicht belegt		
5.14	Explosionsgefährdete Bereiche an Ausblaseöffnungen von Leitungen zur Atmosphäre an Gasanlagen	Berufsgenossenschaft Energie, Textil, Elektro, Medienerzeugnisse, DVGW-Regelwerk, Technischer Hinweis-Merkblatt DVGW G 442 (M)	2015
5.15	Lösemittel	DGUV Information 213-072 (früher BGI 621 (M 017 der BG RCI))	2019
5.16	Schleifen, Bürsten und Polieren von Aluminium – Vermeiden von Staubbränden und Staubexplosionen	DGUV Regel 109-001 (früher BGR 109)	2020
5.17	Zurzeit nicht belegt		
5.18	Oberflächenbehandlung in Räumen und Behältern	TRGS 507	2010
5.19	Praxisleitfaden zur Erstellung eines Explosionsschutzdokumentes für Brennereien und Spirituosenbetriebe	FSA-Schriftenreihe Nr. F05-0501/05-08	12/2016
5.20	Zurzeit nicht belegt		
5.21	Brand- und Explosionsschutz an Werkzeugmaschinen, englische Version (s. a. 5.8)	DGUV Information 209-027 (früher BGI/GUV-I 719 E)	2012
5.22	Zurzeit nicht belegt		
5.23	Flüssiggasanlagen, Flüssiggasflaschen – Beispiele zur Zoneneinteilung	Hinweise der BGN	Letzte Einsicht 2/2015
5.24	Technische Regel Flüssiggas	TRF 2021, DVFG	4/2021
5.25	Leitfaden zur Vermeidung von Staubexplosionen bei der Gewinnung und Verarbeitung von Zucker	BG RCI (www.exinfo.de, Seiten ID: #NQK8)	3/2021

Lfd. Nr.:	Kurztitel	Vorschriften-Nr.:	Ausgabe
5.26	Praxisleitfaden zur Erstellung eines Explosionsschutzdokumentes für Betriebe der Getreideverarbeitung, Getreidelagerung und des Handels	FSA-Schriftenreihe Nr. F05-0501/01-06	10/2014

Im Punkt 5 der EX-RL-Beispielsammlung wird auf weitere Informationsschriften mit Zoneneinteilungen verwiesen, die mit dem Fachbereich „Rohstoffe und chemische Industrie", Sachgebiet „Explosionsschutz" der DGUV, hinsichtlich des Explosionsschutzes abgestimmt sind.

Die alte grüne Beispielsammlung aus den 1990er Jahren sollte nicht mehr angewandt werden. Als Erkenntnisquelle ist sie jedoch noch im Kompendium Explosionsschutz[4] enthalten.

Überarbeitete Beispiele, für die es zunächst noch keine eigenen Regeln, Merkblätter oder Informationen gibt, werden im Abschnitt 4 „Spezielle Anlagen" eingestellt.

8 Zoneneinteilung in weiteren Regelungen

Neben den bisher genannten Ausarbeitungen gibt es weitere Informationsquellen zur Zoneneinteilung, auf die im Einzelnen nicht näher eingegangen werden soll. Positiv hervorzuheben ist z. B. der Praxisleitfaden zur Erstellung eines Explosionsschutzdokumentes für Betriebe der Getreideverarbeitung, Getreidelagerung und des Handels.[29] Hier wird anhand eines umfangreichen Beispiels der Zonenplan für ein Kraftfutterwerk in tabellarischer und grafischer Form mit ausführlichen Erläuterungen dargestellt. Auch im Praxisleitfaden zur Erstellung eines Explosionsschutzdokumentes für Brauereien[30] werden Aussagen zur Zoneneinteilung sowohl in tabellarischer als auch in grafischer Darstellung mit umfangreichen Erläuterungen durchgeführt. Weitere Ausarbeitungen sind z. B. in folgenden Quellen zu finden[39 bis 46].

Neben der EX-RL-Beispielsammlung gibt es weitere konkretisierende Quellen zur Zoneneinteilung.

9 Zoneneinteilung in Normen

In der Vergangenheit verwies das nationale Arbeitsschutzrecht auf den durch Normen beschriebenen Stand der Technik. Nationale Normen mit Sicherheitsanforderungen, die die Gestaltung der Arbeitsumwelt betrafen oder unmittelbar an Arbeitgeber/Arbeitnehmer gerichtet waren, entsprachen dem Rechtsgefüge und waren üblich. Zukünftig sollten solche Normen im betrieblichen Arbeitsschutz keine Rolle mehr spielen. Vor diesem Hintergrund wären aus Sicht der in der Kommission Arbeitsschutz und Normung (KAN) vertretenen Deutschen Arbeitsschutzkreise Normen mit unmittelbar an Betreiber gerichteten sicherheitsrelevanten Anforderungen und solchen zur Gestaltung der Arbeitsumwelt überflüssig[21]. Es gibt jedoch nach wie vor Bestrebungen, solche Normen zu erstellen. Beispielsweise soll auch mittels Normen eine „Brücke" zwischen Hersteller und Betreiber geschlagen werden, um Letzteren eine Hilfestellung zur sicheren Anwendung solcher Geräte in explosionsgefährdeten Bereichen zu geben. Auch diese Normen, die vorwiegend Anforderungen an die Gestaltung der Arbeitsumwelt enthalten, wurden nicht für notwendig erachtet. Für diesen Bereich sollte es Normen nur in den im gemeinsamen deutschen Standpunkt (GDS)[22] festgehaltenen Ausnahmefällen geben. Zwischenzeitlich gibt es jedoch Modifizierungen.

Es gibt ein Grundsatzpapier vom 24.11.2014 zur Rolle der Normung im betrieblichen Arbeitsschutz. Die Systematik des Vorschriften- und Regelwerks hat sich seit 1980 unter dem Einfluss europäischer Arbeitsschutzrichtlinien kontinuierlich entwickelt und grundsätzlich bewährt. Es ist in seiner aktuellen Ausprägung i. S. d. GDA im neu gefassten Leitlinienpapier von 2011 niedergelegt. Es gibt keinen Anlass, diese Systematik des Vorschriften- und Regelwerks zu ändern. Nach dem europäischen Rechtsregime im Arbeitsschutz können und sollen weiterhin die Mitgliedstaaten mit ihren spezifischen Arbeitsschutzvorschriften und -regeln bestimmen, wie die europäischen Mindestvorgaben national am besten umzusetzen sind. Dies umfasst die Beurteilung der Frage, ob national über die Mindestvorschriften hinaus weitere nationale Vorschriften erforderlich sind, sowie der Frage, ob und wie die nationalen Vorschriften unterhalb der Vorschriftenebene zu konkretisieren oder zu erläutern sind.

Das Prinzip lautet: Es sind keine Normen im betrieblichen Arbeitsschutz erwünscht!

Eine Analyse ausgewählter Normen mit Aussagen zum Explosionsschutz zeigt folgendes Bild:

- Die meisten Normen zum Explosionsschutz beinhalten keinerlei Aussagen zur Zoneneinteilung, z. B. DIN EN 123[25] „Gasinfrastruktur – Verdichterstationen – Funktionale Anforderungen" und DIN EN 14678-2[26] „Flüssiggasgeräte und Ausrüstungsteile – Bau- und Arbeitsweise von Flüssiggas-Geräten für Autogas-Tankstellen".
- Einige Normen beschreiben Maßnahmen, z. B. Lüftung, die einen unmittelbaren Einfluss auf eine zukünftige Zoneneinteilung besitzen, z. B. DIN EN 14470-1[23] „Feuerwiderstandsfähige Lagerschränke, Sicherheitsschränke für brennbare Flüssigkeiten" enthält die Forderung, einen zehnfachen Luftwechsel zu realisieren. Die gleiche Forderung ist in DIN EN 14470-2[24] „Feuerwiderstandsfähige Lagerschränke, Sicherheitsschränke für Druckgasflaschen" enthalten.

- Es gibt auch mehrere Normen, in denen Zoneneinteilungen festgelegt sind. Auf ausgewählte Normen dieser Kategorie soll im Näheren eingegangen werden:

Die DIN EN 60079-10-1 (VDE 0165 Teil 101)[27] „Elektrische Betriebsmittel für gasexplosionsgefährdete Bereiche – Teil 10-1 Einteilung der explosionsgefährdeten Bereiche" befasst sich mit der Einteilung von explosionsgefährdeten Bereichen[78], in denen Gefährdungen durch brennbare Gase oder Dämpfe oder Nebel auftreten können, welche dann als Grundlage zur Unterstützung bei der zweckmäßigen Auswahl und Installation von Geräten in explosionsgefährdeten Bereichen verwendet werden können. In Bereichen, in denen brennbare Gase oder Dämpfe in gefahrdrohender Menge oder Konzentration auftreten können, sind Schutzmaßnahmen erforderlich, um das Risiko von Explosionen zu verringern. Zweck dieses Teils von DIN EN 60079 (VDE 0165) ist es, die wesentlichen Kriterien für eine Beurteilung der Entzündungsgefahr darzulegen und Anleitungen zu den anwendbaren Konstruktions- und Überwachungsparametern zu geben, mit denen derartige Gefahren verringert werden können. Brennbare Nebel können sich zur gleichen Zeit bilden oder vorhanden sein wie brennbare Dämpfe. Flüssigkeiten, die im Sinne dieser Norm als nicht gefährlich angesehen werden (wegen ihres Flammpunkts), können auch brennbare Nebel bilden, wenn sie unter Druck freigesetzt werden.

Gegenüber DIN EN 60079-10-1 (VDE 0165-101):2016-10 wurden folgende Änderungen vorgenommen:

a) Löschen von Position e) aus den Ausnahmen des Anwendungsbereiches in Abschnitt 1;

b) Einführung neuer Begriffe und Definitionen in Abschnitt 3;

c) Einführung eines neuen Abschnittes 4.4.1 Zone vernachlässigbarerer Ausdehnung;

d) Einführung eines neuen Abschnittes 5.3.1 für Brenngasanlagen;

e) Aktualisierung der Tabelle A.1 in Anhang A, mit UEG und ihrer Spalte 15 mit der Überschrift „Datenquelle";

f) Aktualisierung des Flussdiagramms in Bild B.1 in Anhang B; Aktualisierung der Berechnungen für die Freisetzungsrate in Anhang B;

g) Aktualisierung der Grafik in Bild B.2 entsprechend den aktualisierten Gleichungen für die Verdampfungsrate und die Lüftungsgeschwindigkeit von 0,25 m/s in Anhang B;

h) Abschaffung des Sicherheitsfaktors k und dessen Streichung aus der horizontalen Achse der Diagramme in den Bildern C.1 und D.1 in den Anhängen C und D;

i) Beschränkungen für die Verwendung der Tabelle in Bild D.1 in Anhang D;

j) Aktualisierung und Korrekturen in Anhang E;

k) Aktualisierung von Anhang G mit brennbaren Nebeln;

l) Einführung neuer Punkte in Tabelle K.1;

m) Aufnahme neuer Positionen in den Literaturhinweisen.

Auch die Norm DIN EN 60079-10-2 (VDE 0165-102)[28] „Explosionsgefährdete Bereiche – Teil 10-2: Einteilung der Bereiche – Staubexplosionsgefährdete Bereiche" befasst sich mit der Erkennung und Einteilung von Bereichen, in denen explosionsfähige Staubatmosphären und Ablagerungen brennbarer Stäube auftreten, um die richtige Auswahl von Geräten zum Einsatz in solchen Bereichen zu erlauben. Er legt die grundlegenden Kriterien dar, mit denen die Zündgefahren abgeschätzt werden können, und gibt Anleitung zu den Entwurfs- und Steuerungsparametern, die zu dem Zweck genutzt werden können, solch eine Gefahr zu verringern. Die Grundaussagen der Norm können auch angewendet werden, wenn brennbare Fasern oder Flusen eine Gefahr verursachen können. Die Norm soll dort angewendet werden, wo ein Risiko durch explosionsfähige Staubatmosphären oder brennbare Staubablagerungen unter normalen atmosphärischen Bedingungen vorhanden sein kann. Explosionsfähige Staubatmosphären und Ablagerungen brennbarer Stäube werden in dieser Norm getrennt behandelt. Stäube, wie sie in dieser Norm definiert werden, sind gefährlich, weil sie möglicherweise explosionsfähige Atmosphären bilden können, wenn sie durch irgendwelche Mittel in Luft verteilt werden. In Abschnitt 4 wird die Bereichseinteilung für explosionsfähige Staubwolken beschrieben unter Berücksichtigung von Staubablagerungen als einer möglichen Freisetzungsquelle. Außerdem können sich Ablagerungen brennbarer Stäube entzünden und dann als Zündquellen für eine explosionsfähige Atmosphäre wirken. Andere allgemeine Betrachtungen zu Staubablagerungen werden in Abschnitt 7 beschrieben. Die Beispiele in dieser Norm beruhen auf einem System von wirksamen Reinigungsmaßnahmen, welches in der Anlage durchgeführt wird, damit ein Anwachsen von Staubablagerungen verhindert wird. Gibt es keine wirksamen Reinigungsmaßnahmen, ist bei der Bereichseinteilung die mögliche Bildung explosionsfähiger Staubwolken von Staubablagerungen eingeschlossen. Diese Norm enthält einen informativen Anhang mit Beispielen für die Einteilung gefährdeter Bereiche (Anhang A).

Gegenüber DIN EN 60079-10-2 (VDE 0165-102):2010-03 wurden folgende Änderungen vorgenommen:

a) Der Begriff „atmosphärische Bedingungen" in Abschnitt 3 wurde gestrichen;
b) die Definition „brennbarer Staub" in 3.4 wurde an andere Schriftstücke der internationalen Arbeitsgruppe für Staubexplosionsschutz angepasst;
c) redaktionelle Änderung zur Definition von „explosionsfähige Staubatmosphäre" in 3.5, um den Begriff „Flusen" an dieser Stelle zu entfernen, da die Definition von Staub den Begriff Flusen umfasst;
d) die Definition von „brennbare Flusen" in 3.8 wurde an andere Schriftstücke der internationalen Arbeitsgruppe für Staubexplosionsschutz angepasst;
e) der Begriff „kontinuierliche Bildung einer Staubwolke" wurde hinzugefügt (3.14);
f) der Begriff „katastrophaler Fehler" wurde hinzugefügt (3.20);
g) die Definition von „Zündtemperatur einer Staubschicht" in 3.22 wurde mit anderen Schriftstücken abgeglichen;

h) die Begriffe von „Zone 20, Zone 21 und Zone 22" wurden in 3.25 hinzugefügt; diese waren zuvor im Dokument enthalten;
i) Dichte und Konzentration der Staubwolke wurden als Faktoren für eine Freisetzung in 4.1 hinzugefügt;
j) der Wortlaut in 4.1 wurde geändert, damit das erforderliche Geräteschutzniveau in den Zeichnungen zur Zoneneinteilung angegeben wird;
k) die Anmerkungen 1 und 3 in 4.1 wurden in normativen Text geändert;
l) Verweisung auf veröffentlichte Quellen in 4.2 zu Staubeigenschaften wurde gelöscht;
m) Verweisung auf IEC 80079-20-2 wurde in 4.2 hinzugefügt;
n) Unterabschnitt 4.3 zur Fähigkeit (Kompetenz) des Personals wurde hinzugefügt;
o) die Anmerkung zur Nachweisakte in 5.2 wurde gelöscht;
p) ein Beispiel für den kontinuierlichen Grad der Freisetzung wurde in 5.3 hinzugefügt, Zoneninformationen wurden nach Abschnitt 6 verschoben;
q) Absatz über Staubablagerungen, die zu einer Wolke aufgewirbelt werden, wurde in Abschnitt 7 aufgenommen;
r) in 8.1 wurden die Geräteschutzniveaus in die Liste zur Dokumentation hinzugefügt, eine Anmerkung mit der Warnung zur Variabilität in veröffentlichten Staubdaten wurde hinzugefügt;
s) eine bevorzugte Legende für Symbole wird in 8.2 angegeben;
t) je eine Anmerkung im Anhang A zu den Unterabschnitten zur Zone 21 und Zone 22 über den Abstand zur Freisetzungsquelle wurde hinzugefügt;
u) im Beispiel in A.2 wurde ein Absatz für Zone 22 hinzugefügt und Bild A.1 modifiziert, um die Lage der Zone 22 zu zeigen;
v) Anhang B zum Thema „heiße Oberflächen" wurde gelöscht;
w) Anhang D zur Erläuterung der Geräteschutzniveaus wurde gelöscht;
x) ein neuer Anhang C zum Thema „hybride Gemische" wurde hinzugefügt.

Die DIN EN 12921-3[33] „Maschinen zur Oberflächenreinigung und -vorbehandlung von industriellen Produkten mittels Flüssigkeiten oder Dampfphasen – Teil 3 Sicherheit von Anlagen, in denen brennbare Reinigungsflüssigkeiten verwendet werden" enthält ebenfalls Aussagen zur Zoneneinteilung:

- Einteilung von Gefahrenzonen (Abschnitt 5.6.3.3)
- Einteilung der Gefahrenzonen (Abschnitt 6.6.3.3)
- Einteilung der Gefahrenzonen – Beispiele (Anhang C)
- Zoneneinteilung an TYP B-Anlagen, in denen brennbare Reinigungsflüssigkeiten verwendet werden (Bild C.1b)
- Zoneneinteilung für TYP C-Anlagen, in denen brennbare Reinigungsflüssigkeiten verwendet werden (Bild C.2b)

Die Aussagen zur Zoneneinteilung decken sich nicht in jedem Fall mit den Erkenntnissen des Fachbereiches „Rohstoffe und chemische Industrie", Sachgebiet „Explosionsschutz". Bei Bedarf werden die Abweichungen diskutiert und bei der Erstellung nationaler Vorschriften weiterentwickelt.

Auch in Normen sind Aussagen zur Zonenfestlegung zu finden.

10 Zoneneinteilung in anderen Ländern

Eine internationale Arbeitsgruppe der Sektion „Maschinen und Systemsicherheit der IVSS" (Internationale Vereinigung für soziale Sicherheit) hat sich mit Lösungen zur Erstellung von Explosionsschutzdokumenten intensiv beschäftigt. Dazu wurde eine IVSS-Broschüre erstellt, in der der Aufbau eines Explosionsschutzdokumentes abgedruckt ist und die in den Sprachen Deutsch, Englisch, Französisch, Italienisch und Slowenisch vorliegt. Die Broschüre[31] beinhaltet im Teil 1 die Beschreibung des Arbeitsbereiches, führt durch eine Gefährdungsbeurteilung und zeigt technische und organisatorische Maßnahmen auf. Im 2. Teil werden Aussagen zur Zoneneinteilung gemacht und diese durch verschiedene Beispiele aus der Praxis untersetzt. Bei der Bearbeitung von Fallbeispielen hat sich gezeigt, dass in der Zoneneinteilung vielfältige nationale Unterschiede vorhanden sind (s. Kapitel 5, Abbildungen 9 bis 11).

In der Schweiz gibt es beispielsweise das Merkblatt „Explosionsschutz – Grundsätze – Mindestvorschriften – Zonen"[20]. Das Ziel des Merkblattes besteht darin, dem Arbeitgeber zu ermöglichen,

- die Gefahren zu ermitteln und die Risiken zu bewerten,
- Arbeitsbereiche in Zonen einzuteilen,
- spezifische Maßnahmen zu treffen,
- Explosionsschutzdokumente auszuarbeiten,
- Koordinierungsmaßnahmen und Modalitäten festzulegen.

Dieses Merkblatt ist in Analogie zur EX-RL[6] aufgebaut. Im Anhang sind umfangreiche Beispiele zur Einteilung explosionsgefährdeter Bereiche vorhanden. Im Gegensatz zur EX-RL[6] sind die Beispiele grafisch dargestellt (s. Kapitel 5, Abbildung 11).

Bei der Einteilung explosionsgefährdeter Bereiche können erhebliche nationale Unterschiede auftreten.

Die obere Aufsichtsbehörde OSHA – Occupational Safety and Health Administration erlässt gesetzliche Regelungen zum Arbeitsschutz als Basis für verschiedene Normen-Organisationen, wie z. B. National Fire Protection Association (NFPA), American National Standard Institute (ANSI), American Petroleum Institute (API) in Nordamerika. Im Folgenden werden wichtige internationale Explosionsschutz-Vorschriften aufgeführt.

In der nachfolgenden Tabelle wird eine Übersicht von Beispielen zur Zoneneinteilung gegeben:

Wenn beabsichtigt wird, in der Praxis Beispiele aus den erwähnten nationalen Regelwerken zur Zoneneinteilung zu benutzen, müssen die spezifischen Einzelheiten jedes einzelnen Falles berücksichtigt werden, z. B. die Eigenschaften des Prozesses und der Örtlichkeit. Zu den Beispielen für nationale Regelwerke gehören die in der Tabelle aufgeführten, sie sind aber nicht auf diese beschränkt.

Tabelle 7: Übersicht internationaler Regelwerke

Ursprungsland/-region in alphabethischer Reihenfolge	Bezeichnung des Regelwerkes oder der Norm	Titel	Herausgebende Institution	Anwendungsbemerkungen
Australien und Neuseeland	ASNZs (IEC) 60079-10-1	Explosionsfähige Atmosphären Teil 10-1: Zoneneinteilung – Explosionsfähige Gasatmosphären	Standards Australia/ Standards New Sealand	In AS/NSZ 60079-10-1 als nationaler Anhang eingeführt
Deutschland	DGUV Regel 113-001, ehemals BGR 104	EX-RL „Explosionsschutz-Regeln für das Vermeiden von Gefahren durch explosionsfähige Atmosphären"	Deutsche Gesetzliche Unfallversicherung DGUV	
Italien	GUIDA CEI 31-35	Elektrische Betriebsmittel für explosionsfähige Atmosphären – Leitfaden für die Zoneneinteilung	CEI – Comitato electrotechnico Italiano	

Ursprungsland/-region in alphabethischer Reihenfolge	Bezeichnung des Regelwerkes oder der Norm	Titel	Herausgebende Institution	Anwendungsbemerkungen
Niederlande	NRP 7910-1	Niederländischer praktischer Leifaden NPR 7910-1, Zoneneinteilung bezüglich Explosionsgefahr – Teil 1: Gasexplosionsgefahr, auf der Grundlage von NEN-EN-IEC 60079-10-1	Netherlands Standardisation Institute	
Schweden	SEK Handbuch 426	Zoneneineilung	Svensk Elstandard	
UK	BS 5908	Praktische Regeln für Vorsichtsmaßnahmen gegen Feuer in der chemischen und verwandten Industrie	British Standards Institute	
	IP15	Modellregeln für eine sichere Praxis für die Petroleumindustrie, Teil 15: Regeln für die Zoneneinteilung von Petroleumanlagen, in denen brennbare Flüssigkeiten verarbeitet werden	Energy Institution	
	IGEM/SR/25	Zoneneinteilung für Erdgasanlagen	Institution of Gas Engineers and Managers	

Ursprungsland/-region in alphabethischer Reihenfolge	Bezeichnung des Regelwerkes oder der Norm	Titel	Herausgebende Institution	Anwendungsbemerkungen
USA	API RP 505	Empfohlene Praxis für die Zoneneinteilung von Örtlichkeiten für elektrische Anlagen in Petroleumanlagen, die als Class I, Zone 1 und Zone 2 eingestuft sind	American Petroleum Institute (API)	
	NFPA 59 A	Norm für die Herstellung, die Speicherung und die Verarbeitung von verflüssigtem Erdgas	National Fire Protection Association	

Die Grundprinzipien des Explosionsschutzes sind auf der ganzen Welt gleich. Dennoch haben sich in Nordamerika auf dem Gebiet des Explosionsschutzes elektrischer Geräte und Anlagen Techniken und Systeme entwickelt, die wesentlich von der IEC-Technik abweichen. Die Unterschiede liegen dabei u. a. in der Einteilung der explosionsgefährdeten Bereiche, der Konstruktion der Betriebsmittel und der Installation der elektrischen Anlagen.

Tabelle 8: Traditionelle Klassifizierung explosionsgefährdeter Bereiche in Nordamerika

Gase, Dämpfe oder Nebel	Stäube	Fasern und Flusen
Klassifizierung Class I	Klassifizierung Class II	Klassifizierung Class III
NEC 500 CEC J18	NEC 500 CEC J18	NEC 500 CEC J18

Gase, Dämpfe oder Nebel	Stäube	Fasern und Flusen
Klassifizierung Class I	Klassifizierung Class II	Klassifizierung Class III
Division 1 Bereiche, in denen gefährliche Konzentrationen von zündfähigen Gasen oder Dämpfen - unter normalen Betriebsbedingungen vorhanden sein können, - bei Reparatur- und Wartungsarbeiten häufig auftreten können, - bei Betriebsstörungen oder unter Fehlerbedingungen auftreten können und zur gleichen Zeit Störungen an den elektrischen Geräten auftreten, die zu einer Zündquelle führen.	Division 1 Bereiche, in denen gefährliche Konzentrationen von explosionsfähigen Staubatmosphären - unter normalen Betriebsbedingungen vorhanden sein können, - bei Betriebsstörungen oder unter Fehlerbedingungen auftreten können und zur gleichen Zeit Störungen an den elektrischen Geräten auftreten, die zu einer Zündquelle führen, sowie Bereiche mit gefährlicher Menge an leitendem Staub (Gruppe E).	Division 1 Bereiche, in denen brennbare Fasern und Flusen entstehen oder verarbeitet werden.
Division 2 Bereiche, in denen gefährliche Konzentrationen von zündfähigen Gasen oder Dämpfen in geschlossenen Behältern oder Systemen gehalten werden und die nur unter Fehlerbedingungen freigesetzt werden können.	Division 2 Bereiche, in denen gefährliche Konzentrationen von explosionsfähigen Staubatmosphären nur unter Fehlerbedingungen freigesetzt werden können.	Division 2 Bereiche, in denen brennbare Fasern gelagert oder anders als im Fertigungsprozess gehandhabt werden.

Für elektrische Betriebsmittel und Anlagen, die in explosionsgefährdeten Betriebsstätten zum Einsatz kommen, gilt in den USA der National Electrical Code (NEC) bzw. in Kanada der Canadian Electrical Code (CEC). Diese haben den Charakter von Errichtungsbestimmungen für elektrische Anlagen in allen Bereichen und verweisen auf eine Reihe weiterer Standards anderer Institutionen, die die Bestimmungen für die Installation und den Bau geeigneter Betriebsmittel enthalten.

Explosionsgefährdete Bereiche fallen in Nordamerika unter den Begriff „hazardous (classified) locations". Traditionell werden die explosionsgefährdeten Bereiche in Nordamerika in „Class" und „Divisions" eingeteilt. Sie umfassen Bereiche, in denen brennbare Gase, Dämpfe oder Nebel (Class I), Stäube (Class II) oder Fasern und Flusen (Class III) in gefahrdrohender Menge auftreten können. Nach der Häufigkeit oder der Dauer des Auftretens dieser Stoffe werden die explosionsgefährdeten Bereiche traditionell in Division 1 und Division 2 unterteilt.

1996 wurde in den USA für Class I zusätzlich zu diesem bestehenden System das nach IEC übliche Klassifizierungssystem in Zonen eingeführt. Diese Änderung erfolgte durch Artikel 505 des NEC, womit dem Anwender die Möglichkeit geboten wird, dass für ihn technisch und wirtschaftlich optimale System zu wählen. 2005 wurden die Zonen 20, 21 und 22 für Bereiche mit brennbarem Staub mit dem Artikel 506 eingeführt.

Auch in Kanada wurde das IEC-Zonenkonzept für Class I eingeführt (CEC-Ausgabe 1988), nachdem seither alle neu errichteten Anlagen nach diesem Konzept klassifiziert werden müssen. Mit der Ausgabe 2015 des CEC wurde das Zonenkonzept auch für staubexplosionsgefährdete Bereiche übernommen.

In der nachfolgenden Tabelle ist der Zusammenhang zwischen nordamerikanischen und europäischen Zoneneinteilungen hergestellt.

Tabelle 9: Vergleich der Zonen mit Divisions

Zoneneinteilung			
Explosionsfähige Atmosphäre	Ständig oder langzeitig	Gelegentlich	Selten und kurzzeitig
IC/CENELEC/ EUROPA NEC 505 (Gas) NEC 506 (Staub)	Zone 0 (Gas) Zone 20 (Staub)	Zone 1 (Gas) Zone 21 (Staub)	Zone 2 (Gas) Zone 22 (Staub)
Nordamerika (NEC, Article 500)	Class I, Division 1 Class II, Division 1 Class III, Division 1	Class I, Division 1 Class II, Division 1 Class III, Division 1	Class I, Division 2 Class II, Division 2 Class III, Division 2

Deutsche Geräte, die für explosionsgefährdete Bereiche entwickelt und gefertigt werden, werden in den USA und Kanada durch nationale Konformitätsbewertungsstellen geprüft und zugelassen. Eine gegenseitige Anerkennung ist nicht automatisch gegeben. Oftmals findet man beide Angaben. In Asien wird für den Explosionsschutz verstärkt die Einhaltung der Richtlinie 2014/34/EU gefordert und angewendet. Die Zoneneinteilung erfolgt nach CENELEC oder IEC und entspricht damit der Richtlinie 1999/92/EG. In der Volksrepublik China ist gesetzlich festgelegt, dass sämtliche Betriebsmittel für den Einsatz in explosionsgefährdeten Bereichen von einer nationalen Test- und Zertifizierungsgesellschaft (z. B. NEPSI) geprüft und zugelassen werden müssen. Basis für dieses Zulassungsverfahren sind die entsprechenden nationalen (GB-)Standards. Als Mitglied der Internationalen Elektrischen Kommission (IEC) ist man gegenwärtig in der Volksrepublik China dabei, die nationalen Normen mit den entsprechenden Normen der IEC oder des US-amerikanischen NEC zu harmonisieren. Allerdings muss man heute feststellen, dass dieser Prozess noch lange nicht abgeschlossen ist.

In der Russischen Föderation wurde 2003 mit dem „Föderalen Gesetz über die Technische Regulierung" auf die globalen Anforderungen der Wirtschaft reagiert.

Ziel war und ist es, die technische Gesetzgebung und die technische Regulierung ähnlich dem europäischen System der Harmonisierung in Normung und Gesetzgebung aufzubauen, damit privatrechtliche Normung und staatliche Gesetzgebung korrespondieren.

Die Reformen erfolgen durch:

- Erstellung Technischer Reglements als gesetzliche Grundlage, in denen alle Pflichtanforderungen festgelegt sind,
- Anpassung der Normen an internationale und europäische Standards,
- Entwicklung eines Systems der freiwilligen privatwirtschaftlichen Standardisierung.

2003 wurde das Föderale Gesetz Nr. 184-FZ „Über die technische Regulierung" in Kraft gesetzt.

Dieses regelt alle Verfahren bei der Entwicklung, Anwendung und Erfüllung von Anforderungen an Produktsicherheit, Herstellungsprozesse, Betrieb, Aufbewahrung, Transport, Vertrieb, Recycling von Produkten sowie dessen Konformitätsbewertung. Die Übergangszeit betrug sieben Jahre. Vorgesehen ist die Erarbeitung von ca. 600 technischen Reglements. Ab 1.7.2010 sind GOST-Normen freiwillig.

Technische Reglements (allgemeine und spezifische) werden in jedem Branchenbereich erarbeitet. Sie beinhalten eine Zusammensetzung von minimalen notwendigen Anforderungen zur Erfüllung von

- Brandsicherheit,
- industrieller Sicherheit,
- chemischer Sicherheit,
- elektrischer Sicherheit,
- Strahlungssicherheit,
- biologischer Sicherheit,

- Ex-Sicherheit,
- mechanischer Sicherheit,
- thermischer Sicherheit,
- atomarer und radiologischer Sicherheit,
- EMV-Sicherheit für Geräte und Anlagen,
- Einheit der Messungen.

Nach dem Inkrafttreten von Technischen Reglements ist die Anwendung des nationalen Standards (GOSTs) freiwillig. Durch die DUMA wurden über 20 Technische Reglements verabschiedet. Beispiele aus anderen GUS-Staaten:

Tabelle 10: Beispiele aus anderen GUS-Staaten

Armenien:	59 Technische Reglements
Kasachstan:	58 Technische Reglements
Moldawien:	40 Technische Reglements
Ukraine:	29 Technische Reglements

Seit dem 1.1.2001 gilt in Russland eine neue Reihe von Normen, die die Anforderungen an den Bau explosionsgeschützter elektrischer Betriebsmittel, die Einteilung der explosionsgefährdeten Bereiche und die Anwendung von explosionsgeschützten Betriebsmitteln verschiedener Schutzniveaus in explosionsgefährdeten Bereichen regelt.

Eine der Hauptaufgaben bei der Erstellung dieser Standards war die Harmonisierung mit den internationalen Standards der Reihe IEC 60079. Allerdings existieren bei den meisten russischen Normen nationale Abweichungen zu den internationalen Standards.

EPL ist die Abkürzung für Geräteschutzniveau (Equipment Protection Level) nach DIN EN 60079-0 „Explosionsfähige Atmosphäre – Teil 0: Geräte – Allgemeine Anforderungen". Diese Norm führt ein Verfahren zur Risikobewertung für die Akzeptanz von Ex-Geräten als Alternative zur aktuellen vorschreibenden und relativ unflexiblen Vorgehensweise der Zuordnung von Geräten zu Zonen ein. Um diese zu erleichtern, wurde ein System von Geräteschutzniveaus eingeführt, um deutlich die inneren Zündrisiken eines Gerätes zu bestimmen, wobei es keine Rolle spielt, welche Zündschutzart angewendet wird. Nach IEC 60079-0 (2019) werden Geräte für explosionsgefährdete Bereiche in drei Schutzniveaus eingestuft (für Geräte in schlagwettergefährdeten Grubenbauen sind zwei Schutzniveaus festgelegt).

Für die Mehrzahl der Situationen mit den typischen möglichen Folgen aus einer sich ereignenden Explosion ist vorgesehen, dass Folgendes für die Anwendung von Geräten in Zonen gelten möge. (Das ist für Grubenbaue nicht direkt anwendbar, weil das Zonenkonzept nicht allgemein gilt.)

Das Verhältnis von EPL zu Zonen ist in der nachfolgenden Tabelle dargestellt:

Tabelle 11: Zonen und Geräteschutzniveaus

Geräteschutzniveau	Zone
Ga	0
Gb	1
Gc	2
Da	20
Db	21
Dc	22

In der nachfolgenden Tabelle wird der Zusammenhang zwischen den **Geräteschutzniveaus** (EPL) nach IEC 60079-26 und der Richtlinie 2014/34/EU dargestellt:

Tabelle 12: Geräteschutzniveau nach IEC 60079-26 und RL 2014/34/EU

Gebotener Schutz	Geräteschutzniveau Gruppe	Schutzleistung	Betriebsbedingungen
Sehr hoch	Ma Gruppe I 2014/34/EU: I M 1	Zwei unabhängige Schutzmittel oder sicher, selbst wenn zwei Fehler unabhängig voneinander auftreten	Gerät bleibt bei vorhandener explosionsfähiger Atmosphäre in Betrieb
Sehr hoch	Ga Gruppe II 2014/34/EU: II 1 G	Zwei unabhängige Schutzmittel oder sicher, selbst wenn zwei Fehler unabhängig voneinander auftreten	Gerät bleibt in den Zonen 0, 1 und 2 in Betrieb
Sehr hoch	Da Gruppe III 2014/34/EU: II 1 D	Zwei unabhängige Schutzmittel oder sicher, selbst wenn zwei Fehler unabhängig voneinander auftreten	Gerät bleibt in den Zonen 20, 21 und 22 in Betrieb

Gebotener Schutz	Geräteschutzniveau Gruppe	Schutzleistung	Betriebsbedingungen
Hoch	Mb Gruppe I 2014/34/EU: I M 2	Geeignet für bestimmungsgemäßen Betrieb und harte Betriebsbedingungen	Gerät wird bei vorhandener explosionsfähiger Atmosphäre von der Energieversorgung getrennt
Hoch	Gb Gruppe II 2014/34/EU: II 2 G	Geeignet für bestimmungsgemäßen Betrieb und häufig auftretende Störungen oder Geräte, bei denen Fehler üblicherweise in Betracht gezogen werden	Gerät bleibt in den Zonen 1 und 2 in Betrieb
Hoch	Db Gruppe III 2014/34/EU: II 2 D	Geeignet für bestimmungsgemäßen Betrieb und häufig auftretende Störungen oder Geräte, bei denen Fehler üblicherweise in Betracht gezogen werden	Gerät bleibt in den Zonen 21 und 22 in Betrieb
Erhöht	Gc Gruppe II 2014/34/EU: II 3 G	Geeignet für bestimmungsgemäßen Betrieb	Gerät bleibt in Zone 2 in Betrieb
Erhöht	Dc	Geeignet für bestimmungsgemäßen Betrieb	Gerät bleibt in Zone 22 in Betrieb

Wenn in der Dokumentation der Gefährdungsbereichseinteilung nur Zonen angegeben werden, dann ist die Beziehung zwischen EPLs, Gerätekategorien und Zonen entsprechend der nachfolgenden Tabelle vorzunehmen.

Tabelle 13: Beziehungen zwischen EPLs, Gerätekategorien und Zonen

Zone	Geräteschutzniveaus (EPLs)	Gerätekategorie
0	„Ga"	II 1 G
1	„Ga" oder „Gb"	II 1 G oder II 2 G
2	„Ga", „Gb" oder „Gc"	II 1 G, II 2 G oder II 3 G
20	„Da"	II 1 D
21	„Da" oder „Db"	II 1 D oder II 2 D

Zone	Geräteschutzniveaus (EPLs)	Gerätekategorie
22	„Da", „Db" oder „Dc"	II 1 D, II 2 D oder II 3 D

Wenn die EPLs bzw. Gerätekategorien in der Dokumentation der Gefährdungsbereichseinteilung angegeben sind, müssen diese Anforderungen für die Auswahl von Geräten befolgt werden.

Die europäische Zoneneinteilung findet weltweit immer mehr Verbreitung.

11 Berechnung der Ausdehnung explosionsgefährdeter Bereiche

Auf der Basis der DIN EN 60079-10-1 (VDE 0165 Teil 101)[27] können Abschätzungsrechnungen vorgenommen werden. Hier sind Berechnungsgleichungen für folgende Problemkreise aufgezeigt:

- Bestimmung des hypothetischen Volumens
- Zusammenhang zwischen hypothetischem Volumen und den Abmessungen eines explosionsgefährdeten Bereiches
- Freiluftbereich
  - o eingeschränkte Freiluftbedingung
  - o Bestimmung der Beharrungszeit
  - o Bestimmung des Lüftungsgrades
- starke Lüftung
  - o geringe Lüftung
  - o mittelstarke Lüftung
- Verfügbarkeit der Lüftung
  - o natürliche Lüftung
  - o technische Lüftung.

In speziellen Fällen kann es erforderlich sein, die Ausdehnung explosionsgefährdeter Bereiche rechnerisch zu ermitteln. Solche Berechnungen wurden vom Fachbereich „Rohstoffe und chemische Industrie", Sachgebiet „Explosionsschutz", der Deutschen Gesetzlichen Unfallversicherung (DGUV) begleitet. Der vom Projektkreis „Explosionsschutz in der Gasversorgung" erstellte DVGW-Hinweis G 442[56] beinhaltet nähere Informationen zur Ermittlung der Geometrie und räumlichen Ausdehnung von Bereichen, in denen gefährliche explosionsfähige Atmosphäre an Austrittsöffnungen von Leitungen zur Atmosphäre auftreten kann. In diesem DVGW-Hinweis wird ein Verfahren vorgestellt, mit dem sich die Ausdehnung der Ex-Bereiche für einfache Entspannungssysteme anhand von Tabellen und Diagrammen bestimmen lässt. Dieses Verfahren wurde im Rahmen eines Forschungsvorhabens auf Basis validierter numerischer Modelle entwickelt. Für hiervon abweichende Entspannungssysteme sowie in Fällen, in denen eine hohe Anforderung an die Genauigkeit der zu ermittelnden Grenzen des Ex-Bereiches gestellt werden, ist die Ausdehnung der Ex-Bereiche im Rahmen einer Einzelfallbetrachtung auf andere Weise zu ermitteln.

Dieser DVGW-Hinweis gilt für Anlagen mit Leitungen zur Atmosphäre, die mit Gasen der 2. Gasfamilie nach DVGW-Arbeitsblatt G 260 betrieben werden, z. B.:

- Gasdruckregel- und Messanlagen (GDRM-Anlagen) nach DVGW-Arbeitsblättern G 491 und G 492,
- Verdichteranlagen nach DVGW-Arbeitsblatt G 497,
- Erdgastankstellen nach DVGW-Arbeitsblatt G 651/VdTÜV-Merkblatt 510.

Das in Abschnitt 5 vorgestellte Verfahren zur Ermittlung von Ex-Bereichen ist nur für vertikal nach oben gerichtete sowie für horizontal gerichtete Ausbläser anwendbar, die dort näher beschrieben sind. Das Verfahren ist nur anwendbar, wenn keine Beeinflussungen, z. B. durch Bauwerke oder Anlagenteile, vorliegen. Solche Abströmvorgänge bedürfen i. d. R. einer Einzelfallbetrachtung.

Das vorgestellte Rechenverfahren eignet sich vorwiegend für Entspannungssysteme, deren Druck im Reservoir Werte von 80 bar nicht überschreitet. Liegt der Druck im Reservoir deutlich über diesem Wert (wie z. B. bei Erdgastankstellen), so kann es aufgrund der Vernachlässigung von Realgaseffekten zu einer Überdimensionierung der Ex-Bereich-Abmessungen um bis zu 20 % kommen.

Für die Berechnung der in Anhang A angegebenen Tabellenwerte wurde das Gas als Ideal vorausgesetzt. Realgaseffekte wie der Joule-Thomson-Effekt wurden nicht berücksichtigt.

Bei der Herleitung des Verfahrens wurde für vertikal nach oben gerichtetes Freisetzen angenommen, dass der Austrittsquerschnitt der Ausbläser in einer Höhe (L + h) von 3 m liegt. Die Ergebnisse sind gleichermaßen für Austrittshöhen zwischen 1,5 m und 15 m anwendbar.

Für horizontales Ausblasen wurden Austrittshöhen (L + h) von 3, 5 und 10 m getrennt betrachtet, um die zusätzlichen Effekte zu erfassen, die durch den Kontakt des Strahls mit dem Boden auftreten. Zwischen den Ergebnissen für die genannten Höhen ist ggf. linear zu interpolieren. Bei Freisetzungen in Höhen zwischen 10 m und 15 m sind die für L + h = 10 m ermittelten Daten zu verwenden. Liegt die Austrittshöhe zwischen 1,5 m und 3 m, so gelten die für L + h = 3 m bestimmten Werte.

In Abbildung 12 wird eine Übersicht über das Vorgehen bei der Ermittlung der Ex-Bereiche an den Austrittsöffnungen von Leitungen zur Atmosphäre an Gasanlagen, über die Bewertung der hieraus resultierenden Gefährdungen sowie über mögliche Maßnahmen zur Beeinflussung der Ex-Bereiche zur Beseitigung ermittelter Gefährdungen gegeben.

Das Ziel der im Hinweis G 442 beschriebenen Berechnungen besteht darin, die Höhe und den Radius des explosionsgefährdeten Bereichs zu bestimmen. Einen Überblick gibt das Ablaufschema in Abbildung 13.

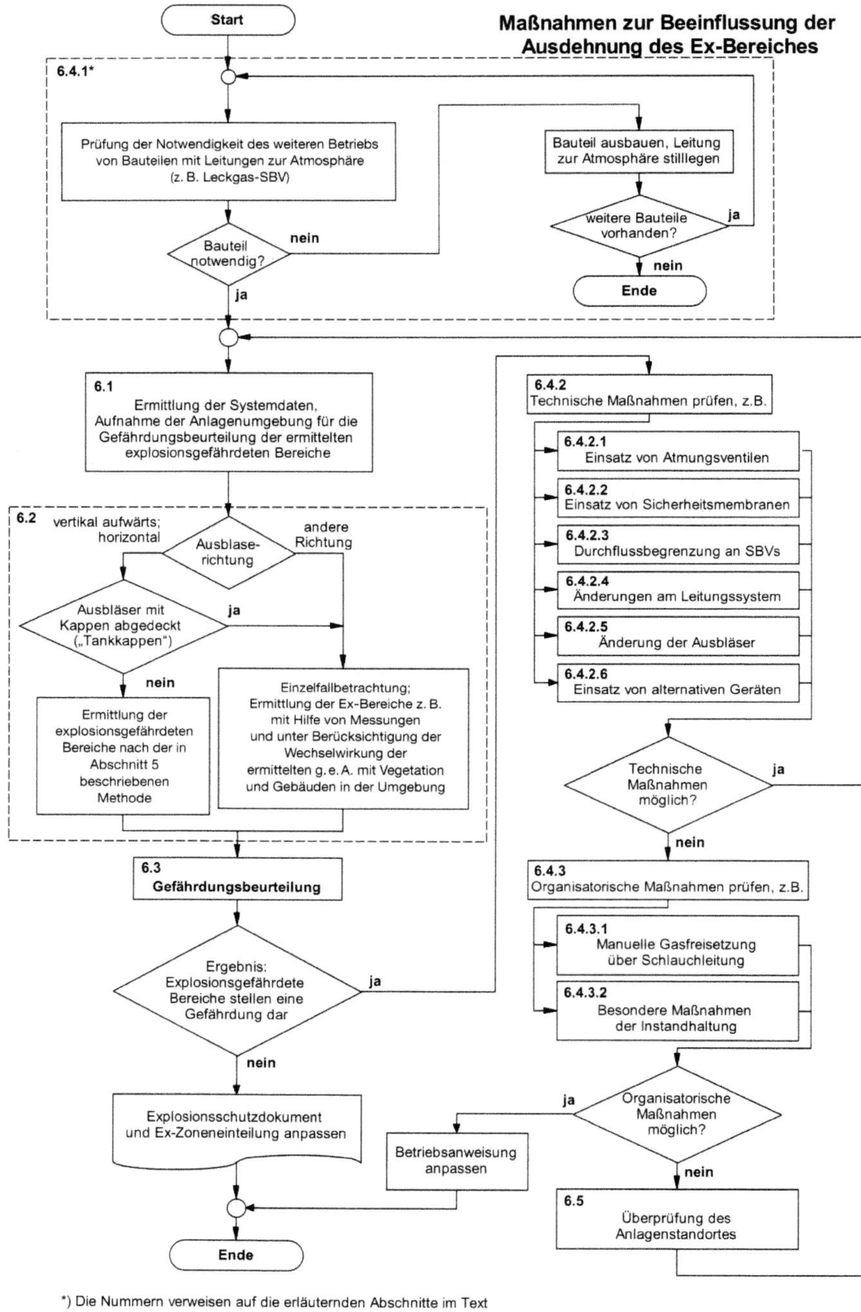

Abbildung 12: Vorgehen bei der Ermittlung der Geometrie der Ex-Bereiche und mögliche Maßnahmen der Beeinflussung[56]

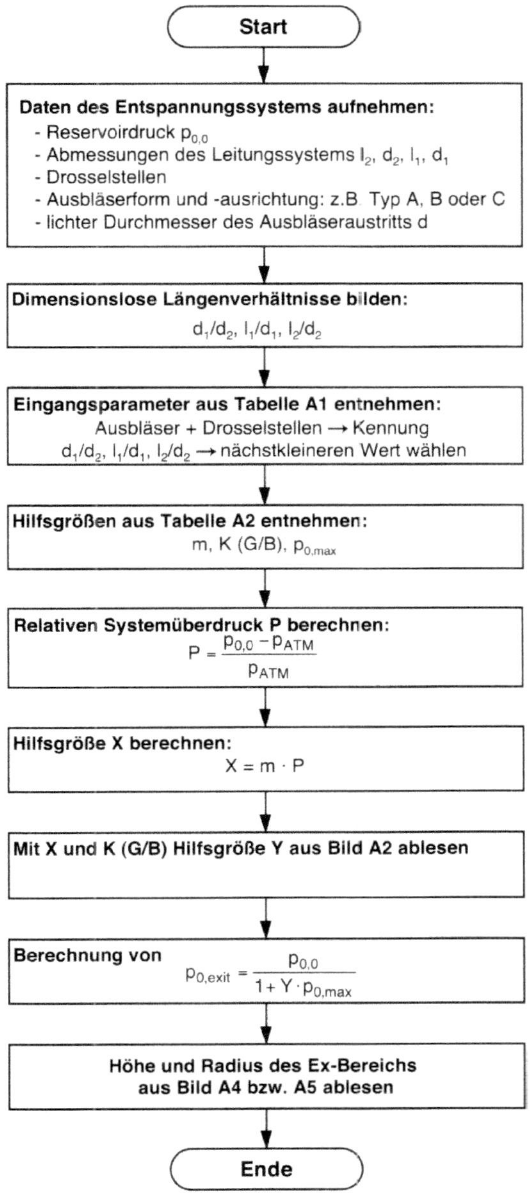

Abbildung 13: Ablaufschema zur Ermittlung der Ausdehnung der Ex-Bereiche

12 Kennzeichnung explosionsgefährdeter Bereiche und Umfang der Schutzmaßnahmen

12.1 Kennzeichnung explosionsgefährdeter Bereiche

Aus dem Explosionsschutzdokument muss u. a. hervorgehen, welche Bereiche in Zonen eingeteilt wurden. Explosionsgefährdete Bereiche sind an ihren Zugängen mit dem Warnzeichen nach Anhang III der Richtlinie 1999/92/EG[2] zu kennzeichnen.

Abbildung 14: Warnung vor einem Bereich, in dem explosionsfähige Atmosphären auftreten können

Weitere Festlegungen sind in den Vorschriften nicht zu finden. In den Betrieben findet man folgende bewährte Varianten:

- Ex-Zonenpläne in Form grafischer Darstellungen,
- Absperrung explosionsgefährdeter Bereiche, z. B. von Zufahrtswegen in Raffinerien mit Kette oder Schranke und dem Warnschild,
- Deklarierung der Zugangswege, z. B. an Türen zu Lägern oder Produktionsbereichen mit dem Warnschild und einem Zusatzschild weiß mit schwarzer Schrift unter dem Warnschild mit der Bezeichnung der Zone,
- Kennzeichnung der Ex-Bereiche auf dem Fußboden um eine Anlage, z. B. einem Mischer, wie in Abbildung 15 dargestellt.

Die Kennzeichnung explosionsgefährdeter Bereiche kann in verschiedenen Varianten erfolgen.

Abbildung 15: Mögliche Variante der Bodenmarkierung der Firma WeSiTec[68]

12.2 Umfang der Schutzmaßnahmen

In der Praxis ist es in den meisten Fällen, in denen brennbare Stoffe verwendet werden, schwierig zu gewährleisten, dass die Bildung explosionsfähiger Atmosphäre völlig ausgeschlossen ist.

Beim Einsatz von Geräten sowie beim Betrieb von Anlagen innerhalb explosionsgefährdeter Bereiche ist zu prüfen, ob Zündgefahren auftreten können. Ist dies der Fall, ist anzustreben, die Zündquellen aus dem explosionsgefährdeten Bereich zu entfernen. Wenn dies nicht möglich ist, sind unter Beachtung der nachfolgenden Hinweise Schutzmaßnahmen durchzuführen.

Die Maßnahmen sollen Zündquellen völlig unwirksam machen oder die Wahrscheinlichkeit ihres Wirksamwerdens verringern. Der Umfang der Schutzmaßnahmen richtet sich nach der Wahrscheinlichkeit des Auftretens gefährlicher explosionsfähiger Atmosphäre. Bei der Festlegung des Umfanges der Schutzmaßnahmen ist daher i. d. R. Folgendes zu berücksichtigen:

In den Bereichen, die durch Gase, Dämpfe oder Nebel explosionsgefährdet sind, sind

in Zone 2	Zündquellen, die ständig oder häufig auftreten können,
in Zone 1	neben den für Zone 2 genannten Zündquellen auch Zündquellen, die gelegentlich auftreten können (z. B. bei vorhersehbaren Störungen der Arbeitsmittel), und
in Zone 0	neben den für Zone 1 genannten Zündquellen sogar Zündquellen, die selten auftreten können,

zu vermeiden.

In Bereichen, die durch Stäube explosionsgefährdet sind, sind

in Zone 22	zum Verhindern der Entzündung einer Staubwolke oder einer Staubschicht alle ständig oder häufig auftretenden Zündquellen,
in Zone 21	zum Verhindern der Entzündung von abgelagertem und von aufgewirbeltem Staub zusätzlich zu den für Zone 22 genannten Zündquellen nur gelegentlich auftretende Zündquellen (z. B. infolge von vorhersehbaren Störungen von Arbeitsmitteln) und
in Zone 20	zum Verhindern der Entzündung von abgelagertem und von aufgewirbeltem Staub zusätzlich zu den für Zone 21 genannten Zündquellen selten auftretende Zündquellen

zu vermeiden.

Sofern im Explosionsschutzdokument[31, 44, 45] unter Zugrundelegung der Ergebnisse der Gefährdungsbeurteilung nichts anderes vorgesehen ist, sind in explosionsgefährdeten Bereichen Geräte und Schutzsysteme entsprechend den Kategorien gemäß 11. ProdSV (Explosionsschutzprodukteverordnung i. V. m. der Richtlinie 2014/34/EU[1]) auszuwählen (s. Tabelle 14).

Tabelle 14: Geräte für den Einsatz in den unterschiedlichen Zonen		
in Zone	verwendbare Kategorien	wenn ausgelegt für
0	II 1 G	Gas/Luft-Gemisch bzw. Dampf/Luft-Gemisch bzw. Nebel
1	II 1 G oder 2 G	Gas/Luft-Gemisch bzw. Dampf/Luft-Gemisch bzw. Nebel
2	II 1 G oder 2 G oder 3 G	Gas/Luft-Gemisch bzw. Dampf/Luft-Gemisch bzw. Nebel
20	II 1 D	Staub-/Luft-Gemisch
21	II 1 D oder 2 D	Staub-/Luft-Gemisch
22	II 1 D oder 2 D oder 3 D	Staub-/Luft-Gemisch
G = Gase, Dämpfe, Nebel D = Staub		

Weitere Einteilungskriterien müssen berücksichtigt werden, z. B. Temperaturklassen, Zündschutzart, Explosionsgruppe, Umgebungstemperatur, Druck usw.

Lässt sich die Wahrscheinlichkeit des Wirksamwerdens einer Zündquelle nicht abschätzen, ist die Zündquelle als dauernd wirksam zu betrachten.

Ist der Einsatz von Arbeitsmitteln, die als Zündquelle wirksam werden können, erforderlich (z. B. Kraftfahrzeuge, Schweißgeräte, Messgeräte), so ist dafür zu sorgen, dass während dieser Zeit explosionsfähige Atmosphäre in gefahrdrohender Menge nicht auftreten kann.

Dies kann bei Gasen und Dämpfen messtechnisch z. B. durch Gaswarngeräte überwacht werden. Können innerhalb eines explosionsgefährdeten Bereiches mehrere Arten von brennbaren Gasen, Dämpfen, Nebeln oder Stäuben (z. B. auch hybride Gemische) zeitgleich auftreten, sind die Schutzmaßnahmen zur Vermeidung von Zündquellen auf die Zündempfindlichkeit der jeweiligen Zusammensetzung abzustimmen. Ist über die Zündempfindlichkeit dieser Zusammensetzung nichts bekannt, wird es als ausreichend sicher angesehen, die Schutzmaßnahmen zur Vermeidung von Zündquellen auf die zündempfindlichsten Einzelkomponenten auszulegen.

Eine das übliche Maß überschreitende Personengefährdung kann z. B. auftreten, wenn Versammlungsstätten (Kantinen usw.), Wege mit dichtem Verkehr (Straßen, viel benutzte Treppen, Fluchtwege usw.), Wohnungen und größere Büroräume im gefährdeten Bereich liegen, oder wenn durch Explosionen Folgeschäden größeren Ausmaßes zu erwarten sind. Diesen Sonderfällen kann i. d. R. bereits bei der Planung der Anlage durch Wahl ausreichender Abstände des explosionsgefährdeten Bereiches von den als Beispiel genannten Anlagen bzw. Einrichtungen oder durch Einsatz einer erhöhten Gerätekategorie Rechnung getragen werden.

Andererseits kann auch eine explosionsgefährdete Anlage unter so günstigen Bedingungen betrieben werden (z. B. ferngesteuerte Anlage mit automatisch arbeitenden Notfunktionen), dass mit Personengefährdung nicht zu rechnen ist oder wenigstens der Umfang der Schutzmaßnahmen eingeschränkt werden kann. Zum Beispiel gilt bei Einsatz von CKW, die einen Explosionsbereich, jedoch keinen Flammpunkt besitzen, dass Geräte und Schutzsysteme verwendet werden dürfen, die für die jeweils um eine Stufe weniger gefährdete Zone geeignet sind.

Tabelle 15: Zusammenhang zwischen explosionsgefährdetem Bereich und geeigneten Kategorien

Explosionsgefährdeter Bereich	Gerätegruppe II Kategorie und Buchstabe	
Zone	Nach EN 1127-1 zulässig	Bei CKW mit Ex-Bereich, aber ohne Flammpunkt, ebenfalls zulässig
0	1 G	2 G
1	1 G, 2 G	3 G
2	1 G, 2 G, 3 G	wie feuergefährdeter Bereich*)

*) Feuergefährdete Bereiche sind Bereiche, in denen die vorhandenen Materialien zu einer erhöhten Brandlast führen. Zur Ermittlung der Brandlast s. DIN V 18230-1 (DGUV Regel 109-010). Elektrische Betriebsmittel müssen in feuergefährdeten Bereichen mindestens der Schutzart IP 5X (Motoren IP 4X) entsprechen (s. VDE 0100 Teil 482 und VDE 0100/HD 384.4.482 [Angaben über Leuchten]).

Die Oberflächentemperatur von Betriebsmitteln in feuergefährdeten Bereichen darf im Normalbetrieb 90 °C nicht überschreiten. Diese Maßnahme dient auch zur Vermeidung der thermischen Zersetzung von Chlorkohlenwasserstoffen zu gesundheitsgefährlichen Stoffen (s. VDE 0100/HD 384.4.482).

Wurde eine Anlage in Zonen eingeteilt und wurden die entsprechenden Schutzmaßnahmen abgeleitet und dokumentiert, so ist es äußerst wichtig, dass weder die Arbeitsmittel noch die Arbeitsverfahren ohne vorherige Erörterung mit den für die Zoneneinteilung verantwortlichen Personen verändert werden dürfen. Diese Änderungen können die Zoneneinteilung wesentlich beeinflussen. Wichtig ist auch, dass alle Arbeitsmittel, die die Zoneneinteilung beeinflussen, während und nach Wiedereinbau sorgfältig geprüft werden, um zu gewährleisten, dass die Originalkonstruktion, soweit sie die Sicherheit betrifft, wiederhergestellt ist, bevor der Betrieb wieder aufgenommen wird.

Der Umfang der Schutzmaßnahmen ist stark abhängig von der Zoneneinteilung.

12.3 Organisatorische Maßnahmen

Der Arbeitgeber hat auf der Grundlage der Gefährdungsbeurteilung nach § 6 GefStoffV[7] die organisatorischen und technischen Schutzmaßnahmen nach dem Stand der Technik festzulegen, die zum Schutz von Gesundheit und Sicherheit der Beschäftigten oder anderer Personen vor Brand- und Explosionsgefährdungen erforderlich sind.

Die Mengen an Gefahrstoffen sind im Hinblick auf die Brandbelastung, die Brandausbreitung und Explosionsgefährdungen so zu begrenzen, dass die Gefährdung durch Brände und Explosionen so gering wie möglich ist.

Zum Schutz gegen das unbeabsichtigte Freisetzen von Gefahrstoffen, die zu Brand- oder Explosionsgefährdungen führen können, sind geeignete Maßnahmen zu ergreifen. Insbesondere müssen

1. Gefahrstoffe in Arbeitsmitteln und Anlagen sicher zurückgehalten werden und Zustände wie gefährliche Temperaturen, Über- und Unterdrücke, Überfüllungen, Korrosionen sowie andere gefährliche Zustände vermieden werden,
2. Gefahrstoffströme von einem schnell und ungehindert erreichbaren Ort aus durch Stillsetzen der Förderung unterbrochen werden können,
3. gefährliche Vermischungen von Gefahrstoffen vermieden werden.

Soweit nach der Gefährdungsbeurteilung erforderlich, müssen Gefahrstoffströme automatisch begrenzt oder unterbrochen werden können.

Freiwerdende Gefahrstoffe, die zu Brand- oder Explosionsgefährdungen führen können, sind an ihrer Austritts- oder Entstehungsstelle gefahrlos zu beseitigen, soweit dies nach dem Stand der Technik möglich ist. Ausgetretene flüssige Gefahrstoffe sind aufzufangen. Flüssigkeitslachen und Staubablagerungen sind gefahrlos zu beseitigen.

Arbeitsbereiche mit Brand- oder Explosionsgefährdungen sind:

1. mit Flucht- und Rettungswegen sowie Ausgängen in ausreichender Zahl so auszustatten, dass die Beschäftigten die Arbeitsbereiche im Gefahrenfall schnell, ungehindert und sicher verlassen und Verunglückte jederzeit gerettet werden können,
2. so zu gestalten und auszulegen, dass die Übertragung von Bränden und Explosionen sowie die Auswirkungen von Bränden und Explosionen auf benachbarte Bereiche vermieden werden,

3. mit ausreichenden Feuerlöscheinrichtungen auszustatten; die Feuerlöscheinrichtungen müssen, sofern sie nicht selbsttätig wirken, gekennzeichnet, leicht zugänglich und leicht zu handhaben sein,
4. mit Angriffswegen zur Brandbekämpfung zu versehen, die so angelegt und gekennzeichnet sind, dass sie mit Lösch- und Arbeitsgeräten schnell und ungehindert zu erreichen sind.

In Arbeitsbereichen mit Brand- oder Explosionsgefährdungen sind das Rauchen und das Verwenden von offenem Feuer und offenem Licht zu verbieten. Unbefugten ist das Betreten von Bereichen mit Brand- oder Explosionsgefährdungen zu verbieten. Auf die Verbote muss deutlich erkennbar und dauerhaft hingewiesen werden.

Durch geeignete Maßnahmen ist zu gewährleisten, dass Personen im Gefahrenfall rechtzeitig, angemessen, leicht wahrnehmbar und unmissverständlich gewarnt werden können.

Soweit nach der Gefährdungsbeurteilung erforderlich,

1. muss es bei Energieausfall möglich sein, die Geräte und Schutzsysteme unabhängig vom übrigen Betriebssystem in einem sicheren Betriebszustand zu halten,
2. müssen im Automatikbetrieb laufende Geräte und Schutzsysteme, die vom bestimmungsgemäßen Betrieb abweichen, unter sicheren Bedingungen von Hand abgeschaltet werden können und
3. müssen gespeicherte Energien beim Betätigen der Notabschalteinrichtungen so schnell und sicher wie möglich abgebaut oder isoliert werden.

Der Arbeitgeber darf Tätigkeiten mit Gefahrstoffen, die zu Brand- oder Explosionsgefährdungen führen können, nur zuverlässigen, mit den Tätigkeiten, den dabei auftretenden Gefährdungen und den erforderlichen Schutzmaßnahmen vertrauten und entsprechend unterwiesenen Beschäftigten übertragen[5].

In Arbeitsbereichen mit Gefahrstoffen, die zu Brand- oder Explosionsgefährdungen führen können, ist bei besonders gefährlichen Tätigkeiten und bei Tätigkeiten, die durch eine Wechselwirkung mit anderen Tätigkeiten Gefährdungen verursachen können, ein Arbeitsfreigabesystem mit besonderen schriftlichen Anweisungen des Arbeitgebers anzuwenden. Die Arbeitsfreigabe ist vor Beginn der Tätigkeiten von einer hierfür verantwortlichen Person zu erteilen.

Werden in Arbeitsbereichen, in denen Tätigkeiten mit Gefahrstoffen ausgeübt werden, die zu Brand- oder Explosionsgefährdungen führen können, Beschäftigte tätig und kommt es dabei zu einer besonderen Gefährdung, sind zuverlässige, mit den Tätigkeiten, den dabei auftretenden Gefährdungen und den erforderlichen Schutzmaßnahmen vertraute Personen mit der Aufsichtsführung zu beauftragen. Die Aufsicht führende Person hat insbesondere dafür zu sorgen, dass

1. mit den Tätigkeiten erst begonnen wird, wenn die in der Gefährdungsbeurteilung nach § 6 GefStoffV[7] festgelegten Maßnahmen ergriffen sind und ihre Wirksamkeit nachgewiesen ist, und

2. ein schnelles Verlassen des Arbeitsbereichs jederzeit möglich ist.

Bei der Festlegung von Schutzmaßnahmen nach § 11 Abs. 2 Nr. 1 GefStoffV[7] sind insbesondere Maßnahmen nachfolgender Rangfolge zu ergreifen:

1. Es sind Stoffe und Gemische einzusetzen, die keine explosionsfähigen Gemische bilden können, soweit dies nach dem Stand der Technik möglich ist,
2. ist dies nicht möglich, ist die Bildung von gefährlichen explosionsfähigen Gemischen zu verhindern oder einzuschränken, soweit dies nach dem Stand der Technik möglich ist,
3. gefährliche explosionsfähige Gemische sind gefahrlos nach dem Stand der Technik zu beseitigen.

Soweit nach der Gefährdungsbeurteilung erforderlich, sind die Maßnahmen zur Vermeidung gefährlicher explosionsfähiger Gemische durch geeignete technische Einrichtungen zu überwachen.

Kann die Bildung gefährlicher explosionsfähiger Gemische nicht sicher verhindert werden, hat der Arbeitgeber zu beurteilen

1. die Wahrscheinlichkeit und die Dauer des Auftretens gefährlicher explosionsfähiger Gemische,
2. die Wahrscheinlichkeit des Vorhandenseins, der Entstehung und des Wirksamwerdens von Zündquellen einschließlich elektrostatischer Entladungen und
3. das Ausmaß der zu erwartenden Auswirkungen von Explosionen.

Treten bei explosionsfähigen Gemischen mehrere Arten von brennbaren Gasen, Dämpfen, Nebeln oder Stäuben gleichzeitig auf, so müssen die Schutzmaßnahmen auf die größte Gefährdung ausgerichtet sein.

Kann das Auftreten gefährlicher explosionsfähiger Gemische nicht sicher verhindert werden, sind Schutzmaßnahmen zu ergreifen, um eine Zündung zu vermeiden. Für die Festlegung von Maßnahmen und die Auswahl der Arbeitsmittel sollte der Arbeitgeber explosionsgefährdete Bereiche in Zonen einteilen, um nicht alles entsprechend Zone 0 bzw. Zone 20 auslegen zu müssen.

Kann eine Explosion nicht sicher verhindert werden, sind Maßnahmen des konstruktiven Explosionsschutzes zu ergreifen, um die Ausbreitung der Explosion zu begrenzen und die Auswirkungen der Explosion auf die Beschäftigten so gering wie möglich zu halten.

Arbeitsbereiche, in denen gefährliche explosionsfähige Atmosphäre auftreten kann, sind an ihren Zugängen zu kennzeichnen mit dem Warnzeichen nach Anhang III der Richtlinie 1999/92/EG.

Staubablagerungen in der Umgebung staubführender Anlagen und Anlagenteile sind nach Möglichkeit zu vermeiden. Unvermeidbare Staubablagerungen sind regelmäßig zu beseitigen.

In Arbeits- und Betriebsräumen sind daher regelmäßige Reinigungsmaßnahmen durchzuführen. Hierzu haben sich Reinigungspläne bewährt, in denen Art, Umfang und Häufigkeit von Reinigungsmaßnahmen und die jeweiligen Verantwortlichkeiten verbindlich geregelt werden. Die Festlegungen sind den individuellen Verhältnissen des Einzelfalls anzupassen.

Zu beachten sind insbesondere auch schlecht einsehbare (z. B. höher gelegene) oder schwer zugängliche Oberflächen, auf denen sich im Laufe längerer Zeiträume erhebliche Staubmengen ablagern können. Darüber hinaus ist sicherzustellen, dass bei besonderem Bedarf, d.h. größerer Staubfreisetzung infolge von betrieblichen Störungen (z. B. Beschädigen oder Platzen von Gebinden, Leckagen), zusätzliche Maßnahmen zum möglichst unverzüglichen Beseitigen der Staubablagerungen getroffen werden.

Für das Durchführen der Reinigungsmaßnahmen kommen mehrere Möglichkeiten in Frage. In vielen Fällen, wo die Stoffeigenschaften (Benetzbarkeit, keine Reaktionen mit Wasser usw.) sowie die apparativen und räumlichen Gegebenheiten dies zulassen, ist ein Nassreinigen sicherheitstechnisch von Vorteil, kann aber zusätzliche Entsorgungsprobleme schaffen. Ansonsten ist saugenden Verfahren der Vorzug zu geben (Einsatz geeigneter zentraler Anlagen oder fahrbarer Industriestaubsauger, z. B. für Zone 22). Ein Abblasen von abgelagertem Staub ist zu vermeiden.

Die Reinigungsmaßnahmen sind im Rahmen von Betriebsanweisungen zum Umgang mit brennbaren Feststoffen zu regeln.

> Der Arbeitgeber darf Tätigkeiten mit Gefahrstoffen, die zu Brand- oder Explosionsgefährdungen führen können, nur zuverlässigen, mit den Tätigkeiten, den dabei auftretenden Gefährdungen und den erforderlichen Schutzmaßnahmen vertrauten und entsprechend unterwiesenen Beschäftigten übertragen.

13 Besondere Maßnahmen bei Instandhaltungsmaßnahmen

13.1 Gefährdungsbeurteilung

Instandhaltung ist die Kombination aller technischen und administrativen Maßnahmen sowie Maßnahmen des Managements während des Lebenszyklusses einer Einheit zur Erhaltung des funktionsfähigen Zustandes oder der Rückführung in diesen, so dass sie die geforderte Funktion erfüllen kann[4].

Bei Instandhaltungsmaßnahmen mit Zündgefahren in explosionsgefährdeten Bereichen oder in Bereichen, in denen durch die Arbeiten gefährliche explosionsfähige Atmosphäre erst entstehen kann, sind Schutzmaßnahmen erforderlich.

Bei der Ermittlung der Gefährdung sind

- die Aufhebung der Unabhängigkeit von Zündquelle und gefährlicher explosionsfähiger Atmosphäre,
- die Aufhebung verwendeter Explosionsschutzmaßnahmen sowie
- das Vorhandensein von Zündquellen, die im Normalbetrieb der Anlage nicht wirksam sind,

zu berücksichtigen.

Bei Instandhaltungsarbeiten können für einen begrenzten Zeitraum

- innerhalb eines gefährdeten Bereiches explosionsfähige Atmosphären entstehen oder vorhanden sein oder
- Tätigkeiten erforderlich sein,

die durch die im Explosionsschutzdokument beschriebenen Explosionsschutzmaßnahmen nicht oder nicht hinreichend berücksichtigt sind.

Dies gilt insbesondere, wenn die Lüftung des Arbeitsbereiches im Hinblick auf die Instandhaltungsarbeiten nicht ausreichend ist oder die brennbaren Stoffe (z. B. Stäube) vor Beginn der Arbeiten nicht in ausreichendem Maße entfernt werden können.

Wird bei Instandhaltungsarbeiten durch Reinigungen oder Beschichtungen eine brennbare Flüssigkeit verspritzt oder versprüht, entstehen im Spritzbereich Aerosole, die eine gefährliche explosionsfähige Atmosphäre bilden können.

Vor Beginn der Arbeiten hat der Arbeitgeber zu ermitteln, ob Explosionsgefährdungen bei Instandhaltungsarbeiten auftreten, und diese zu bewerten. Im Rahmen der Gefährdungsbeurteilung sind die Arbeitsverfahren und Tätigkeiten sowie deren Auswirkungen auf den Betrieb zu berücksichtigen. Es ist festzustellen, welche Stoffe und Zubereitungen in welcher Menge, an welchem Ort und in welcher Konzentration im Verlauf der Arbeiten auftreten können. Die räumliche Ausdehnung des gefährdeten Bereiches ist entsprechend festzulegen.

Bei der Festlegung des gefährdeten Bereiches sind die örtlichen Gegebenheiten und die jeweiligen Lüftungsverhältnisse zu berücksichtigen. Mit schlechten Lüftungsverhältnissen muss insbesondere in Räumen, Behältern oder luftaustauscharmen Bereichen (z. B. aufgrund der räumlichen Enge, ihrer Einrichtungen oder teilweise bestehender fester Wandungen) gerechnet werden. Dies können z. B. sein:

- Tanks,
- Apparate,
- Silos,
- Inneres von Rohrleitungen und von Abwasserbehandlungsanlagen,
- Auffangräume (Tanktassen),
- Schächte,

- Gruben,
- Kanäle,
- Hohlräume/Hohlkörper in Bauwerken und Maschinen (z. B. Schwimmergefäße),
- nicht ausreichend belüftete Räume,
- Räume unter Erdgleiche.

Stehen Bereiche, in denen gefährliche explosionsfähige Atmosphäre auftreten kann, in offener Verbindung zu benachbarten Bereichen, ist im Einzelfall zu ermitteln, ob auch in diesen Bereichen gefährliche explosionsfähige Atmosphäre auftreten kann. Gefährdet sind insbesondere darunterliegende Räume, wenn Gase, Dämpfe oder Nebel schwerer als Luft sind (z. B. Flüssiggas, Lösemitteldämpfe), und darüberliegende Räume, wenn die explosionsfähigen Stoffe leichter als Luft sind (z. B. Wasserstoff). Auch die Aufwirbelung abgelagerter brennbarer Stäube oder die Freisetzung von brennbaren Stäuben ist zu berücksichtigen.

Zündquellen, die bei den Instandhaltungsarbeiten auftreten oder aus benachbarten Bereichen eingetragen werden können, sind im Rahmen der Gefährdungsbeurteilung zu berücksichtigen und hinsichtlich ihrer Wirksamkeit, der Dauer des Auftretens und der Abschaltbarkeit zu bewerten (z. B. heiße Oberflächen bei Schweißarbeiten).

Auswirkungen von Instandhaltungsarbeiten auf benachbarte Bereiche (z. B. Funkenflug, Schweißperlen oder Ausweitungen des gefährdeten Bereichs) sind zu berücksichtigen.

Auf der Grundlage der Gefährdungsbeurteilung sind zum Schutz der Beschäftigten die erforderlichen Maßnahmen nach Kapitel 13.2.1 festzulegen.

Grundsätzlich sind das Ergebnis der Gefährdungsbeurteilung und die festgelegten Maßnahmen im Explosionsschutzdokument nach § 6 Abs. 9 GefStoffV[7] zu dokumentieren. Besonderheiten für die jeweilige Instandhaltungsmaßnahme können auch in spezifischen Dokumenten für die jeweilige Maßnahme (z. B. Arbeitsanweisungen, Arbeitsfreigaben, Erlaubnisscheine gemäß Kapitel 13.2.2) niedergelegt werden.

> Vor Beginn der Arbeiten ist zu ermitteln, ob Explosionsgefährdungen bei Instandhaltungsarbeiten auftreten, und diese sind zu bewerten. Auf der Grundlage der Gefährdungsbeurteilung sind zum Schutz der Beschäftigten die erforderlichen Maßnahmen nach Kapitel 13.2.1 festzulegen.

EX

13.2 Schutzmaßnahmen

13.2.1 Allgemeines

Bei Instandhaltungsarbeiten hat der Arbeitgeber dafür zu sorgen, dass die hierdurch bedingte Bildung gefährlicher explosionsfähiger Atmosphäre durch Maßnahmen nach Kapitel 13.2.2 vermieden wird.

Lässt sich nach der Durchführung von Maßnahmen nach Kapitel 13.2.2 die Bildung gefährlicher explosionsfähiger Atmosphären nicht vollständig ausschließen, sind Maßnahmen zur Vermeidung von Zündquellen nach Kapitel 13.2.5 zu treffen.

Werden die Instandhaltungsarbeiten in einem explosionsgefährdeten Bereich durchgeführt und können hierbei Zündquellen durch Maßnahmen nach Kapitel 13.2.5 nicht vermieden werden, können die Instandhaltungsarbeiten unter lokaler Überwachung der Konzentration brennbarer Stoffe nach Kapitel 13.2.6 durchgeführt werden, sofern die Zündquellen bei Auftreten gefährlicher explosionsfähiger Atmosphären unwirksam gemacht werden.

> Lässt sich bei Instandhaltungsarbeiten die Bildung explosionsfähiger Atmosphäre nicht sicher verhindern, sind alle Zündquellen auszuschließen.

13.2.2 Vermeidung gefährlicher explosionsfähiger Atmosphäre

Bei Instandhaltungsarbeiten ist die Bildung daraus resultierender gefährlicher explosionsfähiger Atmosphäre so weit wie möglich zu verhindern. Hierzu sind brennbare Stoffe in ausreichendem Maße zu beseitigen bzw. deren Auftreten ist im Instandhaltungsbereich zu vermeiden.

Geeignete Maßnahmen sind z. B.:

- die Vermeidung des Versprühens oder Vernebelns brennbarer Flüssigkeiten und die Beseitigung von Ablagerungen brennbarer Stäube und
- die ausreichende Verdünnung der Konzentration an brennbaren Stoffen. Dies ist der Fall, wenn die Konzentration an Gasen oder Dämpfen im Gemisch mit Luft 50 % der unteren Explosionsgrenze sicher unterschreitet, z. B. durch Einsatz einer technischen Lüftung.

Hinweis: In der Regel ist aufgrund der örtlichen Gegebenheiten mit einer ungleichmäßigen Verteilung der brennbaren Stoffe in dem gefährdeten Bereich zu rechnen (hierbei sind auch etwaige Toträume zu beachten). Es sind in Abhängigkeit von den örtlichen Randbedingungen geeignete Maßnahmen zur Überwachung der maximalen Konzentration zu treffen (z. B. Verifizierung an verschiedenen Messpunkten oder permanente Messung für die Dauer der Maßnahmen). Bereits bestehende Ex-Schutzeinrichtungen, z. B. gasdichte Durchführungen, sind hierbei auf ihre Wirksamkeit zu überprüfen. Wird die Konzentration von brennbaren Stoffen in der Luft mit Hilfe von geeigneten Konzentrationsmessgeräten überwacht, muss der Alarmpunkt in Abhängigkeit der vorliegenden Randbedingungen einen ausreichenden Abstand von der unteren Explosionsgrenze haben.

Die in dem Instandhaltungsbereich freigesetzten Mengen brennbarer Stoffe sind durch geeignete Maßnahmen so weit wie möglich zu reduzieren. Hierzu sind z. B.

- Zu- und Abgänge, durch die Stoffe eingeleitet werden können, die während der Instandhaltungsarbeiten gefährliche explosionsfähige Atmosphäre in dem Arbeitsbereich bilden können, wirksam zu unterbrechen (dies kann in Abhängigkeit von der Instandhaltungsmaßnahme z. B. durch Steckscheiben, Doppelabsperrung mit Zwischenentspannung usw. erfolgen),
- Apparate, Rohrleitungen oder Geräte vor Aufnahme der Arbeiten bei Anwesenheit von brennbaren Stoffen so weit wie möglich zu entleeren und zu reinigen. Toträume und Ablagerungen (bei brennbaren Stäuben) sowie die Möglichkeiten einer Nachverdampfung sind zu berücksichtigen.

Die Bildung gefährlicher explosionsfähiger Atmosphäre durch Aerosole ist bei Reinigungs- oder Beschichtungsvorgängen zu vermeiden.

> Es gibt viele Möglichkeiten zur Vermeidung der Bildung explosionsfähiger Atmosphäre, wie z. B. Vermeiden des Versprühens und Vernebelns, Verdünnung, Lüftung, Verschließen von Zu- und Abgängen, Entleeren.

EX

13.2.3 Beseitigung der Explosionsgefahr durch eingeschlossene brennbare Stoffe

Die Bildung gefährlicher explosionsfähiger Atmosphäre durch Instandhaltungsarbeiten kann vermieden werden, indem die in dem Anlagenteil befindlichen brennbaren Stoffe in ausreichendem Maße beseitigt werden, z. B. durch Freispülen (bei brennbaren Flüssigkeiten) oder Beseitigung von brennbaren Stäuben. Die Wirksamkeit der Maßnahmen ist zu kontrollieren, z. B. durch Messungen nach Freispülen. Bei Reinigungsarbeiten ist auf die Eignung des Reinigungsverfahrens und den Einsatz geeigneter Spülmittel zu achten (z. B. Entfernung von Staubablagerungen durch Absaugen mit geeigneten Staubsaugern statt mit Druckluft, Verwendung von Wasser als Spülmedium bei wasserlöslichen Stoffen).

Die Bildung gefährlicher explosionsfähiger Atmosphäre durch Dämpfe einer brennbaren Flüssigkeit kann vermieden werden, wenn die Verarbeitungstemperatur der Flüssigkeit unter ihrem unteren Explosionspunkt (UEP) liegt.

Es ist zu beachten, dass

- die Umgebungstemperatur über den UEP ansteigen kann (z. B. durch Sonneneinstrahlung),
- die brennbare Flüssigkeit über den UEP erwärmt werden kann (z. B. durch Tankheizeinrichtungen).

Die Bildung gefährlicher explosionsfähiger Atmosphäre kann im Innern von Apparaten, Rohrleitungen oder Geräten in besonderen Fällen durch Inertisierung (z. B. durch Einleitung von Stickstoff) verhindert werden. Die Inertisierung ist zu überwachen.

Bei Anwendung der Inertisierung müssen wirksame Maßnahmen zur Vermeidung der Gefährdung Beschäftigter durch Ersticken getroffen werden.

Eingeschlossene brennbare Stoffe können freigespült (Flüssigkeiten), ausgeräumt (Stäube) oder inertisiert werden.

13.2.4 Lüftungsmaßnahmen

Die Bildung gefährlicher explosionsfähiger Atmosphäre kann durch geeignete Lüftungsmaßnahmen vermieden oder eingeschränkt werden (s. hierzu TRGS 722 Nr. 4.6).

Durch Lüftungsmaßnahmen soll so weit wie möglich die Bildung gefährlicher explosionsfähiger Atmosphäre im Rahmen der Instandhaltungsmaßnahmen verhindert oder eingeschränkt werden. Die Wirksamkeit einer Lüftungsmaßnahme wird durch verschiedene Parameter, u. a. Stärke, Verfügbarkeit und Art der Luftführung (Güte), bestimmt.

Die Wirksamkeit der Lüftung ist während der Arbeiten zu überwachen. Dies kann z. B. geschehen durch:

- fortlaufende Konzentrationsmessungen mit Gaswarneinrichtungen,
- wiederholte Einzelmessungen der Konzentration brennbarer Stoffe,
- Kontrolle der Einhaltung der Zu- und Abluftleistung bei technischer Lüftung.

Die unbeabsichtigte Abschaltung der technischen Lüftung ist durch geeignete technische oder organisatorische Maßnahmen auszuschließen.

Bei unwirksam gewordener Lüftung sind die Arbeiten sofort einzustellen und der Arbeitsbereich ist unverzüglich zu verlassen.

Nach Beendigung der Arbeiten muss die technische Lüftung so lange in Betrieb bleiben, bis mögliche zusätzliche Explosionsgefahren ausgeschlossen sind.

Die Bildung gefährlicher explosionsfähiger Atmosphäre kann durch geeignete Lüftungsmaßnahmen vermieden oder eingeschränkt werden.

13.2.5 Vermeiden von Zündquellen

Kann das Auftreten gefährlicher explosionsfähiger Atmosphäre nicht sicher verhindert werden, sind im gefährdeten Bereich geeignete Maßnahmen zur Vermeidung von Zündquellen zu treffen.

Maßnahmen zur Zündquellenvermeidung sind z. B.

- Vermeidung von Reib- und Schlagfunken, insbesondere durch Maßnahmen nach TRGS 723 Nr. 5.4,
- Vermeidung unzulässiger Erwärmung (z. B. durch Strahler oder Heißluft),
- Vermeidung aluminiumhaltiger Teile (z. B. bei Leitern oder persönlicher Schutzausrüstung) in rostiger Umgebung,

- Vermeidung elektrostatischer Aufladung von Personen (z. B. durch Verwendung von ableitfähigem Schuhwerk i. V. m. ableitfähigem Boden), Arbeitsmitteln, persönlicher Schutzausrüstung (z. B. durch Auswahl geeigneter Schutzanzüge) und Einbauten,
- Vermeidung von Zündfunken infolge elektrischer Potenzialunterschiede (z. B. durch metallisch leitende Überbrückung der Trennstelle vor der Trennung von Anlagenteilen oder Rohrleitungen),
- rechtzeitige Abschaltung der Stromquelle bei Anlagen für den kathodischen Korrosionsschutz (KKS-Anlagen), die mit Fremdstrom betrieben werden, so dass Restspannungen auf ein unbedenkliches Maß abgebaut sind,
- Auswahl elektrischer und nichtelektrischer Geräte i. S. d. Richtlinie 2014/34/EU entsprechend der Gerätegruppe II, Kategorie 2G bzw. D, soweit sich aus der Gefährdungsbeurteilung keine anderen Anforderungen ergeben. Dies gilt auch für Ventilatorlaufräder einschließlich Gehäuse und Lager, die außerhalb explosionsgefährdeter Bereiche betrieben werden, aber Abluft fördern, die explosionsfähige Atmosphäre enthalten kann.
- Sicherstellung der Spannungsfreiheit nicht explosionsgeschützter elektrischer Geräte und Installationen, soweit diese nicht aus den gefährdeten Bereichen entfernt werden können. Das Eindringen explosionsfähiger Atmosphäre in unter Spannung stehende Geräte und Installationen muss verhindert sein.

Arbeiten mit Zündgefahr dürfen entsprechend der Gefährdungsbeurteilung nur mit einem Sicherheitsabstand zu gefährdeten Bereichen durchgeführt werden, solange gefährliche explosionsfähige Atmosphäre auftreten kann. Arbeiten mit Zündgefahr können z. B. sein:

- Schweiß-, Schleif- und Trennarbeiten,
- Arbeiten mit offenen Flammen.

Bei Arbeiten mit Zündgefahr, die einen erweiterten Wirkungsbereich haben können, z. B. durch Schweißperlen oder Funkengarben, ist der erweiterte Wirkungsbereich zu berücksichtigen.

> Maßnahmen zur Zündquellenvermeidung sind z. B. Vermeidung von Reib- und Schlagfunken, Vermeidung unzulässiger Erwärmung, Vermeidung elektrostatischer Aufladung von Personen, rechtzeitige Abschaltung der Stromquelle und Sicherstellung der Spannungsfreiheit nicht explosionsgeschützter elektrischer Geräte und Installationen.

EX

13.2.6 Instandhaltungsarbeiten bei Überwachung der Konzentration brennbarer Stoffe

Werden die Instandhaltungsarbeiten in Bereichen durchgeführt, in denen gefährliche explosionsfähige Atmosphäre nicht ausgeschlossen ist, und können hierbei Zündquellen nicht vermieden werden, müssen die Instandhaltungsarbeiten unter Überwachung der Konzentration brennbarer Stoffe durchgeführt werden. Die Überwachung kann, in Abhängigkeit von der Wahrscheinlichkeit des Auftretens der gefährlichen explosionsfähigen Atmosphäre, entweder vor oder während der Durchführung der Instandhaltungsarbeiten erfolgen. Die Messungen müssen an geeigneten Stellen zur zuverlässigen Feststellung der Konzentration der brennbaren Stoffe erfolgen.

Zur Überwachung sind geeignete Messverfahren anzuwenden. Geeignete Messverfahren sind:

- kontinuierliche Messungen, z. B. mit direkt anzeigenden Geräten,
- wiederholte Einzelmessungen, z. B. mit Prüfröhrchen oder mit Probenahme und Laboranalyse.

Bei der Auswahl der Messverfahren sind die speziellen Eigenschaften der zu messenden Stoffe zu berücksichtigen, z. B. Querempfindlichkeiten gegen andere Stoffe einschließlich Wasserdampf.

Entscheidend für die Auswahl des Messverfahrens sind auch die Verhältnisse des Arbeitsbereiches:

- In Räumen und Behältern, die vollständig entleert, gespült und gereinigt sind und in die ein Eindringen von brennbaren Stoffen ausgeschlossen ist, ist eine einmalige Messung zeitnah vor Beginn der Arbeiten ausreichend. Das Ergebnis der Messung ist geeignet zu dokumentieren.
- In Räumen und Behältern, die Verunreinigungen oder Rückstände aufweisen (z. B. aufgrund von Ansammlungen brennbarer Flüssigkeiten hinter beschädigten Beschichtungen, nicht lösbaren Rückständen, Toträumen usw.), die zur Bildung explosionsfähiger Atmosphären führen können, oder die nicht vollständig abgetrennt sind und bei denen daher ein Eindringen von explosionsfähigen Atmosphären möglich ist, oder für Bereiche, in denen durch herandriftende Gaswolken eine Bildung explosionsfähiger Atmosphären möglich ist, sind wiederholte Einzelmessungen erforderlich. Kontinuierliche Messungen mit direkt anzeigenden Messgeräten sind zu bevorzugen.

Die zur Feststellung gefährlicher explosionsfähiger Atmosphäre verwendeten Messeinrichtungen müssen für diesen Einsatzzweck nachweislich geeignet und funktionssicher sein (Liste funktionsgeprüfter Gaswarngeräte s. z. B. www.exinfo.de, Seiten-ID #6HY9).

Messgeräte, die zur Überwachung der Konzentration brennbarer Stoffe in der Gasphase eingesetzt werden, müssen vor Beginn der Arbeiten (arbeitstäglich) auf Funktion getestet werden (z. B. Sichtkontrolle des äußeren Zustandes, Ladezustand des Akkumulators oder der Batterien, Anzeigetest) (www.exinfo.de, Seiten-ID #9UUN).

Der Arbeitgeber darf mit der Überwachung der Konzentration nur Personen beauftragen, die über die erforderliche Fachkunde verfügen. Die Fachkunde bezieht sich auf:

- die verwendeten Messgeräte bzw. Messverfahren,

- die Eigenschaften der zu messenden Stoffe,
- die angewendeten Arbeitsverfahren,
- die betrieblichen Verhältnisse, z. B. die Beschaffenheit der Räume und Behälter oder mögliche Einbauten, welche die Probenahme beeinflussen können.

Kann während der Durchführung von Instandhaltungsarbeiten eine gefährliche explosionsfähige Atmosphäre (z. B. durch Freisetzung von Gasen oder Dämpfen in angrenzenden Bereichen) nicht ausgeschlossen werden, so ist vor Beginn der Arbeiten dafür zu sorgen, dass in diesem Gefahrenfall rechtzeitig hinreichende Schutzmaßnahmen gegen die Entzündung gefährlicher explosionsfähiger Atmosphäre durch sofortiges Unwirksammachen aller Zündquellen getroffen werden. Es ist sicherzustellen, dass in diesem Fall eine für alle Beteiligten erkennbare Warnung ergeht. Können Zündquellen bei Auftreten explosionsfähiger Atmosphären nicht unmittelbar unwirksam gemacht werden, z. B. heiße Oberflächen beim Schweißen, ist dies zu berücksichtigen.

> Werden die Instandhaltungsarbeiten in Bereichen durchgeführt, in denen gefährliche explosionsfähige Atmosphäre nicht ausgeschlossen ist, und können hierbei Zündquellen nicht vermieden werden, müssen die Instandhaltungsarbeiten unter Überwachung der Konzentration brennbarer Stoffe durchgeführt werden.
>
> Die zur Feststellung gefährlicher explosionsfähiger Atmosphäre verwendeten Messeinrichtungen müssen für diesen Einsatzzweck nachweislich geeignet und funktionssicher sein (Liste funktionsgeprüfter Gaswarngeräte s. z. B. www.exinfo.de, Seiten-ID #6HY9).

13.3 Organisatorische Maßnahmen

13.3.1 Unterweisung[72]

Auf der Grundlage der Gefährdungsbeurteilung hat der Arbeitgeber die mit den Instandhaltungsarbeiten befassten Beschäftigten vor Aufnahme der Arbeiten über die besonderen Explosionsgefährdungen und die erforderlichen Schutzmaßnahmen zu unterweisen.

> Der Arbeitgeber hat die Beschäftigten vor Arbeitsaufnahme zu unterweisen.

13.3.2 Betriebsanweisung

Mit den Arbeiten darf erst begonnen werden, wenn die in der Betriebsanweisung bzw. in der Arbeitsfreigabe festgelegten Maßnahmen getroffen sind[36].

> Mit den Arbeiten darf erst begonnen werden, wenn alle festgelegten Maßnahmen realisiert wurden.

13.3.3 Arbeitsfreigabe

In Abhängigkeit von der Gefährdungsbeurteilung hat der Arbeitgeber ein Arbeitsfreigabesystem (z. B. Erlaubnisschein, schriftliche Anweisung, Arbeitsfreigabe, Muster s. z. B. Anlage A 3.3 des Leitfadens zur Richtlinie 1999/92/EG[2]) vorzusehen. Der Erlaubnisschein kann sich auf mehrere Arbeitsbereiche beziehen, sofern gleichartige Arbeitsbedingungen bestehen und gleichartige wirksame Schutzmaßnahmen festgelegt sind.

Die Arbeitsfreigabe ist vor Beginn der Arbeiten von einer hierfür verantwortlichen Person zu erteilen.

> Erst nach Vorlage der Arbeitsfreigabe darf mit den Arbeiten begonnen werden.

13.3.4 Zusammenarbeit mehrerer Arbeitgeber

Werden Beschäftigte mehrerer Arbeitgeber in einem Arbeitsbereich tätig, sind die Arbeitgeber verpflichtet, entsprechend den Bestimmungen des § 8 ArbSchG[19] und Anhang I Nr. 1.4 GefStoffV[7] u. a. bei der Arbeitsfreigabe (z. B. Ausstellung eines Erlaubnisscheines) zusammenzuarbeiten (s. hierzu auch TRBS 1112).

> Beschäftigte verschiedener Arbeitgeber in einem Bereich müssen zusammenarbeiten.

13.3.5 Aufsicht

Der Arbeitgeber hat während der Instandhaltungsarbeiten auf der Grundlage der Gefährdungsbeurteilung eine angemessene Aufsicht zu gewährleisten. Mit der Aufsicht hat der Arbeitgeber eine zuverlässige und mit den Arbeiten, den dabei auftretenden Gefährdungen und den erforderlichen Schutzmaßnahmen vertraute Person zu beauftragen.

Durch die Aufsicht ist insbesondere sicherzustellen, dass:

1. mit den Arbeiten erst begonnen wird, wenn die in der Arbeitsfreigabe gemäß Anhang I Nr. 1.4 GefStoffV[7] bzw. in der Betriebsanweisung festgelegten Maßnahmen getroffen sind,
2. erforderlichenfalls eine Freimessung durchgeführt wurde,
3. die Beschäftigten während der Arbeit die festgelegten Schutzmaßnahmen einhalten, einschließlich der Benutzung von persönlichen Schutzausrüstungen,

4. ein schnelles Verlassen des gefährdeten Bereichs gewährleistet ist und
5. Unbefugte von der Arbeitsstelle ferngehalten werden.

> Der Arbeitgeber hat während der Instandhaltungsarbeiten auf der Grundlage der Gefährdungsbeurteilung eine angemessene Aufsicht zu gewährleisten.

13.3.6 Sicherungsposten

Bei Arbeiten in Behältern und engen Räumen ist – sofern die Räume nicht durch Türen verlassen werden können – ein Sicherungsposten einzusetzen (s. a. TRGS 507[76]).

> Für Arbeiten in Behältern und engen Räumen sind Sicherungsposten notwendig.

13.3.7 Aufhebung der Schutzmaßnahmen

Die festgelegten Schutzmaßnahmen dürfen erst aufgehoben werden, wenn die Instandhaltungsarbeiten i. S. d. TRBS 1112 Teil 1 vollständig abgeschlossen sind, der ordnungsgemäße Zustand der Anlage wiederhergestellt ist und keine Gefährdungen für die Beschäftigten und Dritte mehr bestehen. Vor Aufhebung der Schutzmaßnahmen ist die Wiederherstellung des sicheren Zustandes, z. B. durch eine Dichtheitsprüfung, zu verifizieren.

Die Aufhebung der Schutzmaßnahmen darf nur durch den Aufsichtsführenden erfolgen und ist zu dokumentieren, z. B. im Erlaubnisschein (schriftliche Anweisung, Arbeitsfreigabe i. S. d. Anhangs I Nr. 1.4 GefStoffV[7]).

> Festgelegte Schutzmaßnahmen dürfen erst aufgehoben werden, wenn der ordnungsgemäße Zustand wiederhergestellt worden ist.

14. Grenzen der Zoneneinteilung

Nach TRGS 720[8], Punkt 3 gilt:

„9. Für die Festlegung von Maßnahmen zur Zündquellenvermeidung wird vorausgesetzt, dass das Auftreten gefährlicher explosionsfähiger Atmosphäre und das Wirksamwerden der Zündquelle voneinander unabhängig sind. Die Fälle, in denen keine Unabhängigkeit zwischen dem Auftreten der gefährlichen explosionsfähigen Atmosphäre und der Zündquelle gegeben ist, erfordern in der Regel Maßnahmen des konstruktiven Explosionsschutzes oder eine Konzeptänderung, die in einer gesonderten Betrachtung festzulegen sind."

Die Zoneneinteilung wird verwendet, um die Anforderungen an die Vermeidung von wirksamen Zündquellen, z. B. bei der Auswahl von Geräten, festlegen zu können. Bei der Zoneneinteilung ist ausschließlich die Wahrscheinlichkeit und Dauer des Auftretens von gefährlicher explosionsfähiger Atmosphäre (g. e. A.) zu betrachten. Die Frage, welche wirksamen Zündquellen auftreten können, wird erst gestellt, nachdem die Zone festgelegt ist. Dieser Vorgehensweise liegt die Bedingung zu Grunde, dass das Auftreten von g. e. A. und Zündquelle unabhängige Ereignisse sind. Daher kann eine Zoneneinteilung nur dann sinnvoll angewendet werden, wenn das Auftreten von wirksamen Zündquellen nicht mit dem Auftreten einer g. e. A. gekoppelt ist.

Ist die wirksame Zündquelle beispielsweise dem Stoff inhärent durch eine mögliche Zerfallsreaktion dieses Stoffes, macht die Zoneneinteilung keinen Sinn – es lässt sich keine Vermeidungsstrategie für die Zündquelle in Abhängigkeit einer Zone ableiten.

Die Vermeidung einer Zerfallsreaktion lässt sich nur aus den Stoffeigenschaften selbst ableiten.

15. Zoneneinteilung unter nicht atmosphärischen Bedingungen

Die Regelungen hinsichtlich des Explosionsschutzes gingen mit der Änderung der GefStoffV[7] weit über den Anwendungsbereich der BetrSichV[3] hinaus. In der alten BetrSichV war der Explosionsschutz bei Vorhandensein explosionsfähiger Atmosphäre im Hinblick auf die Vermeidung von Zündquellen geregelt. Die explosionsfähige Atmosphäre ist ein Gemisch aus Luft und brennbaren Gasen, Dämpfen, Nebeln oder Stäuben unter atmosphärischen Bedingungen, in dem sich der Verbrennungsvorgang nach erfolgter Entzündung auf das unverbrannte Gemisch überträgt. Als atmosphärische Bedingungen gelten hier Gesamtdrücke von 0,8 bar bis 1,1 bar und Gemischtemperaturen von −20 °C bis +60 °C.

In der GefStoffV[7] werden zusätzlich auch die explosionsfähigen Gemische ausdrücklich geregelt. Ein explosionsfähiges Gemisch i. S. d. GefStoffV[7] ist ein Gemisch aus Gasen, Dämpfen, Nebeln oder Stäuben, in dem sich der Verbrennungsvorgang auf das unverbrannte Gemisch überträgt. Mögliche explosionsfähige Gemische sind in Abb. 1 dargestellt. Damit ist die explosionsfähige Atmosphäre eine Teilmenge explosionsfähiger Gemische.

Explosionsfähiges Gemisch/explosionsfähige Stoffe, Zubereitungen und Erzeugnisse

Explosionsfähige Atmosphäre z. B. Wasserstoff-Luft/Gemisch *Atmosphärische Bedingungen:* *- 20 °C ≤ T ≤ + 60 °C* *0,8 bar ≤ p ≤ 1,1 bar*	Explosionsfähige Gemische unter nicht atmosphärischen Bedingungen z. B. T > 60 °C P > 1,1 bar	Chemische Explosionen (explosionsfähige Reaktionssysteme) z. B. Acetylenzerfall	Physikalische Explosionen z. B. Metall-schmelze in Wasser	Inkompatible Systeme z. B. Acetylen und Kupfer

Tabelle 16: Übersicht

In der TRGS 720[8], Punkt 4 wird zur Vorgehensweise für die Beurteilung und Vermeidung von Explosionsgefährdungen bei Vorliegen explosionsfähiger Gemische unter nichtatmosphärischen Bedingungen Folgendes ausgesagt:

„(1) Explosionsfähige Gemische bei nichtatmosphärischen Bedingungen (in diesem Abschnitt kurz nur als explosionsfähige Gemische bezeichnet) treten in der Regel nur im Inneren von Behältern und Umschließungen auf.

(2) Im Rahmen seiner Verpflichtung nach § 5 ArbSchG[19] in Verbindung mit § 6 Absatz 8 GefStoffV[7] hat der Arbeitgeber die Gefährdung seiner Beschäftigten durch Explosionen zu ermitteln, zu beurteilen und die notwendigen Schutzmaßnahmen abzuleiten. Die allgemeine Vorgehensweise ist im Ablaufdiagramm in Abbildung 16 gezeigt. Dabei sind die folgenden Gesichtspunkte in der genannten Reihenfolge zu beachten:

1. Es ist zu prüfen, ob brennbare feste, flüssige, gasförmige oder staubförmige Stoffe betriebsmäßig vorhanden sind oder unter den in Betracht zu ziehenden Betriebszuständen gebildet werden können. Siehe hierzu TRGS 721[9]. Ist dies nicht der Fall, wird dies in der Gefährdungsbeurteilung dokumentiert, und es sind keine Explosionsschutzmaßnahmen erforderlich.
2. Wenn gemäß Nummer 1 brennbare Stoffe betriebsmäßig vorhanden sind oder gebildet werden können, muss festgestellt werden, ob nach Art des Auftretens dieser brennbaren Stoffe mit der Bildung explosionsfähiger Gemische zu rechnen ist. Siehe hierzu TRGS 721.
3. Es ist zu prüfen, ob Stoffe eingesetzt werden können, die keine explosionsfähigen Gemische bilden können. Werden ausschließlich Stoffe eingesetzt, die keine explosionsfähigen Gemische bilden können, wird dies in der Gefährdungsbeurteilung dokumentiert, und es sind keine Explosionsschutzmaßnahmen erforderlich.
4. Es ist zu beurteilen, ob unter Berücksichtigung
   a) passiver technischer Maßnahmen, wie z. B. Dichtheit von Behältern/Anlagen,

b) organisatorischer Maßnahmen, wie z. B. Beseitigung von Staubablagerungen, oder

c) natürlicher Lüftung

verhindert ist, dass gefährliche explosionsfähige Gemische auftreten können. Ist das Auftreten eines gefährlichen explosionsfähigen Gemisches dadurch verhindert, wird dies in der Gefährdungsbeurteilung dokumentiert. Es werden keine weiteren Schutzmaßnahmen definiert.

5. Es ist zu beurteilen, ob durch aktive technische Schutzmaßnahmen, wie z.B. sicherheitsrelevante MSR-Einrichtungen im Sinne der TRGS 725[75], das Auftreten gefährliche explosionsfähiger Gemische sicher verhindert ist (zu den Schutzmaßnahmen siehe TRGS 722[10] bzw. 725[75]).
6. Wenn durch die getroffenen besonderen Schutzmaßnahmen das Auftreten explosionsfähiger Gemische in einer gefahrdrohenden Menge sicher verhindert ist, sind keine weiteren Schutzmaßnahmen erforderlich.
7. Ist das Auftreten gefährlicher explosionsfähiger Gemische nicht sicher verhindert, sind die Wahrscheinlichkeit und Dauer des Auftretens gefährlicher explosionsfähiger Gemische und die Wahrscheinlichkeit des Vorhandenseins, der Entstehung und des Wirksamwerdens von Zündquellen zu bewerten.
8. Die Bereiche, in denen Maßnahmen zur Zündquellenvermeidung erforderlich sind, sind festzulegen.
9. Für die Festlegung von Maßnahmen zur Zündquellenvermeidung wird vorausgesetzt, dass das Auftreten gefährlicher explosionsfähiger Gemische und das Wirksamwerden der Zündquelle voneinander unabhängig sind. Die Fälle, in denen keine Unabhängigkeit zwischen dem Auftreten der gefährlichen explosionsfähigen Gemische und der Zündquelle gegeben ist, erfordern in der Regel Maßnahmen des konstruktiven Explosionsschutzes oder eine Konzeptänderung, die in einer gesonderten Betrachtung festzulegen sind.
10. Im Rahmen der Gefährdungsbeurteilung erfolgt die Festlegung der erforderlichen Schutzmaßnahmen zur Zündquellenvermeidung auf Basis der Bewertung zu Wahrscheinlichkeit und Dauer des Auftretens gefährlicher explosionsfähiger Gemische.
11. Ist die Entzündung eines gefährlichen explosionsfähigen Gemisches nicht sicher verhindert, sind Schutzmaßnahmen zur Beschränkung der Ausbreitung oder der Auswirkung der Explosion zu treffen.

EX

In der TRGS 720[8], Punkt 4 gibt es Hinweise zur Vorgehensweise für die Beurteilung und Vermeidung von Explosionsgefährdungen bei Vorliegen explosionsfähiger Gemische unter nichtatmosphärischen Bedingungen.

(3) In der Regel ist den Maßnahmen zur Vermeidung gefährlicher explosionsfähiger Gemische sicherheitstechnisch Vorrang zu geben. Es ist deshalb zunächst zu überlegen, ob und wie weit diese Maßnahmen sinnvoll angewendet werden können. Führt diese Überlegung nicht zu einer befriedigenden Lösung, so sind nach fachkundigem Ermessen Schutzmaßnahmen gemäß Absatz 2 zur Vermeidung der Entzündung oder zur Beschränkung der Auswirkungen anzuwenden.

(4) Die erforderlichen Explosionsschutzmaßnahmen nach Absatz 2 Nummer 5 bis 11 müssen im Rahmen eines in sich widerspruchsfreien Explosionsschutzkonzeptes ausgewählt und bewertet werden.

(5) Für die getroffenen besonderen Schutzmaßnahmen nach Absatz 2 Nummer 5 bis 11 sind Prüfumfang und -fristen festzulegen.

(6) Die Ergebnisse der Gefährdungsbeurteilung sind nach § 6 Absatz 9 GefStoffV[7] zu dokumentieren (Explosionsschutzdokument).

(7) Der Prozess der Gefährdungsbeurteilung ist für den Fall der das übliche Maß nicht überschreitenden Auswirkungen einer Explosion in Abbildung 16 in Form eines Ablaufdiagramms grafisch dargestellt.

(8) Bei der Gefährdungsbeurteilung von Gemischen ist zu beachten, dass sich die nach Norm ermittelten sicherheitstechnischen Kenngrößen auf atmosphärische Bedingungen beziehen und nicht ohne weiteres auf andere Bedingungen (nichtatmosphärische Bedingungen, andere Oxidationsmittel als Luft) übertragen werden können. Daten aus Normen und Tabellenwerken sind für explosionsfähige Gemische in der Regel nicht verwendbar. Stärkere Oxidationsmittel als Luft, z.B. reiner Sauerstoff, führen in der Regel zu sehr viel heftigeren Reaktionen."

> Es ist zu beachten, dass sich die sicherheitstechnischen Kenngrößen i. d. R. auf atmosphärische Bedingungen beziehen und nicht ohne weiteres auf nichtatmosphärische Bedingungen übertragen werden können.

Schematische Darstellung zum Erkennen von Explosionsgefährdungen und zur Festlegung von Schutzmaßnahmen bei explosionsfähigen Gemischen unter nichtatmosphärischen Bedingungen und Ermittlung von Prüfverpflichtungen.

(Explosionsfähige Gemische unter nichtatmosphärischen Bedingungen werden in diesem Schema nur noch als „explosionsfähige Gemische" bezeichnet.)

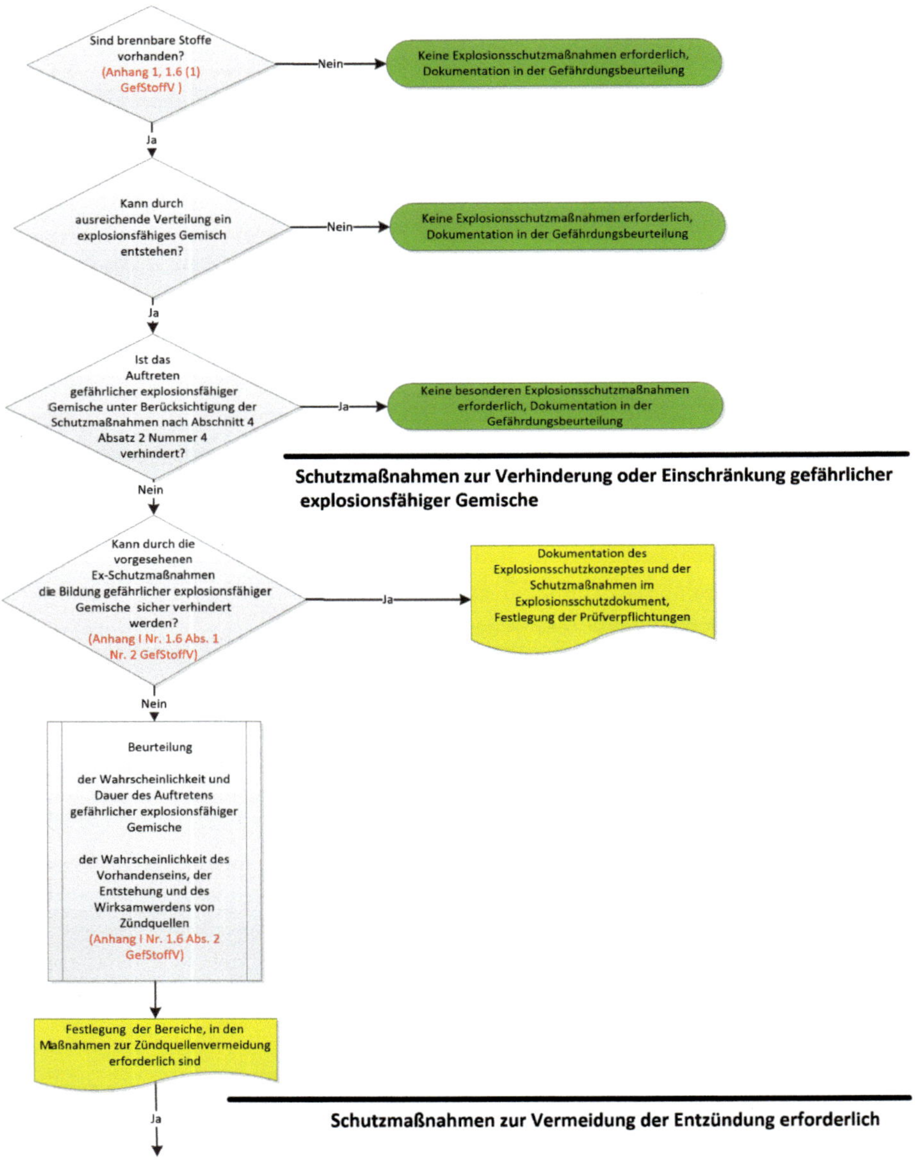

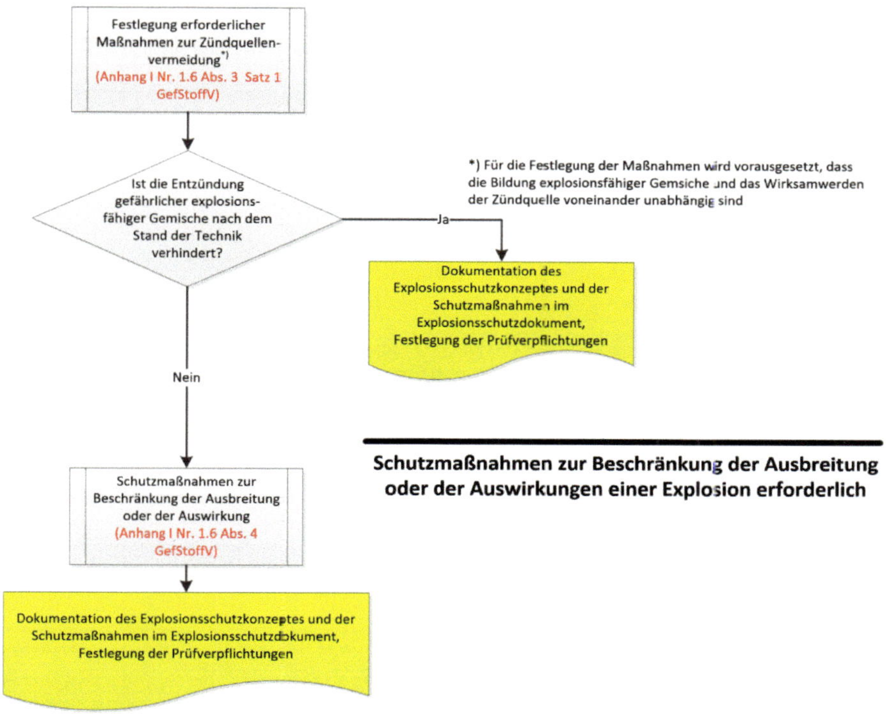

Abbildung 16: Bewertung und Festlegung von Schutzmaßnahmen für Gemische unter nicht atmosphärischen Bedingungen

In einzelnen Fällen kann es sehr sinnvoll sein, auch bei Gemischen das Zonenmodell in Anwendung zu bringen. Werden beispielsweise auf den Erdölfeldern Sibiriens, wo im Winter Temperaturen weit unter –20 °C, oder den Erdölfeldern Saudi Arabiens, wo im Sommer Temperaturen über +60 °C herrschen, elektrische Geräte in explosionsgefährdeten Bereichen verbaut, so kann man dennoch nach Häufigkeit und Dauer des Vorhandenseins explosionsfähiger Gemische nach dem Zonenmodell Zonen festlegen und danach die Strategie der Zündquellenvermeidung durchführen. Da i. d. R. die Hersteller ihre Geräte für atmosphärische Bedingungen prüfen und zertifizieren lassen, muss mit dem Hersteller Kontakt aufgenommen werden. Im Falle dieser Beispiele gibt es zugelassene Geräte für höhere bzw. niedrigere Temperaturen.

Aber auch für andere Fälle kann man sich an dem Zonenmodell orientieren. Im Falle der Inertisierung wird es beispielsweise immer praktiziert. Sobald von den 21 % Luftsauerstoff abgewichen wird, liegen ebenfalls keine atmosphärische Bedingungen mehr vor.

> In einzelnen Fällen kann es sehr sinnvoll sein, auch bei Gemischen das Zonenmodell in Anwendung zu bringen.

Aber auch im Innern von Anlagen mit von atmosphärischen Bedingungen abweichenden Temperaturen oder Drücken kann es sinnvoll sein, das Zonenmodell nach Häufigkeit und Dauer des Vorhandenseins explosionsfähiger Gemische anzuwenden. Problematisch ist dann allerdings die Vermeidung wirksamer Zündquellen. Es muss nämlich die Frage beantwortet werden, ob die Zündquelle unter diesen von atmosphärischen Bedingungen abweichenden Verhältnissen zündwirksam ist oder nicht. Um diese Frage zu beantworten, werden sicherheitstechnische Kenngrößen benötigt, die unter nicht atmosphärischen Bedingungen bestimmt wurden.

In der § 6 Absatz 4, letzter Abschnitt der GefStoffV[7] steht:

„Insbesondere hat (der Arbeitgeber) er zu ermitteln, ob die Stoffe, Gemische und Erzeugnisse auf Grund ihrer Eigenschaften und der Art und Weise, wie sie am Arbeitsplatz vorhanden sind oder verwendet werden, explosionsfähige Gemische bilden können. Im Fall von nicht atmosphärischen Bedingungen sind auch die möglichen Veränderungen der für den Explosionsschutz relevanten sicherheitstechnischen Kenngrößen **zu ermitteln** und zu berücksichtigen."

> Im Fall von nicht atmosphärischen Bedingungen sind auch die möglichen Veränderungen der für den Explosionsschutz relevanten sicherheitstechnischen Kenngrößen **zu ermitteln** und zu berücksichtigen.

Im Entwurf der GefStoffV[7] stand sogar der Begriff „bestimmen". Das ist bis heute unmöglich, da nur wenige modifizierte Laborapparaturen zur Bestimmung sicherheitstechnischer Kenngrößen unter nicht atmosphärischen Bedingungen vorhanden sind.

Unter Federführung des Autors wurde vor Jahren in Abstimmung mit dem Bundesministerium für Arbeit und Soziales ein Forschungsprogramm bei der BG Rohstoffe und Chemische Industrie (BG RCI) aufgelegt mit dem Ziel, sicherheitstechnische Kenngrößen unter nicht atmosphärischen Bedingungen experimentell zu bestimmen. Zwischenzeitlich gibt es eine Reihe frei zugänglicher Forschungsberichte auf dem Explosionsschutzportal der BG RCI unter www.exinfo.de:

- Druckabhängigkeit des unteren Explosionspunktes (UEP) von brennbaren Flüssigkeiten
- Grenzspaltweite von Gasgemischen in Abhängigkeit von Inertgasanteil und Druck im Überdruckbereich
- Druckabhängigkeit der UEG von brennbaren Gasen
- Zündtemperaturen brennbarer Flüssigkeiten in Luft + N_2O-Gemischen
- Zündtemperaturen brennbarer Flüssigkeiten bei erhöhtem Sauerstoffanteil in Sauerstoff-Stickstoff-Gemisch

- Zündtemperaturen in großen Behältern
- Sicherheitstechnische Kenngrößen von Nebeln
- Sicherheitstechnische Eigenschaften von Erdgas-Wasserstoff-Gemischen
- Sicherheitstechnische Kenngrößen von hybriden Gemischen
- Sicherheitstechnische Kenngrößen von Stäuben bei nichtatmosphärischen Bedingungen
- Sicherheitstechnische Kenngrößen von Gasen und Dämpfen bei nichtatmosphärischen Bedingungen
- Explosionsbereiche moderner Anästhesiemittel bei nichtatmosphärischen Bedingungen
- Abhängigkeit sicherheitstechnischer Kenngrößen vom Druck unterhalb des atmosphärischen Druckes
- Zündtemperaturen binärer Gemische bei erhöhten Ausgangsdrücken

Zwischenzeitlich gibt es eine Reihe frei zugänglicher Forschungsberichte für sicherheitstechnische Kenngrößen unter nicht atmosphärischen Bedingungen.

Teil B Grafischer Teil

1 Dokumentation

1.1 Allgemeines

Es wird empfohlen, die Zoneneinteilung so durchzuführen, dass die verschiedenen Schritte, die zur endgültigen Zoneneinteilung führen, entsprechend dokumentiert werden. Alle sachdienlichen verwendeten Informationen sollten dabei aufgeführt werden.

Die Eigenschaften, die die Zoneneinteilung sämtlicher in der Anlage verwendeter Stoffe betreffen, sollten genannt werden, z. B. die relevanten sicherheitstechnischen Kennzahlen, wie Flammpunkt, Zündtemperatur, Explosionsgrenzen. Die Ergebnisse der Untersuchung zur Zoneneinteilung sowie sämtliche späteren Abänderungen müssen dokumentiert werden.

> Das Ergebnis der Zoneneinteilung ist zu dokumentieren.

1.2 Zeichnungen und Tabellen

Die Dokumente zur Zoneneinteilung sollten geeignete Pläne und Aufrisse enthalten, aus denen Art und Ausdehnung der Zonen hervorgehen.

Wird die Ausdehnung der Zonen durch die Topographie eines Bereiches beeinflusst, sollte dies dokumentiert werden.

Die Dokumente sollten noch weitere Informationen enthalten, wie

a) die örtliche Lage und Kennzeichnung der Freisetzungsquellen. Bei großen und komplexen Anlagen oder Prozessbereichen sollten die Freisetzungsquellen spezifiziert oder nummeriert werden, um den Querverweis zwischen den Datenblättern der Zoneneinteilung und den Zeichnungen zu erleichtern.

b) die Lage der Öffnungen in Bauwerken (z. B. Türen, Fenster und Lüftungsein- und -auslässe).

Die im Teil 3 dargestellten Zoneneinteilungssymbole könnten bevorzugt verwendet werden. Auf jeder Zeichnung muss immer ein Symbolschlüssel vorhanden sein.

Aus den Dokumentationen (Zeichnungen, Tabellen) muss die Art und Ausdehnung der Zonen eindeutig hervorgehen.

1.3 Grafische Darstellungen

In der EX-RL-Beispielsammlung gibt es in sehr seltenen Einzelfall grafische Darstellung der Ausdehnung explosionsgefährdeter Bereiche. Die Zonenausdehnungen wurden in Tabellenform beschrieben. Insofern hat sich in Deutschland keine einheitliche grafische Zonendarstellung durchgesetzt. In der alten grünen Beispielsammlung gab es einige wenige grafische Darstellungen zum Punkt „Verarbeiten von Anstrichstoffen", wobei jedoch in die einzelnen Bereiche die jeweilige Zone eingefügt wurde. Parallel zu der EX-RL gab es ab Mitte 1970 einen DDR-Standard „Gesundheits- und Arbeitsschutz, Brandschutz – Verhütung von Bränden und Explosionen, allgemeine Festlegungen für Arbeitsstätten" – TGL 30042[19], die innerhalb des gesamten RGWs (Rat für gegenseitige Wirtschaftshilfe) abgestimmt war. Die explosionsgefährdeten Bereiche wurden in vier Zonen eingeteilt und grafisch dargestellt. In der Norm DIN EN 60079-10 (VDE 0165 Teil 101[27]) werden Symbole für explosionsgefährdete Bereiche angegeben. In der DIN EN 61242-10 (VDE 0165-102[28]) werden für staubexplosionsgefährdete Bereiche ebenfalls Kennzeichnungen der Zonen vorgeschlagen. Hingewiesen wird im Text darauf, dass die gezeigten Symbole für die unterschiedlichen Bereiche zu bevorzugen sind, aber jederzeit auch Alternativen dazu verwendet werden können unter der Voraussetzung, dass sie in den Dokumenten eindeutig bezeichnet werden.

Im Merkblatt der SUVA[20] werden grafische Darstellungen für die entsprechenden Zonen verwendet (Abschnitt 5, Abbildung 10). Darüber hinaus gibt es eine Vielzahl weiterer grafischer Darstellungen von Zonen, auf die im Einzelnen nicht näher eingegangen werden soll. Die farbliche Gestaltung explosionsgefährdeter Bereiche findet man seltener, so z. B. in der IVSS-Broschüre „Praxishilfe zur Erstellung eines Explosionsschutzdokumentes"[31], in den Praxisleitfäden zur Erstellung eines Explosionsschutzdokumentes für Betriebe der Getreideverarbeitung, Getreidelagerung und des Handels[29] als auch im Praxisleitfaden zur Erstellung eines Explosionsschutzdokumentes für Brauereien[30]. Aus der Vielzahl der verschiedenen Möglichkeiten hat sich der Autor für folgende grafische Darstellung der Zonen entschieden:

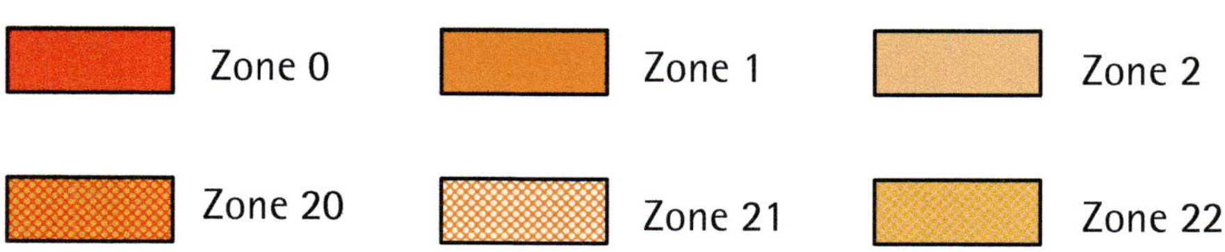

Wichtig war dem Autor sowohl die differenzierte Darstellung der einzelnen Zonen auch im Hinblick auf den Unterschied zwischen staubexplosionsgefährdeten Bereichen und Bereichen, die durch Gase, Dämpfe oder Nebel im Gemisch mit Luft explosionsfähige Atmosphäre bilden. Ein weiterer wesentlicher Gesichtspunkt sollte auch die

Kopierfähigkeit in Schwarzweißkopien sein, so dass die einzelnen Grautöne eindeutig den entsprechenden Zonen zugeordnet werden können.

2 Grafische Darstellung von Fallbeispielen aus der EX-RL-Beispielsammlung

2.1 Vorbemerkungen

Der Fachbereich „Rohstoffe und chemische Industrie", Sachgebiet „Explosionsschutz", der Deutschen Gesetzlichen Unfallversicherung (DGUV) überarbeitet regelmäßig und systematisch die Beispielsammlung. In diesem Fachbuch werden ausgewählte Beispiele dieser Sammlung grafisch dargestellt. Bei Übertragung dieser Darstellungen auf konkrete Einzelfälle in der betrieblichen Praxis sollten sowohl die Vorbemerkungen zur EX-RL-Beispielsammlung (s. Punkt 3) als auch die Umsetzung der Schutzmaßnahmen nach TRBS 2152 Teil 2 (Spalte 4 der EX-RL-Beispielsammlung – s. a. Teil A Abschnitt 3 des Praxishandbuchs) berücksichtigt werden. Die in den einzelnen Bildern aufgeführten Beispiele gelten für den Normalbetrieb, berücksichtigen aber auch betriebsübliche Störungen. Sie können als Entscheidungshilfe bei der Auswahl von Art und Umfang der Schutzmaßnahmen für das Vermeiden von Explosionsgefahr dienen. Die Entscheidung, ob und mit welcher Wahrscheinlichkeit gefährliche explosionsfähige Atmosphäre auftreten kann, hängt von den gegebenen Umständen ab und muss sich stets auf den vorliegenden Einzelfall beziehen. Deshalb ist bei Anwendung der Beispiele immer zu untersuchen, ob in dem zu beurteilenden Fall das Auftreten von gefährlicher explosionsfähiger Atmosphäre hinsichtlich der Menge und Wahrscheinlichkeit mit dem Sachverhalt übereinstimmt, der dem Beispiel der Sammlung zugrunde liegt. Dargestellt sind ausgewählte, wesentliche Fallbeispiele der EX-RL-Beispielsammlung:

- 48 Fallbeispiele für brennbare Gase, Dämpfe, Nebel im Abschnitt 2.2,
- 49 Fallbeispiele für brennbare Flüssigkeiten im Abschnitt 2.3 und
- 17 Fallbeispiele für brennbare Stäube im Abschnitt 2.4.

2.2 Fallbeispiele für brennbare Gase, Dämpfe und Nebel nach EX-RL (DGUV Regel 113-001)

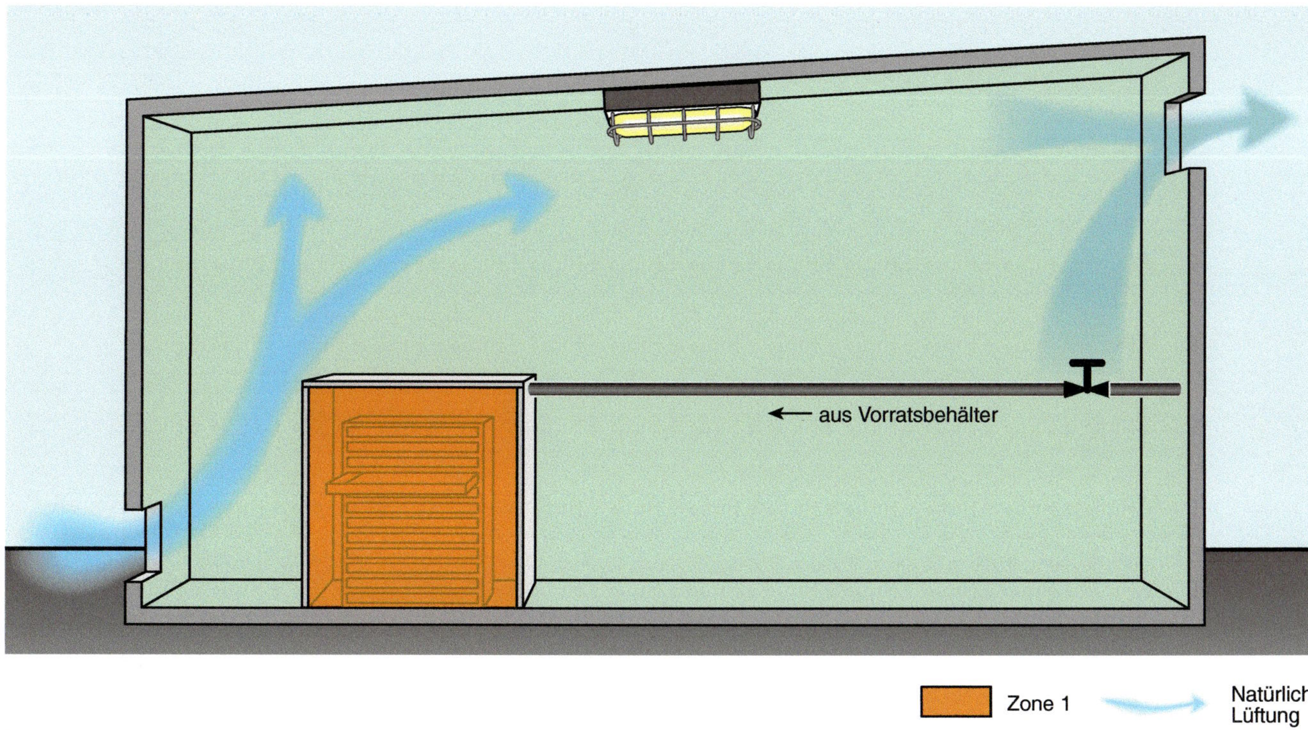

Bild 1: **EX-RL-Beispielsammlung 1.1.1 a) Umgebung geschlossener gasführender Apparate, Behälter und Rohrleitungen - Allgemeines;** in Räumen; Bildung von g.e.A. nicht zu erwarten; Anlage auf Dauer technisch dicht **und** EX-RL -Beispielsammlung 1.3 c) Das Auftreten von gefährlicher explosionsfähiger Atmosphäre in der Prozessanlage ist gelegentlich möglich. Die Prozessanlage ist auf Dauer technisch dicht.

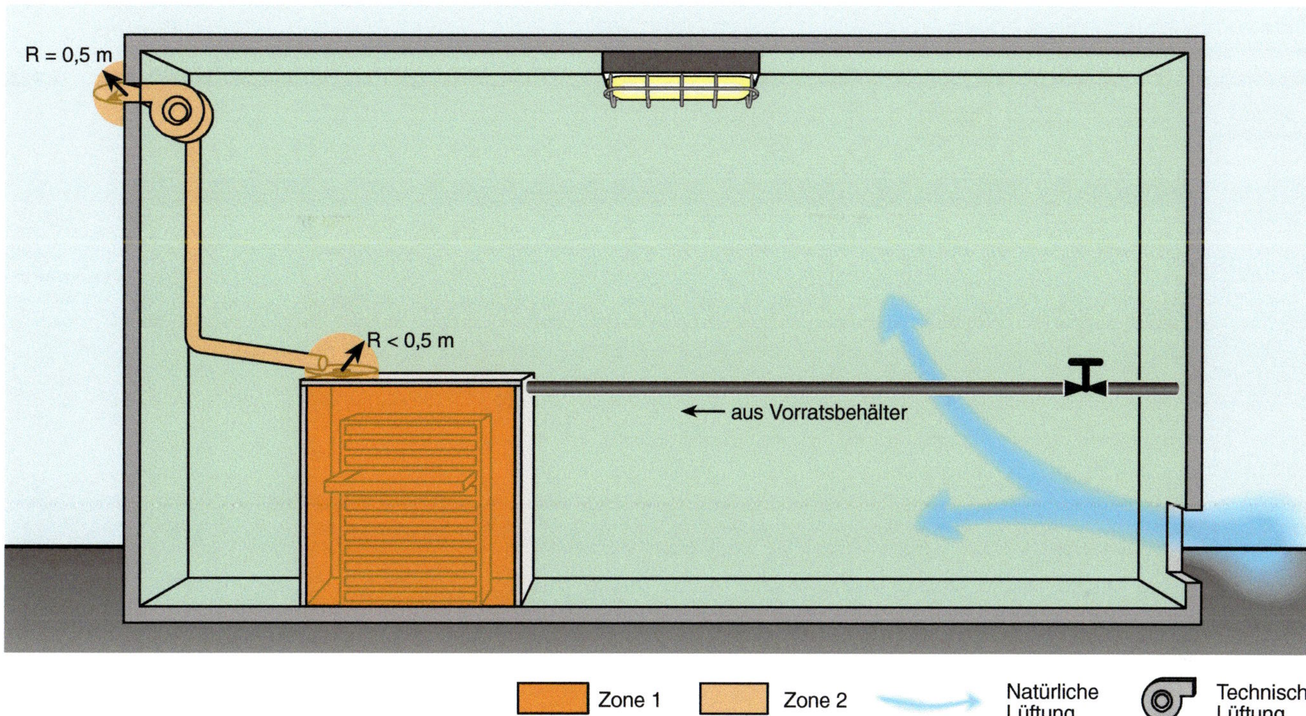

Bild 2: **EX-RL-Beispielsammlung 1.1.1 b1) Umgebung geschlossener gasführender Apparate, Behälter und Rohrleitungen - Allgemeines;** in Räumen; das Auftreten von g.e.A. ist nur selten und dann auch nur kurzzeitig in der Umgebung von Austrittstellen möglich (z. B. an Probenahmestellen, Entwässerungseinrichtungen, Pumpen, deren technische Dichtheit auf Dauer nicht gewährleistet ist); Objektabsaugung.

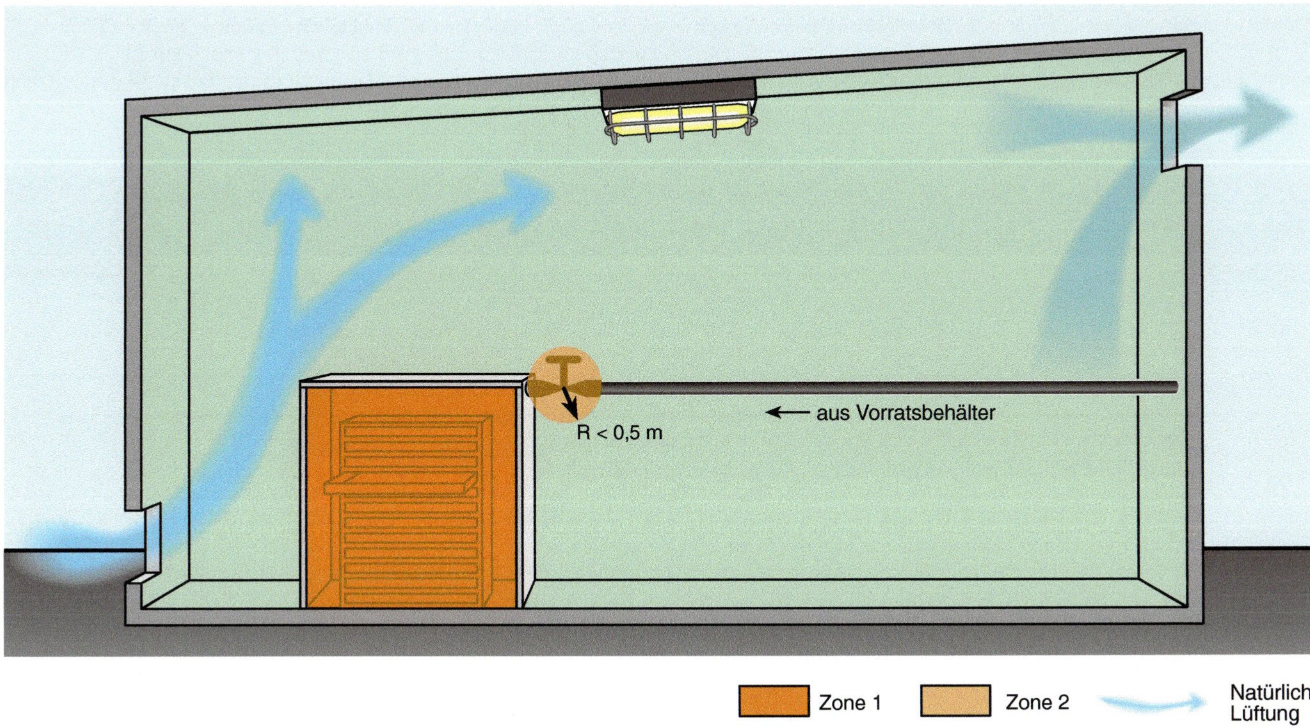

Bild 3: **EX-RL-Beispielsammlung 1.1.1 b2) Umgebung geschlossener gasführender Apparate, Behälter und Rohrleitungen - Allgemeines;** in Räumen; Das Auftreten von g.e.A. ist nur selten und dann auch nur kurzzeitig in der Umgebung von Austrittstellen möglich (z. B. an Probenahmestellen, Entwässerungseinrichtungen, Pumpen, deren technische Dichtheit auf Dauer nicht gewährleistet ist); Absperrarmatur an der Prozessanlage technisch dicht (Glattflansche); nur geringe Leckagemöglichkeiten vorhanden.

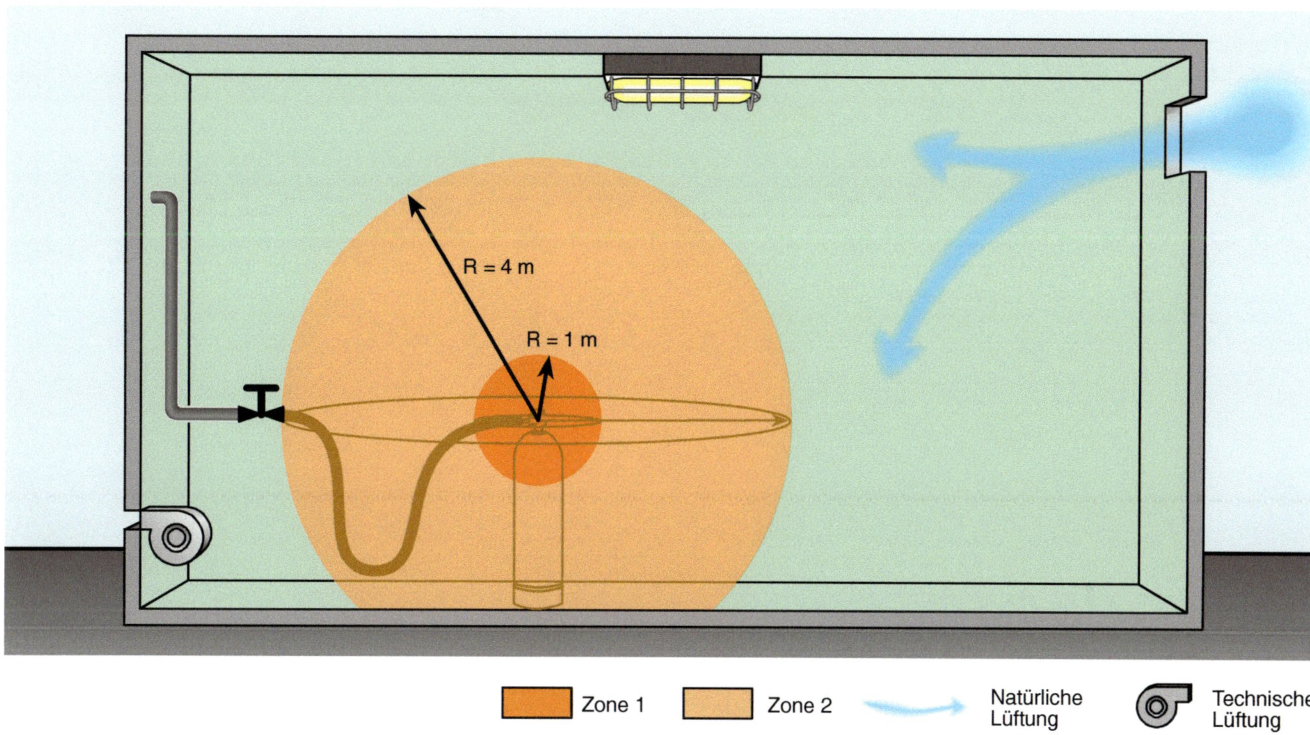

Bild 4: **EX-RL-Beispielsammlung 1.1.1 c1) Umgebung geschlossener gasführender Apparate, Behälter und Rohrleitungen - Allgemeines;** in Räumen; das Auftreten von g.e.A. ist gelegentlich möglich (z. B. an Umfüllanschlussstellen); Gase sind schwerer als bzw. gleich schwer wie Luft; technische Lüftung.

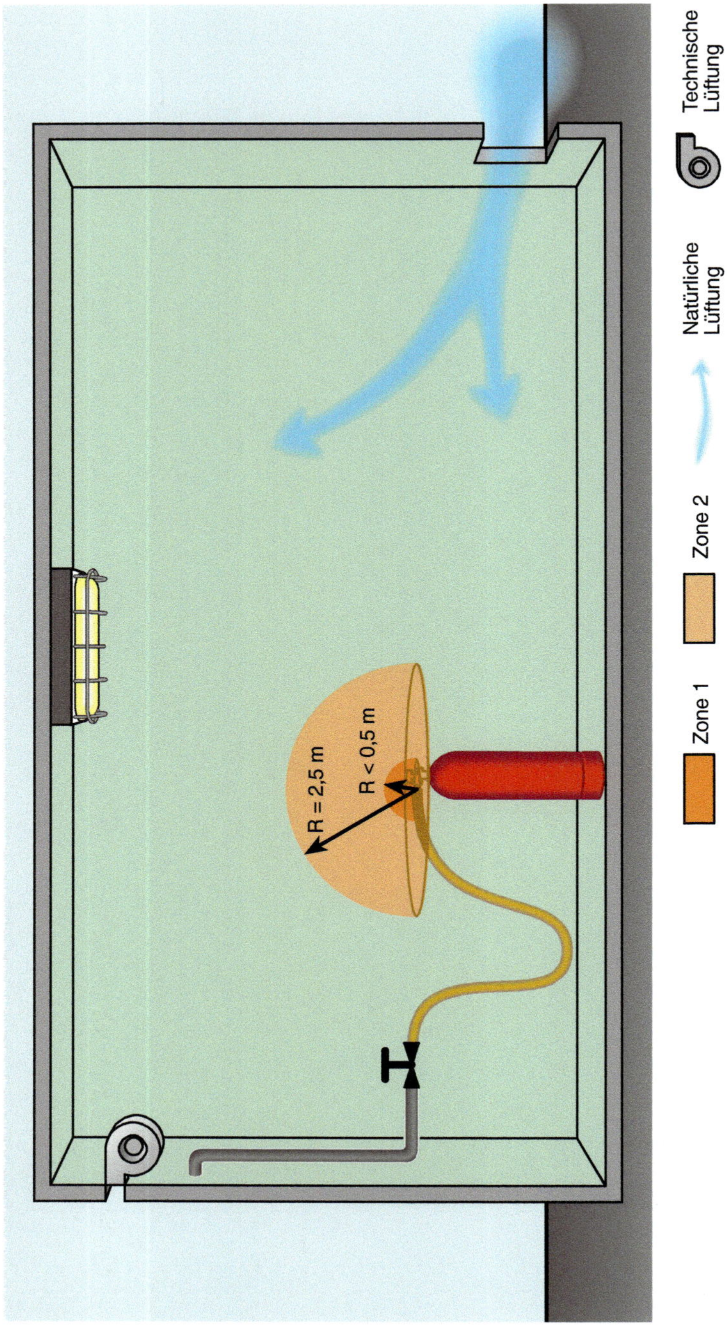

Bild 5: **EX-RL-Beispielsammlung 1.1.1 c2) Umgebung geschlossener gasführender Apparate, Behälter und Rohrleitungen - Allgemeines;** in Räumen; Das Auftreten von g.e.A. ist gelegentlich möglich (z. B. an Umfüllanschlussstellen); Gase sind leichter als Luft; technische Lüftung.

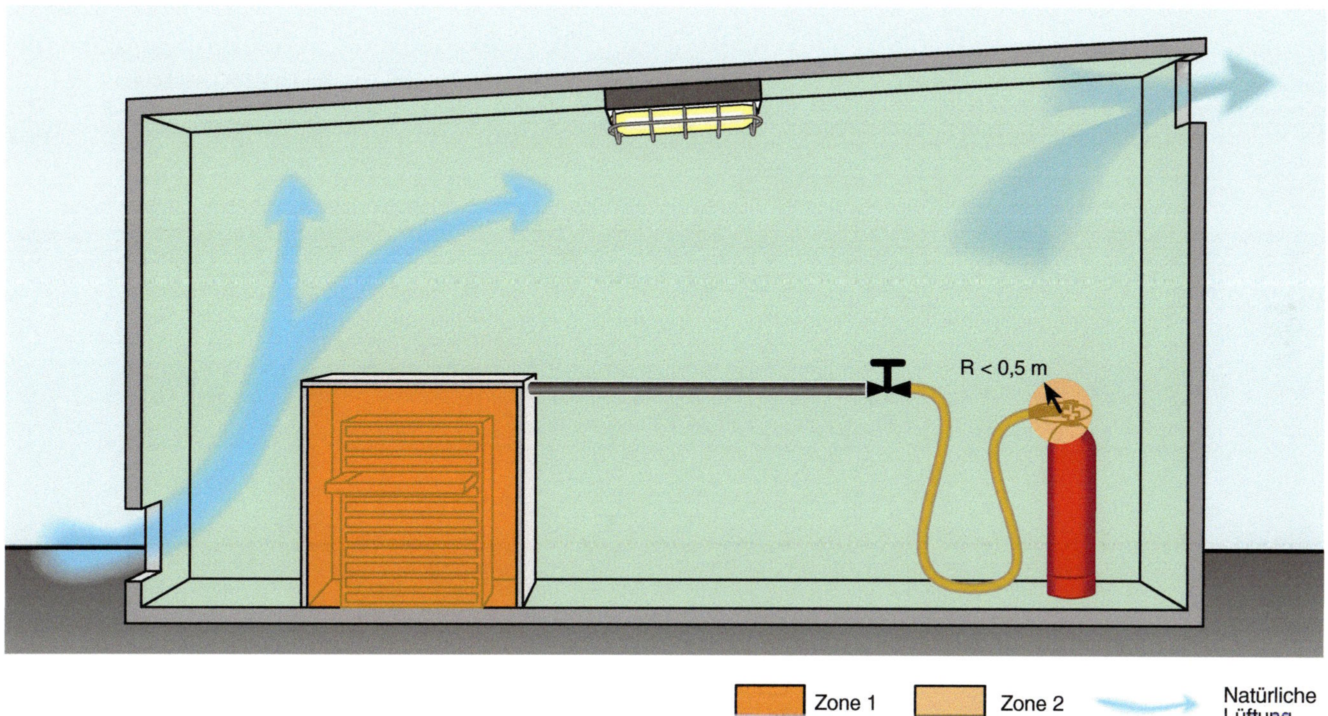

Bild 8: EX-RL-Beispielsammlung 1.2.1.1.2b) Druckgasflaschen mit Gasen leichter als Luft (z. B. Wasserstoff); in Räumen; zum Zeitpunkt eines Wechsels der Druckgasflasche(n) ist betriebsbedingt von einem kurzzeitigen Gasaustritt an der/n Anschlussstelle/n auszugehen, ansonsten ist die Gasanlage technisch dicht ausgeführt; Ansammlung im Deckenbereich ausgeschlossen (z. B. durch wirksame Deckenöffnung ins Freie), technisch dichte Apparatur, natürliche Lüftung **und** EX-RL-Beispielsammlung 1.3 c) Das Auftreten von gefährlicher explosionsfähiger Atmosphäre in der Prozessanlage ist gelegentlich möglich; die Prozessanlage ist auf Dauer technisch dicht.

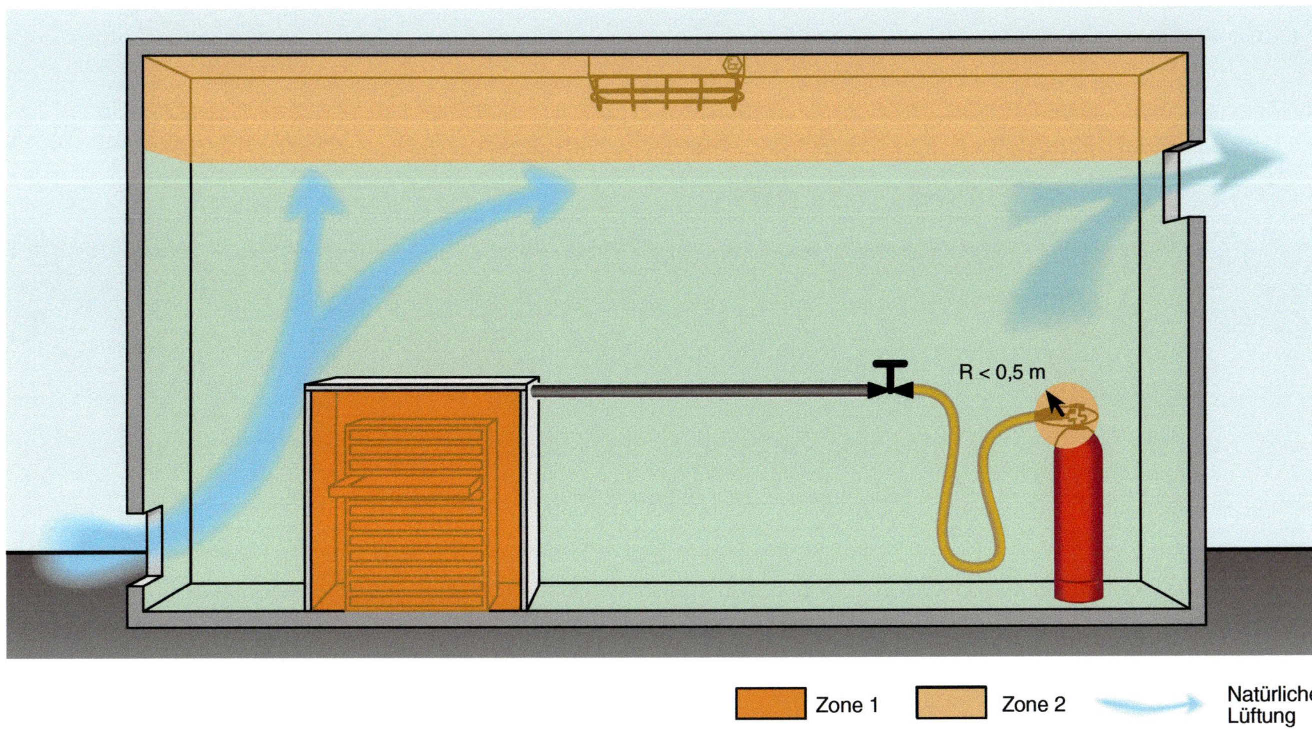

Bild 9: **EX-RL-Beispielsammlung 1.2.1.1.2b) Druckgasflaschen mit Gasen leichter als Luft (z. B. Wasserstoff) in Räumen;** zum Zeitpunkt eines Wechsels der Druckgasflasche(n) ist betriebsbedingt von einem kurzzeitigen Gasaustritt an der/n Anschlussstelle/n auszugehen, ansonsten ist die Gasanlage technisch dicht ausgeführt; Ansammlung im Deckenbereich nicht auszuschließen; technisch dichte Apparatur; natürliche Lüftung **und** EX-RL-Beispielsammlung 1.3.c) Das Auftreten von gefährlicher explosionsfähiger Atmosphäre in der Prozessanlage ist gelegentlich möglich; die Prozessanlage ist auf Dauer technisch dicht.

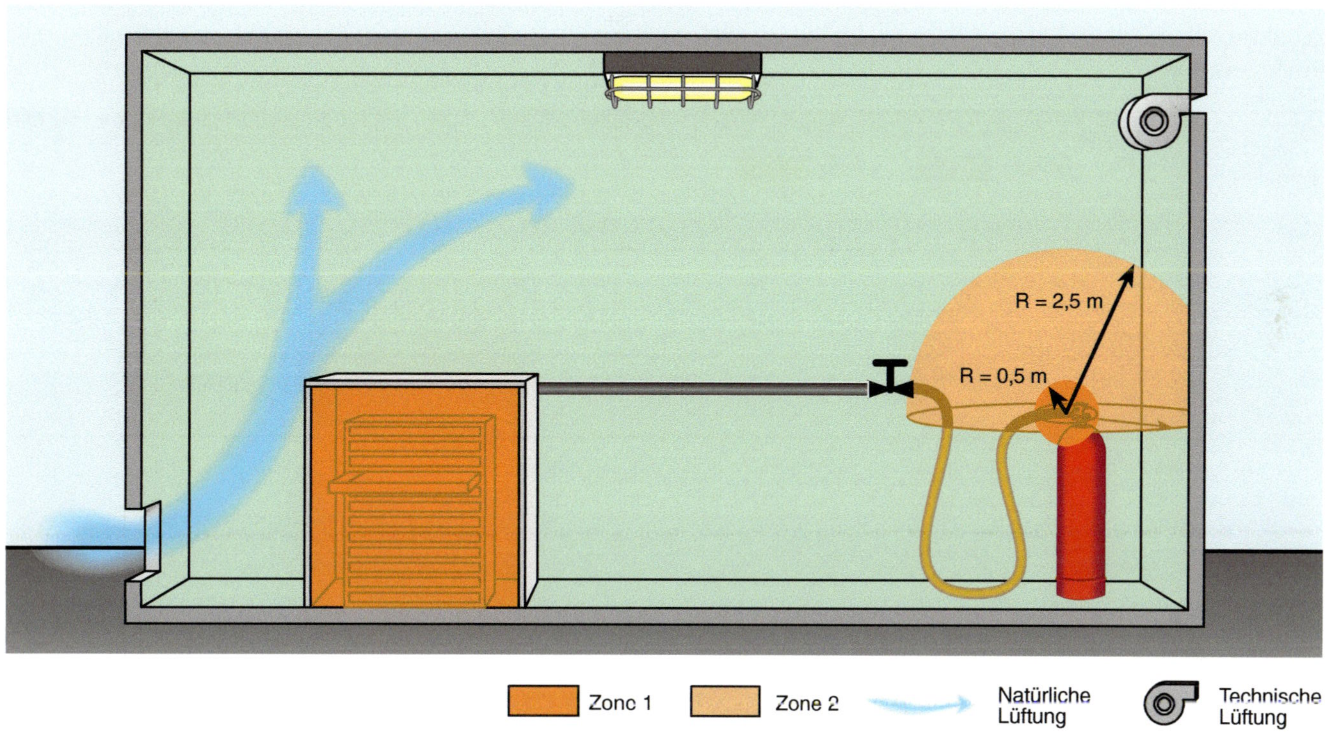

Bild 10: EX-RL-Beispielsammlung 1.2.1.1.2c1) Druckgasflaschen mit Gasen leichter als Luft (z. B. Wasserstoff); in Räumen; betriebsbedingte Austritte vorhanden, z. B. Rückströmen aus Rohrleitung nicht sicher verhindert und gelegentlich möglich; technische Lüftung **und** EX-RL -Beispielsammlung 1.3 c) Das Auftreten von gefährlicher explosionsfähiger Atmosphäre in der Prozessanlage ist gelegentlich möglich. Die Prozessanlage ist auf Dauer technisch dicht; seltenes Rückströmen von Wasserstoff beim Umschließen der Flasche in gefahrdrohender Menge ist nicht sicher auszuschließen.

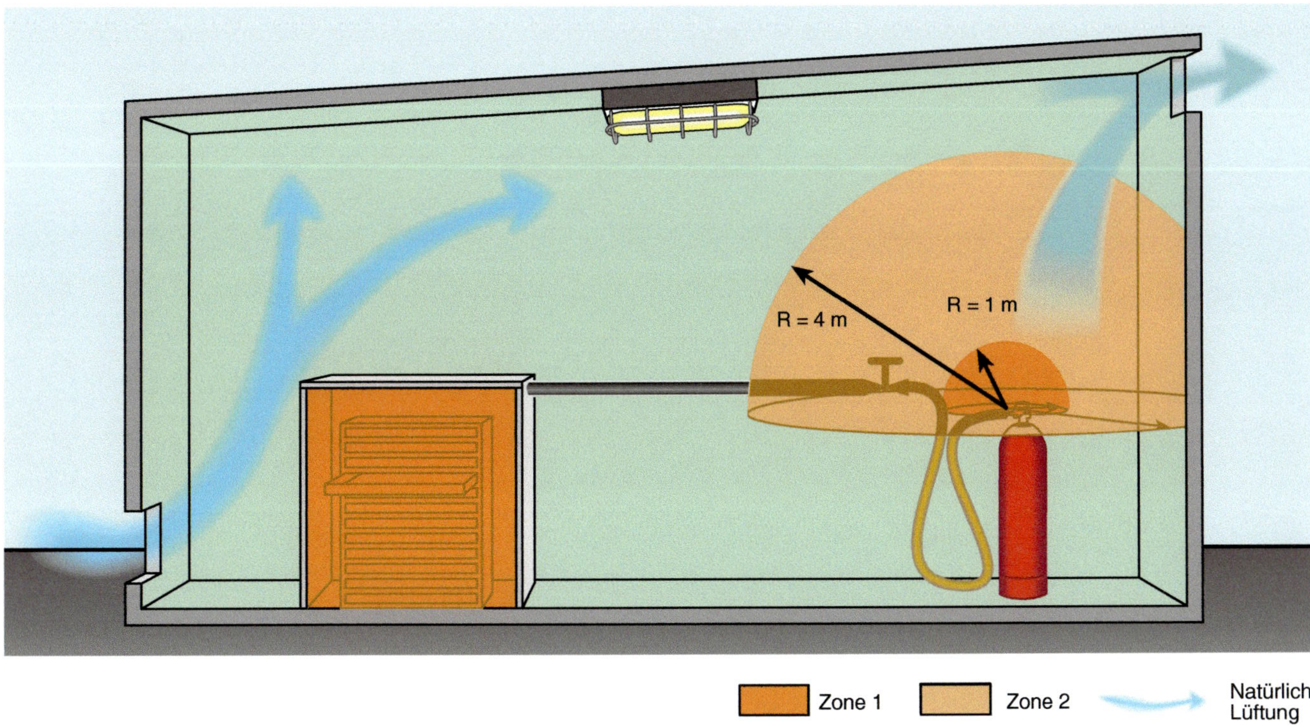

Bild 11: EX-RL-Beispielsammlung 1.2.1.1.2c3) Druckgasflaschen mit Gasen leichter als Luft (z. B. Wasserstoff); in Räumen; betriebsbedingte Austritte vorhanden, z. B. Rückströmen aus Rohrleitung nicht sicher verhindert und gelegentlich möglich; wirksame Deckenöffnung ins Freie **und** EX-RL-Beispielsammlung 1.3.c) Das Auftreten von gefährlicher explosionsfähiger Atmosphäre in der Prozessanlage ist gelegentlich möglich. Die Prozessanlage ist auf Dauer technisch dicht; seltenes Rückströmen von Wasserstoff beim Umschließen der Flasche in gefahrdrohender Menge ist nicht sicher auszuschließen.

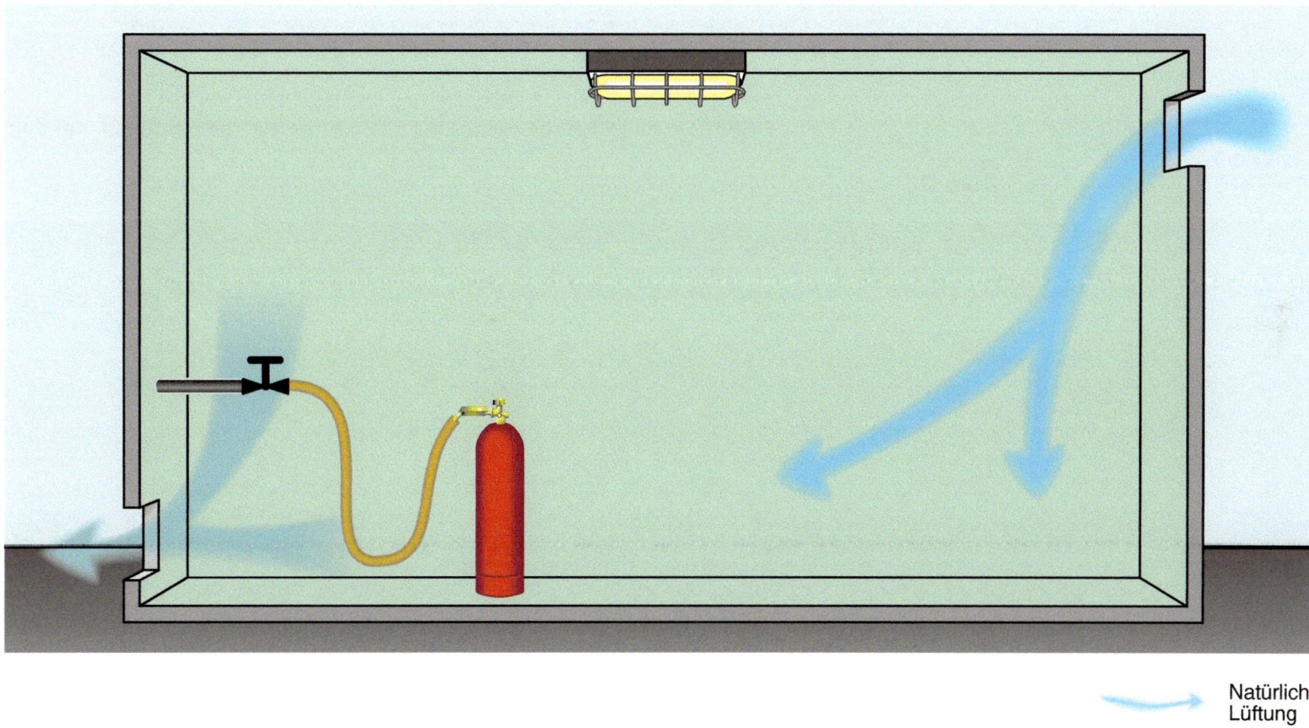

Bild 12: EX-RL -Beispielsammlung 1.2.2.1 a) Flüssiggasflaschen in Räumen;
zum Zeitpunkt eines Wechsels der Flüssiggasflasche(n) ist betriebsbedingt von einem kurzzeitigen Gasaustritt auszugehen; wird nach jedem Flaschenwechsel die Dichtheit von Verbindungsstellen durch Prüfung nachgewiesen, ist g.e.A. nicht zu erwarten; die Dichtheitsprüfung ist unter Betriebsdruck mit z. B. schaumbildenden Mitteln durchzuführen; in Räumen; Entnahme aus der Gasphase; einzelne Flasche mit direkt an das Flaschenabsperrventil angeschlossenem Druckregelgerät; keine Zone wenn angegebene Voraussetzungen des Punktes 1.2.2.1 a) erfüllt werden.

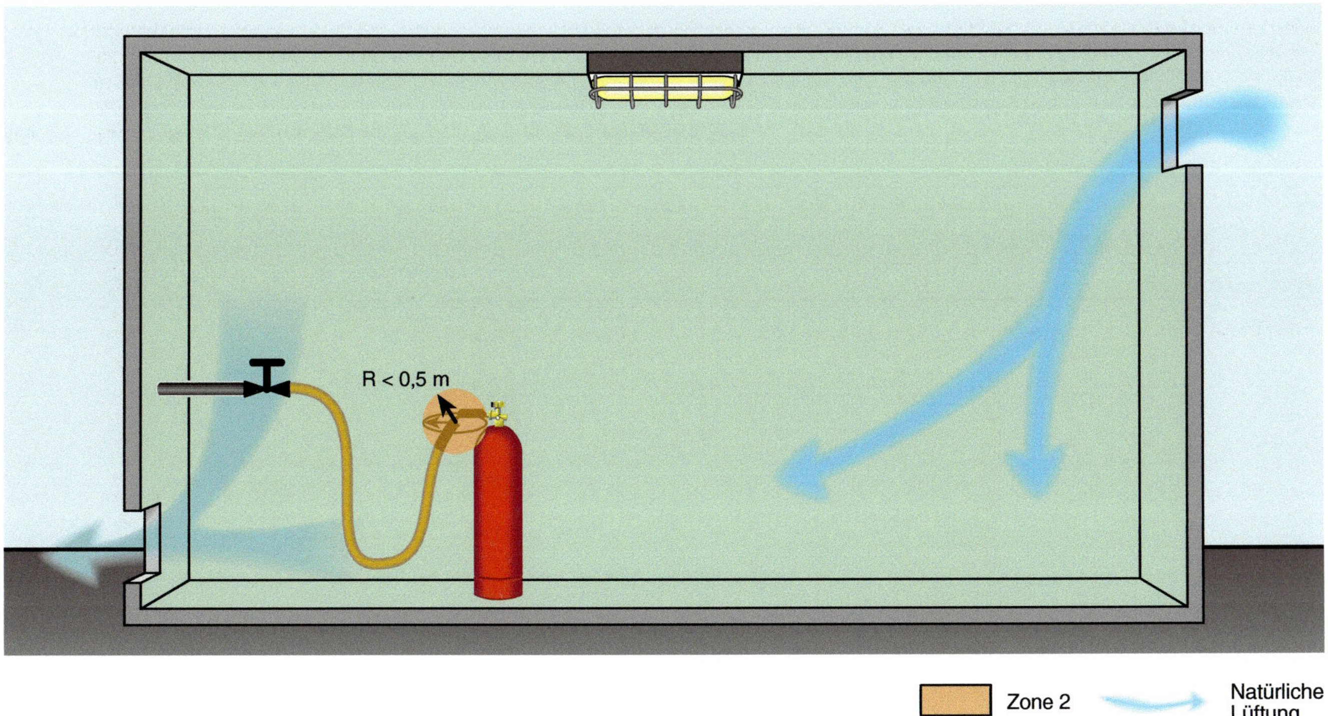

Bild 13: EX-RL-Beispielsammlung 1.2.2.1b) Flüssiggasflaschen in Räumen;
zum Zeitpunkt eines Wechsels der Flüssiggasflasche(n) ist betriebsbedingt von einem kurzzeitigen Gasaustritt auszugehen; wird nach jedem Flaschenwechsel die Dichtheit von Verbindungsstellen durch Prüfung nachgewiesen, ist g.e.A. nicht zu erwarten; Die Dichtheitsprüfung ist unter Betriebsdruck mit z. B. schaumbildenden Mitteln durchzuführen; in Räumen; Entnahme aus der Gasphase; einzelne Flasche mit direkt an das Flaschenabsperrventil angeschlossenem Druckregelgerät; Voraussetzungen nach Punkt 1.2.2.1 a) nicht erfüllt.

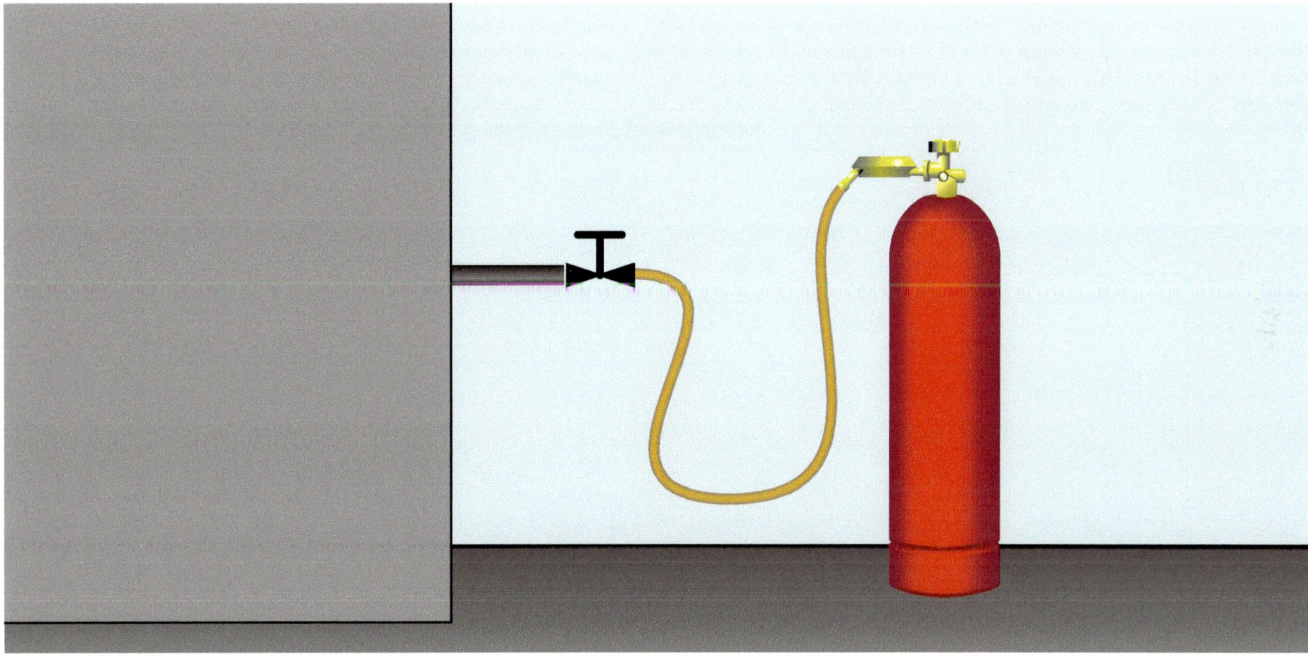

Bild 14: EX-RL-Beispielsammlung 1.2.2.3a) Flüssiggasflaschen im Freien;
zum Zeitpunkt eines Wechsels der Flüssiggasflasche(n) ist betriebsbedingt von einem kurzzeitigen Gasaustritt auszugehen; wird nach jedem Flaschenwechsel die Dichtheit von Verbindungsstellen durch Prüfung nachgewiesen, ist g.e.A. nicht zu erwarten. Die Dichtheitsprüfung ist unter Betriebsdruck mit z. B. schaumbildenden Mitteln durchzuführen; im Freien; Entnahme aus der Gasphase; einzelne Flasche mit direkt an das Flaschenabsperrventil angeschlossenem Druckregelgerät; keine Zone wenn angegebene Voraussetzungen nach Punkt 1.2.2.3a) erfüllt werden.

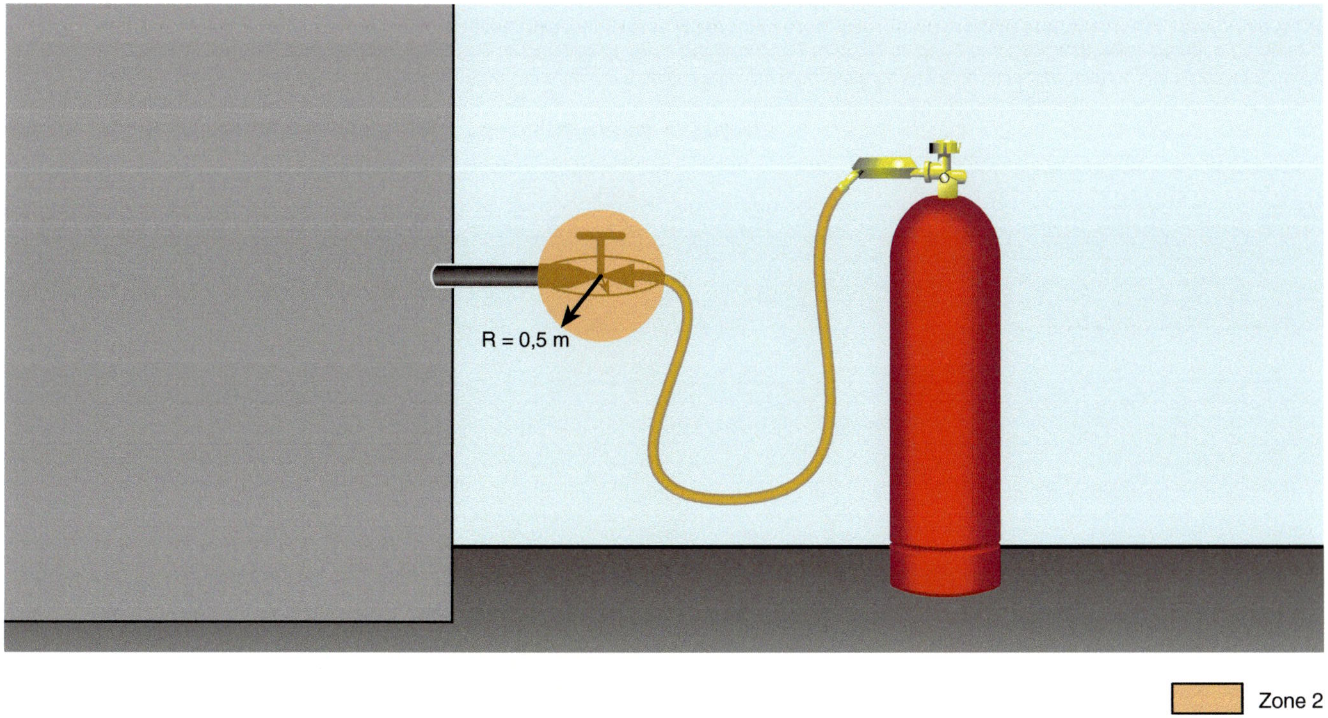

Bild 15: EX-RL-Beispielsammlung 1.2.2.3b) Flüssiggasflaschen im Freien;
zum Zeitpunkt eines Wechsels der Flüssiggasflasche(n) ist betriebsbedingt von einem kurzzeitigen Gasaustritt auszugehen; wird nach jedem Flaschenwechsel die Dichtheit von Verbindungsstellen durch Prüfung nachgewiesen, ist g.e.A. nicht zu erwarten. Die Dichtheitsprüfung ist unter Betriebsdruck mit z. B. schaumbildenden Mitteln durchzuführen; im Freien; Entnahme aus der Gasphase; einzelne Flasche mit direkt an das Flaschenabsperrventil angeschlossenem Druckregelgerät; Voraussetzungen nach Punkt 1.2.2.3a) nicht alle erfüllt.

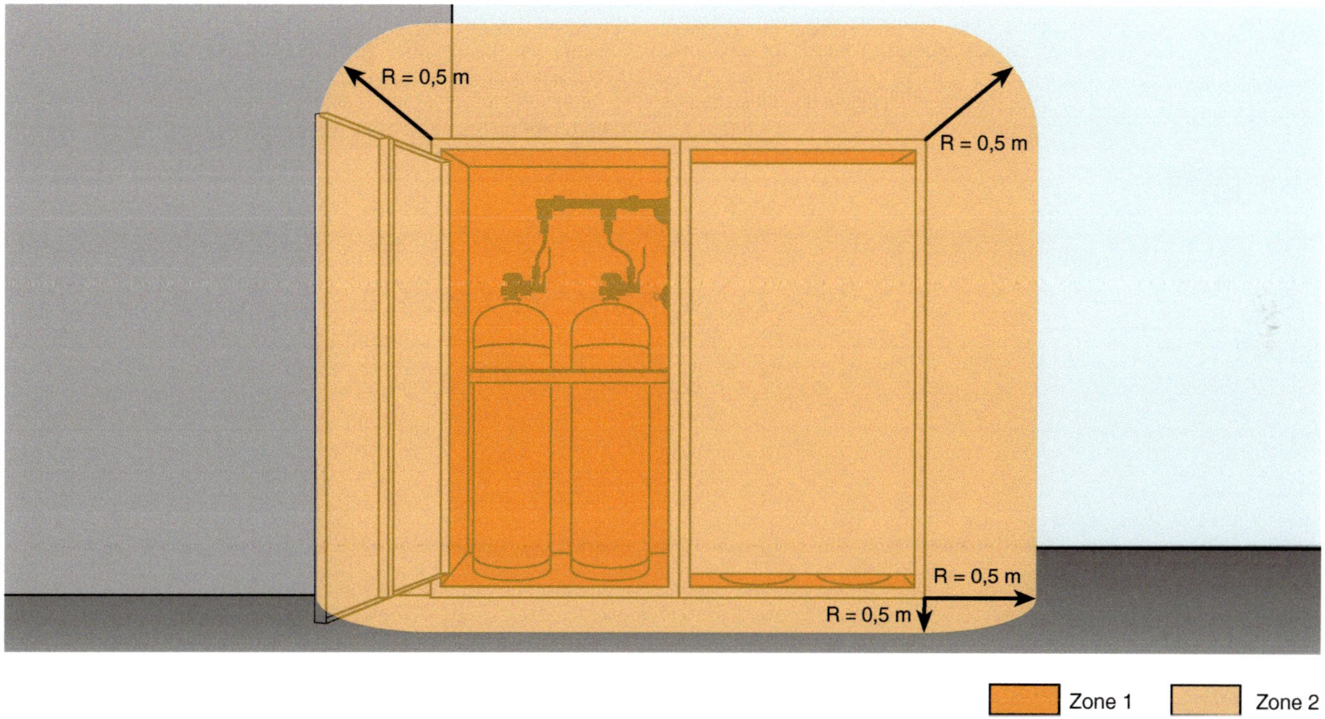

Bild 16: EX-RL-Beispielsammlung 1.2.2.3c) Flüssiggasflaschen im Flaschenschrank;
zum Zeitpunkt eines Wechsels der Flüssiggasflasche(n) ist betriebsbedingt von einem kurzzeitigen Gasaustritt auszugehen; wird nach jedem Flaschenwechsel die Dichtheit von Verbindungsstellen durch Prüfung nachgewiesen, ist g.e.A. nicht zu erwarten. Die Dichtheitsprüfung ist unter Betriebsdruck mit z. B. schaumbildenden Mitteln durchzuführen; im Freien; Entnahme aus der Gasphase; einzelne Flasche mit direkt an das Flaschenabsperrventil angeschlossenem Druckregelgerät; Mehrflaschenanlagen mit 2 bis 6 Flaschen im Flaschenschrank; natürliche Lüftung.

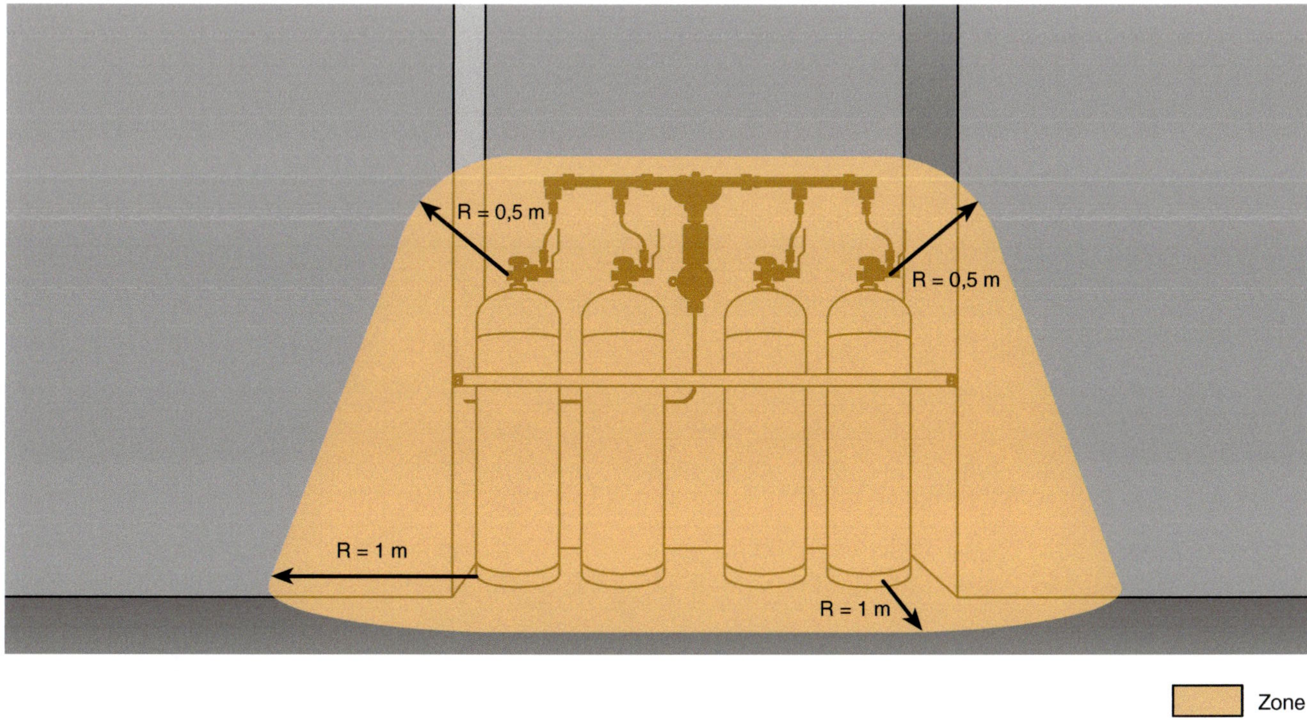

Bild 17: EX-RL-Beispielsammlung 1.2.2.3 d) Flüssiggasflaschen im Freien;
zum Zeitpunkt eines Wechsels der Flüssiggasflasche(n) ist betriebsbedingt von einem kurzzeitigen Gasaustritt auszugehen; wird nach jedem Flaschenwechsel die Dichtheit von Verbindungsstellen durch Prüfung nachgewiesen, ist g.e.A. nicht zu erwarten. Die Dichtheitsprüfung ist unter Betriebsdruck mit z. B. schaumbildenden Mitteln durchzuführen; im Freien; Entnahme aus der Gasphase; einzelne Flasche mit direkt an das Flaschenabsperrventil angeschlossenem Druckregelgerät; Mehrflaschenanlagen mit 2 bis 6 Flaschen ohne Flaschenschrank; natürliche Lüftung.

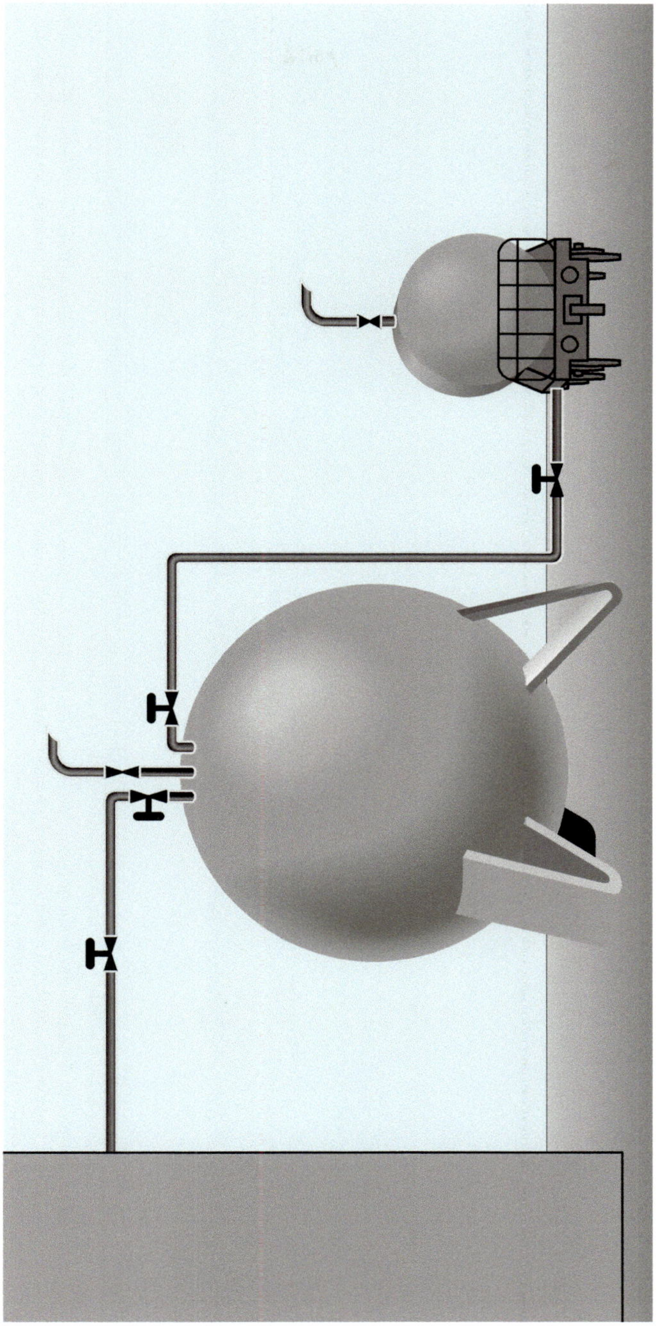

Bild 18: EX-RL-Beispielsammlung 1.2.4.1.1 a) Großtechnische Lagerung und Abfüllung von unter Druck verflüssigten und gelösten Kohlenwasserstoffgasen (z. B. Gaskugeltank);
freistehende Lagerbehälter; auf Dauer technisch dichte Anlagen und Anlagenteile **und** EX-RL-Beispielsammlung 1.2.4.1.3.1 a) Großtechnische Füllanlagen im Freien; Vollschlauchsystem mit Gaspendelung und Entspannung und Spülung des Kupplungsstückes mit Inertgas vor dem Abkuppeln.

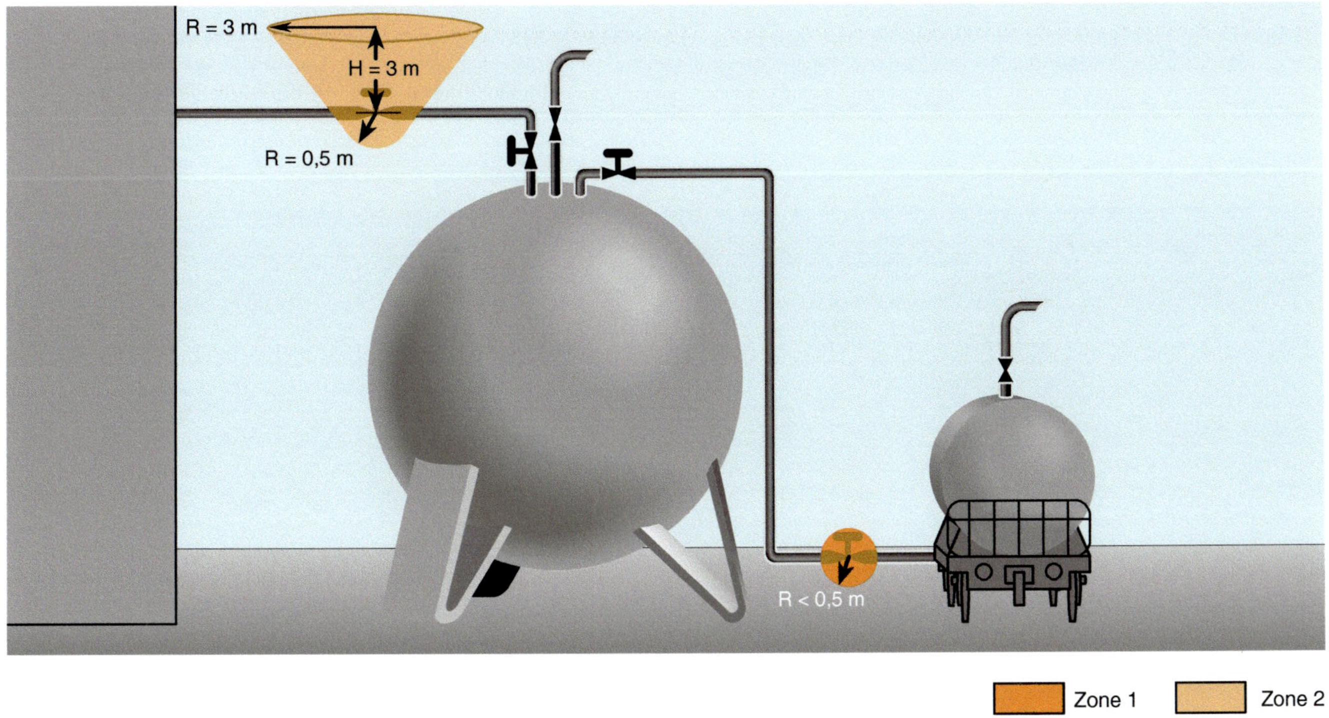

Bild 19: EX-RL-Beispielsammlung 1.2.4.1.1 b1) Großtechnische Lagerung und Abfüllung von unter Druck verflüssigten und gelösten Kohlenwasserstoffgasen (z. B. Gaskugeltank); freistehende Lagerbehälter;
technisch dichte Anlagen und Anlagenteile; Gase und Gasgemische leichter als Luft; natürliche Lüftung **und** EX-RL-Beispielsammlung 1.2.4.1.3.1 b) Großtechnische Füllanlagen im Freien; Vollschlauchsystem mit Gaspendelung und Entspannung in ein geschlossenes System; beim Abkuppeln wird Gas freigesetzt.

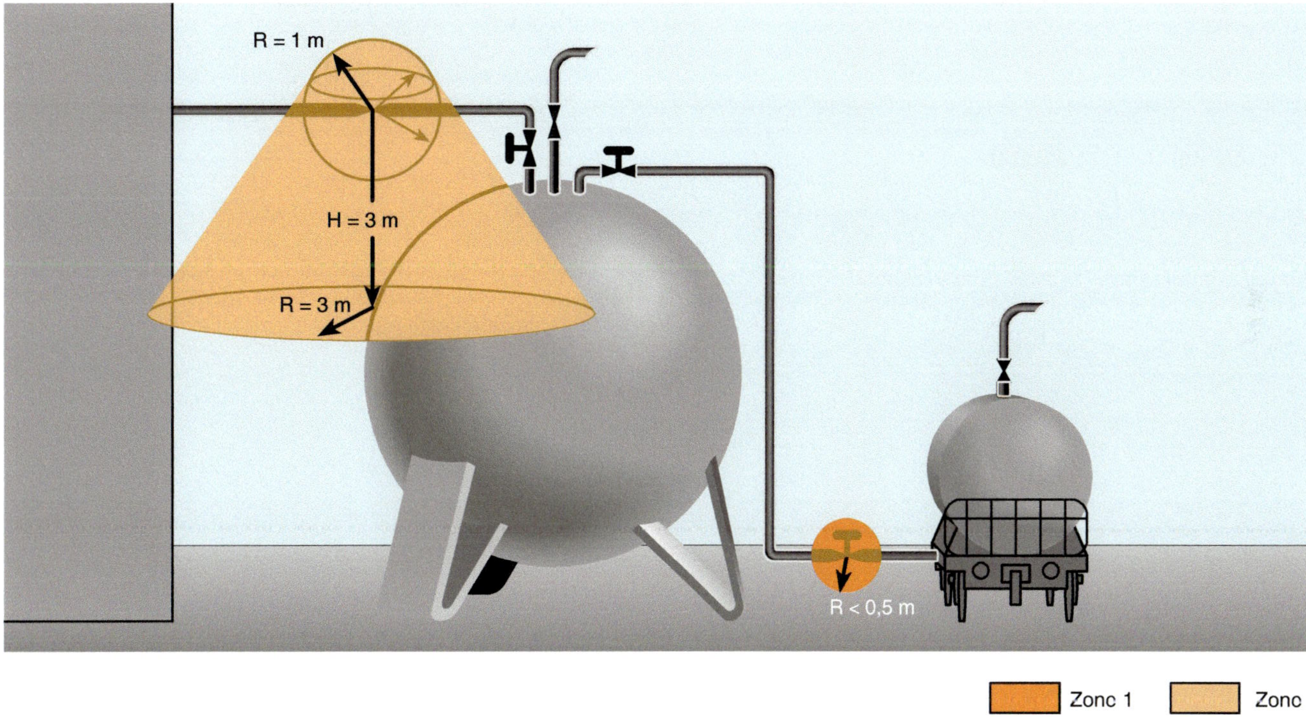

Bild 20: EX-RL-Beispielsammlung 1.2.4.1.1 b2) Großtechnische Lagerung und Abfüllung von unter Druck verflüssigten und gelösten Kohlenwasserstoffgasen (z. B. Gaskugeltank); freistehende Lagerbehälter;
technisch dichte Anlagen und Anlagenteile; Gase und Gasgemische schwerer als Luft; natürliche Lüftung **und** EX-RL-Beispielsammlung 1.2.4.1.3.1 b) Großtechnische Füllanlagen; Vollschlauchsystem im Freien mit Gaspendelung und Entspannung in ein geschlossenes System; beim Abkuppeln wird Gas freigesetzt.

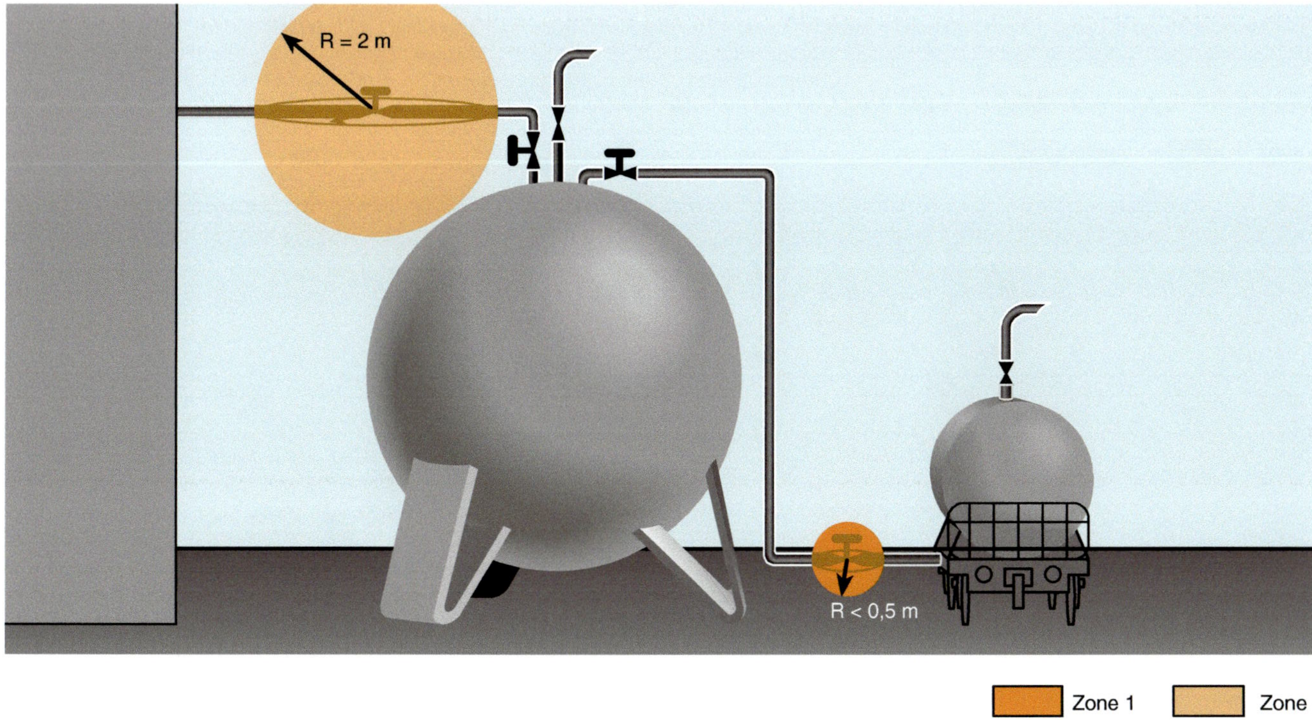

Bild 21: EX-RL-Beispielsammlung 1.2.4.1.1 b3) Großtechnische Lagerung und Abfüllung von unter Druck verflüssigten und gelösten Kohlenwasserstoffgasen (z. B. Gaskugeltank);
freistehende Lagerbehälter; technisch dichte Anlagen und Anlagenteile; Gase und Gasgemische gleichschwer wie Luft; natürliche Lüftung **und** Ex-RL-Beispielsammlung 1.2.4.1.3.1 b) Großtechnische Füllanlagen; Vollschlauchsystem mit Gaspendelung und Entspannung in ein geschlossenes System; beim Abkuppeln wird Gas freigesetzt.

Bild 22: EX-RL-Beispielsammlung 1.2.4.1.2 a) Großtechnische Lagerung und Abfüllung von unter Druck verflüssigten und gelösten Kohlenwasserstoffgasen;
erdgedeckter Lagerbehälter; abgedeckter Domschacht mit Armaturen und MSR-Einrichtungen, jedoch keine Sicherheitsventilabblaseöffnung; auf Dauer technisch dichte Anlagen.

Bild 23: EX-RL-Beispielsammlung 1.2.4.1.2 b1) Großtechnische Lagerung und Abfüllung von unter Druck verflüssigten und gelösten Kohlenwasserstoffgasen;
erdgedeckter Lagerbehälter; abgedeckter Domschacht mit Armaturen und MSR-Einrichtungen, jedoch keine Sicherheitsventilabblaseöffnung; abgedeckter Domschacht mit Gaswarneinrichtungen zur Erkennung von g.e.A. und geeignete Maßnahmen zur Beseitigung von g.e.A.; technisch dichte Anlagenteile; Gaswarnanlagen mit Alarmierung; Lüftungsmaßnahmen.

Bild 24: EX-RL-Beispielsammlung 1.2.4.1.2 b2) Großtechnische Lagerung und Abfüllung von unter Druck verflüssigten und gelösten Kohlenwasserstoffgasen;
erdgedeckter Lagerbehälter; abgedeckter Domschacht mit Armaturen und MSR-Einrichtungen, jedoch keine Sicherheitsventilabblaseöffnung; abgedeckter Domschacht mit geeigneten organisatorischen Maßnahmen zur Erkennung von g.e.A. und geeigneten Maßnahmen zur Beseitigung von g.e.A.; technisch dichte Anlagenteile.

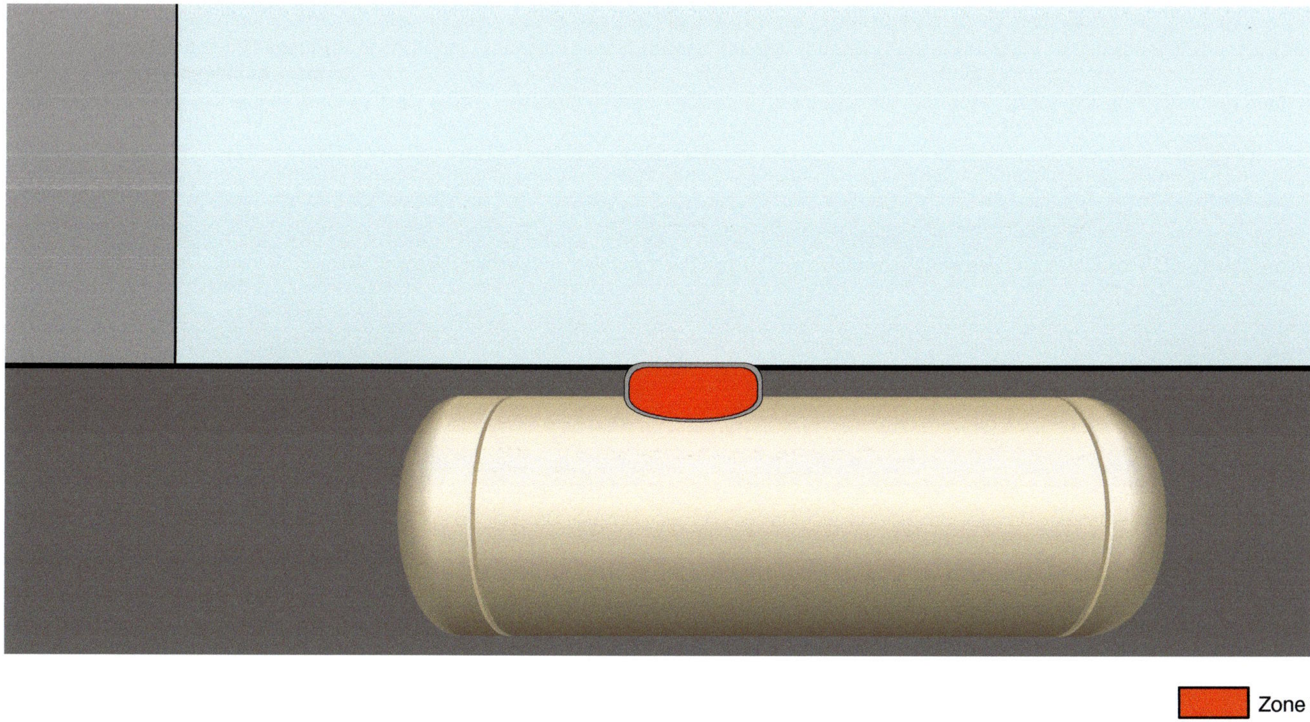

Bild 25: EX-RL-Beispielsammlung 1.2.4.1.2 b3) Großtechnische Lagerung und Abfüllung von unter Druck verflüssigten und gelösten Kohlenwasserstoffgasen;
erdgedeckter Lagerbehälter; abgedeckter Domschacht mit Armaturen und MSR-Einrichtungen, jedoch keine Sicherheitsventilabblaseöffnung; abgedeckter Domschacht.; technisch dichte Anlagenteile.

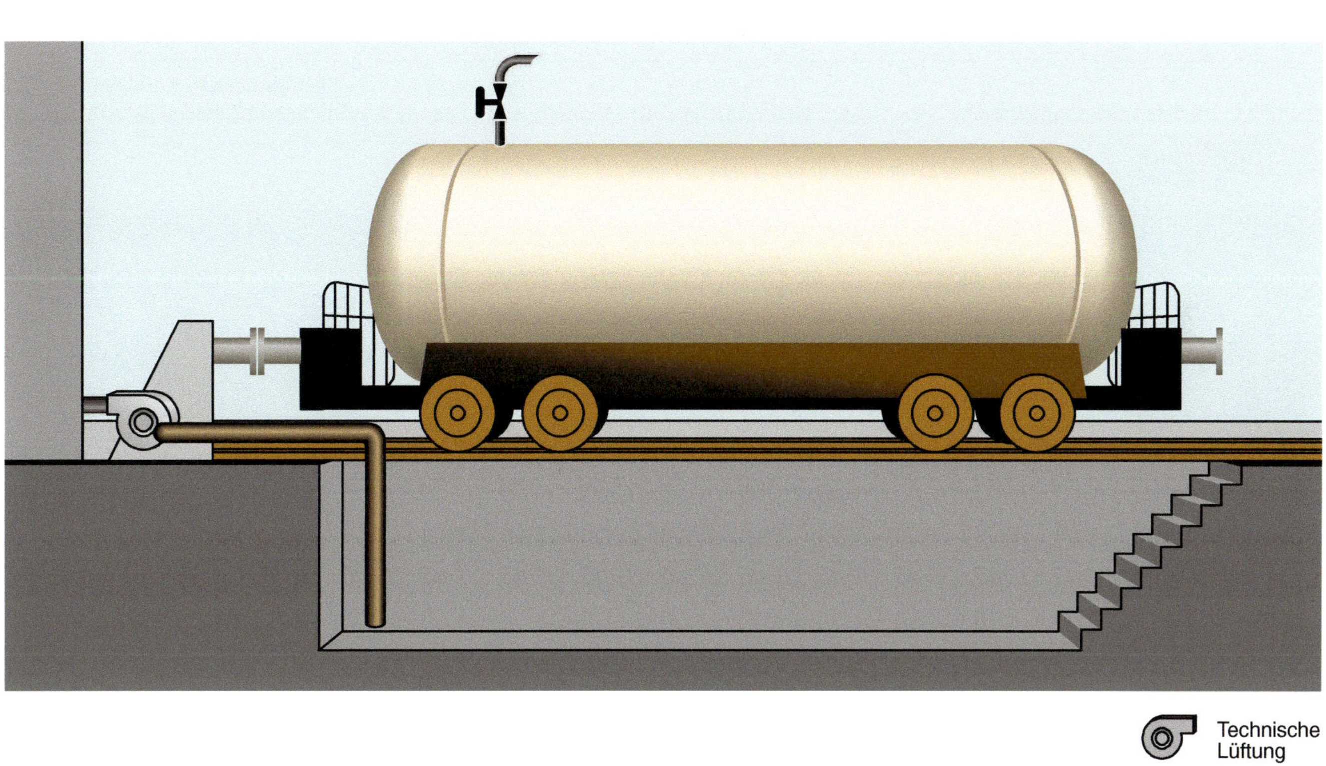

Bild 26: EX-RL-Beispielsammlung 1.2.4.1.3.2 a) Großtechnische Füllanlagen im Freien; Waagengruben für Kesselwagen (Gase schwerer als Luft);
g.e.A. wird automatisch erkannt und wirksam beseitigt; Gaswarnanlage und technische Lüftung hochverfügbar.

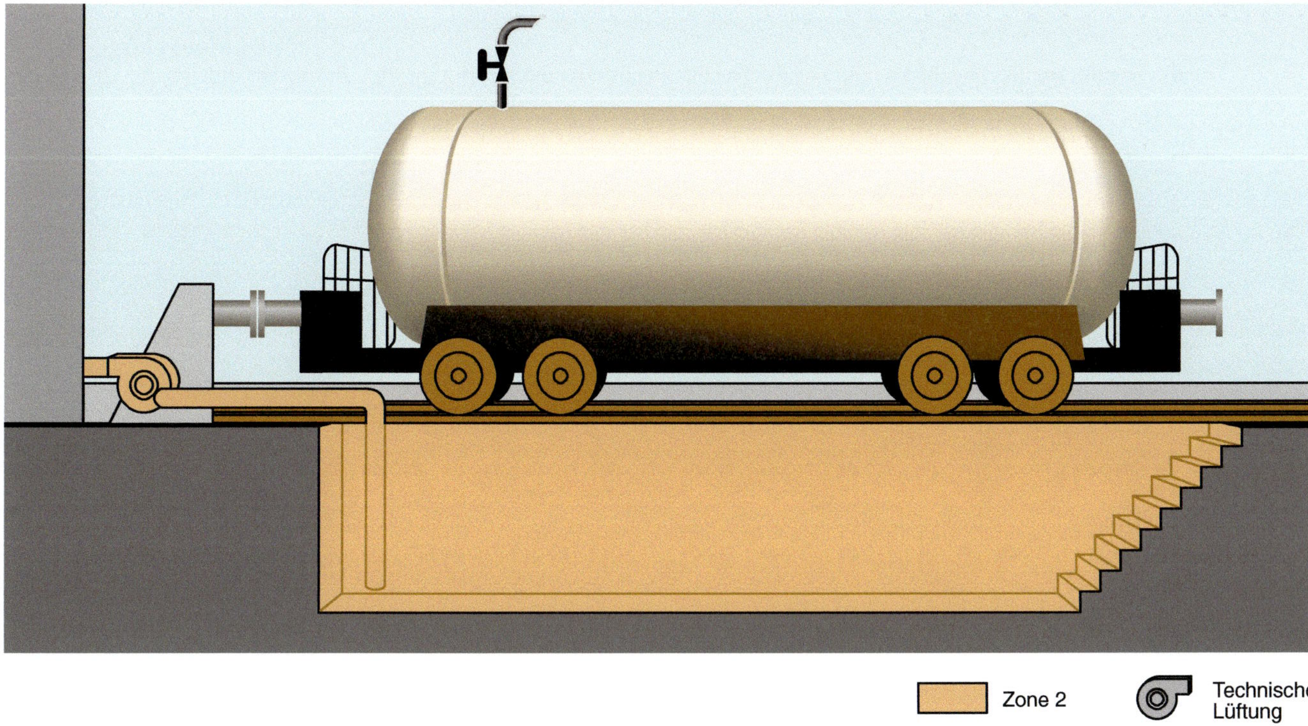

Bild 27: EX-RL-Beispielsammlung 1.2.4.1.3.2 b) Großtechnische Füllanlagen im Freien; Waagengruben für Kesselwagen (Gase schwerer als Luft);
g.e.A. wird automatisch erkannt und wirksam beseitigt oder 1.2.4.1.3.2 c) g.e.A. wird automatisch erkannt und alarmiert; wirksame Maßnahmen zur Beseitigung von g.e.A. werden kurzfristig eingeleitet.

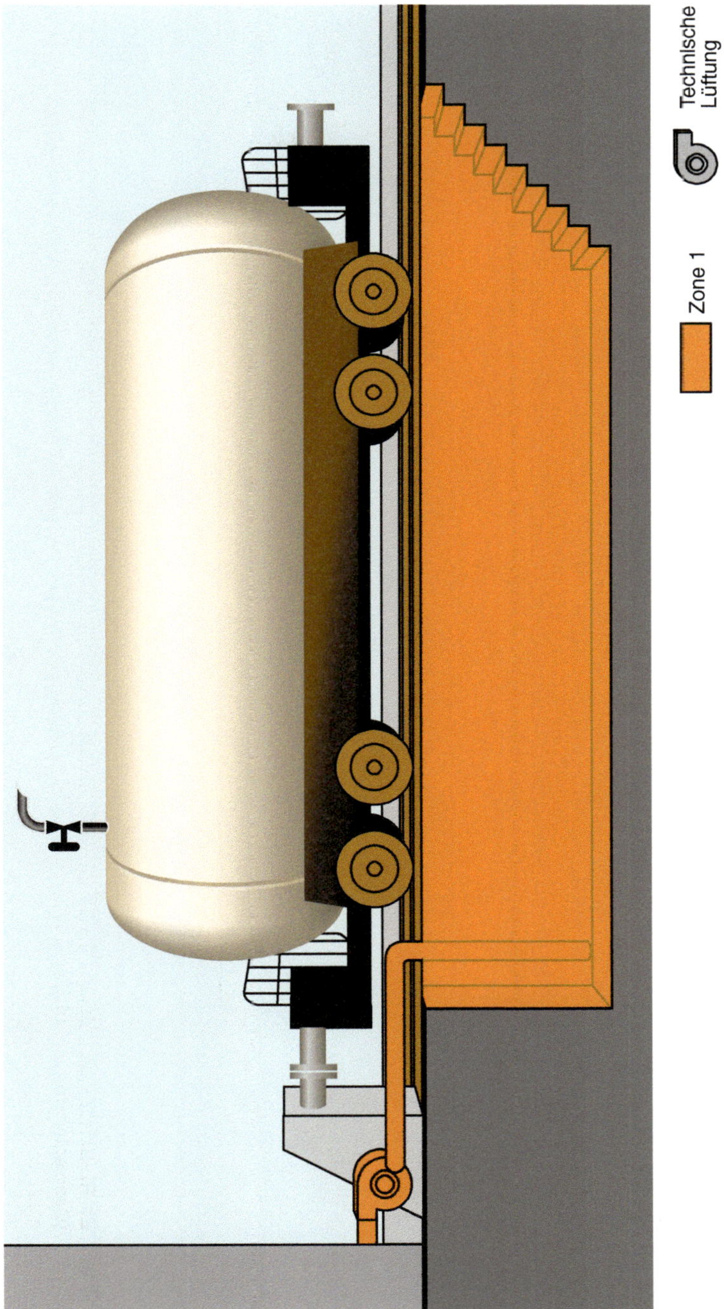

Bild 28: EX-RL-Beispielsammlung 1.2.4.1.3.2 d) Großtechnische Füllanlagen im Freien; Waagengruben für Kesselwagen (Gase schwerer als Luft);
eine ausreichende technische Belüftung der Waagengrube erfolgt nur während des Verladevorganges; diskontinuierlicher Betrieb der Waage.

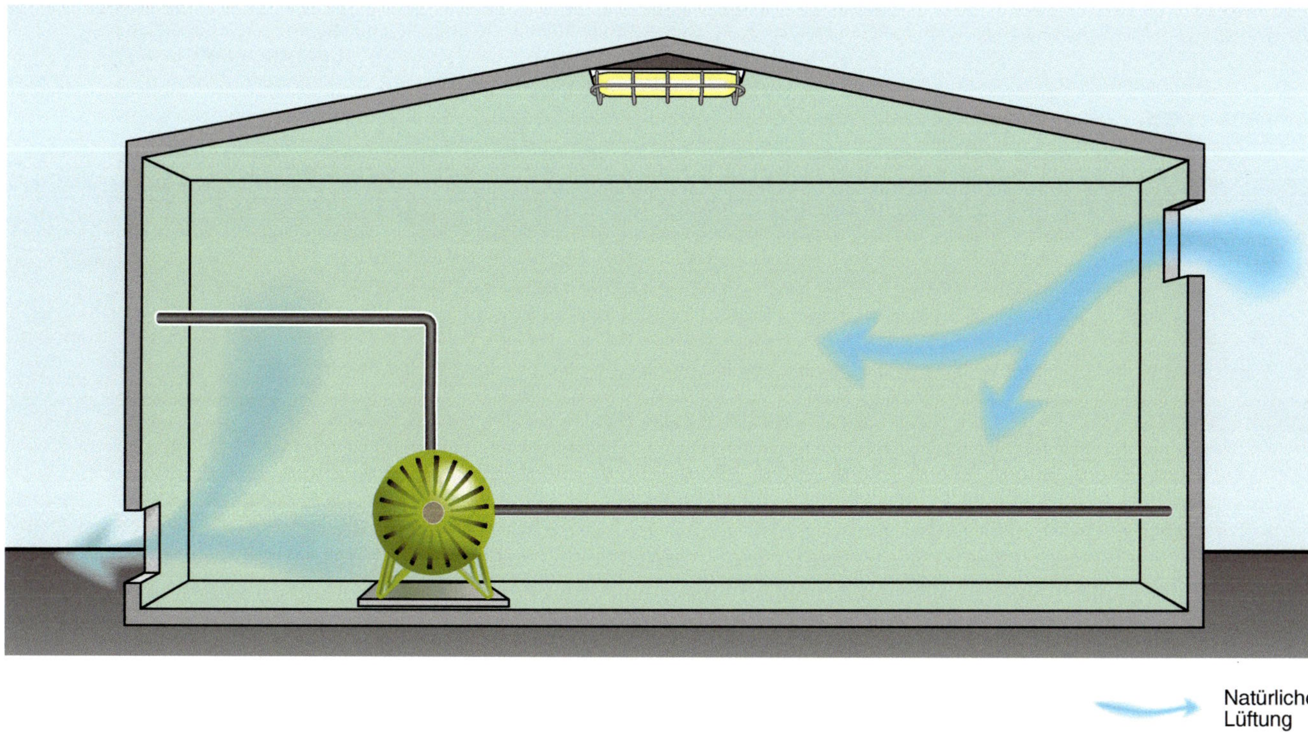

Bild 29: EX-RL-Beispielsammlung 1.2.4.2.1 a) Pumpen für Gase in flüssigem Zustand;
in Räumen; auf Dauer technisch dicht (z. B. magnetgekuppelte Pumpen; Pumpen mit doppelt wirkender Gleitringdichtung und Funktionsüberwachung).

Bild 30: EX-RL-Beispielsammlung 1.2.4.2.1 b) Pumpen für Gase in flüssigem Zustand;
in Räume; kleine Pumpenräume V < 100 m³; technisch dichte Pumpen (z. B. Pumpen mit einfach wirkender Gleitringdichtung); Bildung von g.e.A. durch Leckagen möglich; technische Lüftung.

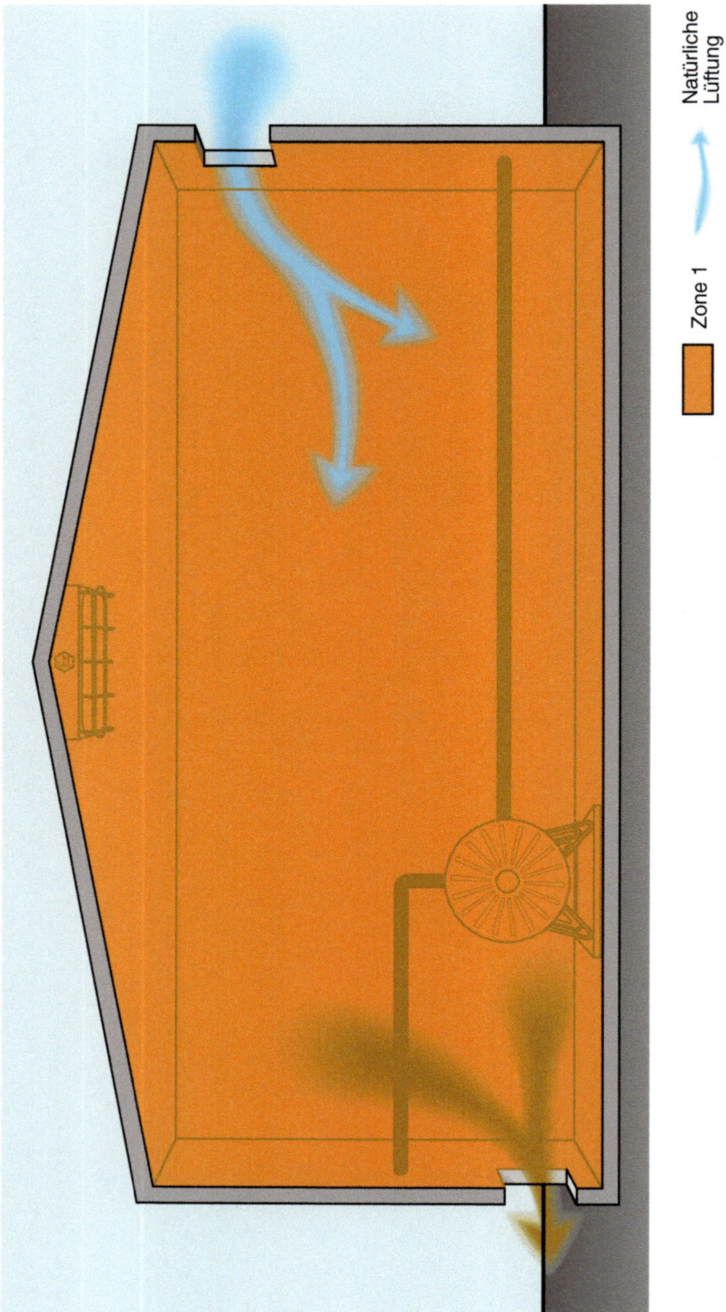

Bild 31: EX-RL-Beispielsammlung 1.2.4.2.1 c) Pumpen für Gase in flüssigem Zustand;
kleine Pumpenräume V < 100 m^3; technisch dichte Pumpen (z. B. Pumpen mit einfach wirkender Gleitringdichtung); Bildung von g.e.A. durch Leckagen möglich; natürliche Lüftung.

Bild 32: EX-RL-Beispielsammlung 1.2.4.2.2 a) Pumpen für Gase in flüssigem Zustand;
im Freien auf Erdgleiche oder über Erdgleiche; auf Dauer technisch dichte Pumpen (z.B. magnetgekuppelte Pumpen, Pumpen mit doppelt wirkender Gleitringdichtung und Funktionsüberwachung); Prüfung auf Dichtheit.

Bild 33: **EX-RL-Beispielsammlung 1.2.4.2.2 b) Pumpen für Gase in flüssigem Zustand;**
im Freien auf Erdgleiche oder über Erdgleiche; technisch dichte Pumpen (z. B. Pumpen mit einfach wirkender Gleitringdichtung); Kühlluftstrom der Motoren gegen die Pumpe gerichtet. Leckage möglich, aber z. B. durch regelmäßige Kontrolle frühzeitig erkannt.

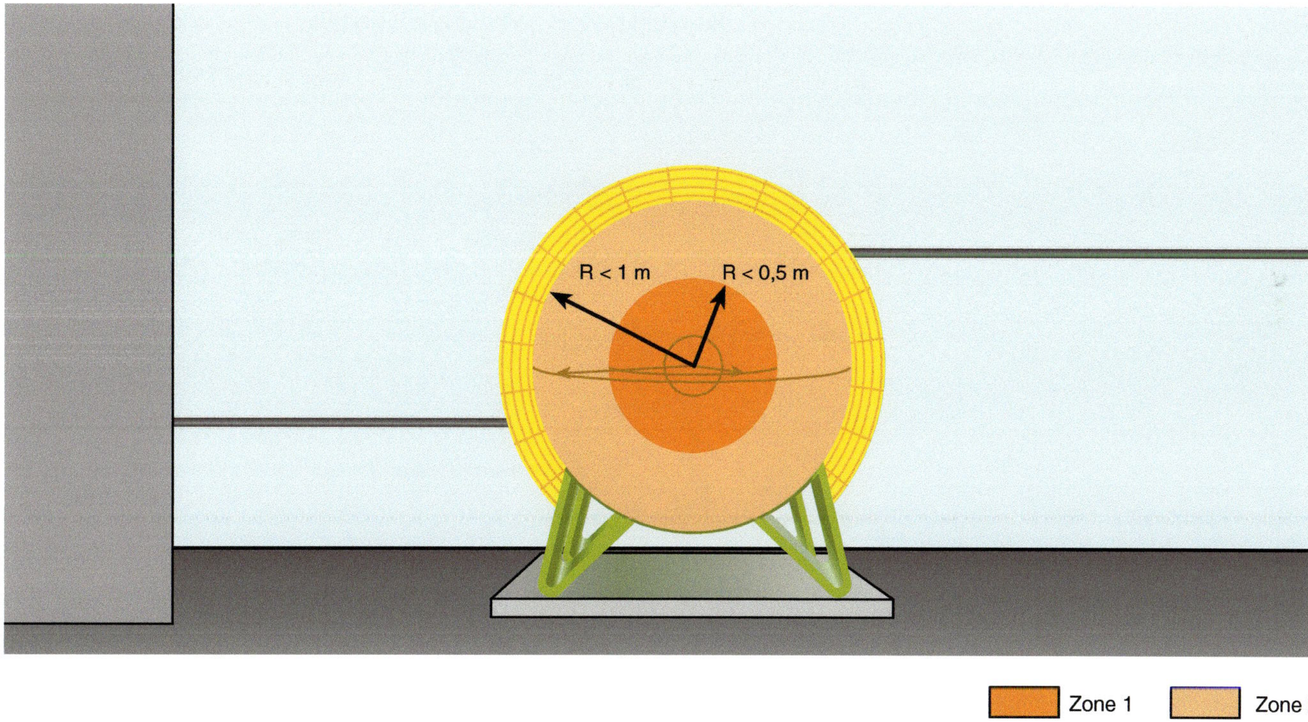

Bild 34: EX-RL-Beispielsammlung 1.2.4.2.2 c) Pumpen für Gase in flüssigem Zustand;
im Freien auf Erdgleiche oder über Erdgleiche; technisch dichte Pumpen (z. B. Pumpen mit einfach wirkender Gleitringdichtung); Kühlluftstrom der Motoren gegen die Pumpe gerichtet. Leckage möglich, aber z. B. durch regelmäßige Kontrolle frühzeitig erkannt; jedoch in Wetterschutz- bzw. Schallschutzeinhausung.

Bild 35: EX-RL-Beispielsammlung 1.2.4.2.3 a) Pumpen für Gase in flüssigem Zustand;
im Freien unter Erdgleiche; auf Dauer technisch dichte Pumpen (z. B. magnetgekuppelte Pumpen, Pumpen mit doppelt wirkender Gleitringdichtung und Funktionsüberwachung); Prüfung auf Dichtheit.

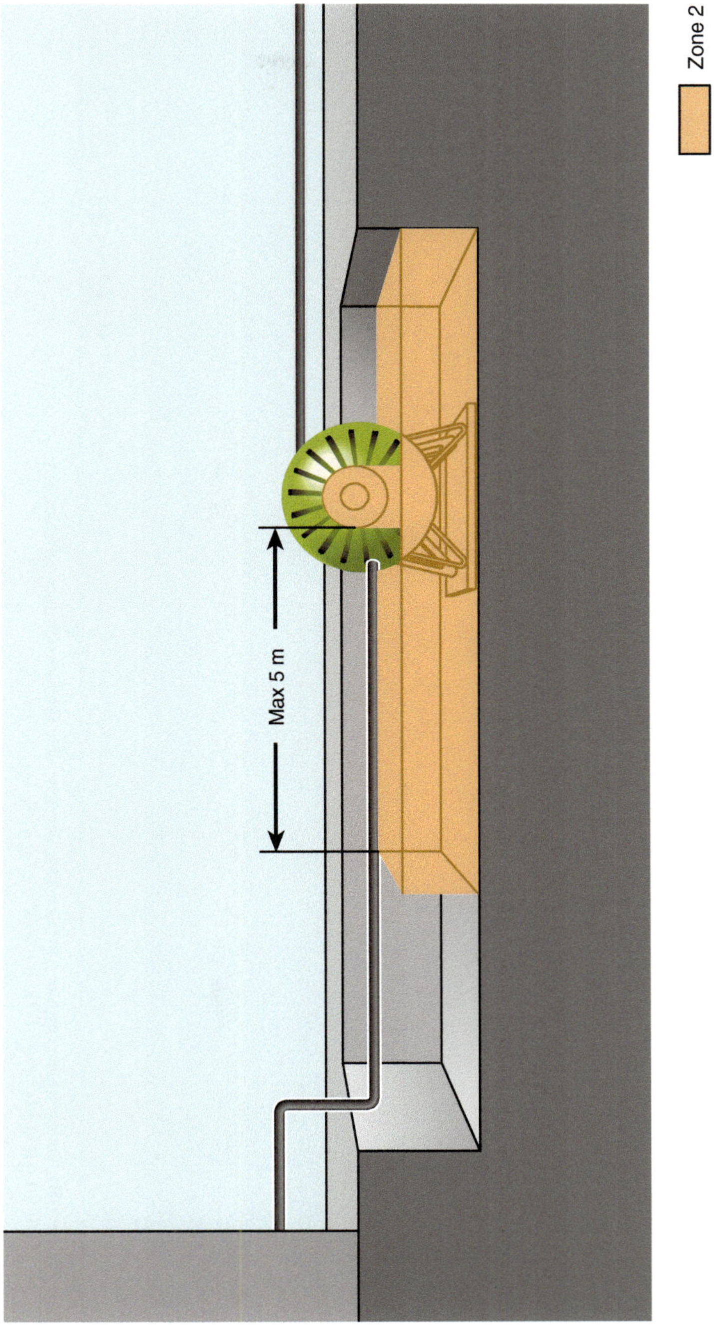

Bild 36: EX-RL-Beispielsammlung 1.2.4.2.3 b) Pumpen für Gase in flüssigem Zustand;
im Freien unter Erdgleiche; technisch dichte Pumpen in Vertiefungen (Tiefe kleiner als 1/10 der Breite und kleiner als 1,5 m), Kühlluftstrom der Motoren gegen die Pumpe gerichtet. Bildung von g.e.A. durch Leckagen möglich.

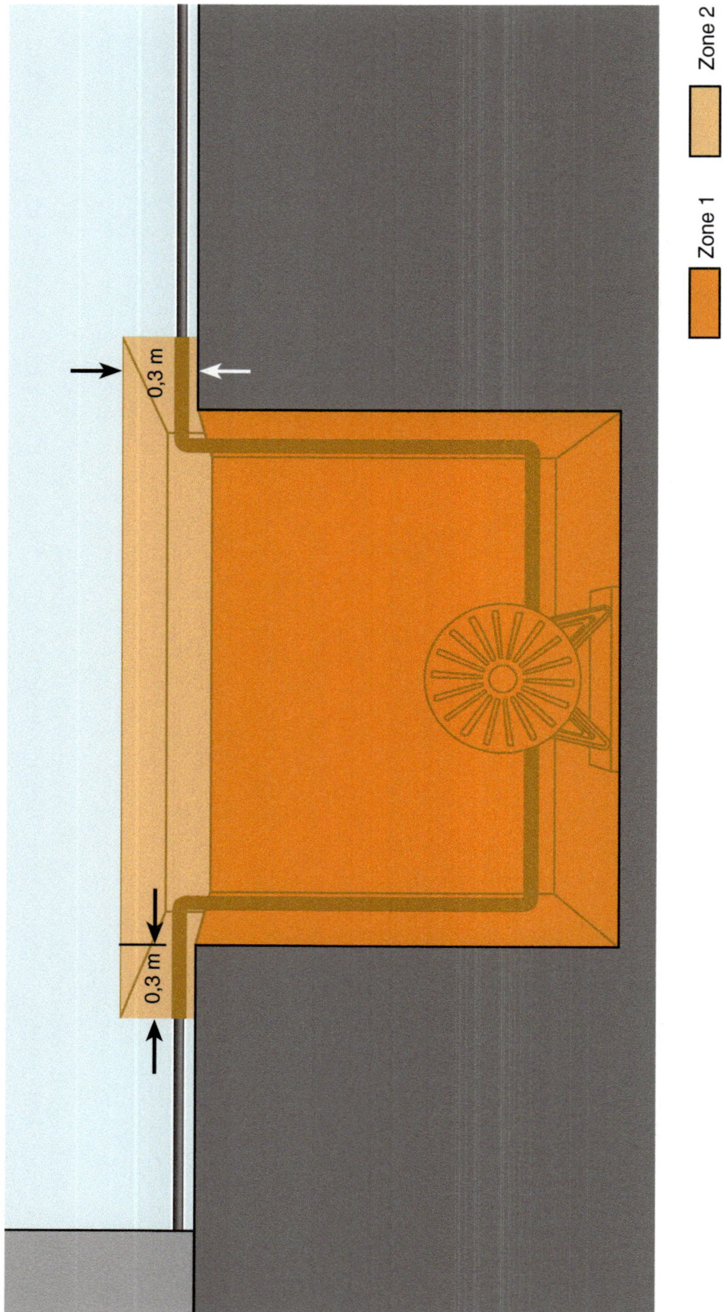

Bild 37: EX-RL-Beispielsammlung 1.2.4.2.3 b) Pumpen für Gase in flüssigem Zustand; im Freien unter Erdgleiche; technisch dichte Pumpe in Gruben.

Bild 38: EX-RL-Beispielsammlung 1.2.4.3.1 a) Verdichter; in Räumen; auf Dauer technisch dicht.

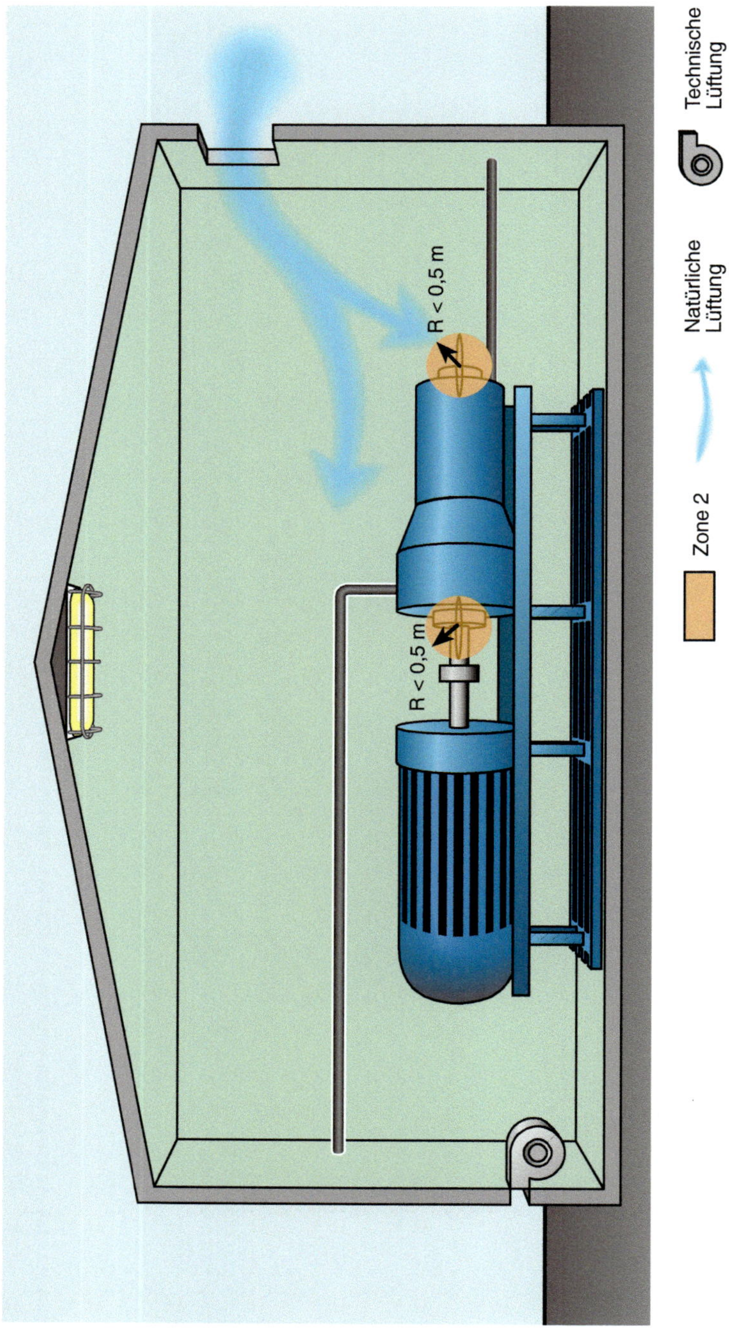

Bild 39: EX-RL-Beispielsammlung 1.2.4.3.1 b1) Verdichter;
in Räumen; technisch dichte Verdichter: Aufstellung in Maschinenhalle mit technischer Lüftung; Freisetzung wird automatisch erkannt und g.e.A. wird kurzfristig beseitigt, Zuluft aus explosionsfreiem Bereich.

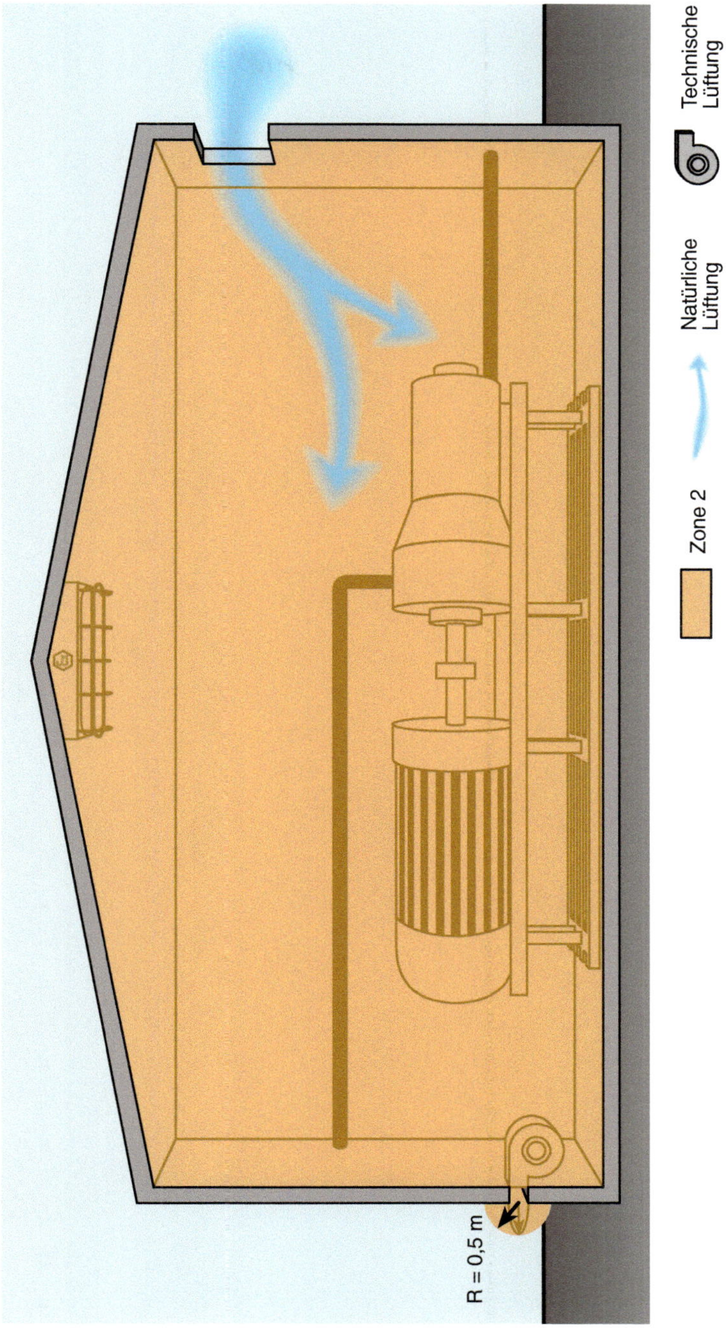

Bild 40: EX-RL-Beispielsammlung 1.2.4.3.1 b2) Verdichter;
in Räumen; technisch dichte Verdichter; Aufstellung in Maschinenhalle mit technischer Lüftung.

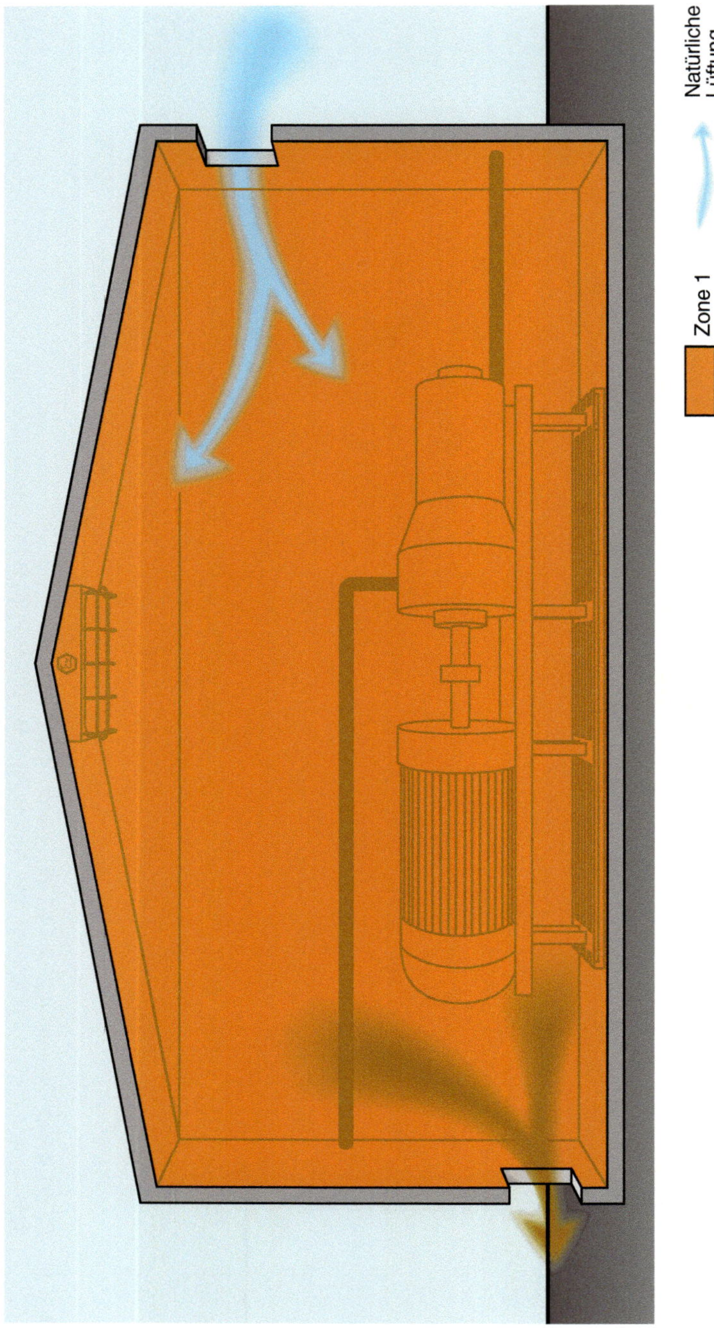

Bild 41: EX-RL-Beispielsammlung 1.2.4.3.1 b3) Verdichter;
in Räumen; technisch dichte Verdichter; Aufstellung in Maschinenhalle; natürliche Lüftung.

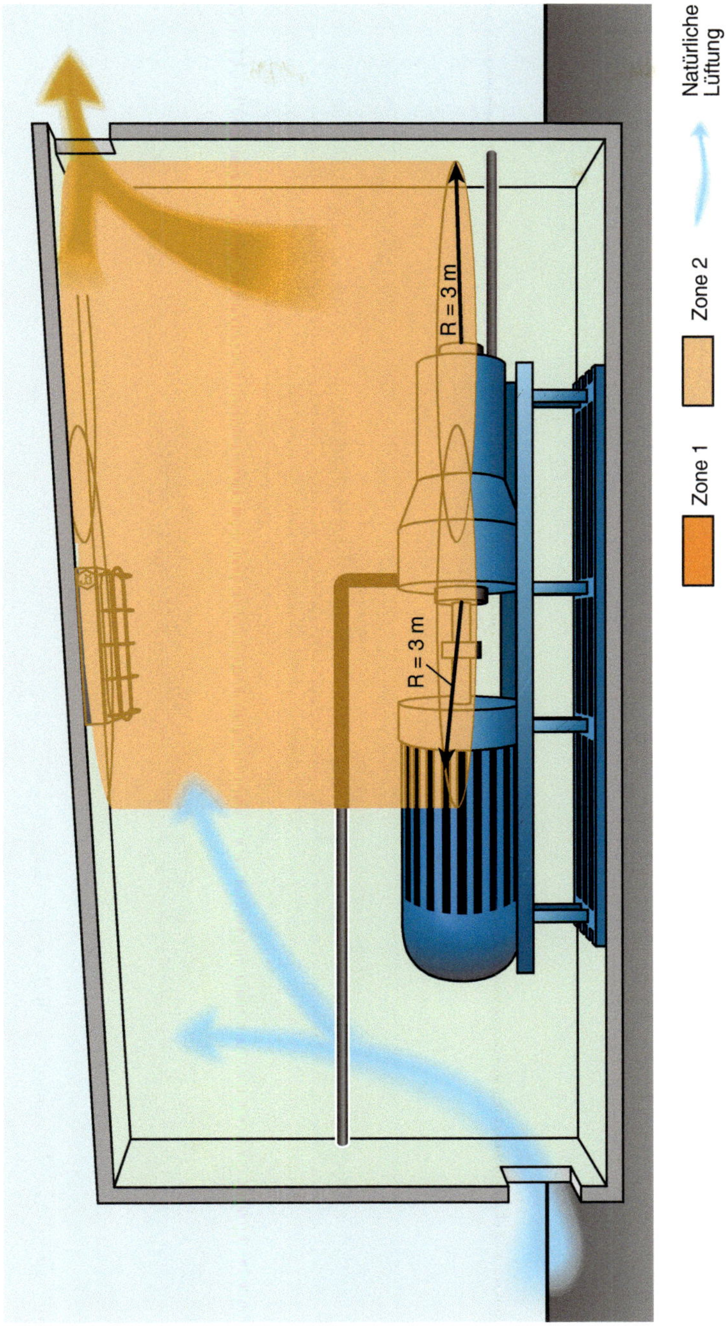

Bild 42: EX-RL-Beispielsammlung 1.2.4.3.1 c) Verdichter;
in Räumen; Verdichten von Gasen mit hohem Wasserstoffanteil; hochgelegene Atmungsöffnungen; natürliche Lüftung.

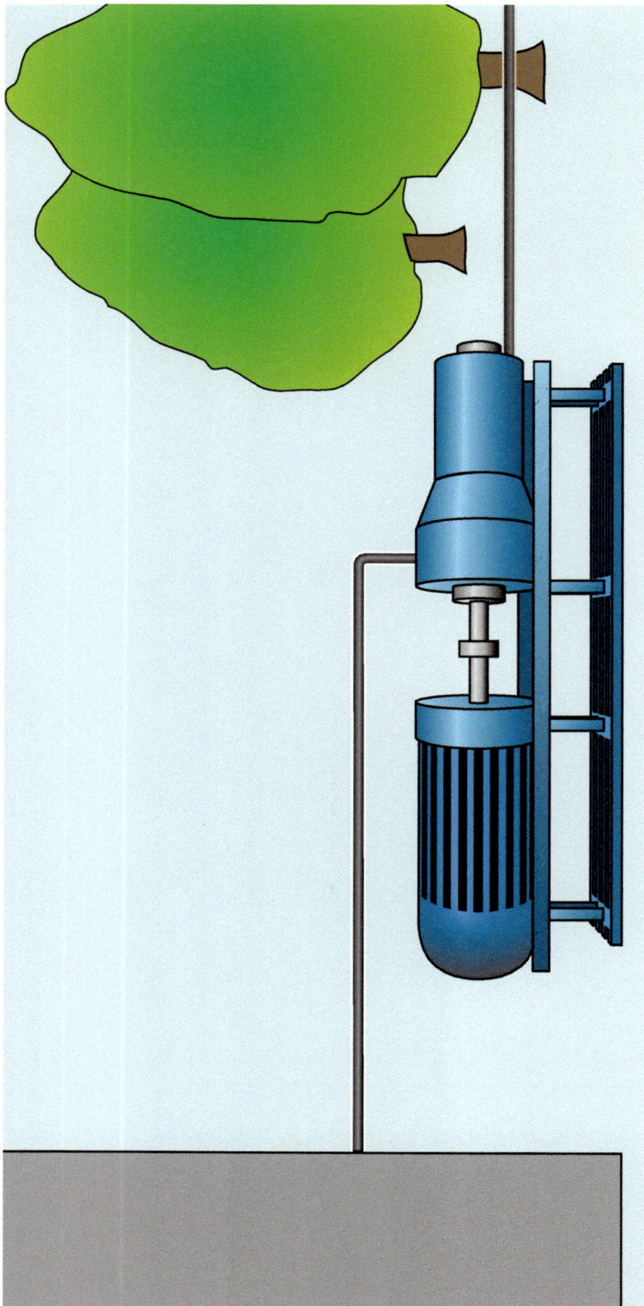

Bild 43: EX-RL-Beispielsammlung 1.2.4.3.2 a) Verdichter;
im Freien; auf Dauer technisch dichte Verdichter.

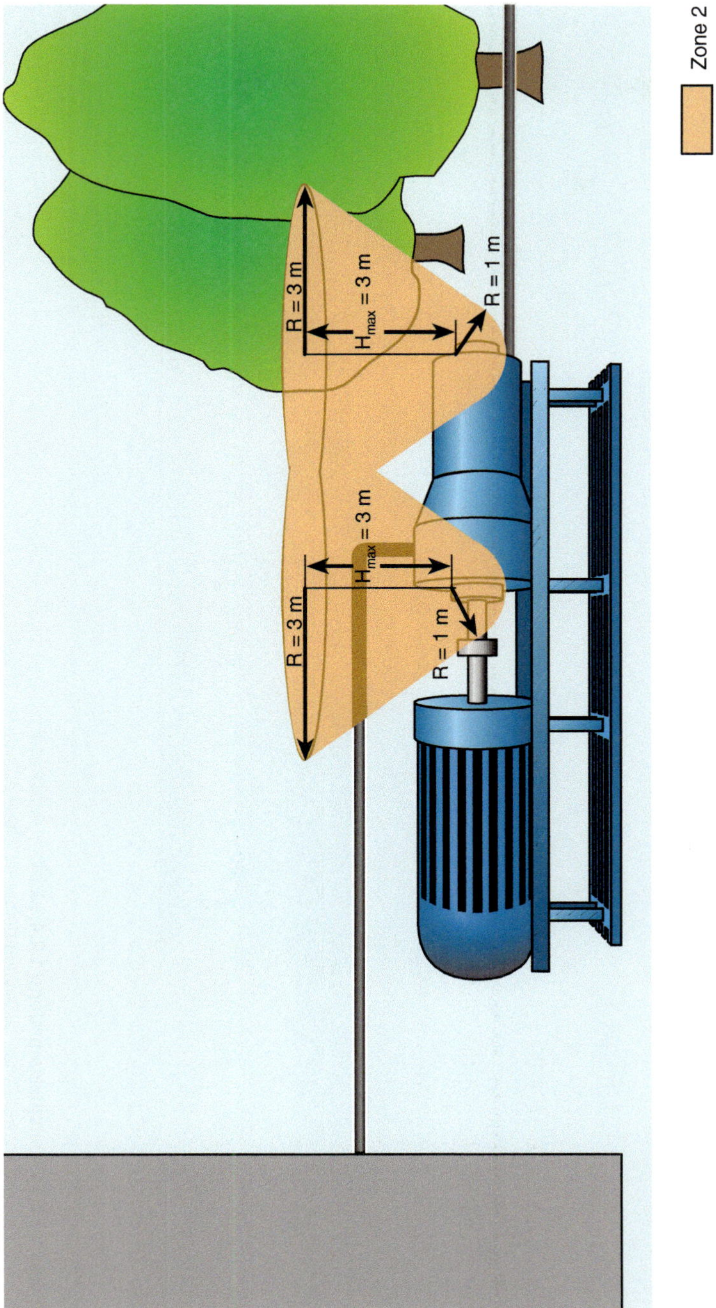

Bild 44: EX-RL-Beispielsammlung 1.2.4.3.2 b1) Verdichter;
im Freien; technisch dichte Verdichter für Gase leichter als Luft.

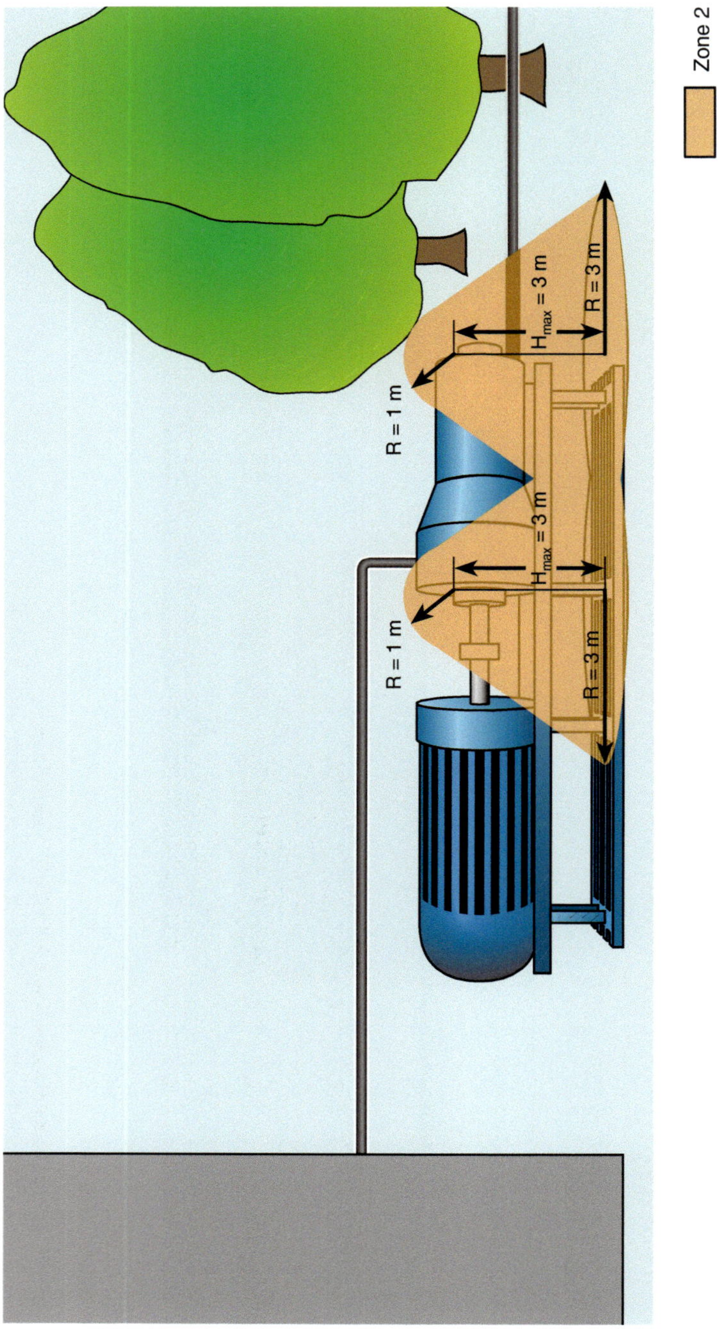

Bild 45: EX-RL-Beispielsammlung 1.2.4.3.2 b2) Verdichter;
im Freien; technisch dichte Verdichter für Gase schwerer als Luft.

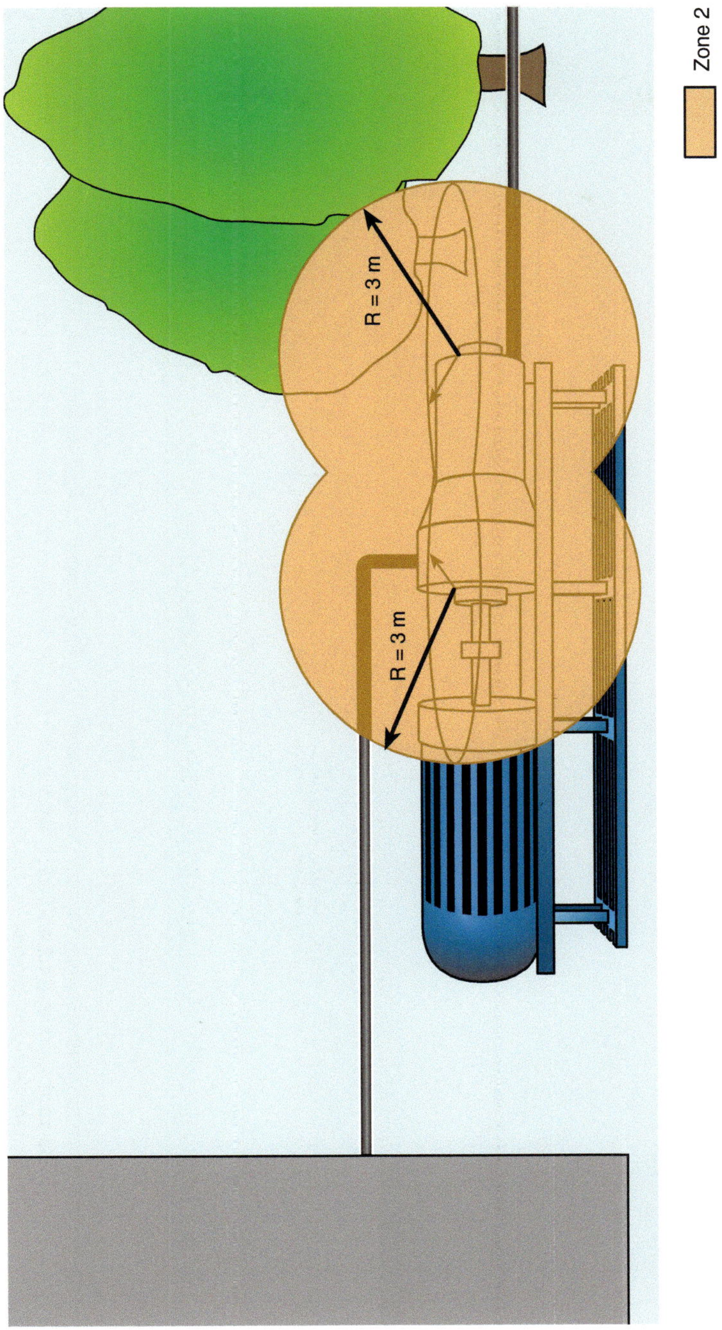

Bild 46: EX-RL-Beispielsammlung 1.2.4.3.2 b3) Verdichter;
im Freien; technisch dichte Verdichter für Gase gleichschwer wie Luft.

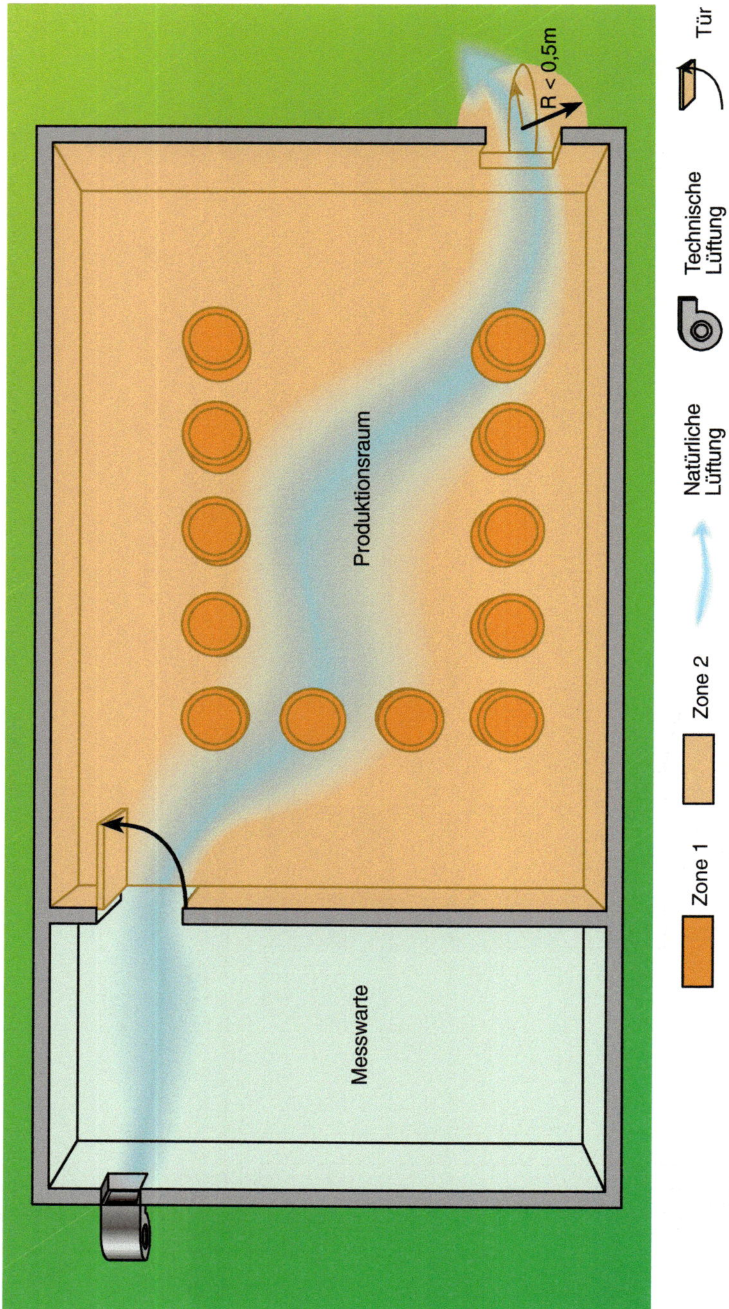

Bild 47: EX-RL-Beispielsammlung 1.2.6 a) An explosionsgefährdeten Bereichen angrenzende Räume (z. B. Schaltanlagen, Messwarten, Bedienungsräume, Treppenhäuser) mit Verbindungsöffnungen zum explosionsgefährdeten Bereich;
Raum mit geringem Überdruck durch Frischluftzufuhr aus ungefährdeten Bereichen **und** EX-RL-Beispielsammlung 1.3 c) Das Auftreten von gefährlicher explosionsfähiger Atmosphäre in der Prozessanlage ist gelegentlich möglich. Die Prozessanlage ist technisch dicht.

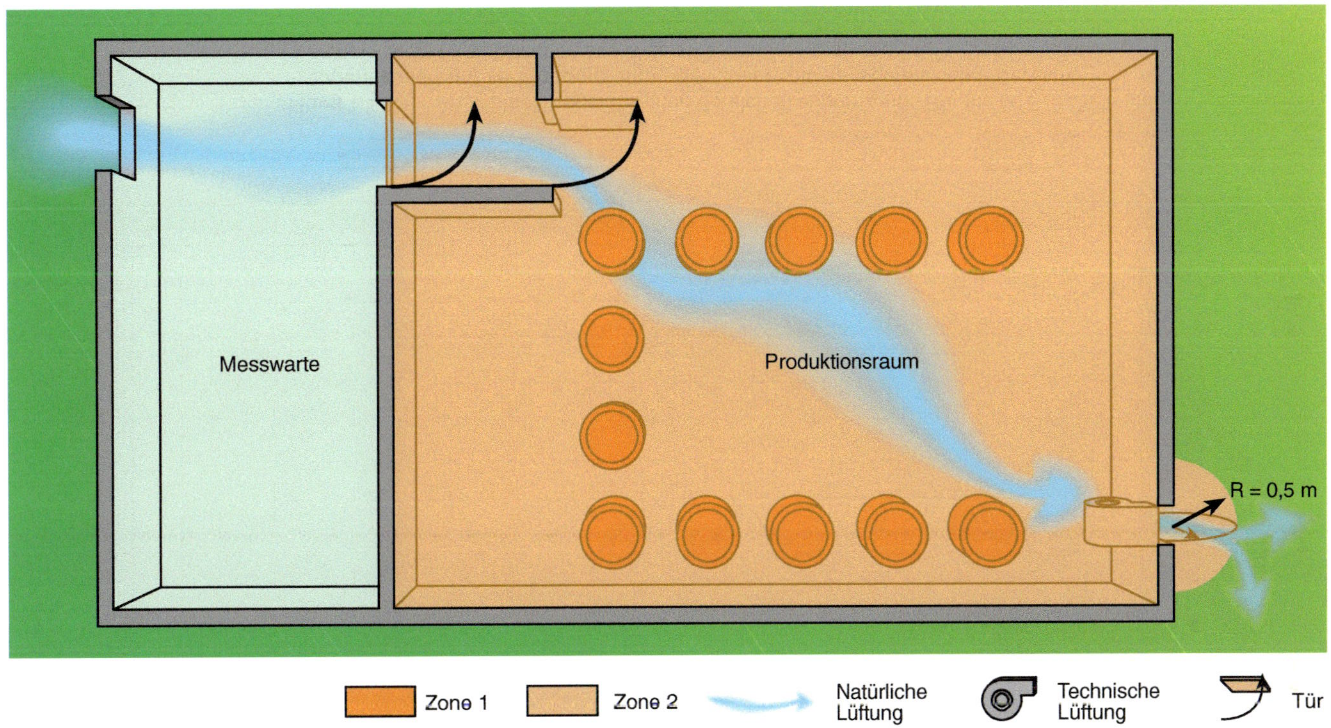

Bild 48: EX-RL-Beispielsammlung 1.2.6 b) An explosionsgefährdeten Bereichen angrenzende Räume (z. B. Schaltanlagen, Messwarten, Bedienungsräume, Treppenhäuser) mit Verbindungsöffnungen zum explosionsgefährdeten Bereich;
Raum ist gegen Zone 1 abgedichtet bzw. abgeschleust, gegen Zone 2 geschlossene Fenster **und** selbstschließende Türen. Lüftung aus ungefährdeten Bereichen und EX-RL-Beispielsammlung 1.3 c) Das Auftreten von gefährlicher explosionsfähiger Atmosphäre ist gelegentlich möglich.

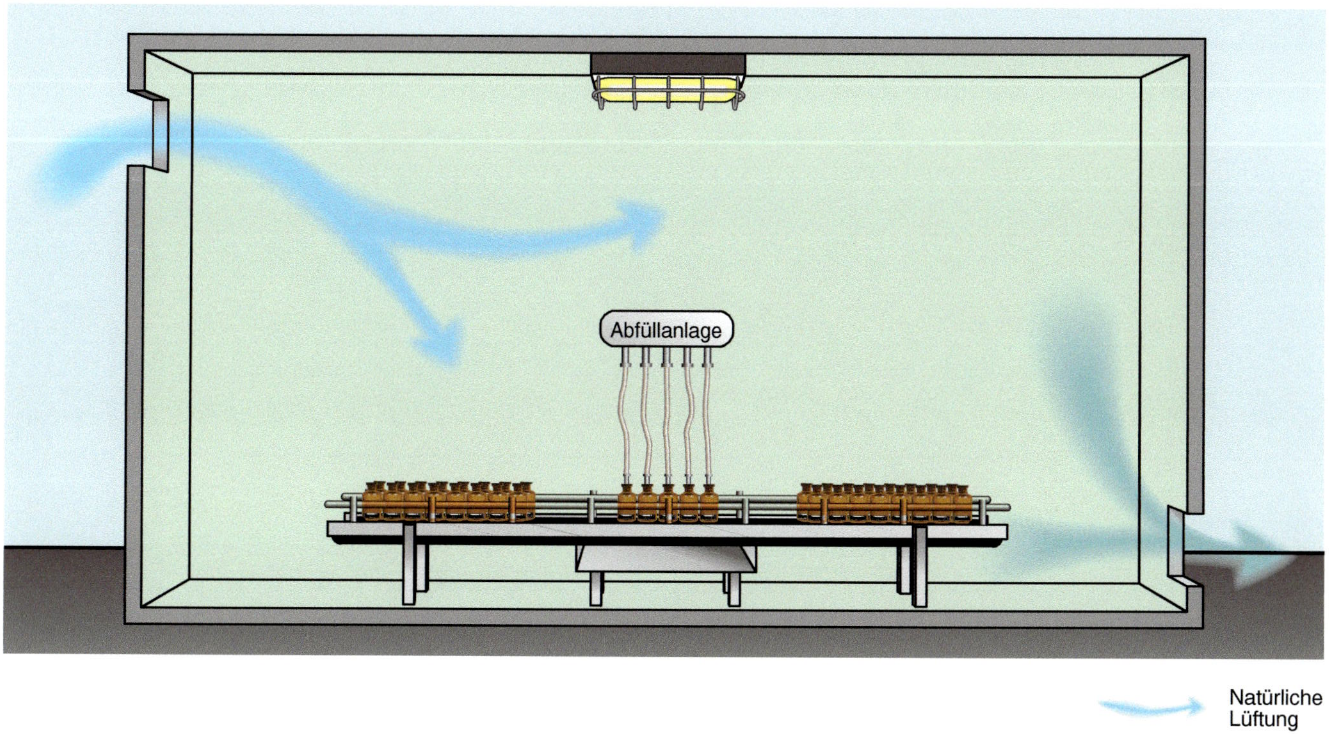

Bild 49: EX-RL-Beispielsammlung 2.3.1.1 a) Befüllen mit Abfüllanlagen;
in Räumen; die UEG wird sicher unterschritten, da der Flammpunkt der brennbaren Flüssigkeit ausreichend über der Verarbeitungstemperatur liegt; Temperaturerhöhungen nicht vorliegen und Versprühen oder Vernebeln ausgeschlossen ist.

2.3 Fallbeispiele für brennbare Flüssigkeiten nach EX-RL (DGUV Regel 113-001)

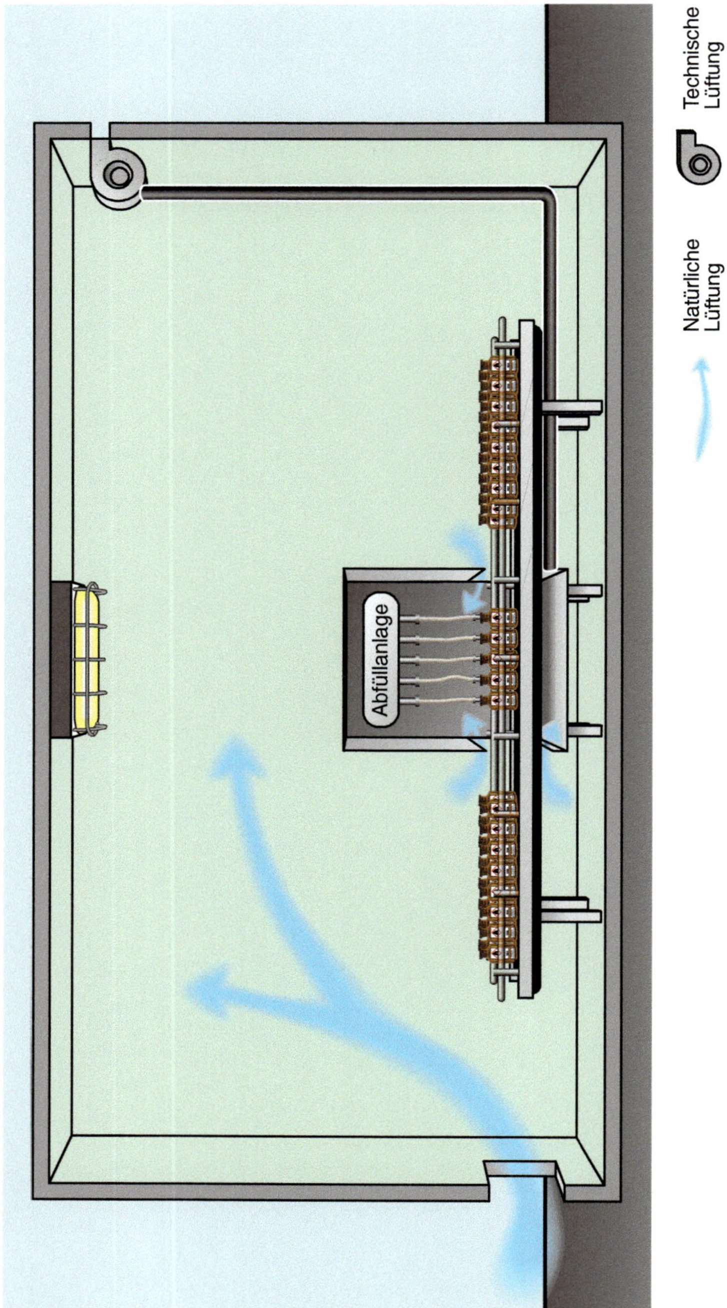

Bild 50: EX-RL-Beispielsammlung 2.3.1.1 b1.1) Befüllen mit Abfüllanlagen;
in Räumen; Flammpunkt liegt nicht ausreichend über der Verarbeitungstemperatur; bei Störungen maximal zu erwartendes freigesetztes Volumen der brennbaren Flüssigkeit $V \leq 100$ ml, Auffangwanne max. 0,5 m unter Abfüllstelle, Abstand Auffangwanne - Boden mindestens 0,5 m; Störungen wie Überfüllung, Fehlbedienung, Leckagen an Befülleinrichtungen, Schäden an Gebinden, Ausfall der Absaugung, Auslaufen der Flüssigkeit und deren Ausbreitung ausgeschlossen.

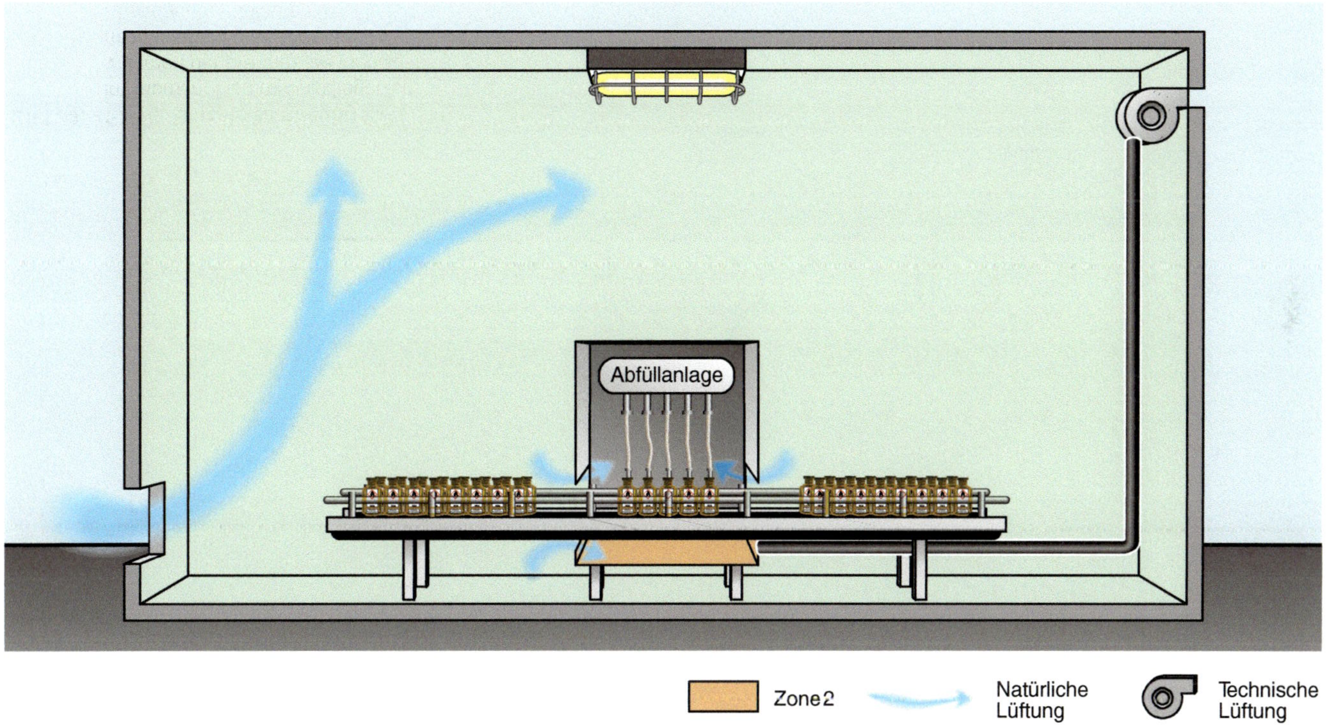

Bild 51: EX-RL-Beispielsammlung 2.3.1.1 b1.2) Abfüllen in verschließbare Gebinde und Behälter;
in Räumen; Flammpunkt liegt nicht ausreichend über der Verarbeitungstemperatur; bei Störungen maximal zu erwartendes freigesetztes Volumen der brennbaren Flüssigkeit V≤ 100 ml, Auffangwanne max. 0,5 m unter Abfüllstelle, Abstand Auffangwanne - Boden mindestens 0,5 m; seltene betriebliche Störungen möglich. Leckagemengen werden aufgefangen und sofort beseitigt. Absaugung unmittelbar an Auffangwanne.

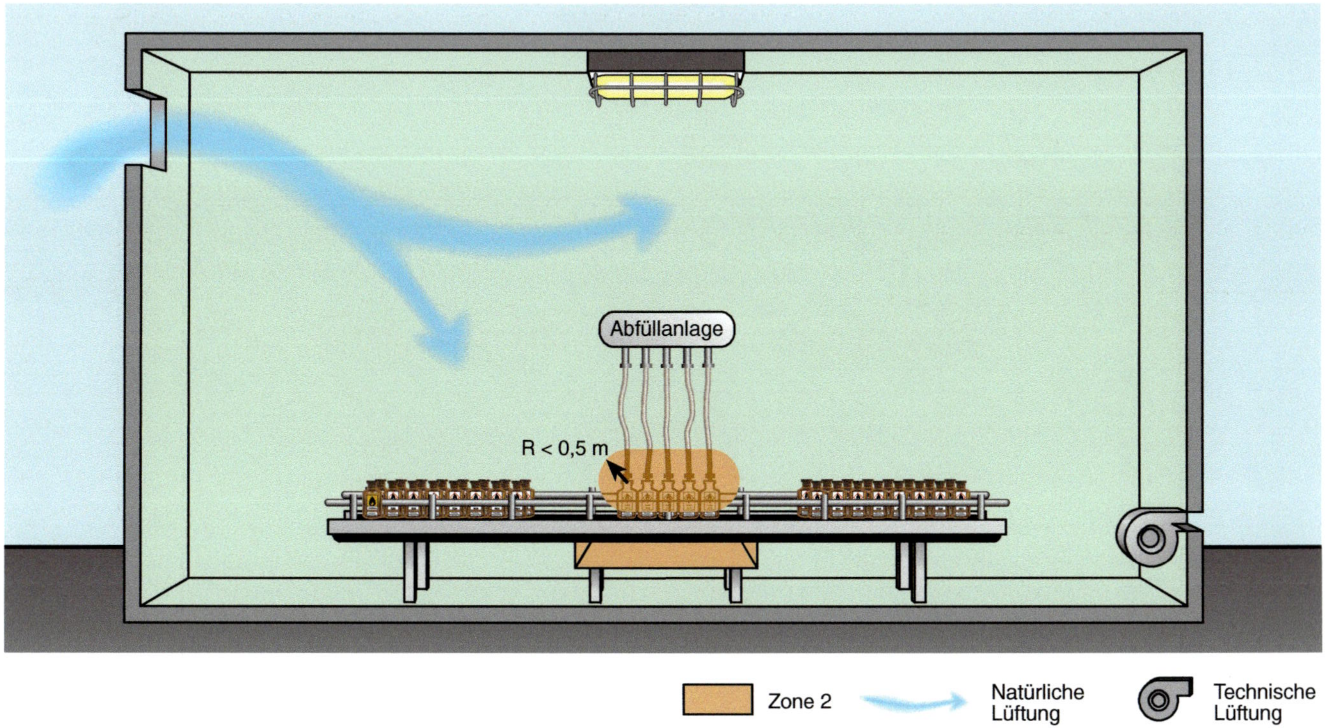

Bild 52: **EX-RL-Beispielsammlung 2.3.1.1 b1.3) Befüllen mit Abfüllanlagen;**
in Räumen; Flammpunkt liegt nicht ausreichend über der Verarbeitungstemperatur; bei Störungen maximal zu erwartendes freigesetztes Volumen der brennbaren Flüssigkeit $V \leq 100$ ml, Auffangwanne max. 0,5 m unter Abfüllstelle, Abstand Auffangwanne - Boden mindestens 0,5 m; seltene betriebliche Störungen möglich; technische Lüftung.

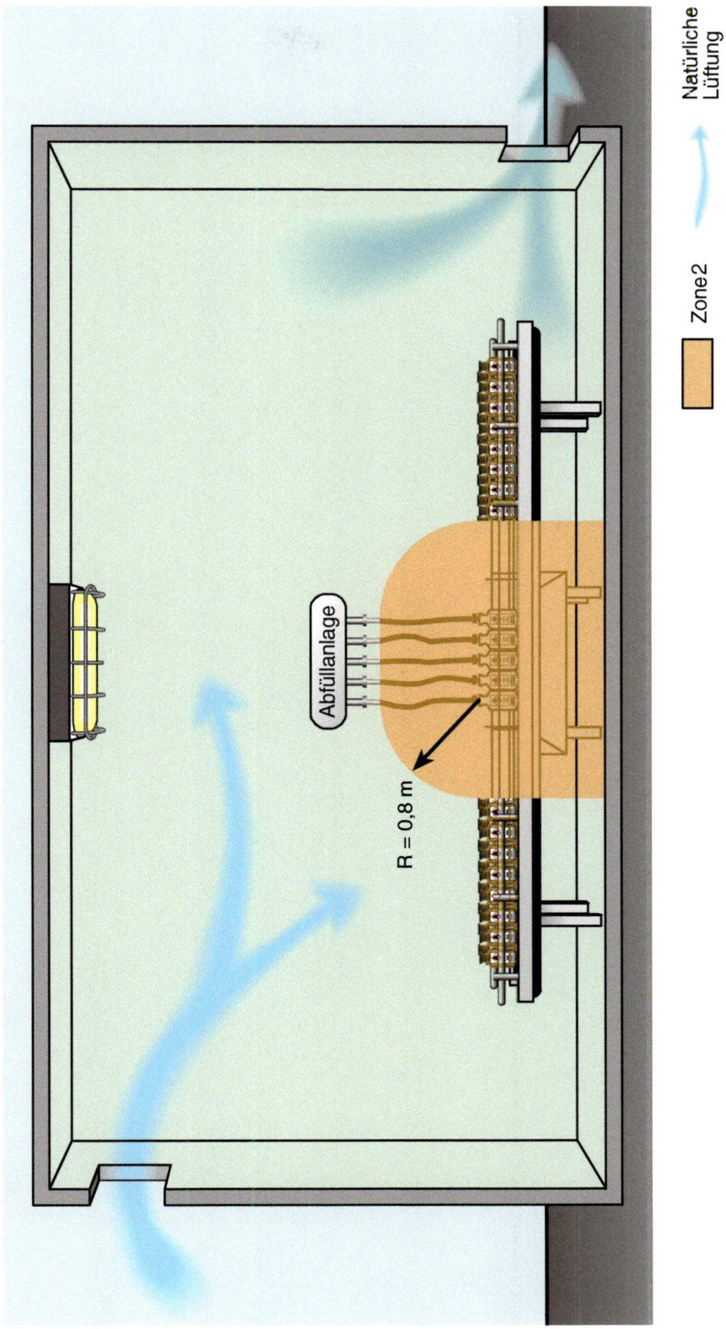

Bild 53: EX-RL-Beispielsammlung 2.3.1.1 b1.4) Befüllen mit Abfüllanlagen;
in Räumen; Flammpunkt liegt nicht ausreichend über der Verarbeitungstemperatur; bei Störungen maximal zu erwartendes freigesetztes Volumen der brennbaren Flüssigkeit $V \leq 100$ ml, Auffangwanne max. 0,5 m unter Abfüllstelle, Abstand Auffangwanne - Boden mindestens 0,5 m; seltene betriebliche Störungen möglich; natürliche Lüftung.

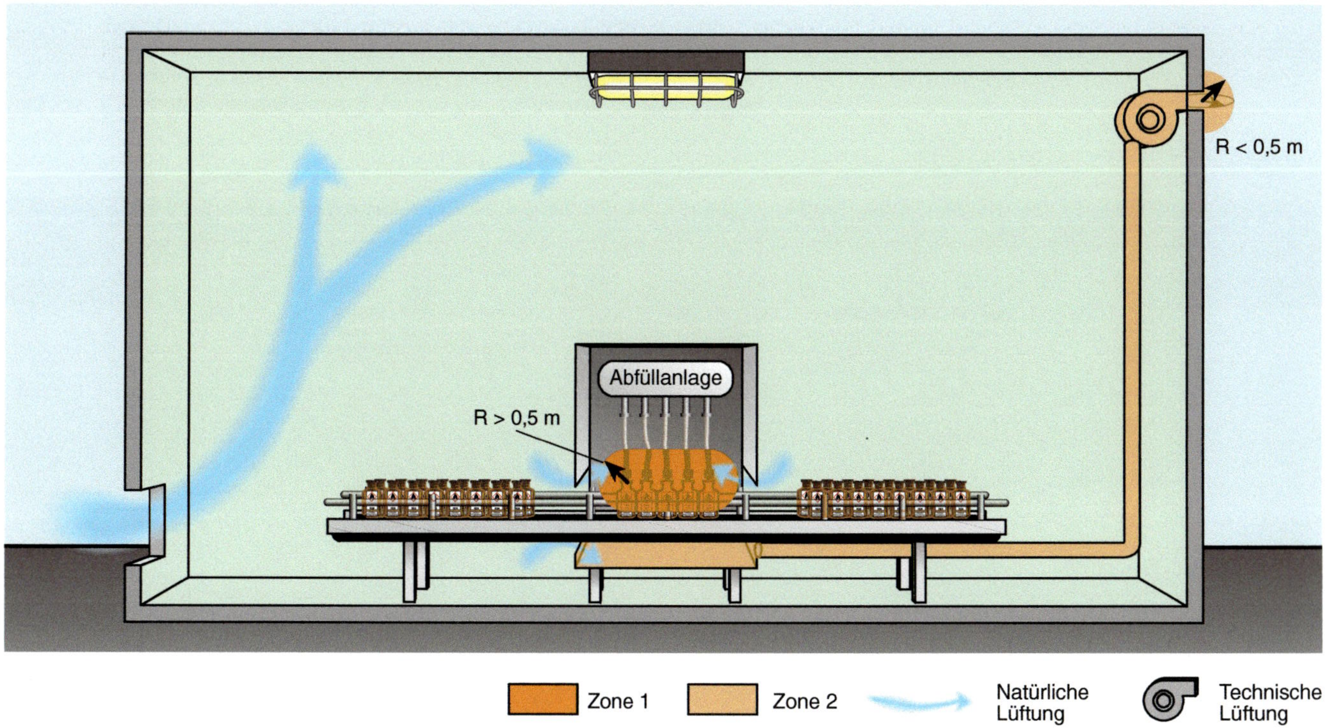

Bild 54: Befüllen mit Abfüllanlagen;
in Räumen; Flammpunkt liegt nicht ausreichend über der Verarbeitungstemperatur; bei Störungen (Glasbruch) maximal zu erwartendes freigesetztes Volumen der brennbaren Flüssigkeit $V \leq 100$ ml, Auffangwanne max. 0,5 m unter Abfüllstelle, Abstand Auffangwanne - Boden mindestens 0,5 m; gelegentlich betriebliche Störungen (Glasbruch) möglich, Leckagemengen werden aufgefangen, Absaugung unmittelbar an Auffangwanne; Objektabsaugung.

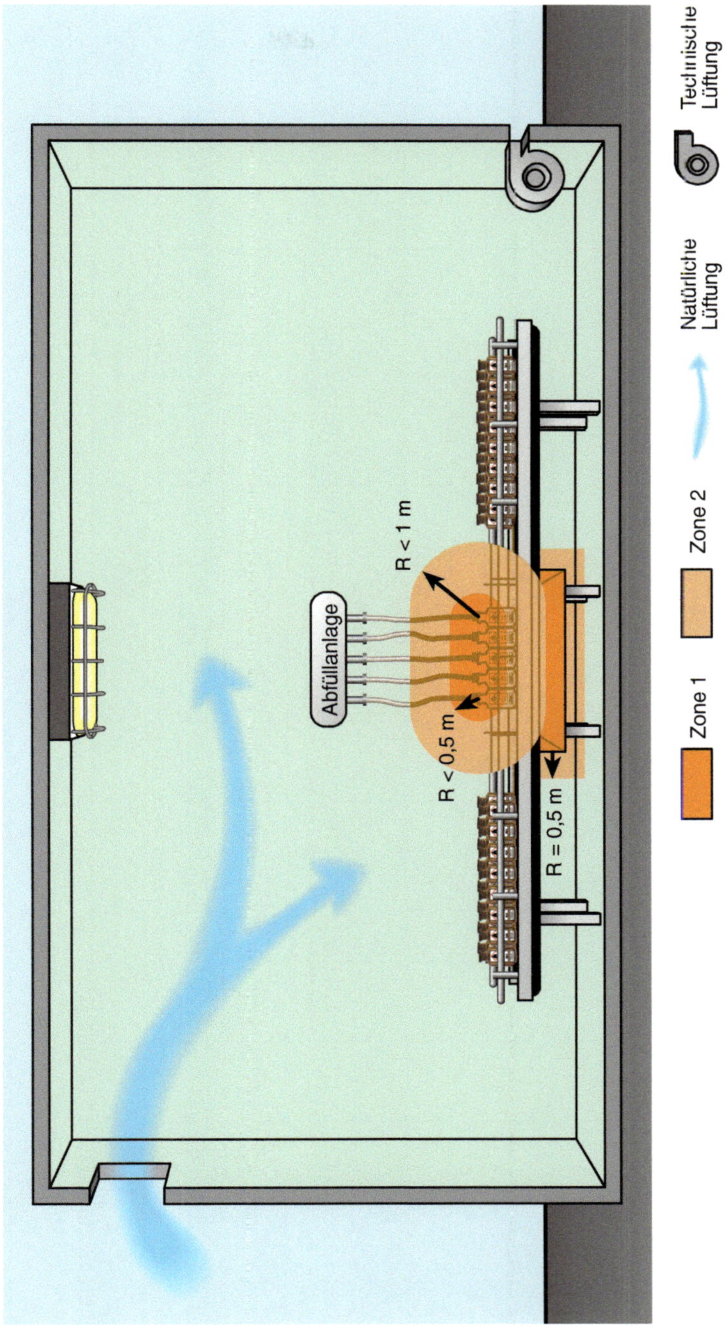

Bild 55: Befüllen mit Abfüllanlagen;
in Räumen; Flammpunkt liegt nicht ausreichend über der Verarbeitungstemperatur; bei Störungen (Glasbruch) maximal zu erwartendes freigesetztes Volumen der brennbaren Flüssigkeit V ≤ 100 ml, Auffangwanne max. 0,5 m unter Abfüllstelle, Abstand Auffangwanne - Boden mindestens 0,5 m; gelegentlich betriebliche Störungen möglich; technische Lüftung.

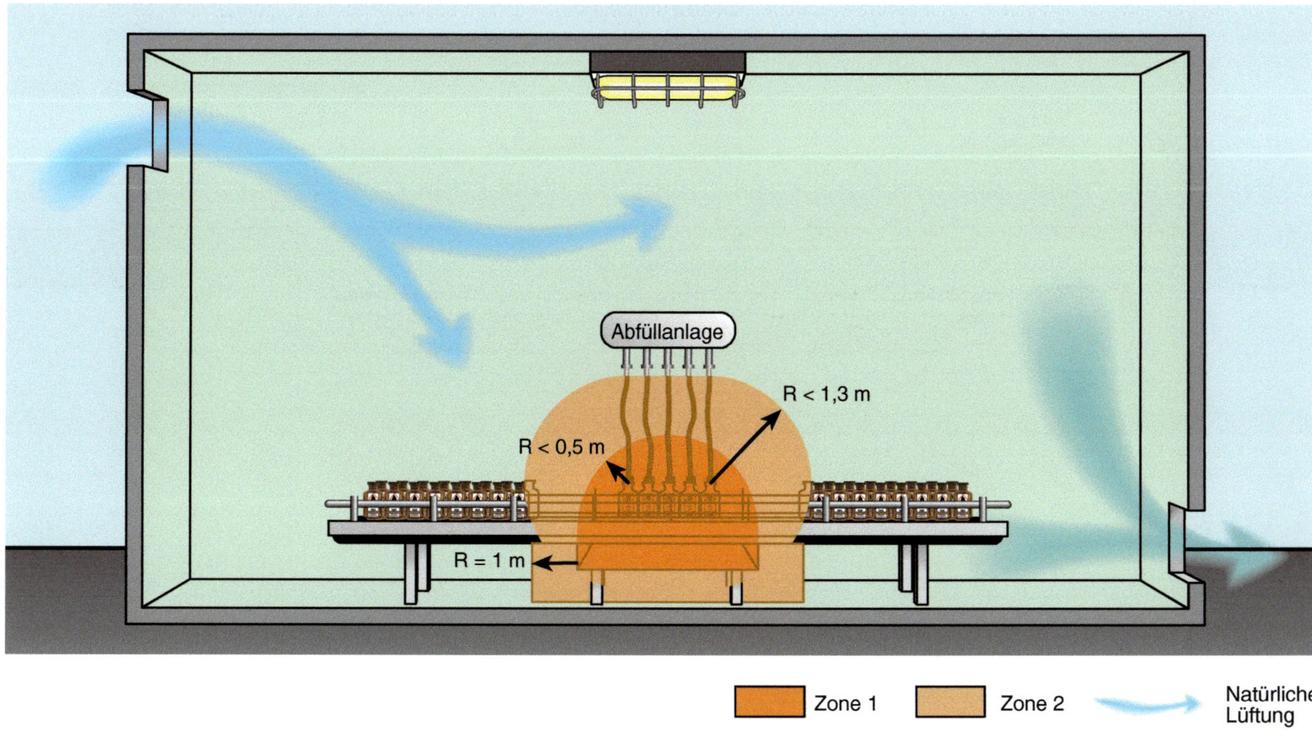

Bild 56: Befüllen mit Abfüllanlagen;
in Räumen; Flammpunkt liegt nicht ausreichend über der Verarbeitungstemperatur; bei Störungen (Glasbruch) maximal zu erwartendes freigesetztes Volumen der brennbaren Flüssigkeit $V \leq 100$ ml, Auffangwanne max. 0,5 m unter Abfüllstelle, Abstand Auffangwanne - Boden mindestens 0,5 m; gelegentlich betriebliche Störungen möglich; natürliche Lüftung.

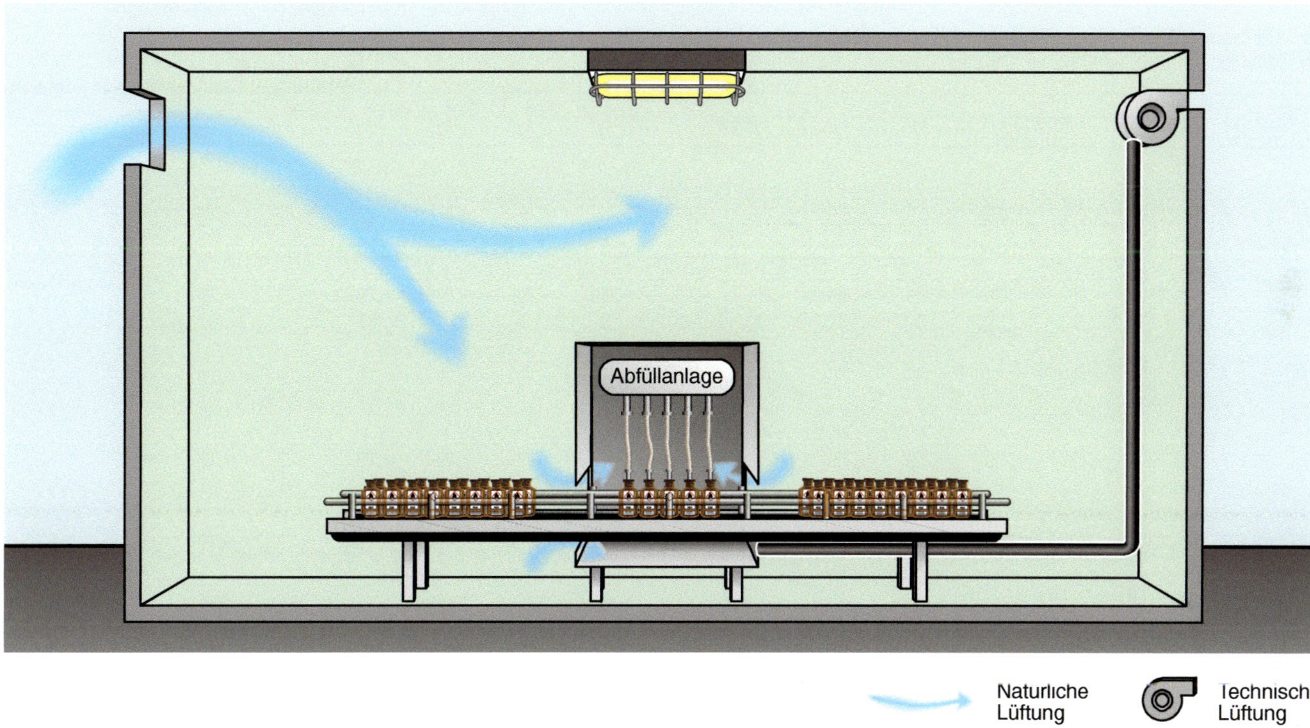

Bild 57: EX-RL-Beispielsammlung 2.3.1.1 b2.1) Befüllen mit Abfüllanlagen;
in Räumen; Flammpunkt liegt nicht ausreichend über der Verarbeitungstemperatur; Volumen des einzelnen Gebindes 100 ml < V ≤ 10 l; Störungen wie Überfüllung, Fehlbedienung, Leckagen an Befülleinrichtungen, Schäden an Gebinden, Ausfall der Absaugung, Auslaufen der Flüssigkeit und deren Ausbreitung ausgeschlossen; Objektabsaugung.

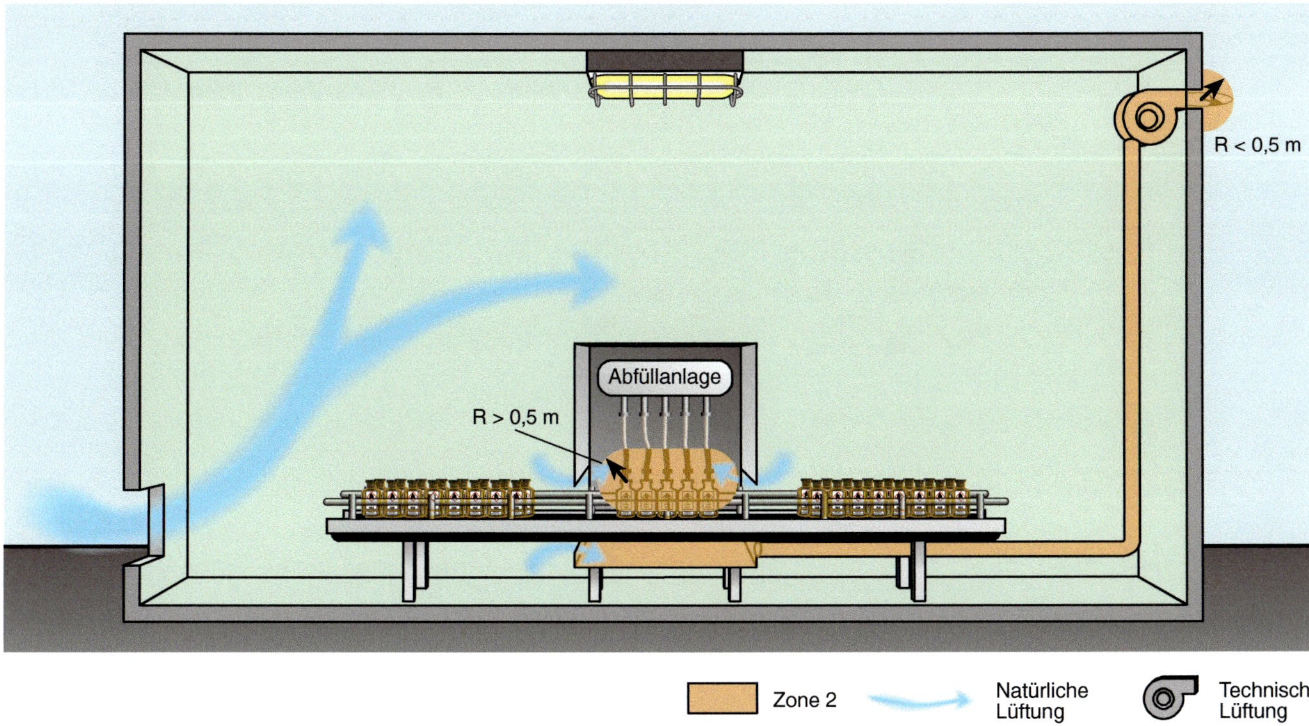

Bild 58: EX-RL-Beispielsammlung 2.3.1.1 b2.2) Befüllen mit Abfüllanlagen;
in Räumen; Flammpunkt liegt nicht ausreichend über der Verarbeitungstemperatur; Volumen des einzelnen Gebindes 100 ml < V ≤ 10 l; Seltene betriebliche Störungen möglich, Leckagemengen werden aufgefangen und sofort beseitigt, Absaugung unmittelbar an Auffangwanne; Objektabsaugung.

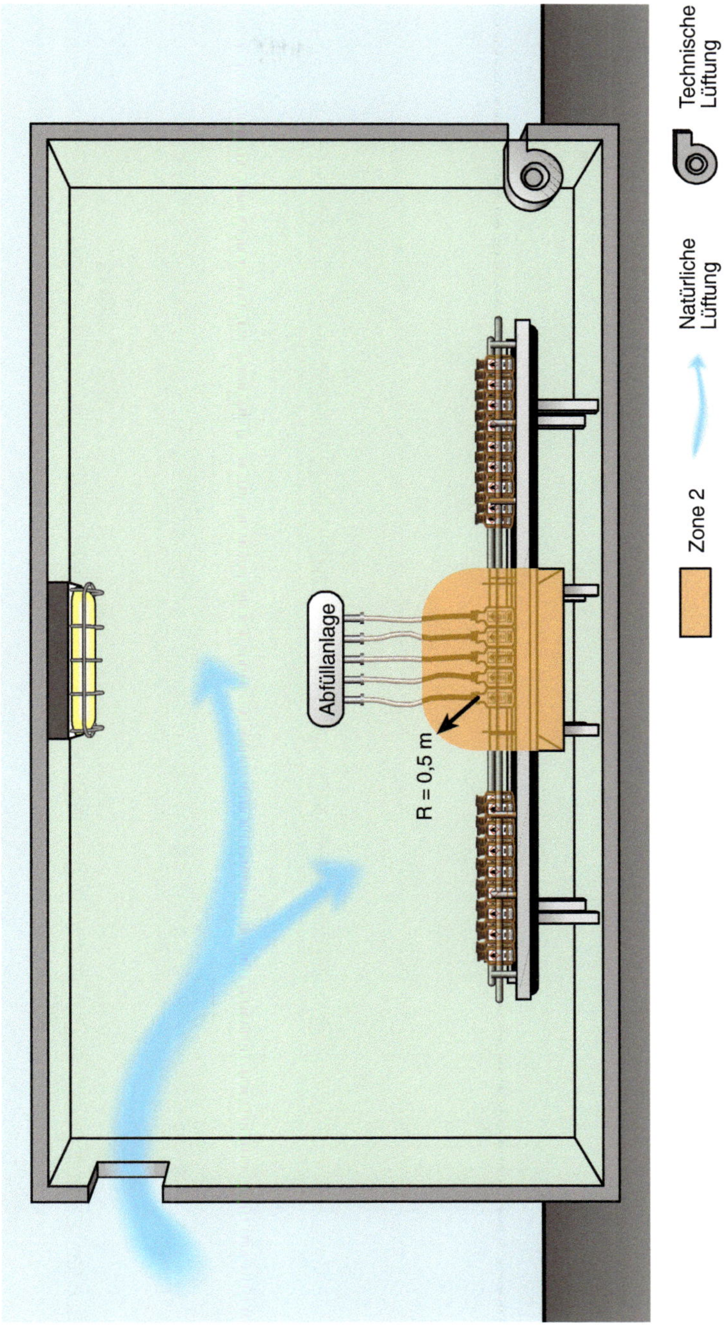

Bild 59: Befüllen mit Abfüllanlagen;
in Räumen; Flammpunkt liegt nicht ausreichend über der Verarbeitungstemperatur; Volumen des einzelnen Gebindes 100 ml < V ≤ 10 l; seltene betriebliche Störungen möglich; technische Lüftung.

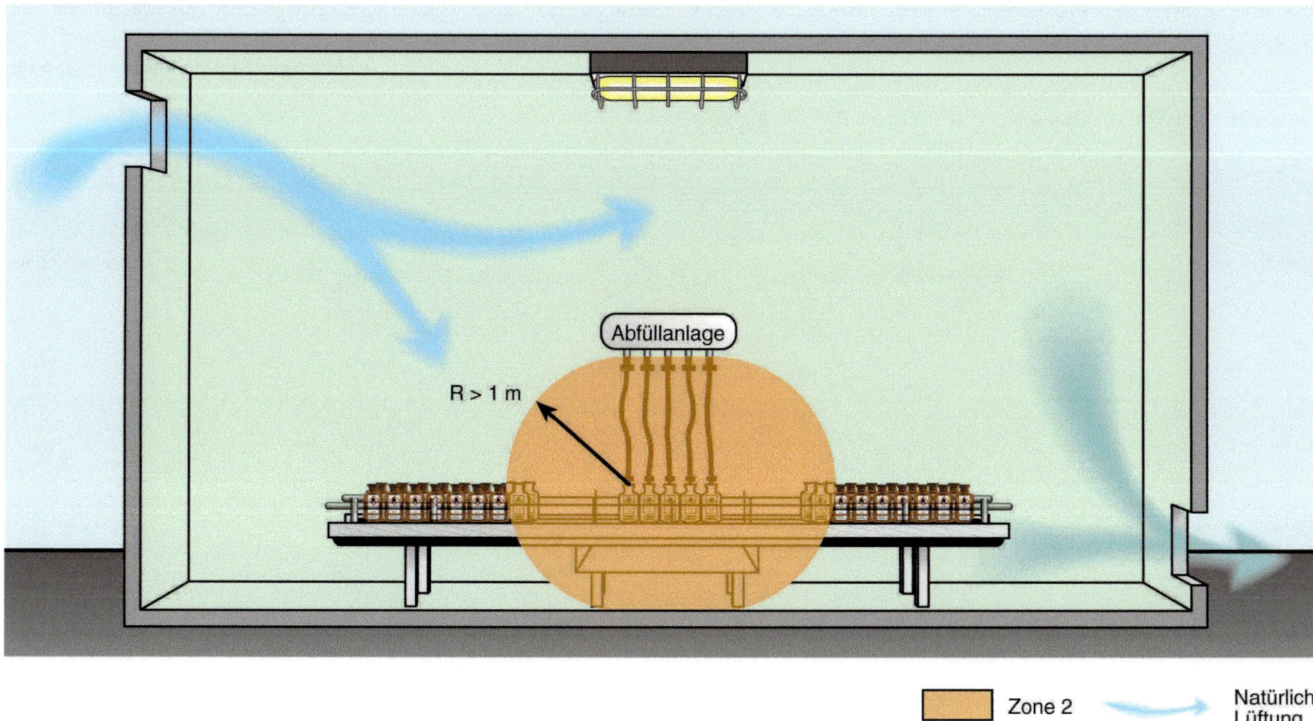

Bild 60: Befüllen mit Abfüllanlagen;
in Räumen; Flammpunkt liegt nicht ausreichend über der Verarbeitungstemperatur; Volumen des einzelnen Gebindes 100 ml < V ≤ 10 l; seltene betriebliche Störungen möglich; natürliche Lüftung.

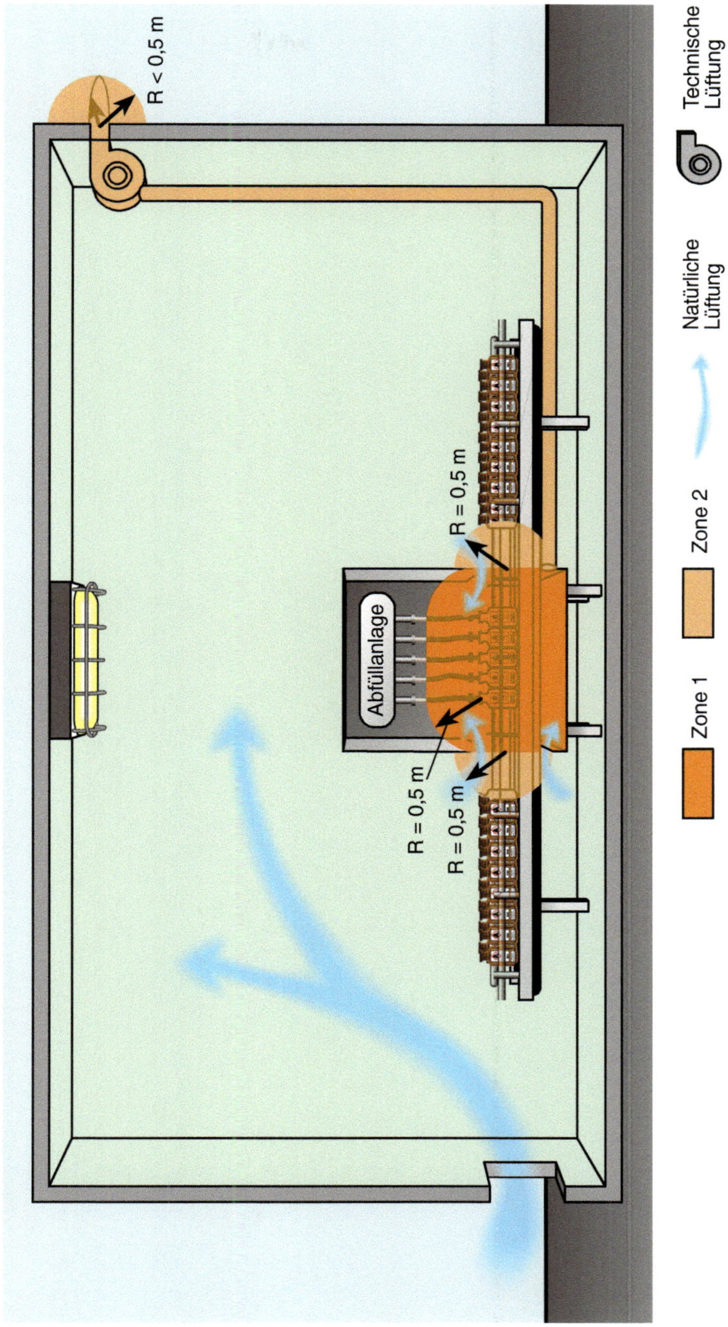

Bild 61: Befüllen mit Abfüllanlagen;
in Räumen; Flammpunkt liegt nicht ausreichend über der Verarbeitungstemperatur; Volumen des einzelnen Gebindes 100 ml < V ≤ 10 l; gelegentlich betriebliche Störung möglich, Leckagemengen werden aufgefangen, Absaugung unmittelbar an Auffangwanne; Objektabsaugung.

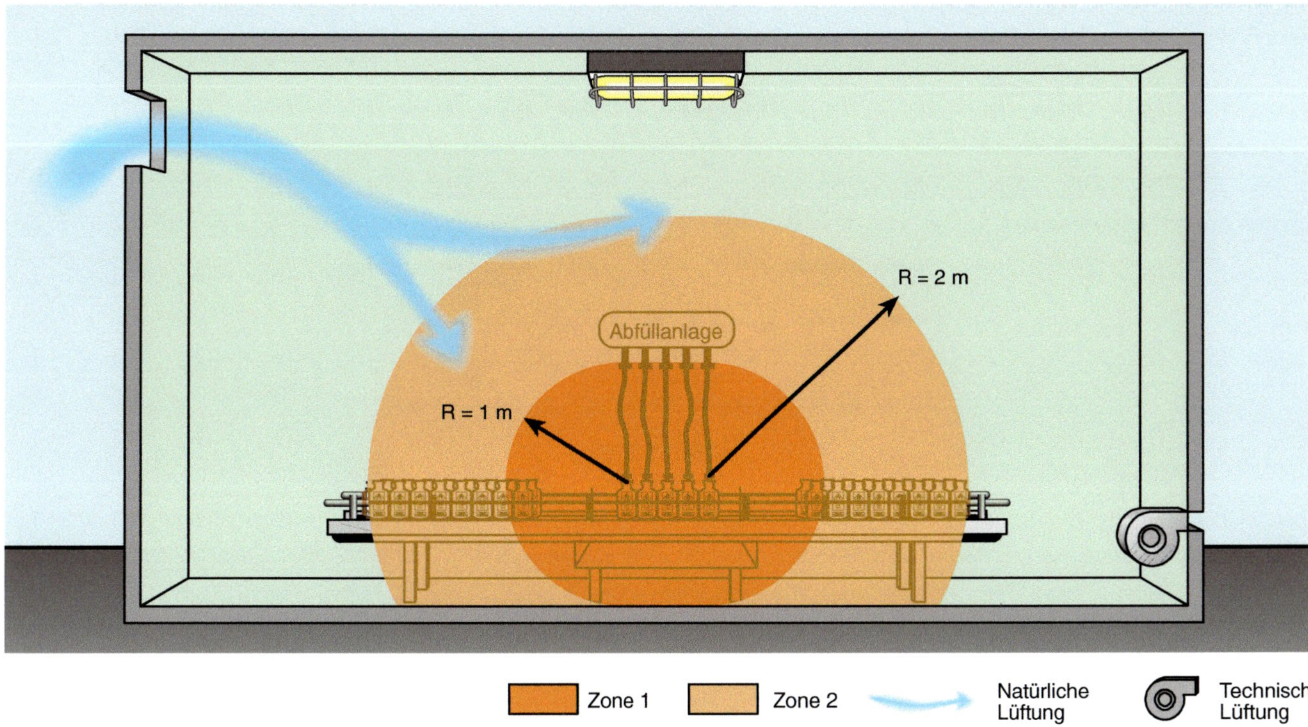

Bild 62: Befüllen mit Abfüllanlagen;
in Räumen; Flammpunkt liegt nicht ausreichend über der Verarbeitungstemperatur; Volumen des einzelnen Gebindes 100 ml < V ≤ 10 l; gelegentlich betriebliche Störung möglich; technische Lüftung.

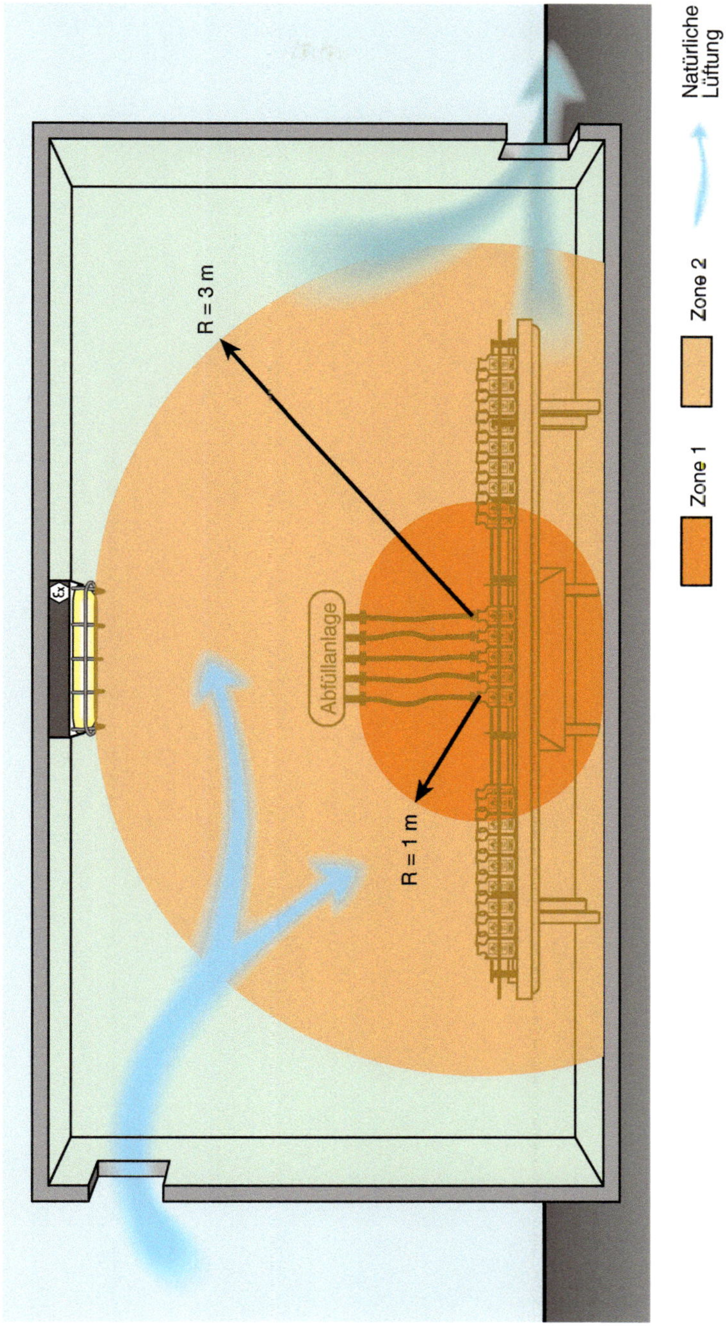

Bild 63: Befüllen mit Abfüllanlagen;
in Räumen; Flammpunkt liegt nicht ausreichend über der Verarbeitungstemperatur; Volumen des einzelnen Gebindes 100 ml < V ≤ 10 l; gelegentlich betriebliche Störung möglich; natürliche Lüftung.

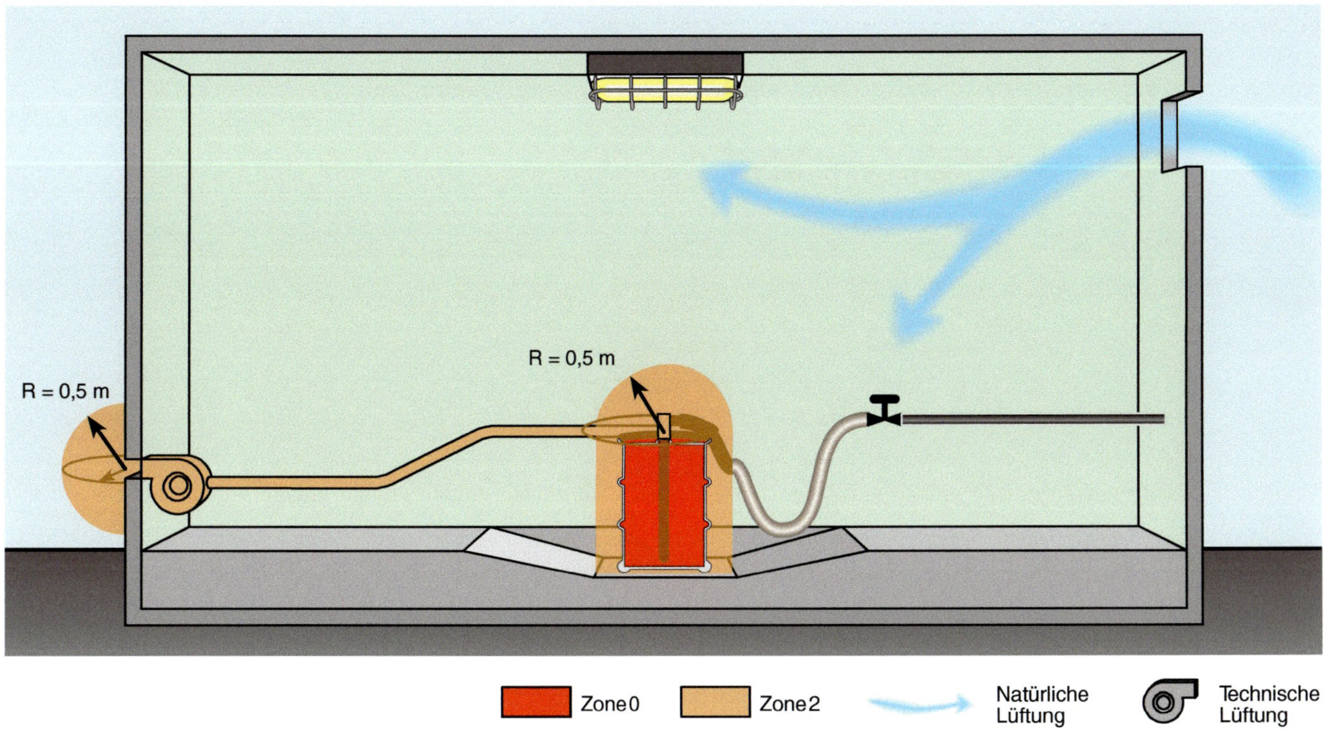

Bild 64: EX-RL-Beispielsammlung 2.3.2.1 c1.1) Befüllen größerer Gebinde in Räumen;
in Räumen; Flammpunkt liegt nicht ausreichend über der Verarbeitungstemperatur; Förderrate < 200 l pro Stunde; Störungen wie Überfüllung, Fehlbedienung, Leckagen an Befülleinrichtungen, Schäden an Gebinden, Ausfall der Absaugung, Auslaufen der Flüssigkeit und deren Ausbreitung ausgeschlossen; Objektabsaugung.

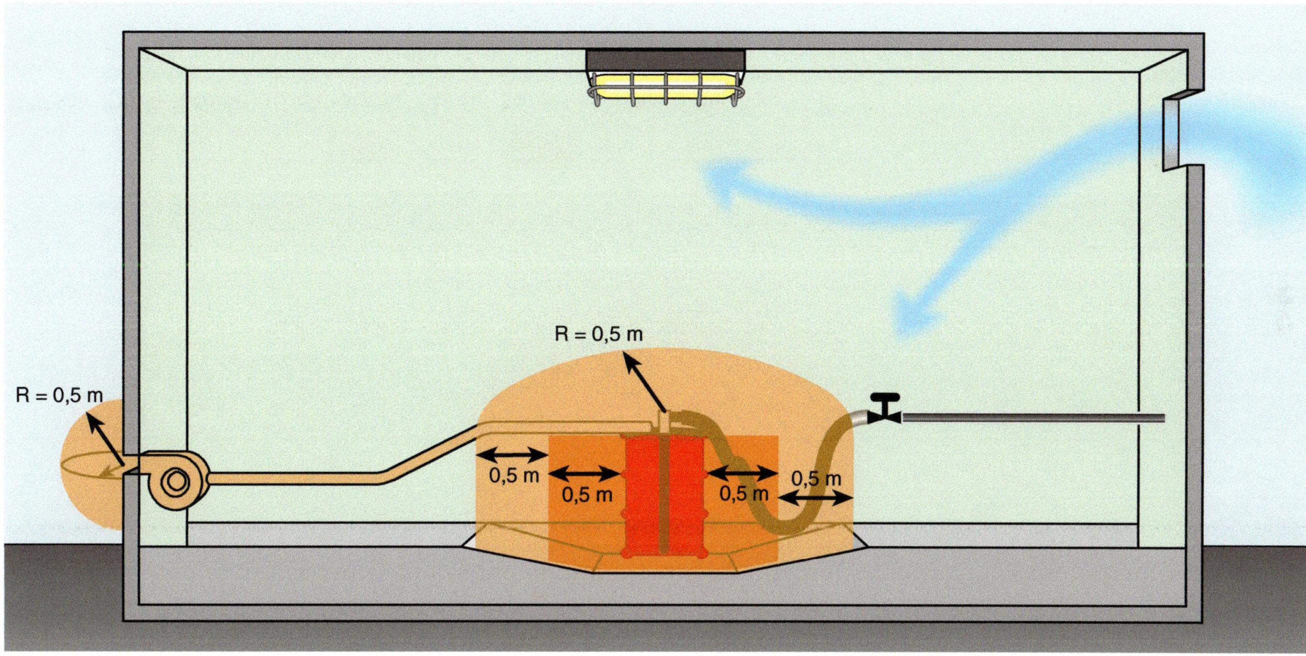

Bild 65: EX-RL-Beispielsammlung 2.3.2.1 c1.2) Befüllen größerer Gebinde in Räumen;
in Räumen; Flammpunkt liegt nicht ausreichend über der Verarbeitungstemperatur; Förderrate < 200 l pro Stunde; Störungen wie Überfüllung, Fehlbedienung, Leckagen an Befülleinrichtungen, Schäden an Gebinden, Ausfall der Absaugung, Auslaufen der Flüssigkeit und deren Ausbreitung ausgeschlossen; Objektabsaugung, jedoch Gemischfreisetzung für die angrenzende Umgebung nicht ausgeschlossen.

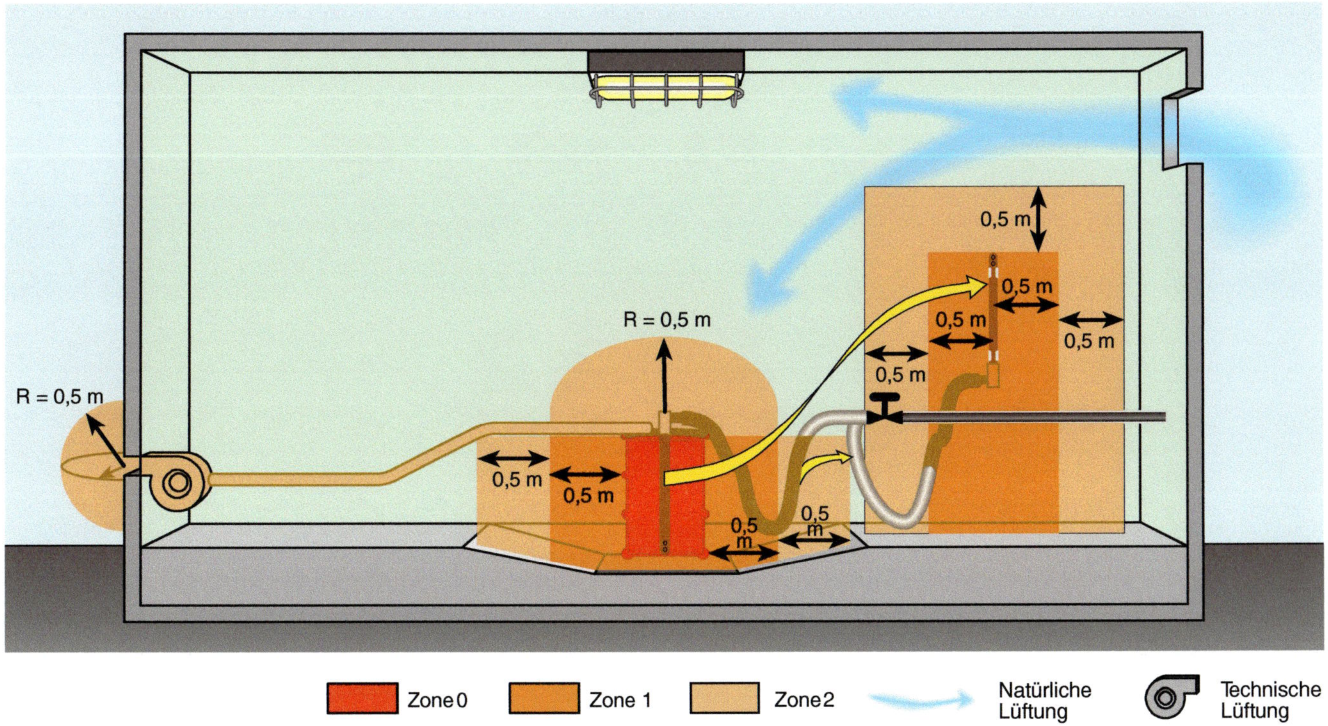

Bild 66: EX-RL-Beispielsammlung 2.3.2.1 c1.3) Befüllung größerer Gebinde;
in Räumen; Flammpunkt liegt nicht ausreichend über der Verarbeitungstemperatur; Objektabsaugung; wie c1.1) jedoch Gemischfreisetzung von abdampfenden Flächen des Füllrohrs in die Umgebung nicht ausgeschlossen. Lanze wird nach dem Befüll- bzw. Entleervorgang aus dem Fass genommen und an die Wand gehängt.

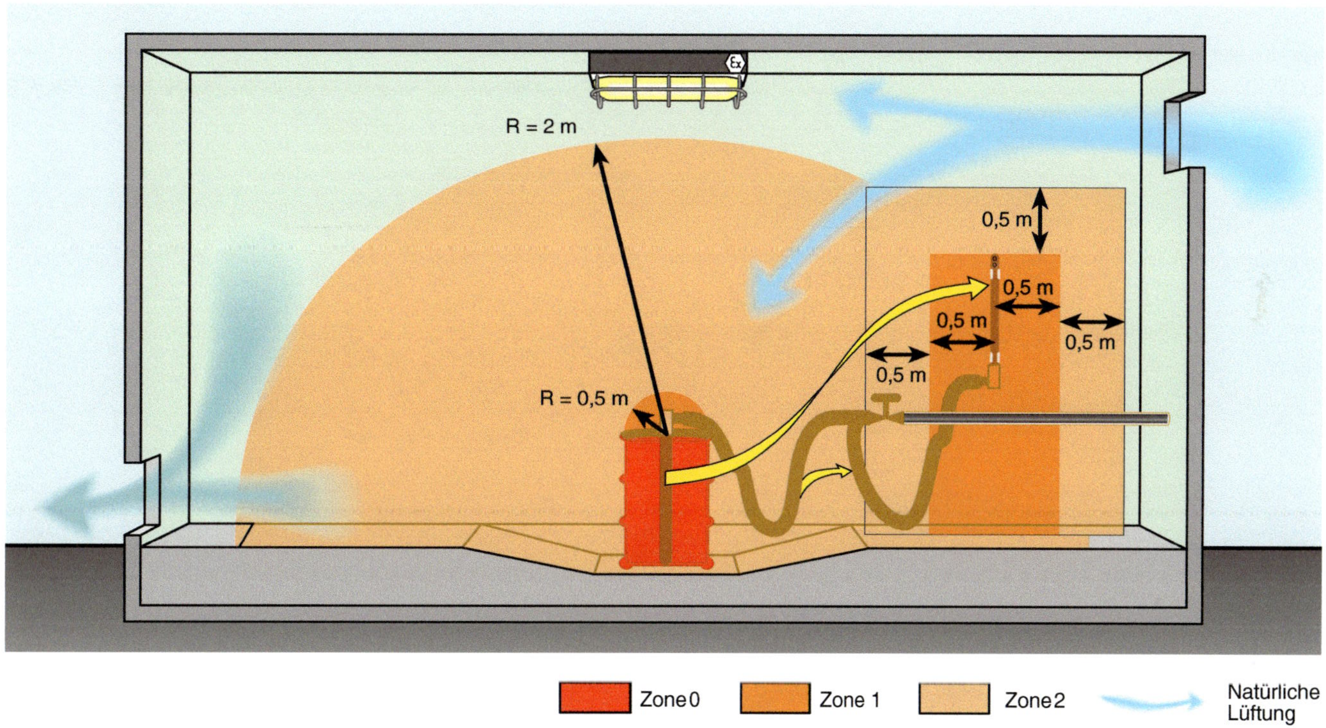

Bild 67: Abfüllen in verschließbare Gebinde und Behälter;
in Räumen; Flammpunkt liegt nicht ausreichend über der Verarbeitungstemperatur; Volumen des einzelnen Gebindes $5\,l < V \leq 1\,m^3$; seltene betriebliche Störungen möglich; natürliche Lüftung. Lanze wird nach dem Befüll- bzw. Entleervorgang aus dem Fass genommen und an die Wand gehängt.

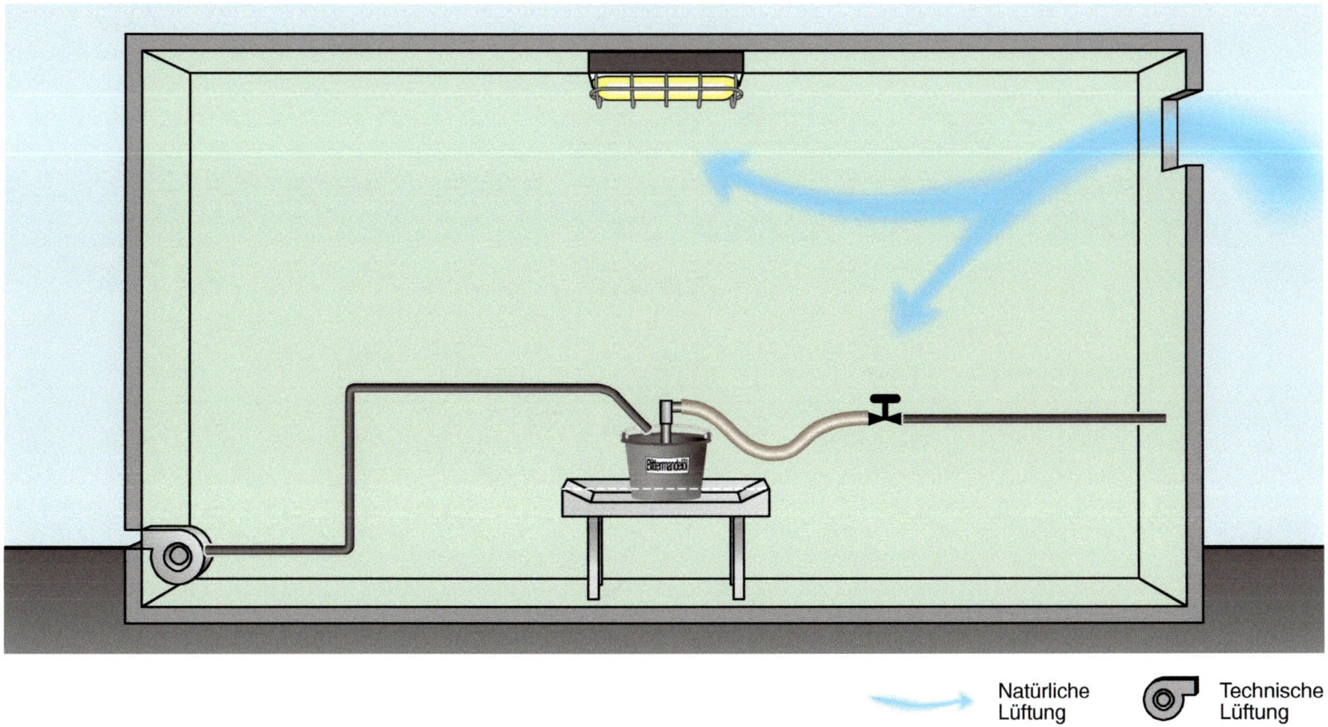

Bild 68: EX-RL-Beispielsammlung 2.3.1.2 a) Abfüllen in offene Behälter V ≤ 10 l;
in Räumen; die UEG wird sicher unterschritten, da der Flammpunkt der brennbaren Flüssigkeit ausreichend über der Verarbeitungstemperatur liegt, Temperaturerhöhungen nicht vorliegen und Versprühen oder Vernebeln ausgeschlossen ist.

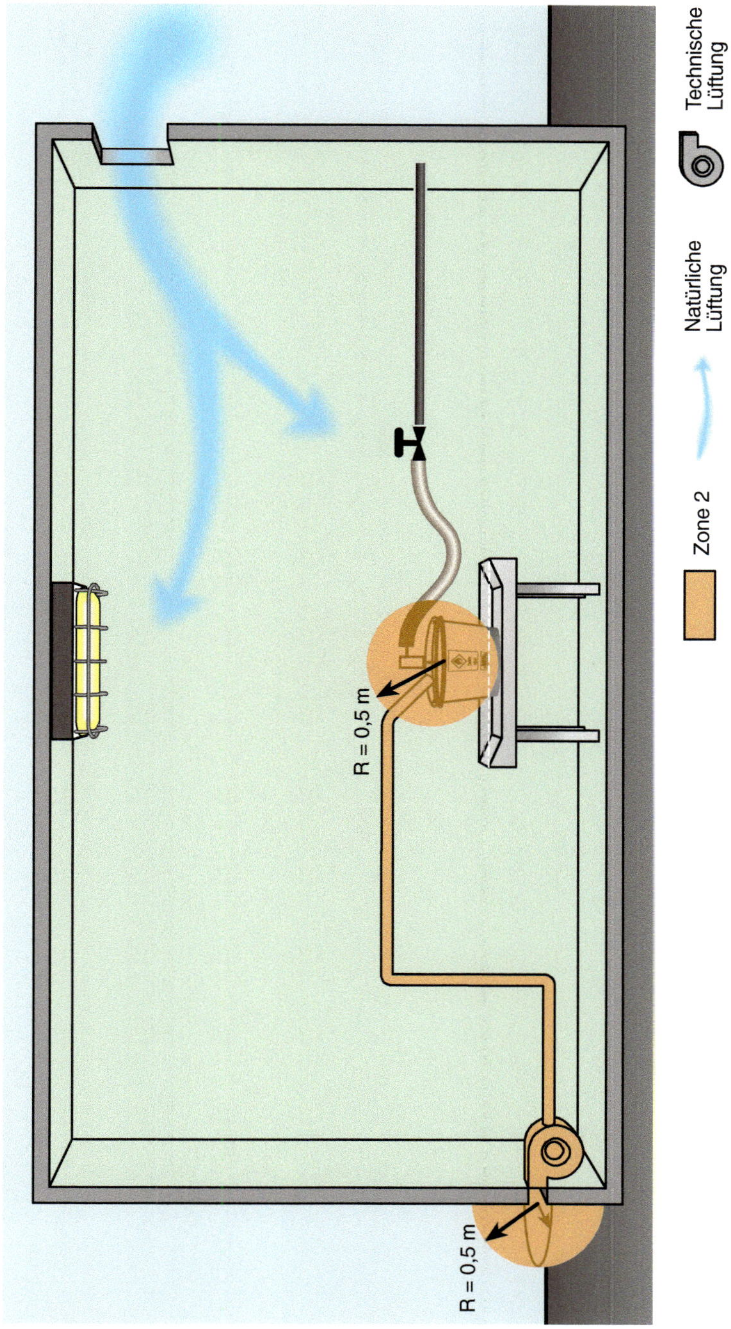

Bild 69: EX-RL-Beispielsammlung 2.3.1.2 b1) Abfüllen in offene Behälter V ≤10 l;
in Räumen; der Flammpunkt liegt nicht ausreichend über der Verarbeitungstemperatur; Objektabsaugung.

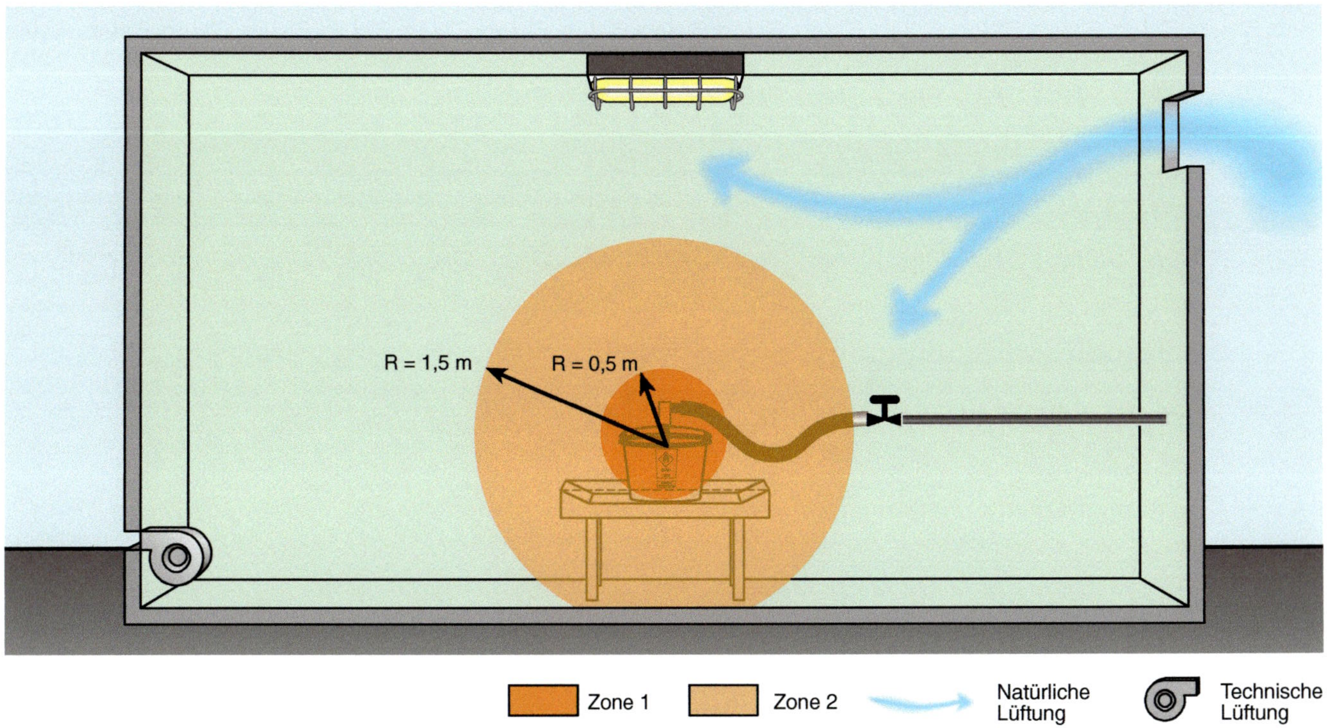

Bild 70: EX-RL-Beispielsammlung 2.3.1.2 b2) Abfüllen in offene Behälter V ≤ 10 l;
in Räumen; Der Flammpunkt liegt nicht ausreichend über der Verarbeitungstemperaturl; technische Lüftung.

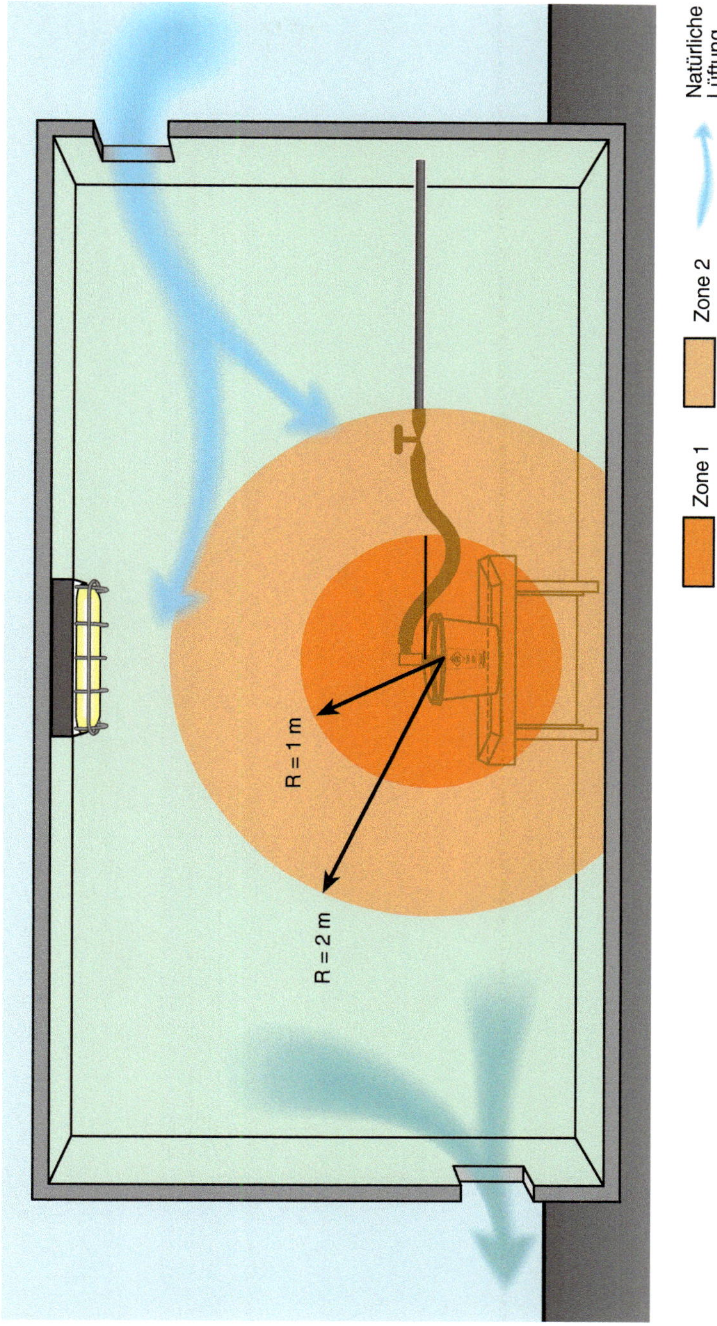

Bild 71: EX-RL-Beispielsammlung 2.3.1.2 b3) Abfüllen in offene Behälter V ≤ 10 l;
in Räumen; Der Flammpunkt liegt nicht ausreichend über der Verarbeitungstemperatur; Abfüllen in offene Behälter V ≤ 10 l; natürliche Lüftung.

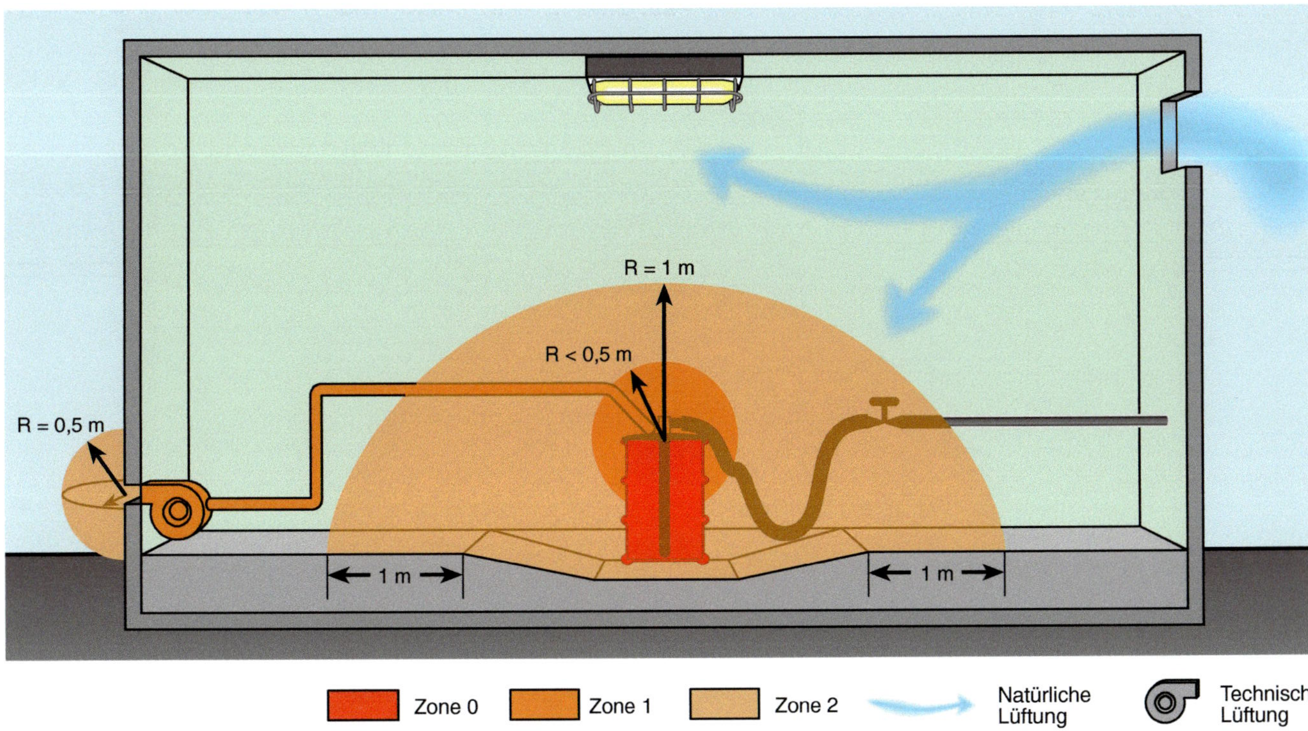

Bild 72: Abfüllen in offene Behälter V > 10 l;
in Räumen; Der Flammpunkt liegt nicht ausreichend über der Verarbeitungstemperatur; Objektabsaugung; besser ist eine geschlossene Abfüllung mit Gaspendelung.

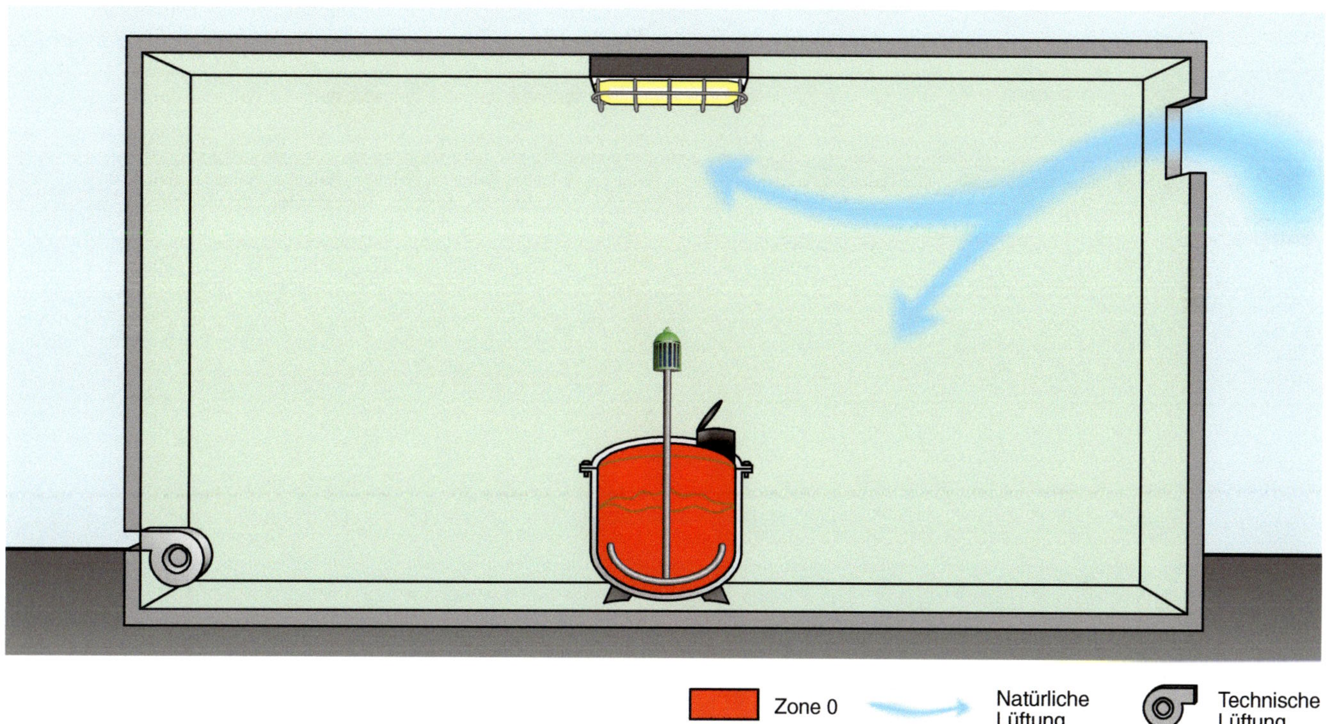

Bild 73: EX-RL-Beispielsammlung 2.6 a) und 2.6 b1) Umgebung von Probenahme- und Messeinrichtungen; in Räumen; geschlossene Probenahmeeinrichtung; technische Lüftung.

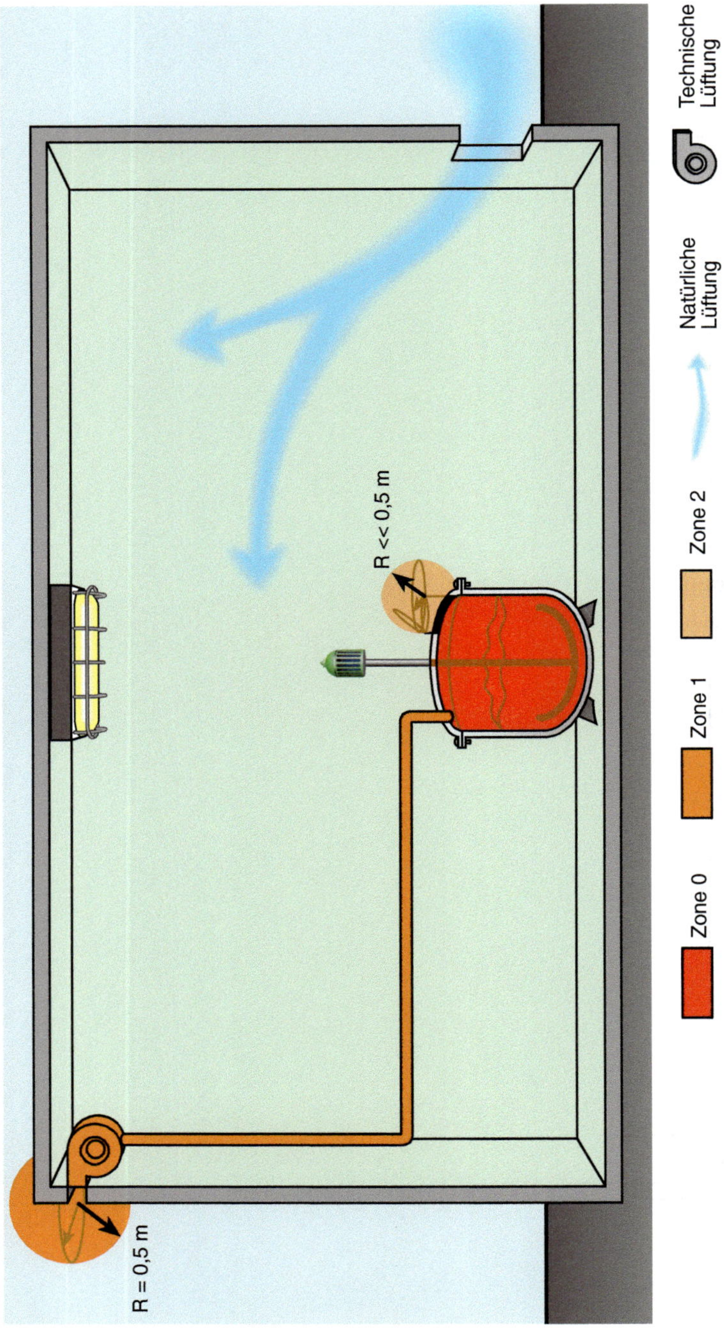

Bild 74: EX-RL-Beispielsammlung 2.6 b2) Umgebung von Probenahme- und Messeinrichtungen; in Räumen; offene Probenahme unter Kontrolle, Austritt nur kleiner Mengen möglich; Objektabsaugung.

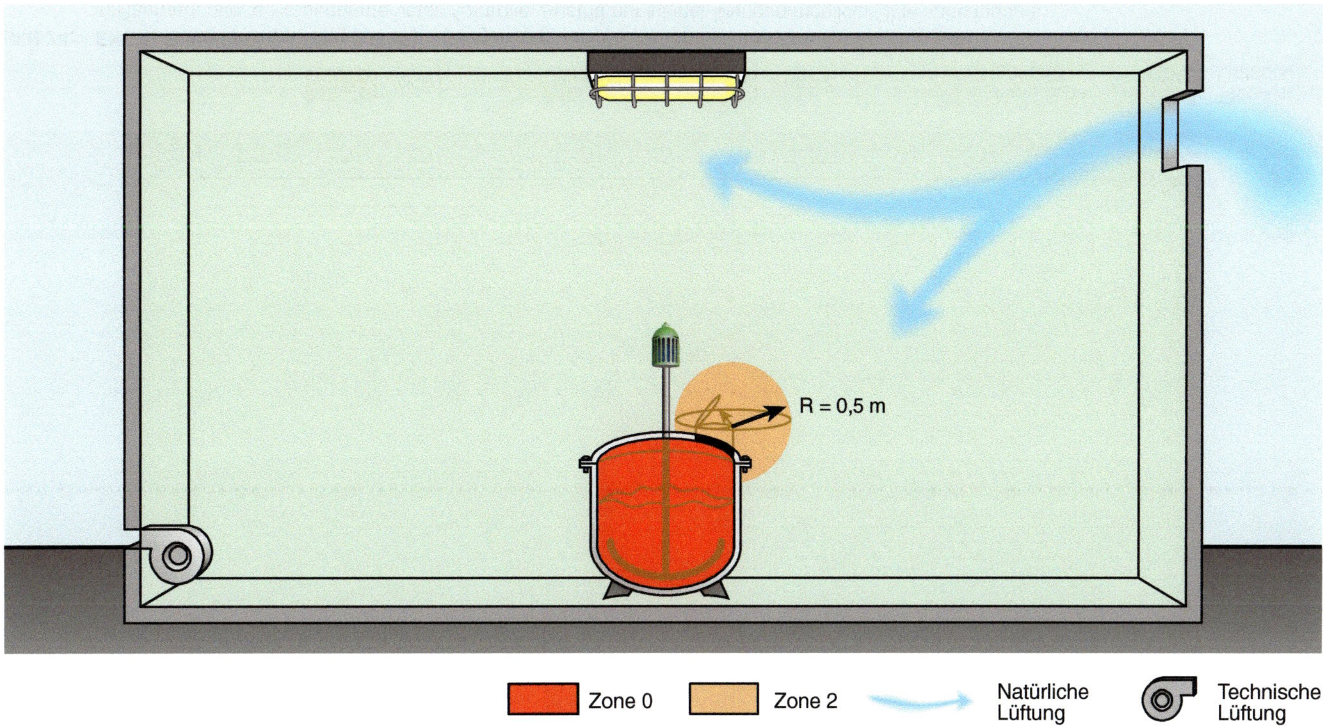

Bild 75: EX-RL-Beispielsammlung 2.6 b3) Umgebung von Probenahme- und Messeinrichtungen; in Räumen; offene Probenahme unter Kontrolle, Austritt nur kleiner Mengen möglich; technische Lüftung.

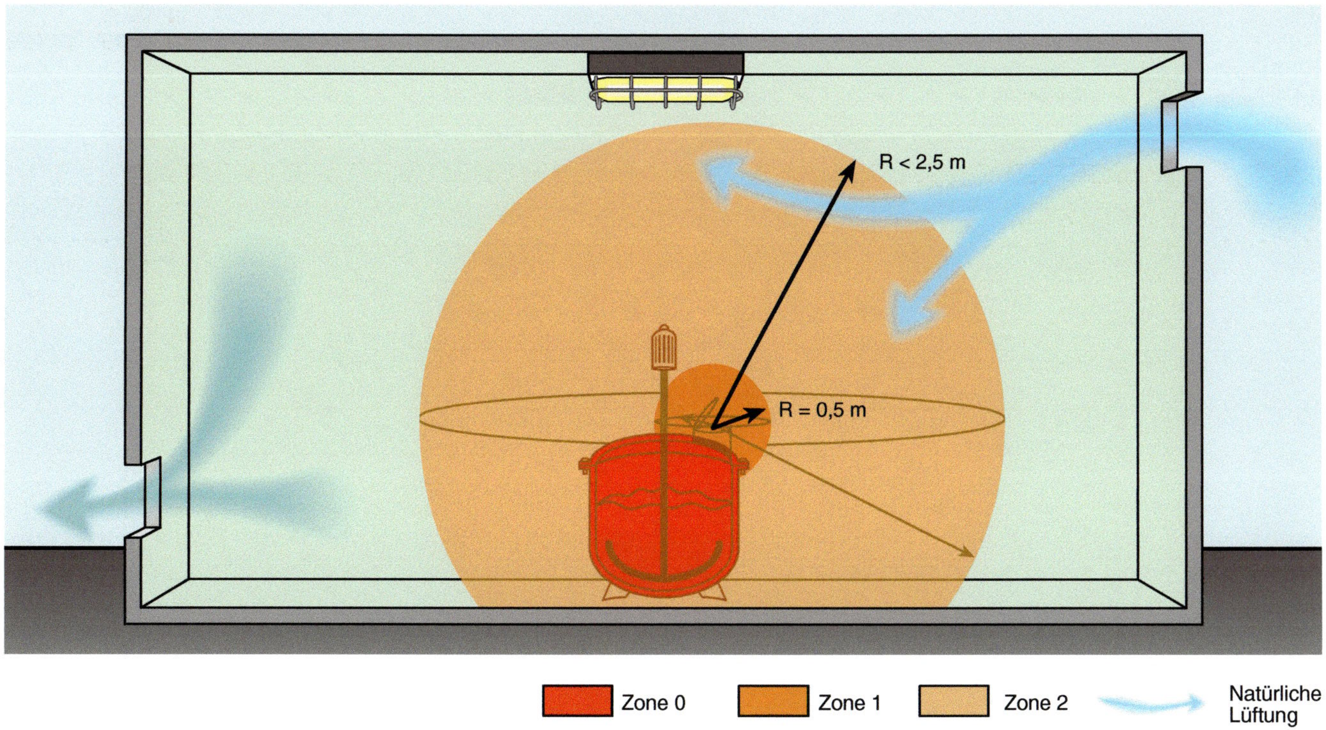

Bild 76: EX-RL-Beispielsammlung 2.6 b4) Umgebung von Probenahme- und Messeinrichtungen;
in Räumen; offene Probenahme unter Kontrolle, Austritt nur kleiner Mengen möglich; natürliche Lüftung.

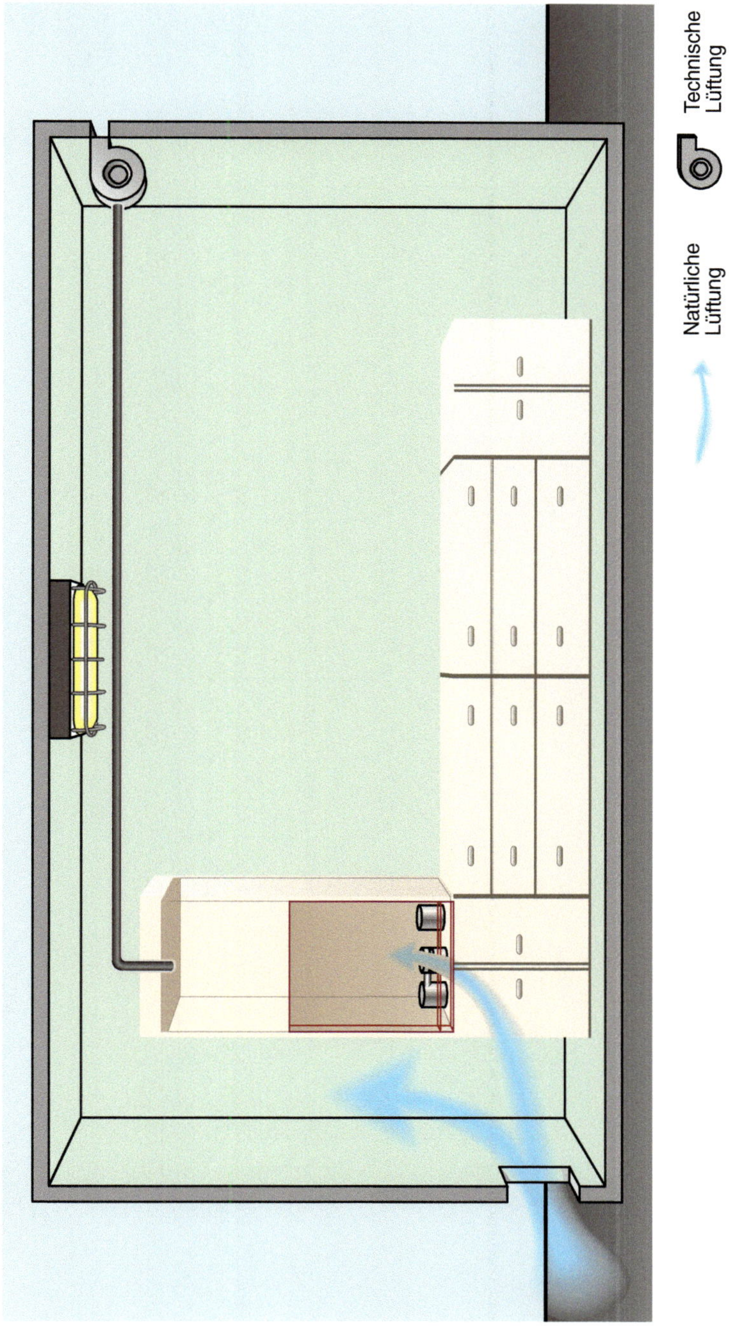

Bild 77: EX-RL-Beispielsammlung 2.18 a) Laboratorien; Umgang mit brennbaren Flüssigkeiten in laborüblichen Mengen; technische Lüftung.

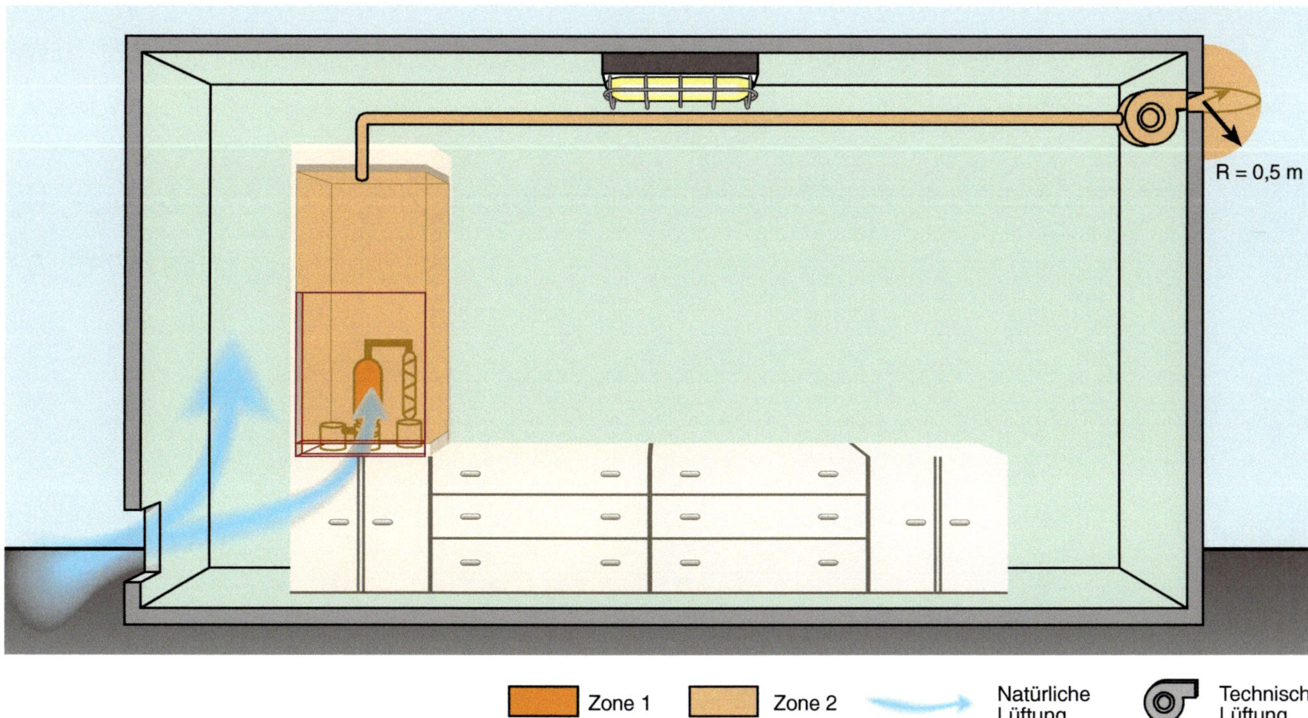

Bild 78: EX-RL-Beispielsammlung 2.18 b) Laboratorien;
Umgang mit brennbaren Flüssigkeiten im Abzug in nicht laborüblicher Menge, z. B. Rotationsverdampfer mit 10 l brennbarer Flüssigkeit oberhalb des Flammpunktes; technische Lüftung im Abzug.

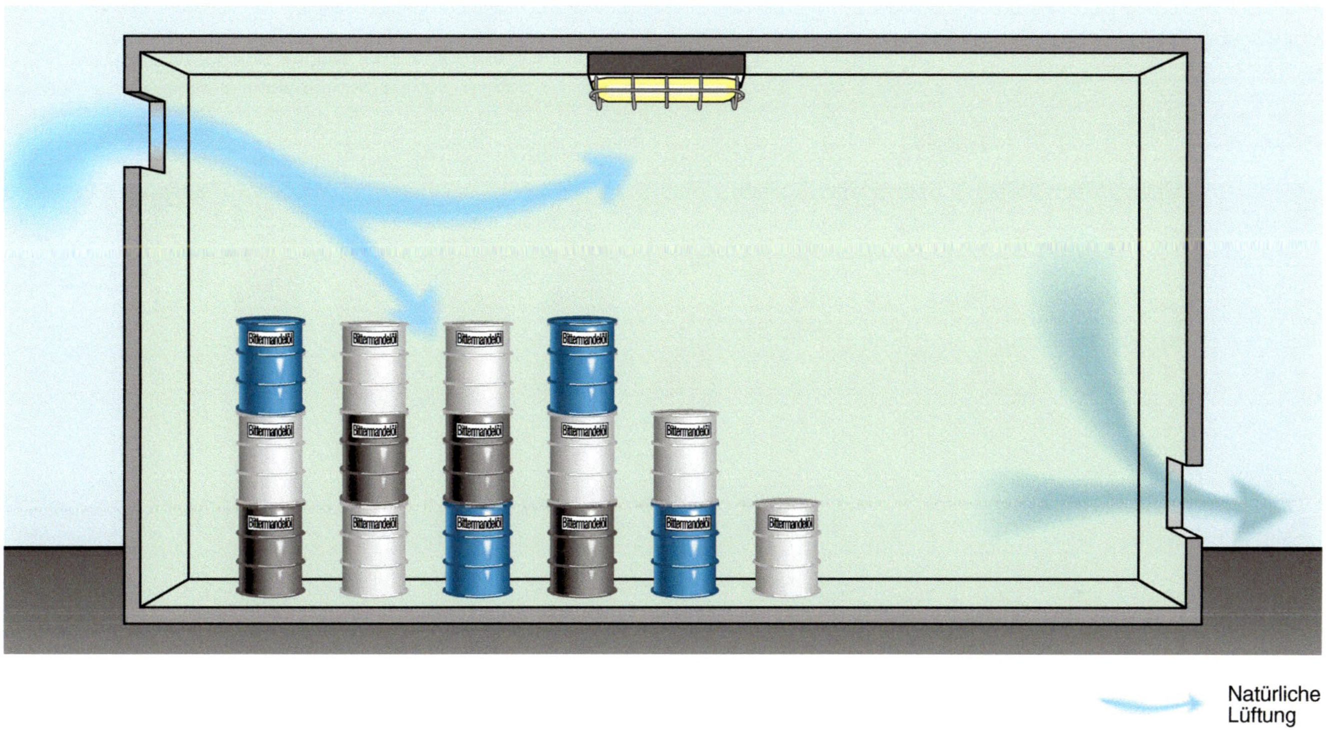

Bild 79: EX-RL-Beispielsammlung 2.11.1 a) Läger;
in Räumen; die UEG wird sicher unterschritten, da der Flammpunkt der brennbaren Flüssigkeit ausreichend über der Lagertemperatur liegt.

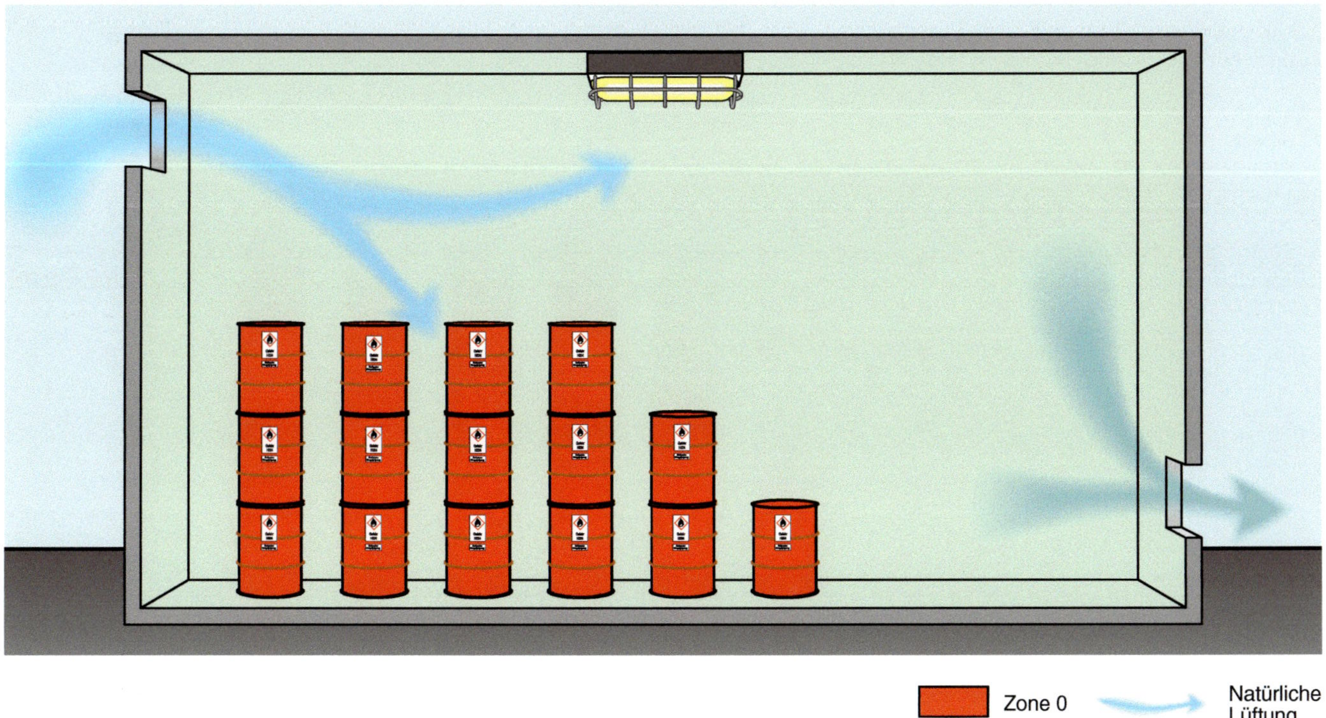

Bild 80: EX-RL-Beispielsammlung 2.11.1 b1) Läger;
in Räumen; der Flammpunkt liegt nicht ausreichend über der Lagertemperatur; Behälter dicht verschlossen; regelmäßige Kontrolle auf Dichtheit; Lager wird regelmäßig begangen; Öffnen der Behälter im Lager ausgeschlossen; Lagerhöhe ist kleiner als die nach den gefahrgutrechtlichen Vorschriften vorgegebene Fallhöhe; Beschädigung durch Transporteinrichtungen weitgehend ausgeschlossen; Einsatz besonderer Transporteinrichtungen, z. B. Verwendung von Fassgreifern statt Gabelstaplerzinken.

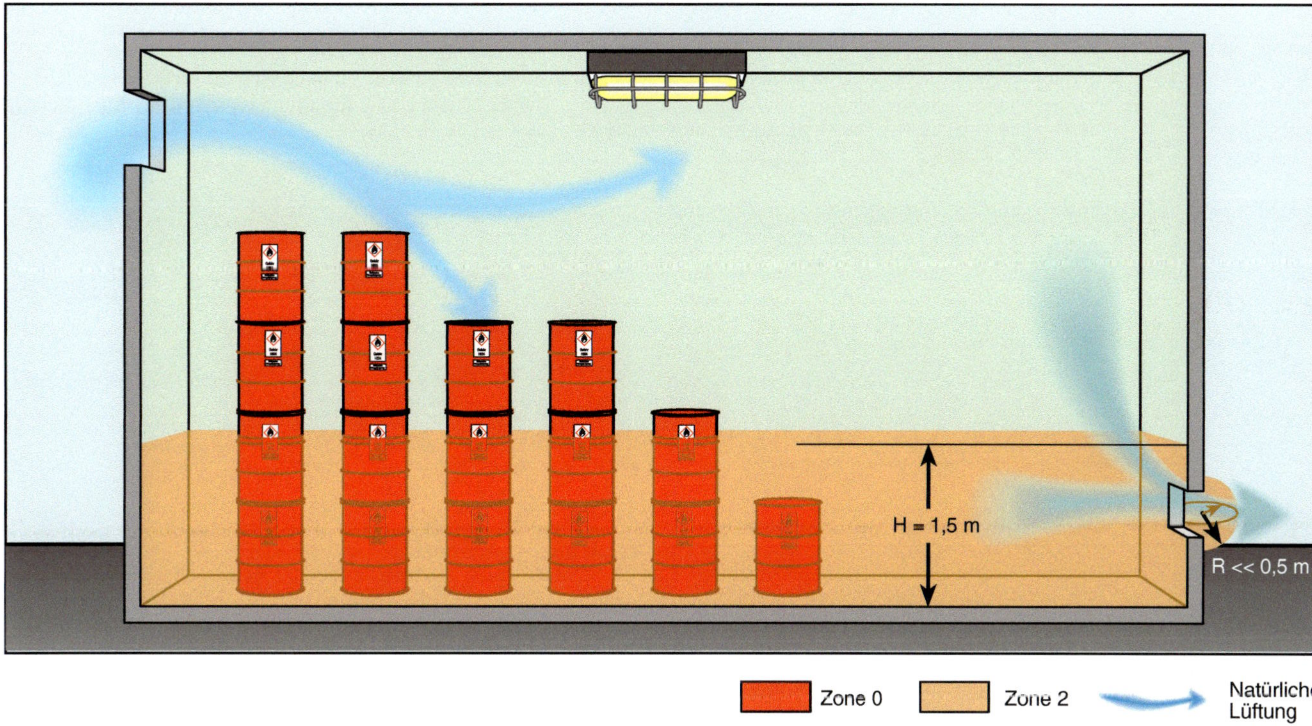

Bild 81: EX-RL-Beispielsammlung 2.11.1 b4) Läger;
in Räumen (Raumvolumen > 100 m^3; der Flammpunkt liegt nicht ausreichend über der Lagertemperatur; die Forderungen des Punktes 2.11.1 b1) (siehe Bild 80) wurden nicht in allen Punkten erfüllt (zulässige Lagerhöhe ist größer als die nach gefahrgutrechtlichen Vorschriften vorgegebene Fallhöhe); Behälter sind jedoch dicht verschlossen. Wie b2) oder b3), jedoch Lagerung entzündbarer Flüssigkeiten der Temperaturklasse T5 oder T6 oder Diethylether.

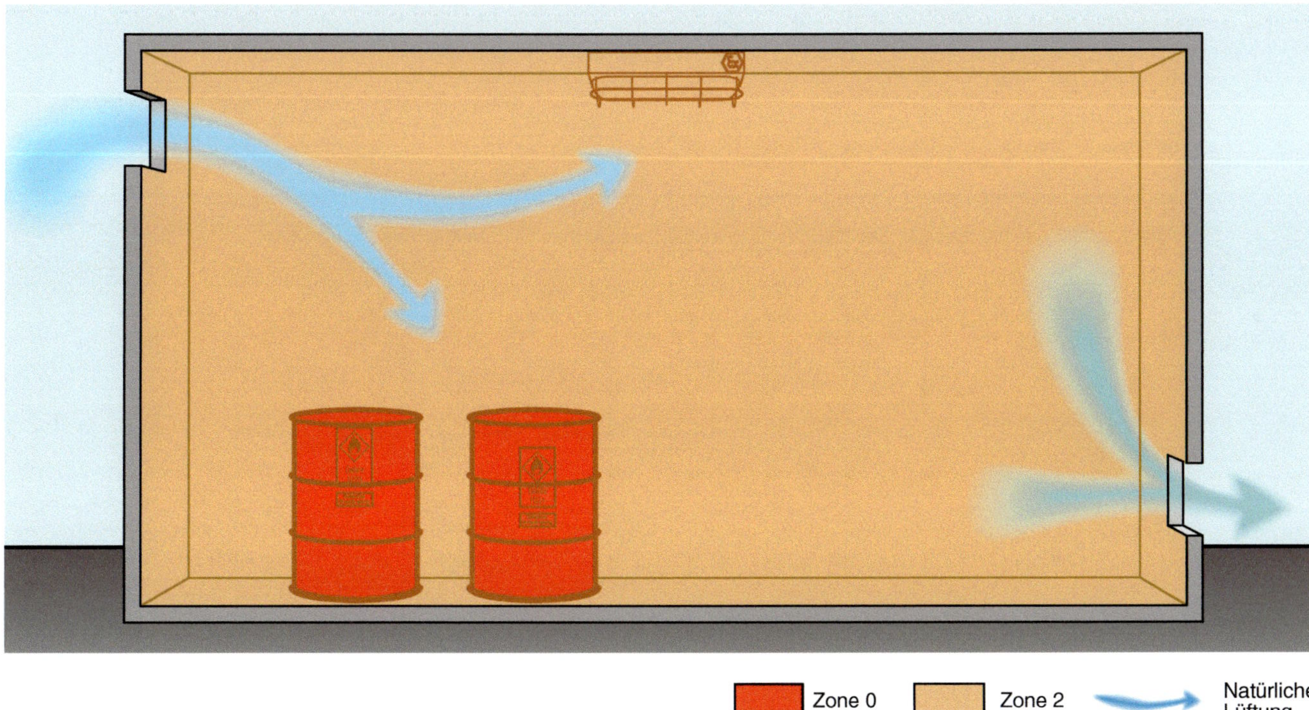

Bild 82: EX-RL-Beispielsammlung 2.11.1 b5) Läger;
in Räumen (Raumvolumen < 100 m^3; der Flammpunkt liegt nicht ausreichend über der Lagertemperatur; (Öffnen der Behälter kann nicht sicher ausgeschlossen werden); Behälter sind jedoch dicht verschlossen. Wie b1), jedoch nicht alle Bedingungen erfüllt, aber Behälter dicht verschlossen und natürliche Lüftung.

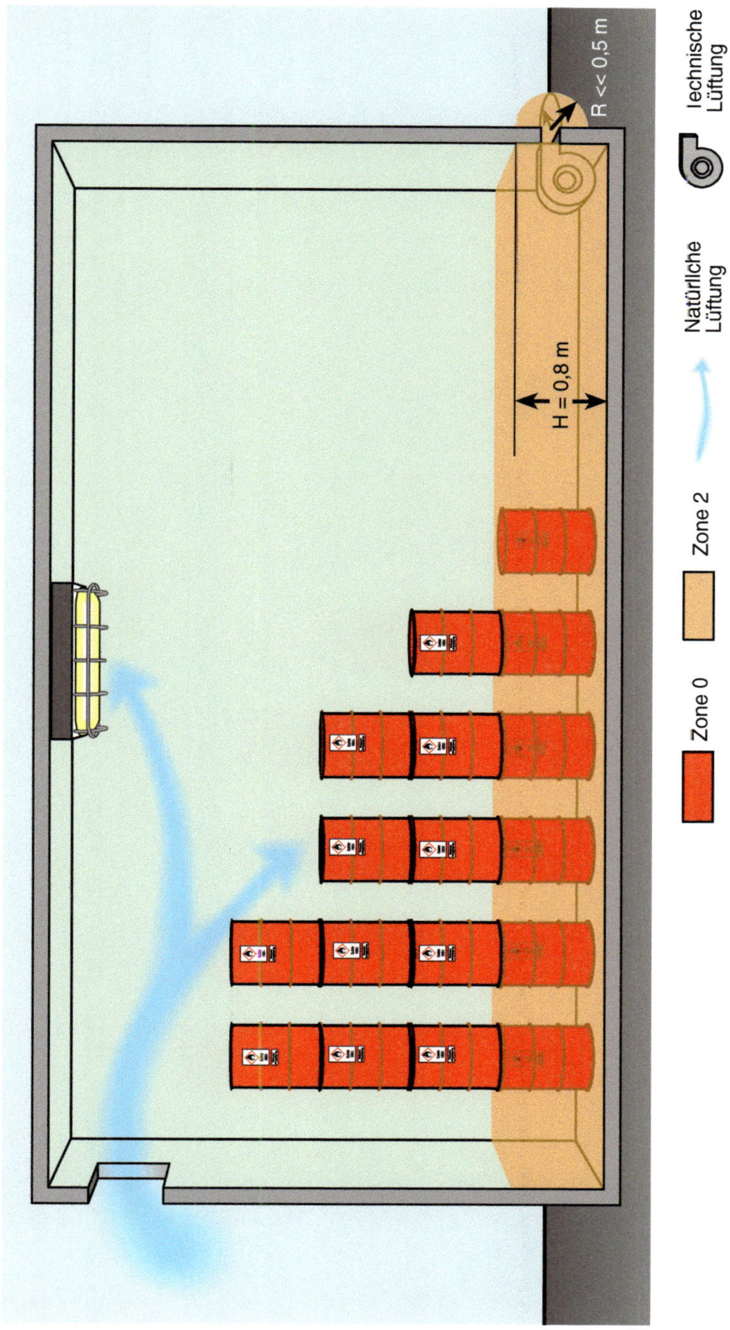

Bild 83: EX-RL-Beispielsammlung 2.11.1 b3) Läger;
in Räumen wie b1), jedoch nicht alle Bedingungen erfüllt, Raumvolumen größer 100 m^3, technische Lüftung des Raumes mit mindestens zweifachem Luftwechsel. Lüfter automatisch überwacht und Einleitung von Maßnahmen bei Störungsmeldung. Keine Lagerung entzündbarer Flüssigkeiten der Temperaturklasse T5 oder T6 sowie Diethylether.

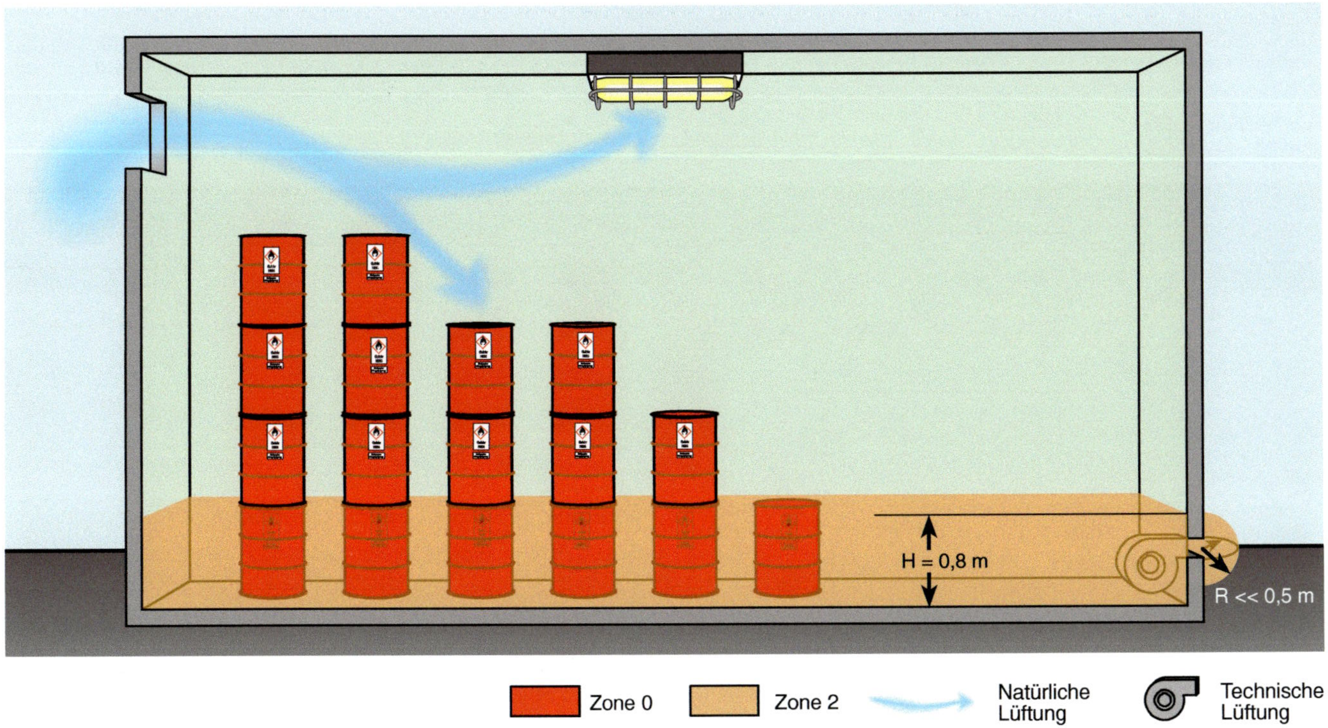

Bild 84: EX-RL-Beispielsammlung 2.11.1 b6) Läger;
in Räumen wie b5), jedoch nicht für Zone 2 geeignete Geräte, werden durch die Gaswarnanlage abgeschaltet. Geräte, deren potenzielle Zündquelle durch die Gaswarnanlage abgeschaltet werden, müssen nicht für den Einsatz in Zone 2 geeignet sein.

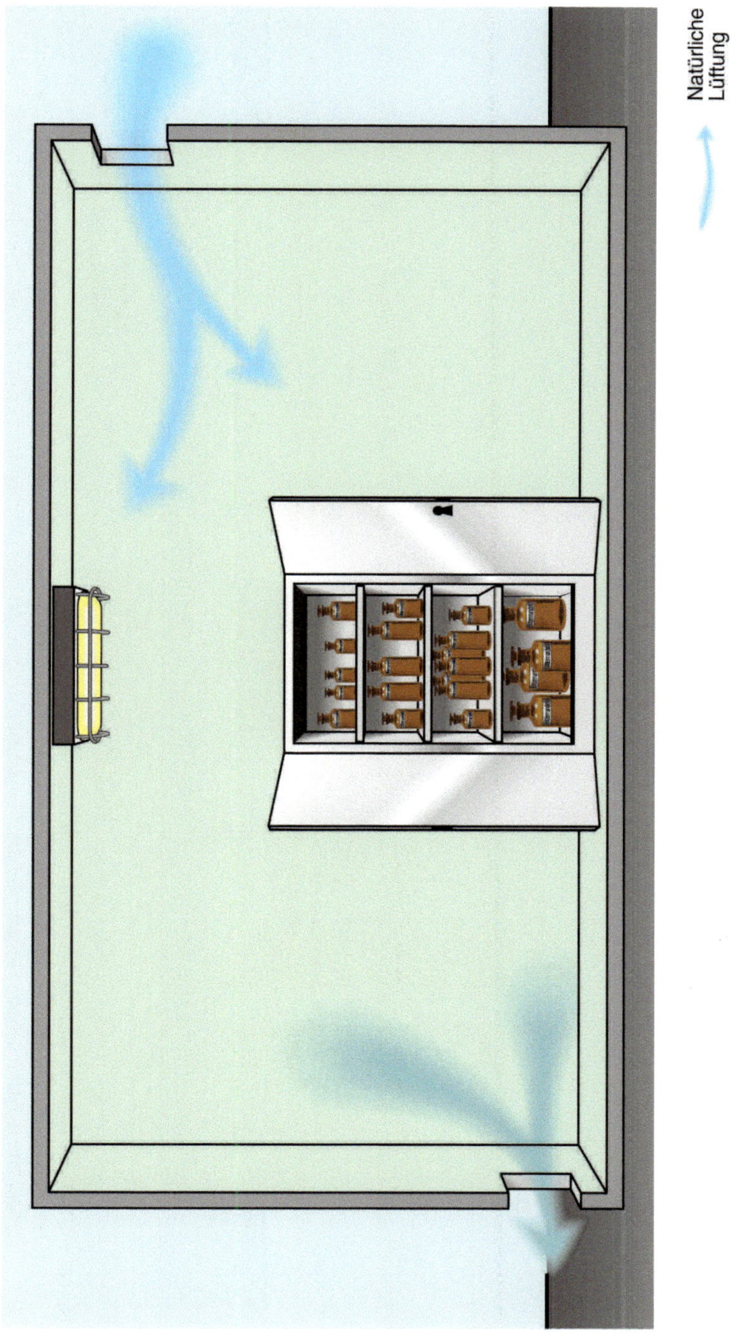

Bild 85: EX-RL-Beispielsammlung 2.11.2 a) Lagern im Sicherheitsschrank;
die UEG wird sicher unterschritten, da der Flammpunkt der brennbaren Flüssigkeit ausreichend über der Lagertemperatur liegt.

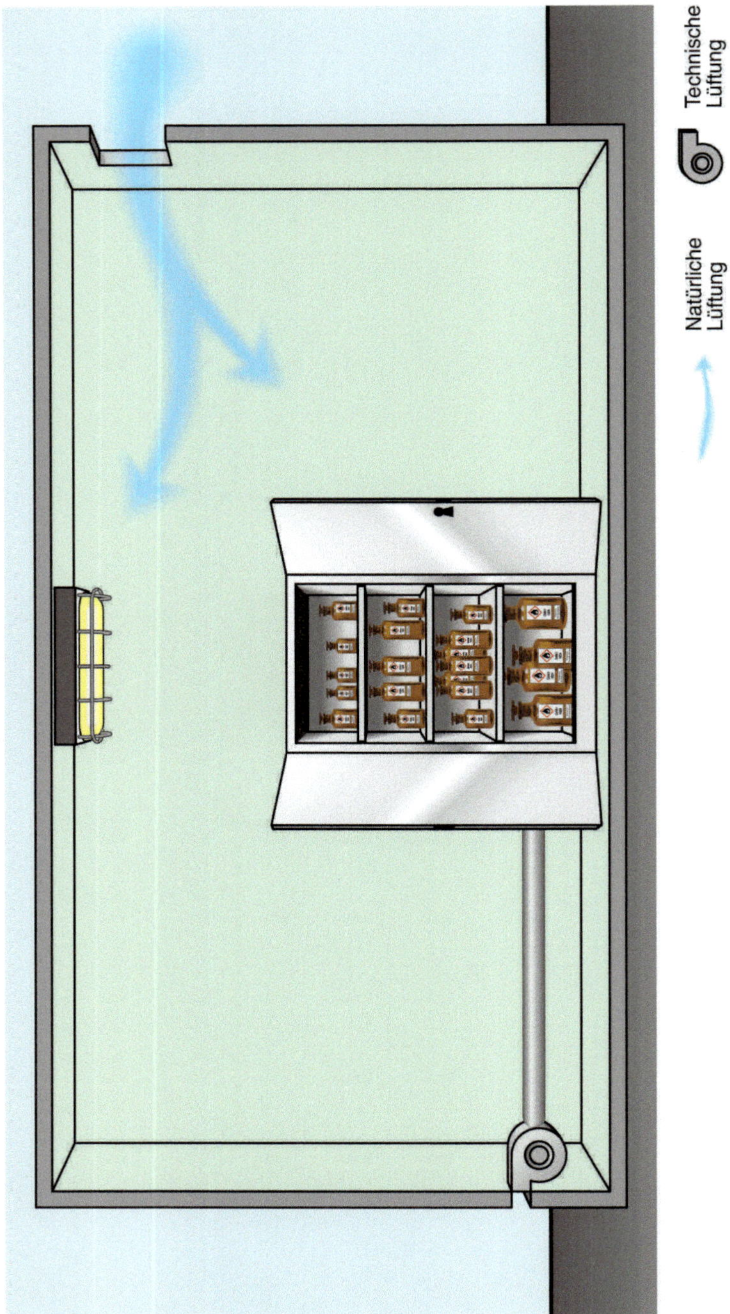

Bild 86: EX-RL-Beispielsammlung 2.11.2 b1) Lagern im Sicherheitsschrank;
der Flammpunkt liegt nicht ausreichend über der Lagertemperatur; Behälter dicht verschlossen, regelmäßige Kontrolle auf Dichtheit, Öffnen der Behälter ausgeschlossen (kein Abfüllen oder Umfüllen und keine Probenahme); Abstellen von Behältern ohne äußere Benetzung durch brennbare Flüssigkeiten; technische Lüftung.

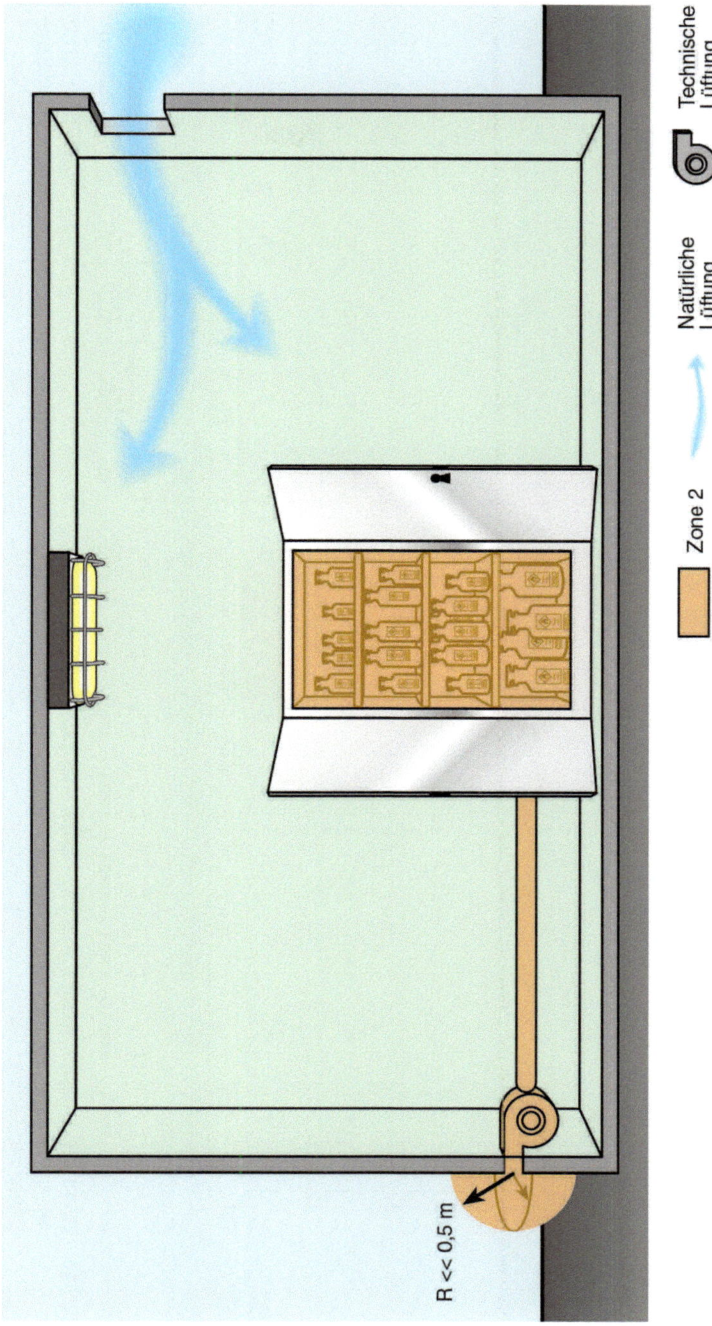

Bild 87: EX-RL-Beispielsammlung 2.11.2 b2) Lagern im Sicherheitsschrank;
der Flammpunkt liegt nicht ausreichend über der Lagertemperatur; die Forderungen des Punktes 2.11.2 b1) (siehe Bild 86) wurden nicht in allen Punkten erfüllt; Behälter sind jedoch dicht verschlossen und technische Lüftung vorhanden.

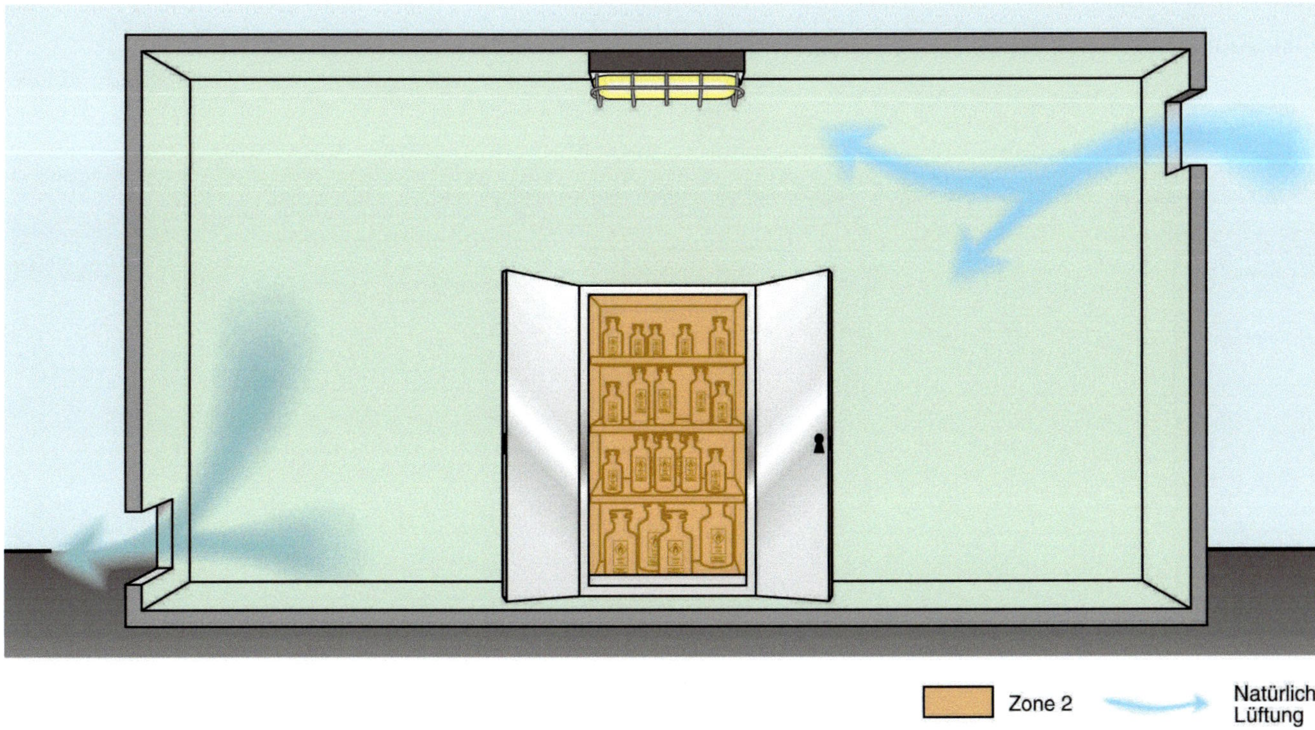

Bild 88: EX-RL-Beispielsammlung 2.11.2 b3) Lagern im Sicherheitsschrank;
der Flammpunkt liegt nicht ausreichend über der Lagertemperatur; Behälter dicht verschlossen, regelmäßige Kontrolle auf Dichtheit, Öffnen der Behälter ausgeschlossen (kein Abfüllen oder Umfüllen und keine Probenahme); Abstellen von Behältern ohne äußere Benetzung durch brennbare Flüssigkeiten; natürliche Lüftung.

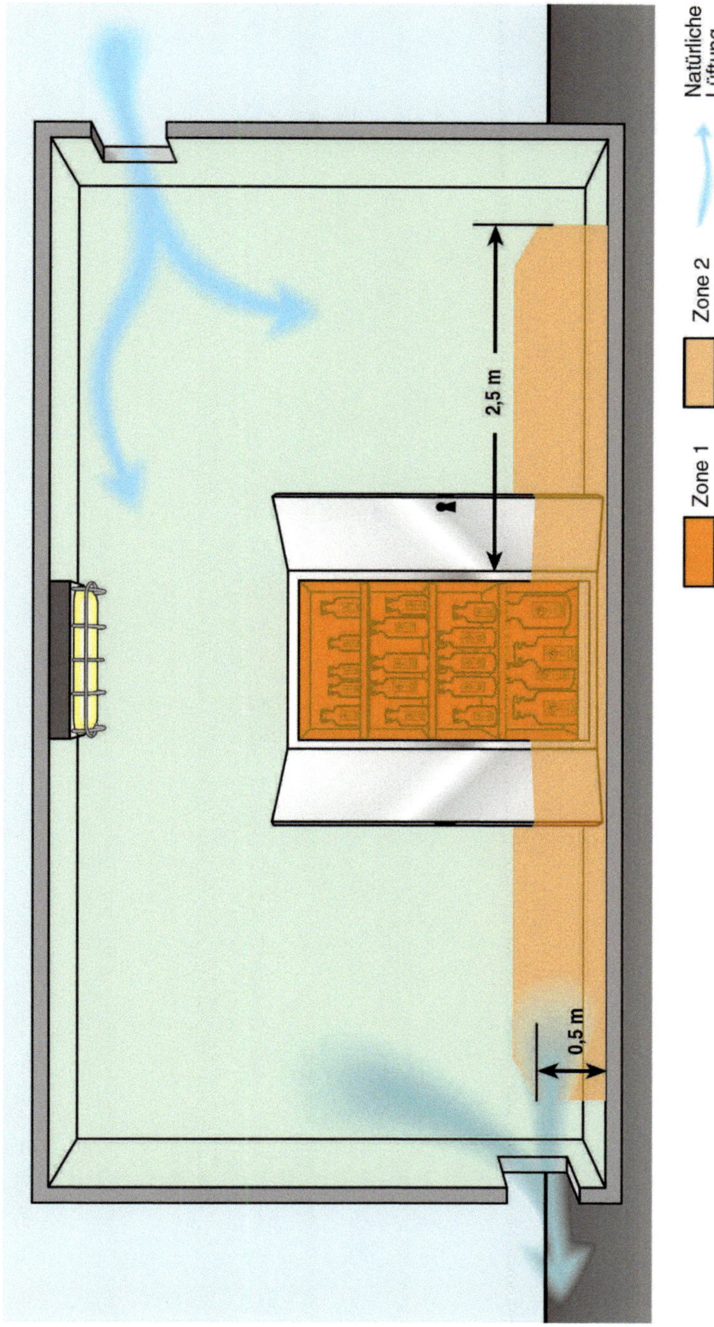

Bild 89: EX-RL-Beispielsammlung 2.11.2 b4) Lagern im Sicherheitsschrank;
der Flammpunkt liegt nicht ausreichend über der Lagertemperatur; die Forderungen des Punktes 2.11.2 b1) (siehe Bild 86) wurden nicht in allen Punkten erfüllt; Behälter sind jedoch dicht verschlossen; natürliche Lüftung vorhanden.

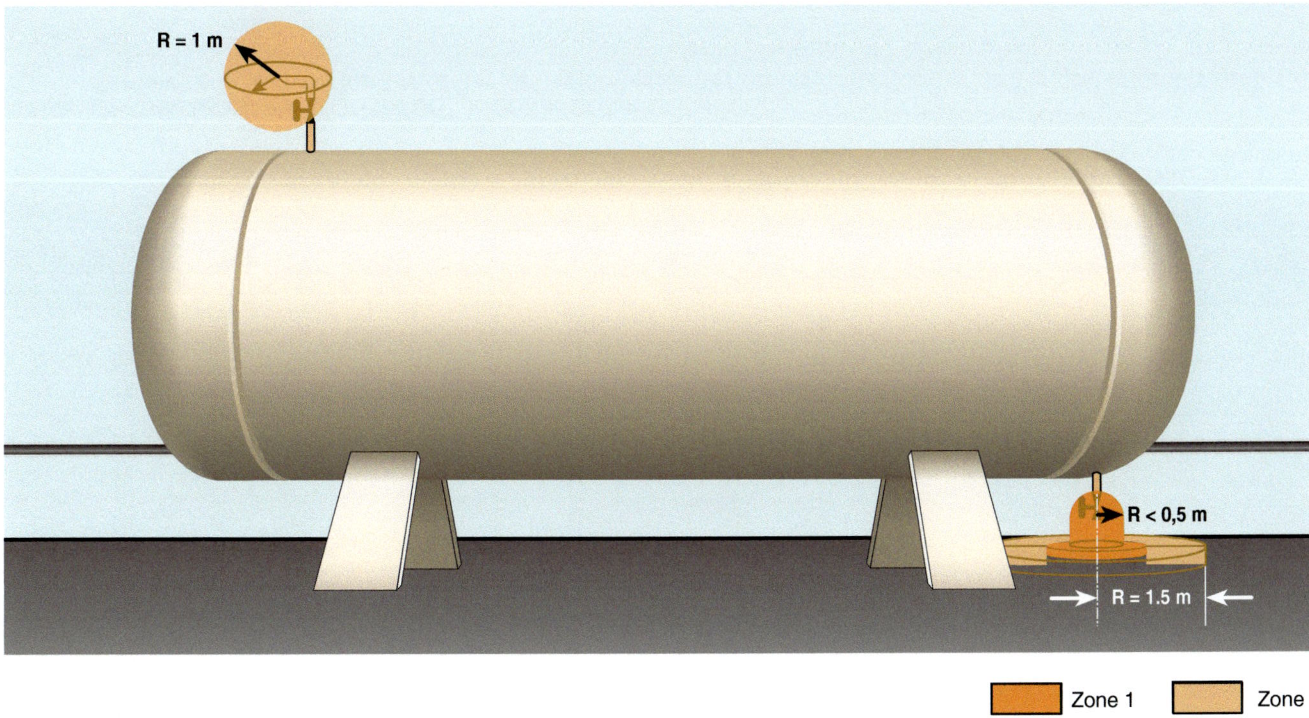

Bild 90: EX-RL-Beispielsammlung 2.13.2.1 Anlagen für brennbare Flüssigkeiten in der Petrochemie;
Entspannungs- und Entleerungseinrichtungen von Messsystemen, Ausblaseeinrichtungen von Instrumentenleitungen. Austritt nur kleiner Mengen an Gasen und Dämpfen unter ständiger Mitarbeiterkontrolle möglich, gegebenenfalls Einsatz von Rückhaltebehältern für mitgeführte Flüssigkeiten. 2.13.2.4 Manuell betätigte Systementwässerung – Temperatur liegt über Flammpunkt – mit offenem Auffangbehälter im Freien. Ablassen nach Sichtkontrolle, Bildung von g. e. A. durch Austritt brennbarer Flüssigkeit nicht auszuschließen, maximale Oberfläche 2 m^2.

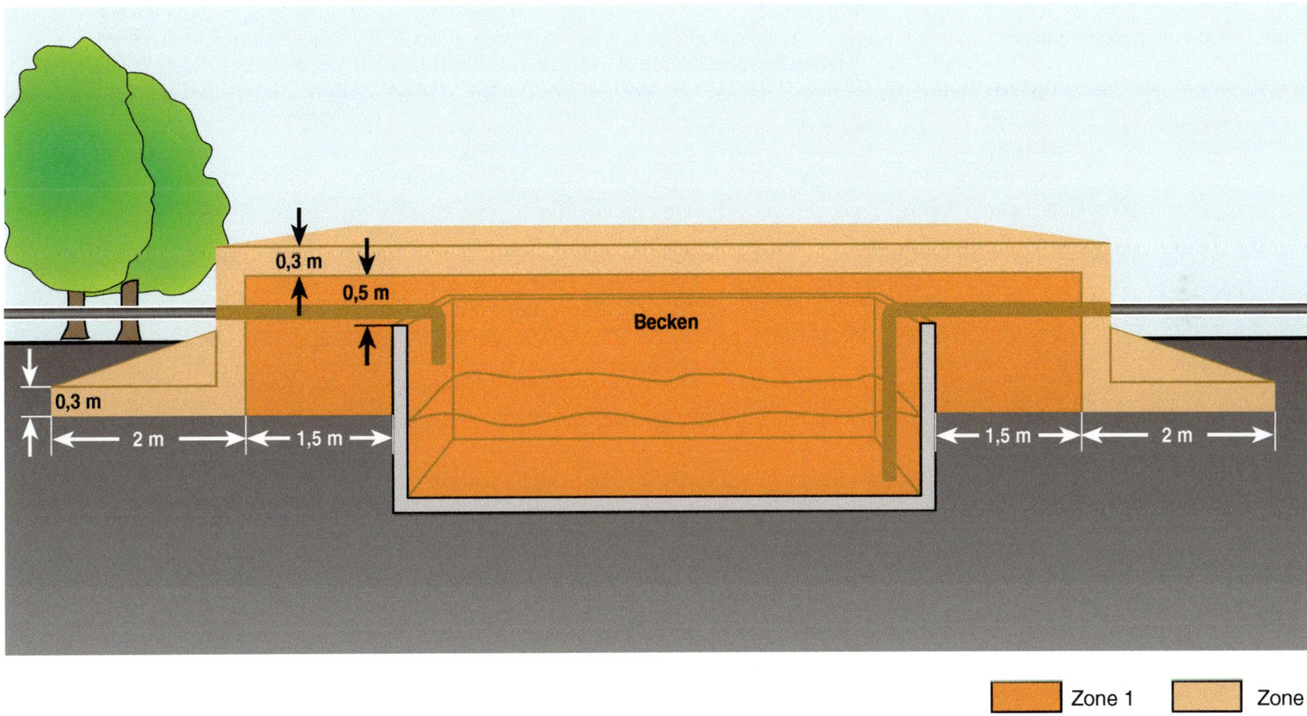

Bild 91: EX-RL-Beispielsammlung 2.13.3 a1) Absetzbecken oder -gruben im Freien zur Reinigung der Abwässer von Bestandteilen brennbarer Flüssigkeiten, Füllstand bis maximal 1 m unter Beckenoberkante;
Temperatur übersteigt nicht 30 °C, damit tragen nur die leicht flüchtigen Komponenten zur gefährlichen explosionsfähigen Atmosphäre bei; ohne Abdeckung.

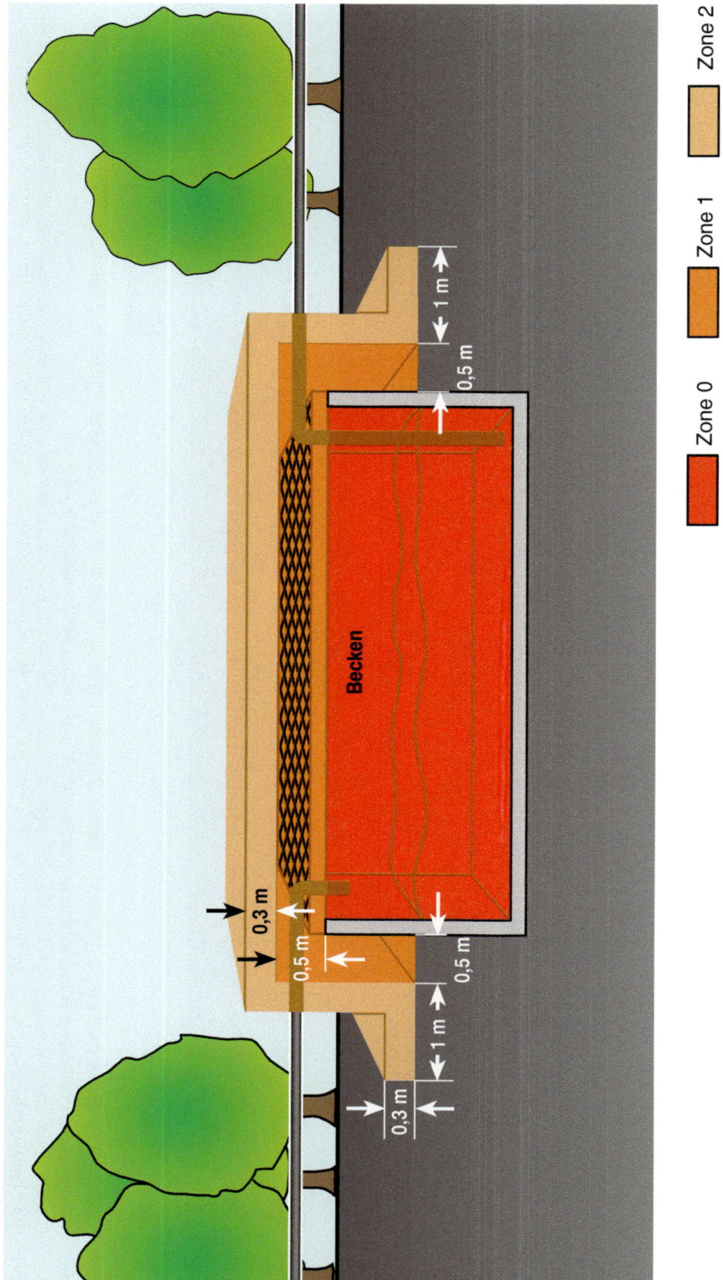

Bild 92: EX-RL-Beispielsammlung 2.13.3 a2) Absetzbecken oder -gruben im Freien zur Reinigung der Abwässer von Bestandteilen brennbarer Flüssigkeiten, Füllstand bis maximal 1 m unter Beckenoberkante;
Temperatur übersteigt nicht 30 °C, damit tragen nur die leicht flüchtigen Komponenten zur gefährliche explosionsfähige Atmosphäre bei; mit nicht dicht abschließender Abdeckung.

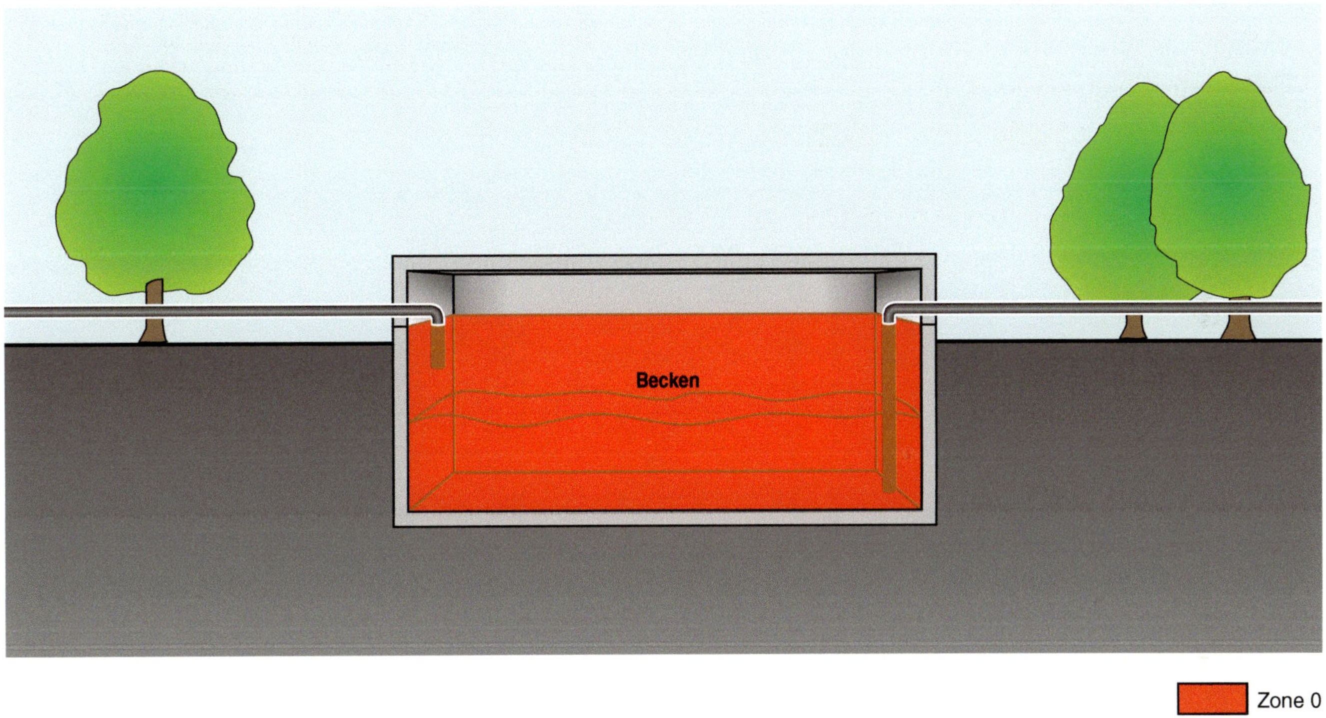

Bild 93: EX-RL-Beispielsammlung 2.13.3 a3) Absetzbecken oder -gruben im Freien zur Reinigung der Abwässer von Bestandteilen brennbarer Flüssigkeiten, Füllstand bis maximal 1 m unter Beckenoberkante;
Temperatur übersteigt nicht 30 °C, damit tragen nur die leicht flüchtigen Komponenten zur gefährliche explosionsfähige Atmosphäre bei; dicht abschließende Abdeckung.

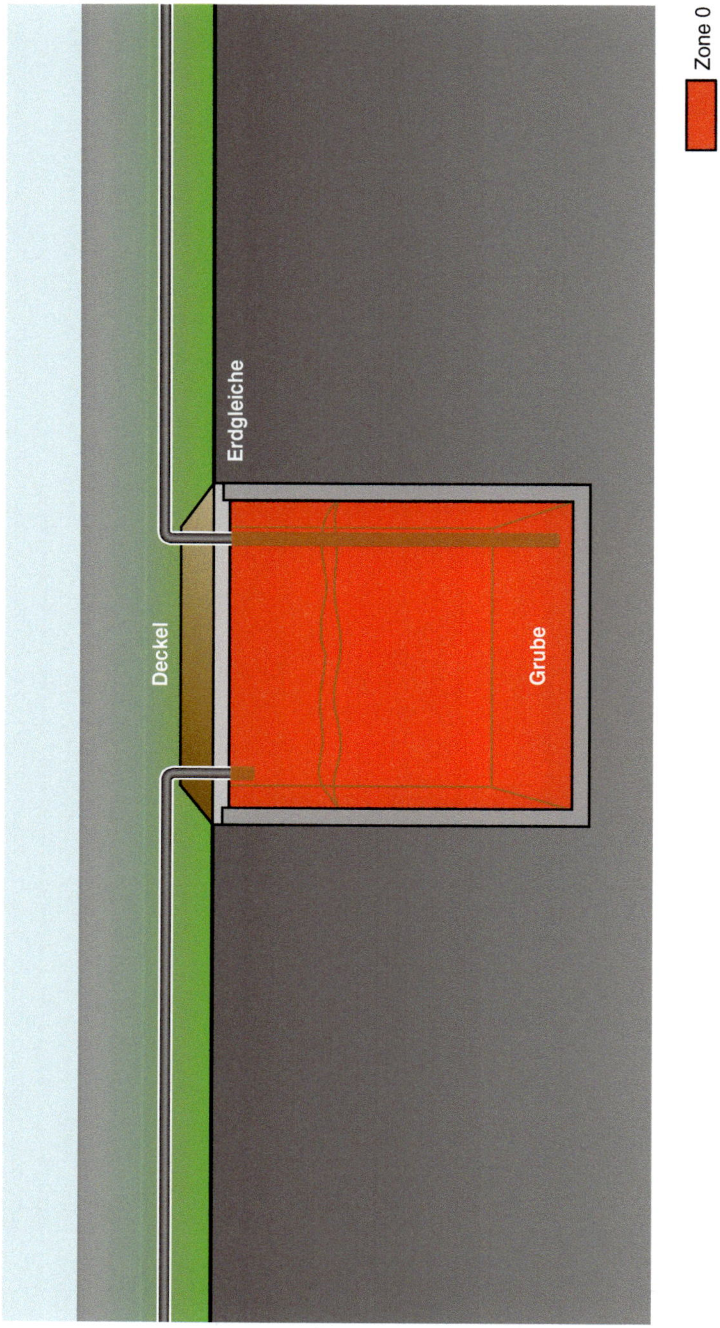

Bild 94: EX-RL-Beispielsammlung 2.13.5 a) Gruben, Schächte und ähnliches mit offenem Sumpf (z. B. Pumpensumpf); im Freien; ständige aufschwimmende Phase (Oberphase) von brennbaren Flüssigkeiten, Flammpunkt wird nicht sicher unterschritten; Öffnung dicht abgedeckt.

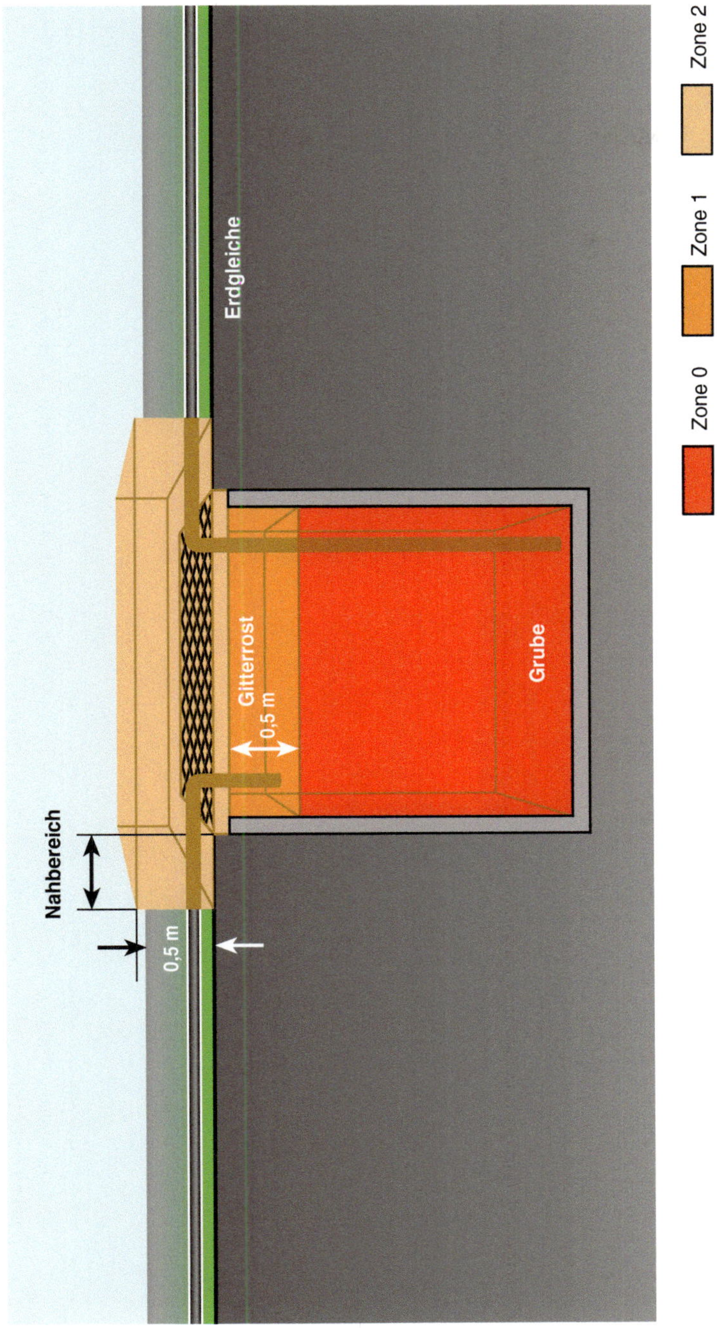

Bild 95: EX-RL-Beispielsammlung 2.13.5 b) Gruben, Schächte u. ä. mit offenem Sumpf (z. B. Pumpensumpf); im Freien;
Ständige aufschwimmende Phase (Oberphase) von brennbaren Flüssigkeiten, Flammpunkt wird nicht sicher unterschritten; mit Öffnungen, z. B. Gitterrost.

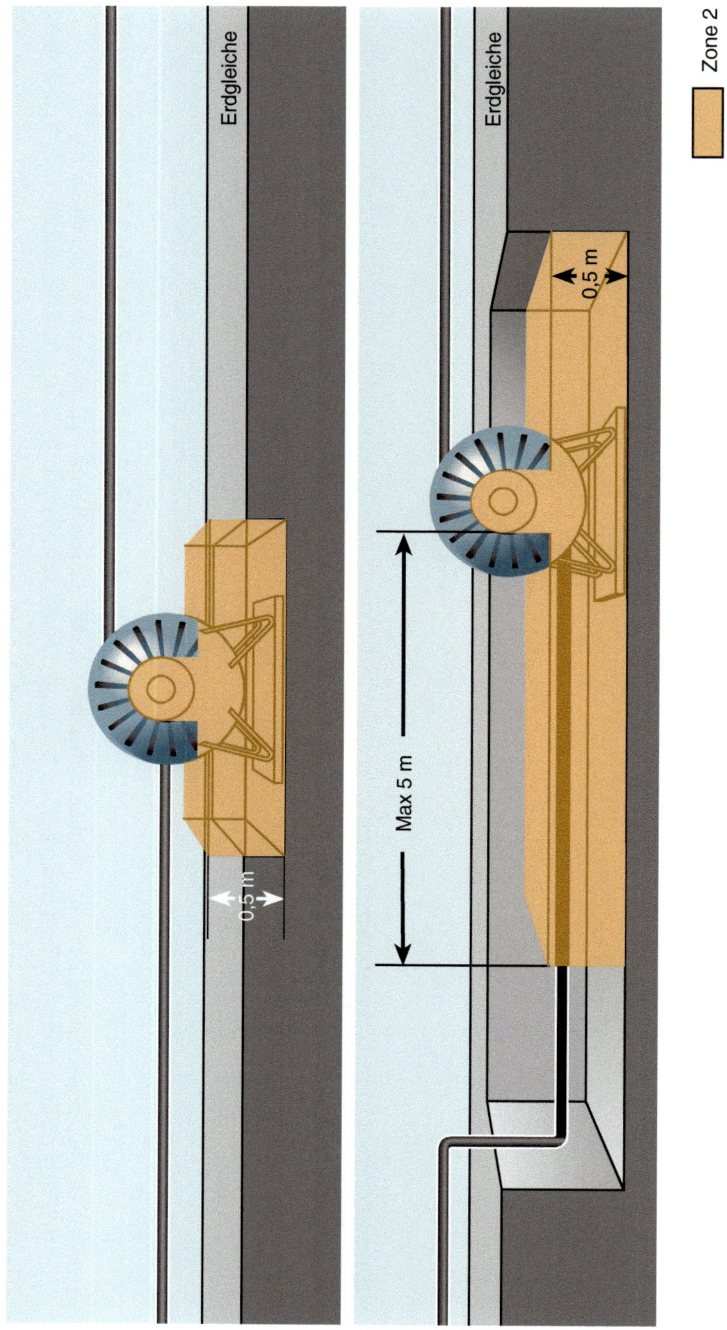

Bild 96: EX-RL-Beispielsammlung 2.13.5 b) Pumpen;
im Freien unter Erdgleiche; technisch dichte Pumpen in Vertiefung (Tiefe kleiner als 1/10 der Breite und kleiner als 1,50 m), Kühlluftstrom der Motoren gegen Pumpen gerichtet; Bildung von gefährlicher explosionsfähiger Atmosphäre durch Leckagen möglich.

Bild 97: EX-RL-Beispielsammlung 2.13.5 c) Pumpen;
im Freien; unter Erdgleiche; technisch dichte Pumpen in Grube.

2.4 Fallbeispiele für brennbare Stäube nach EX-RL (DGUV Regel 113-001)

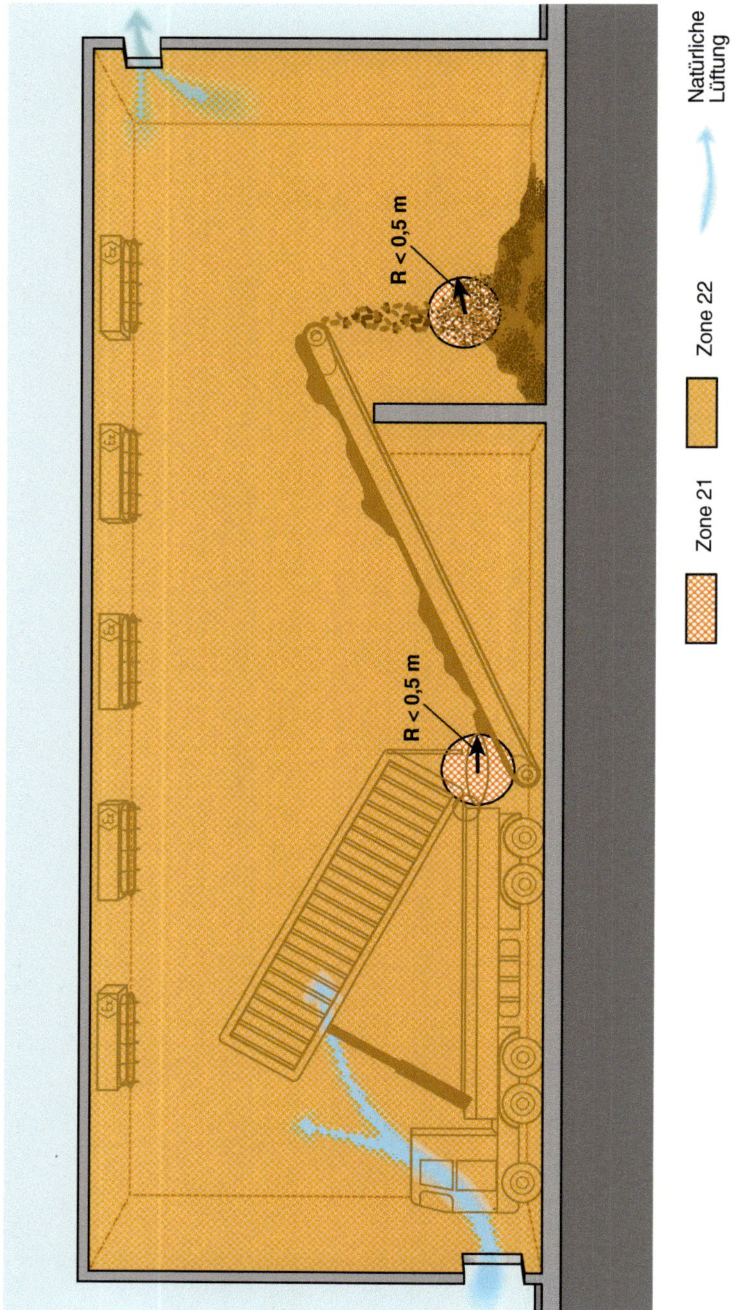

Bild 98: EX-RL-Beispielsammlung 3.3.1.1 d) Läger in Speichern und Hallen;
offene Lagerung als Schüttgut; gefährliche explosionsfähige Atmosphäre tritt beim Ein- und Auslagern, Umschütten auf; Staubablagerungen sind vorhanden; natürliche Lüftung. Wie c), jedoch ist g. e. A. gelegentlich im Bereich der Abwurf- bzw. Auftreffstelle zu erwarten. Staubablagerungen sind vorhanden.

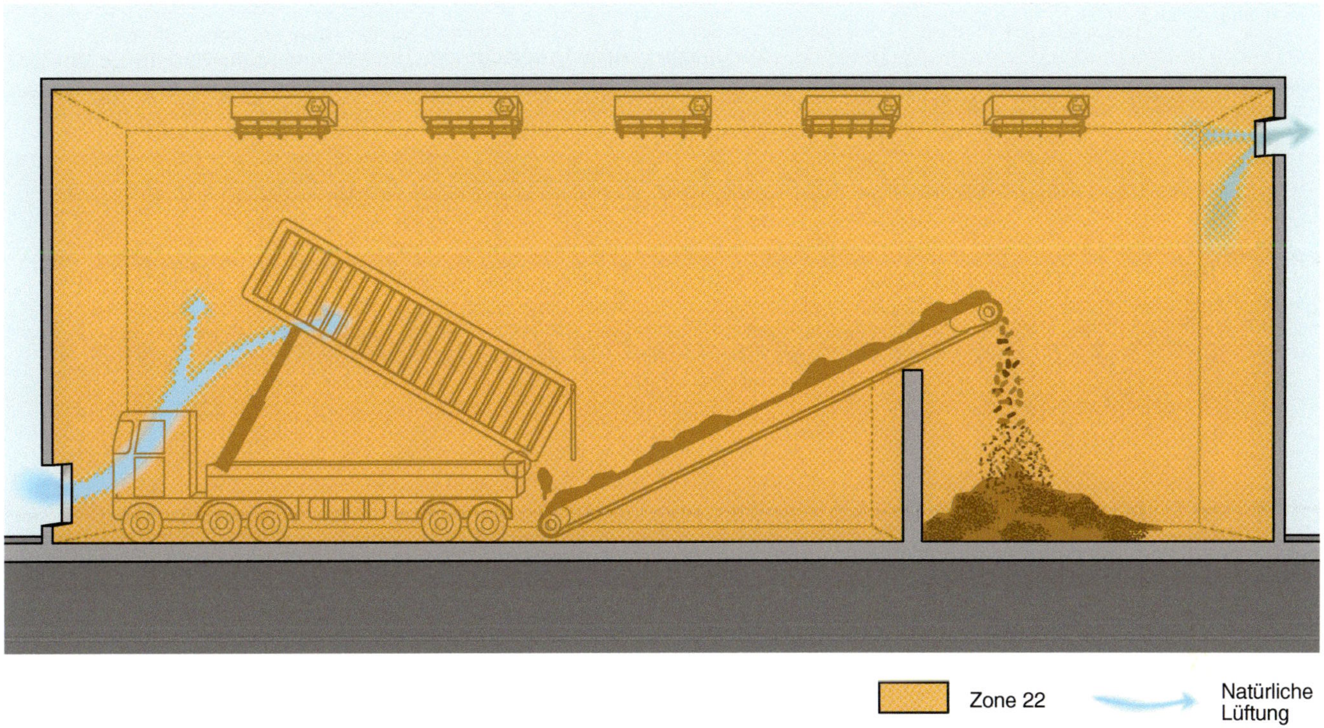

Bild 99: EX-RL-Beispielsammlung 3.3.1.1 c) Läger in Speichern und Hallen;
offene Lagerung als Schüttgut mit geringer Staubfreisetzung (abhängig von den Stoffeigenschaften, wie Korngrößenverteilung, Dichte, Feuchte, Wirbelfähigkeit); gefährliche explosionsfähige Atmosphäre ist im Bereich der Abwurf- bzw. Auftreffstelle nicht zu erwarten; Staubablagerungen sind vorhanden; natürliche Lüftung.

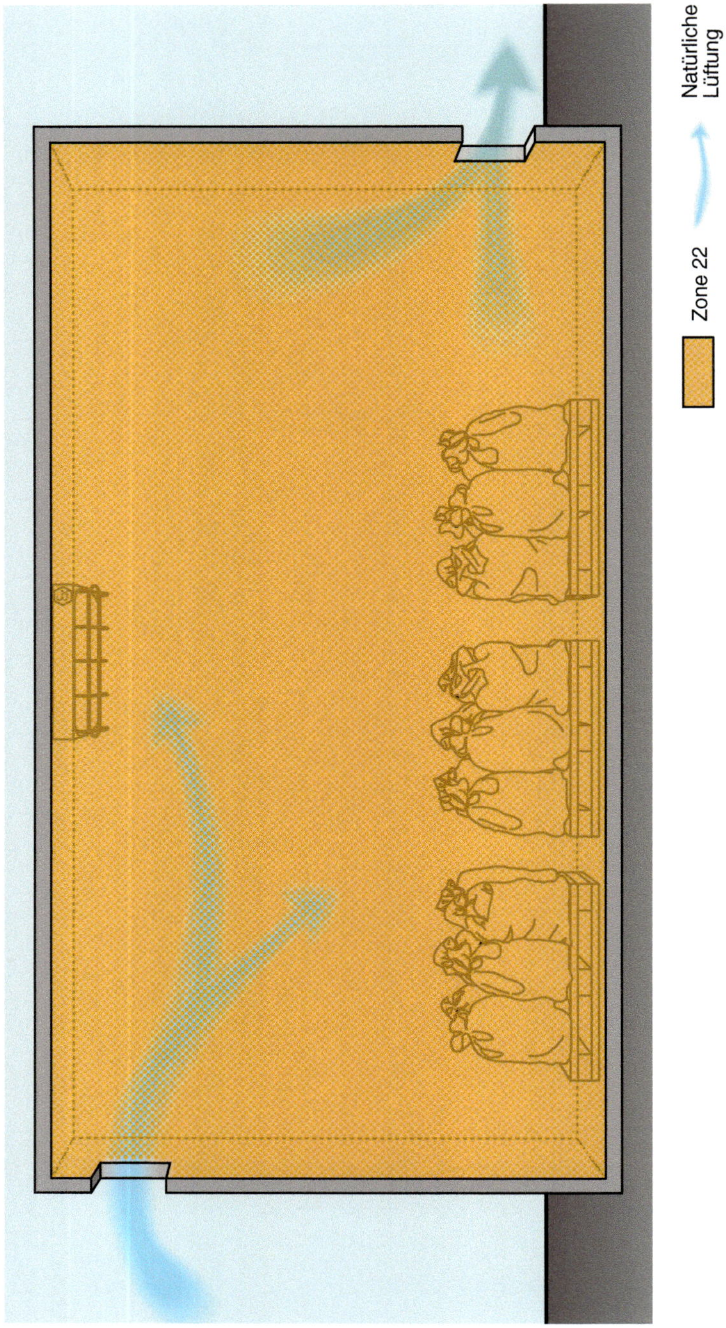

Bild 100: EX-RL-Beispielsammlung 3.3.1.1b) Läger in Speichern und Hallen;
Lagerung in staubdurchlässigen Gebinden, wie z. B. Jutesäcken; Staubablagerungen sind vorhanden; natürliche Lüftung.

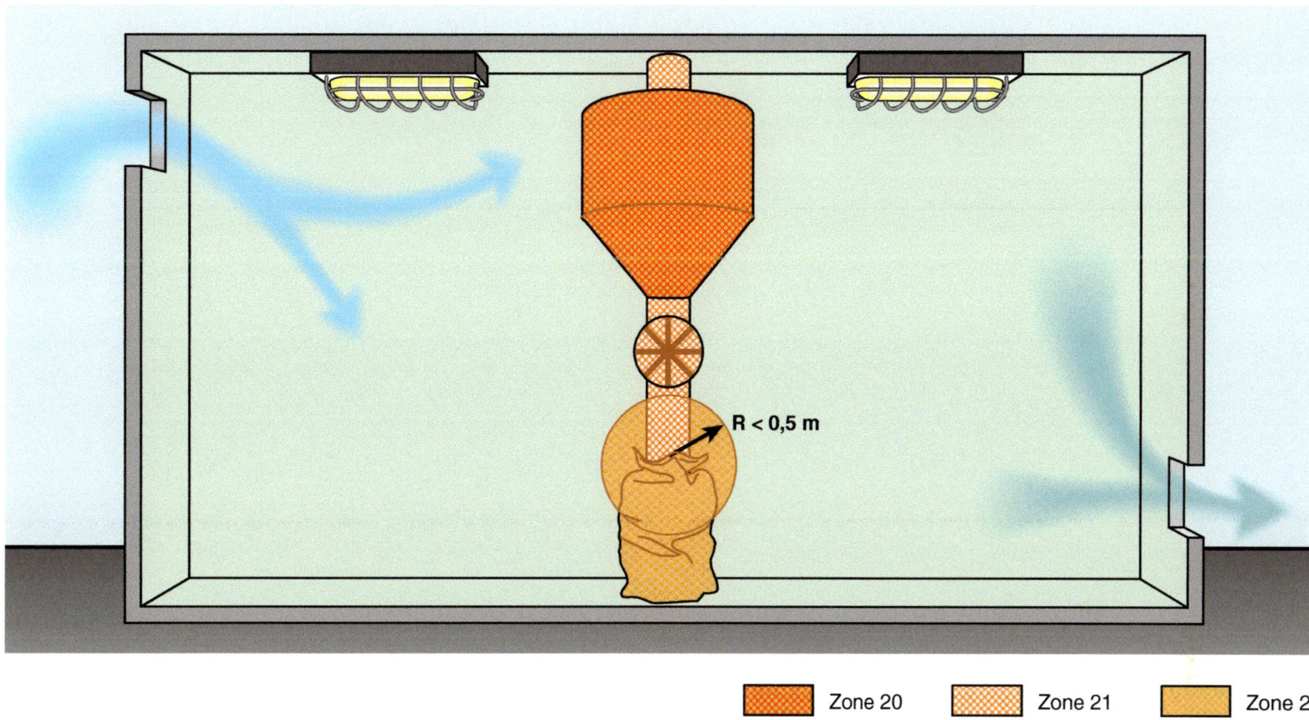

Bild 101: EX-RL-Beispielsammlung 3.3.2.1c) Befüllen und Entleeren (z. B. Sackaufgabestellen);
es kann zu Staubfreisetzungen kommen; keine unmittelbare Reinigung und 3.3.2.1. d) Es kann zu Staubfreisetzungen kommen, die nicht unmittelbar zur Bildung von g. e. A. führen. Trotz regelmäßiger Reinigung können begrenzte Staubablagerungen nicht vermieden werden.

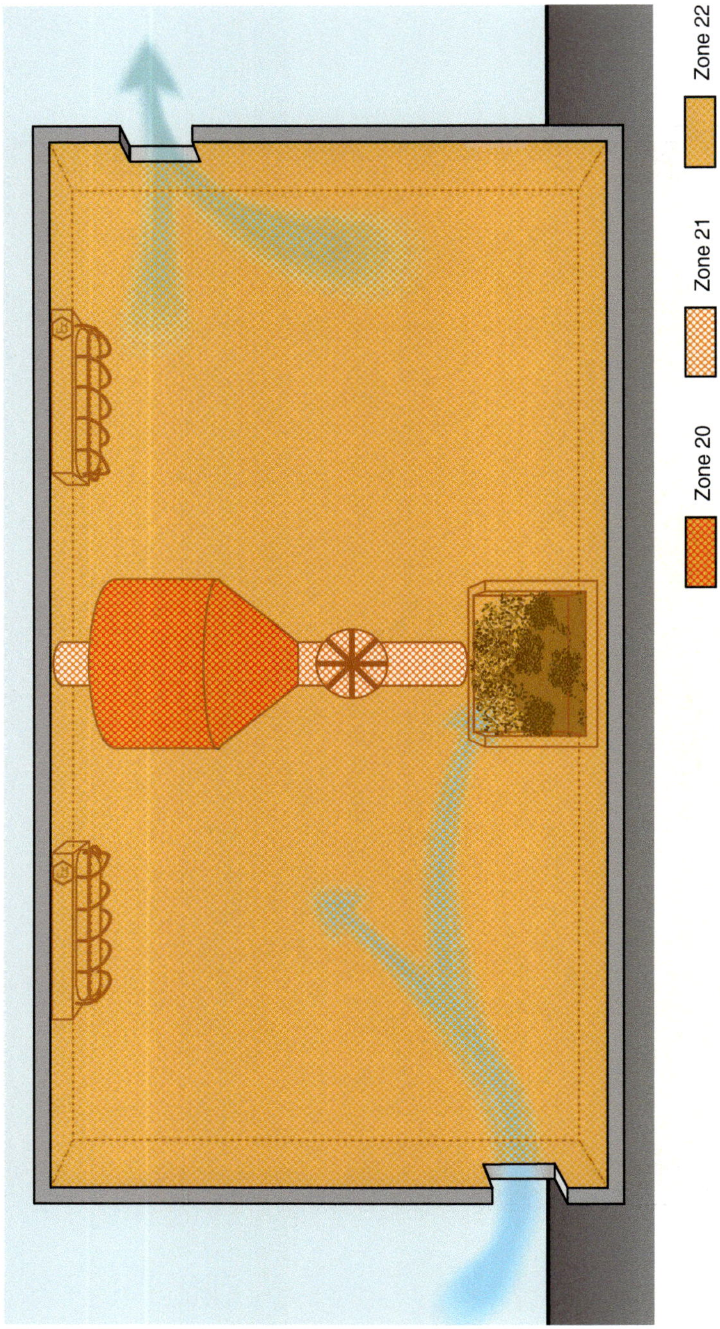

Bild 102: EX-RL-Beispielsammlung 3.3.2.1e) Befüllen und Entleeren (z. B. Sackaufgabestellen); Dichtheit der Apparatur bei Normalbetrieb nicht gewährleistet; Staubablagerungen treten im gesamten Raum auf; die Konzentration des austretenden Staubes liegt in der Regel unter der UEG; natürliche Lüftung.

Bild 103: EX-RL-Beispielsammlung 3.3.3.1.1 Beladen von Getreide und Futtermitteln auf offene Fahrzeuge in Räumen;
Hinweis: Das Beladen erfolgt üblicherweise in allseitig geschlossenen Durchfahrten mit Rolltoren an der Ein- und Ausfahrt. Beim Auslaufen am Verladetrichter und Aufschütten in offene Fahrzeuge lässt sich bei Produkten mit hohem Staubanteil durch Staubabsaugung gefährliche explosionsfähige Atmosphäre nicht immer vermeiden; Objektabsaugung, und 3.3.4.2 a) Die Konzentration liegt während der Förderung so hoch, dass nur bei An- und Abfahrvorgängen (z. B. Dichtstromförderer) g. e. A. zu erwarten ist.

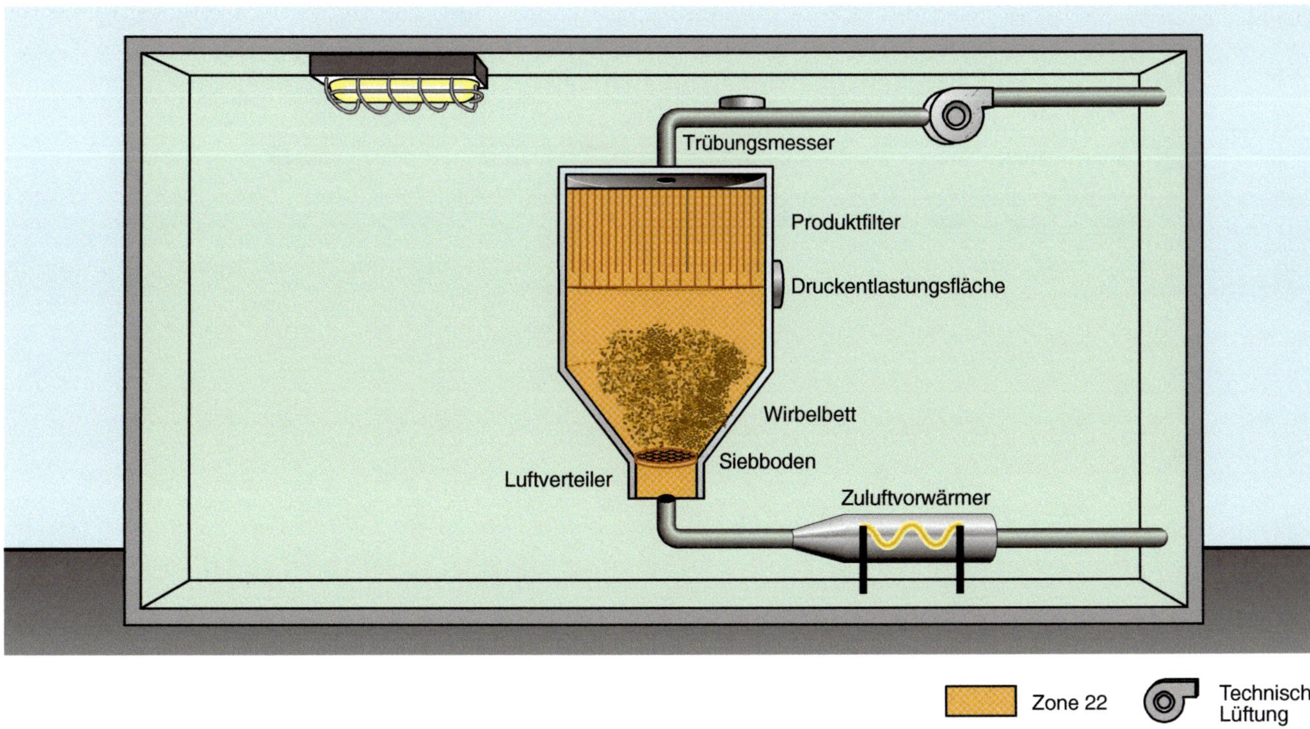

Bild 104: EX-RL-Beispielsammlung 3.3.9.1.1 Wirbelschichttrockner auf Dauer technisch dicht;
1. Zuluftvorwärmer: konstruktionsbedingt kein Eindringen von Staub in gefahrdrohender Menge; **2. Luftverteiler**: kann Produkt durch den Luftverteilerboden fallen, sind Staubablagerungen entsprechend zu berücksichtigen; **3. Produktraum:** b) Im Produktraum ist beim Trocknen grobkörniger, staubfreier Produkte gefährliche explosionsfähige Atmosphäre nicht zu erwarten.

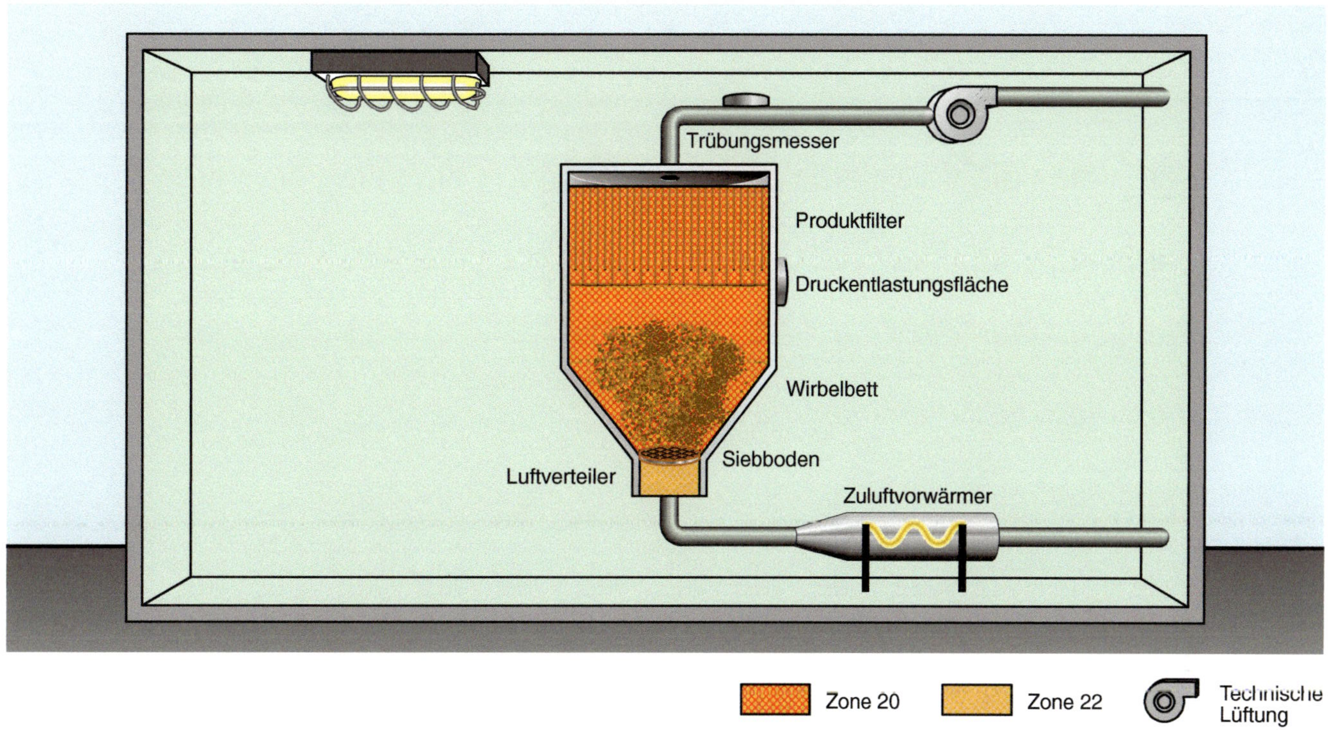

Bild 105: EX-RL-Beispielsammlung 3.3.9.1 b) Wirbelschichttrockner auf Dauer technisch dicht;
1. Zuluftvorwärmer: konstruktionsbedingt kein Eindringen von Staub in gefahrdrohender Menge, **2. Luftverteiler:** kann Produkt durch den Luftverteilerboden fallen, sind Staubablagerungen entsprechend zu berücksichtigen; **3. Produktraum:** c) Im Produktraum ist beim Trocknen staubförmiger Produkte bei normalem Betrieb gefährliche explosionsfähige Atmosphäre zu erwarten 3.3.9.1.1.a.

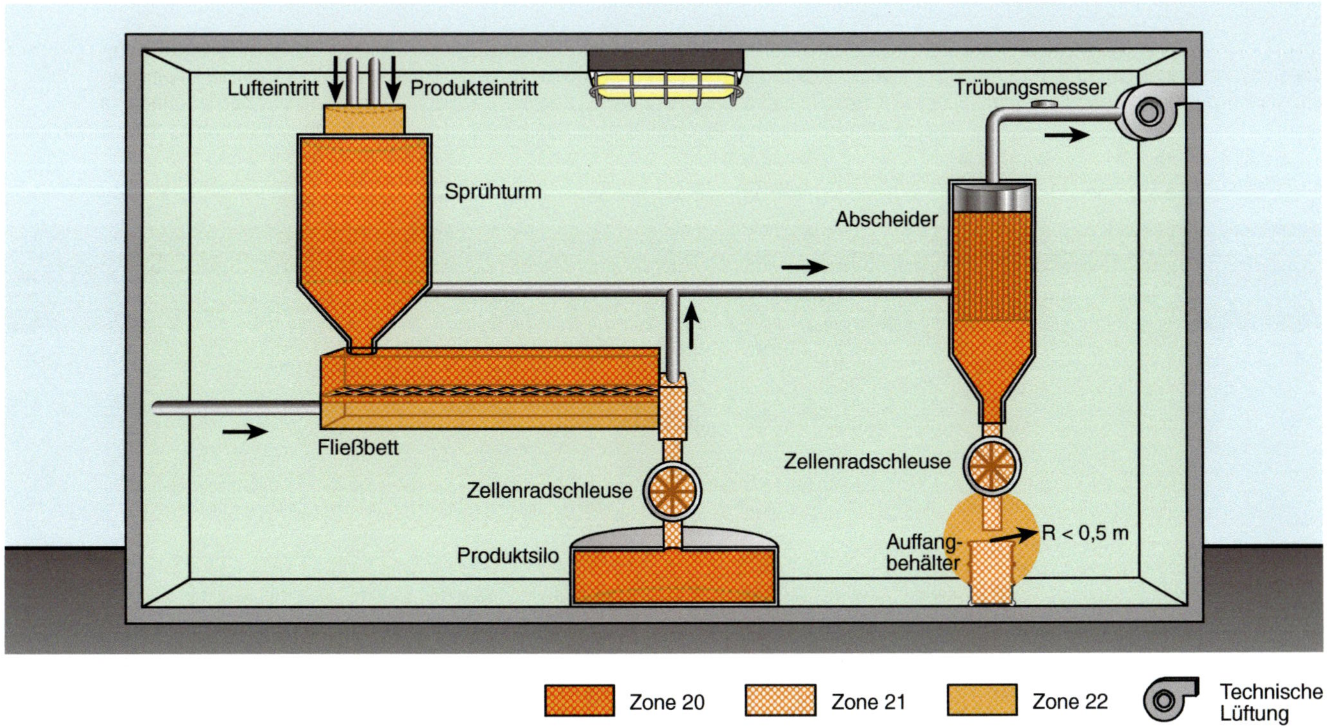

Bild 106: EX-RL-Beispielsammlung 3.3.9.2.1 Sprühtrocknungsanlagen auf Dauer technisch dicht;
1. Luftzuführung: kein Eindringen von Staub in gefahrdrohender Menge; Luftvorwärmung indirekt; **2. Produktraum:** a) Im Produktraum ist gefährliche explosionsfähige Atmosphäre vorhanden; **3. Fließbett**: a) In Teilbereichen ist gefährliche explosionsfähige Atmosphäre vorhanden. Staubablagerungen sind zu berücksichtigen, insbesondere auch unterhalb des Luftverteilerbodens **und** 3.3.4 Filternde Abscheider; **Rohgasraum:** a) Die Konzentration des Staubes, liegt betriebsmäßig überwiegend im Explosionsbereich oder das regelmäßige Abreinigen des Filtermediums erfolgt häufig; **Reingasraum**: d) Trübungsmesser auf Reinluftseite. 3.3.9.2.2.a) G. e. A. während des Betriebes der Anlage ständig oder häufig vorhanden. Dies gilt auch für den An- und Abfahrbetrieb. Und 3.3.9.2.3 a) Oberhalb des Siebbodens: G. e. A. während des Betriebes der Anlage ständig oder überwiegend vorhanden. Dies gilt auch für den An- und Abfahrbetrieb. Unterhalb des Siebbodens: G. e. A. selten, nur durch Staubablagerungen möglich.

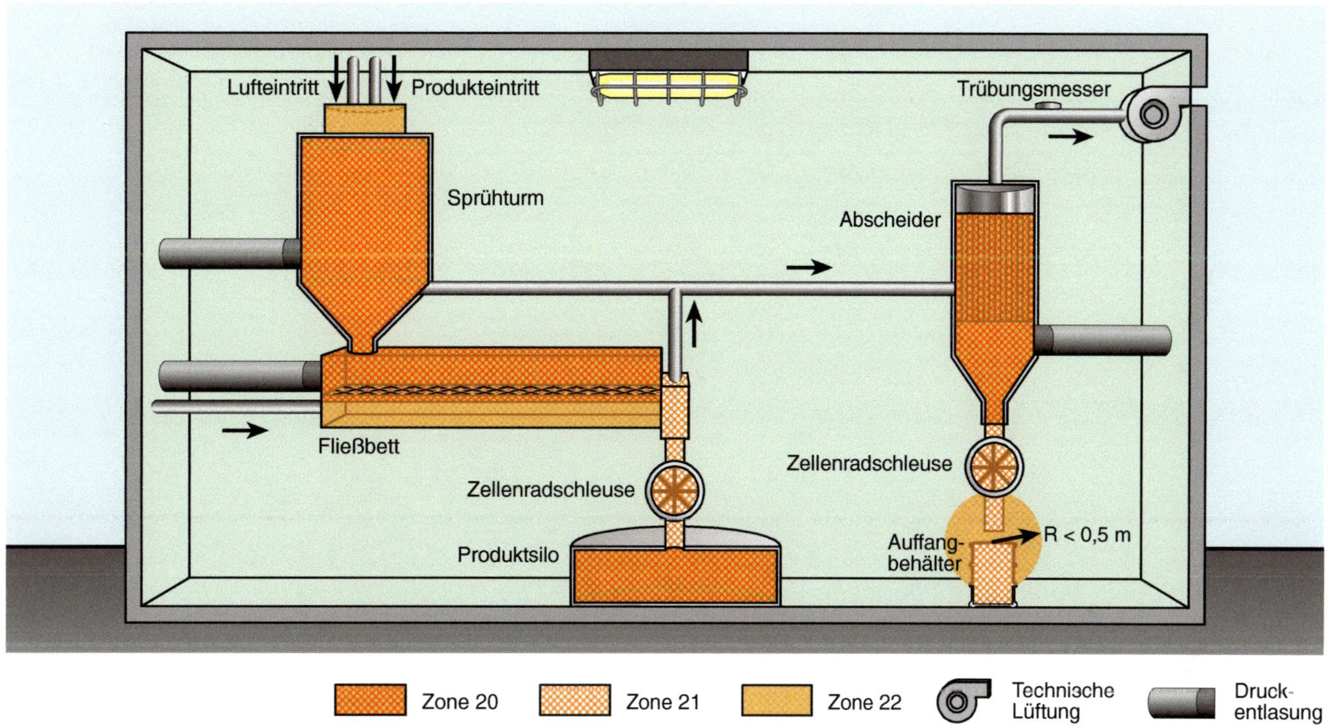

Bild 107: EX-RL-Beispielsammlung 3.3.9.2.2 a) Sprühtrocknungsanlagen;
auf Dauer technisch dicht; Bedingungen wie Bild 106, jedoch können Zündquellen prozessbedingt bzw. apparativ nicht vollständig vermieden werden. 3.3.9.2.3 b) Wie a), jedoch wirksame Zündquellen sind nicht sicher vermieden. Oberhalb des Siebbodens: Wie a). Unterhalb des Siebbodens: Wie a).

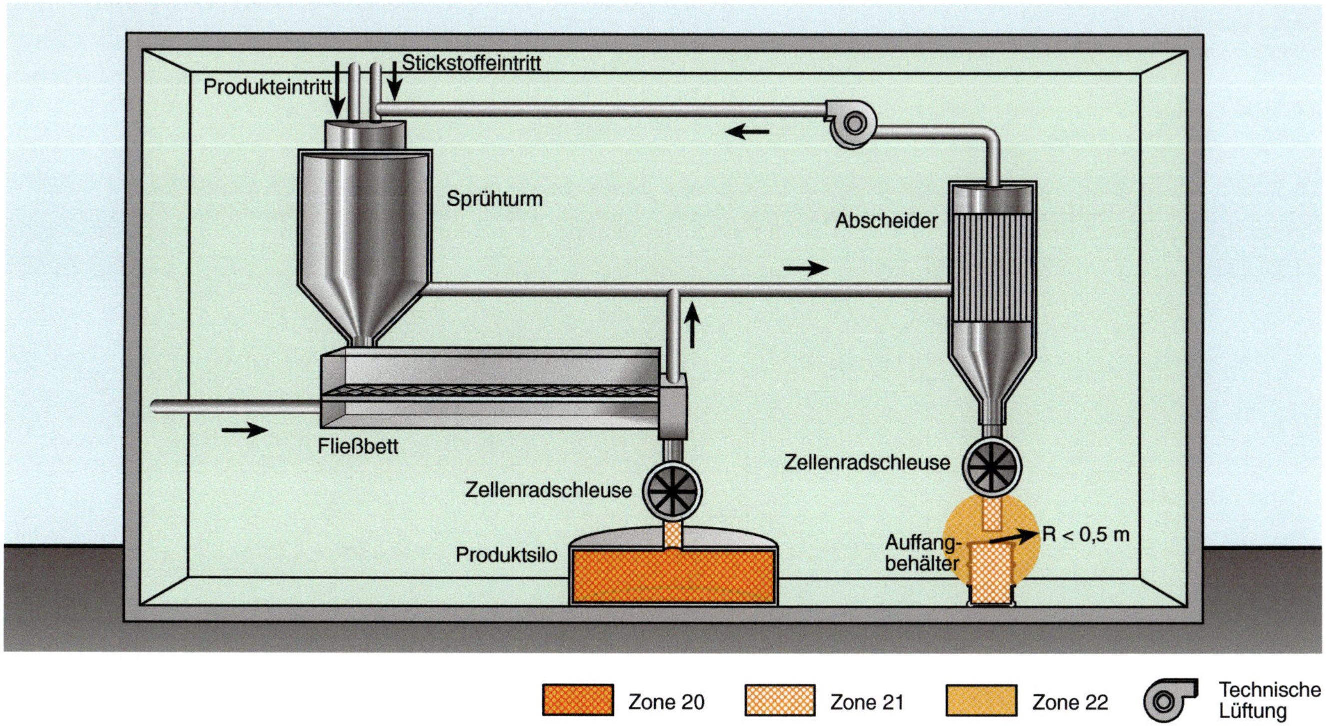

Bild 108: EX-RL-Beispielsammlung 3.3.9.2.2 c) Sprühtrocknungsanlagen;
auf Dauer technisch dicht; Bedingungen wie Bild 106, jedoch können Zündquellen prozessbedingt bzw. apparativ nicht vollständig vermieden werden, so dass die Gesamtanlage außer Produktsilo inertisiert wird.

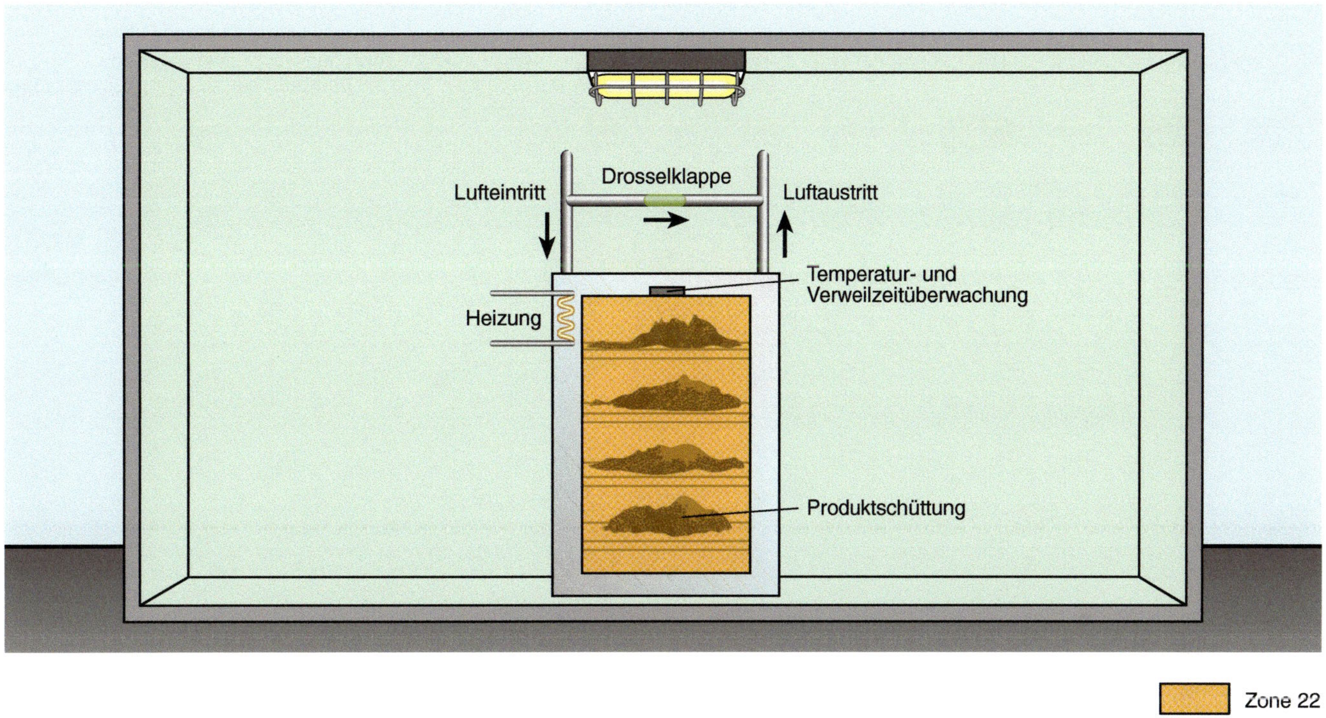

Bild 109: EX-RL-Beispielsammlung 3.3.9.3 Hordentrockner/Tellertrockner;
Hinweis: gefährliche explosionsfähige Atmosphäre tritt während des Trocknungsvorgangs normalerweise nicht auf. Die Trocknungstemperatur liegt verlässlich unterhalb des Schwelpunktes und der Selbstentzündungstemperatur der vorliegenden Produktschüttung; gefährliche explosionsfähige Atmosphäre kurzzeitig durch Aufwirbeln abgelagerten Staubes in Folge von betrieblichen Störungen möglich. Siehe auch 3.2

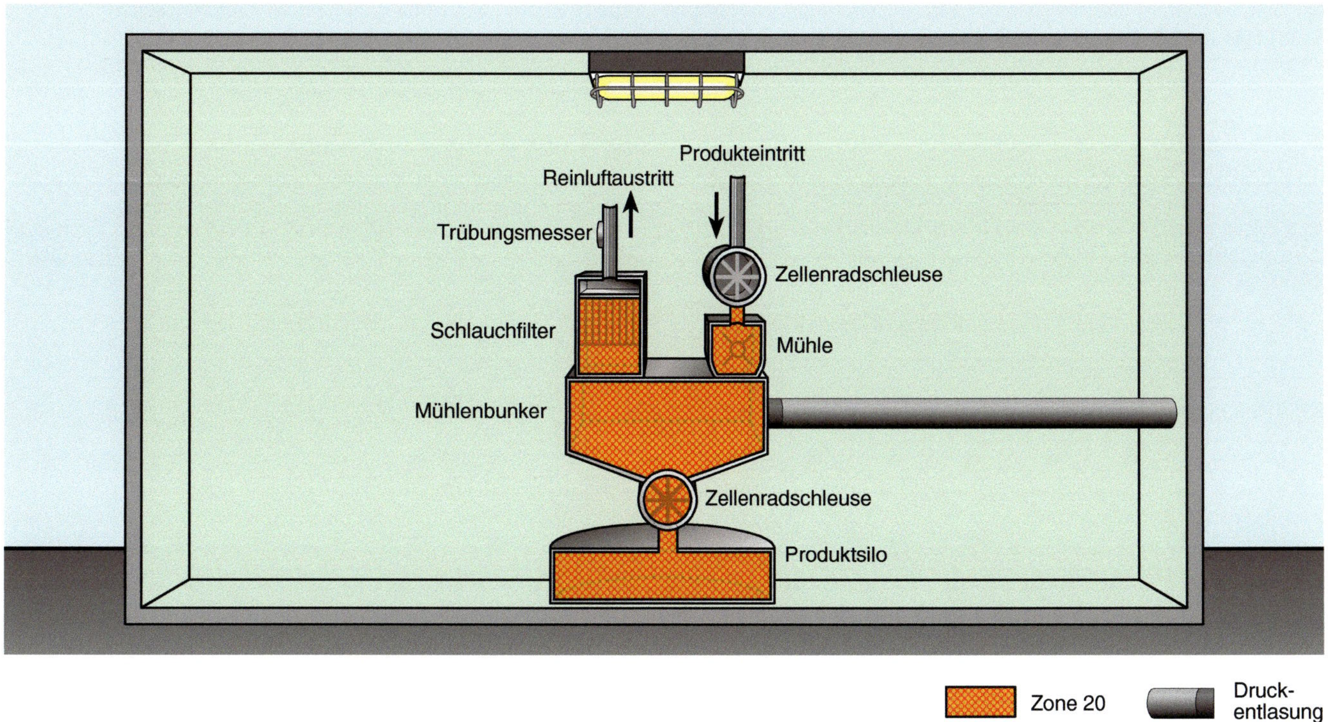

Bild 110: EX-RL-Beispielsammlung 3.3.7.1a) Mühlen auf Dauer techisch dicht
gefährliche explosionsfähige Atmosphäre betriebsmäßig zu erwarten. Mühle (z. B. Hammermühle) ist im Fall von Störungen als wirksame Zündquelle anzusehen.

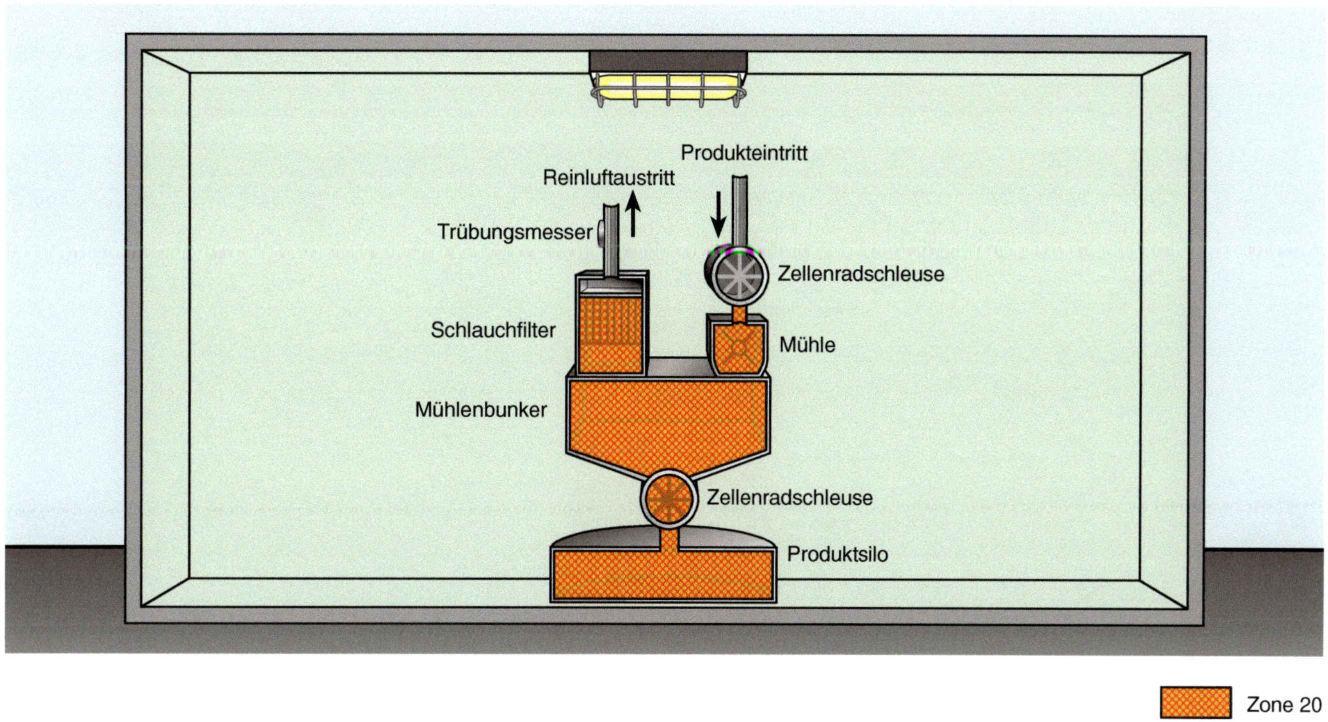

Bild 111: EX-RL-Beispielsammlung 3.3.7.1b) Mühlen auf Dauer technisch dicht, wie Bild 110;
aber: Mühle kann konstruktionsbedingt auch bei seltenen Störungen nicht als Zündquelle wirksam werden (z. B. Luftstrahlmühle ohne Rotorsichter).

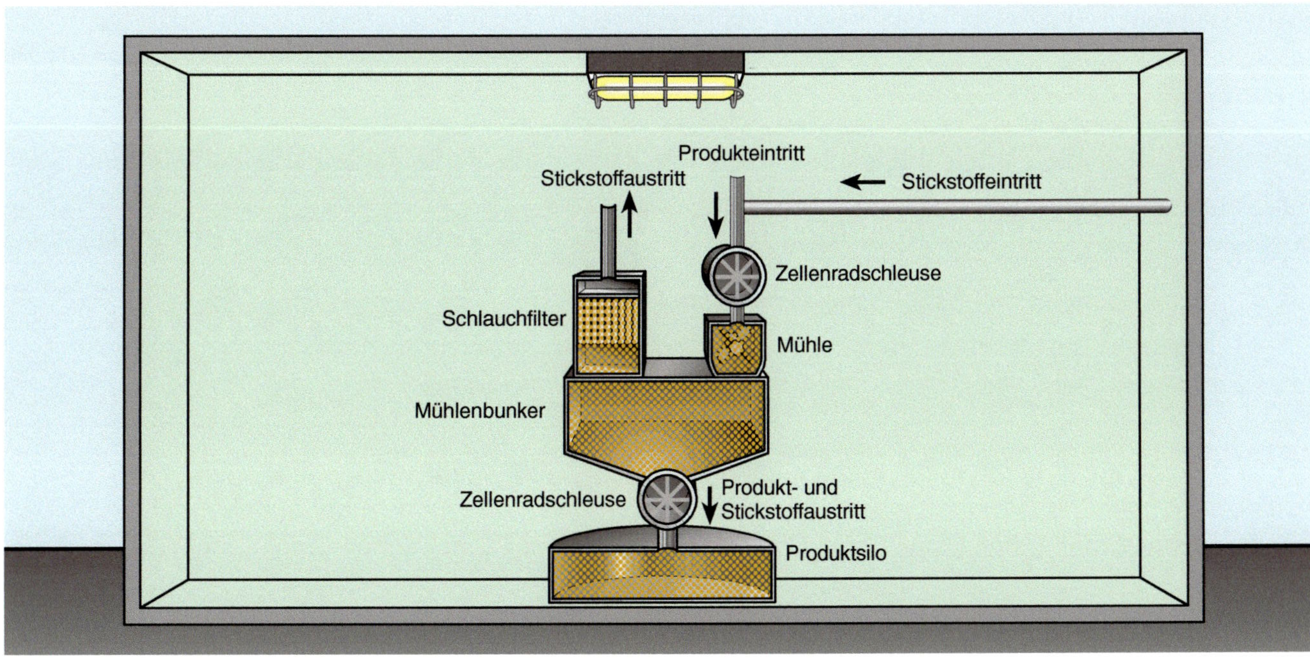

Bild 112: EX-RL-Beispielsammlung 3.3.7.1e) Mühlen;
wie Bild 110 und 111; jedoch gefährliche explosionsfähige Atmosphäre durch Inertisierung immer sicher verhindert.

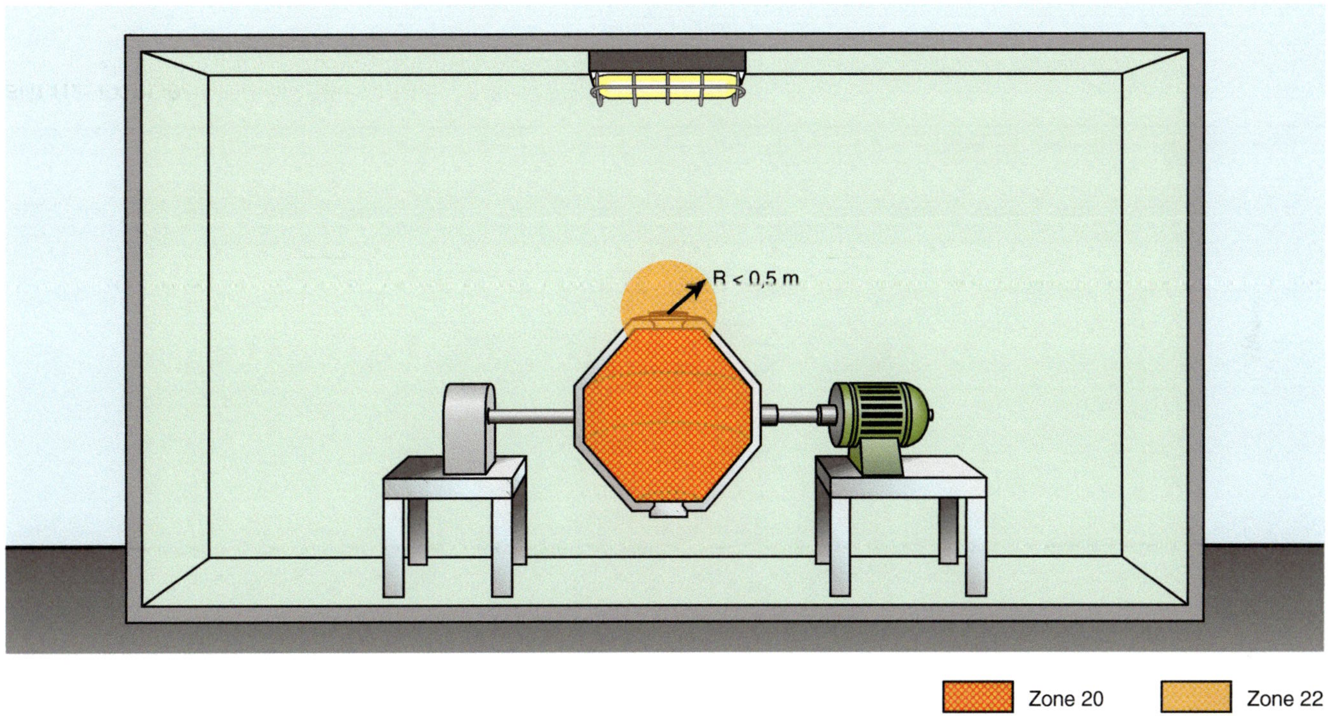

Bild 113: EX-RL-Beispielsammlung 3.3.8b1) Mischer, Trockner (z. B. mechanische Mischer bzw. Trockner, pneumatische Mischer bzw. Trockner, mit oder ohne bewegliche Einbauten);
gefährliche explosionsfähige Atmosphäre tritt ständig, langzeitig oder häufig auf; das Staub/Luft-Gemisch liegt betriebsmäßig im Explosionsbereich; Vermeiden von Zündquellen ist aufgrund der Bauart z. B. keine beweglichen Einbauten gegeben und 3.1.2.1b) Befüllen und Entleeren (z. B. Sackaufgabestellen, Absackstellen, Waagen) b) es kann zu Staubfreisetzungen kommen; auch geringe Staubablagerungen werden beseitigt.

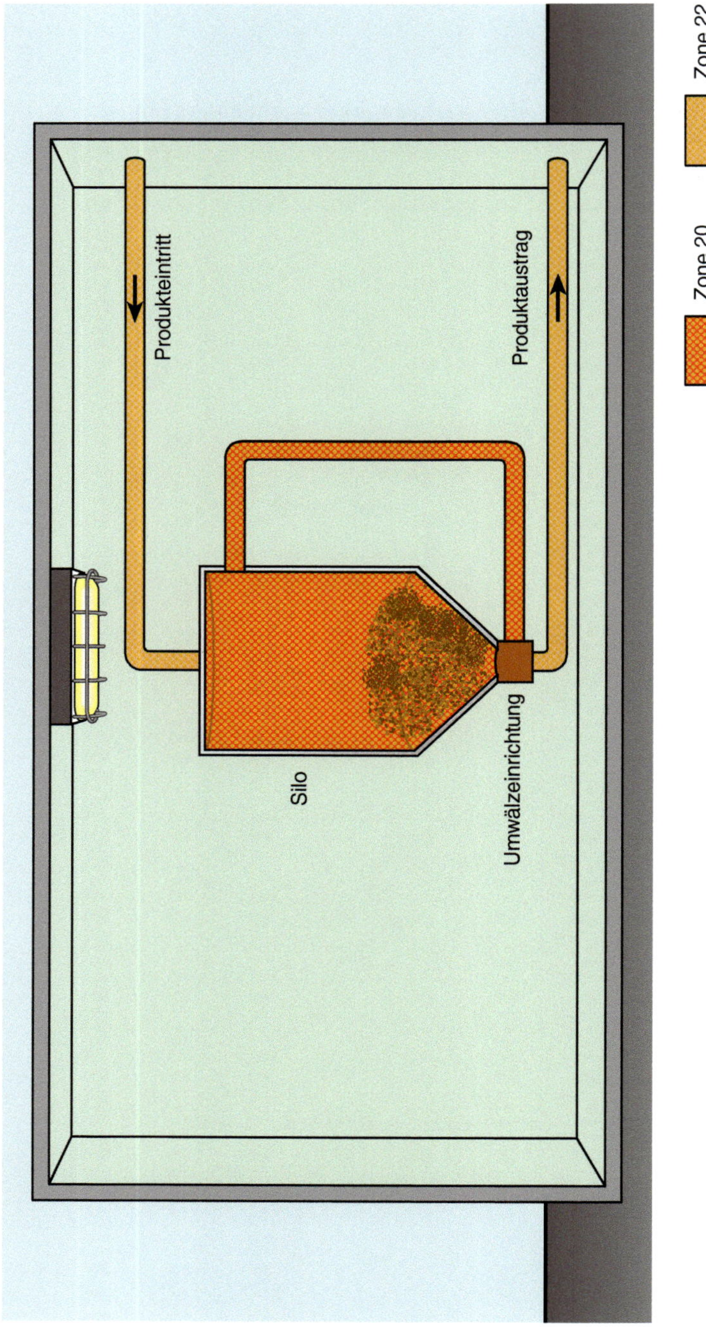

Bild 114: EX-RL-Beispielsammlung 3.3.6 a) Silos, Bunker;
gefährliche explosionsfähige Atmosphäre tritt ständig, langzeitig oder häufig auf; das Produkt wird häufig ein- und ausgetragen oder umgewälzt und bleibt langzeitig in Schwebe.

Teil C Tabellarischer Teil EX-RL-Beispielsammlung

Anlage 4
Beispielsammlung zur Einteilung explosionsgefährdeter Bereiche in Zonen nach TRGS 722, Nummer 3.3, Absatz 4

Vorbemerkungen zur Beispielsammlung

Die Einteilung explosionsgefährdeter Bereiche in Zonen ist ein bewährtes Mittel, um die Anforderungen an die Zündquellenvermeidung festzulegen. Be der Zoneneinteilung handelt es sich nicht um eine zusätzliche Verpflichtung, sondern um eine Erleichterung für Unternehmerinnen und Unternehmer bei der für die anderen Gefährdungen durch die Gefahrstoffverordnung (GefStoffV) umfassend vorgeschriebenen Gefährdungsbeurteilung.

Die Gefahrstoffverordnung lässt den Verzicht auf eine Zoneneinteilung zu. Werden aber keine Betrachtungen zur Wahrscheinlichkeit des Vorhandenseirs von gefährlicher explosionsfähiger Atmosphäre gemacht, muss unterstellt werden, dass ständig gefährliche explosionsfähige Atmosphäre (g. e. A.) vorhanden sein kann. Entsprechend müssen die Schutzmaßnahmen (Zündquellenvermeidung) so ausgeführt sein, dass unter diesen Bedingungen keine Explosion erfolgt, also vergleichbar den Anforderungen in Zone 0 bzw. Zone 20.

Das Sachgebiet „Explosionsschutz" im Fachbereich „Rohstoffe und chemische Industrie" der Deutschen Gesetzlichen Unfallversicherung überarbeitet regelmäßig und systematisch die Beispielsammlung. Diese Überarbeitung wird notwendig wegen

- des Harmonisierungsprozesses durch europäische Richtlinien und Normen,
- der Veränderungen in der nationalen Gesetzgebung sowie
- der Weiterentwicklung der Technik.

Der Beispielsammlung sind zunächst generelle Aussagen vorangestellt. Danach folgen grundsätzliche Fallbeispiele in den Abschnitten 1 bis 3. Die Fallbeispiele werden im Rahmen von Ergänzungslieferungen nach Bedarf erweitert.

Beispiele, die bei der Neufassung von Regeln, Merkblättern oder Informationen erarbeitet oder aktualisiert werden – entweder in Zusammenarbeit oder unter Abstimmung mit dem Sachgebiet „Explosionsschutz" – werden im Abschnitt 5 der neuen Beispielsammlung als Verweis aufgenommen.

Gibt es für solche Beispiele zunächst noch keine eigenen Regeln, Merkblätter oder Informationen, werden sie im Abschnitt 4 „Spezielle Anlagen" eingestellt.

Die in den einzelnen Beispielen aufgeführten Maßnahmen gelten für den Normalbetrieb, berücksichtigen aber auch Betriebsstörungen. Sie können als Entscheidungshilfe bei der Auswahl von Art und Umfang der Schutzmaßnahmen für das Vermeiden von Explosionsgefahren dienen.

Für das erstmalige An- und Abfahren einer Anlage und den Explosionsschutz in Räumen, die über Öffnungen mit explosionsgefährdeten Bereichen in Verbindung stehen, sind besondere Überlegungen anzustellen.

Die Entscheidung, ob und mit welcher Wahrscheinlichkeit gefährliche explosionsfähige Atmosphäre (g. e. A.) auftreten kann, hängt von den gegebenen Umständen ab und muss sich stets auf den vorliegenden Einzelfall beziehen (TRGS 721). Deshalb ist bei Anwendung der Beispielsammlung immer zu untersuchen, ob in dem zu beurteilenden Fall das Auftreten von g. e. A. hinsichtlich der Menge und Wahrscheinlichkeit mit dem Sachverhalt übereinstimmt, der dem Beispiel der Sammlung zugrunde liegt.

Bei Abweichungen von den in der Beispielsammlung angegebenen Voraussetzungen sind Änderungen der Zone bzw. deren Ausdehnung möglich.

Die Fallbeispiele und die entsprechenden Maßnahmen werden in Tabellenform dargestellt, deren prinzipieller Aufbau aus der nachfolgenden Abbildung hervorgeht.

Nr.	Beispiel	Merkmale/Bemerkungen/ Voraussetzungen/Hinweise	Schutzmaßnahmen nach TRGS 722	Festlegung der Zonen zur Zündquellenvermeidung nach TRGS 723	Schutzmaßnahmen nach TRGS 724
Sp.1	Sp.2	Sp.3	Sp.4	Sp.5	Sp.6
...	...	..	...	...	...

Abbildung: Prinzipieller Aufbau der Tabellenform zur Darstellung der Fallbeispiele

In der Beispielsammlung werden die Zonenausdehnungen in der Spalte 5 in Metern angegeben. Dabei wird unterstellt, dass sich die g. e. A. annähernd kugelförmig um die Austrittstelle ausbreitet, wobei die Austrittstelle als Mittelpunkt des Kugelradius anzusehen ist. Mögliche Abweichungen sind besonders erwähnt. Nahbereich ist die unmittelbare Umgebung der Austrittstelle. Der Radius des Nahbereichs beträgt höchstens 0,5 m.

Bei flächigen Quellen wird die Zone in der Regel durch eine Einhüllende mit Verrundungsradius angegeben.

In den Fällen, in denen explosionsgefährdete Bereiche (Zonen) durch Maßnahmen nach TRGS 722 (Spalte 4) verringert oder aufgehoben werden, ist Folgendes zu beachten:

- Nach Auffassung des Sachgebiets „Explosionsschutz" gelten die in der Spalte 5 der Beispielsammlung genannten Ausdehnungen der Zonen nur bei optimaler Anwendung der jeweils aufgeführten Maßnahmen nach TRGS 722 (Spalte 4). Daher ist immer eine Einzelfallbetrachtung erforderlich, bei der die Wirksamkeit der umgesetzten Maßnahmen berücksichtigt wird. Besonders deutlich wird dieser Sachverhalt bei Anwendung der Schutzmaßnahme „Technische Lüftung (Raumlüftung)".
- Wie in Abschnitt TRGS 722, Punkt 4.6 dargestellt, ist eine optimale Auslegung der Lüftungsanlage nur möglich, wenn die zu erwartenden maximalen Mengen

austretender Stoffe und die anderen Voraussetzungen bekannt sind oder verlässlich abgeschätzt werden können.

- Bei den Beispielen, die sich nur auf die Umgebung der Apparaturen beziehen, bedarf das Innere der Apparatur einer gesonderten Beurteilung.
- Die in den Abschnitten 3.1 und 4.5 der TRGS 722 angegebener Grundvoraussetzungen des Explosionsschutzes müssen stets erfüllt sein; sie sind deshalb in den Beispielen nicht gesondert erwähnt.
- In einigen Fällen wurde die Ausdehnung der explosionsgefährdeten Bereiche aus bestehenden Vorschriften in der Spalte 5 „Festlegung der Zonen (Zündquellenvermeidung nach TRGS 723)" übernommen, die betreffende Vorschrift ist in Spalte 3 „Merkmale/Bemerkungen" genannt.

Hinweise zu den Tabellen:

1. Beim Vorliegen der in Spalte 2 erwähnten Anlagen oder Prozesse können in Spalte 3 genannte unterschiedliche apparative oder prozessbedingte Voraussetzungen oder Merkmale bzw. Bemerkungen auftreten [a), b), c), ...; 1., 2., 3., ...]. Unter diesen Punkten ist vermerkt, inwieweit mit dem Auftreten von g. e. A. zu rechnen ist.
2. Für den Fall, dass mit g. e. A. gerechnet werden muss, wird in Spalte 4 erwähnt, ob in der Anlage Schutzmaßnahmen nach TRGS 722 (Vermeidung oder Einschränkung gefährlicher explosionsfähiger Gemische) angewendet werden.
3. Gelingt durch Schutzmaßnahmen nach TRGS 722 (Spalte 4) das Vermeiden von g. e. A. nicht oder nicht vollständig, sind Schutzmaßnahmen nach TRGS 723 (Zündquellenvermeidung), in Abhängigkeit von der entsprechenden Zone, notwendig.
4. Ist das Vermeiden von g. e. A. und von Zündquellen entsprechend der jeweiligen Zone nicht möglich, dann sind Schutzmaßnahmen nach TRGS 724 (Konstruktiver Explosionsschutz) erforderlich und in Spalte 6 vermerkt.

Alle Schutzmaßnahmen sind gleichwertig und auch kombiniert anwendbar. Bei der Reihenfolge der Auswahl ist allerdings nach Möglichkeit Maßnahmen zur Vermeidung oder Einschränkung gefährlicher explosionsfähiger Atmosphäre der Vorzug zu geben vor Maßnahmen zur Zündquellenvermeidung und diesen vor Maßnahmen des konstruktiven Explosionsschutzes (vgl. GefStoffV § 11 und Anhang I Nr. 1 Ziffer 1.6).

Die systematische Vorgehensweise zur Beurteilung der Explosionsgefährdungen und zur Auswahl und Durchführung geeigneter Schutzmaßnahmen wird in TRGS 720 dargestellt. Gelingt es nicht, unter Berücksichtigung passiver technischer Maßnahmen (wie z. B. Dichtheit von Behältern/Anlagen), organisatorischer Maßnahmen (wie z. B. Beseitigung von Staubablagerungen) oder natürlicher Lüftung, das Auftreten von g. e. A. zu verhindern, sind weitere Explosionsschutzmaßnahmen erforderlich (TRGS 720 Abschnitt 3 Ziffern 5ff.) und die Anlage ist im Sinne des Anhangs 2 Abschnitt 3 der Betriebssicherheitsverordnung (BetrSichV) prüfpflichtig.

Der Arbeitsplatzgrenzwert (TRGS 900) liegt in der Regel zwei bis drei Zehnerpotenzen unter der unteren Explosionsgrenze (UEG). Sind aus Gründen des Gesundheitsschutzes vermehrt technische Maßnahmen in Räumen durchzuführen, werden die Wahrscheinlichkeit des Auftretens sowie die Ausdehnung einer möglichen explosionsfähigen Atmosphäre zwar erheblich reduziert, ein zumindest kurzzeitiges Überschreiten der UEG kann dadurch aber nicht immer sicher ausgeschlossen werden. Dies gilt in besonderem Maße bei Stäuben, wenn sich Staubablagerungen bilden können. Auf diesen Umstand wird in der Beispielsammlung verwiesen. Des Weiteren muss bei der Beurteilung hinsichtlich der Explosionsgefährdungen auch die Belastung im Innern von Maschinen und Anlagen (z. B. Staubabscheider) berücksichtigt werden. Diese Bereiche werden in der Regel bei der Ermittlung des AGW nicht untersucht.

Werden erforderliche Schutzmaßnahmen nach TRGS 722, TRGS 723, TRGS 724 oder TRGS 727 ganz oder in Teilen durch Mess-, Steuer- und Regeleinrichtungen (MSR-Einrichtungen) realisiert, ist die Anforderung an die Zuverlässigkeit der MSR-Einrichtung entsprechend der TRGS 725 festzulegen.

In den Szenarien der Beispielsammlung werden Schutzmaßnahmen (z. B. technische Lüftung) angenommen, die gegenüber der Variante, dass sie fehlen, zu einer „Reduzierung" der Zone führen. Dies erlaubt z. B. den Betrieb von Geräten, die eine höhere Wahrscheinlichkeit des Auftretens einer Zündquelle haben, als wenn die ursprüngliche, „nicht reduzierte" Zone vorhanden wäre. Um die gleiche Sicherheit zu bieten, muss daher die Schutzmaßnahme entsprechend zuverlässig wirken.

Die notwendige Zuverlässigkeit einer Schutzmaßnahme und gegebenenfalls ihrer Überwachung ist abhängig von der Zoneneinteilung und der Wahrscheinlichkeit des Auftretens einer wirksamen Zündquelle. Diese Abhängigkeit wird in TRGS 725 mit sogenannten Reduzierungsstufen bewertet und ist mit Anforderungen an die Zuverlässigkeit von MSR-Einrichtungen verknüpft. Dies ermöglicht die Auswahl geeigneter Geräte.

In den Szenarien der Beispielsammlung ist bisher nicht enthalten, welche MSR-Maßnahmen als Schutzmaßnahmen definiert sind und welche Zuverlässigkeit diese erreichen müssen. Soweit keine Festlegungen für die einzelnen Beispiele definiert sind, muss diese Bewertung für den Einzelfall im Rahmen der Gefährdungsbeurteilung erfolgen und dokumentiert werden. Bei vielen der nachfolgenden Beispiele ist eine Auslegung in Klassifizierungsstufe 1 nach TRGS 725 ausreichend, dies kann aber nicht generell unterstellt werden.

Auf der Basis der DIN EN 60079-10-1 (VDE 0165-101) können auch Abschätzungsrechnungen für die Zonenausdehnung vorgenommen werden. Für spezielle Problemkreise sind dort Abschätzungsgleichungen aufgezeigt.

Wann ist ein explosionsgefährdeter Bereich in Zone 0 bzw. Zone 20 einzustufen?

Zone 0 ist ein Bereich, in dem gefährliche explosionsfähige Atmosphäre als Gemisch aus Luft und brennbaren Gasen, Dämpfen oder Nebeln ständig, über lange Zeiträume oder häufig vorhanden ist (siehe GefStoffV Anhang I Nr. 1.7).

Zone 20 ist ein Bereich, in dem gefährliche explosionsfähige Atmosphäre in Form einer Wolke aus in der Luft enthaltenem brennbaren Staub ständig, über lange Zeiträume oder häufig vorhanden ist (siehe GefStoffV Anhang I Nr. 1.7).

In den Definitionen zur Zone 0 bzw. Zone 20 sind die Begriffe „ständig", „über lange Zeiträume" oder „häufig" zu finden. Der Begriff „häufig" ist im Sinne von „zeitlich überwiegend" zu verwenden. Als Betrachtungseinheit ist hier die tatsächliche Betriebsdauer einer Anlage anzuwenden. Das heißt mit anderen Worten, dass explosionsgefährdete Bereiche der Zone 0 bzw. Zone 20 zuzuordnen sind, wenn während mehr als 50 % der Betriebsdauer der betrachteten Anlage oder eines Anlagenteils explosionsfähige Atmosphäre vorherrscht. Wird der betrachtete Teil einer Anlage z. B. im Ein-Schicht-Betrieb zehn Stunden täglich betrieben, wären dies mehr als 5 Stunden. Hierzu gehört in der Regel nur das Innere von Anlagen oder Anlagenteilen (Verdampfer, Reaktionsgefäß, Staubfilter usw.), wenn denn die Bedingungen der Definition der Zone 0 bzw. Zone 20 erfüllt sind.

Welche Betriebszustände gehören hinsichtlich der Zoneneinteilung gemäß Anhang I Nr. 1.7 der GefStoffV zum „Normalbetrieb"?

Im Rahmen der Gefährdungsbeurteilung nach § 5 des Arbeitsschutzgesetzes in Verbindung mit § 6 Abs. 9 der Gefahrstoffverordnung und § 9 der Betriebssicherheitsverordnung sind die notwendigen Maßnahmen zum Explosionsschutz für alle Phasen der Benutzung einer Anlage zu ermitteln und festzulegen. Zu den notwendigen Maßnahmen zählt insbesondere die Festlegung der explosionsgefährdeten Bereiche für den so genannten Normalbetrieb.

Explosionsgefährdete Bereiche können entsprechend Anhang I der GefStoffV unter Berücksichtigung der Ergebnisse der Gefährdungsbeurteilung einschließlich betriebsüblicher Störungen in Zonen eingeteilt werden.

Bei der Zoneneinteilung nach Anhang I Nr. 1.7 der GefStoffV wird bei Zone 1, Zone 2, Zone 21 und Zone 22 der *„Zustand, in dem die Anlagen oder deren Einrichtungen innerhalb ihrer Auslegungsparameter benutzt werden"* als Normalbetrieb zugrunde gelegt.

Der Begriff „Normalbetrieb" ist in der GefStoffV sonst nicht näher bestimmt (siehe auch TRGS 720). Der Unternehmer oder die Unternehmerin bzw. die Betreiberin oder der Betreiber muss in seinem Explosionsschutzdokument die Betriebszustände festlegen, die dem „Normalbetrieb" zugeordnet sind.

Zum Normalbetrieb gehören in der Regel auch:

- das regelmäßige Anfahren und Abfahren von Anlagen,
- die Freisetzung bei betriebsüblichen Störungen, z. B. Abriss eines Sackes von einer Sackabfülleinrichtung,
- die regelmäßige Reinigung von Anlagen mit brennbaren Lösemitteln,

- Tätigkeiten wie häufige bzw. gelegentliche Inspektion, Wartung und gegebenenfalls Überprüfung,
- die Freisetzung geringer Mengen brennbarer Stoffe (z. B. aus Dichtungen, deren Wirkung auf der Benetzung durch die geförderte Flüssigkeit beruht).

Außerhalb des Normalbetriebs gibt es besondere und seltene Vorgänge und Tätigkeiten, die bei der Zoneneinteilung nicht berücksichtigt werden müssen, die jedoch Explosionsschutzmaßnahmen erfordern. Solche Vorgänge und Tätigkeiten können z. B. sein:

- das Abfahren einer Anlage zwecks Umbau/Generalüberholung und das Wiederanfahren nach Abschluss dieser Arbeiten,
- das einmalige Durchlaufen eines explosionsfähigen Bereichs im Inneren eines Flüssiggas-Lagerbehälters während der erstmaligen Befüllung,
- die Instandsetzung nach unplanmäßiger Abschaltung mit möglichem Auftreten einer explosionsfähigen Atmosphäre,
- der Eingriff in eine technisch dichte oder auf Dauer technisch dichte Anlage mit möglichem Auftreten einer explosionsfähigen Atmosphäre,
- seltene Instandsetzungs- und Wartungsmaßnahmen mit möglichem Auftreten einer explosionsfähigen Atmosphäre.

Wichtig ist, dass innerhalb des **Explosionsschutzkonzepts** einer Anlage alle Betriebsphasen betrachtet und die erforderlichen Maßnahmen festgelegt werden. Können für Sonderzustände oder seltene Betriebsphasen im Vorhinein keine Maßnahmen festgelegt werden (z. B. auf Grund von nicht vorhersehbaren Randbedingungen) ist zumindest die Vorgehensweise darzulegen, wie die erforderlichen Maßnahmen im Bedarfsfall ermittelt und umgesetzt werden (z. B. Management of change, Freigabe über Erlaubnisscheinverfahren).

Die festgelegten Maßnahmen sowohl innerhalb als auch außerhalb der Zeitdauer des Normalbetriebs sind im **Explosionsschutzdokument** festzuhalten. Im Explosionsschutzdokument finden sich auch Maßnahmen, die nicht im engen Zusammenhang einer Zone stehen müssen.

Hinsichtlich der Zoneneinteilung sind das Innere und das Äußere (die Umgebung) von Apparaten, Anlagen bzw. den Anlagenteilen getrennt zu betrachten.

Ist bei einmaligen zeitlich eng begrenzten Tätigkeiten mit Stoffen, bei denen eine explosionsfähige Atmosphäre entstehen kann, eine Zoneneinteilung sinnvoll?

Bei zeitlich eng begrenzten Tätigkeiten, die an einem Ort nur einmalig durchgeführt werden und bei denen mit der Bildung von gefährlicher explosionsfähiger Atmosphäre gerechnet werden muss, ist die Ausweisung von explosionsgefährdeten Bereichen und deren Einteilung in Zonen nicht sinnvoll (vgl. GefStoffV Anhang I Nr. 1.8 Absatz 4). Dennoch sind geeignete Explosionsschutzmaßnahmen erforderlich und im Rahmen der Gefährdungsbeurteilung zu dokumentieren. Zur Dokumentation gehört auch die schriftliche Arbeitsanweisung.

Im Ergebnis der Gefährdungsbeurteilung können die Schutzmaßnahmen tätigkeitsbezogen festgelegt werden, unabhängig vom jeweiligen Ort der ausgeführten Tätigkeit. Speziell für den Explosionsschutz kann dies z. B. effiziente Absaugung, wirksame Lüftung und/oder Zündquellenvermeidung bedeuten.

Beispiel: Laminieren von Behältern in Schiffen

Wenn z. B. in einem Schiff Tanks für Brauchwasser oder Seewasser mit lösemittelhaltigem Korrosionsschutz beschichtet werden, kann ein Bereich mit Explosionsgefahren nicht ausgeschlossen werden. Eine Zoneneinteilung für die Dauer der Tätigkeiten erfolgt dabei jedoch nicht. Die bestimmungsgemäße Verwendung des Tanks ist nicht das Laminieren, sondern die Aufnahme von Brauch- bzw. Seewasser in diesem Behälter. Für das Betreiben des Behälters stellt das Laminieren keinen Normalbetrieb dar. Nach TRGS 507 „Oberflächenbehandlung in Räumen und Behältern" erfolgt die schriftliche Arbeitsfreigabe über den Erlaubnisschein.

Beispiel: Instandsetzungsarbeiten

Eine ähnliche Situation kann bei Instandsetzungsarbeiten vorliegen, wenn auf Dauer technisch dichte Anlagen geöffnet werden oder Arbeiten mit Lösemitteln in einem zonenfreien Bereich durchgeführt werden. Treten dabei Explosionsgefährdungen auf, kann die Gefährdungsbeurteilung und die Festlegung von Schutzmaßnahmen nach TRBS 1112 Teil 1 vorgenommen werden, eine Zoneneinteilung wird auch in diesen Fällen nicht vorgenommen.

Gliederung der Beispielsammlung

1.2.4.1.3.2	Waagengruben für Kesselwagen- und Straßenfahrzeugverladung (Gase schwerer als Luft)
1.2.4.2	Pumpen für Gase in flüssigem Zustand
1.2.4.2.1	In Räumen
1.2.4.2.2	Im Freien auf Erdgleiche oder über Erdgleiche
1.2.4.2.3	Im Freien unter Erdgleiche
1.2.4.3	Verdichter
1.2.4.3.1	In Räumen
1.2.4.3.2	Im Freien
1.2.4.4	Verdampfer mit geschlossenem Wärmesystem
1.2.4.5	Rohrleitungen und Armaturen für unter Druck verflüssigte und gelöste Kohlenwasserstoffgase
1.2.4.5.1	In Räumen
1.2.4.5.2	Im Freien
1.2.4.6	Vorgesehene Austrittsmöglichkeiten von Gasen in die Atmosphäre im Freien
1.2.4.6.1	Probenahmestellen
1.2.4.6.2	Sicherheitsventile zum Schutz gegen thermische Ausdehnung (thermisches Sicherheitsventil – TSV)
1.2.4.6.3	Austrittsstellen von Entspannungs- oder Entlüftungsleitungen im Freien oberhalb der Erdgleiche
1.2.4.6.4	Manuell betätigte Systementwässerung im Freien
1.2.5	Abblase- und Entspannungsleitungen im Freien
1.2.6	An explosionsgefährdete Bereiche angrenzende Räume (z. B. Schaltanlagen, Messwerten, Bedienungsräume, Treppenhäuser) mit Verbindungsöffnungen zum explosionsgefährdeten Bereich
1.2.7	Anlagen zur Herstellung und Verwendung von Wasserstoff
1.2.7.1	Elektrolyse
1.2.7.1.1	Atmosphärische Elektrolyse
1.2.7.1.1.1	In Räumen
1.2.7.1.1.2	Im Freien
1.2.7.1.2	Niederdruck-Elektrolyse
1.2.7.1.2.1	In Räumen
1.2.7.1.3	Druck-Elektrolyse
1.2.7.1.3.1	In Räumen
1.2.7.1.3.2	Im Freien
1.2.7.2	Verdichter
1.2.7.2.1	In Räumen

1.2.7.2.2	Im Freien
1.2.7.3	Aufbereitung
1.2.7.3.1	Reinigung, Trocknung und automatische Kondensatabscheider
1.2.7.3.2	Manuelle Kondensatabscheider
1.2.7.4	Niederdruckspeicher
1.2.7.4.1	Gasbehälter mit Stahlummantelung und gewichtsbelasteter Membran (Niederdruckgasbehälter)
1.2.7.4.1.1	Inneres des Gasraumes
1.2.7.4.1.2	Luftraum zwischen Membran und Stahlummantelung
1.2.7.4.1.3	Umgebung der Stahlummantelung in Räumen
1.2.7.4.1.4	Im Freien
1.2.7.5	Hochdruckspeicher und unter Hochdruck stehende Bauteile, z. B. Rohrleitungen
1.2.7.6	Druckgasflaschen für gasförmigen Wasserstoff
1.2.7.7	Entnahmearmaturen
1.2.7.7.1	In Räumen
1.2.7.7.2	Im Freien
1.2.7.8	Geführte Auslässe ins Freie
1.2.8	Verdampferanlagen
1.2.8.1	In Räumen
1.2.8.2	Im Freien
1.2.8.2.1	Im Schutzschrank
1.2.8.2.2	Freistehend
1.3	Inneres von Apparaturen, Behältern und Rohrleitungen – Allgemeines
2	**Brennbare Flüssigkeiten**
2.1	Umgebung von Apparaturen, Behältern und Rohrleitungen – Allgemeines
2.1.1	In Räumen
2.1.2	Im Freien
2.2	Inneres von Apparaturen, Behältern und Rohrleitungen – Allgemeines
2.3	Befüllen ortsbeweglicher Behälter
2.3.1	Befüllen kleiner Gebinde
2.3.1.1	Befüllen mit Abfüllanlagen in Räumen
2.3.1.2	Befüllen ohne Abfüllanlagen in Räumen
2.3.1.3	Befüllen von Gebinden bis 10 l im Freien
2.3.2	Befüllen größerer Gebinde
2.3.2.1	In Räumen

2.3.2.2	Befüllen größerer Gebinde im Freien – mit Ausnahme von TKW-, Eisenbahn-, Schiff-Abfüllung
2.3.3	Befüllen von größeren ortsbeweglichen Behältern, wie z. B. Tanks auf Fahrzeugen, Eisenbahnkesselwagen, Tankcontainer im Freien
2.4	Entleeren ortsbeweglicher Behälter in Räumen und im Freien
2.5	Umgebung von Verbindungen von Rohr- und Schlauchleitungen und Armaturen
2.5.1	Verbindungen von Rohr- und Schlauchleitungen in Räumen
2.5.2	Verbindungen von Rohr- und Schlauchleitungen im Freien
2.6	Umgebung von Probenahme- und Messeinrichtungen in Räumen
2.7	Umgebung von Probenahme- und Messeinrichtungen im Freien
2.8	Inneres von Anlagenteilen, die der Befüllung ortsbeweglicher Behälter dienen
2.9	Auffangwannen und Ableitflächen in Räumen
2.10	Ableitflächen an Füllstellen, benetzte Flächen im Freien
2.11	Läger – mit Ausnahme der unter 2.12 beschriebenen Tankläger im Freien
2.11.1	Läger in Räumen mit Ausnahme von Sicherheitsschränken (siehe 2.11.2)
2.11.2	Lagern im Sicherheitsschrank
2.11.3	Läger im Freien mit Ausnahme der nachstehend beschriebenen Tankläger
2.12	Tankläger im Freien
2.13	Anlagen für brennbare Flüssigkeiten speziell in der Petrochemie
2.13.1	Anlagenteile mit brennbaren Flüssigkeiten bei Verarbeitungstemperaturen, die im Normalbetrieb erheblich über der Zündtemperatur liegen (z. B. bei Synthese-, Destillations-, Crack-, Hydrier-, Reformier-, Rektifizierapparaten)
2.13.2	Vorgesehene Austrittsmöglichkeiten von Gasen oder brennbaren Flüssigkeiten in die Atmosphäre im Freien
2.13.2.1	Entspannungs- und Entleerungseinrichtungen von Messsystemen, Ausblaseeinrichtungen von Instrumentenleitungen
2.13.2.2	Entleerungseinrichtungen von Messsystemen, Ausblaseeinrichtungen von Instrumentenleitungen, Probenahmeeinrichtungen
2.13.2.3	Sicherheitsventile zum Schutz gegen thermische Ausdehnung (thermisches Sicherheitsventil = TSV)
2.13.2.4	Manuell betätigte Systementwässerung – Temperatur liegt über Flammpunkt – mit offenem Auffangbehälter im Freien

2.13.3	Absetzbecken oder -gruben im Freien zur Reinigung der Abwässer von Bestandteilen brennbarer Flüssigkeiten, Füllstand bis maximal 1 m unter Beckenoberkante (im Abwasserbereich üblicherweise zu erwartende Mengen an Verunreinigungen können deutlich überschritten werden)
2.13.4	Flockung und biologische Aufbereitung im Becken mit abwassertechnischer Belüftung der nach 2.13.3 gereinigten Abwässer im Freien
2.13.5	Gruben, Schächte u. Ä. mit offenem Sumpf (z. B. Pumpensumpf) im Freien
2.13.6	Sanierungsbrunnen
2.13.7	Petrochemische Analysengeräteräume (AGR), technische Ausstattung z. B. nach DIN EN 61285
2.13.8	Innenraum von Instrumentenschutzkästen im Freien
2.13.9	Kühltürme für Kühlwasser aus Produktionsanlagen oder Prozessanlagen
2.13.10	Pumpen in Räumen
2.13.11	Pumpen im Freien auf Erdgleiche oder darüber
2.13.12	Pumpen im Freien unter Erdgleiche
2.13.13	Rohrleitungen und Armaturen für brennbare Flüssigkeiten in Räumen
2.13.14	Rohrleitungen und Armaturen für brennbare Flüssigkeiten im Freien
2.14	Mischeinrichtungen für Beschichtungsstoffe
2.15	Behälter zum Mischen oder Dispergieren durch Rühren
2.15.1	Inneres von Behältern mit Rührwerken
2.15.2	Umgebung von Lack- und Lösemittelversorgungsanlagen in Räumen
2.15.2.1	Anlagen in offenen Bereichen
2.15.2.2	Anlagen in Farbversorgungsraum
2.15.3	Inneres und Umgebung von nicht dichten Rührwerksbehältern in Räumen
2.15.3.1	Behälter mit Stativrührwerken
2.15.3.2	Hängerührwerk
2.16	Öfen mit offener Flamme zum Erhitzen brennbarer Flüssigkeiten in geschlossenen Rohrsystemen (z. B. Röhrenofen)
2.17	Öl- und gasbeheizte Öfen/Dampferzeuger
2.18	Laboratorien
2.19	An explosionsgefährdete Bereiche angrenzende Räume (z. B. Schaltanlagen, Messwarten, Bedienungsräume, Treppenhäuser) mit Verbindungsöffnungen zum explosionsgefährdeten Bereich
3	**Brennbare Stäube**
3.1	Umgebung staubführender Apparate und Behälter – Allgemeines

3.3.9	Trockner
3.3.9.1	Wirbelschichtanlagen (Wirbelschichtgranulatoren, Wirbelschichttrockner, Wirbelschichtcoating-Anlagen)
3.3.9.1.1	Zuluftvorwärmer
3.3.9.1.2	Luftverteiler
3.3.9.1.3	Produktraum
3.3.9.1.4	Produktraum bei eingebautem Produktrückhaltefilter
3.3.9.1.5	Umgebung der Wirbelschichtanlage
3.3.9.2	Sprühtrocknungsanlagen
3.3.9.2.1	Heißluftzufuhr, Luftverteiler
3.3.9.2.2	Trockenkammer
3.3.9.2.3	Fließbett intern
3.3.9.2.4	Fließbett extern
3.3.9.2.4.1	Oberhalb des Siebbodens
3.3.9.2.4.2	Unterhalb des Siebbodens
3.3.9.2.5	Zyklonabscheider
3.3.9.2.5.1	Zuluftseite
3.3.9.2.5.2	Abluftseite
3.3.9.2.6	Abluftfilter
3.3.9.2.7	Feinpulverrückführung
3.3.9.3	Hordentrockner/Tellertrockner
3.3.10	Stationäre Strahlanlagen
3.3.10.1	Inneres von Strahlanlagen
3.3.10.1.1	Inneres von Strahlkammern
3.3.10.1.2	Inneres von Strahlmittelaufbereitungen
3.3.10.1.3	Inneres von Abscheidern
3.3.10.1.3.1	Inneres von Nassabscheidern
3.3.10.1.3.2	Inneres von Trockenabscheidern
3.3.10.1.4	Inneres von Rohrleitungen
3.3.10.2	Umgebung von Strahlanlagen
3.3.11	Freistrahlräume
3.3.11.1	Inneres von Freistrahlräumen bei Strahlarbeiten
3.3.11.1.1	Strahlarbeiten mit kontinuierlicher Rückführung
3.3.11.1.2	Strahlarbeiten mit diskontinuierlicher Rückführung
3.3.11.2	Inneres von Strahlmittelaufbereitungen
3.3.11.3	Inneres von Abscheidern
3.3.11.4	Inneres von Rohrleitungen

3.3.11.5	Umgebung von Freistrahlräumen
4	**Spezielle Anlagen**
4.1	Abwassertechnische Anlagen
4.1.1	Abwasserableitung
4.1.1.1	Umschlossene Räume (Definition siehe DGUV Regel 103-003), in denen Abwasser gespeichert wird, sowie das Innere von Apparaten, Behältern und Leitungen geschlossener Ableitungssysteme
4.1.1.1.1	In Räumen
4.1.1.1.2	Im Freien
4.1.1.2	Vom Abwasser durchflossene Räume (z. B. Kanäle, Druckrohrleitungen, durchflossene Schächte, Absturzbauwerke, Gerinne)
4.1.1.3	Räume, die über Öffnungen mit den unter 4.1.1.1 genannten Einrichtungen in Verbindung gebracht werden können
4.1.2	Abwasserbehandlung
4.1.2.1	Einlaufbauwerke, z. B. Schneckenhebewerke, Verteilerbauwerke
4.1.2.2	Rechenanlagen
4.1.2.2.1	In Räumen
4.1.2.2.2	Im Freien
4.1.2.3	Sandfang
4.1.2.3.1	Nicht belüfteter Sandfang
4.1.2.3.1.1	In Räumen
4.1.2.3.1.2	Im Freien
4.1.2.3.2	Belüfteter Sandfang
4.1.2.3.2.1	In Räumen
4.1.2.3.2.2	Im Freien
4.1.2.4	Fäkalannahmestationen und deren Umgebung
4.1.2.4.1	In Räumen
4.1.2.4.2	Im Freien
4.1.2.5	Weitere Anlagenbereiche der Abwasserbehandlung nach einer Behandlung wie unter 4.1.2.1, 4.1.2.2 und 4.1.2.3
4.1.3	Schlammbehandlung
4.1.3.1	Bauwerke, in denen Schlamm statisch eingedickt wird (Voreindicker) oder in denen nicht entwässerter und nicht anaerob stabilisierter Schlamm gespeichert wird (z. B. Schlammstapelbehälter)
4.1.3.1.1	Abgedeckte Bauwerke
4.1.3.1.2	Offene Bauwerke
4.1.3.2	Geschlossene Faulbehälter

4.1.3.2.1	Inneres des Gasraumes über dem Schlammspiegel (Faulbehälterkopf, Gashaube)
4.1.3.2.2	Öffnungen vom Gasraum zur Umgebung
4.1.3.3	Schlammtasche
4.1.3.4	Bauwerke (z. B. Trübwasserspeicher, Nacheindicker), in denen sich anaerob stabilisierter Schlamm (Faulschlamm) oder Trübwasser befindet
4.1.3.5	Bereiche, in denen entwässerter Schlamm (anaerob oder aerob stabilisiert) gelagert wird
4.1.3.5.1	In Räumen
4.1.3.5.2	Im Freien
4.1.3.6	Räume in denen Schlamm maschinell entwässert/eingedickt wird
4.1.3.7	Schlammtrockner und Räume, in denen getrockneter Schlamm gelagert wird
4.1.4	Faulgasverwertung
4.1.4.1	Faulgas führende Anlagenteile, soweit nicht unter 4.1.4.2 bis 4.1.4.9 aufgeführt (z. B. Gasleitungen, -filter, -trockner)
4.1.4.1.1	Inneres von Faulgas führenden Anlagenteilen
4.1.4.1.2	Umgebung von Gasleitungen, -filtern und -trocknern
4.1.4.1.2.1	In Räumen
4.1.4.1.2.2	Im Freien
4.1.4.1.3	Umgebung von manuellen Probenahmestellen für Gas in Räumen und im Freien
4.1.4.2	Kondensatabscheider
4.1.4.2.1	In Räumen
4.1.4.2.2	Im Freien
4.1.4.3	Gasbehälter für Faulgas
4.1.4.3.1	Gasbehälter mit Stahlummantelung und gewichtsbelasteter Membran (Niederdruckgasbehälter)
4.1.4.3.2	Behälter mit geringem Überdruck
4.1.4.3.3	Gasbehälter mit druckbeaufschlagter Membran (Gegendruckbehälter)
4.1.4.3.4	Freistehende Glockengasbehälter
4.1.4.3.5	Freistehende Hochdruckgasbehälter
4.1.4.4	Bereiche, in die Gasüberdruckentlastungen münden (z. B. am Faulbehälterkopf und am Gasbehälter)
4.1.4.5	Faulgasaufbereitungsanlagen
4.1.4.5.1	Gasentschwefler auf Basis von Eisenhydroxid
4.1.4.5.2	Aktivkohlefilter in Räumen und im Freien

4.3.1.1	Das Innere von Kohlemahlanlagen
4.3.1.2	Umgebung von Mahlanlagen
4.3.1.3	Räume mit Brikettpressen
4.3.2	Roh- und Feinkohlenbunker
4.3.2.1	Das Innere von Roh- und Feinkohlenbunkern
4.3.2.2	Umgebung der Bunker
4.4	Steinkohlenaufbereitungsanlagen
4.4.1	Rohwaschkohlen- und Staubbunker
4.4.1.1	Im Inneren
4.4.1.2	Umgebung der Einrichtungen
4.4.2	Sieb- und Brecheinrichtungen sowie Sichter
4.4.2.1	Im Inneren der Einrichtungen
4.4.2.2	Umgebung der Einrichtungen
4.5	Verarbeiten von Beschichtungsstoffen mit organischen Anteilen
4.5.1	Verarbeiten von nichtentzündbaren flüssigen Beschichtungsstoffen (wasserverdünnbar)
4.5.2	Verarbeiten von entzündbaren flüssigen Beschichtungsstoffen in Spritzständen und Spritzkabinen
4.5.2.1	Im Inneren und an ständigen Öffnungen von Spritzständen und Spritzkabinen
4.5.2.2	Internes Volumen des Abscheidesystems von Spritzständen und Spritzkabinen (z. B. Nassabscheidung oder Filter)
4.5.2.3	Internes Volumen der Ab- und Umluftleitungen von Spritzständen und Spritzkabinen
4.5.3	Verarbeiten von brennbaren Beschichtungspulvern in Sprühständen und Sprühkabinen mit elektrostatischen Sprüheinrichtungen
4.5.3.1	Im Inneren von Sprühständen und Sprühkabinen
4.5.3.2	Internes Volumen der Ab- und Umluftleitungen von Sprühständen und Sprühkabinen
4.5.3.3	Ständige Öffnungen von Sprühständen und Sprühkabinen
4.5.3.4	Vor- und Nachbeschichterplätze an Sprühkabinen mit vom Hersteller festgelegtem Sprühbereich
4.5.4	Pulverrückgewinnung
4.5.4.1	Rohgasseite
4.5.4.2	Reingasseite
4.5.5	Sprühstände und Sprühkabinen zum Verarbeiten von brennbarem Flock
4.5.6	Flockrückgewinnung

4.6	Medizinisch genutzte Räume im Sinne DIN VDE 100 Teil 710
4.6.1	Anwendung von brennbaren Desinfektionsmitteln
4.6.1.1	Hautdesinfektion beim Patienten
4.6.1.2	Händedesinfektion
4.6.1.3	Flächendesinfektion
4.6.2	Anwendung von volatilen Anästhetika
4.6.2.1	Innerhalb des Atmungskreislaufes
4.6.2.1.1	Anwendung von Isofluran
4.6.2.1.2	Anwendung von Sevofluran
4.6.2.1.3	Anwendung von Desfluran
4.6.2.2	Außerhalb des Atemkreislaufes
4.6.2.3	Narkosegasabführung
4.6.2.3.1	Öffnungen im Verlauf der Narkosegasabführung
4.6.2.3.2	Narkosegasabsaugung
4.7	Umgang mit Acetylen
4.7.1	Acetylenwerke
4.7.1.1	Calciumcarbidlager
4.7.1.2	Umfüllung von Calciumcarbid aus Gebinden (z. B. Trommeln, Bigbag) in Turnbin-Container
4.7.1.3	Acetylenentwickler
4.7.1.3.1	In Räumen
4.7.1.3.2	Lagerung von Entwicklerrückständen
4.7.1.3.2.1	In Räumen
4.7.1.3.2.2	Im Freien
4.7.1.4	Behandlung von Kalkschlamm
4.7.1.4.1	Kalkmilchkanäle
4.7.1.4.2	Offener Kalkschlammpufferbehälter im Freien
4.7.1.4.3	Kalkschlammgruben im Freien
4.7.1.4.4	Aufstellräume für Kalkschlammpumpen und Klärwasserpumpen
4.7.1.5	Lagerung von Kalkrückständen in Räumen, z. B. Filterkuchen aus Filterpressen
4.7.1.6	Acetylenkühler, -trockner, -reiniger und Druckerhöhungsgebläse in Räumen
4.7.1.6.1	Acetylenkühler, -trockner und -reiniger
4.7.1.6.2	Lagerung von Altsäure in Behältern
4.7.1.6.3	Druckerhöhungsgebläse und Filterkästen
4.7.1.7	Acetylenspeicher

4.10.1.4	Kondensatabscheider mit Wasserverschluss
4.10.2	Verdichter für Deponiegase
4.10.2.1	Inneres von Verdichtern
4.10.2.2	Umgebung von Verdichtern in Räumen
4.10.2.3	Umgebung von Verdichtern im Freien
4.10.3	Druckseite Anlagenteile
4.10.3.1	Gasleitungen einschließlich zugehöriger Apparate und Armaturen mit Überdruck
4.10.3.2	Umgebung
4.10.3.2.1	Aufstellungsraum der Gasverbrauchseinrichtung, außer Gasfackel (4.10.3.2.3)
4.10.3.2.2	Im Freien
4.10.3.2.3	Gasfackel
4.10.4	Mess- und Steuerräume
4.10.5	Schächte, unterirdische Bauwerke, Stollen
4.10.5.1	Kondensatsammelbecken
4.10.5.2	Das Innere von Schächten, unterirdischen Bauwerken, Stollen, außer Kondensatabscheider und Kondensatsammelbecken, z. B. • Zusammenführung einer Ringgasleitung • Abzweigung an Gasleitungen (z. B. für Probenahme oder Anschluss zum Verdichter)
4.10.6	Sickerwasserableitung und -speicherung (nicht mit Oberflächenwasser zu verwechseln)
4.10.6.1	Das Innere von Leitungen sowie umschlossene Becken und Räume, die von Sickerwasser durchflossen werden oder in denen sich Sickerwasser befindet, z. B. Sickerwassersammelrohre, Pumpensümpfe, Vorlagebehälter, Speicherbecken
4.10.6.2	Räume, die über Öffnungen mit den unter 4.10.6.1 genannten Einrichtungen in Verbindung gebracht werden können, z. B. Räume mit trocken aufgestellten Sickerwasserpumpen oder geschlossenen Ableitungssystemen
4.10.6.3	Offene Anlagenteile im Freien (z. B. offene Kanäle)
4.10.6.4	Geschlossenes Speicherbecken mit offenem Zulauf nach 4.10.6.3
4.11	Ammoniak (siehe auch 4.12 und 4.13 Kälteanlagen)
4.11.1	Verwenden von Ammoniak in Härteöfen
4.11.2	Ammoniak-Kompressions-Kälteanlagen
4.11.2.1	Verdichter, Sammler, Abscheider, Entölen
4.11.2.1.1	In Räumen
4.11.2.1.2	Im Freien

5.4	Lagerung von Gefahrstoffen in ortsbeweglichen Behältern
5.5	Vermeidung von Brand-, Explosions- und Druckgefährdungen an Tankstellen und Gasfüllanlagen zur Befüllung von Landfahrzeugen
5.6	Elektrostatisches Beschichten
5.7	Lackierräume und -einrichtungen für flüssige Beschichtungsstoffe; Bauliche Einrichtungen, Brand- und Explosionsschutz, Betrieb
5.8	Brand- und Explosionsschutz an Werkzeugmaschinen, deutsche Version (siehe auch 5.21)
5.9	Einsatz von Flurförderzeugen – Batterieladeanlagen für Flurförderzeuge
5.10	Gasverdichteranlagen
5.11	Sicherheitstechnische Hinweise über das Verwenden von Aluminiumpulver, -pellets und -pasten bei der Herstellung von Porenbeton
5.12	Reinigen von Werkstücken mit Reinigungsflüssigkeiten
5.13	Zurzeit nicht belegt
5.14	Explosionsgefährdete Bereiche an Ausblaseöffnungen von Leitungen zur Atmosphäre an Gasanlagen
5.15	Lösemittel
5.16	Schleifen, Bürsten und Polieren von Aluminium – Vermeiden von Staubbränden und Staubexplosionen
5.17	Zurzeit nicht belegt
5.18	Oberflächenbehandlung in Räumen und Behältern
5.19	Praxisleitfaden zur Erstellung eines Explosionsschutzdokumentes für Brennereien und Spirituosenbetriebe
5.20	Zurzeit nicht belegt
5.21	Brand- und Explosionsschutz an Werkzeugmaschinen, englische Version (siehe auch 5.8)
5.22	Zurzeit nicht belegt
5.23	Flüssiggasanlagen, Flüssiggasflaschen – Beispiele zur Zoneneinteilung
5.24	Technische Regel Flüssiggas
5.25	Leitfaden zur Vermeidung von Staubexplosionen bei der Gewinnung und Verarbeitung von Zucker
5.26	Praxisleitfaden zur Erstellung eines Explosionsschutzdokumentes für Betriebe der Getreideverarbeitung, Getreidelagerung und des Handels

Nr.	Beispiel	Merkmale/Bemerkungen/ Voraussetzungen/Hinweise	Schutzmaß- nahmen nach TRGS 722	Festlegung der Zonen zur Zünd- quellenvermeidung nach TRGS 723	Schutzmaß- nahmen nach TRGS 724
(Sp. 1)	(Sp. 2)	(Sp. 3)	(Sp. 4)	(Sp. 5)	(Sp. 6)
1	**Brennbare Gase, Dämpfe, Nebel**	**Handhaben brennbarer Gase**			
1.1	**Umgebung geschlossener gasführender Apparate, Behälter und Rohrleitungen – Allgemeines**				
1.1.1	**In Räumen**	**a) Bildung von g. e. A. nicht zu erwarten.** Bild 1	4.5.2	keine Zone	keine
		b) Das Auftreten von g. e. A. ist nur selten und dann auch nur kurzzeitig in der Umgebung von Austrittstellen möglich (z. B. an Probenahmestellen, Entwässerungseinrichtungen, Pumpen, deren technische Dichtheit auf Dauer nicht gewährleistet ist).			
		b1) Objektabsaugung Bild 2	4.6.4 4.5.3	Zone 2: Nahbereich in Abhängigkeit von der Freisetzungsrate und der Lüftung	keine
		b2) Konstruktion technisch dicht, nur geringe Leckagemöglichkeiten vorhanden. Bild 3	4.5.3 4.6.2	Zone 2: Nahbereich in Abhängigkeit von der Freisetzungsrate und der Lüftung	keine
		c) Das Auftreten von g. e. A. ist gelegentlich möglich z. B. an Umfüllanschlussstellen. Raum mit technischer Lüftung.			
		c1) Gase schwerer als bzw. gleich schwer wie Luft. Bild 4	4.5.4 4.6.3	Zone 1: 1 m Zone 2: weitere 3 m	keine

Nr.	Beispiel	Merkmale/Bemerkungen/ Voraussetzungen/Hinweise	Schutzmaß-nahmen nach TRGS 722	Festlegung der Zonen zur Zünd-quellenvermeidung nach TRGS 723	Schutzmaß-nahmen nach TRGS 724
(Sp. 1)	(Sp. 2)	(Sp. 3)	(Sp. 4)	(Sp. 5)	(Sp. 6)
zu 1.1.1	(In Räumen)	c2) Gase leichter als Luft[Bild 5]	4.5.4 4.6.3	Zone 1: Nahbereich Zone 2: weitere 2 m oberhalb der Austrittstelle	keine
		d) Wie c), jedoch Raum nur mit natürlicher Lüftung.			
		d1) Gase schwerer als bzw. gleich schwer wie Luft.[Bild 6]	4.5.4 4.6.2	Zone 1: 3 m Zone 2: weitere 6 m	keine
		d2) Gase leichter als Luft, Deckenöffnung ins Freie vorhanden.[Bild 7]	4.5.4 4.6.2	Zone 1: 1 m Zone 2: weitere 3 m oberhalb der Austrittstelle	keine
1.1.2	**Im Freien**	Wie 1.1.1, aber: Im Freien kann in Folge von Witterungseinflüssen gegenüber vergleichbaren Situationen in Räumen im Allgemeinen eine Zone mit geringeren Anforderungen festgelegt bzw. die Zonenausdehnung reduziert werden.			

Nr.	Beispiel	Merkmale/Bemerkungen/ Voraussetzungen/Hinweise	Schutzmaß-nahmen nach TRGS 722	Festlegung der Zonen zur Zünd-quellenvermeidung nach TRGS 723	Schutzmaß-nahmen nach TRGS 724
(Sp. 1)	(Sp. 2)	(Sp. 3)	(Sp. 4)	(Sp. 5)	(Sp. 6)
1.2	**Fallbeispiele – mögliche praxisnahe Varianten der Umsetzung von Nr. 1.1**	**Gasführende Anlagen**			
1.2.1	**Lagern, Bereithalten und Entleeren von ortsbeweglichen Druckgasbehältern mit Gasen (außer Flüssiggas, siehe 1.2.2 und 1.2.3)**	**Ortsbewegliche Druckgasbehälter sind z. B. Druckgasflaschen, -bündel oder Druckfässer.** **Bereitgehaltene ortsbewegliche Druckgasbehälter können an Entnahmeeinrichtungen angeschlossen sein, jedoch ist das Absperrventil der Druckgasbehälter verschlossen, sofern keine automatische Umschaltung vorhanden ist.** **Druckgasflaschen sind gegen Umfallen oder Herabfallen gesichert und stehend gelagert.** *Hinweis 1:* *Die Absperrventile müssen beim Lagern fest verschlossen und mit den vorgesehenen Schutzeinrichtungen versehen sein (z. B. Ventilschutzkappen, Verschlussmuttern).* *Hinweis 2:* *Sicherheitsschränke für Druckgasflaschen sind stets mit einer technischen Lüftung zu betreiben.*			
1.2.1.1	**In Räumen**	**In Sicherheitsschränken siehe 1.2.1.2.**			
1.2.1.1.1	**Lagern**	**Lagerraum mit natürlicher Be- und Entlüftung; wobei die Lüftungsquerschnitte mindestens je 1/100 der Bodenfläche betragen, oder mit technischer Lüftung mit Luftwechsel größer oder gleich 2. Eine diagonale Anordnung der Lüftung wird empfohlen.** **Druckgasbehälter bzw. deren Absperrventile werden im Füllwerk auf Dichtheit geprüft und sachgemäß transportiert. Sichtbare Mängel sind nicht erkennbar und Druckgasbehälter sind noch nicht zum Entleeren angeschlossen.**			

Nr.	Beispiel	Merkmale/Bemerkungen/ Voraussetzungen/Hinweise	Schutzmaß-nahmen nach TRGS 722	Festlegung der Zonen zur Zündquellenvermeidung nach TRGS 723	Schutzmaß-nahmen nach TRGS 724
(Sp. 1)	(Sp. 2)	(Sp. 3)	(Sp. 4)	(Sp. 5)	(Sp. 6)
zu 1.2.1.1.1	(Lagern)	*Hinweis 1:* *Das Lagern von ortsbeweglichen Druckgasbehältern erfolgt nach den Anforderungen der TRGS 510.* *Hinweis 2:* *Im Lagerraum darf sich keine Gasversorgungsanlage befinden.* *Hinweis 3:* *Die geforderte Lüftung dient der Vermeidung von g. e. A. durch Akkumulation aufgrund nicht entdeckter Kleinstleckagen.*			
		a) **Druckgasflaschen (keine Bündel) in ausschließlich ungeöffnetem Zustand.**	4.5.3 4.6.2	keine Zone	keine
		b) **Druckgasflaschen (teilentleerte oder leere, keine Bündel) mit geschlossenem Absperrventil. Dichtheit des Absperrventils ist durch Prüfung, z. B. mit schaumbildenden Mitteln nachgewiesen. Die Dichtheitsprüfung des geschlossenen Absperrventils wird umgehend nach jedem Trennen von der Gasversorgungsanlage vor der Einlagerung durchgeführt. Keine nachträgliche Manipulation am Entnahmeventil.**	4.5.3 4.6.2	keine Zone	keine

Nr.	Beispiel	Merkmale/Bemerkungen/ Voraussetzungen/Hinweise	Schutzmaß- nahmen nach TRGS 722	Festlegung der Zonen zur Zünd- quellenvermeidung nach TRGS 723	Schutzmaß- nahmen nach TRGS 724
(Sp. 1)	(Sp. 2)	(Sp. 3)	(Sp. 4)	(Sp. 5)	(Sp. 6)
1.2.1.1.2	**Bereithalten, Entleeren**	**Zum Zeitpunkt eines Wechsels der ortsbeweglichen Druckgasbehälter ist betriebsbedingt von einem kurzzeitigen Gasaustritt an der/n Anschlussstelle/n auszugehen, ansonsten ist die komplette gasführende Anlage technisch dicht ausgeführt. Dichtheitsprüfungen werden sowohl beim Anschließen als auch beim Trennen von Druckgasbehältern durchgeführt. Ein Gasaustritt aufgrund von Kleinstleckagen oder sich verändernder Dichtungen kann nur ausgeschlossen werden, wenn** **– O-Ringe bei Handanschlüssen mit Ringnuten oder** **– Kunststoffflachdichtungen bei Anschlüssen mit 6-kant Überwurfmuttern mit speziellen Anforderungen, z. B. PCTFE oder PVDF** **– bei Flachdichtungen Dichtflächen am Flaschenventil und an der Anschlusstülle mit Ringnuten** **verwendet werden. Des Weiteren müssen die 6-kant Überwurfmuttern fest angezogen sein. Bei Kunststoffflachdichtungen sind die Anschlüsse nach 12 bis 24 Stunden nochmals nachzuziehen und auf Dichtheit zu prüfen.** **Die Ableitung der Überdrucksicherung der Druckregler oder Druckregelstationen erfolgt gefahrlos ins Freie.**			

Nr.	Beispiel	Merkmale/Bemerkungen/ Voraussetzungen/Hinweise	Schutzmaßnahmen nach TRGS 722	Festlegung der Zonen zur Zündquellenvermeidung nach TRGS 723	Schutzmaßnahmen nach TRGS 724
(Sp. 1)	(Sp. 2)	(Sp. 3)	(Sp. 4)	(Sp. 5)	(Sp. 6)
zu 1.2.1.1.2	(Bereithalten, Entleeren)	a) **Beim Druckgasbehälterwechsel ist nicht mit g. e. A. zu rechnen, weil die austretende Gasmenge auf das eingeschlossene Volumen zwischen Absperrventil des Druckgasbehälters und Druckregler-Eingangsbereichs begrenzt und dessen Druck auf Umgebungsdruck sicher reduziert wird. Das resultierende Volumen an Brenngas/Luft-Gemisch ist nicht gefahrdrohend. Rückströmen des Gases ist technisch verhindert, z. B. durch schließende Druckregler, Absperr- oder Gasrücktrittventil. Angeschlossene Druckgasflaschen werden mit geschlossenem Flaschenventil bereitgehalten. Das schleichende unerkannte Auftreten von Undichtigkeiten ist gemäß Punkt 1.2.1.1.2 verhindert oder wird durch regelmäßige Dichtheitsprüfung, z. B. mit schaumbildenden Mitteln, vor dem jeweiligen Einsatz mit kurzfristiger Nutzung (max. 1 Tag), rechtzeitig erkannt und behoben.**	4.5.3 4.6.2	keine Zone: jedoch sind Zündquellen beim Wechsel der Druckgasbehälter im Nahbereich um die Anschlussstelle zu vermeiden	keine
		b) **Wie a), jedoch kann beim Flaschenwechsel in seltenen Fällen kurzzeitig g. e. A. auftreten.**[Bilder 8, 9]	4.5.3 4.6.2	Zone 2: im Nahbereich, Zündquellen sind beim Wechsel der Druckgasbehälter 1 m um die Anschlussstelle zu vermeiden	keine

Nr.	Beispiel	Merkmale/Bemerkungen/ Voraussetzungen/Hinweise	Schutzmaß-nahmen nach TRGS 722	Festlegung der Zonen zur Zündquellenvermeidung nach TRGS 723	Schutzmaß-nahmen nach TRGS 724
(Sp. 1)	(Sp. 2)	(Sp. 3)	(Sp. 4)	(Sp. 5)	(Sp. 6)
zu 1.2.1.1.2	(Bereithalten, Entleeren)	**c) Wie a), jedoch wird eine Undichtigkeit einer Dichtung nicht rechtzeitig erkannt.**			
		c1) Raum mit technischer Lüftung, Gase leichter als Luft, Ansammlung im Deckenbereich sicher verhindert.[Bild 10]	4.5.3 4.6.3	Zone 1: 0,5 m um die Anschlussstelle Zone 2: weitere 2 m oberhalb der Anschlussstelle	keine
		c2) Raum mit technischer Lüftung, Gase schwerer als Luft.	4.5.3 4.6.3	Zone 1: 1 m um die Anschluss-stelle Zone 2: weitere 3 m um die Anschlussstelle	keine
		c3) Wie c1), jedoch Raum nur mit natürlicher Lüftung, Deckenöffnung ins Freie vorhanden.[Bild 11]	4.5.3 4.6.2	Zone 1: 1 m um die Anschluss-stelle Zone 2: weitere 3 m um die Anschlussstelle	keine
		c4) Wie c2), jedoch Raum nur mit natürlicher Lüftung.	4.5.3 4.6.2	Zone 1: 3 m um die Anschluss-stelle Zone 2: weitere 2 m um die Anschlussstelle	keine
		d) Wie b), jedoch kann eine Undichtigkeit einer Dichtung trotz Dichtheitsprüfung beim Druckgasflaschenwechsel auf Dauer nicht vollständig ausgeschlossen werden.	4.5.3 4.6.2	Zone analog der Beispiele 1.2.1.1.2 c)	keine
		e) Betriebsbedingte Austrittsstelle vorhanden, z. B. Rückströmen aus Rohrleitungen nicht sicher verhindert.			
		Hinweis: *Das betriebsbedingte Freisetzen größerer Mengen innerhalb geschlossener Räume ist in der Regel aus Gründen des Gesundheitsschutzes nicht zulässig: Nichteinhaltung des Arbeitsplatzgrenzwertes.*			

Nr.	Beispiel	Merkmale/Bemerkungen/ Voraussetzungen/Hinweise	Schutzmaß- nahmen nach TRGS 722	Festlegung der Zonen zur Zünd- quellenvermeidung nach TRGS 723	Schutzmaß- nahmen nach TRGS 724
(Sp. 1)	(Sp. 2)	(Sp. 3)	(Sp. 4)	(Sp. 5)	(Sp. 6)
1.2.1.2	**Lagern, Bereithalten, Entleeren in Sicherheitsschränken**	**Der Sicherheitsschrank ist für ein geometrisches Gesamtflaschenvolumen von max. 220 Litern ausgelegt, wobei im Sicherheitsschrank befindliche Druckgasflaschen auch zur Entleerung angeschlossen sein können. Ein der Norm DIN EN 14470 Teil 2 entsprechender Sicherheitsschrank mit einer Feuerwiderstandsdauer von 30 Minuten wird mit einem mindestens 10fachen Luftwechsel betrieben. Sicherheitsschränke gemäß DIN EN 14470 Teil 2 müssen mit einer Zu- und Abluftführung angeschlossen sein. Die Abluft muss aus dem Sicherheitsschrank direkt über eine technische Lüftung aus dem Raum geführt werden.** **Die Ableitung der Überdrucksicherung der Druckregler oder Druckregelstationen erfolgt nicht in den gleichen Raum, sondern gefahrlos ins Freie oder an einen anderen geeigneten sicheren Ort.** *Hinweis:* *Bei einem Wechsel angeschlossener Druckgasflaschen entweicht zumindest eine geringe Menge brennbares Gas. Zudem ist bei geöffneten Türen des Sicherheitsschrankes dessen Lüftung nicht ausreichend wirksam.*			
		a) Lagern und Bereithalten von Druckgasflasche(n) in ungeöffnetem Zustand direkt vom Hersteller oder Druckgasflaschen, die nach Benutzung auf technische Dichtheit (z. B. mit schaumbildenden Mitteln) geprüft wurden (Bereithaltung mit fest verschlossenen Flaschenabsperrventilen und Druckgasflaschen sind mit den vorgesehenen Schutzeinrichtungen versehen).	4.5.3 4.6.3	keine Zone	keine

Nr.	Beispiel	Merkmale/Bemerkungen/ Voraussetzungen/Hinweise	Schutzmaßnahmen nach TRGS 722	Festlegung der Zonen zur Zündquellenvermeidung nach TRGS 723	Schutzmaßnahmen nach TRGS 724
(Sp. 1)	(Sp. 2)	(Sp. 3)	(Sp. 4)	(Sp. 5)	(Sp. 6)
zu 1.2.1.2	(Lagern, Bereithalten, Entleeren in Sicherheitsschränken)	**b) Sicherheitsschrank entsprechend DIN EN 14470 Teil 2 betrieben mit mindestens 120fachem Luftwechsel, Aufstellung im Raum mit technischer Lüftung. Keine g. e. A. bei Druckgasflaschenwechsel. Durch spezielle Dichtungen und spezielle Anforderungen (siehe 1.2.1.1.2) wird ein Gasaustritt an den Verbindungsstellen vermieden.**	4.6.3	keine Zone: im Schrank, aber bei geöffnetem Schrank sind Zündquellen beim Flaschenwechsel im Nahbereich um die Anschlussstelle zu vermeiden	keine
		c) Wie b), jedoch kann z. B. ein Membranriss des Druckreglers nicht sicher ausgeschlossen werden oder g. e. A. ist beim Flaschenwechsel nicht ausgeschlossen oder keine speziellen Dichtungen und speziellen Anforderungen (siehe 1.2.1.1.2) vorhanden.	4.6.3	Zone 2: im Schrank, aber bei geöffnetem Schrank sind Zündquellen beim Flaschenwechsel im Nahbereich um die Anschlussstelle zu vermeiden	keine
		d) Wie b), jedoch keine speziellen Dichtungen und speziellen Anforderungen, (siehe 1.2.1.1.2) und Sicherheitsschrank mit nur 10fachem Luftwechsel.	4.6.3	Zone 2: im Schrank, aber bei geöffnetem Schrank sind Zündquellen beim Flaschenwechsel im Nahbereich um die Anschlussstelle zu vermeiden	keine
		e) Wie b), jedoch Aufstellung im Raum mit natürlicher Lüftung.	4.6.2	Keine Zone im Schrank, aber bei geöffnetem Schrank sind Zündquellen beim Flaschenwechsel bis 1 m um die Schranköffnung zu vermeiden	keine

Nr.	Beispiel	Merkmale/Bemerkungen/ Voraussetzungen/Hinweise	Schutzmaßnahmen nach TRGS 722	Festlegung der Zonen zur Zündquellenvermeidung nach TRGS 723	Schutzmaßnahmen nach TRGS 724
(Sp. 1)	(Sp. 2)	(Sp. 3)	(Sp. 4)	(Sp. 5)	(Sp. 6)
1.2.1.3	**Im Freien**	Wie 1.2.1.1.1 und 1.2.1.1.2, aber: Im Freien kann in Folge von Witterungseinflüssen gegenüber vergleichbaren Situationen in Räumen im Allgemeinen eine Zone mit geringeren Anforderungen festgelegt bzw. die Zonenausdehnung reduziert werden.		Wird im Nahbereich um die Anschlussstellen keine Zone festgelegt, so sind dennoch beim Wechsel der Druckgasbehälter Zündquellen im Nahbereich zu vermeiden	
1.2.1.4	**Entnahmestellen**	**Entnahmestellen sind aufgebaut mit: Absperrventil, Entnahmestellendruckregler (optional) und Sicherheitseinrichtung mit Mehrfachfunktion nach DIN EN 730-1. An der Entnahmestelle erfolgt keine bestimmungsgemäße Gasfreisetzung. Die eigentliche Schlauchanschlussstelle ist hinsichtlich Zoneneinteilung separat zu betrachten (siehe 1.2.1.5).**			
		a) Entnahmestellen sind auf Dauer technisch dicht ausgeführt.	4.5.2	keine Zone	keine
		b) Entnahmestellen sind technisch dicht ausgeführt, durch regelmäßige Kontrollen werden bereits geringe Leckagen frühzeitig erkannt und behoben, so dass keine g. e. A. auftritt.	4.5.2	keine Zone	keine
		c) Entnahmestellen sind technisch dicht ausgeführt, durch regelmäßige Kontrollen werden Leckagen frühzeitig erkannt und behoben, so dass g. e. A. nur selten und kurzzeitig auftritt.	4.5.3	Zone 2: Nahbereich in Abhängigkeit von der Freisetzungsrate und der Lüftung	keine

Nr.	Beispiel	Merkmale/Bemerkungen/ Voraussetzungen/Hinweise	Schutzmaß- nahmen nach TRGS 722	Festlegung der Zonen zur Zünd- quellenvermeidung nach TRGS 723	Schutzmaß- nahmen nach TRGS 724
(Sp. 1)	(Sp. 2)	(Sp. 3)	(Sp. 4)	(Sp. 5)	(Sp. 6)
1.2.1.5	**Schläuche und Schlauchan- schlussstellen**	**a) Ein An- und Abschließen von Schläuchen nach DIN EN ISO 3821 erfolgt bei geschlossenem Absperrventil und im drucklosen Zustand des Gummischlauches. Natürliche Lüftung vorhanden. Bildung einer g. e. A. ist nicht zu erwarten.**	4.6.2	keine Zone, jedoch sind Zündquellen im Nahbereich um die Anschlussstelle zu vermeiden	keine
		b) Ein An- und Abschließen von Schläuchen nach DIN EN ISO 3821 erfolgt bei geschlossenem Absperrventil und bei Verwendung von Schlauchkupplungen mit selbstständigen Gassperren nach DIN EN 561. Natürliche Lüftung vorhanden. Bildung einer g. e. A. ist nicht zu erwarten.	4.6.2	keine Zone, jedoch sind Zündquellen im Nahbereich um die Anschlussstelle zu vermeiden	keine

Nr.	Beispiel	Merkmale/Bemerkungen/ Voraussetzungen/Hinweise	Schutzmaß-nahmen nach TRGS 722	Festlegung der Zonen zur Zündquellenvermeidung nach TRGS 723	Schutzmaß-nahmen nach TRGS 724
(Sp. 1)	(Sp. 2)	(Sp. 3)	(Sp. 4)	(Sp. 5)	(Sp. 6)
1.2.2	**Entleeren von Flüssiggas-Flaschenanlagen sowie Bereithalten und Lagern von Flüssiggasflaschen**	**Zum Zeitpunkt eines Wechsels der Flüssiggasflasche(n) ist betriebsbedingt von einem kurzzeitigen Gasaustritt auszugehen. Wird nach jedem Flaschenwechsel die Dichtheit von Verbindungsstellen durch Prüfung nachgewiesen, ist g. e. A. nicht zu erwarten. Die Dichtheitsprüfung ist unter Betriebsdruck mit z. B. schaumbildenden Mitteln durchzuführen.**			
1.2.2.1	**Entleeren in Räumen** 	**Entnahme aus der Gasphase in Raum mit natürlicher Lüftung.** **a) Einzelne Flasche mit direkt an das Flaschenabsperrventil angeschlossener Druckregeleinrichtung.** Bild 12	4.5.4 4.6.2	keine Zone Jedoch sind betriebsmäßige Zündquellen im Nahbereich des Flaschenabsperrventils bzw. der Druckregeleinrichtung während des Flaschenwechsels zu vermeiden.	keine

Nr.	Beispiel	Merkmale/Bemerkungen/ Voraussetzungen/Hinweise	Schutzmaß- nahmen nach TRGS 722	Festlegung der Zonen zur Zünd- quellenvermeidung nach TRGS 723	Schutzmaß- nahmen nach TRGS 724
(Sp. 1)	(Sp. 2)	(Sp. 3)	(Sp. 4)	(Sp. 5)	(Sp. 6)
zu 1.2.2.1	(Entleeren in Räumen)	**Beim Flaschenwechsel ist mit g. e. A. nicht zu rechnen, wenn die austretende Gasmenge auf das eingeschlossene Volumen zwischen Flaschenventil-Ausgangsbereich und Druckregeleinrichtung-Eingangsbereich begrenzt ist.** **Bei dieser Betrachtung wird vorausgesetzt, dass vor und für den Zeitraum des Flaschenwechsels entweder** **1. zuerst das Flaschenventil geschlossen wird; das im Leitungssystem befindliche Gas wird verbrannt und anschließend wird die zugehörige Absperreinrichtung der Verbrauchseinrichtung geschlossen oder**			

Nr.	Beispiel	Merkmale/Bemerkungen/ Voraussetzungen/Hinweise	Schutzmaß-nahmen nach TRGS 722	Festlegung der Zonen zur Zünd-quellenvermeidung nach TRGS 723	Schutzmaß-nahmen nach TRGS 724
(Sp. 1)	(Sp. 2)	(Sp. 3)	(Sp. 4)	(Sp. 5)	(Sp. 6)
zu 1.2.2.1	(Entleeren in Räumen)	**2. zuerst die Verbrauchseinrichtung über die zugehörige Absperreinrichtung geschlossen wird; dabei geht die Druckregeleinrichtung in den Schließdruck. Anschließend wird das Flaschenventil geschlossen.** **Die beim Flaschenwechsel zu betrachtende Gasmenge berechnet sich hierbei aus dem Volumen, das zwischen dem geschlossenen Flaschenabsperrventil und der in der Anlage eingebauten Druckregeleinrichtung* vorhanden ist. Wenn das austretende Gasvolumen zwischen dem geschlossenen Flaschenabsperrventil und der Druckregeleinrichtung* bei Umgebungsdruck < 0,2 l beträgt, ist nicht mit einer g. e. A. zu rechnen.** ***Druckregeleinrichtung einschließlich vorhandener Sicherheitseinrichtungen wie** **– Überdruck-Sicherheitsabsperreinrichtung (OPSO, früher: SAV) und Überdruck-Abblaseventil mit begrenztem Durchfluss (PRV, früher: Leckgassicherheitsabblaseventil) oder** **– Überdrucksicherungseinrichtung (siehe auch Branchenübergreifende DGUV Regel 110-010 „Verwendung von Flüssiggas" Abschnitt 5.1.6).**			

Nr.	Beispiel	Merkmale/Bemerkungen/ Voraussetzungen/Hinweise	Schutzmaßnahmen nach TRGS 722	Festlegung der Zonen zur Zündquellenvermeidung nach TRGS 723	Schutzmaßnahmen nach TRGS 724
(Sp. 1)	(Sp. 2)	(Sp. 3)	(Sp. 4)	(Sp. 5)	(Sp. 6)
zu 1.2.2.1	(Entleeren in Räumen)	**Wenn bei Mitteldruckanlagen der Schließdruck nicht erreicht wird, kann beim Flaschenwechsel Gas aus dem Leitungssystem und dem Ausgangsbereich der Druckregeleinrichtung in gefahrdrohender Menge entweichen. Um dies auszuschließen, ist vor dem Flaschenwechsel das Flaschenventil der Flüssiggasflasche zu schließen und das im System befindliche Gas zu verbrauchen (z. B. verbrennen).**			
		b) Wie a), jedoch nicht alle Punkte erfüllt. Bild 13	4.5.4	Zonenfestlegung in Abhängigkeit von Häufigkeit und Freisetzungsrate, jedoch mindestens Zone 2 im Nahbereich	keine

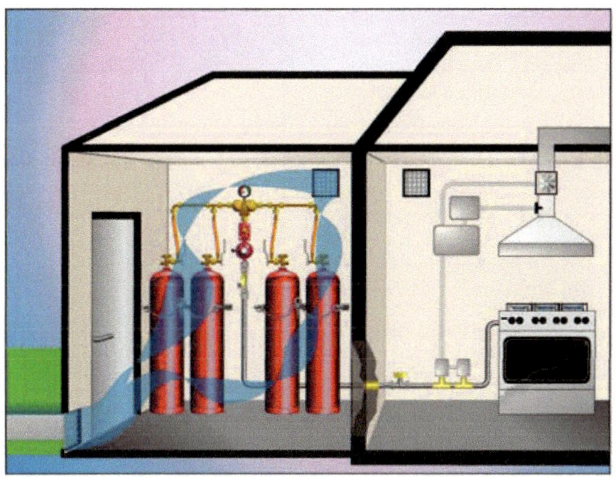

Nr.	Beispiel	Merkmale/Bemerkungen/ Voraussetzungen/Hinweise	Schutzmaßnahmen nach TRGS 722	Festlegung der Zonen zur Zündquellenvermeidung nach TRGS 723	Schutzmaßnahmen nach TRGS 724
(Sp. 1)	(Sp. 2)	(Sp. 3)	(Sp. 4)	(Sp. 5)	(Sp. 6)
zu 1.2.2.1	(Entleeren in Räumen)	**c) Eine Mehrflaschenanlage ist eine Anlage, bei der die Gasentnahme aus mehr als einer Flasche gleichzeitig erfolgen kann. Mehrflaschenanlage im Aufstellungsraum mit nicht direkt angeschlossener Druckregeleinrichtung an der Flüssiggasflasche (ungeregelter Druck steht von den zum Entleeren angeschlossenen Flüssiggasflaschen, den Absperrarmaturen über die Hochdruckschläuche und die jeweilige Seite des Sammelrohres bis zur Druckregeleinrichtung an). Aufstellungsräume besitzen zumindest je eine gegenüberliegende Lüftungsöffnung im Boden- und Deckenbereich von mindestens 100 cm^2. Die Wände sind öffnungslos und gasdicht auszuführen. In Aufstellungsräumen mit Flüssiggasflaschen – dürfen sich keine wirksamen Zündquellen befinden – müssen Geräte zur bestimmungsgemäßen Verwendung in explosionsgefährdeten Bereichen den Anforderungen der für die jeweilige Zone geltenden Kategorie gemäß RL 2014/34/EU entsprechen.**	4.5.4 4.6.2	Zone 1: 0,5 m um jede Anschlussstelle und kegelförmig bis zum Boden, am Boden R = 1 m (siehe auch Abb. zu 1.2.2.3) Zone 2: üR sowie außen 0,5 m um die Lüftungsöffnungen	

Nr.	Beispiel	Merkmale/Bemerkungen/ Voraussetzungen/Hinweise	Schutzmaßnahmen nach TRGS 722	Festlegung der Zonen zur Zündquellenvermeidung nach TRGS 723	Schutzmaßnahmen nach TRGS 724
(Sp. 1)	(Sp. 2)	(Sp. 3)	(Sp. 4)	(Sp. 5)	(Sp. 6)
zu 1.2.2.1	(Entleeren in Räumen)	*Hinweis:* *Bauliche Ausführung der Aufstellungsräume:* *Aufstellungsräume mit Flüssiggasflaschen müssen:* – *Türen haben, die unmittelbar ins Freie führen und nach außen aufschlagen* – *aus Bauteilen bestehen, die schwer entflammbar oder nicht brennbar sind, ausgenommen Fenster und sonstige Verschlüsse von Öffnungen in Außenwänden.* – *von anderen Räumen entsprechend Feuerwiderstandsklasse F 30 abgetrennt sein.* – *von angrenzenden Räumen mit Brandlasten entsprechend Feuerwiderstandsklasse F 90 abgetrennt sein (bei Aufstellungsräumen mit einer Wärmedämmung genügt eine Abtrennung entsprechend Feuerwiderstandsklasse F 30).* – *von Räumen, die dem Aufenthalt von Menschen dienen (neben, unter oder über dem Aufstellungsraum), entsprechend Feuerwiderstandsklasse F 90 ausgeführt sein.*			

Nr.	Beispiel	Merkmale/Bemerkungen/ Voraussetzungen/Hinweise	Schutzmaß-nahmen nach TRGS 722	Festlegung der Zonen zur Zündquellenvermeidung nach TRGS 723	Schutzmaß-nahmen nach TRGS 724
(Sp. 1)	(Sp. 2)	(Sp. 3)	(Sp. 4)	(Sp. 5)	(Sp. 6)
1.2.2.2	**Lagern und Bereithalten von Flaschen in Räumen**	*Hinweis:* *Flaschen sind gegen Umfallen oder Herabfallen zu sichern und stehend zu lagern. Die Flaschenabsperrventile müssen fest verschlossen und mit den vorgesehenen Schutzeinrichtungen versehen sein (z. B. Ventilschutzkappen, gegebenenfalls Verschlussmuttern).* *Flaschen sind grundsätzlich nicht in Räumen unter Erdgleiche zu lagern.* *Weitere Anforderungen siehe Abschnitt 10.3 der TRGS 510.* *Flaschen dürfen höchstens in der gleichen Anzahl an den Stellen bereitgehalten werden, an denen Flaschen zum Entleeren angeschlossen sind.*			
		a) Flasche(n) in ausschließlich ungeöffnetem Zustand. *Hinweis:* *Bei dieser Betrachtung wird zu Grunde gelegt, dass die Flaschen bzw. die Flaschenabsperrventile im Füllwerk auf Dichtheit geprüft, sachgemäß transportiert werden, keine sichtbaren Mängel aufweisen und noch nicht zum Entleeren angeschlossen wurden.*	4.5.3	keine Zone	keine
		b) Flasche(n) (teil entleerte, leere ungereinigte) mit geschlossenem Flaschenabsperrventil. **Dichtheit durch Prüfung nachgewiesen. Die Dichtheitsprüfung des geschlossenen Flaschenabsperrventils ist umgehend nach jedem Trennen von einer Flüssiggasanlage durchzuführen.** *Hinweis:* *Entleerte ungereinigte Flaschen enthalten Restgas. Bei nicht komplett geschlossenem Flaschenventil kann z. B. durch Nachverdampfung, Gas austreten.*	4.5.3	keine Zone	keine

Nr.	Beispiel	Merkmale/Bemerkungen/ Voraussetzungen/Hinweise	Schutzmaß-nahmen nach TRGS 722	Festlegung der Zonen zur Zünd-quellenvermeidung nach TRGS 723	Schutzmaß-nahmen nach TRGS 724
(Sp. 1)	(Sp. 2)	(Sp. 3)	(Sp. 4)	(Sp. 5)	(Sp. 6)
1.2.2.3	**Entleeren im Freien**	**Entnahme aus der Gasphase**			
		a) **Wie 1.2.2.1 a).**[Bild 14]	4.5.4	keine Zone Jedoch sind betriebsmäßige Zündquellen im Nahbereich des Flaschenabsperrventils bzw. der Druckregeleinrichtung während des Flaschenwechsels zu vermeiden.	keine
		b) **Wie a), jedoch nicht alle Punkte erfüllt.**[Bild 15]	4.5.4	Zonenfestlegung in Abhängigkeit von Häufigkeit und Freisetzungsrate, jedoch mindestens Zone 2 im Nahbereich	keine
		c) **Mehrflaschenanlage mit 2 bis 6 Flaschen im Flaschenschrank.**[Bild 16]	4.5.4 4.6.2	Zone 1: Im Innern des Flaschenschranks und Zone 2 in der Umgebung R = 0,5 m um den Flaschenschrank bis Oberkante Flaschenschrank	keine

Nr.	Beispiel	Merkmale/Bemerkungen/ Voraussetzungen/Hinweise	Schutzmaß-nahmen nach TRGS 722	Festlegung der Zonen zur Zünd-quellenvermeidung nach TRGS 723	Schutzmaß-nahmen nach TRGS 724
(Sp. 1)	(Sp. 2)	(Sp. 3)	(Sp. 4)	(Sp. 5)	(Sp. 6)

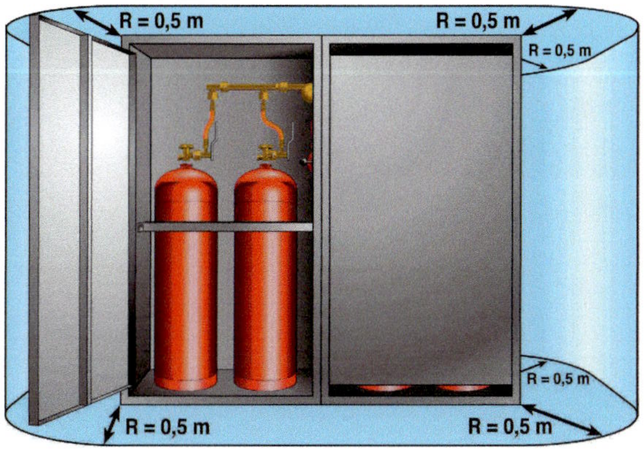

zu 1.2.2.3	(Entleeren im Freien)	*Hinweis:* *Flaschenschränke besitzen je eine Lüftungsöffnung im Boden- und Deckenbereich von 1/100 der Grundfläche, mindestens jedoch 100 cm^2.* *Eine Mehrflaschenanlage ist eine Anlage, bei der die Gasentnahme aus mehr als einer Flasche gleichzeitig erfolgen kann.*			

Nr.	Beispiel	Merkmale/Bemerkungen/ Voraussetzungen/Hinweise	Schutzmaßnahmen nach TRGS 722	Festlegung der Zonen zur Zündquellenvermeidung nach TRGS 723	Schutzmaßnahmen nach TRGS 724
(Sp. 1)	(Sp. 2)	(Sp. 3)	(Sp. 4)	(Sp. 5)	(Sp. 6)
zu 1.2.2.3	(Entleeren im Freien)	**d) Mehrflaschenanlage mit 2 bis 6 Flaschen ohne Flaschenschrank. Natürliche Lüftung vorhanden.**[Bild 17]	4.5.4 4.6.2	Zone 2: 0,5 m um jede Anschlussstelle und kegelförmig bis zum Boden, am Boden R = 1 m	keine

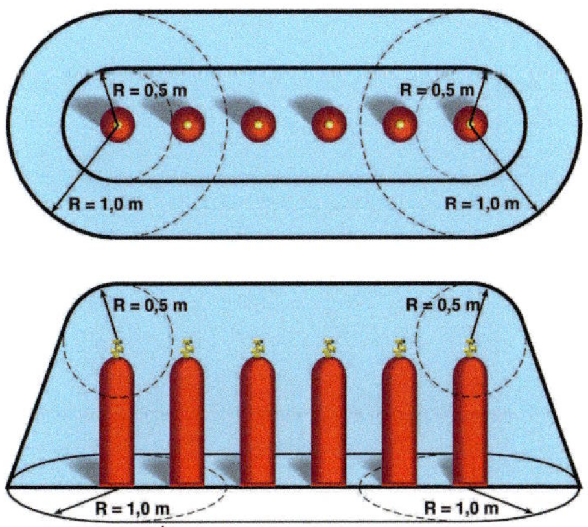

		Hinweis: *Eine Mehrflaschenanlage ist eine Anlage, bei der die Gasentnahme aus mehr als einer Flasche gleichzeitig erfolgen kann. Zone für Mehrflaschenanlage mit 2 bis 6 Flaschen siehe obige Abbildungen.*			

Nr.	Beispiel	Merkmale/Bemerkungen/Voraussetzungen/Hinweise	Schutzmaßnahmen nach TRGS 722	Festlegung der Zonen zur Zündquellenvermeidung nach TRGS 723	Schutzmaßnahmen nach TRGS 724
(Sp. 1)	(Sp. 2)	(Sp. 3)	(Sp. 4)	(Sp. 5)	(Sp. 6)
1.2.2.4	**Lagern und Bereithalten von Flaschen im Freien**	**a), b) Wie 1.2.2.2 a), b).**	4.5.3	keine Zone	keine

Nr.	Beispiel	Merkmale/Bemerkungen/ Voraussetzungen/Hinweise	Schutzmaßnahmen nach TRGS 722	Festlegung der Zonen zur Zündquellenvermeidung nach TRGS 723	Schutzmaßnahmen nach TRGS 724
(Sp. 1)	(Sp. 2)	(Sp. 3)	(Sp. 4)	(Sp. 5)	(Sp. 6)
1.2.3	**Flüssiggaslagerbehälter mit einem Fassungsvermögen < 3 t (ausgenommen Füllanlagen)**	**Zum Zeitpunkt des Befüllvorganges der Flüssiggas-Lagerbehälter ist anlagenbedingt von einem kurzzeitigen Gasaustritt auszugehen, der sowohl** **– beim Betätigen des Peilventils während des Befüllens (Austritt Gasphase) als auch** **– beim Entspannen des Vollschlauchsystems (konkret: Entspannen der Füllpistole) nach dem Befüllen (Austritt Flüssigphase)** **auftritt.** **Mit g. e. A. ist grundsätzlich nur durch das nach dem Befüllvorgang durchgeführte Entspannen des Vollschlauchsystems (Füllpistole) zu rechnen. Der Befüllvorgang des Lagerbehälters ist selten. Wegen der Gleichzeitigkeit von g. e. A. und potenziellen Zündquellen (z. B. durch Elektrostatik) sind alle vom Befüllvorgang unmittelbar betroffenen Betriebsmittel und Installationen im Normalbetrieb und bei vorhersehbaren Betriebsstörungen zündquellenfrei.**			

Nr.	Beispiel	Merkmale/Bemerkungen/ Voraussetzungen/Hinweise	Schutzmaß-nahmen nach TRGS 722	Festlegung der Zonen zur Zündquellenvermeidung nach TRGS 723	Schutzmaß-nahmen nach TRGS 724
(Sp. 1)	(Sp. 2)	(Sp. 3)	(Sp. 4)	(Sp. 5)	(Sp. 6)
zu 1.2.3	(Flüssiggaslagerbehälter mit einem Fassungsvermögen < 3 t (ausgenommen Füllanlagen))	*Hinweis:* *Da das Sicherheitsventil auf einen Auslösedruck eingestellt ist, der nur im Brandfall mit Erhitzen des Lagerbehälters auftreten kann, hat es keine Auswirkung auf die Zoneneinteilung. (Anmerkung: das Sicherheitsventil wird regelmäßig auf Dichtheit und Auslösedruck geprüft).* **Zusätzlich sind die Anforderungen der Technischen Regeln für Flüssiggas (TRF 2021) des Deutschen Verbandes Flüssiggas (DVFG) an die Aufstellung von Flüssiggas-Lagerbehältern in Verbindung mit den Anforderungen des DVFG-Prüfhandbuches „Flüssiggas-Anlagen" zu beachten.**			
1.2.3.1	**Im Freien**	**Entnahme aus der Gasphase;** **Flüssiggas-Lagerbehälter wird wenige Male pro Jahr befüllt.**			
1.2.3.1.1	**Oberirdischer und halboberirdischer Flüssiggas-Lagerbehälter**	**Die am Lagerbehälter zum Befüllvorgang betätigten Armaturen (in der Regel Füllventil und Gasentnahmearmatur mit u. a. Peilventil) werden nach jedem Befüllen auf Dichtheit geprüft. Die Dichtheit kann mit z. B. schaumbildenden Mitteln geprüft werden.**			

Nr.	Beispiel	Merkmale/Bemerkungen/ Voraussetzungen/Hinweise	Schutzmaß- nahmen nach TRGS 722	Festlegung der Zonen zur Zünd- quellenvermeidung nach TRGS 723	Schutzmaß- nahmen nach TRGS 724
(Sp. 1)	(Sp. 2)	(Sp. 3)	(Sp. 4)	(Sp. 5)	(Sp. 6)
zu 1.2.3.1.1	(Oberirdischer und halboberirdischer Flüssiggas-Lagerbehälter)	**Zonen siehe nachfolgende Abbildungen:** **Oberirdischer Lagerbehälter:** 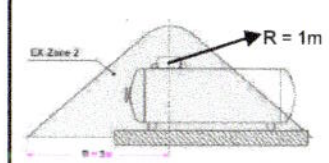 **Halboberirdischer Lagerbehälter:** 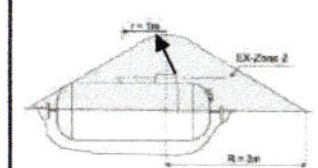	4.5.3 4.6.2	Zone 2: 1 m um das Füllventil und kegelförmig bis zum Boden, am Boden R = 3 m	keine

Nr.	Beispiel	Merkmale/Bemerkungen/Voraussetzungen/Hinweise	Schutzmaßnahmen nach TRGS 722	Festlegung der Zonen zur Zündquellenvermeidung nach TRGS 723	Schutzmaßnahmen nach TRGS 724
(Sp. 1)	(Sp. 2)	(Sp. 3)	(Sp. 4)	(Sp. 5)	(Sp. 6)
zu 1.2.3.1.1	(Oberirdischer und halboberirdischer Flüssiggas-Lagerbehälter)	*Hinweise:* *a) Durch geeignete Maßnahmen muss sichergestellt sein, dass die Anforderungen für die Zone 2 während der Dauer des Befüllvorganges eingehalten sind. Geeignete Maßnahmen kann die Kontrolle des Zonenbereiches auf Abwesenheit wirksamer Zündquellen sein.* *b) Wird die g. e. A. nur während des Befüllvorganges erzeugt und können Freisetzungen zu anderen Zeiten (etwa durch Dichtheitsprüfungen) ausgeschlossen werden, so können potenziell wirksame Zündquellen in der ausgewiesenen Zone nach Einzelprüfung (Gefährdungsbeurteilung) zulässig sein (z. B. Rasen mähen). Bei wiederkehrenden gleichartigen Tätigkeiten mit Auftreten potenziell wirksamer Zündquellen innerhalb des Zonenbereiches (z. B. Rasen mähen) ist die Gefährdungsbeurteilung in der Regel nur vor der erstmaligen Ausführung der Tätigkeit erforderlich.*			

Nr.	Beispiel	Merkmale/Bemerkungen/ Voraussetzungen/Hinweise	Schutzmaß-nahmen nach TRGS 722	Festlegung der Zonen zur Zünd-quellenvermeidung nach TRGS 723	Schutzmaß-nahmen nach TRGS 724
(Sp. 1)	(Sp. 2)	(Sp. 3)	(Sp. 4)	(Sp. 5)	(Sp. 6)
zu 1.2.3.1.1	(Oberirdischer und halboberirdischer Flüssiggas-Lagerbehälter)	*c) Erstreckt sich die Zone 2 auf Nachbargrundstücke, so ist während des Befüllvorganges der explosionsgefährdete Bereich entweder durch* – bauliche Maßnahmen, z. B. Einschränkung der Freisetzungsausbreitung an maximal zwei Seiten durch etwa öffnungslose, mindestens einseitig verputzte Wände oder – andere, schwadenhemmende Abtrennungen zu begrenzen oder – es sind entsprechende vertragliche Nutzungsvereinbarungen mit den Nachbarn zu treffen. *d) Erstreckt sich die Zone 2 auf öffentliche Verkehrsflächen, so ist während des Befüllvorganges der explosionsgefährdete Bereich entweder durch* – bauliche Maßnahmen, z. B. Einschränkung der Freisetzungsausbreitung an maximal zwei Seiten durch etwa öffnungslose, mindestens einseitig verputzte Wände oder – andere schwadenhemmende Abtrennungen zu begrenzen.			

Nr.	Beispiel	Merkmale/Bemerkungen/ Voraussetzungen/Hinweise	Schutzmaß-nahmen nach TRGS 722	Festlegung der Zonen zur Zünd-quellenvermeidung nach TRGS 723	Schutzmaß-nahmen nach TRGS 724
(Sp. 1)	(Sp. 2)	(Sp. 3)	(Sp. 4)	(Sp. 5)	(Sp. 6)
1.2.3.1.2	**Unterirdischer Flüssiggas-Lager-behälter**	**Die am Lagerbehälter zum Befüllvorgang betätigten Armaturen (in der Regel Füllventil und Gasentnahmearmatur mit u. a. Peil-ventil) werden nach jedem Befüllen auf Dichtheit geprüft. Die Dichtheit kann mit z. B. schaumbildenden Mitteln geprüft werden.** **Zonen siehe nachfolgende Abbildung:** 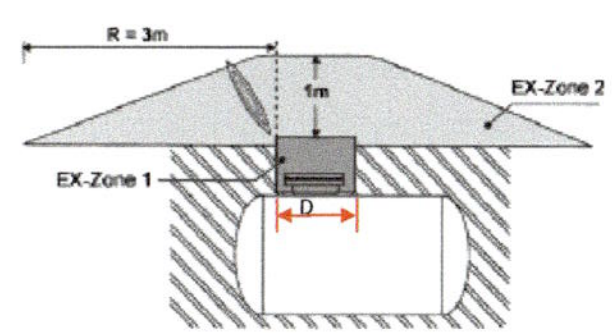 *Hinweise:* *a) Durch geeignete Maßnahmen muss sichergestellt sein, dass die Anforderungen für die Zone 2 während der Dauer des Befüllvorganges eingehalten sind. Geeignete Maßnahmen kann die Kontrolle des Zonenbereiches auf Abwesenheit wirk-samer Zündquellen sein.*	4.5.3 4.6.2	Zone 1: Ganzer Domschacht Zone 2: Zylinder oberhalb Domschacht mit einer Höhe vom Dom-schacht H = 1 m und Durchmesser des Domschachts und kegelförmig bis zum Boden, am Boden R = 3 m + D/2 um Domschacht	keine

Nr.	Beispiel	Merkmale/Bemerkungen/ Voraussetzungen/Hinweise	Schutzmaßnahmen nach TRGS 722	Festlegung der Zonen zur Zündquellenvermeidung nach TRGS 723	Schutzmaßnahmen nach TRGS 724
(Sp. 1)	(Sp. 2)	(Sp. 3)	(Sp. 4)	(Sp. 5)	(Sp. 6)
zu 1.2.3.1.2	(Unterirdischer Flüssiggas-Lagerbehälter)	*b) Wird die g. e. A. nur während des Befüllvorganges erzeugt und können Freisetzungen zu anderen Zeiten (etwa durch Dichtheitsprüfungen) ausgeschlossen werden, so können potenziell wirksame Zündquellen in der ausgewiesenen Zone 2 nach Einzelprüfung (Gefährdungsbeurteilung) zulässig sein (z. B. Rasen mähen). Bei wiederkehrenden gleichartigen Tätigkeiten mit Auftreten potenziell wirksamer Zündquellen innerhalb des Zonenbereiches (z. B. Rasen mähen) ist die Gefährdungsbeurteilung in der Regel nur vor der erstmaligen Ausführung der Tätigkeit erforderlich.* *c) Erstreckt sich die Zone 2 auf Nachbargrundstücke, so ist während des Befüllvorganges der explosionsgefährdete Bereich entweder durch* – bauliche Maßnahmen, z. B. Einschränkung der Freisetzungsausbreitung an maximal zwei Seiten durch etwa öffnungslose, mindestens einseitig verputzte Wände oder – andere, schwadenhemmende Abtrennungen zu begrenzen oder – es sind entsprechende vertragliche Nutzungsvereinbarungen mit den Nachbarn zu treffen.			

Nr.	Beispiel	Merkmale/Bemerkungen/Voraussetzungen/Hinweise	Schutzmaßnahmen nach TRGS 722	Festlegung der Zonen zur Zündquellenvermeidung nach TRGS 723	Schutzmaßnahmen nach TRGS 724
(Sp. 1)	(Sp. 2)	(Sp. 3)	(Sp. 4)	(Sp. 5)	(Sp. 6)
zu 1.2.3.1.2	(Unterirdischer Flüssiggas-Lagerbehälter)	*d) Erstreckt sich die Zone 2 auf öffentliche Verkehrsflächen, so ist während des Befüllvorganges der explosionsgefährdete Bereich entweder durch* – bauliche Maßnahmen, z. B. Einschränkung der Freisetzungsausbreitung an maximal zwei Seiten durch etwa öffnungslose, mindestens einseitig verputzte Wände oder – andere schwadenhemmende Abtrennungen zu begrenzen.			

Nr.	Beispiel	Merkmale/Bemerkungen/ Voraussetzungen/Hinweise	Schutzmaßnahmen nach TRGS 722	Festlegung der Zonen zur Zündquellenvermeidung nach TRGS 723	Schutzmaßnahmen nach TRGS 724
(Sp. 1)	(Sp. 2)	(Sp. 3)	(Sp. 4)	(Sp. 5)	(Sp. 6)
1.2.4	**Großtechnische Lagerung und Abfüllung von unter Druck verflüssigten und gelösten Kohlenwasserstoffgasen**	**Verdichtete oder unter Druck verflüssigte Kohlenwasserstoffgase, z. B. Propan, Butan, Ethen (Ethylen).** *Hinweis:* *Siehe auch TRBS 3146/TRGS 746* *Keine Hochdruckanlagen; max. Druckstufe PN 25.*			
1.2.4.1	**Anlagen und Anlageteile zum Lagern und zum Abfüllen von verdichteten, verflüssigten und unter Druck gelösten Kohlenwasserstoffgasen im Freien**	**Großtechnische Lagerung von Gasen (z. B. in freistehenden Großtanks, „Gaskugeln", erdbedeckten Behältern). Großtechnische Abfüllung in z. B. Kesselwagen, Tankschiffe, Tankwagen.** *Achtung: Wechselwirkung zwischen Anlage und Transportmittel ist zu beachten.*			
1.2.4.1.1	**Freistehende Lagerbehälter**	*Hinweis:* *Sicherheitsventile, die nur zur Absicherung der Lageranlage im Brandfall vorgesehen sind, haben keine Auswirkung auf die Einteilung der Ex-Zonen. Eine sicherheitstechnische Betrachtung ist durchzuführen.*			
		a) Auf Dauer technische dichte Anlagen und Anlagenteile. Bild 18	4.5.2	keine Zone	keine
		b) Technisch dichte Anlagen und Anlagenteile.			

Nr.	Beispiel	Merkmale/Bemerkungen/ Voraussetzungen/Hinweise	Schutzmaßnahmen nach TRGS 722	Festlegung der Zonen zur Zündquellenvermeidung nach TRGS 723	Schutzmaßnahmen nach TRGS 724
(Sp. 1)	(Sp. 2)	(Sp. 3)	(Sp. 4)	(Sp. 5)	(Sp. 6)
zu 1.2.4.1.1	(Freistehende Lagerbehälter)	*Hinweis:* *Die Güte der Dichtungen entspricht deren Rohrklassen und Druckstufen.*			
		b1) Gase leichter als Luft.[Bild 19]	4.5.3 4.6.2	Zone 2: kugelförmig mit R = 1 m um die Austrittstelle mit nach oben tangential an die Kugel anschließendem Kegelstumpf mit oben liegender Basisfläche, deren R = 3 m und deren Abstand h zur Austrittstelle 3 m beträgt (siehe Bild 1).	keine
		b2) Gase schwerer als Luft.[Bild 20]	4.5.3 4.6.2	Zone 2: kugelförmig mit R = 1 m um die Austrittstelle mit nach unten tangential an die Kugel anschließendem Kegelstumpf mit untenliegender Basisfläche, deren R = 3 m und deren Abstand h zur Austrittstelle 3 m beträgt (siehe Bild 2).	keine
		b3) Gase gleich schwer wie Luft.[Bild 21]	4.5.3 4.6.2[Bild 20]	Zone 2: kugelförmig mit R = 2 m um die Austrittstelle	keine

Nr.	Beispiel	Merkmale/Bemerkungen/ Voraussetzungen/Hinweise	Schutzmaß-nahmen nach TRGS 722	Festlegung der Zonen zur Zündquellenvermeidung nach TRGS 723	Schutzmaß-nahmen nach TRGS 724
(Sp. 1)	(Sp. 2)	(Sp. 3)	(Sp. 4)	(Sp. 5)	(Sp. 6)

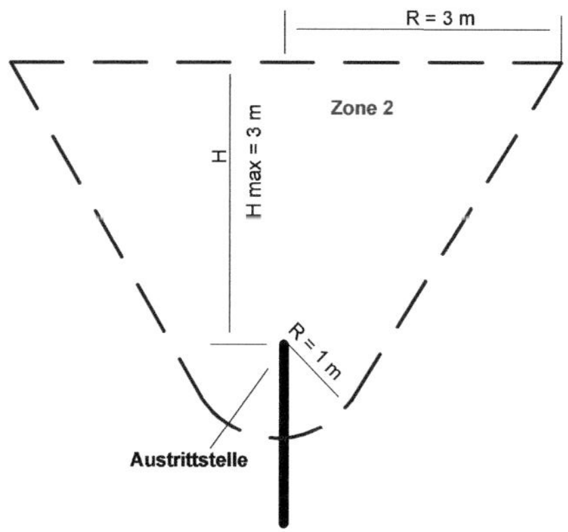

Bild 1: Gase leichter als Luft

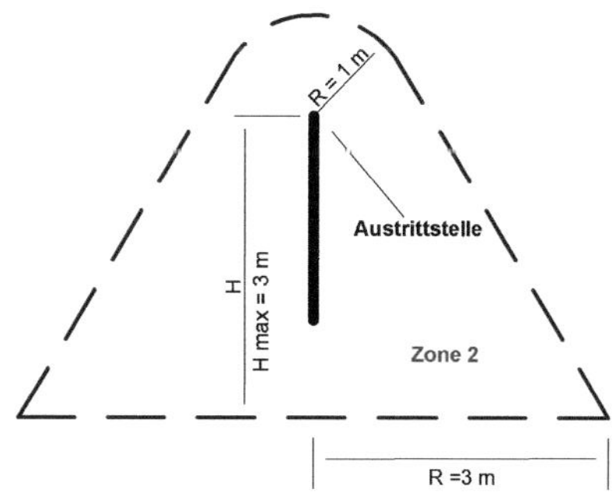

Bild 2: Gase schwerer als Luft

1.2.4.1.2	**Erdgedeckte Lagerbehälter**	**Abgedeckter Domschacht mit Armaturen und MSR-Einrichtungen, jedoch keine Sicherheitsventilabblaseöffnung.** a) **Auf Dauer technisch dichte Anlagen.** Bild 22	4.5.2	keine Zone	keine

Nr.	Beispiel	Merkmale/Bemerkungen/ Voraussetzungen/Hinweise	Schutzmaßnahmen nach TRGS 722	Festlegung der Zonen zur Zündquellenvermeidung nach TRGS 723	Schutzmaßnahmen nach TRGS 724
(Sp. 1)	(Sp. 2)	(Sp. 3)	(Sp. 4)	(Sp. 5)	(Sp. 6)
zu 1.2.4.1.2	(Erdgedeckte Lagerbehälter)	**b) Technisch dichte Anlagen und Anlagenteile Bildung von g. e. A. durch den Austritt von geringen Gasmengen durch technisch dichte Ausrüstung möglich. Diese geringen Mengen verbleiben im Domschacht.** *Hinweis:* *Die Güte der Dichtungen entspricht deren Rohrklassen und Druckstufen.*			
		b1) Abgedeckter Domschacht mit Gaswarneinrichtung zur Erkennung von g. e. A. und geeignete Maßnahmen zur Beseitigung von g. e. A.[Bild 23]	4.5.3 4.7.2 und z. B. 4.6	Zone 2: ganzer Domschacht	keine
		b2) Abgedeckter Domschacht mit geeigneten organisatorischen Maßnahmen zur Erkennung von g. e. A. und geeigneten Maßnahmen zur Beseitigung von g. e. A.[Bild 24] *Hinweis:* *Die kurzfristige Beseitigung von g. e. A. ist in der Regel nicht möglich.*	4.5.3	Zone 1: ganzer Domschacht	keine
		b3) Abgedeckter Domschacht.[Bild 25]	4.5.3	Zone 0: ganzer Domschacht Außerhalb Domschacht keine Zone	keine

Nr.	Beispiel	Merkmale/Bemerkungen/ Voraussetzungen/Hinweise	Schutzmaßnahmen nach TRGS 722	Festlegung der Zonen zur Zündquellenvermeidung nach TRGS 723	Schutzmaßnahmen nach TRGS 724
(Sp. 1)	(Sp. 2)	(Sp. 3)	(Sp. 4)	(Sp. 5)	(Sp. 6)
1.2.4.1.3	**Großtechnische Füllanlagen im Freien** Zugehörige Ausrüstungen, wie z. B. Pumpen, Rohrleitungen, TSV, Probennahme, siehe entsprechende Abschnitte	**Bei den folgenden Beispielen wird die Zoneneinteilung der fest installierten Anlagenteile unter Berücksichtigung des Transportmittels LKW und TKW betrachtet. Das Wirksamwerden des Transportmittels als Zündquelle muss durch organisatorische Maßnahmen ausgeschlossen werden.**			
1.2.4.1.3.1	**Anschlussstellen (Kupplung zwischen Verladeeinrichtung und Transportmittel mit Doppelblockarmaturen)**	**a) Vollschlauchsystem mit Gaspendelung und Entspannung und Spülung des Kupplungsstückes mit Inertgas vor dem Abkuppeln. Beim Abkuppeln der beweglichen Anschlussleitungen entsteht keine g. e. A.** Bild 18	4.6.2	keine Zone	keine
		b) Vollschlauchsystem mit Gaspendelung und Entspannung in ein geschlossenes System. Beim Abkuppeln der beweglichen Anschlussleitungen wird ein Restvolumen entspanntes Gas im Kupplungsstück freigesetzt. Bilder 19, 20, 21	4.6.2	Zone 1: Nahbereich um das Kupplungsstück (in Verladeposition)	keine
1.2.4.1.3.2	**Waagengruben für Kesselwagen- und Straßenfahrzeugverladung (Gase schwerer als Luft)**	**Akkumulation von Gas in der Waagengrube durch Quellen außerhalb, z. B. Füll- und Lageranlage, möglich.**			
		a) Kein Auftreten von g. e. A., Akkumulation von Gas wird automatisch erkannt und wirksam beseitigt, bevor g. e. A. vorhanden ist. Gaswarnanlage hochverfügbar und technische Lüftung hochverfügbar. Bild 26	4.7.3 4.6.3	keine Zone	keine

Nr.	Beispiel	Merkmale/Bemerkungen/ Voraussetzungen/Hinweise	Schutzmaß-nahmen nach TRGS 722	Festlegung der Zonen zur Zündquellenvermeidung nach TRGS 723	Schutzmaß-nahmen nach TRGS 724
(Sp. 1)	(Sp. 2)	(Sp. 3)	(Sp. 4)	(Sp. 5)	(Sp. 6)
zu 1.2.4.1.3.2	(Waagengruben für Kesselwagen- und Straßenfahrzeugverladung (Gase schwerer als Luft))	**b) G. e. A wird automatisch erkannt und wirksam beseitigt.** Bild 27	4.7.3 4.6.3	Zone 2: ganze Waagengrube	keine
		c) G. e. A. wird automatisch erkannt und alarmiert; wirksame Maßnahmen zur Beseitigung von g. e. A. werden kurzfristig eingeleitet. Bild 27	4.7.2	Zone 2: ganze Waagengrube	keine
		d) Eine ausreichende technische Belüftung der Waagengrube erfolgt nur während des Verladevorganges. Diskontinuierlicher Betrieb der Waage. Bild 28	4.6.3	Zone 1: ganze Waagengrube	keine
1.2.4.2	**Pumpen für Gase in flüssigem Zustand**	*Hinweis:* *Nicht unmittelbar zum Pumpenkörper gehörende Anlagenteile sind separat zu bewerten, z. B. Rohrleitungen und Armaturen. Siehe entsprechende Abschnitte.*			
1.2.4.2.1	**In Räumen**	**a) Auf Dauer technisch dichte Pumpen (z. B. magnetgekuppelte Pumpen, Pumpen mit doppelt wirkender Gleitringdichtung und Funktionsüberwachung).** Bild 29	4.5.2	keine Zone	keine
		b) Kleine Pumpenräume $V < 100\ m^3$, technisch dichte Pumpen (z. B. Pumpen mit einfach wirkender Gleitringdichtung); Bildung von g. e. A. durch Leckagen möglich. Raum mit technischer Lüftung. Bild 30	4.6.3	Zone 2: gR	keine
		c) Wie b), jedoch Raum nur mit natürlicher Lüftung. Bild 31	4.6.2	Zone 1: gR	keine

Nr.	Beispiel	Merkmale/Bemerkungen/ Voraussetzungen/Hinweise	Schutzmaßnahmen nach TRGS 722	Festlegung der Zonen zur Zündquellenvermeidung nach TRGS 723	Schutzmaßnahmen nach TRGS 724
(Sp. 1)	(Sp. 2)	(Sp. 3)	(Sp. 4)	(Sp. 5)	(Sp. 6)
1.2.4.2.2	**Im Freien auf Erdgleiche oder über Erdgleiche**	a) **Auf Dauer technisch dichte Pumpen (z. B. magnetgekuppelte Pumpen, Pumpen mit doppelt wirkender Gleitringdichtung und Funktionsüberwachung).**[Bild 32]	4.5.2	keine Zone	keine
		b) **Technisch dichte Pumpen (z. B. Pumpen mit einfach wirkender Gleitringdichtung); Kühlluftstrom der Motoren gegen die Pumpe gerichtet. Leckagen möglich, aber z. B. durch regelmäßige Kontrollen frühzeitig erkannt.**[Bild 33]	4.5.3	Zone 2: im Nahbereich der Dichtung	keine
		c) **Wie b), jedoch in Wetterschutz- bzw. Schallschutzeinhausung.**[Bild 34] *Hinweis:* *Ausreichende, wenn auch eingeschränkte Lüftung gegenüber einer Freianlage. Bei nicht ausreichender Lüftung siehe 1.2.4.2.1 „Pumpen in Räumen".*	4.6.2	Zone 1: im Nahbereich der Dichtung Zone 2: bis 1 m um die Dichtung	keine
1.2.4.2.3	**Im Freien unter Erdgleiche**	a) **Auf Dauer technisch dichte Pumpen (z. B. magnetgekuppelte Pumpen, Pumpen mit doppelt wirkender Gleitringdichtung und Funktionsüberwachung).**[Bild 35]	4.5.2	keine Zone	keine

Nr.	Beispiel	Merkmale/Bemerkungen/ Voraussetzungen/Hinweise	Schutzmaß- nahmen nach TRGS 722	Festlegung der Zonen zur Zünd- quellenvermeidung nach TRGS 723	Schutzmaß- nahmen nach TRGS 724
(Sp. 1)	(Sp. 2)	(Sp. 3)	(Sp. 4)	(Sp. 5)	(Sp. 6)
zu 1.2.4.2.3	(Im Freien unter Erdgleiche)	**b) Technisch dichte Pumpen in Vertiefungen (Tiefe kleiner als 1/10 der Breite und kleiner als 1,50 m), Kühlluftstrom der Motoren gegen die Pumpe gerichtet. Bildung von g. e. A. durch Leckagen möglich.** Bild 36	4.5.3	Zone 2: Nahbereich um die Dichtung sowie bis zur Wandung der Vertiefung, maximal 5 m Radius um die Pumpe, 0,5 m Höhe (siehe Bild 3 und Bild 4)	keine

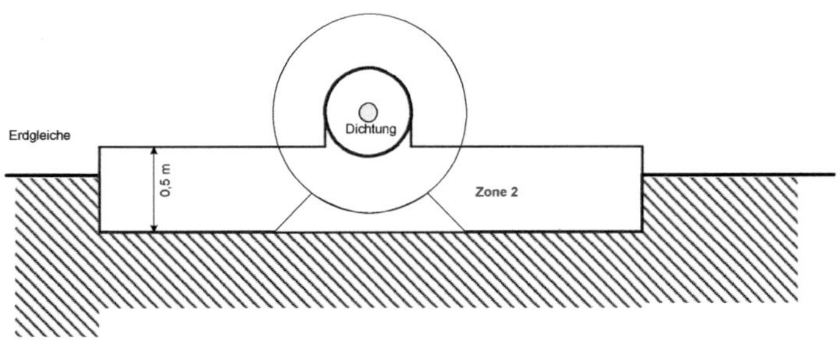

Bild 3: Technisch dichte Pumpen in Vertiefung, Szenario 1

Nr.	Beispiel	Merkmale/Bemerkungen/ Voraussetzungen/Hinweise	Schutzmaßnahmen nach TRGS 722	Festlegung der Zonen zur Zündquellenvermeidung nach TRGS 723	Schutzmaßnahmen nach TRGS 724
(Sp. 1)	(Sp. 2)	(Sp. 3)	(Sp. 4)	(Sp. 5)	(Sp. 6)
zu 1.2.4.2.3	(Im Freien unter Erdgleiche)				

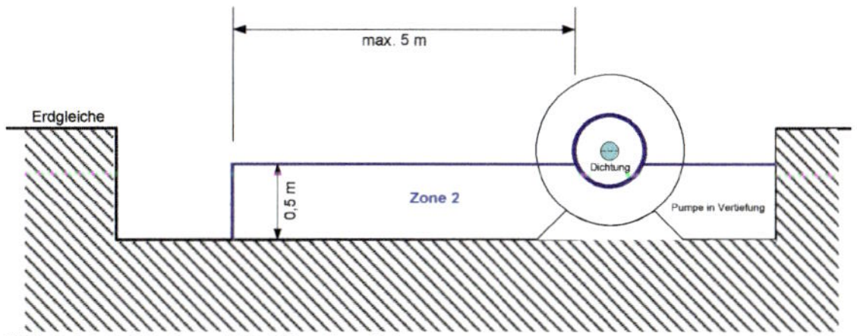

Bild 4: Technisch dichte Pumpe in Vertiefung, Szenario 2

		c) **Technisch dichte Pumpen in Gruben.**[Bild 37]		Zone 1: ganze Grube bis Erdgleiche Zone 2: Nahbereich horizontal um Grube, bis 0,3 m über Erdgleiche (siehe Bild 5)	keine

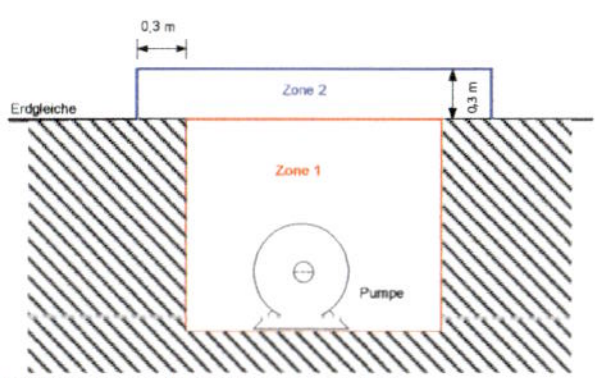

Bild 5: Technisch dichte Pumpen in Gruben

Nr.	Beispiel	Merkmale/Bemerkungen/ Voraussetzungen/Hinweise	Schutzmaß- nahmen nach TRGS 722	Festlegung der Zonen zur Zünd- quellenvermeidung nach TRGS 723	Schutzmaß- nahmen nach TRGS 724
(Sp. 1)	(Sp. 2)	(Sp. 3)	(Sp. 4)	(Sp. 5)	(Sp. 6)
1.2.4.3	**Verdichter**	**Verdichter in verfahrenstechnischen Anlagen.** **Technisch dichte Verdichter sind für Kohlenwasserstoffe nach TA Luft nur noch für eine Übergangszeit zulässig.** *Hinweis:* *Angeschlossene Hilfssysteme z. B. Entgasung von Sperrflüssigkeiten, sind in diesem Abschnitt nicht berücksichtigt, sie müssen hinsichtlich der Bildung von g. e. A. zusätzlich betrachtet werden.*			
1.2.4.3.1	**In Räumen**	**a) Auf Dauer technisch dichte Verdichter.**[Bild 38]	4.5.2 4.6.2	keine Zone	keine
		b) Technisch dicht			
		b1) Technisch dichte Verdichter, Aufstellung in Maschinenhalle mit technischer Lüftung; Freisetzung wird automatisch erkannt und g. e. A. wird kurzfristig beseitigt, Zuluft aus explosionsfreiem Bereich.[Bild 39]	4.5.3 4.6.3 4.7	Zone 2: im Nahbereich um den Verdichter	keine
		b2) Technisch dichte Verdichter, Aufstellung in Maschinenhalle mit technischer Lüftung.[Bild 40]	4.5.3 4.6.3	Zone 2: in der Maschinenhalle	keine
		b3) Technisch dichte Verdichter , Aufstellung in Maschinenhalle.[Bild 41]	4.5.3 4.6.2	Zone 1: in der Maschinenhalle	keine

Nr.	Beispiel	Merkmale/Bemerkungen/Voraussetzungen/Hinweise	Schutzmaßnahmen nach TRGS 722	Festlegung der Zonen zur Zündquellenvermeidung nach TRGS 723	Schutzmaßnahmen nach TRGS 724
(Sp. 1)	(Sp. 2)	(Sp. 3)	(Sp. 4)	(Sp. 5)	(Sp. 6)
zu 1.2.4.3.1	(In Räumen)	*Hinweis:* *G. e. A. kann nicht kurzfristig beseitigt werden.*			
		c) Verdichten von Gasen mit hohem Wasserstoffanteil; hochgelegene Atmungsöffnungen. Bild 42	4.6.2	Zone 2: 3 m horizontal um Austrittstelle, nach oben bis zur Decke	keine
1.2.4.3.2	**Im Freien**	**a) Auf Dauer technisch dichte Verdichter.** Bild 43	4.5.2	keine Zone	keine
		b) Technisch dichte			
		b1) Technisch dichte Verdichter für Gase leichter als Luft. Bild 44	4.5.3	Zone 2: kugelförmig mit R = 1 m um die Austrittstelle mit nach oben tangential an die Kugel anschließendem Kegelstumpf mit oben liegender Basisfläche, deren Radius 3 m und deren Abstand h zur Austrittstelle 3 m beträgt (siehe Bild 6)	keine

Nr.	Beispiel	Merkmale/Bemerkungen/ Voraussetzungen/Hinweise	Schutzmaß-nahmen nach TRGS 722	Festlegung der Zonen zur Zünd-quellenvermeidung nach TRGS 723	Schutzmaß-nahmen nach TRGS 724
(Sp. 1)	(Sp. 2)	(Sp. 3)	(Sp. 4)	(Sp. 5)	(Sp. 6)
zu 1.2.4.3.2	(Im Freien)	b2) Technisch dichte Verdichter für Gase schwerer als Luft.[Bild 45]	4.5.3	Zone 2: kugelförmig mit R = 1 m um die Austrittstelle mit nach unten tangential an die Kugel anschließendem Kegelstumpf mit untenliegender Basisfläche, deren Radius 3 m und deren Abstand h zur Austrittstelle 3 m beträgt (siehe Bild 7)	keine
		b3) Technisch dichte Verdichter für Gase gleich schwer wie Luft.[Bild 46]	4.5.3	Zone 2: kugelförmig mit Radius 3 m um die Austrittstelle	keine

Nr.	Beispiel	Merkmale/Bemerkungen/ Voraussetzungen/Hinweise	Schutzmaß- nahmen nach TRGS 722	Festlegung der Zonen zur Zünd- quellenvermeidung nach TRGS 723	Schutzmaß- nahmen nach TRGS 724
(Sp. 1)	(Sp. 2)	(Sp. 3)	(Sp. 4)	(Sp. 5)	(Sp. 6)

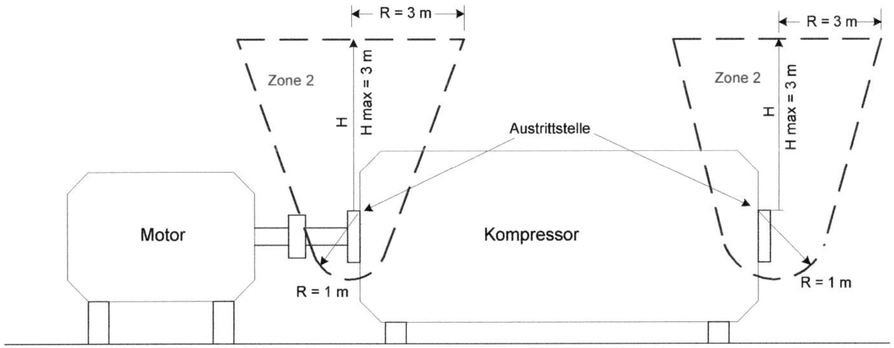

Bild 6: Technisch dichte Verdichter für Gase leichter als Luft

Nr.	Beispiel	Merkmale/Bemerkungen/ Voraussetzungen/Hinweise	Schutzmaß- nahmen nach TRGS 722	Festlegung der Zonen zur Zünd- quellenvermeidung nach TRGS 723	Schutzmaß- nahmen nach TRGS 724
(Sp. 1)	(Sp. 2)	(Sp. 3)	(Sp. 4)	(Sp. 5)	(Sp. 6)

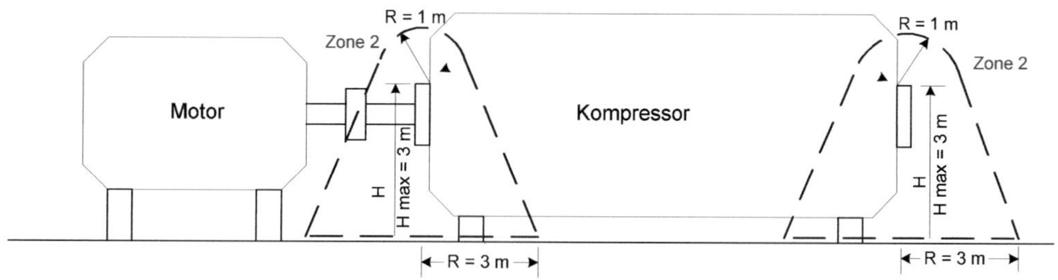

Bild 7: Technisch dichte Verdichter für Gase schwerer als Luft

1.2.4.4	**Verdampfer mit geschlossenem Wärmesystem**	**Auf Dauer technisch dichte Verdampfer.**	4.5.2	keine Zone	keine
1.2.4.5	**Rohrleitungen und Armaturen für unter Druck verflüssigte und gelöste Kohlenwasserstoffgase**	*Hinweis:* *Rohrleitungen und Armaturen sind auch immer in Verbindung mit den angeschlossenen Aggregaten zu betrachten.*			
1.2.4.5.1	**In Räumen**	**a) Rohrleitungen und Armaturen sind auf Dauer technisch dicht.**	4.5.2 4.6.2	keine Zone	keine
		b) Rohrleitungen und Armaturen sind technisch dicht.			

Nr.	Beispiel	Merkmale/Bemerkungen/ Voraussetzungen/Hinweise	Schutzmaßnahmen nach TRGS 722	Festlegung der Zonen zur Zündquellenvermeidung nach TRGS 723	Schutzmaßnahmen nach TRGS 724
(Sp. 1)	(Sp. 2)	(Sp. 3)	(Sp. 4)	(Sp. 5)	(Sp. 6)
zu 1.2.4.5.1	(In Räumen)	b1) In großen Räumen ($V > 100\ m^3$).	4.5.3 4.6.2	Zone 2: gR	keine
		Hinweis: *Leckage kann nicht kurzfristig erkannt und beseitigt werden. Die austretenden Mengen führen aber i. d. R. nicht zu g. e. A.*			
		b2) In kleinen Räumen ($V < 100\ m^3$).	4.5.3 4.6.2	Zone 1: gR	keine
		Hinweis: *Bei Leckagen kann g. e. A. auftreten, die nicht kurzfristig erkannt und beseitigt werden kann.*			
1.2.4.5.2	**Im Freien**	**a) Rohrleitungen und Armaturen sind auf Dauer technisch dicht.**	4.5.2	keine Zone	keine
		b) Rohrleitungen und Armaturen sind technisch dicht. *Hinweis:* *G. e. A. kann zwar nicht kurzfristig erkannt werden, eine Akkumulation findet aber nicht statt.*	4.5.3	Zone 2: im Abstand von 0,2 m x Betriebsüberdruck (in bar); jedoch mind. 0,5 m um die möglichen Leckagestellen	keine
1.2.4.6	**Vorgesehene Austrittsmöglichkeiten von Gasen in die Atmosphäre im Freien**				
1.2.4.6.1	**Probenahmestellen**	**a) Auf Dauer technisch dichte Anlagen.**	4.5.2	keine Zone	keine
		b) Technisch dichte Anlagen.	4.5.3 4.6.2	Zone 2: kugelförmig im Nahbereich um die Austrittstelle	keine

Nr.	Beispiel	Merkmale/Bemerkungen/ Voraussetzungen/Hinweise	Schutzmaßnahmen nach TRGS 722	Festlegung der Zonen zur Zündquellenvermeidung nach TRGS 723	Schutzmaßnahmen nach TRGS 724
(Sp. 1)	(Sp. 2)	(Sp. 3)	(Sp. 4)	(Sp. 5)	(Sp. 6)
1.2.4.6.2	**Sicherheitsventile zum Schutz gegen thermische Ausdehnung (thermisches Sicherheitsventil – TSV)**	**Seltenes und kurzzeitiges Ansprechen und damit Bildung von g. e. A. möglich, Freisetzung geringer Menge an der Austrittstelle des TSV.**	4.6.2	Zone 2: kugelförmig im Nahbereich um die Austrittstelle	keine
1.2.4.6.3	**Austrittstellen von Entspannungs- oder Entlüftungsleitungen im Freien oberhalb der Erdgleiche**	**a) Austritt nur kleiner Mengen an Gasen unter ständiger Mitarbeiterkontrolle möglich, gefahrloses Austreten oder Ableiten (z. B. Entspannungs- und Entleerungseinrichtungen von Messsystemen, Ausblaseeinrichtungen von Instrumentenleitungen).**			
		a1) Entspannung in geschlossene Systeme. Bildung von g. e. A. ausgeschlossen.	4.6.2	keine Zone	keine
		a2) Entspannung ins Freie. Bildung von g. e. A. möglich.	4.6.2	Zone 2: kugelförmig im Nahbereich um die Austrittstelle	keine
		b) Austritt einer definierten Gasmenge (z. B. Entspannungsleitungen von Doppelblockventilen oder Flüssiggaspumpen u. ä.). Bildung von g. e. A. während der Entspannung. Für diese Fälle sind Einzelfallbetrachtungen erforderlich!			

Nr.	Beispiel	Merkmale/Bemerkungen/ Voraussetzungen/Hinweise	Schutzmaß-nahmen nach TRGS 722	Festlegung der Zonen zur Zünd-quellenvermeidung nach TRGS 723	Schutzmaß-nahmen nach TRGS 724
(Sp. 1)	(Sp. 2)	(Sp. 3)	(Sp. 4)	(Sp. 5)	(Sp. 6)
1.2.4.6.4	**Manuell betätigte Systementwässerung im Freien**	**Ablassen von Flüssigkeit unter ständiger Mitarbeiterkontrolle und Aufsicht, Bildung von g. e. A. durch Austritt von Gas möglich.**			
		a) Ableitung in ein geschlossenes System oder eine technische Einrichtung, die die Bildung von g. e. A. verhindert.	4.6.2	keine Zone	keine
		b) Bildung von g. e. A. möglich. Für diese Fälle sind Einzelfallbetrachtungen erforderlich!			

Nr.	Beispiel	Merkmale/Bemerkungen/ Voraussetzungen/Hinweise	Schutzmaß-nahmen nach TRGS 722	Festlegung der Zonen zur Zünd-quellenvermeidung nach TRGS 723	Schutzmaß-nahmen nach TRGS 724
(Sp. 1)	(Sp. 2)	(Sp. 3)	(Sp. 4)	(Sp. 5)	(Sp. 6)
1.2.5	**Abblase- und Entspannungsleitungen im Freien**	**Siehe Punkt 5.14.**			

Nr.	Beispiel	Merkmale/Bemerkungen/ Voraussetzungen/Hinweise	Schutzmaßnahmen nach TRGS 722	Festlegung der Zonen zur Zündquellenvermeidung nach TRGS 723	Schutzmaßnahmen nach TRGS 724
(Sp. 1)	(Sp. 2)	(Sp. 3)	(Sp. 4)	(Sp. 5)	(Sp. 6)
1.2.6	**An explosionsgefährdete Bereiche angrenzende Räume (z. B. Schaltanlagen, Messwarten, Bedienungsräume, Treppenhäuser) mit Verbindungsöffnungen zum explosionsgefährdeten Bereich**	**Räume, die keine Apparaturen oder Leitungen mit brennbaren Gasen oder Flüssigkeiten enthalten:**			
		a) Raum mit geringem Überdruck durch Frischluftzufuhr aus ungefährdeten Bereichen. Bild 47	4.6.3	keine Zone	keine
		b) Raum ist gegen Zone 1 abgedichtet bzw. abgeschleust, gegen Zone 2 geschlossene Fenster und selbstschließende Türen. Lüftung aus ungefährdeten Bereichen. Bild 48	4.6.2	keine Zone	keine
1.2.7	**Anlagen zur Herstellung und Verwendung von Wasserstoff**	**Forschungsanlagen können gegenüber den hier dargestellten Anlagen weitere Freisetzungsquellen aufweisen. In der Regel sind für die Gasüberwachung der Voralarm bei 20 % der UEG und der Hauptalarm bei 40 % der UEG festgelegt, bei Frühwarnsystemen können die Alarmschwellen niedriger sein.**			

Nr.	Beispiel	Merkmale/Bemerkungen/ Voraussetzungen/Hinweise	Schutzmaßnahmen nach TRGS 722	Festlegung der Zonen zur Zündquellenvermeidung nach TRGS 723	Schutzmaßnahmen nach TRGS 724
(Sp. 1)	(Sp. 2)	(Sp. 3)	(Sp. 4)	(Sp. 5)	(Sp. 6)
1.2.7.1	**Elektrolyse**				
1.2.7.1.1	**Atmosphärische Elektrolyse**	**In den Zellen der Elektrolyseanlagen herrschen maximal 50 mbar Überdruck. Der möglicherweise freiwerdende Wasserstoff tritt nur in sehr geringen Mengen aus. Ein spontaner Sprödbruch bei Konstruktionselementen (wie z. B. bei Glas und einigen Kunststoffen) ist vermieden. Begehungen werden regelmäßig nach Herstellerangabe und Betreibererfahrungen durchgeführt. Qualifizierter Austausch z. B. von Komponenten, Verbindungselementen und Dichtungen.**			
1.2.7.1.1.1	**In Räumen**	**a) Die Anlage ist auf Dauer technisch dicht aufgrund der technisch dichten Konstruktion in Kombination mit organisatorischen Maßnahmen. Kleine Leckagen werden mit Lecksuchgerät erkannt. Die aus wärmetechnischen Gründen vorhandene Lüftung unterstützt durch Frischluftzufuhr von unten den natürlichen Verdünnungsprozess und die im Deckenbereich vorhandenen Öffnungen vermeiden die Ansammlung von Wasserstoff in Deckennähe.**	4.5.2	keine Zone	keine
		b) Die Anlage ist technisch dicht. Technische Lüftung ist vorhanden. Maßnahmen zur Leckerkennung, z. B. Austritt von Flüssigkeit sind vorhanden.	4.5.3 4.6.3	keine Zone	keine

Nr.	Beispiel	Merkmale/Bemerkungen/ Voraussetzungen/Hinweise	Schutzmaßnahmen nach TRGS 722	Festlegung der Zonen zur Zündquellenvermeidung nach TRGS 723	Schutzmaßnahmen nach TRGS 724
(Sp. 1)	(Sp. 2)	(Sp. 3)	(Sp. 4)	(Sp. 5)	(Sp. 6)
zu 1.2.7.1.1.1	(In Räumen)	**c) Wie b), jedoch Begehung in Wartungsintervallen, aber zusätzlich Gasfrüherkennung mit automatischer Schaltfunktion, z. B. Abschaltung der Elektrolyse und Erhöhung der Lüftungsleistung, so dass keine g. e. A. entstehen kann.** *Hinweis:* *Anzahl und Position der Sensoren sowie die Alarmschwellen der Gasfrüherkennung und die Luftführung sind abhängig von der Raumgeometrie. Diese Alarmschwellen werden weit unter den üblichen Alarmschwellen von 20 % der UEG gesetzt.*	4.5.3 4.6.3 4.7.3	keine Zone	keine
1.2.7.1.1.2	**Im Freien**	**Wie 1.2.7.1.1.1 a) bzw. b) die Ansammlung von Wasserstoff unter Wetterschutzdächern und ähnlichen Konstruktionen wird vermieden.**		keine Zone	keine
1.2.7.1.2	**Niederdruck-Elektrolyse**	**In den Zellen der Elektrolyseanlagen herrschen bis 0,5 bar Überdruck.**			
1.2.7.1.2.1	**In Räumen**	**Geeignete Öffnungen an höchster Stelle ins Freie sind vorhanden. Toträume mit potenzieller Wasserstoffansammlung sind vermieden. Zur Unterstützung der natürlichen Lüftung sind bodennahe Zuluftöffnungen vorhanden.**			
		a) Die Anlage ist auf Dauer technisch dicht aufgrund der technisch dichten Konstruktion in Kombination mit organisatorischen Maßnahmen. Kleine Leckagen werden mit Lecksuchgerät erkannt. Die wärmetechnisch unterstützte Lüftung (Frischluftzufuhr von unten) unterstützt den natürlichen Verdünnungsprozess und die im Deckenbereich vorhandenen Öffnungen vermeiden die Ansammlung von Wasserstoff in Deckennähe.	4.5.2 4.6.2	keine Zone	keine

Nr.	Beispiel	Merkmale/Bemerkungen/ Voraussetzungen/Hinweise	Schutzmaß-nahmen nach TRGS 722	Festlegung der Zonen zur Zünd-quellenvermeidung nach TRGS 723	Schutzmaß-nahmen nach TRGS 724
(Sp. 1)	(Sp. 2)	(Sp. 3)	(Sp. 4)	(Sp. 5)	(Sp. 6)
zu 1.2.7.1.2.1	(In Räumen)	**b) Anlage im großen Raum, technisch dicht,** – **Ein signifikantes Austreten von Wasserstoff ist durch fachgerecht ausgewählte und montierte Dichtungssysteme verhindert.** – **Der Anpressdruck der Zellenrahmen wird regelmäßig im Rahmen der Wartung nach Herstellerempfehlungen und Betreibererfahrungen kontrolliert.** – **Der Elektrolyseur ist vollständig mit Wasser gefüllt.** – **Leckagen können frühzeitig aufgrund von Wasseraustritt erkannt werden. Die daraus entgasende Wasserstoffmenge ist sehr gering.** – **Es werden regelmäßige Begehungen nach Herstellerangabe und Betreibererfahrungen durchgeführt.** – **Kleine Leckagen werden mit Lecksuchgerät erkannt.**	4.5.3 4.6.2	keine Zone	keine

Nr.	Beispiel	Merkmale/Bemerkungen/ Voraussetzungen/Hinweise	Schutzmaßnahmen nach TRGS 722	Festlegung der Zonen zur Zündquellenvermeidung nach TRGS 723	Schutzmaßnahmen nach TRGS 724
(Sp. 1)	(Sp. 2)	(Sp. 3)	(Sp. 4)	(Sp. 5)	(Sp. 6)
zu 1.2.7.1.2.1	(In Räumen)	**Die Überwachung von Prozessparametern (wie z. B. Temperatur, Druck, Füllstände der Gas-Wasser-Abscheider und Gaskonzentration, insbesondere Konzentration von Wasserstoff und Sauerstoff im geschlossenen System, Zellspannung) geben frühzeitig einen Hinweis auf entstehende kritische Betriebszustände, in Grenzbereichen erfolgt eine automatische Abschaltung.** **Der Überdruck in der Anlage ist gering. Die deutlich oberhalb der Umgebungstemperatur liegenden Oberflächentemperaturen sorgen für eine sehr gute Konvektion im Gebäude und unterstützen so konvektiv den Luftaustausch.**			
1.2.7.1.3	**Druck-Elektrolyse**	**In den Zellen der Elektrolyseanlagen herrschen bis 100 bar Überdruck.**			
1.2.7.1.3.1	**In Räumen**	**Geeignete Öffnungen an höchster Stelle ins Freie sind vorhanden.** **Toträume mit potenzieller Wasserstoffansammlung sind vermieden.** **Zur Unterstützung der natürlichen Lüftung sind bodennahe Zuluftöffnungen vorhanden.**			
		a) Ausführung des Zellenblocks sowie aller Verbindungselemente, z. B. Nut-Feder-Flansche, auf Dauer technisch dicht.	4.5.2 4.6.2	keine Zone	keine

Nr.	Beispiel	Merkmale/Bemerkungen/ Voraussetzungen/Hinweise	Schutzmaß- nahmen nach TRGS 722	Festlegung der Zonen zur Zünd- quellenvermeidung nach TRGS 723	Schutzmaß- nahmen nach TRGS 724
(Sp. 1)	(Sp. 2)	(Sp. 3)	(Sp. 4)	(Sp. 5)	(Sp. 6)
zu 1.2.7.1.3.1	(In Räumen)	**b) Anlage im großen Raum.** b1) Die Anlage ist auf Dauer technisch dicht aufgrund der technisch dichten Konstruktion in Kombination mit organisatorischen Maßnahmen, insbesondere: – Ein signifikantes Austreten von Wasserstoff ist durch fachgerecht ausgewählte und montierte Dichtungssysteme verhindert. – Der Anpressdruck der Zellenrahmen wird regelmäßig im Rahmen der Wartung nach Herstellerempfehlungen und Betreibererfahrungen kontrolliert. – Der Elektrolyseur ist vollständig mit Wasser oder einer wässrigen Lösung gefüllt. Die Dichtungssysteme der Gasabscheider sind auf Dauer technisch dicht ausgeführt. – Leckagen können frühzeitig aufgrund von Austritt von Wasser oder einer wässrigen Lösung erkannt werden. Die daraus entgasende Wasserstoffmenge ist sehr gering. – Es werden regelmäßige Begehungen nach Herstellerangabe und Betreibererfahrungen durchgeführt. – Kleine Leckagen werden mit Lecksuchgerät erkannt.	4.5.3 4.6.2 4.7.4	keine Zone	keine

Nr.	Beispiel	Merkmale/Bemerkungen/ Voraussetzungen/Hinweise	Schutzmaßnahmen nach TRGS 722	Festlegung der Zonen zur Zündquellenvermeidung nach TRGS 723	Schutzmaßnahmen nach TRGS 724
(Sp. 1)	(Sp. 2)	(Sp. 3)	(Sp. 4)	(Sp. 5)	(Sp. 6)
zu 1.2.7.1.3.1	(In Räumen)	Deckennahe Gaswarnanlage mit Voralarm vorhanden, so dass Undichtigkeiten erkannt werden. Bevor g. e. A. auftritt, erfolgt automatisch die Abschaltung der Anlage mit Druckabbau innerhalb von 15–20 min. Die Überwachung von Prozessparametern (wie z. B. Temperatur, Druck, Füllstände der Gas-Flüssigkeitsabscheider und Gaskonzentration, insbesondere Konzentration von Wasserstoff und Sauerstoff im geschlossenen System, Zellspannung) geben frühzeitig einen Hinweis auf entstehende kritische Betriebszustände, in Grenzbereichen erfolgt eine automatische Abschaltung.			
		b2) Wie b1), jedoch keine ausreichenden organisatorischen Maßnahmen sowie keine Gaswarnanlage. Eine kurzzeitige Anreicherung von Wasserstoff trotz natürlicher Lüftung kann im Deckenbereich kurzzeitig bis hin zu Werten im Bereich der UEG nicht sicher ausgeschlossen werden.	4.5.3 4.6.2	Zone 2: im Deckenbereich	keine
		b3) Wie b1), jedoch keine ausreichenden organisatorischen Maßnahmen sowie keine Gaswarnanlage und Begehungen nur ohne Einsatz eines Lecksuchgerätes; dadurch kann eine hinreichend frühe Erkennung einer Leckage nicht gewährleistet werden.	4.5.3 4.6.2	Zone 2: im Deckenbereich sowie seitlich 0,5 m und oberhalb des Zeilenblocks bis zur Decke oder Sammelhaube und im Deckenbereich	keine
		c) Anlagen im kleinen Raum, z. B. Container.			
		c1) Wie b1), aber mit zusätzlicher technischer Lüftung.	4.5.2 4.6.3 4.7.4	keine Zone	keine

Nr.	Beispiel	Merkmale/Bemerkungen/ Voraussetzungen/Hinweise	Schutzmaßnahmen nach TRGS 722	Festlegung der Zonen zur Zündquellenvermeidung nach TRGS 723	Schutzmaßnahmen nach TRGS 724
(Sp. 1)	(Sp. 2)	(Sp. 3)	(Sp. 4)	(Sp. 5)	(Sp. 6)
zu 1.2.7.1.3.1	(In Räumen)	c2) Wie c1), jedoch keine ausreichenden organisatorischen Maßnahmen, keine technische Lüftung vorhanden und keine Gaswarnanlage vorhanden, aber natürliche Lüftung gewährleistet.	4.5.2 4.6.2	Zone 2: im gR	keine
1.2.7.1.3.2	**Im Freien**	Wie 1.2.7.1.3.1, aber: Im Freien kann in Folge von Witterungseinflüssen gegenüber vergleichbaren Situationen in Räumen im Allgemeinen eine Zone mit geringeren Anforderungen festgelegt bzw. die Zonenausdehnung reduziert werden.			
1.2.7.2	**Verdichter**				
1.2.7.2.1	**In Räumen**	**a) Verdichter technisch dicht und mit Gaswarnanlage überwacht. Bei 20 % der UEG Alarm und Aktivierung der Lüftung, bei 40 % der UEG Abschalten der Anlage (Lüftung bleibt aktiv). Ein- und ausgangsseitige Absperrung außerhalb des Aufstellungsraumes, Notentspannung des gesamten gasführenden Systems im Raum/Schrank gefahrlos ins Freie.**	4.5.3 4.6.3 4.7.4	Zone 2: gR Zone 1: Im Nahbereich der Entwässerung, wenn regelmäßig eine manuelle Kondensatentleerung in den Aufstellungsraum der Anlage erfolgt	keine
		b) Wie a), jedoch ist keine technische Lüftung vorhanden. Das Gassystem bleibt unter Druck, Einströmen aus Speicher-/Pufferanlage ist nicht sicher verhindert.	4.5.3 4.6.2	Zone 1: gR Zone 2: um Be- und Entlüftungsöffnungen nach außen (Zonenausdehnung richtet sich nach den Belüftungsverhältnissen, vergleiche auch Anlagen nach DVGW G 491, Punkt 4.2.1.1)	keine

Nr.	Beispiel	Merkmale/Bemerkungen/ Voraussetzungen/Hinweise	Schutzmaßnahmen nach TRGS 722	Festlegung der Zonen zur Zündquellenvermeidung nach TRGS 723	Schutzmaßnahmen nach TRGS 724
(Sp. 1)	(Sp. 2)	(Sp. 3)	(Sp. 4)	(Sp. 5)	(Sp. 6)
1.2.7.2.2	**Im Freien**	Wie 1.2.7.2.1, aber: Im Freien kann in Folge von Witterungseinflüssen gegenüber vergleichbaren Situationen in Räumen im Allgemeinen eine Zone mit geringeren Anforderungen festgelegt bzw. die Zonenausdehnung reduziert werden.			
1.2.7.3	**Aufbereitung**	**Hierzu gehören Reinigung, Trocknung und Kondensatabscheider.**			
1.2.7.3.1	**Reinigung, Trocknung und automatische Kondensatabscheider**	**Die Anlagenteile sind auf Dauer technisch dicht ausgeführt. Sofern erforderlich ist eine Ableitung ins Freie vorhanden (siehe 1.2.7.8 Geführte Auslässe ins Freie).**	4.5.2	keine Zone	keine
1.2.7.3.2	**Manuelle Kondensatabscheider**	**Bei manueller Kondensatentleerung kann Wasserstoff austreten.**	4.5.4	Zone 1: im Nahbereich	keine
1.2.7.4	**Niederdruckspeicher**				
1.2.7.4.1	**Gasbehälter mit Stahlummantelung und gewichtsbelasteter Membran (Niederdruckgasbehälter)**	**Stahlummantelung oberhalb der Membran mit Öffnungen zur Atmosphäre zur natürlichen Lüftung versehen. Die Stahlummantelung des Gasraumes unterhalb der Membran ist auf Dauer technisch dicht und im Bereich der Membran technisch dicht, wiederkehrende Prüfung, z. B. Zeitstandsprüfung, der Membrane auf Dichtheit.**			
1.2.7.4.1.1	**Inneres des Gasraumes**	**Der Druck im Behälter und im gesamten System ist durch die Gewichtsbelastung ständig über dem Atmosphärendruck. Dadurch ist Eindringen von Luft/Sauerstoff in den Gasraum sicher verhindert.**	3.1	keine Zone	keine

Nr.	Beispiel	Merkmale/Bemerkungen/ Voraussetzungen/Hinweise	Schutzmaßnahmen nach TRGS 722	Festlegung der Zonen zur Zündquellenvermeidung nach TRGS 723	Schutzmaßnahmen nach TRGS 724
(Sp. 1)	(Sp. 2)	(Sp. 3)	(Sp. 4)	(Sp. 5)	(Sp. 6)
1.2.7.4.1.2	**Luftraum zwischen Membran und Stahlummantelung**	**a) Luftraum zwischen Membran und Stahlummantelung mit Raumluftüberwachung und Aktivierung technischer Lüftung (drückend) und Abführung aus dem Raum. Sollte diese Maßnahme nicht ausreichen, werden über die vorhandenen Gaswarnanlagen automatische Abschaltvorgänge ausgelöst, z. B. Sperren des Zuflusses und gefahrloses Entleeren des Behälters innerhalb kurzer Zeit (ca. 10 min).**	4.5.3 4.6.3 4.7.4	Zone 2: im Luftraum	keine
		b) Luftraum zwischen Membran und Stahlummantelung ohne Überwachung durch Gaswarnanlage, Akkumulation wird durch natürliche Lüftung vermieden.	4.6.2	Zone 1: im Luftraum	keine
1.2.7.4.1.3	**Umgebung der Stahlummantelung in Räumen**	**a) Wie 1.2.7.4.1.2 a).**	4.5.3 4.6.3 4.7.4	Zone 2: um die Austrittsöffnungen 0,5 m horizontal bis zur Decke	keine
		b) Wie 1.2.7.4.1.2 b).	4.6.2	Zone 1: im Nahbereich um Öffnungen Zone 2: um Öffnungen 0,5 m horizontal zylinderförmig bis zur Decke	keine
1.2.7.4.1.4	**Im Freien**	Wie 1.7.4.1.3, aber: Im Freien kann in Folge von Witterungseinflüssen gegenüber vergleichbaren Situationen in Räumen im Allgemeinen eine Zone mit geringeren Anforderungen festgelegt bzw. die Zonenausdehnung reduziert werden.			
1.2.7.5	**Hochdruckspeicher und unter Hochdruck stehende Bauteile, z. B. Rohrleitungen**	**Hochdruckspeicher und unter Hochdruck stehende Bauteile sind auf Dauer technisch dicht.**	4.5.2	keine Zone	keine

Nr.	Beispiel	Merkmale/Bemerkungen/ Voraussetzungen/Hinweise	Schutzmaßnahmen nach TRGS 722	Festlegung der Zonen zur Zündquellenvermeidung nach TRGS 723	Schutzmaßnahmen nach TRGS 724
(Sp. 1)	(Sp. 2)	(Sp. 3)	(Sp. 4)	(Sp. 5)	(Sp. 6)
1.2.7.6	**Druckgasflaschen für gasförmigen Wasserstoff**	**Siehe 1.2.1.**			
1.2.7.7	**Entnahmearmaturen**	**Entnahmearmaturen dienen z. B. dem Anschluss von Tankwagen (nur im Freien) oder Flaschen am Hochdruckspeicher. Während des Befüllvorgangs kann durch unentdeckte Leckagen Wasserstoff im Bereich der Anschlussstellen entweichen.**			
1.2.7.7.1	**In Räumen**	**Bildung von g. e. A. betriebsmäßig möglich. In Rohrleitungen enthaltene Restmenge Wasserstoff kann austreten. Gasrücktritt- oder Absperrventil befindet sich in unmittelbarer Nähe der Anschlussstelle.** **Lüftungsöffnungen insbesondere im Dachbereich vorhanden.**	4.5.4 4.6.2	Zone 1: 3 m um Füll- und gegebenenfalls Entleerungsanschluss Zone 2: üR	keine
1.2.7.7.2	**Im Freien**	**Entspannung in ein geschlossenes System. Beim Abkuppeln der beweglichen Anschlussleitung wird ein Restvolumen entspanntes Gas im Kupplungsstück freigesetzt.**	4.5.4 4.6.2	Zone 1: Nahbereich um das Kupplungsstück (in Verladeposition)	keine
1.2.7.8	**Geführte Auslässe ins Freie**	**Geführte Auslässe dienen der Abführung betriebsmäßiger Freisetzung von Wasserstoff bei regelmäßigen An- und Abfahrvorgängen und bei Auftreten von Überdruckereignissen. Beim Austritt von Wasserstoff ist mit Entstehung von g. e. A. zu rechnen. Die Ausbreitung ist mit einem für den Anwendungsfall geeigneten Berechnungsmodell zu ermitteln.**		Zone 1: im Nahbereich um die Austrittsstelle Zone 2: Ausdehnung gemäß anerkannter Berechnungsmethode (siehe z. B. Shell Fred, weitere Hinweise hierzu in DVGW G 442)	keine

Nr.	Beispiel	Merkmale/Bemerkungen/ Voraussetzungen/Hinweise	Schutzmaßnahmen nach TRGS 722	Festlegung der Zonen zur Zündquellenvermeidung nach TRGS 723	Schutzmaßnahmen nach TRGS 724
(Sp. 1)	(Sp. 2)	(Sp. 3)	(Sp. 4)	(Sp. 5)	(Sp. 6)
1.2.8	**Verdampferanlagen**	**Elektrisch-, dampf-, warmwasserbeheizte oder atmosphärische Verdampferanlagen. Der Verdampfer einschließlich seiner Armaturen und Rohrleitungen ist auf Dauer technisch dicht ausgelegt.** *Hinweis 1:* *Ein Ansprechen der Überdrucksicherung eines Druckreglers ist aufgrund der Auslegung und der Betriebsbedingungen nur selten zu erwarten.* *Hinweis 2:* *Thermische Expansionsventile siehe 1.2.4.6.2.*			

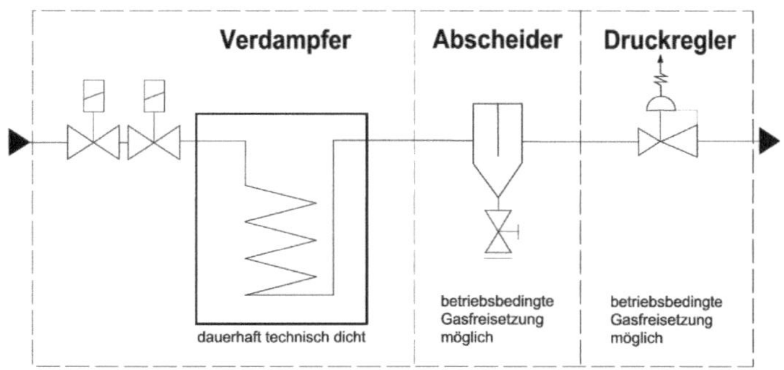

Nr.	Beispiel	Merkmale/Bemerkungen/ Voraussetzungen/Hinweise	Schutzmaß-nahmen nach TRGS 722	Festlegung der Zonen zur Zünd-quellenvermeidung nach TRGS 723	Schutzmaß-nahmen nach TRGS 724
(Sp. 1)	(Sp. 2)	(Sp. 3)	(Sp. 4)	(Sp. 5)	(Sp. 6)
1.2.8.1	**In Räumen**	**a) Verdampfer auf Dauer technisch dicht. Mit einem Austreten von Gas durch betriebsbedingte Austrittsstellen, z. B. Abscheider, Überdrucksicherung der Druckregler, ist nur selten und kurzzeitig zu rechnen. Die Austrittsstellen befinden sich im Freien.**			
		a1) Gase schwerer als Luft.		Zone 2: kugelförmig mit Radius 1 m um die Austrittstelle mit nach unten tangential an die Kugel anschließendem Kegelstumpf bis zum Boden mit untenliegender Basisfläche, deren Radius 3 m beträgt	keine
		a2) Gase leichter als Luft.		Zone 2: kugelförmig mit Radius 1 m um die Austrittstelle mit nach oben tangential an die Kugel anschließendem Kegelstumpf mit oben liegender Basisfläche, deren Radius 3 m und deren Abstand h zur Austrittstelle 3 m beträgt	keine
		b) Wie a), jedoch betriebsbedingte Austrittsstellen, z. B. Abscheider, Überdrucksicherung der Druckregler, im Raum vorhanden. Gasaustritte führen nur selten und kurzzeitig zu g. e. A.		Zone 2: gR	keine

Nr.	Beispiel	Merkmale/Bemerkungen/ Voraussetzungen/Hinweise	Schutzmaß- nahmen nach TRGS 722	Festlegung der Zonen zur Zünd- quellenvermeidung nach TRGS 723	Schutzmaß- nahmen nach TRGS 724
(Sp. 1)	(Sp. 2)	(Sp. 3)	(Sp. 4)	(Sp. 5)	(Sp. 6)
1.2.8.2	**Im Freien**				
1.2.8.2.1	**Im Schutzschrank**	**Lüftungsöffnungen 1 % der Bodenfläche, jedoch mindestens 100 cm^2, Anordnung entsprechend der Dichte des Gases.**			
		a) Verdampfer auf Dauer technisch dicht, keine betriebsbedingten Austrittsstellen vorhanden.	4.5.2	keine Zone	keine
		b) Betriebsbedingte Austrittsstellen, z. B. Abscheider oder Überdrucksicherung der Druckregler im Schrank, vorhanden. Gasaustritte führen nur selten und kurzzeitig zu g. e. A.		Zone 2: im Schrank und 1 m um die Kontur des Schrankes	keine
1.2.8.2.2	**Freistehend**	**a) Verdampfer auf Dauer technisch dicht, keine betriebsbedingten Austrittsstellen vorhanden.**	4.5.2	keine Zone	keine
		b) Betriebsbedingte Austrittsstellen, z. B. Abscheider oder Überdrucksicherung der Druckregler, vorhanden. Gasaustritte führen nur selten und kurzzeitig zu g. e. A.			
		b1) Gase schwerer als Luft.		Zone 2: kugelförmig mit Radius 1 m um die Austrittstelle mit nach unten tangential an die Kugel anschließendem Kegelstumpf bis zum Boden mit untenliegender Basisfläche, deren Radius 3 m beträgt.	keine

Nr.	Beispiel	Merkmale/Bemerkungen/ Voraussetzungen/Hinweise	Schutzmaßnahmen nach TRGS 722	Festlegung der Zonen zur Zündquellenvermeidung nach TRGS 723	Schutzmaßnahmen nach TRGS 724
(Sp. 1)	(Sp. 2)	(Sp. 3)	(Sp. 4)	(Sp. 5)	(Sp. 6)
zu 1.2.8.2.2	(Freistehend)	b2) Gase leichter als Luft.		Zone 2: kugelförmig mit Radius 1 m um die Austrittstelle mit nach oben tangential an die Kugel anschließendem Kegelstumpf mit oben liegender Basisfläche, deren Radius 3 m und deren Abstand h zur Austrittstelle 3 m beträgt	keine
1.3	**Inneres von Apparaturen, Behältern und Rohrleitungen – Allgemeines**	**a) Bildung von g. e. A. nicht zu erwarten, auch nicht bei seltenen Störungen oder besonderen Betriebszuständen, weil**			
		a1) die OEG sicher überschritten ist; bei Betriebszuständen, bei denen die OEG unterschritten werden kann (z. B. Erstinbetriebnahme, unkontrollierter Luftzutritt bei der Probenahme) sind zusätzliche Schutzmaßnahmen (z. B. zusätzlich inertisieren) erforderlich.	4.2 4.3 u. Anh. 2	keine Zone	keine
		a2) verfahrensbedingt die UEG sicher unterschritten ist (z. B. Abgasströme mit geringer Beladung).	4.2	keine Zone	keine
		a3) die Sauerstoffgrenzkonzentration sicher unterschritten ist; bei Betriebszuständen, bei denen die Sauerstoffgrenzkonzentration überschritten werden könnte, sind zusätzliche Schutzmaßnahmen (z. B. vermehrte Einspeisungsrate von Inertgas) erforderlich.	4.3 u. Anh. 2	keine Zone	keine

Nr.	Beispiel	Merkmale/Bemerkungen/ Voraussetzungen/Hinweise	Schutzmaßnahmen nach TRGS 722	Festlegung der Zonen zur Zündquellenvermeidung nach TRGS 723	Schutzmaßnahmen nach TRGS 724
(Sp. 1)	(Sp. 2)	(Sp. 3)	(Sp. 4)	(Sp. 5)	(Sp. 6)
zu 1.3	(Inneres von Apparaturen, Behältern und Rohrleitungen – Allgemeines)	a4) verfahrensbedingt Vakuum mit $p \leq 0{,}1$ bar (absolut) vorliegt; Schutzmaßnahmen, z. B. bei An- und Abfahrvorgängen unter Umständen erforderlich.	4.4	keine Zone	keine
		b) Das Auftreten von g. e. A. ist normalerweise nicht oder aber nur kurzzeitig möglich:			
		b1) Aufgrund seltener Störungen oder selten und kurzzeitig auftretender verfahrensbedingter Betriebszustände kann			
		b1.1) die OEG unterschritten werden.	4.2	Zone 2	keine
		b1.2) die UEG überschritten werden.	4.2	Zone 2	keine
		b1.3) die Sauerstoffgrenzkonzentration überschritten werden.	4.3 u. Anh. 2	Zone 2	keine
		b1.4) der Druck bei Vakuumbetrieb auf 1/10 des zulässigen Behälterdruckes ansteigen (z. B. 0,1 bar absolut bei 1 bar zulässigem Behälterdruck).	4.4	Zone 2	keine
		b2) Wie b1).		Zone 2	erforderlich, da betriebsmäßige Zündquellen nicht hinreichend vermieden werden können

Nr.	Beispiel	Merkmale/Bemerkungen/ Voraussetzungen/Hinweise	Schutzmaß- nahmen nach TRGS 722	Festlegung der Zonen zur Zünd- quellenvermeidung nach TRGS 723	Schutzmaß- nahmen nach TRGS 724
(Sp. 1)	(Sp. 2)	(Sp. 3)	(Sp. 4)	(Sp. 5)	(Sp. 6)
zu 1.3	(Inneres von Apparaturen, Behältern und Rohrleitungen – Allgemeines)	**c) Das Auftreten von g. e. A. ist gelegentlich möglich:**			
		c1) Aufgrund zu erwartender Störungen oder gelegentlich auftretender verfahrensbedingter Betriebszustände kann[Bilder 1, 8, 9, 10, 11, 47, 48]			
		c1.1) die OEG unterschritten werden.	4.2	Zone 1	keine
		c1.2) die UEG überschritten werden.	4.2	Zone 1	keine
		c1.3) die Sauerstoffgrenzkonzentration überschritten werden.	4.3 u. Anh. 2	Zone 1	keine
		c1.4) der Druck bei Vakuumbetrieb auf 1/10 des zulässigen Behälterdruckes ansteigen (z. B. 0,1 bar absolut bei 1 bar zulässigem Behälterdruck).	4.4	Zone 1	keine
		c2) Wie c1).		Zone 1	erforderlich, da betriebsmäßige Zündquellen nicht hinreichend vermieden werden können

Nr.	Beispiel	Merkmale/Bemerkungen/ Voraussetzungen/Hinweise	Schutzmaß-nahmen nach TRGS 722	Festlegung der Zonen zur Zündquellenvermeidung nach TRGS 723	Schutzmaß-nahmen nach TRGS 724
(Sp. 1)	(Sp. 2)	(Sp. 3)	(Sp. 4)	(Sp. 5)	(Sp. 6)
zu 1.3	(Inneres von Apparaturen, Behältern und Rohrleitungen – Allgemeines)	**d) G. e. A. tritt ständig, langzeitig oder häufig auf.**			
		d1) Das Gas/Luft-Gemisch liegt zeitlich überwiegend innerhalb der Explosionsgrenzen vor.		Zone 0	keine
		d2) Wie d1).		Zone 0	erforderlich, da betriebsmäßige Zündquellen nicht hinreichend vermieden werden können

Nr.	Beispiel	Merkmale/Bemerkungen/ Voraussetzungen/Hinweise	Schutzmaß-nahmen nach TRGS 722	Festlegung der Zonen zur Zünd-quellenvermeidung nach TRGS 723	Schutzmaß-nahmen nach TRGS 724
(Sp. 1)	(Sp. 2)	(Sp. 3)	(Sp. 4)	(Sp. 5)	(Sp. 6)
2	**Brennbare Flüssigkeiten**	**Handhaben brennbarer Flüssigkeiten, ihrer Dämpfe und Nebel** Siehe auch „Technische Regeln für Gefahrstoffe", z. B. TRGS 509 „Lagern von flüssigen und festen Gefahrstoffen in ortsfesten Behältern sowie Füll- und Entleerstellen für ortsbewegliche Behälter" und TRGS 510 „Lagerung von Gefahrstoffen in ortsbeweglichen Behältern".			
2.1	**Umgebung von Apparaturen, Behältern und Rohrleitungen – Allgemeines**				
2.1.1	**In Räumen**	**a) Bildung von g. e. A. nicht zu erwarten:**			
		a1) Flammpunkt der brennbaren Flüssigkeit liegt ausreichend über der Verarbeitungstemperatur (siehe TRGS 721, Punkt 3.2 (7) Ziffer 2b).	4.2	keine Zone	keine
		a2) Flammpunkt der brennbaren Flüssigkeit liegt nicht ausreichend über bzw. liegt unter der Verarbeitungstemperatur, jedoch Apparatur, Behälter, Rohrleitung auf Dauer technisch dicht.	4.5.2	keine Zone	keine
		b) Das Auftreten von g. e. A. ist normalerweise nicht oder aber nur selten und kurzzeitig in der Umgebung von Austrittstellen möglich (z. B. an Probenahmestellen, Entwässerungseinrichtungen, Flanschverbindungen, die nicht auf Dauer technisch dicht sind). Flammpunkt liegt nicht ausreichend über der Verarbeitungstemperatur (siehe TRGS 721, Punkt 3.2 (7) Ziffer 2b):			

Nr.	Beispiel	Merkmale/Bemerkungen/ Voraussetzungen/Hinweise	Schutzmaß-nahmen nach TRGS 722	Festlegung der Zonen zur Zündquellenvermeidung nach TRGS 723	Schutzmaß-nahmen nach TRGS 724
(Sp. 1)	(Sp. 2)	(Sp. 3)	(Sp. 4)	(Sp. 5)	(Sp. 6)
zu 2.1.1	(In Räumen)	b1) Objektabsaugung.	4.6.4	Zone 2: Nahbereich in Abhängigkeit von der Freisetzungsrate und der Lüftung	keine
		b2) Konstruktion technisch dicht; nur geringe Leckagemöglichkeiten vorhanden.	4.5.3	Zone 2: Nahbereich in Abhängigkeit von der Freisetzungsrate	keine
		c) Das Auftreten von g. e. A. ist gelegentlich möglich (z. B. an Rohr- und Schlauchleitungsanschlussstellen).	4.5.4 4.6.3	Zone 1: 1 m Zone 2: weitere 3 m	keine
		d) Wie c)	4.5.4 4.6.2	Zone 1: 3 m Zone 2: weitere 6 m	keine
2.1.2	**Im Freien**	Wie 2.1.1, <u>aber</u>: Im Freien kann in Folge von Witterungseinflüssen gegenüber vergleichbaren Situationen in Räumen im Allgemeinen eine Zone mit geringeren Anforderungen festgelegt bzw. die Zonenausdehnung reduziert werden.			
2.2	**Inneres von Apparaturen, Behältern und Rohrleitungen – Allgemeines**	**a) Bildung von g. e. A. nicht zu erwarten, auch nicht bei seltenen Störungen, wenn:**			
		a1) Die UEG verfahrensbedingt sicher unterschritten ist; das liegt vor, wenn der Flammpunkt der brennbaren Flüssigkeit ausreichend über der Verarbeitungstemperatur liegt (siehe TRGS 721, Punkt 3.2 (7) Ziffer 2b), Temperaturerhöhungen verfahrensbedingt nicht vorliegen und Versprühen oder Vernebeln ausgeschlossen ist.	4.2	keine Zone	keine

Nr.	Beispiel	Merkmale/Bemerkungen/ Voraussetzungen/Hinweise	Schutzmaßnahmen nach TRGS 722	Festlegung der Zonen zur Zündquellenvermeidung nach TRGS 723	Schutzmaßnahmen nach TRGS 724
(Sp. 1)	(Sp. 2)	(Sp. 3)	(Sp. 4)	(Sp. 5)	(Sp. 6)
zu 2.2	(Inneres von Apparaturen, Behältern und Rohrleitungen – Allgemeines)	a2) Die OEG sicher überschritten ist; diese Arbeitsweise ist aufgrund von temperaturabhängigen Kondensationsvorgängen und des möglichen Abstandes vom Gleichgewichtszustand nur bedingt anwendbar.	4.2	keine Zone	keine
		a3) Die Sauerstoffgrenzkonzentration sicher unterschritten ist.	4.3 u. Anh. 2	keine Zone	keine
		a4) Verfahrensbedingt Vakuum ≤ 0,05 bar (absolut) vorliegt. An- und Abfuhrvorgänge sind gesondert zu betrachten.	4.4	keine Zone	keine
		b) Das Auftreten von g. e. A. ist normalerweise nicht oder aber nur selten und kurzzeitig möglich:			
		b1) Aufgrund seltener Störungen oder selten und kurzzeitig auftretender verfahrensbedingter Betriebszustände kann (betriebsmäßige Zündquellen werden sicher vermieden)			
		b1.1) die UEG überschritten werden.	4.2	Zone 2	keine
		b1.2) die OEG unterschritten werden.	4.2	Zone 2	keine
		b1.3) die Sauerstoffgrenzkonzentration überschritten werden.	4.3 u. Anh. 2	Zone 2	keine
		b1.4) der Druck bei Vakuumbetrieb auf 1/10 des zulässigen Behälterdruckes ansteigen (z. B. 0,1 bar absolut bei 1 bar zulässigem Behälterdruck).	4.4	Zone 2	erforderlich, Entkopplung der benachbarten Anlagenteile
		b2) Wie b1), jedoch können betriebsmäßige Zündquellen nicht sicher vermieden werden.		Zone 2	erforderlich

Nr.	Beispiel	Merkmale/Bemerkungen/ Voraussetzungen/Hinweise	Schutzmaßnahmen nach TRGS 722	Festlegung der Zonen zur Zündquellenvermeidung nach TRGS 723	Schutzmaßnahmen nach TRGS 724
(Sp. 1)	(Sp. 2)	(Sp. 3)	(Sp. 4)	(Sp. 5)	(Sp. 6)
zu 2.2	(Inneres von Apparaturen, Behältern und Rohrleitungen – Allgemeines)	**c) Das Auftreten von g. e. A. ist gelegentlich möglich, weil**			
		c1) aufgrund zu erwartender Störungen oder gelegentlich auftretender verfahrensbedingter Betriebszustände kann (betriebsmäßige und solche Zündquellen, die bei vorhersehbaren Störungen auftreten, sicher vermieden)			
		c1.1) die UEG überschritten werden.	4.2	Zone 1	keine
		c1.2) die OEG unterschritten werden.	4.2	Zone 1	keine
		c1.3) die Sauerstoffgrenzkonzentration überschritten werden.	4.3 u. Anh. 2	Zone 1	keine
		c1.4) der Druck bei Vakuumbetrieb auf 1/10 des zulässigen Behälterdruckes ansteigen (z. B. 0,1 bar absolut bei 1 bar zulässigem Behälterdruck).	4.4	Zone 1	erforderlich, Entkopplung der benachbarten Anlagenteile
		c2) Wie c1), jedoch betriebsmäßige und solche Zündquellen, die bei vorhersehbaren Störungen auftreten, nicht sicher vermieden.		Zone 1	erforderlich
		d) G. e. A. tritt ständig, langzeitig oder häufig auf:			
		d1) Zündquellen sicher vermieden.		Zone 0	keine
		d2) Zündquellen nicht sicher vermieden.		Zone 0	erforderlich

Nr.	Beispiel	Merkmale/Bemerkungen/ Voraussetzungen/Hinweise	Schutzmaßnahmen nach TRGS 722	Festlegung der Zonen zur Zündquellenvermeidung nach TRGS 723	Schutzmaßnahmen nach TRGS 724
(Sp. 1)	(Sp. 2)	(Sp. 3)	(Sp. 4)	(Sp. 5)	(Sp. 6)
2.3	**Befüllen ortsbeweglicher Behälter**	**Für das Umfüllen von Gefahrstoffen von einem ortsbeweglichen Behälter in einen anderen ortbeweglichen Behälter sind das Befüllen wie auch das Entleeren (siehe 2.4) gleichermaßen zu betrachten. Außerdem sind bei Vorhandensein von Auffangwannen die Punkte 2.9 bzw. 2.10 zu berücksichtigen.** *Hinweis:* *Soweit nicht anders beschrieben wird unter 2.3 die Umgebung betrachtet.* *Es handelt sich um eine Füllstelle gemäß TRGS 509, wenn es sich um eine ortsfeste Anlage handelt, die dazu bestimmt ist, dass in ihr ortsbewegliche Behälter mit flüssigen oder festen Gefahrstoffen befüllt werden.*			
2.3.1	**Befüllen kleiner Gebinde**	**Behälter bis 10 l.**			
2.3.1.1	**Befüllen mit Abfüllanlagen in Räumen**	**Das Beispiel gilt nur für die Befüllung verschließbarer Gebinde, die vor der Befüllung frei von Dämpfen brennbarer Flüssigkeit sind.** **Die Befüllung ist technisch so gestaltet, dass die Gebinde im Normalbetrieb mit der korrekten Menge befüllt werden und ein Überfüllen, Verschütten oder Benetzen der Gebinde nicht erfolgt.** **Während der Befüllung wird das verdrängte Volumen direkt erfasst, z. B. durch Gaspendelung, Objektabsaugung oder vergleichbare Systeme.** **Nach dem Befüllvorgang ist nur mit einer geringen Freisetzung zu rechnen, weil nur eine kleine Befüllöffnung vorhanden ist sowie zwischen Abschluss der Befüllung und Verschließen des Gebindes die Objektabsaugung bzw. Lüftungsmaßnahmen so wirksam sind, dass betriebsmäßig weder um die Öffnung der Gebinde noch um die Füllrohre bzw. Einfüllstutzen g. e. A. zu erwarten ist.**			

Nr.	Beispiel	Merkmale/Bemerkungen/ Voraussetzungen/Hinweise	Schutzmaßnahmen nach TRGS 722	Festlegung der Zonen zur Zündquellenvermeidung nach TRGS 723	Schutzmaßnahmen nach TRGS 724
(Sp. 1)	(Sp. 2)	(Sp. 3)	(Sp. 4)	(Sp. 5)	(Sp. 6)
zu 2.3.1.1	(Befüllen mit Abfüllanlagen in Räumen)	**Für den Fall einer störungsbedingten Freisetzung wird verfahrensbedingt maximal das Volumen eines Gebindes freigesetzt. Dieses wird in der Auffangwanne aufgefangen.**			
		a) Die UEG wird sicher unterschritten, da der Flammpunkt der brennbaren Flüssigkeit ausreichend über der Verarbeitungstemperatur liegt (siehe TRGS 721, Punkt 3.2 (7) Ziffer 2b), Temperaturerhöhungen nicht vorliegen und Versprühen oder Vernebeln ausgeschlossen ist.[Bild 49]	4.2	keine Zone	keine
		b) Flammpunkt liegt nicht ausreichend über der Verarbeitungstemperatur und/oder Versprühen oder Vernebeln möglich (siehe TRGS 721, Punkt 3.2 (7) Ziffer 2b).			
		b1) Gebindegröße V ≤ 100 ml, Auffangwanne maximal 0,5 m unter Abfüllstelle.			

Nr.	Beispiel	Merkmale/Bemerkungen/ Voraussetzungen/Hinweise	Schutzmaßnahmen nach TRGS 722	Festlegung der Zonen zur Zündquellenvermeidung nach TRGS 723	Schutzmaßnahmen nach TRGS 724
(Sp. 1)	(Sp. 2)	(Sp. 3)	(Sp. 4)	(Sp. 5)	(Sp. 6)
zu 2.3.1.1	(Befüllen mit Abfüllanlagen in Räumen)	b1.1) Die Befüllung ist technisch so gestaltet, dass Störungen wie Überfüllung, Fehlbedienung, Leckagen an Befülleinrichtungen, Schäden an Gebinden, Ausfall der Absaugung, Auslaufen der Flüssigkeit und deren Ausbreitung ausgeschlossen sind. Während der Befüllung wird das verdrängte Volumen direkt erfasst, z. B. durch Gaspendelung, Objektabsaugung oder vergleichbare Systeme. Nach dem Befüllvorgang ist nur mit einer geringen Freisetzung zu rechnen, weil nur eine kleine Befüllöffnung vorhanden ist sowie zwischen Abschluss der Befüllung und Verschließen des Gebindes die Objektabsaugung bzw. Lüftungsmaßnahmen so wirksam sind, dass betriebsmäßig weder um die Öffnung der Gebinde noch um die Füllrohre bzw. Einfüllstutzen g. e. A. zu erwarten ist.[Bild 50]	4.6.4	keine Zone	keine
		b1.2) Wie b1.1), jedoch für den Fall einer störungsbedingten Freisetzung (z. B. Umfallen des Gebindes) wird verfahrensbedingt maximal das Volumen eines Gebindes freigesetzt. Dieses wird in der Auffangwanne aufgefangen und sofort beseitigt. Objektabsaugung an der Abfüllstelle und unmittelbar an der Auffangwanne.[Bild 51]	4.6.4	Zone 2: in der Auffangwanne	keine

Nr.	Beispiel	Merkmale/Bemerkungen/ Voraussetzungen/Hinweise	Schutzmaß-nahmen nach TRGS 722	Festlegung der Zonen zur Zündquellenvermeidung nach TRGS 723	Schutzmaß-nahmen nach TRGS 724
(Sp. 1)	(Sp. 2)	(Sp. 3)	(Sp. 4)	(Sp. 5)	(Sp. 6)
zu 2.3.1.1	(Befüllen mit Abfüllanlagen in Räumen)	b1.3) Wie b1.2), jedoch keine Absaugung an der Auffangwanne, aber technische Lüftung des Raumes.[Bild 52] Beachte weitere Abbildungen Bilder 54 bis 56	4.6.4 4.6.3	Zone 2: in der Auffangwanne, im Nahbereich der Auffangwanne und bis zum Boden	keine
		b1.4) Wie b1.2), jedoch keine Absaugung an der Auffangwanne, aber natürliche Lüftung des Raumes.[Bild 53]	4.6.4 4.6.2	Zone 2: in Auffangwanne sowie 0,8 m um Auffangwanne und bis zum Boden	keine
		b2) Wie b1), jedoch Gebindegröße 100 ml < V ≤ 10 l.			
		b2.1) Wie b1.1).[Bild 57]	4.6.4	keine Zone	keine
		b2.2) Wie b1.2).[Bild 58] Beachte weitere Abbildungen Bilder 59 bis 63	4.6.4	Zone 2: Nahbereich der Abfüllstelle bis zur Auffangwanne und in der Auffangwanne	keine
2.3.1.2	**Befüllen ohne Abfüllanlagen in Räumen**	**Z. B. für innerbetriebliche Zwecke, beispielsweise Befüllen in Behälter bis 10 l zu Reinigungszwecken.**			
		a) Die UEG wird sicher unterschritten, da der Flammpunkt der brennbaren Flüssigkeit ausreichend über der Verarbeitungstemperatur liegt (siehe TRGS 721, Punkt 3.2 (7) Ziffer 2b), Temperaturerhöhungen nicht vorliegen und Versprühen oder Vernebeln ausgeschlossen ist.[Bild 68]	4.2	keine Zone	keine

Nr.	Beispiel	Merkmale/Bemerkungen/ Voraussetzungen/Hinweise	Schutzmaß- nahmen nach TRGS 722	Festlegung der Zonen zur Zünd- quellenvermeidung nach TRGS 723	Schutzmaß- nahmen nach TRGS 724
(Sp. 1)	(Sp. 2)	(Sp. 3)	(Sp. 4)	(Sp. 5)	(Sp. 6)
zu 2.3.1.2	(Befüllen ohne Abfüllanlagen in Räumen)	**b) Der Flammpunkt liegt nicht ausreichend über der Verarbeitungstemperatur (siehe TRGS 721, Punkt 3.2 (7) Ziffer 2b); Versprühen oder Vernebeln möglich.**			
		b1) Mit Objektabsaugung.[Bild 69]	4.6.4	Zone 2: 0,5 m	keine
		b2) Technische Lüftung.[Bild 70]	4.6.3	Zone 1: 0,5 m Zone 2: weitere 1 m	keine
		b3) Natürliche Lüftung.[Bild 71]	4.6.2	Zone 1: 1 m Zone 2: weitere 1 m	keine
2.3.1.3	**Befüllen von Gebinden bis 10 l im Freien**	Wie 2.3.1.1 oder 2.3.1.2 Im Freien kann in Folge von Witterungseinflüssen gegenüber vergleichbaren Situationen in Räumen im Allgemeinen eine Zone mit geringeren Anforderungen festgelegt bzw. die Zonenausdehnung reduziert werden.			
2.3.2	**Befüllen größerer Gebinde**	**Gebinde > 10 l, z. B. Füllstellen nach TRGS 509.** *Hinweis:* *Das Abfüllen größerer Mengen innerhalb geschlossener Räume ist in der Regel aus Gründen des Gesundheitsschutzes ohne zusätzliche Maßnahmen (z. B. Gaspendelsysteme, Objektabsau gung) nicht zulässig: Nichteinhaltung des Arbeitsplatzgrenzwertes.*			
2.3.2.1	**In Räumen**	**a) Die UEG wird sicher unterschritten, da der Flammpunkt der brennbaren Flüssigkeit ausreichend über der Verarbeitungstemperatur liegt (siehe TRGS 721, Punkt 3.2 (7) Ziffer 2b), Temperaturerhöhungen nicht vorliegen und Versprühen oder Vernebeln ausgeschlossen ist.**	4.2	keine Zone	keine

Nr.	Beispiel	Merkmale/Bemerkungen/ Voraussetzungen/Hinweise	Schutzmaßnahmen nach TRGS 722	Festlegung der Zonen zur Zündquellenvermeidung nach TRGS 723	Schutzmaßnahmen nach TRGS 724
(Sp. 1)	(Sp. 2)	(Sp. 3)	(Sp. 4)	(Sp. 5)	(Sp. 6)
zu 2.3.2.1	(Befüllen größerer Gebinde in Räumen)	**b) Befüllung in Füllkabinen** **Eine Füllkabine ist dann gegeben, wenn der ortsbewegliche Behälter in eine spezielle, nur für den Füllvorgang vorgesehene Einrichtung gestellt wird, die an einer wirksamen Absaugung angeschlossen ist.**			
		b1) Durch die Art der Kabinenabsaugung (z.B. Anordnung, Geometrie, Verhältnis von Absaugvolumenstrom zu Füllvolumenstrom) wird gewährleistet, dass im Inneren der Füllkabine die UEG störungsbedingt nur selten und kurzzeitig überschritten wird.	4.5.4 4.6.4	Zone 2: im Inneren der Füllkabine und der angeschlossenen Abluftleitung keine Zone: in der Umgebung der Füllkabine	keine
		b2) Der Behälter ist vor der Befüllung frei von Dämpfen brennbarer Flüssigkeiten, Behälter nicht größer als 1000 l Rauminhalt. UEG wird nur gelegentlich überschritten.	4.2 4.5.4 4.6.4	Zone 1: Im Inneren der Füllkabine und der angeschlossenen Abluftleitung Zone 2: 2 m um Öffnungen der Füllkabine	keine
		c) Befüllung mit Objektabsaugung **Die UEG wird nicht sicher unterschritten, da der Flammpunkt der brennbaren Flüssigkeit nicht ausreichend über der Verarbeitungstemperatur liegt (siehe TRGS 721, Punkt 3.2 (7) Ziffer 2b), Versprühen oder Vernebeln nicht ausgeschlossen ist.**			

Nr.	Beispiel	Merkmale/Bemerkungen/ Voraussetzungen/Hinweise	Schutzmaßnahmen nach TRGS 722	Festlegung der Zonen zur Zündquellenvermeidung nach TRGS 723	Schutzmaßnahmen nach TRGS 724
(Sp. 1)	(Sp. 2)	(Sp. 3)	(Sp. 4)	(Sp. 5)	(Sp. 6)
zu 2.3.2.1	(Befüllen größerer Gebinde in Räumen)	c1) Umgebung von Füllstellen bei Befüllung mit Objektabsaugung.			
		c1.1) Abfüllung mit einer Förderrate von nicht mehr als 200 l pro Stunde, Gemischfreisetzung in die angrenzende Umgebung ausgeschlossen. Bild 64	4.6.4 4.6.2	Zone 2: 0,5 m um die Öffnung der Objektabsaugung und in der Objektabsaugung sowie bis zum Boden sowie 0,5 m um die Wandung des ortsbeweglichen Behälters, sofern die vorgenannte Zone den Behälter berührt	keine
		c1.2) Wie c1.1), jedoch Gemischfreisetzung vor und nach dem Abfüllen nicht ausgeschlossen. Absaugung unmittelbar an der Freisetzungsstelle. Bild 65 Siehe auch Bild 72	4.6.4 4.6.2	Zone 1: 0,5 m um die Wandung des ortsbeweglichen Behälters Zone 2: 0,5 m um die Öffnung der Objektabsaugung und in der Objektabsaugung sowie bis zum Boden sowie weitere 0,5 m um die Zone 1	keine
		c1.3) Wie c1.1), jedoch Gemischfreisetzung von abdampfenden Flächen des Füllrohrs in die Umgebung nicht ausgeschlossen. Bild 66 Siehe auch Bild 67	4.6.4 4.6.2	Zone 1: 0,5 m um die Wandung des ortsbeweglichen Behälters und das Füllrohr bis zum Boden Zone 2: weitere 0,5 m um Zone 1: sowie 0,5 m um die Öffnung der Objektabsaugung und in der Objektabsaugung sowie bis zum Boden	keine

Nr.	Beispiel	Merkmale/Bemerkungen/Voraussetzungen/Hinweise	Schutzmaßnahmen nach TRGS 722	Festlegung der Zonen zur Zündquellenvermeidung nach TRGS 723	Schutzmaßnahmen nach TRGS 724
(Sp. 1)	(Sp. 2)	(Sp. 3)	(Sp. 4)	(Sp. 5)	(Sp. 6)
zu 2.3.2.1	(Befüllen größerer Gebinde in Räumen)	c1.4) Wie c1.1) bis c1.3), jedoch Abfüllleistung von mehr als 200 l pro Stunde, Raum verfügt über technische Lüftung mit mindestens zweifachem Luftwechsel.	4.6.4 4.6.3	Siehe c1.1) bis c1.3)	keine
		d) Umgebung von Füllstellen bei Befüllen mit formschlüssigen Lüftungseinrichtungen. Eine formschlüssige Lüftungseinrichtung ist dann gegeben, wenn das aus dem zu befüllenden ortsbeweglichen Behälter verdrängte Dampf/Luft-Gemisch unmittelbar am ortsbeweglichen Behälter von einer Lüftungseinrichtung abgeleitet wird, welche die Lüftungsöffnung des ortsbeweglichen Behälters formschlüssig gegenüber der Umgebung abdichtet, um während des Befüllens der ortsbeweglichen Behälter ein Entweichen von Dampf/Luft-Gemischen in die angrenzende Umgebung auszuschließen.			
		d1) Abfüllung von nicht mehr als 200 l pro Stunde und mindestens 2facher Luftwechsel.			
		d1.1) Während des Öffnens und des Verschließens der ortsbeweglichen Behälter ist eine geringe Freisetzung von Dampf/Luft-Gemischen in die angrenzende Umgebung möglich. Gemischfreisetzung von abdampfenden Flächen des Füllrohres in die angrenzende Umgebung ausgeschlossen.	4.5.4 4.6	Zone 1: 0,5 m um den Behälter bis zum Boden Zone 2: weitere 0,5 m	keine
		d1.2) Wie d1.1), jedoch nicht nur geringe Freisetzung, aber technische Lüftung.	4.5.4 4.6.3	Zone 1: 0,5 m um den Behälter bis zum Boden Zone 2: weitere 0,5 m	keine

Nr.	Beispiel	Merkmale/Bemerkungen/ Voraussetzungen/Hinweise	Schutzmaß- nahmen nach TRGS 722	Festlegung der Zonen zur Zünd- quellenvermeidung nach TRGS 723	Schutzmaß- nahmen nach TRGS 724
(Sp. 1)	(Sp. 2)	(Sp. 3)	(Sp. 4)	(Sp. 5)	(Sp. 6)
zu 2.3.2.1	(Befüllen größerer Gebinde in Räumen)	d1.3) Wie d1.1), jedoch Gemischfreisetzung von abdampfenden Flächen des Füllrohres in die angrenzende Umgebung nicht ausgeschlossen.	4.5.4 4.6.2	Zone 1: 0,5 m um den Behälter sowie um das Füllrohr und bis zum Boden Zone 2: weitere 0,5 m	keine
		d1.4) Wie d1.2), jedoch Gemischfreisetzung von abdampfenden Flächen des Füllrohres in die angrenzende Umgebung nicht ausgeschlossen.	4.5.4 4.6.3	Zone 1: 0,5 m um den Behälter sowie um das Füllrohr und bis zum Boden Zone 2: weitere 0,5 m	keine
		d2) Wie d1), jedoch Abfüllung von mehr als 200 l pro Stunde, aber technische Lüftung vorhanden, 5facher Luftwechsel.			
		d2.1) Während des Öffnens und des Verschließens der ortsbeweglichen Behälter ist eine geringe Freisetzung von Dampf/Luft-Gemischen in die angrenzende Umgebung möglich. Gemischfreisetzung von abdampfenden Flächen des Füllrohres in die angrenzende Umgebung ausgeschlossen.	4.5.4 4.6.3	Zone 1: 0,5 m um den Behälter bis zum Boden Zone 2: weitere 0,5 m	keine
		d2.2) Wie d2.1), jedoch Gemischfreisetzung von abdampfenden Flächen des Füllrohres in die angrenzende Umgebung nicht ausgeschlossen.	4.5.4 4.6.3	Zone 1: 0,5 m um den Behälter sowie um das Füllrohr und bis zum Boden Zone 2: weitere 0,5 m	keine
		e) **Umgebung von Füllstellen ohne gezielte Abführung der Dampf/Luft-Gemische.** **Der Flammpunkt liegt nicht ausreichend über der Verarbeitungstemperatur (siehe TRGS 721, Punkt 3.2 (7) Ziffer 2b) oder Versprühen oder Vernebeln möglich.**			

Nr.	Beispiel	Merkmale/Bemerkungen/ Voraussetzungen/Hinweise	Schutzmaß-nahmen nach TRGS 722	Festlegung der Zonen zur Zünd-quellenvermeidung nach TRGS 723	Schutzmaß-nahmen nach TRGS 724
(Sp. 1)	(Sp. 2)	(Sp. 3)	(Sp. 4)	(Sp. 5)	(Sp. 6)
zu 2.3.2.1	(Befüllen größerer Gebinde in Räumen)	e1) Abfüllung, aus fest installiertem Zapfventil mit einem Volumenstrom von nicht mehr als 45 l/min in verschließbare ortsbewegliche Gebinde, die direkt nach dem Befüllen verschlossen werden, technische Lüftung mit in Bodennähe wirksamem fünffachen Luftwechsel und einer Luftgeschwindigkeit am Boden 1 m/s.	3.1 4.6.3	Zone 1: 1 m horizontal, vom Fußboden bis 0,5 m über die Zapfeinrichtung Zone 2: weitere 2 m horizontal, 0,8 m vertikal bis zum Boden	keine
		e2) Abfüllung von nicht mehr als 50 l brennbarer Flüssigkeiten pro Stunde.	4.6.2	Zone 1: 2 m um die Füllstelle Zone 2: weitere 5 m horizontal, 0,8 m vertikal bis zum Boden	keine
		e3) Abfüllung von mehr als 50 l brennbarer Flüssigkeiten pro Stunde bis weniger als 200 l pro Stunde.	4.6.2	Zone 1: 5 m um die Füllstelle Zone 2: weitere 5 m horizontal, 0,8 m vertikal bis zum Boden	keine
		e4) Abfüllung von mehr als 200 l pro Stunde	4.6.3	Zone 1: 10 m Zone 2: weitere 5 m bis zu einer Höhe von 0,8 m	keine

Nr.	Beispiel	Merkmale/Bemerkungen/ Voraussetzungen/Hinweise	Schutzmaß-nahmen nach TRGS 722	Festlegung der Zonen zur Zündquellenvermeidung nach TRGS 723	Schutzmaß-nahmen nach TRGS 724
(Sp. 1)	(Sp. 2)	(Sp. 3)	(Sp. 4)	(Sp. 5)	(Sp. 6)
zu 2.3.2.1	(Befüllen größerer Gebinde in Räumen)	**f) Abfüllen im geschlossenen System mit Rohrleitungs- und/oder Schlauchanschlussstellen.**			
		f1) Abfüllung von weniger als 200 l brennbaren Flüssigkeiten pro Stunde.	4.5.4 4.6.2	Zone 1: $2R_a$ um die Verbindung (Kupplung, Anschlussstelle), bei flüssigkeitsführenden Leitungen/ Schläuche nach unten bis zum Boden Zone 2: weitere $2R_a$ horizontal, sowie 0,8 m über Erdgleiche. R_a (m) = 0,5 (m) + 4,5/1000 x Förderrate (m^3/h). Der explosionsgefährdete Bereich gilt sowohl für gekuppelte als auch für getrennte Kupplungshälften und erstreckt sich über den gesamten Bereich, der während des Hantierens von den Kupplungshälften überstrichen werden kann. Zone 2: 0,5 m um die Kontur des Behälters bis zur Erdgleiche, wenn die Zone 1 den Behälter berührt	keine

Nr.	Beispiel	Merkmale/Bemerkungen/ Voraussetzungen/Hinweise	Schutzmaß-nahmen nach TRGS 722	Festlegung der Zonen zur Zünd-quellenvermeidung nach TRGS 723	Schutzmaß-nahmen nach TRGS 724
(Sp. 1)	(Sp. 2)	(Sp. 3)	(Sp. 4)	(Sp. 5)	(Sp. 6)
zu 2.3.2.1	(Befüllen größerer Gebinde in Räumen)	f2) Abfüllung von 200 Liter brennbaren Flüssigkeiten pro Stunde und mehr, mindestens 2facher Luftwechsel, angeschlossene Lüftungseinrichtung.	4.5.4 4.6.3	Zone 1: $2R_a$ um die Verbindung (Kupplung, Anschlussstelle), bei flüssigkeitsführenden Leitungen/ Schläuche nach unten bis zum Boden. Zone 2: weitere $2R_a$ horizontal, sowie 0,8 m über Erdgleiche. R_a (m) = 0,5 (m) + 4,5/1000 x Förderrate (m^3/h). Der explosionsgefährdete Bereich gilt sowohl für gekuppelte als auch für getrennte Kupplungshälften und erstreckt sich über den gesamten Bereich, der während des Hantierens von den Kupplungshälften überstrichen werden kann. Zone 2: 0,5 m um die Kontur des Behälters bis zur Erdgleiche, wenn die Zone 1 den Behälter berührt.	keine
2.3.2.2	**Befüllen größerer Gebinde im Freien – mit Ausnahme von TKW-, Eisenbahn-, Schiff-Abfüllung**	Wie 2.3.2.1 Im Freien kann in Folge von Witterungseinflüssen gegenüber vergleichbaren Situationen in Räumen im Allgemeinen eine Zone mit geringeren Anforderungen festgelegt bzw. die Zonenausdehnung reduziert werden.			

Nr.	Beispiel	Merkmale/Bemerkungen/ Voraussetzungen/Hinweise	Schutzmaßnahmen nach TRGS 722	Festlegung der Zonen zur Zündquellenvermeidung nach TRGS 723	Schutzmaßnahmen nach TRGS 724
(Sp. 1)	(Sp. 2)	(Sp. 3)	(Sp. 4)	(Sp. 5)	(Sp. 6)
2.3.3	**Befüllen von größeren ortsbeweglichen Behältern, wie z. B. Tanks auf Fahrzeugen, Eisenbahnkesselwagen, Tankcontainer im Freien**	Beim Befüllen ist die Begrenzung der Strömungsgeschwindigkeit gemäß TRGS 727 einzuhalten.			
		a) Befüllen mit angeschlossenen Rohr- und Schlauchleitungen und Ableitung der Dämpfe im geschlossenen System.			
		a1) Dicht verschlossene Rohrleitungs- und/oder Schlauchanschlussstellen (z. B. Blindflansch, Deckel), die durch eine Armatur von der Produktzufuhr (Flüssigkeiten und deren Dämpfe) abgesperrt sind.	4.5.3 4.6.2	keine Zone	keine
		a2) Aufgrund der Konstruktion der Rohrleitungs- und/oder Schlauchanschlussarmaturen im getrennten Zustand technisch dicht und nur geringe Freisetzung von Flüssigkeiten oder deren Dämpfen (z. B. Trockenkupplung).	4.5.3 4.6.2	Zone 2: 0,5 m um die Kupplungsstelle, bei flüssigkeitsführenden Leitungen bis zum Boden	keine
		a3) Rohrleitungs- und/oder Schlauchanschlussarmaturen im getrennten Zustand technisch dicht.	4.5.3 4.6.2	Zone 2: 0,5 m um Kupplungshälften im gesamten Bereich, der während des Hantierens von den Kupplungshälften überstrichen wird; bei flüssigkeitsführenden Leitungen bis zum Boden	keine

Nr.	Beispiel	Merkmale/Bemerkungen/ Voraussetzungen/Hinweise	Schutzmaßnahmen nach TRGS 722	Festlegung der Zonen zur Zündquellenvermeidung nach TRGS 723	Schutzmaßnahmen nach TRGS 724
(Sp. 1)	(Sp. 2)	(Sp. 3)	(Sp. 4)	(Sp. 5)	(Sp. 6)
zu 2.3.3	(Befüllen von größeren ortsbeweglichen Behältern, wie z. B. Tanks auf Fahrzeugen, Eisenbahnkesselwagen, Tankcontainer im Freien)	a4) Sofern a1), a2) oder a3) nicht erfüllt.	4.5.4	Zone 1: R_a um Kupplungshälften im gesamten Bereich, der während des Hantierens von den Kupplungshälften überstrichen wird; bei flüssigkeitsführenden Leitungen bis zum Boden. R_a (m) = 0,5 (m) + 4,5/1000 x Förderrate (m^3/h). (bei gasführenden Leitungen, z. B. Gaspendelleitungen, ist die Förderrate der Flüssigkeit anzusetzen).	keine
		b) Befüllen mit Ableitung der Dampf/Luft-Gemische **– über dichtschließende Einrichtungen, z. B. Einsteckkonus sowie** **– Ableitung der Dämpfe im geschlossenen System, z. B. Gaspendelverfahren.**	4.5.4 4.6.4	Zone 1: 0,5 m um die Domöffnung und die Wandung des ortsbeweglichen Behälters sowie um den Schwenkbereich des Füllrohrs im angehobenen Zustand bis zur Erdgleiche. Zone 2: weitere 0,5 m horizontal bis 0,8 m über Erdgleiche.	keine

Nr.	Beispiel	Merkmale/Bemerkungen/Voraussetzungen/Hinweise	Schutzmaßnahmen nach TRGS 722	Festlegung der Zonen zur Zündquellenvermeidung nach TRGS 723	Schutzmaßnahmen nach TRGS 724
(Sp. 1)	(Sp. 2)	(Sp. 3)	(Sp. 4)	(Sp. 5)	(Sp. 6)
zu 2.3.3	(Befüllen von größeren ortsbeweglichen Behältern, wie z. B. Tanks auf Fahrzeugen, Eisenbahnkesselwagen, Tankcontainer im Freien)	**c) Befüllung über offenen Dom ohne Ableitung der Dampf/Luft-Gemische oder Befüllen von ortsbeweglichen Behältern, die über Entlüftungseinrichtungen ausatmen.**			
		c1) Befüllen von ortsbeweglichen Behältern bis 450 l Rauminhalt.	4.5.4	Zone 1: 2 m um die Konturen des Behälters bzw. um die Entlüftungseinrichtung bis zum Boden	keine
		c2) Befüllen von ortsbeweglichen Behältern über 450 l Rauminhalt.			

Nr.	Beispiel	Merkmale/Bemerkungen/ Voraussetzungen/Hinweise	Schutzmaß- nahmen nach TRGS 722	Festlegung der Zonen zur Zünd- quellenvermeidung nach TRGS 723	Schutzmaß- nahmen nach TRGS 724
(Sp. 1)	(Sp. 2)	(Sp. 3)	(Sp. 4)	(Sp. 5)	(Sp. 6)
zu 2.3.3	(Befüllen von größeren ortsbeweglichen Behältern, wie z. B. Tanks auf Fahrzeugen, Eisenbahnkesselwagen, Tankcontainer im Freien)	c2.1) Befüllen über dicht mit dem ortsbeweglichen Behälter verbundene Leitungen und Entlüftung über Entlüftungseinrichtungen ins Freie.	4.5.4	Zone 1: bis zu einem horizontalen Abstand R von der Entlüftungseinrichtung gemäß nachfolgender Tabelle, höchstens jedoch 3 m über der Entlüftungseinrichtung und reicht herab bis zur Kontur des ortsbeweglichen Behälters bzw. bis zur Erdgleiche. Sofern die Zone 1 die Konturen des ortsbeweglichen Behälters berührt, auch um die Konturen des ortbeweglichen Behälters bis zu einem Abstand R gemäß nachfolgender Tabelle, jedoch höchstens bis zu 1 m. Zone 2: weitere 1,5 m, außerdem bis zu einem horizontalen Abstand 3R – gemessen von der durch die Mündung der Entlüftungseinrichtung verlaufenden Senkrechten – gemäß nachfolgender Tabelle, bis zu einer Höhe von 0,8 m über dem Erdboden.	keine

Nr.	Beispiel	Merkmale/Bemerkungen/ Voraussetzungen/Hinweise	Schutzmaßnahmen nach TRGS 722	Festlegung der Zonen zur Zündquellenvermeidung nach TRGS 723	Schutzmaßnahmen nach TRGS 724
(Sp. 1)	(Sp. 2)	(Sp. 3)	(Sp. 4)	(Sp. 5)	(Sp. 6)
zu 2.3.3	(Befüllen von größeren ortsbeweglichen Behältern, wie z. B. Tanks auf Fahrzeugen, Eisenbahnkesselwagen, Tankcontainer im Freien)	c2.2) Befüllen über den offenen Dom.	4.5.4	Zone 1: im Abstand R – gemäß nachfolgender Tabelle – horizontal und vertikal gemessen von der Dommitte bzw. Domöffnung, maximal jedoch bis 3 m über der Domöffnung und bis zum Boden; sowie 0,5 m um die Konturen des ortsbeweglichen Behälters, in den Fällen, in denen ein Abstand von 0,5 m gemäß nachfolgender Tabelle genügt, ansonsten 1 m, bis zur Erdgleiche; Zone 2: weitere 1,5 m, außerdem bis zu einem horizontalen Abstand 3R – gemessen von der Dommitte – gemäß nachfolgender Tabelle, bis zu einer Höhe von 0,8 m über dem Erdboden.	keine

Nr.	Beispiel	Merkmale/Bemerkungen/ Voraussetzungen/Hinweise	Schutzmaßnahmen nach TRGS 722	Festlegung der Zonen zur Zündquellenvermeidung nach TRGS 723	Schutzmaßnahmen nach TRGS 724
(Sp. 1)	(Sp. 2)	(Sp. 3)	(Sp. 4)	(Sp. 5)	(Sp. 6)
zu 2.3.3	(Befüllen von größeren ortsbeweglichen Behältern, wie z. B. Tanks auf Fahrzeugen, Eisenbahnkesselwagen, Tankcontainer im Freien)				

Max. Volumenstrom* [m³/h]	Flammpunkt T_F [°C]	R [m]	Max. Volumenstrom* [m³/h]	Flammpunkt T_F [°C]	R [m]
60	$T_F < 0$	2	1350	$T_F < 0$	8,5
	$0 \leq T_F < 21$	1		$0 \leq T_F < 21$	4,5
	$21 \leq T_F < 35$	0,5		$21 \leq T_F < 35$	2,5
	$35 \leq T_F \leq 55$	0,5		$35 \leq T_F \leq 55$	1,5
180	$T_F < 0$	3	1800	$T_F < 0$	10
	$0 \leq T_F < 21$	1,5		$0 \leq T_F < 21$	5
	$21 \leq T_F < 35$	1		$21 \leq T_F < 35$	2,5
	$35 \leq T_F \leq 55$	0,5		$35 \leq T_F \leq 55$	1,5
450	$T_F < 0$	5	2400	$T_F < 0$	12
	$0 \leq T_F < 21$	2,5		$0 \leq T_F < 21$	6
	$21 \leq T_F < 35$	1,5		$21 \leq T_F < 35$	3
	$35 \leq T_F \leq 55$	1		$35 \leq T_F \leq 55$	2
900	$T_F < 0$	7	3000	$T_F < 0$	14
	$0 \leq T_F < 21$	3,5		$0 \leq T_F < 21$	7
	$21 \leq T_F < 35$	2		$21 \leq T_F < 35$	3,5
	$35 \leq T_F \leq 55$	1		$35 \leq T_F \leq 55$	2

* Maximaler Volumenstrom der Pumpe, mit welcher der Tank befüllt wird, ggf. dividiert durch die Zahl der Lüftungsöffnungen, höchstens jedoch durch 3

Nr.	Beispiel	Merkmale/Bemerkungen/ Voraussetzungen/Hinweise	Schutzmaßnahmen nach TRGS 722	Festlegung der Zonen zur Zündquellenvermeidung nach TRGS 723	Schutzmaßnahmen nach TRGS 724
(Sp. 1)	(Sp. 2)	(Sp. 3)	(Sp. 4)	(Sp. 5)	(Sp. 6)
2.4	**Entleeren ortsbeweglicher Behälter in Räumen und im Freien**	**Öffnungen der ortsbeweglichen Behälter (z. B. Straßentankwagen, Eisenbahnkesselwagen, Absetzcontainer, 1000 l IBC, Fass oder Kanister) vorhanden, die während der Entleerung offen sind.** Für das Umfüllen von Gefahrstoffen von einem ortsbeweglichen Behälter in einen anderen sind das Befüllen wie auch das Entleeren gleichermaßen zu betrachten. *Hinweis:* *Soweit nicht anders beschrieben wird unter 2.4 die Umgebung betrachtet.*			
		a) Der Flammpunkt liegt ausreichend über der Verarbeitungstemperatur (siehe TRGS 721, Punkt 3.2 (7) Ziffer 2b), Versprühen oder Vernebeln vermieden.		keine Zone	keine
		b) Flammpunkt liegt nicht ausreichend über der Verarbeitungstemperatur (siehe TRGS 721, Punkt 3.2 (7) Ziffer 2b).		Zone 2: 3 m um die Öffnungen der ortsbeweglichen Behälter, bis zu einer Höhe von 0,8 m über dem Erdboden	keine

Nr.	Beispiel	Merkmale/Bemerkungen/ Voraussetzungen/Hinweise	Schutzmaß-nahmen nach TRGS 722	Festlegung der Zonen zur Zündquellenvermeidung nach TRGS 723	Schutzmaß-nahmen nach TRGS 724
(Sp. 1)	(Sp. 2)	(Sp. 3)	(Sp. 4)	(Sp. 5)	(Sp. 6)
2.5	**Umgebung von Verbindungen von Rohr- und Schlauchleitungen und Armaturen**				
2.5.1	**Verbindungen von Rohr- und Schlauchleitungen in Räumen**	**a) Flammpunkt liegt ausreichend über der Verarbeitungstemperatur (siehe TRGS 721, Punkt 3.2 (7) Ziffer 2b), Versprühen oder Vernebeln vermieden.**		keine Zone	keine
		b) Flammpunkt liegt nicht ausreichend über der Verarbeitungstemperatur (siehe TRGS 721, Punkt 3.2 (7) Ziffer 2b).			
		b1) Verbindungen, die auf Dauer technisch dicht sind.	4.5.2	keine Zone	keine
		b2) Dicht verschlossene Rohrleitungs- oder Schlauchanschlussstellen (z. B. Blindflansch, Deckel), die durch eine Armatur von der Produktzufuhr abgesperrt sind.	4.5.3 4.5.4	keine Zone	keine
		b3) Technisch dichte Verbindungen von Rohrleitungen, die betriebsmäßig nicht oder nur selten gelöst werden, in Räumen ohne Lüftungsanforderung.	4.5.3	Zone 2: 1 m horizontal um die Verbindung bis zum Boden.	keine
		b4) Rohrleitungs- und/oder Schlauchanschlussarmaturen, die im getrennten Zustand technisch dicht sind und somit nur eine geringe Freisetzung von Flüssigkeiten oder deren Dämpfe ermöglichen (z.B. Trockenkupplungen) in Räumen mit mindestens zweifachem Luftwechsel.	4.5.3 4.5.4 4.6	Zone 2: 0,5 m um die Kupplungshälften, bei flüssigkeitsführenden Leitungen / Schläuchen nach unten bis zum Boden	keine

Nr.	Beispiel	Merkmale/Bemerkungen/ Voraussetzungen/Hinweise	Schutzmaßnahmen nach TRGS 722	Festlegung der Zonen zur Zündquellenvermeidung nach TRGS 723	Schutzmaßnahmen nach TRGS 724
(Sp. 1)	(Sp. 2)	(Sp. 3)	(Sp. 4)	(Sp. 5)	(Sp. 6)
zu 2.5.1	(Verbindungen von Rohr- und Schlauchleitungen in Räumen)	b5) Rohrleitungs- und/oder Schlauchanschlussstellen in Räumen mit mindestens zweifachem Luftwechsel.	4.5.4 4.6	Zone 1: $2R_a$, um Rohrleitungs- und/oder Schlauchanschlussstellen, bei flüssigkeitsführenden Leitungen / Schläuchen nach unten bis zum Boden Zone 2: weitere $2R_a$ horizontal um Zone 1 von Rohrleitungs- und/oder Schlauchanschlussstellen, sowie vertikal vom Boden bis zu einer Höhe von 0,8 m über Erdgleiche R_a (m) = 0,5 (m) + 4,5/1000 x Förderrate (m^3/h) Der explosionsgefährdete Bereich um die Kupplungshälften erstreckt sich über den gesamten Bereich, der während des Hantierens von den Kupplungshälften überstrichen werden kann. Der explosionsgefährdete Bereich gilt sowohl für gekuppelte als auch für getrennte Kupplungshälften.	keine

Nr.	Beispiel	Merkmale/Bemerkungen/ Voraussetzungen/Hinweise	Schutzmaßnahmen nach TRGS 722	Festlegung der Zonen zur Zündquellenvermeidung nach TRGS 723	Schutzmaßnahmen nach TRGS 724
(Sp. 1)	(Sp. 2)	(Sp. 3)	(Sp. 4)	(Sp. 5)	(Sp. 6)
2.5.2	**Verbindungen von Rohr- und Schlauchleitungen im Freien**	**a) Flammpunkt liegt ausreichend über der Verarbeitungstemperatur (siehe TRGS 721, Punkt 3.2 (7) Ziffer 2b)), Versprühen oder Vernebeln vermieden.**		keine Zone	
		b) Flammpunkt liegt nicht ausreichend über der Verarbeitungstemperatur (siehe TRGS 721, Punkt 3.2 (7) Ziffer 2b).			
		b1) Verbindungen, die auf Dauer technisch dicht sind.	4.5.2	keine Zone	keine
		b2) Dicht verschlossene Rohrleitungs- oder Schlauchanschlussstellen (z. B. Blindflansch, Deckel), die durch eine Armatur von der Produktzufuhr abgesperrt sind.	4.5.3 4.5.4	keine Zone	keine
		b3) Technisch dichte Verbindungen von Rohrleitungen, die betriebsmäßig nicht oder nur selten gelöst werden.		keine Zone	keine
		b4) Rohrleitungs- und/oder Schlauchanschlussarmaturen, die im getrennten Zustand technisch dicht sind und somit nur eine geringe Freisetzung von Flüssigkeiten oder deren Dämpfe ermöglichen (z. B. Trockenkupplungen).	4.5.3 4.5.4	Zone 2: 0,5 m um die Kupplungshälften, bei flüssigkeitsführenden Leitungen / Schläuchen nach unten bis zum Boden	keine

Nr.	Beispiel	Merkmale/Bemerkungen/ Voraussetzungen/Hinweise	Schutzmaßnahmen nach TRGS 722	Festlegung der Zonen zur Zündquellenvermeidung nach TRGS 723	Schutzmaßnahmen nach TRGS 724
(Sp. 1)	(Sp. 2)	(Sp. 3)	(Sp. 4)	(Sp. 5)	(Sp. 6)
zu 2.5.2	(Verbindungen von Rohr- und Schlauchleitungen im Freien)	b5) Rohrleitungs- und/oder Schlauchanschlussstellen.	4.5.4 4.6.2	Zone 1: bis zu einem von jeder Kupplungshälfte gemessenen Abstand R_a, bei flüssigkeitsführenden Leitungen/Schläuchen nach unten bis zum Boden R_a (m) = 0,5 (m) + 4,5/1000 x Förderrate (m^3/h) Der explosionsgefährdete Bereich um die Kupplungshälften erstreckt sich über den gesamten Bereich, der während des Hantierens von den Kupplungshälften überstrichen werden kann. Der explosionsgefährdete Bereich gilt sowohl für gekuppelte als auch für getrennte Kupplungshälften.	keine
2.6	**Umgebung von Probenahme- und Messeinrichtungen in Räumen**	**a) Der Flammpunkt liegt ausreichend über der Verarbeitungstemperatur (siehe TRGS 721, Punkt 3.2 (7) Ziffer 2b), Versprühen oder Vernebeln vermieden.** Bild 73	4.2	keine Zone	keine
		b) Der Flammpunkt liegt nicht ausreichend über der Verarbeitungstemperatur (siehe TRGS 721, Punkt 3.2 (7) Ziffer 2b) oder Versprühen oder Vernebeln möglich.			
		b1) Geschlossene Probenahmeeinrichtung. Bild 73	4.5.2 4.6.3	keine Zone	keine

Nr.	Beispiel	Merkmale/Bemerkungen/Voraussetzungen/Hinweise	Schutzmaßnahmen nach TRGS 722	Festlegung der Zonen zur Zündquellenvermeidung nach TRGS 723	Schutzmaßnahmen nach TRGS 724
(Sp. 1)	(Sp. 2)	(Sp. 3)	(Sp. 4)	(Sp. 5)	(Sp. 6)
zu 2.6	(Umgebung von Probenahme- und Messeinrichtungen in Räumen)	b2) Offene Probenahme unter Kontrolle, Austritt nur kleiner Mengen möglich. Bild 74	4.6.4	Zone 2: im Nahbereich	keine
		b3) Wie b2). Bild 75	4.6.3	Zone 2: 0,5 m	keine
		b4) Wie b2). Bild 76	4.6.2	Zone 1: im Nahbereich Zone 2: weitere 2 m	keine
2.7	**Umgebung von Probenahme- und Messeinrichtungen im Freien**	Wie 2.6 Im Freien kann in Folge von Witterungseinflüssen gegenüber vergleichbaren Situationen in Räumen im Allgemeinen eine Zone mit geringeren Anforderungen festgelegt bzw. die Zonenausdehnung reduziert werden.			
2.8	**Inneres von Anlagenteilen, die der Befüllung ortsbeweglicher Behälter dienen**	**Das Befüllen ortbeweglicher Gebinde wird unter 2.3 beschrieben. Im Folgenden werden die gas-/dampfführenden Teile beschrieben.**			
		a) Bildung von g. e. A. beim Abfüllen nicht zu erwarten, auch nicht bei seltenen Störungen, wenn der Flammpunkt der brennbaren Flüssigkeit ausreichend über der Verarbeitungstemperatur liegt (siehe TRGS 721, Punkt 3.2 (7) Ziffer 2b), Temperaturerhöhungen verfahrensbedingt nicht vorliegen und Versprühen oder Vernebeln ausgeschlossen ist. Der Behälter ist vor der Befüllung frei von Dämpfen brennbarer Flüssigkeiten.	4.2	keine Zone	keine

Nr.	Beispiel	Merkmale/Bemerkungen/ Voraussetzungen/Hinweise	Schutzmaß-nahmen nach TRGS 722	Festlegung der Zonen zur Zündquellenvermeidung nach TRGS 723	Schutzmaß-nahmen nach TRGS 724
(Sp. 1)	(Sp. 2)	(Sp. 3)	(Sp. 4)	(Sp. 5)	(Sp. 6)
zu 2.8	(Inneres von Anlagenteilen, die der Befüllung ortsbeweglicher Behälter dienen)	**b) Abfüllen brennbarer Flüssigkeiten mit Flammpunkt nicht ausreichend über der Verarbeitungstemperatur (siehe TRGS 721, Punkt 3.2 (7) Ziffer 2b) oder bei denen seltenes Versprühen oder Vernebeln nicht ausgeschlossen ist. Der Behälter ist vor der Befüllung frei von Dämpfen brennbarer Flüssigkeiten. Flammpunkt der brennbaren Flüssigkeit liegt nur wenig über der Verarbeitungstemperatur (siehe TRGS 721, Punkt 3.2 (7) Ziffer 2b).**			
		b1) Durch die Objektabsaugung, die Anordnung sowie das Verhältnis von Absaugvolumenstrom zu Quellstrom wird gewährleistet, dass im Inneren der Objektabsaugung die UEG nicht überschritten wird.	4.6.4 4.2	keine Zone	keine
		b2) Durch die Objektabsaugung, die Anordnung sowie das Verhältnis von Absaugvolumenstrom zu Quellstrom, wird gewährleistet, dass im Inneren der Objektabsaugung die UEG nur selten und kurzzeitig überschritten wird. Wirksame (auch eingetragene) Zündquellen werden hinreichend sicher vermieden.	4.6.4 4.2	Zone 2: im Inneren	keine
		b3) Im Inneren der Objektabsaugung wird die UEG gelegentlich überschritten, z. B. aufgrund der Luftführung, des nicht ausreichenden Verhältnisses von Absaugvolumenstrom zu Quellstrom oder der Dauer der Abfüllung. Wirksame (auch eingetragene) Zündquellen werden hinreichend sicher vermieden.	4.2	Zone 1: im Inneren	keine

Nr.	Beispiel	Merkmale/Bemerkungen/ Voraussetzungen/Hinweise	Schutzmaßnahmen nach TRGS 722	Festlegung der Zonen zur Zündquellenvermeidung nach TRGS 723	Schutzmaßnahmen nach TRGS 724
(Sp. 1)	(Sp. 2)	(Sp. 3)	(Sp. 4)	(Sp. 5)	(Sp. 6)
zu 2.8	(Inneres von Anlagenteilen, die der Befüllung ortsbeweglicher Behälter dienen)	**c) Abfüllen brennbarer Flüssigkeiten mit Flammpunkt nicht ausreichend über der Verarbeitungstemperatur, z. B. nur wenig über der Verarbeitungstemperatur (siehe TRGS 721, Punkt 3.2 (7) Ziffer 2b), Versprühen oder Vernebeln gelegentlich möglich. Der ortsbewegliche Behälter ist vor der Befüllung nicht frei von Dämpfen brennbarer Flüssigkeiten. Im Behälter wird vor der Abfüllung die UEG überschritten, z. B. wurde der Behälter vor der Abfüllung entleert. Wirksame (auch eingetragene) Zündquellen werden hinreichend sicher vermieden.**			
		c1) Durch die Objektabsaugung, die Anordnung sowie ein sehr gutes Verhältnis von Absaugvolumenstrom zu Quellstrom wird gewährleistet, dass kurz nach Öffnen des Behälters zum Füllen im Inneren der Objektabsaugung die UEG nicht mehr überschritten wird.	4.6.4	Zone 2: im Inneren	keine
		c2) Durch die Objektabsaugung, die Anordnung sowie das gute Verhältnis von Absaugvolumenstrom zu Quellstrom, wird gewährleistet, dass im Inneren der Objektabsaugung die UEG nur gelegentlich überschritten wird.	4.6.4	Zone 1: im Inneren	keine

Nr.	Beispiel	Merkmale/Bemerkungen/ Voraussetzungen/Hinweise	Schutzmaßnahmen nach TRGS 722	Festlegung der Zonen zur Zündquellenvermeidung nach TRGS 723	Schutzmaßnahmen nach TRGS 724
(Sp. 1)	(Sp. 2)	(Sp. 3)	(Sp. 4)	(Sp. 5)	(Sp. 6)
zu 2.8	(Inneres von Anlagenteilen, die der Befüllung ortsbeweglicher Behälter dienen)	**d) Abfüllen brennbarer Flüssigkeiten mit Flammpunkt unter der Verarbeitungstemperatur (siehe TRGS 721, Punkt 3.2 (7) Ziffer 2b) oder Versprühen oder Vernebeln möglich. Der Behälter ist vor der Befüllung nicht frei von Dämpfen brennbarer Flüssigkeiten. Wirksame (auch eingetragene) Zündquellen werden hinreichend sicher vermieden.**			
		d1) Durch die Objektabsaugung, die Anordnung sowie ein sehr gutes Verhältnis von Absaugvolumenstrom zu Quellstrom (Menge der verdampfenden Flüssigkeit plus verdrängten vorhandenen Dämpfen) wird gewährleistet, dass kurz nach Öffnen des Behälters zum Füllen die UEG nicht mehr überschritten wird.	4.6.4	Zone 2: im Inneren	keine
		d2) Durch die Objektabsaugung, die Anordnung sowie das gute Verhältnis von Absaugvolumenstrom zu Quellstrom, wird gewährleistet, dass im Inneren der Objektabsaugung die UEG nur gelegentlich überschritten wird.	4.6.4	Zone 1: im Inneren	keine
		d3) Die UEG kann über lange Zeiträume überschritten werden, z. B. aufgrund der schlechten Luftführung oder des nicht ausreichenden Verhältnisses von Absaugvolumenstrom zu Quellstrom.		Zone 0: im Inneren	keine

Nr.	Beispiel	Merkmale/Bemerkungen/ Voraussetzungen/Hinweise	Schutzmaßnahmen nach TRGS 722	Festlegung der Zonen zur Zündquellenvermeidung nach TRGS 723	Schutzmaßnahmen nach TRGS 724
(Sp. 1)	(Sp. 2)	(Sp. 3)	(Sp. 4)	(Sp. 5)	(Sp. 6)
2.9	**Auffangwannen und Ableitflächen in Räumen**	**a) Befüllung von nicht zerbrechlichen Gefäßen.**			
		a1) Maximale Produktfreisetzung 100 ml, mit Objektabsaugung an der Absaugwanne.	4.6.4	keine Zone	keine
		a2) Wie a1), jedoch maximale Produktfreisetzung über 100 ml bis 5 l.	4.6.4	Zone 2: in Auffangwanne und im Nahbereich	keine
		a3) Wie a1), jedoch maximale Produktfreisetzung über 5 l bis 1000 l.	4.6.4	Zone 2: in und 0,5 m um Auffangwanne	keine
		a4) Maximale Produktfreisetzung 100 ml, jedoch nur mit technischer Lüftung des Raumes.	4.6.3	Zone 2: in Auffangwanne und im Nahbereich	keine
		a5) Wie a4), jedoch maximale Produktfreisetzung über 100 ml bis 5 l.	4.6.3	Zone 2: in und 0,5 m um Auffangwanne	keine
		a6) Wie a4), jedoch maximale Produktfreisetzung über 5 l bis 1000 l.	4.6.3	Zone 2: in und 1 m um Auffangwanne	keine
		a7) Maximale Produktfreisetzung 100 ml, jedoch nur mit natürlicher Lüftung des Raumes.	4.6.2	Zone 2: in und 0,5 m um Auffangwanne	keine
		a8) Wie a7), jedoch maximale Produktfreisetzung über 100 ml bis 5 l.	4.6.2	Zone 2: in und 1 m um Auffangwanne	keine
		a9) Wie a7), jedoch maximale Produktfreisetzung über 5 l bis 1000 l.	4.6.2	Zone 2: in und 2 m um Auffangwanne	keine

Nr.	Beispiel	Merkmale/Bemerkungen/ Voraussetzungen/Hinweise	Schutzmaßnahmen nach TRGS 722	Festlegung der Zonen zur Zündquellenvermeidung nach TRGS 723	Schutzmaßnahmen nach TRGS 724
(Sp. 1)	(Sp. 2)	(Sp. 3)	(Sp. 4)	(Sp. 5)	(Sp. 6)
zu 2.9	(Auffangwannen und Ableitflächen in Räumen)	**b) Befüllung von zerbrechlichen Behältern.**			
		b1) Maximale Produktfreisetzung 100 ml, mit Objektabsaugung an der Absaugwanne.	4.6.4	Zone 2: in Auffangwanne und im Nahbereich	keine
		b2) Wie b1), jedoch maximale Produktfreisetzung über 100 ml bis 5 l.	4.6.4	Zone 2: in und 0,5 m um Auffangwanne	keine
		b3) Maximale Produktfreisetzung 100 ml, technische Lüftung des Raumes.	4.6.3	Zone 1: in der Auffangwanne Zone 2: 0,5 m um Auffangwanne	keine
		b4) Wie b3), jedoch maximale Produktfreisetzung über 100 ml bis 5 l.	4.6.3	Zone 1: in der Auffangwanne Zone 2: 1 m um Auffangwanne	keine
		b5) Maximale Produktfreisetzung 100 ml, natürliche Lüftung des Raumes.	4.6.2	Zone 1: in der Auffangwanne Zone 2: 1 m um Auffangwanne	keine
		b6) Wie b5), jedoch maximale Produktfreisetzung über 100 ml bis 5 l.	4.6.2	Zone 1: in der Auffangwanne Zone 2: 2 m um Auffangwanne	keine

Nr.	Beispiel	Merkmale/Bemerkungen/ Voraussetzungen/Hinweise	Schutzmaßnahmen nach TRGS 722	Festlegung der Zonen zur Zündquellenvermeidung nach TRGS 723	Schutzmaßnahmen nach TRGS 724
(Sp. 1)	(Sp. 2)	(Sp. 3)	(Sp. 4)	(Sp. 5)	(Sp. 6)
2.10	**Ableitflächen an Füllstellen, benetzte Flächen im Freien**	**a) Ableitflächen, die nicht der Rückhaltung von entzündbaren Flüssigkeiten dienen.**	4.6.2	Zone 2: bis zu einer Höhe von 0,2 m	keine
		b) Oberirdische, nicht abgedeckte Rückhalteeinrichtungen.	4.6.2	Zone 1: bis zur Oberkante Zone 2: weitere 2 m horizontal um die Rückhalteeinrichtung bis zu einer Höhe von 0,8 m über Oberkante der Rückhalteeinrichtung	keine
		Hinweis: *Für das Innere von geschlossenen Rückhalteeinrichtungen (z. B. Behälter) einschließlich Zulauf- und Lüftungsleitung gelten die Angaben für das Innere von Behältern bzw. Rohr- und Schlauchleitungen.*			
2.11	**Läger – mit Ausnahme der unter 2.12 beschriebenen Tankläger im Freien**	Siehe auch „Technische Regeln für Gefahrstoffe" TRGS 510 „Lagerung von Gefahrstoffen in ortsbeweglichen Behältern".			
2.11.1	**Läger in Räumen mit Ausnahme von Sicherheitsschränken (siehe 2.11.2)**	**a) Die UEG wird sicher unterschritten, da der Flammpunkt der brennbaren Flüssigkeit ausreichend über der Lagertemperatur liegt (siehe TRGS 721, Punkt 3.2 (7) Ziffer 2b).** Bild 79		keine Zone	keine
		b) Der Flammpunkt liegt nicht ausreichend über der Lagertemperatur (siehe TRGS 721, Punkt 3.2 (7) Ziffer 2b):			

Nr.	Beispiel	Merkmale/Bemerkungen/ Voraussetzungen/Hinweise	Schutzmaßnahmen nach TRGS 722	Festlegung der Zonen zur Zündquellenvermeidung nach TRGS 723	Schutzmaßnahmen nach TRGS 724
(Sp. 1)	(Sp. 2)	(Sp. 3)	(Sp. 4)	(Sp. 5)	(Sp. 6)
zu 2.11.1	(Läger in Räumen mit Ausnahme von Sicherheitsschränken (siehe 2.11.2))	b1) Behälter dicht verschlossen. Regelmäßige Kontrolle auf Dichtheit; Lager wird regelmäßig begangen. Öffnen der Behälter im Lager ausgeschlossen. Lagerhöhe ist kleiner als die nach den gefahrgutrechtlichen Vorschriften vorgegebene Fallhöhe. Beschädigung durch Transporteinrichtungen weitgehend ausgeschlossen. Einsatz besonderer Transporteinrichtungen, z. B. Verwendung von Fassgreifern statt Gabelstaplerzinken.[Bild 80]		keine Zone	keine
		b2) Wie b1), jedoch nicht alle Bedingungen erfüllt, fest installierte Gaswarneinrichtung, die im Gefahrenfall die Erhöhung der Lüftung auf mindestens zweifachen Luftwechsel bewirkt. Keine Lagerung entzündbarer Flüssigkeiten der Temperaturklasse T5 oder T6 sowie Diethylether.	4.7.3 4.6.3	keine Zone, jedoch müssen bis zu einer Höhe von 0,8 m über Erdgleiche alle fest installierten Betriebsmittel für den Einsatz in Zone 2 geeignet sein.	keine
		b3) Wie b1), jedoch nicht alle Bedingungen erfüllt, Raumvolumen größer 100 m^3, technische Lüftung des Raumes mit mindestens zweifachem Luftwechsel. Lüfter automatisch überwacht und Einleitung von Maßnahmen bei Störungsmeldung. Keine Lagerung entzündbarer Flüssigkeiten der Temperaturklasse T5 oder T6 sowie Diethylether.[Bild 83]	4.6.3	keine Zone, jedoch müssen bis zu einer Höhe von 0,8 m über Erdgleiche alle fest installierten Betriebsmittel für den Einsatz in Zone 2 geeignet sein.	keine

Nr.	Beispiel	Merkmale/Bemerkungen/ Voraussetzungen/Hinweise	Schutzmaßnahmen nach TRGS 722	Festlegung der Zonen zur Zündquellenvermeidung nach TRGS 723	Schutzmaßnahmen nach TRGS 724
(Sp. 1)	(Sp. 2)	(Sp. 3)	(Sp. 4)	(Sp. 5)	(Sp. 6)
zu 2.11.1	(Läger in Räumen mit Ausnahme von Sicherheitsschränken (siehe 2.11.2))	b4) Wie b2) oder b3), jedoch Lagerung entzündbarer Flüssigkeiten der Temperaturklasse T5 oder T6 sowie Diethylether.[Bild 81]	4.6.3 4.7.3	Zone 2 bis 1,5 m	
		b5) Wie b1), jedoch nicht alle Bedingungen erfüllt, aber Behälter dicht verschlossen und natürliche Lüftung.[Bild 82]	4.6.2	Zone 2: gesamter Raum bis 1,5 m Höhe; jedoch bei Räumen mit Raumvolumen kleiner 100 m^3 Zone 2: gesamter Raum	keine
		b6) Wie b5), jedoch nicht für Zone 2 geeignete Geräte, werden durch die Gaswarnanlage abgeschaltet.[Bild 84]	4.6.2 in Kombination mit 4.7.3	Wie b2), jedoch Geräte, deren potenzielle Zündquelle durch die Gaswarnanlage abgeschaltet werden, müssen nicht für den Einsatz in Zone 2 geeignet sein.	keine
2.11.2	**Lagern im Sicherheitsschrank**	**Siehe auch „Technische Regeln für Gefahrstoffe" TRGS 510 „Lagerung von Gefahrstoffen in ortsbeweglichen Behältern". Anhang 1 „Lagerung in Sicherheitsschränken".**			
		a) Die UEG wird sicher unterschritten, da der Flammpunkt der brennbaren Flüssigkeit ausreichend über der Lagertemperatur liegt (siehe TRGS 721, Punkt 3.2 (7) Ziffer 2b).[Bild 85]	4.2	keine Zone	keine
		b) Der Flammpunkt liegt nicht ausreichend über der Lagertemperatur (siehe TRGS 721, Punkt 3.2 (7) Ziffer 2b).			
		b1) Technische Lüftung; Behälter dicht verschlossen, regelmäßige Kontrolle auf Dichtheit, Öffnen der Behälter ausgeschlossen (kein Abfüllen oder Umfüllen und keine Probenahme); Abstellen von Behältern ohne äußere Benetzung durch brennbare Flüssigkeiten.[Bild 86]	4.6.3	keine Zone	keine

Nr.	Beispiel	Merkmale/Bemerkungen/ Voraussetzungen/Hinweise	Schutzmaß-nahmen nach TRGS 722	Festlegung der Zonen zur Zünd-quellenvermeidung nach TRGS 723	Schutzmaß-nahmen nach TRGS 724
(Sp. 1)	(Sp. 2)	(Sp. 3)	(Sp. 4)	(Sp. 5)	(Sp. 6)
zu 2.11.2	(Lagern im Sicherheitsschrank)	b2) Falls b1) nicht in allen Punkten erfüllt, Behälter sind jedoch dicht verschlossen und technische Lüftung vorhanden.[Bild 87]	4.6.3	Zone 2: im Innern des Sicherheitsschrankes	keine
		b3) Natürliche Lüftung; Behälter dicht verschlossen, regelmäßige Kontrolle auf Dichtheit, Öffnen der Behälter ausgeschlossen (kein Abfüllen oder Umfüllen und keine Probenahme); Abstellen von Behältern ohne äußere Benetzung durch brennbare Flüssigkeiten.[Bild 88]	4.6.2	Zone 2: im Innern des Sicherheitsschrankes	keine
		b4) Falls b3) nicht in allen Punkten erfüllt, Behälter sind jedoch dicht verschlossen; natürliche Lüftung vorhanden.[Bild 89]	4.6.2	Zone 1: im Innern des Sicherheitsschrankes und Zone 2: in der Umgebung R = 2,5 m um den Sicherheitsschrank in einer Höhe von 0,5 m über Fußboden	keine
2.11.3	**Läger im Freien mit Ausnahme der nachstehend beschriebenen Tankläger**	Wie 2.11.1 und 2.11.2 Im Freien kann in Folge von Witterungseinflüssen gegenüber vergleichbaren Situationen in Räumen im Allgemeinen eine Zone mit geringeren Anforderungen festgelegt bzw. die Zonenausdehnung reduziert werden.			
2.12	**Tankläger im Freien**	**Hier wird nach Abschluss des Forschungsvorhabens „Ermittlung von explosionsgefährdeten Bereichen (Zonen) in Tanklägern mit Hilfe mathematischer Simulation" der Teil „Läger im Freien" eingefügt. Siehe TRGS 509.**			

Nr.	Beispiel	Merkmale/Bemerkungen/ Voraussetzungen/Hinweise	Schutzmaß- nahmen nach TRGS 722	Festlegung der Zonen zur Zünd- quellenvermeidung nach TRGS 723	Schutzmaß- nahmen nach TRGS 724
(Sp. 1)	(Sp. 2)	(Sp. 3)	(Sp. 4)	(Sp. 5)	(Sp. 6)
2.13	**Anlagen für brennbare Flüssigkeiten speziell in der Petrochemie**	*Zusätzlich werden hier spezielle, branchenspezifische Lösungen aus dem Bereich der Petrochemie ausgeführt. Daher ist eine Einzelfallbetrachtung für eine Übertragung auf andere Fragestellungen erforderlich. Bei den angegebenen Maßnahmen wurden spezielle Randbedingungen berücksichtigt, ohne sie in jedem einzelnen Punkt aufzuführen!*			
2.13.1	**Anlagenteile mit brennbaren Flüssigkeiten bei Verarbeitungstemperaturen, die im Normalbetrieb erheblich über der Zündtemperatur liegen (z. B. bei Synthese-, Destillations-, Crack-, Hydrier-, Reformier-, Rektifizierapparaten)**	**Wegen Selbstentzündung des heiß in die Umgebungsluft austretenden Produkts (relevant: Selbstentzündungstemperatur) ist Bildung von g. e. A. nicht möglich.** *Hinweis 1:* *Bei besonderen Betriebsbedingungen unter Zündtemperatur (An- und Abfahren) sind zusätzliche Schutzmaßnahmen erforderlich, siehe Vorbemerkung.* *Hinweis 2:* *Die Oberflächentemperatur der Anlage kann eine Zündquelle für eine benachbarte Anlage sein, wenn sie höher ist als die Zündtemperatur der Stoffe in der benachbarten Anlage.*	4.2	keine Zone	keine
2.13.2	**Vorgesehene Austrittsmöglichkeiten von Gasen oder brennbaren Flüssigkeiten in die Atmosphäre im Freien**				

Nr.	Beispiel	Merkmale/Bemerkungen/ Voraussetzungen/Hinweise	Schutzmaßnahmen nach TRGS 722	Festlegung der Zonen zur Zündquellenvermeidung nach TRGS 723	Schutzmaßnahmen nach TRGS 724
(Sp. 1)	(Sp. 2)	(Sp. 3)	(Sp. 4)	(Sp. 5)	(Sp. 6)
2.13.2.1	**Entspannungs- und Entleerungseinrichtungen von Messsystemen, Ausblaseeinrichtungen von Instrumentenleitungen**	**Austritt nur kleiner Mengen an Gasen und Dämpfen unter ständiger Mitarbeiterkontrolle möglich, gegebenenfalls Einsatz von Rückhaltebehältern für mitgeführte Flüssigkeiten.**[Bild 90]		Zone 2: R = 1 m um Öffnung	keine
2.13.2.2	**Entleerungseinrichtungen von Messsystemen, Ausblaseeinrichtungen von Instrumentenleitungen, Probenahmeeinrichtungen**	**Ablassen nur kleiner Flüssigkeitsmengen in offenes Auffangbehältnis unter Kontrolle, Lachenbildung sicher begrenzt.**		Zone 2: R = 1 m um Austrittstelle, 1 m um Lache	keine
2.13.2.3	**Sicherheitsventile zum Schutz gegen thermische Ausdehnung (thermisches Sicherheitsventil = TSV)**	**Austritt nur kleiner Flüssigkeitsmengen mit Auffangfläche.**		Zone 2: R = 1 m um Austrittstelle	keine
2.13.2.4	**Manuell betätigte Systementwässerung – Temperatur liegt über Flammpunkt – mit offenem Auffangbehälter im Freien**	**Ablassen nach Sichtkontrolle, Bildung von g. e. A. durch Austritt brennbarer Flüssigkeit nicht auszuschließen, maximale Oberfläche 2 m^2.**[Bild 90]		Zone 1: Auffangbehälter und Nahbereich Zone 2: Bis 1 m um den Auffangbehälter	keine
2.13.3	**Absetzbecken oder -gruben im Freien zur Reinigung der Abwässer von Bestandteilen brennbarer Flüssigkeiten, Füllstand bis maximal 1 m unter Beckenoberkante (im Abwasserbereich üblicherweise zu erwartende Mengen an Verunreinigungen können deutlich überschritten werden)**	**Im regulären Betrieb geringfügige, im Sinne des Explosionsschutzes nicht relevante Beladung mit leicht flüchtigen Kohlenwasserstoffen, Bildung von g. e. A. ist beim unbeabsichtigten Einlassen größerer Mengen brennbarer Flüssigkeiten mit leicht flüchtigen Anteilen möglich.**			

Nr.	Beispiel	Merkmale/Bemerkungen/ Voraussetzungen/Hinweise	Schutzmaß-nahmen nach TRGS 722	Festlegung der Zonen zur Zündquellenvermeidung nach TRGS 723	Schutzmaß-nahmen nach TRGS 724
(Sp. 1)	(Sp. 2)	(Sp. 3)	(Sp. 4)	(Sp. 5)	(Sp. 6)
zu 2.13.3	(Absetzbecken oder -gruben im Freien zur Reinigung der Abwässer von Bestandteilen brennbarer Flüssigkeiten, Füllstand bis maximal 1 m unter Beckenoberkante (im Abwasserbereich üblicherweise zu erwartende Mengen an Verunreinigungen können deutlich überschritten werden))	**a) Temperatur übersteigt nicht 30 °C, damit tragen nur die leicht flüchtigen Komponenten zur g. e. A. bei.** a1) Ohne Abdeckung.[Bild 91]	4.6.2	Zone 1: Das Innere des Beckens und 1,5 m um das Becken; bis 0,5 m Höhe über der Beckenoberkante Zone 2: weitere 0,3 m umhüllend um Zone 1, horizontal weitere 2 m bis zur Höhe von 0,3 m	keine

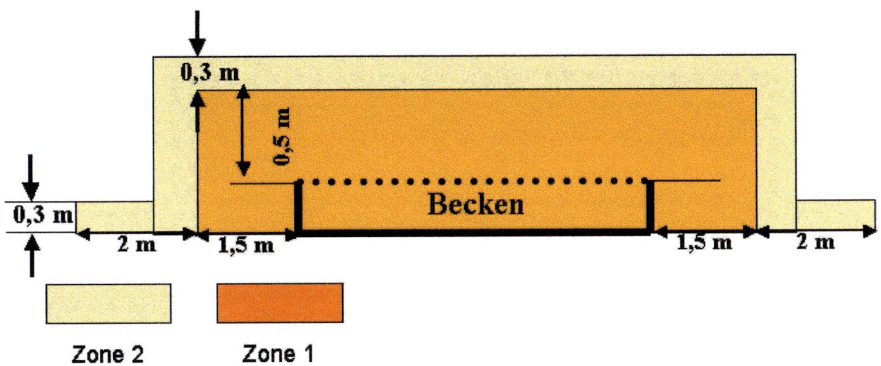

Nr.	Beispiel	Merkmale/Bemerkungen/ Voraussetzungen/Hinweise	Schutzmaßnahmen nach TRGS 722	Festlegung der Zonen zur Zündquellenvermeidung nach TRGS 723	Schutzmaßnahmen nach TRGS 724
(Sp. 1)	(Sp. 2)	(Sp. 3)	(Sp. 4)	(Sp. 5)	(Sp. 6)
zu 2.13.3	(Absetzbecken oder -gruben im Freien zur Reinigung der Abwässer von Bestandteilen brennbarer Flüssigkeiten, Füllstand bis maximal 1 m unter Beckenoberkante (im Abwasserbereich üblicherweise zu erwartende Mengen an Verunreinigungen können deutlich überschritten werden))	a2) Mit nicht dicht abschließender Abdeckung.[Bild 92]		Zone 0: unter der Abdeckung Zone 1: 0,5 m einhüllend um Becken und Abdeckung Zone 2: weitere 0,3 m einhüllend um Zone 1, horizontal weiter 1 m bis zur Höhe von 0,3 m	keine

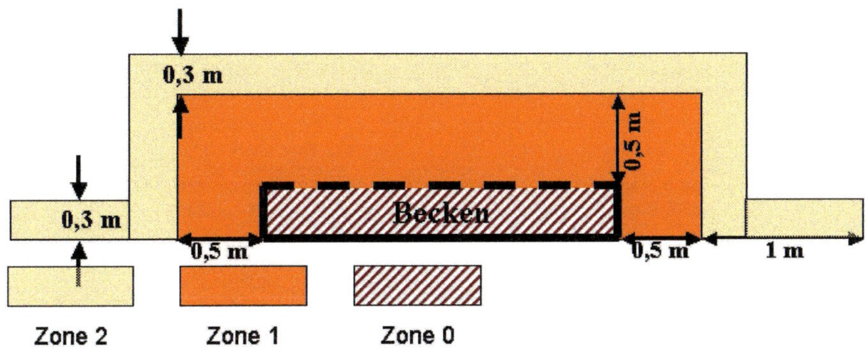

		a3) Dicht abschließende Abdeckung.[Bild 93]		Zone 0: unter der Abdeckung keine Zone: außerhalb	keine

Nr.	Beispiel	Merkmale/Bemerkungen/ Voraussetzungen/Hinweise	Schutzmaßnahmen nach TRGS 722	Festlegung der Zonen zur Zündquellenvermeidung nach TRGS 723	Schutzmaßnahmen nach TRGS 724
(Sp. 1)	(Sp. 2)	(Sp. 3)	(Sp. 4)	(Sp. 5)	(Sp. 6)
zu 2.13.3	(Absetzbecken oder -gruben im Freien zur Reinigung der Abwässer von Bestandteilen brennbarer Flüssigkeiten, Füllstand bis maximal 1 m unter Beckenoberkante (im Abwasserbereich üblicherweise zu erwartende Mengen an Verunreinigungen können deutlich überschritten werden))	**b) Temperatur kann deutlich über 30 °C liegen.** **Aus Gründen des Arbeits- und Umweltschutzes müssen separate Maßnahmen getroffen werden, die auch das Auftreten von g. e. A. begrenzen. Für diese Fälle sind Einzelbetrachtungen erforderlich!**			
2.13.4	**Flockung und biologische Aufbereitung im Becken mit abwassertechnischer Belüftung der nach 2.13.3 gereinigten Abwässer im Freien**	**a) Ohne Abdeckung: keine Akkumulation des Restmethan, daher in Verbindung mit natürlicher Lüftung keine g. e. A.**	4.6.2	keine Zone	keine
		b) Mit Abdeckung.		Zone 1: unter der Abdeckung	keine
2.13.5	**Gruben, Schächte u. ä. mit offenem Sumpf (z. B. Pumpensumpf) im Freien**	**Ständige aufschwimmende Phase (Oberphase) von brennbaren Flüssigkeiten, Temperatur der brennbaren Flüssigkeiten nicht ausreichend unter Flammpunkt.** *Hinweis:* *Erwärmung durch Pumpe muss gegebenenfalls berücksichtigt werden.*			

Nr.	Beispiel	Merkmale/Bemerkungen/ Voraussetzungen/Hinweise	Schutzmaß-nahmen nach TRGS 722	Festlegung der Zonen zur Zünd-quellenvermeidung nach TRGS 723	Schutzmaß-nahmen nach TRGS 724
(Sp. 1)	(Sp. 2)	(Sp. 3)	(Sp. 4)	(Sp. 5)	(Sp. 6)
zu 2.13.5	(Gruben, Schächte u. ä. mit offenem Sumpf (z. B. Pumpensumpf) im Freien)	**a) Öffnung dicht abgedeckt (vergleichbar Fahrbahnabdeckung D 400).**[Bild 94]		Zone 0: in der Grube über Flüssigkeitsspiegel bis unter Deckel keine Zone: außerhalb	keine

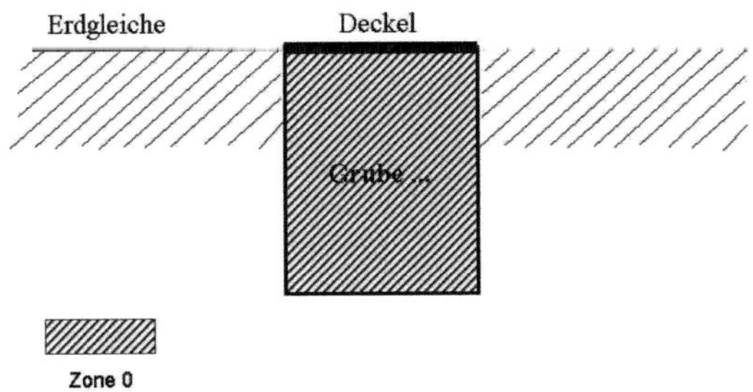

Nr.	Beispiel	Merkmale/Bemerkungen/ Voraussetzungen/Hinweise	Schutzmaßnahmen nach TRGS 722	Festlegung der Zonen zur Zündquellenvermeidung nach TRGS 723	Schutzmaßnahmen nach TRGS 724
(Sp. 1)	(Sp. 2)	(Sp. 3)	(Sp. 4)	(Sp. 5)	(Sp. 6)
zu 2.13.5	Gruben, Schächte u. ä. mit offenem Sumpf (z. B. Pumpensumpf) im Freien	**b) Mit Öffnungen, z. B. Gitterrost.** Bild 95		Zone 0: in der Grube über Flüssigkeitsspiegel bis 0,5 m unter Erdgleiche Zone 1: oberhalb Zone 0 bis Erdgleiche Zone 2: Nahbereich horizontal um Grube bis 0,3 m über Erdgleiche	keine

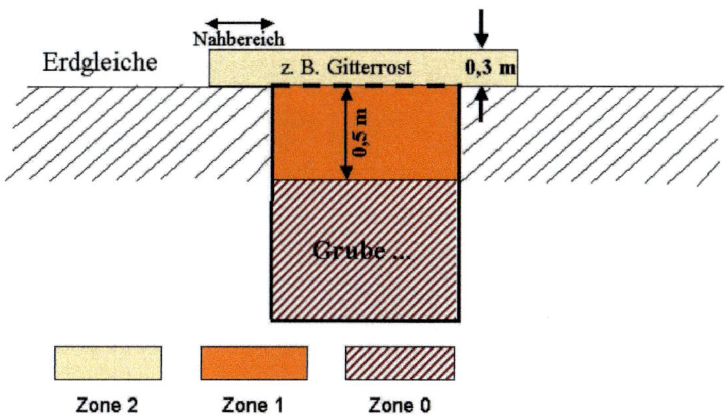

Nr.	Beispiel	Merkmale/Bemerkungen/ Voraussetzungen/Hinweise	Schutzmaß-nahmen nach TRGS 722	Festlegung der Zonen zur Zündquellenvermeidung nach TRGS 723	Schutzmaß-nahmen nach TRGS 724
(Sp. 1)	(Sp. 2)	(Sp. 3)	(Sp. 4)	(Sp. 5)	(Sp. 6)
2.13.6	**Sanierungsbrunnen**	**Der Anfall leicht flüchtiger brennbarer Komponenten muss ermittelt werden, eine Zoneneinteilung ist in Abhängigkeit von der Lüftung vorzunehmen.**			
2.13.7	**Petrochemische Analysengeräteräume (AGR), technische Ausstattung z. B. nach DIN EN 61285**	**a) Probenzuführung begrenzt auf den Bedarf der Analysengeräte, auch bei Wartung oder Störung nur geringe Freisetzung zu erwarten.**			
		a1) Technische Lüftung mit Zuluft (mind. fünffacher Luftwechsel) aus explosionsfreiem Bereich.	4.6.3	keine Zone: im Inneren des AGR	keine
		a2) Ansaugen von Zuluft aus Ex-Zone, Gassensor zur Überwachung der Zuluft mit Abschaltung der Lüftung und Abtrennung von Zu- und Abluftleitungen.	4.7.3	Zone 2: gesamter Raum, gegebenenfalls nur Teilbereiche	keine
		a3) Ansaugen von Zuluft aus Ex-Zone, Gassensor zur Überwachung der Zuluft mit Abschaltung betriebsmäßiger Zündquellen.	4.7.3	Im Inneren des AGR gleiche Zone wie außen	keine
		Hinweis: *Bei Einsatz geeigneter, wirksam installierter Gassensoren mit Unwirksammachen aller betriebsmäßigen Zündquellen: keine Anforderungen an Geräte und ortsfeste Installationen.*			
		b) Probenströme begrenzt auf den Bedarf der Analysengeräte (Bypass außerhalb des AGR), Freisetzung nicht auszuschließen, technische Lüftung mit Zuluft aus explosionsfreiem Bereich (mind. fünffacher Luftwechsel).	4.6.3	Zone 2: im Nahbereich der Austrittstellen	keine
		Hinweis: Bei Einsatz geeigneter, wirksam installierter Gassensoren mit Unwirksammachen aller betriebsmäßigen Zündquellen: keine Anforderungen an Geräte und ortsfeste Installationen.			

Nr.	Beispiel	Merkmale/Bemerkungen/ Voraussetzungen/Hinweise	Schutzmaß-nahmen nach TRGS 722	Festlegung der Zonen zur Zündquellenvermeidung nach TRGS 723	Schutzmaß-nahmen nach TRGS 724
(Sp. 1)	(Sp. 2)	(Sp. 3)	(Sp. 4)	(Sp. 5)	(Sp. 6)
zu 2.13.7	(Petrochemische Analysengeräte-räume (AGR), technische Ausstattung z. B. nach DIN EN 61285)	**c) keine Begrenzung der Probenströme (Bypass im AGR), größere Freisetzung nicht auszuschließen.**			
		c1) Freisetzung wird automatisch erkannt und Gefahr wird kurzfristig beseitigt, technische Lüftung mit Zuluft aus explosionsfreiem Bereich. *Hinweis:* *Bei Einsatz geeigneter, wirksam installierter Gassensoren mit Unwirksammachen aller betriebsmäßigen Zündquellen: keine Anforderungen an Geräte und ortsfeste Installationen.*	4.6.3	Zone 2: gR	keine
		c2) Ansaugen von Zuluft aus Ex-Zone, Gassensor zur Überwachung der Zuluft mit Abschaltung der Lüftung und Abtrennung von Zu- und Abluftleitungen. *Hinweis:* *Keine Zonenreduzierung selbst bei automatischer Leckageerkennung.*		Zone 1: gR	keine

Übersicht: **Betrachtete Szenarien für petrochemische Analysengeräteräume (AGR)**		Technische Lüftung aus explosionsfreiem Bereich	Technische Lüftung aus ex-gefährdetem Bereich (Ex-Zonen)	
			Gassensor ➔ „Abschottung“	Gassensor ➔ „Abschaltung“
Probenströme begrenzt	nur geringe Freisetzung zu erwarten	**Fall a1)**	**Fall a2)**	**Fall a3)**
	Freisetzung nicht auszuschließen	**Fall b)**	nicht betrachtet	nicht betrachtet
Probenströme nicht begrenzt	größere Freisetzung nicht auszuschließen, automatisch erkannt	Gefahr gegebenenfalls durch technische Lüftung kurzfristig beseitigt **Fall c1)**	**Fall c2)**	nicht betrachtet

Nr.	Beispiel	Merkmale/Bemerkungen/ Voraussetzungen/Hinweise	Schutzmaßnahmen nach TRGS 722	Festlegung der Zonen zur Zündquellenvermeidung nach TRGS 723	Schutzmaßnahmen nach TRGS 724
(Sp. 1)	(Sp. 2)	(Sp. 3)	(Sp. 4)	(Sp. 5)	(Sp. 6)
2.13.8	**Innenraum von Instrumentenschutzkästen im Freien**	**a) Leitungen und Geräte auf Dauer technisch dicht.**		Im Inneren gleiche Zone wie außen	keine
		b) Im Innenraum technisch dichte Leitungen und Geräte mit brennbaren Gasen oder Flüssigkeiten.		Zone 1: Innenraum	keine
		c) Wie b); mit wirksamen Lüftungsöffnungen ins Freie.	4.6.2	Im Inneren gleiche Zone wie außen	keine
2.13.9	**Kühltürme für Kühlwasser aus Produktionsanlagen oder Prozessanlagen**	**Der Eintrag von Kohlenwasserstoffen in Sammelbecken und Kühlturm durch Leckagen in Kühlern ist möglich, wenn der Produktdruck höher als der Kühlwasserdruck ist. Durch Analysegeräte im Prozesskühlwasserrücklauf zum Kühlturm wird der Eintrag erkannt, bevor die UEG erreicht wird.**	4.2	keine Zone	keine
2.13.10	**Pumpen in Räumen**	**a) Auf Dauer technisch dichte Pumpen (z. B. magnetgekuppelte Pumpen, Pumpen mit doppeltwirkender Gleitringdichtung und Funktionsüberwachung).**	4.5.2	keine Zone	keine
		b) Kleine Pumpenräume, technisch dichte Pumpen (z. B. Pumpen mit einfach wirkender Gleitringdichtung); Bildung von g. e. A. durch Leckagen möglich.	4.6.3	Zone 2: gR	keine
		c) Wie b).	4.6.2	Zone 1: gR	keine

Nr.	Beispiel	Merkmale/Bemerkungen/ Voraussetzungen/Hinweise	Schutzmaß-nahmen nach TRGS 722	Festlegung der Zonen zur Zündquellenvermeidung nach TRGS 723	Schutzmaß-nahmen nach TRGS 724
(Sp. 1)	(Sp. 2)	(Sp. 3)	(Sp. 4)	(Sp. 5)	(Sp. 6)
2.13.11	**Pumpen im Freien auf Erdgleiche oder darüber**	**a) Auf Dauer technisch dichte Pumpen (z. B. magnetgekuppelte Pumpen, Pumpen mit doppeltwirkender Gleitringdichtung und Funktionsüberwachung).**	4.5.2	keine Zone	keine
		b) Technisch dichte Pumpen (z. B. Pumpen mit einfach wirkender Gleitringdichtung), Kühlluftstrom der Motoren gegen die Pumpen gerichtet. Leckagen möglich, werden aber z. B. durch regelmäßige Kontrollen frühzeitig erkannt.	4.5.3	Zone 2: Nahbereich der Dichtung	keine
		c) Technisch dichte Pumpen (z. B. Pumpen mit einfach wirkender Gleitringdichtung). Leckagen möglich, werden aber z. B. durch regelmäßige Kontrollen frühzeitig erkannt.	4.5.3	Zone 1: Nahbereich der Dichtung Zone 2: bis 1 m um die Dichtung	keine
2.13.12	**Pumpen im Freien unter Erdgleiche**	**a) Auf Dauer technisch dichte Pumpen (z. B. magnetgekuppelte Pumpen, Pumpen mit doppeltwirkender Gleitringdichtung und Funktionsüberwachung).**	4.5.2	keine Zone	keine

Nr.	Beispiel	Merkmale/Bemerkungen/ Voraussetzungen/Hinweise	Schutzmaß-nahmen nach TRGS 722	Festlegung der Zonen zur Zündquellenvermeidung nach TRGS 723	Schutzmaß-nahmen nach TRGS 724
(Sp. 1)	(Sp. 2)	(Sp. 3)	(Sp. 4)	(Sp. 5)	(Sp. 6)
zu 2.13.12	(Pumpen im Freien unter Erdgleiche)	**b) Technisch dichte Pumpen in Vertiefung (Tiefe kleiner als 1/10 der Breite und kleiner als 1,5 m), Kühlluftstrom der Motoren gegen Pumpen gerichtet. Bildung von g. e. A. durch Leckagen möglich. Leckagen werden aber z. B. durch regelmäßige Kontrollen frühzeitig erkannt.** Bild 96	4.5.3	Zone 2: Nahbereich um die Dichtung sowie bis zur Wandung der Vertiefung, maximal 5 m Radius um die Pumpe, 0,5 m Höhe	keine

Szenario 1

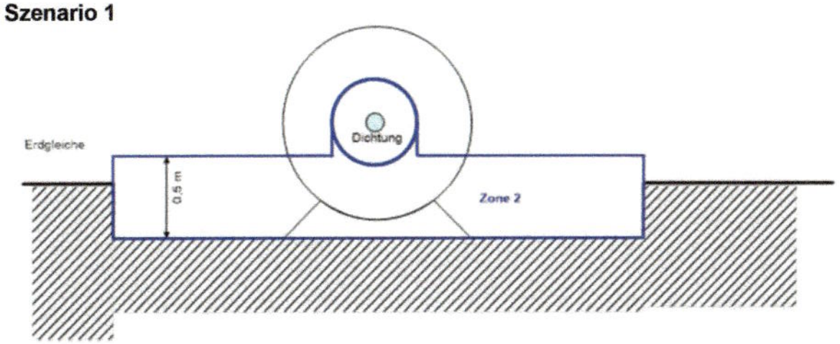

Szenario 2

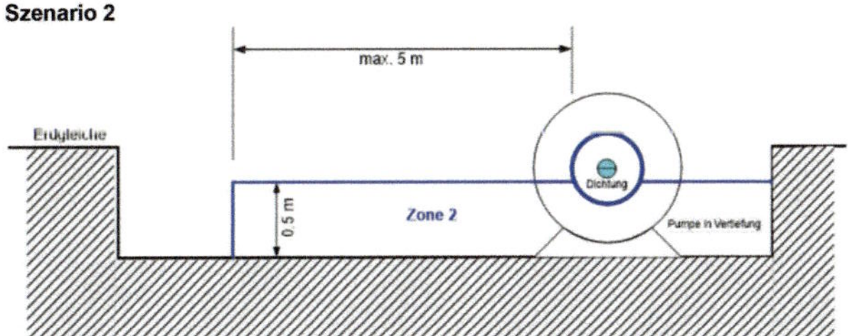

Nr.	Beispiel	Merkmale/Bemerkungen/ Voraussetzungen/Hinweise	Schutzmaßnahmen nach TRGS 722	Festlegung der Zonen zur Zündquellenvermeidung nach TRGS 723	Schutzmaßnahmen nach TRGS 724
(Sp. 1)	(Sp. 2)	(Sp. 3)	(Sp. 4)	(Sp. 5)	(Sp. 6)
zu 2.13.12	(Pumpen im Freien unter Erdgleiche)	c) **Technisch dichte Pumpen in Grube.** Bild 97	4.5.3	Zone 1: ganze Grube bis Erdgleiche Zone 2: Nahbereich horizontal um Grube bis 0,3 m über Erdgleiche	keine

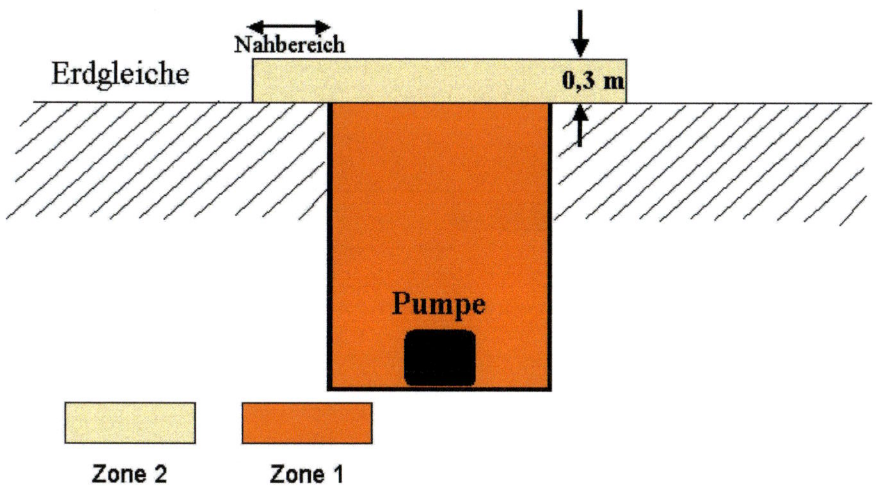

Nr.	Beispiel	Merkmale/Bemerkungen/ Voraussetzungen/Hinweise	Schutzmaßnahmen nach TRGS 722	Festlegung der Zonen zur Zündquellenvermeidung nach TRGS 723	Schutzmaßnahmen nach TRGS 724
(Sp. 1)	(Sp. 2)	(Sp. 3)	(Sp. 4)	(Sp. 5)	(Sp. 6)
2.13.13	**Rohrleitungen und Armaturen für brennbare Flüssigkeiten in Räumen**	**Siehe 2.1.1.**			
2.13.14	**Rohrleitungen und Armaturen für brennbare Flüssigkeiten im Freien**	**Förderung brennbarer Flüssigkeiten mit Flammpunkt nicht ausreichend über der Verarbeitungstemperatur (siehe TRGS 721, Punkt 3.2 (7) Ziffer 2b).**			
		a) Rohrleitung und Armaturen sind auf Dauer technisch dicht.	4.5.2	keine Zone	keine
		b) Rohrleitung und Armaturen sind technisch dicht, durch regelmäßige Kontrollen werden bereits geringe Leckagen frühzeitig erkannt.	4.5.3 4.6.2	keine Zone	keine
		Hinweis: *Häufung derartiger Armaturen führt hier nicht zur Akkumulation und damit nicht zur Bildung von g. e. A.*			
2.14	Mischeinrichtungen für Beschichtungsstoffe	**Bestehend aus Regalfarbmischgerät nach DIN EN 12757-1 „Mischgeräte zur Verwendung in der Fahrzeugreparaturlackierung", Mikrofilmlesegerät/Mischcomputer und Waage.**			
		a) Beim Farbmischen aus Einzelgebinden liegt der Flammpunkt der Beschichtungsstoffe ausreichend über der Umgebungstemperatur (siehe TRGS 721, Punkt 3.2 (7) Ziffer 2b).	4.6.2	keine Zone	keine
		b) Beim Farbmischen aus Einzelgebinden liegt der Flammpunkt der Beschichtungsstoffe nicht ausreichend über der Umgebungstemperatur (siehe TRGS 721, Punkt 3.2 (7) Ziffer 2b). Verwendung von selbstschließenden Gebinden.	4.2 4.6.2 oder 4.6.3	keine Zone	keine

Nr.	Beispiel	Merkmale/Bemerkungen/ Voraussetzungen/Hinweise	Schutzmaß- nahmen nach TRGS 722	Festlegung der Zonen zur Zünd- quellenvermeidung nach TRGS 723	Schutzmaß- nahmen nach TRGS 724
(Sp. 1)	(Sp. 2)	(Sp. 3)	(Sp. 4)	(Sp. 5)	(Sp. 6)
zu 2.14	(Mischeinrichtungen für Beschichtungsstoffe)	**c) Anmischen von Beschichtungsstoffen (z. B. Zugabe von Verdünnern, Härtern). Der Flammpunkt der Beschichtungsstoffe liegt nicht ausreichend über der Umgebungstemperatur (siehe TRGS 721, Punkt 3.2 (7) Ziffer 2b).**			
		c1) Verwendung von Einzelgebinden mit maximal 5 l Inhalt, natürliche Lüftung.	4.6.2	Zone 2: bis zu einer Höhe von 0,5 m über Farbmischwaage bis zu einem Abstand von 2 m um das Einzelgebinde, gesamter Bodenbereich bis zu einer Höhe von 0,5 m	keine
		c2) Wie c1), jedoch technische Lüftung.	4.6.3	Zone 2: Nahbereich um die Farbmischwaage; gesamter Bodenbereich bis zu einer Höhe von 0,2 m	keine
		c3) Beim Verwenden von Einzelgebinden mit Inhalten V > 5 l, siehe 2.3.1.2.			
2.15	**Behälter zum Mischen oder Dispergieren durch Rühren**	**Hierzu zählen nicht vollständig geschlossene Behälter mit Rührwerken, z. B. zum Mischen oder Dispergieren, und geschlossene Behälter, die in Lack- und Lösemittelversorgungsanlagen enthalten sind.** **Weitere Beispiele zur Zoneneinteilung von vollständig geschlossenen Behältern mit fest eingebauten Rührwerken siehe Punkt 2.1 und 2.2.** **Ergänzende Festlegungen zur Feststoffzugabe siehe 3.2.** *Hinweis:* *Bei Feststoffeintrag in Lösemitteldampf-Luftgemische kann es zu Büschelentladungen kommen. Daher ist eine Einzelfallbetrachtung erforderlich.*			

Nr.	Beispiel	Merkmale/Bemerkungen/ Voraussetzungen/Hinweise	Schutzmaßnahmen nach TRGS 722	Festlegung der Zonen zur Zündquellenvermeidung nach TRGS 723	Schutzmaßnahmen nach TRGS 724
(Sp. 1)	(Sp. 2)	(Sp. 3)	(Sp. 4)	(Sp. 5)	(Sp. 6)
2.15.1	**Inneres von Behältern mit Rührwerken**	**Brennbare Flüssigkeiten, z.B. Lacke, werden gerührt, ohne Feststoffzugabe. Durch den Betrieb des Rührwerkes können die Stoffe erwärmt werden.** *Hinweis 1:* *Bei unter Druck stehenden Gefäßen ist ebenfalls eine einsatzstoffbezogene und gerätebezogene Einzelfallbetrachtung notwendig, weil sich die sicherheitstechnischen Kenngrößen bei Abweichung von den atmosphärischen Bedingungen ändern können.* *Hinweis 2:* *Energieeintrag kann entstehen durch Rühren (mechanischer Energieeintrag), z.B. Dispergieren, und/oder durch Zugabe von Komponenten, die eine chemische Reaktion verursachen können.* *Hinweis 3:* *Bei der Zoneneinteilung ist auch der Umgang mit Reinigungsmitteln zu berücksichtigen, z. B. Rühren von Lösemitteln zur Reinigung des Rührwerks.* *Hinweis 4:* *Beim Rühren von Flüssigkeiten können gefährlich hohe Aufladungen entstehen, insbesondere wenn die Flüssigkeit aufladbar ist oder 2-Phasen-Systeme vorhanden sind. Siehe dazu TRGS 727.* *Weitere Hinweise siehe Merkblatt T 020 der BG RCI und DGUV Information 209-046.*			
		a) Die Verarbeitungstemperatur liegt auch während des Rührens aufgrund der geringen Dauer und des geringen Energieeintrags ausreichend unter dem Flammpunkt der Flüssigkeit (siehe TRGS 721, Punkt 3.2 (7) Ziffer 2b).	4.2	keine Zone	keine

Nr.	Beispiel	Merkmale/Bemerkungen/ Voraussetzungen/Hinweise	Schutzmaß-nahmen nach TRGS 722	Festlegung der Zonen zur Zündquellenvermeidung nach TRGS 723	Schutzmaß-nahmen nach TRGS 724
(Sp. 1)	(Sp. 2)	(Sp. 3)	(Sp. 4)	(Sp. 5)	(Sp. 6)
zu 2.15.1	(Inneres von Behältern mit Rührwerken)	**b) Es ist sichergestellt, dass die Verarbeitungstemperatur nur gelegentlich nicht ausreichend unter dem Flammpunkt der Flüssigkeit liegt, z. B. durch Überwachung der Mischzeit. Gefährliche elektrostatische Entladungen durch Aufladung von Flüssigkeiten (insbesondere geringer Leitfähigkeit) sind sicher vermieden.**	4.2	Zone 1	keine
		c) Wie b) jedoch liegt die Verarbeitungstemperatur der Flüssigkeit zeitlich überwiegend oder häufig nicht ausreichend unter dem Flammpunkt.		Zone 0	keine
2.15.2	**Umgebung von Lack- und Lösemittelversorgungsanlagen in Räumen**	**In Behältern mit Rührwerken werden die Produkte verarbeitet.**			
2.15.2.1	**Anlagen in offenen Bereichen**	**Offene Bereiche, z. B. Werkhallen, beinhalten nicht nur die Farbversorgung. Die Materialversorgung umfasst auch Auffangwannen, Behälter, Pumpen und Dosiervorrichtungen, die zur Anlage gehören.** **Unter Druck betriebene Behälter werden vor der Öffnung entspannt. Die Entspannung der Anlage erfolgt in ein geschlossenes System.**			
		a) Verarbeitungstemperatur liegt auch während des Rührens aufgrund der geringen Dauer und des geringen Energieeintrags ausreichend unter dem Flammpunkt der Flüssigkeit. Verdüsen, Vernebeln und Versprühen ausgeschlossen.		keine Zone	keine

Nr.	Beispiel	Merkmale/Bemerkungen/ Voraussetzungen/Hinweise	Schutzmaßnahmen nach TRGS 722	Festlegung der Zonen zur Zündquellenvermeidung nach TRGS 723	Schutzmaßnahmen nach TRGS 724
(Sp. 1)	(Sp. 2)	(Sp. 3)	(Sp. 4)	(Sp. 5)	(Sp. 6)
zu 2.15.2.1	(Anlagen in offenen Bereichen)	**b) Verarbeitungstemperatur liegt gelegentlich nicht ausreichend unter dem Flammpunkt der Flüssigkeit.**			
		b1) Anlage einschließlich Behälter auf Dauer technisch dicht aufgrund der technischen Dichtheit in Kombination mit ausreichend häufiger Überwachung auf Dichtheit, z. B. Behälter sind über An- und Abschlusssysteme fest angeschlossen und werden nicht geöffnet. Kein offener Umgang mit Lösemitteln oder Beschichtungsstoffen. Anlage wird im Normalbetrieb nicht geöffnet. Das Öffnen zu Reinigungszwecken ist im Normalbetrieb nicht vorgesehen.	4.5.2	keine Zone	keine
		b2) Wie b1), jedoch Anlage nur technisch dicht. Raum mit technischer Lüftung.	4.5.3 4.6.3	Zone 2: 0,5 m um Anlage bis zum Boden, gesamte Auffangwanne sowie 0,5 m um die Auffangwanne	keine
		b3) Wie b2), jedoch werden Behälter zu Inspektionszwecken und zur Reinigung unter Einsatz einer Objektabsaugung geöffnet, Flammpunkt der Reinigungsflüssigkeit liegt ausreichend über der Umgebungstemperatur.	4.5.3 4.6.4	Zone 1: im Nahbereich der Freisetzungsquellen Zone 2: 0,5 m um Anlage bis zum Boden, gesamte Auffangwanne sowie 0,5 m um die Auffangwanne	keine
		b4) Wie b3), jedoch Raum nur technisch belüftet, keine Objektabsaugung.	4.5.4 4.6.3	Zone 1: 0,5 m um Behälter, die geöffnet werden, bis zum Boden, sowie gesamte Auffangwanne. Zone 2: weitere 0,5 m	keine

Nr.	Beispiel	Merkmale/Bemerkungen/ Voraussetzungen/Hinweise	Schutzmaß-nahmen nach TRGS 722	Festlegung der Zonen zur Zündquellenvermeidung nach TRGS 723	Schutzmaß-nahmen nach TRGS 724
(Sp. 1)	(Sp. 2)	(Sp. 3)	(Sp. 4)	(Sp. 5)	(Sp. 6)
zu 2.15.2.1	(Anlagen in offenen Bereichen)	b5) Wie b4), jedoch nur natürliche Lüftung vorhanden.	4.5.4 4.6.2	Zone 1: 1 m um Behälter, die geöffnet werden, bis zum Boden, sowie gesamte Auffangwanne Zone 2: weitere 1 m um diese Behälter sowie 1 m um die übrige Anlage bis zum Boden	keine
		c) Verarbeitungstemperatur liegt zeitlich überwiegend oder häufig nicht ausreichend unter dem Flammpunkt.			
		c1) Wie b1).	4.5.2	keine Zone	keine
		c2) Wie b2).	4.5.3 4.6.3	Zone 1: 0,5 m um Anlage bis zum Boden, sowie gesamte Auffangwanne Zone 2: weitere 0,5 m	keine
		c3) Wie b3).	4.5.3 4.6.4	Zone 1: 0,5 m um Anlage bis zum Boden, sowie gesamte Auffangwanne Zone 2: weitere 0,5 m	keine
		c4) Wie b4).	4.5.4 4.6.3	Zone 1: 1 m um Behälter, die geöffnet werden, bis zum Boden, sowie gesamte Auffangwanne. Zone 2: weitere 1 m um die übrige Anlage bis zum Boden	keine

Nr.	Beispiel	Merkmale/Bemerkungen/ Voraussetzungen/Hinweise	Schutzmaßnahmen nach TRGS 722	Festlegung der Zonen zur Zündquellenvermeidung nach TRGS 723	Schutzmaßnahmen nach TRGS 724
(Sp. 1)	(Sp. 2)	(Sp. 3)	(Sp. 4)	(Sp. 5)	(Sp. 6)
2.15.2.2	**Anlagen im Farbversorgungsraum**	**Wie 2.15.2.1, jedoch Anlage in Farbversorgungsraum, der als Auffangeinrichtung dient. Der offene Umgang mit Lösemitteln ist im ganzen Raum möglich.** **Aufmischen von Farbe in offenen Behältern, z. B. auch Einweggebinden bis 60 l, z. B. mit einem handgeführten Rührwerk ohne Handhabungshilfe, z. B. Balancer, maximal 10 min. je Vorgang, jedoch maximal 1 x pro Stunde.** *Hinweis:* *Das Handhaben größerer Mengen in permanent offenen Behältern innerhalb geschlossener Räume ist in der Regel aus Gründen des Gesundheitsschutzes ohne zusätzliche Maßnahmen (z. B. Objektabsaugung) nicht zulässig: Nichteinhaltung des Arbeitsplatzgrenzwertes.*			
		a) Verarbeitungstemperatur liegt auch während des Rührens aufgrund der geringen Dauer und des geringen Energieeintrags beim Rühren, z. B. Aufrühren, ausreichend unter dem Flammpunkt der Flüssigkeit.	4.2	keine Zone	keine
		b) Wie a), jedoch liegt die Verarbeitungstemperatur nicht ausreichend unter dem Flammpunkt der Flüssigkeit.	4.6.3	Zone 1: gR	keine
2.15.3	**Inneres und Umgebung von nicht dichten Rührwerksbehälter in Räumen**	**Z. B. Lackherstellrührwerke, Versuchsrührwerke im Technikumsbereich.** **Behälter während des Rührvorgangs abgedeckt, jedoch einschließlich der Wellendurchführung nicht technisch dicht.**			

Nr.	Beispiel	Merkmale/Bemerkungen/ Voraussetzungen/Hinweise	Schutzmaß-nahmen nach TRGS 722	Festlegung der Zonen zur Zünd-quellenvermeidung nach TRGS 723	Schutzmaß-nahmen nach TRGS 724
(Sp. 1)	(Sp. 2)	(Sp. 3)	(Sp. 4)	(Sp. 5)	(Sp. 6)
2.15.3.1	**Behälter mit Stativrührwerken**	**Rührwerk zum Mischen einschließlich Dispergieren.** **Der Rührwerksmotor wird gemeinsam mit der Behälterabdeckung, Rührwelle und Rührorgan angehoben, damit der Behälter bewegt werden kann.** a) **Verarbeitungstemperatur, auch während des Rührens immer ausreichend unter dem Flammpunkt.**			
		a1) Ohne Zugabe von brennbaren Stäuben.	4.2	keine Zone	keine
		a2) Behälterdeckel mit verschließbarer Klappe und integrierter nur während der Zugabe von brennbaren Stäuben wirksamer Absaugung. Staubablagerungen werden regelmäßig beseitigt.	4.5.4 4.6.4 4.2.3 Abs. 6 – 9	Zone 21: – im Luftraum im Inneren des Rührbehälters – im Inneren des Einfülltrichters Zone 22: 1 m um Zone 21 bis zur Oberfläche der Abdeckung bzw. bis zum Boden und 1 m um die Außenwand des Behälters. Zone 21: im Rohgasraum der in der Absaugung befindlichen Staubabscheidung	keine

Nr.	Beispiel	Merkmale/Bemerkungen/ Voraussetzungen/Hinweise	Schutzmaß-nahmen nach TRGS 722	Festlegung der Zonen zur Zünd-quellenvermeidung nach TRGS 723	Schutzmaß-nahmen nach TRGS 724
(Sp. 1)	(Sp. 2)	(Sp. 3)	(Sp. 4)	(Sp. 5)	(Sp. 6)
zu 2.15.3.1	(Behälter mit Stativrührwerken)	**b) Beim Befüllen liegt die Verarbeitungstemperatur ausreichend unter dem Flammpunkt. Beim Rühren kann es durch den Energieeintrag dazu kommen, dass die Verarbeitungstemperatur nur gelegentlich nicht ausreichend unter dem Flammpunkt der Flüssigkeit liegt, z. B. durch Überwachung der Mischzeit. Behälter während des Rührens abgedeckt. Nach Erwärmung muss der Behälter geschlossen sein und darf nur kurzzeitig, z. B. zur Probenahme oder zum Wechsel des Behälters geöffnet werden. Keine Zugabe von brennbaren Stäuben. Gefährliche elektrostatische Entladungen durch Aufladung von Flüssigkeiten (insbesondere geringer Leitfähigkeit) sind sicher vermieden.**	4.5.4 4.6.3	Zone 1: im Behälter und im Nahbereich um den Behälter und den angehobenen am Rührwerk befestigten Behälterdeckel und weitere Anbauteile, jeweils bis zum Boden Zone 2: weitere 0,5 m	keine
		c) Verarbeitungstemperatur liegt zeitlich überwiegend oder häufig nicht ausreichend unter Flammpunkt, z. B. durch Energieeintrag beim Rühren. Gefährliche elektrostatische Entladungen durch Aufladung von Flüssigkeiten (insbesondere geringer Leitfähigkeit) sind sicher vermieden. Keine Zugabe von brennbaren Stäuben.			
		c1) Bereits befüllter mit einem Transportdeckel abgedeckter Behälter wird unter das Rührwerk geschoben und nur kurzzeitig zum Absenken und Anheben des Rührwerks geöffnet. Beispiele zum Befüllen siehe 2.3.1 und 2.3.2. Raum mit technischer Lüftung.	4.5.4 4.6.3	Zone 0: im Behälter bis zum Behälterdeckel im geschlossenen Zustand Zone 1: 1 m um den Behälter und den angehobenen am Rührwerk befestigten Behälterdeckel und weitere Anbauteile, jeweils bis zum Boden Zone 2: weitere 1 m um die Zone 1	keine

Nr.	Beispiel	Merkmale/Bemerkungen/ Voraussetzungen/Hinweise	Schutzmaßnahmen nach TRGS 722	Festlegung der Zonen zur Zündquellenvermeidung nach TRGS 723	Schutzmaßnahmen nach TRGS 724
(Sp. 1)	(Sp. 2)	(Sp. 3)	(Sp. 4)	(Sp. 5)	(Sp. 6)
zu 2.15.3.1	(Behälter mit Stativrührwerken)	c2) Behälterdeckel mit verschließbarer Klappe und integrierter nur während des Befüllens wirksamer Absaugung. Die zu verarbeitenden flüssigen Stoffe werden in den unter dem Rührwerk stehenden Behälter eingefüllt. Raum mit technischer Lüftung.	4.5.4 4.6.4 4.6.3	Zone 0: im Behälter bis zum Behälterdeckel im geschlossenen Zustand Zone 1: im Nahbereich um den Behälter und den angehobenen am Rührwerk befestigten Behälterdeckel und weitere Anbauteile, jeweils bis zum Boden Zone 2: weitere 1 m um die Zone 1	keine
2.15.3.2	**Hängerührwerk**	**Das Rührwerk ist an einem Träger über den Behältern fest oder horizontal verfahrbar aufgehängt. Der Rührwerkskopf kann auch in der Vertikalen verschiebbar sein. Die Rührwelle wird in der Regel erst an den Rührwerkskopf angekuppelt, wenn der Behälter unter dem Rührwerk steht. Wird der Rührbehälter vor oder nach dem Rührvorgang zu Transportzwecken bewegt, steht die abgekuppelte Rührwelle im Rührbehälter (Siehe 2.15.3.1).**			
2.16	**Öfen mit offener Flamme zum Erhitzen brennbarer Flüssigkeiten in geschlossenen Rohrsystemen (z. B. Röhrenofen)**	**Die Brennstoffzufuhr ist gemäß DVGW-Regelwerk oder gleichwertig EN 746 abgesichert.** **Produkte werden über den Flammpunkt erwärmt, Bildung von g. e. A. im Inneren des Ofens nicht möglich, da auf Dauer technisch dicht.** *Hinweis:* *Zur Vermeidung einer Explosionsgefahr außerhalb des Ofens sind die äußeren Flanschverbindungen auf Dauer technisch dicht auszuführen, so dass keine Zone in der Umgebung zu erwarten ist.*	4.2	keine Zone: innerhalb des Ofens	keine

Nr.	Beispiel	Merkmale/Bemerkungen/ Voraussetzungen/Hinweise	Schutzmaß-nahmen nach TRGS 722	Festlegung der Zonen zur Zündquellenvermeidung nach TRGS 723	Schutzmaß-nahmen nach TRGS 724
(Sp. 1)	(Sp. 2)	(Sp. 3)	(Sp. 4)	(Sp. 5)	(Sp. 6)
2.17	**Öl- und gasbeheizte Öfen/Dampferzeuger**	**Die Brennstoffzufuhr ist gemäß DVGW-Regelwerk oder gleichwertig EN 746 abgesichert.**		keine Zone: im Brennraum	keine
2.18	**Laboratorien**	a) **Umgang mit brennbaren Flüssigkeiten in laborüblichen Mengen nach DGUV Information 213-850.**[Bild 77]	4.6.3	keine Zone	keine
		b) **Umgang mit brennbaren Flüssigkeiten im Abzug in nicht laborüblicher Menge, z. B. Rotationsverdampfer mit 10 l brennbarer Flüssigkeit oberhalb des Flammpunktes.**[Bild 78] *Hinweis:* *Bei größeren Anlagen außerhalb laborüblicher Menge liegt Technikumscharakter vor. Schutzmaßnahmen sind auf Grundlage von Punkt 2 der Beispielsammlung festzulegen.*	4.6.3 im Abzug	Zone 2: im Abzug	keine
2.19	**An explosionsgefährdete Bereiche angrenzende Räume (z. B. Schaltanlagen, Messwarten, Bedienungsräume, Treppenhäuser) mit Verbindungsöffnungen zum explosionsgefährdeten Bereich**	Siehe 1.2.6			

Nr.	Beispiel	Merkmale/Bemerkungen/ Voraussetzungen/Hinweise	Schutzmaß-nahmen nach TRGS 722	Festlegung der Zonen zur Zündquellenvermeidung nach TRGS 723	Schutzmaß-nahmen nach TRGS 724
(Sp. 1)	(Sp. 2)	(Sp. 3)	(Sp. 4)	(Sp. 5)	(Sp. 6)
3	**Brennbare Stäube**	**Handhaben brennbarer Stäube oder fester Stoffe unter Staubanfall.** **Die Bildung hybrider Gemische nach TRGS 720 ist auszuschließen, wenn nicht explizit im Beispiel genannt.** Beispiele für explosionsfähige Stäube siehe auch GESTIS-STAUB-EX, Datenbank „Brenn- und Explosionskenngrößen von Stäuben": https://www.dguv.de/ifa/gestis/gestis-staub-ex/index.jsp **Bei brennbaren Stäuben mit einer Korngröße < 0,5 mm ist grundsätzlich Staubexplosionsfähigkeit anzunehmen. Weisen alle Partikel einer Staubprobe hingegen Korngrößen > 0,5 mm auf, ist nicht mehr mit gefährlichen Staubexplosionen zu rechnen. Die TRGS 721 gibt als Grenze der Partikelgröße für explosionsfähige Stäube 1 mm an. Wenn der Medianwert des brennbaren Staubes im Bereich zwischen 0,5 mm und 1 mm liegt, sollte daher durch Untersuchung nachgewiesen werden, dass keine Explosionsfähigkeit besteht.** **Der Begriff Staubungsneigung wird qualitativ verwendet und beruht auf einer individuellen Betrachtung von Verfahren, Umgebungsbedingungen und Produkteigenschaften (z. B. Feuchte, Klebrigkeit) unter Berücksichtigung der UEG.**			

Nr.	Beispiel	Merkmale/Bemerkungen/ Voraussetzungen/Hinweise	Schutzmaßnahmen nach TRGS 722	Festlegung der Zonen zur Zündquellenvermeidung nach TRGS 723	Schutzmaßnahmen nach TRGS 724
(Sp. 1)	(Sp. 2)	(Sp. 3)	(Sp. 4)	(Sp. 5)	(Sp. 6)
3	(Brennbare Stäube)	**Verfahren zur Ermittlung einer Staubungsneigung liegen vor. Hinsichtlich des Explosionsschutzes sind jedoch derzeit keine belastbaren quantitativen Korrelationen zwischen Staubungsneigung und tatsächlicher verfahrensbedingter Konzentration in Bezug zur unteren Explosionsgrenze ableitbar. Daher wird in den Beispielen kein Bezug zu einer konkreten Kennzahl angegeben. Kriterien zur Bewertung der Staubungsneigung können beispielsweise sein: die Sedimentationszeit, die Ausbreitung der Staubwolke. (vgl. FBRCI-010 „Staubungsneigung")**			
3.1	**Umgebung staubführender Apparate und Behälter – Allgemeines**				
3.1.1	**Umgebung geschlossener staubführender Apparate und Behälter**				
3.1.1.1	**In Räumen**	**a) Apparatur auf Dauer technisch dicht. Bildung von g. e. A. und gefährlichen Staubablagerungen verhindert.** Bilder 104–114	4.5.2	keine Zone	keine
		b) Anlage technisch dicht, aber bereits geringe Leckagen werden schnell erkannt. Leckagen und Ablagerungen werden sofort beseitigt. Bilder 104–114	4.5.3 4.2.3 Abs. 6 – 9	keine Zone	keine
		c) Verhinderung des Staubaustritts aus der Apparatur durch Unterdruckfahrweise gewährleistet. Bildung von g. e. A. und gefährlichen Staubablagerungen verhindert. Bilder 104–114	3.1	keine Zone	keine

Nr.	Beispiel	Merkmale/Bemerkungen/Voraussetzungen/Hinweise	Schutzmaß-nahmen nach TRGS 722	Festlegung der Zonen zur Zündquellenvermeidung nach TRGS 723	Schutzmaß-nahmen nach TRGS 724
(Sp. 1)	(Sp. 2)	(Sp. 3)	(Sp. 4)	(Sp. 5)	(Sp. 6)
zu 3.1.1.1	(In Räumen)	**d) Anlage nicht technisch dicht. Ablagerungen von Staub sind möglich. Staub sedimentiert im Nahbereich der Freisetzungsquelle. Staubablagerungen werden regelmäßig beseitigt, können aber nicht vollständig vermieden werden. Parameter für die Staubfreisetzung können sein:** **– Druck in Anlage** **– Beschaffenheit des Stoffes (Korngrößenverteilung, Dichte, Feuchte, Staubungsneigung).** Bilder 101 - 103	4.2.3 Abs. 6 – 9	Zone 22: in einem Bereich um die Austrittstelle bis zum Boden. Ausdehnung ist vom Einzelfall abhängig.	keine
		e) Staubablagerungen sind aufgrund der Vielzahl möglicher Freisetzungsquellen und/oder der Sedimentationseigenschaft des Staubes im gesamten Raum zu erwarten. Staubablagerungen werden regelmäßig beseitigt.	4.2.3 Abs. 6 – 9	Zone 22: Ausdehnung der Zone vom Einzelfall abhängig, in der Regel gR	keine
3.1.1.2	**Im Freien**	Wie 3.1.1.1, <u>aber:</u> Im Freien kann die Zonenausdehnung infolge von Witterungseinflüssen gegenüber vergleichbaren Situationen in Räumen verändert sein, in der Regel kann sie reduziert werden.			
3.1.2	**Umgebung nicht geschlossener staubführender Apparate und Behälter**	*Hinweis:* *Unter nicht geschlossenen Apparaten und Behältern werden Einrichtungen verstanden, die betriebsmäßig ständig oder zeitweise offen sind (z. B. Bandförderer, Einfüllöffnungen, Übergabestellen, Probenahmestellen).*			

Nr.	Beispiel	Merkmale/Bemerkungen/ Voraussetzungen/Hinweise	Schutzmaß-nahmen nach TRGS 722	Festlegung der Zonen zur Zündquellenvermeidung nach TRGS 723	Schutzmaß-nahmen nach TRGS 724
(Sp. 1)	(Sp. 2)	(Sp. 3)	(Sp. 4)	(Sp. 5)	(Sp. 6)
3.1.2.1	**In Räumen**	a) **Um Stellen, die geöffnet werden können, z. B. Probenahmestellen, Revisionsöffnungen, kommt es zu Staubfreisetzungen, z. B. bei versehentlichem Anfahren einer Apparatur mit offener Revisionsklappe oder Öffnen von Revisionsklappen während des Betriebs. Die auftretenden Staubkonzentrationen liegen jedoch deutlich unter der UEG (z. B. durch Unterdruckfahrweise oder Objektabsaugung); Staubablagerungen werden durch Reinigen vermieden.**	3.1 4.5.4 4.6.4 4.2.3 Abs. 6 – 9	keine Zone	keine
		b) **Wie a), regelmäßige Reinigung wird durchgeführt, jedoch können Staubablagerungen nicht vollständig vermieden werden, z. B. aufgrund nicht ausreichender Objektabsaugung durch ungünstige geometrische Verhältnisse.**[Bild 101 – 103, 113]	4.5.4 4.6.4 4.2.3 Abs. 6 – 9	Zone 22: Ausdehnung der Zone vom Einzelfall abhängig	keine
		c) **G. e. A. tritt im Bereich der ständig offenen Stellen gelegentlich auf (z. B. an Übergabestellen, offenen Förderungen, Einschüttgossen) und führt zu Staubablagerungen; Staubablagerungen können nicht vermieden werden.**[Bild 103]	4.2.3 Abs. 6 – 9	Zone 21: im Nahbereich um die offene Stelle Zone 22: gR	keine
3.1.2.2	**Im Freien**	Wie 3.1.2.1, aber: Im Freien kann die Zonenausdehnung infolge Witterungseinflüssen gegenüber vergleichbaren Situationen in Räumen verändert sein, in der Regel kann sie reduziert werden.			
3.2	**Inneres von staubführenden Apparaten und Behältern – Allgemeines**	a) **Bildung von g. e. A. nicht zu erwarten, weil**			
		a1) verfahrensbedingt die UEG immer sicher unterschritten ist. Staubablagerungen und Staubanreicherungen sind verhindert.	4.2	keine Zone	keine

Nr.	Beispiel	Merkmale/Bemerkungen/ Voraussetzungen/Hinweise	Schutzmaßnahmen nach TRGS 722	Festlegung der Zonen zur Zündquellenvermeidung nach TRGS 723	Schutzmaßnahmen nach TRGS 724
(Sp. 1)	(Sp. 2)	(Sp. 3)	(Sp. 4)	(Sp. 5)	(Sp. 6)
zu 3.2	(Inneres von staubführenden Apparaten und Behältern – Allgemeines)	a2) sichere Zugabe oder Vorhandensein eines nachweislich ausreichenden Anteils inerter Feststoffe gegeben (z. B. über 90 % bei organischen Stäuben) und Entmischung verhindert ist. *Hinweis: Entzündungen von Staubablagerungen können ggf. auftreten.*	4.3 u. Anh. 2	keine Zone	keine
		a3) die Anlage inertisiert wird. Prozessbedingt und aufgrund der ausreichenden Qualität der Inertisierung und deren Überwachung ist mit dem Auftreten von g. e. A. nicht zu rechnen. Auch im Stillstand der Anlage treten keine Staubablagerungen auf.[Bilder 108, 112]	4.3 u. Anh. 2	keine Zone	keine
		a4) Anlagen verfahrensbedingt unter Vakuum betrieben werden, solange aufgewirbelter Staub vorhanden ist oder abgelagerter Staub aufgewirbelt werden kann.	4.4	keine Zone	keine
		b) Das Auftreten von g. e. A. ist nur selten und dann auch nur kurzzeitig möglich, weil			
		b1) keine verfahrensbedingten Staub/Luft-Gemische vorhanden sind. Aufwirbeln von abgelagertem Staub ist selten und kurzzeitig möglich. Wirksame (auch eingetragene) Zündquellen werden sicher vermieden.[Bild 109]	4.2	Zone 22	keine
		b2) Wie b1), jedoch können wirksame Zündquellen nicht ausreichend vermieden werden.	4.2	Zone 22	erforderlich

Nr.	Beispiel	Merkmale/Bemerkungen/ Voraussetzungen/Hinweise	Schutzmaßnahmen nach TRGS 722	Festlegung der Zonen zur Zündquellenvermeidung nach TRGS 723	Schutzmaßnahmen nach TRGS 724
(Sp. 1)	(Sp. 2)	(Sp. 3)	(Sp. 4)	(Sp. 5)	(Sp. 6)
zu 3.2	(Inneres von staubführenden Apparaten und Behältern – Allgemeines)	b3) verfahrensbedingt die UEG deutlich unterschritten wird (z. B. bei geringen Staubkonzentrationen in Verbindung mit Absaugung zur Verhinderung der Staubakkumulation). Ein Überschreiten der UEG, z. B. durch seltene und kurzzeitige Konzentrationsschwankungen oder Staubaufwirbelungen, ist möglich. Wirksame (auch eingetragene) Zündquellen werden sicher vermieden.	4.2	Zone 22	keine
		b4) Wie b3), jedoch können wirksame Zündquellen nicht ausreichend vermieden werden.	4.2	Zone 22	erforderlich
		b5) ein ausreichender Anteil inerter Feststoffe (z. B. über 90 % bei organischen Stäuben) zugegeben wird oder vorhanden ist. Entmischung ist verhindert. Unterschreitung des erforderlichen Inertstoffanteils selten und kurzzeitig möglich. Wirksame (auch eingetragene) Zündquellen werden sicher vermieden.	4.3 u. Anh. 2	Zone 22	keine
		b6) Wie b5), jedoch können wirksame Zündquellen nicht ausreichend vermieden werden.	4.3 u. Anh. 2	Zone 22	erforderlich

Nr.	Beispiel	Merkmale/Bemerkungen/Voraussetzungen/Hinweise	Schutzmaßnahmen nach TRGS 722	Festlegung der Zonen zur Zündquellenvermeidung nach TRGS 723	Schutzmaßnahmen nach TRGS 724
(Sp. 1)	(Sp. 2)	(Sp. 3)	(Sp. 4)	(Sp. 5)	(Sp. 6)
zu 3.2	(Inneres von staubführenden Apparaten und Behältern – Allgemeines)	b7) die Anlage inertisiert wird. Trotz der Inertisierung der Anlage ist entweder – prozessbedingt oder – bei Fehlern in der Inertisierung oder – bei Fehlern in der Überwachung der Inertisierung selten und kurzzeitig mit dem Auftreten von g.e.A. zu rechnen. Während der Betriebszustände mit nicht ausreichender Inertisierung werden wirksame Zündquellen vermieden.	4.3 u. Anh. 2	Zone 22	keine
		b8) Wie b7), jedoch können wirksame Zündquellen nicht ausreichend vermieden werden.	4.3 u. Anh. 2	Zone 22	erforderlich
		b9) die Anlage zwar unter Vakuum betrieben wird, solange aufgewirbelter Staub vorhanden ist oder abgelagerter Staub aufgewirbelt werden kann, jedoch können Undichtigkeiten auftreten, die aber sofort erkannt und beseitigt werden. Wirksame (auch eingetragene) Zündquellen werden sicher vermieden.	4.4	Zone 22	keine
		b10) Wie b9), jedoch können wirksame (auch eingetragene) Zündquellen nicht hinreichend vermieden werden.	4.4	Zone 22	erforderlich

Nr.	Beispiel	Merkmale/Bemerkungen/ Voraussetzungen/Hinweise	Schutzmaßnahmen nach TRGS 722	Festlegung der Zonen zur Zündquellenvermeidung nach TRGS 723	Schutzmaßnahmen nach TRGS 724
(Sp. 1)	(Sp. 2)	(Sp. 3)	(Sp. 4)	(Sp. 5)	(Sp. 6)
zu 3.2	(Inneres von staubführenden Apparaten und Behältern – Allgemeines)	**c) Das Auftreten von g. e. A. ist gelegentlich möglich, weil**			
		c1) verfahrensbedingt gelegentlich Staub/Luft-Gemische auftreten (z. B. Behälter mit diskontinuierlicher Befüllung und kurzer Fülldauer). Wirksame (auch eingetragene) Zündquellen werden sicher vermieden.[Bild 103]	4.2	Zone 21	keine
		c2) Wie c1), jedoch können wirksame (auch eingetragene) Zündquellen nicht hinreichend vermieden werden.	4.2	Zone 21	erforderlich
		c3) verfahrensbedingt die UEG unterschritten wird. Überschreitung der UEG, z. B. durch Konzentrationsschwankungen, ist gelegentlich möglich. Wirksame (auch eingetragene) Zündquellen werden sicher vermieden.	4.2	Zone 21	keine
		c4) Wie c3), jedoch können wirksame (auch eingetragene) Zündquellen nicht hinreichend vermieden werden.	4.2	Zone 21	erforderlich
		c5) ein ausreichender Anteil inerter Feststoffe (z. B. über 90 % bei organischen Stäuben) zugegeben wird oder vorhanden ist. Unterschreitung des Feststoffanteils gelegentlich möglich. Wirksame (auch eingetragene) Zündquellen werden sicher vermieden.	4.3 u. Anh. 2	Zone 21	keine
		c6) Wie c5), jedoch können wirksame (auch eingetragene) Zündquellen nicht hinreichend vermieden werden	4.3 u. Anh. 2	Zone 21	erforderlich

Nr.	Beispiel	Merkmale/Bemerkungen/Voraussetzungen/Hinweise	Schutzmaßnahmen nach TRGS 722	Festlegung der Zonen zur Zündquellenvermeidung nach TRGS 723	Schutzmaßnahmen nach TRGS 724
(Sp. 1)	(Sp. 2)	(Sp. 3)	(Sp. 4)	(Sp. 5)	(Sp. 6)
zu 3.2	(Inneres von staubführenden Apparaten und Behältern – Allgemeines)	c7) die Anlage zwar inertisiert wird, jedoch trotz der Inertisierung der Anlage entweder – prozessbedingt (z. B. beim An- und Abfahren) oder – bei Fehlern in der Inertisierung oder – bei Fehlern in der Überwachung der Inertisierung gelegentlich mit dem Auftreten von g. e. A. zu rechnen ist. Während der Betriebszustände mit nicht ausreichender Inertisierung werden wirksame Zündquellen vermieden.	4.3 u. Anh. 2	Zone 21	keine
		c8) Wie c7), jedoch können wirksame (auch eingetragene) Zündquellen nicht ausreichend vermieden werden.	4.3 u. Anh. 2	Zone 21	erforderlich
		c9) die Anlagen zwar unter Vakuum betrieben werden solange aufgewirbelter Staub vorhanden ist oder abgelagerter Staub aufgewirbelt werden kann. Jedoch wird z. B. der Ausfall des Vakuums nicht sofort erkannt oder beim An- und Abfahren wird gelegentlich das Vakuum aufgehoben. Wirksame (auch eingetragene) Zündquellen werden sicher vermieden.	4.4	Zone 21	keine
		c10) Wie c9), jedoch können wirksame Zündquellen nicht ausreichend vermieden werden.	4.4	Zone 21	erforderlich

Nr.	Beispiel	Merkmale/Bemerkungen/ Voraussetzungen/Hinweise	Schutzmaßnahmen nach TRGS 722	Festlegung der Zonen zur Zündquellenvermeidung nach TRGS 723	Schutzmaßnahmen nach TRGS 724
(Sp. 1)	(Sp. 2)	(Sp. 3)	(Sp. 4)	(Sp. 5)	(Sp. 6)
zu 3.2	(Inneres von staubführenden Apparaten und Behältern – Allgemeines)	**d) G. e. A. tritt ständig, langzeitig oder häufig auf**			
		d1) und wirksame (auch eingetragene) Zündquellen werden sicher vermieden.[Bilder 191 – 103, 105 – 108, 110 – 111, 113 – 114]		Zone 20	keine
		d2) Wie d1), jedoch können wirksame Zündquellen nicht ausreichend vermieden werden.		Zone 20	erforderlich
3.3	**Fallbeispiele – mögliche praxisnahe Varianten der Umsetzung von Nr. 3.1 und 3.2**				
3.3.1	**Läger**				
3.3.1.1	**Läger in Speichern und Hallen**	**a) Lagerung in staubdichten Gebinden. Mit dem Auftreten von g. e. A. ist nicht zu rechnen. Wenn z. B. durch Beschädigung von Gebinden größere Staubablagerungen auftreten, werden diese sofort beseitigt.**	4.2.3 Abs. 6 – 9	keine Zone	keine
		b) Lagerung in staubdurchlässigen Gebinden, wie z. B. Jutesäcken. Staubablagerungen sind vorhanden.[Bild 100]	4.2.3 Abs. 6 – 9	Zone 22: gR	keine
		c) Offene Lagerung als Schüttgut mit geringer Staubfreisetzung (abhängig von den Stoffeigenschaften, wie Korngrößenverteilung, Dichte, Feuchte, Staubungsneigung). G. e. A. ist im Bereich der Abwurf- bzw. Auftreffstelle nicht zu erwarten. Staubablagerungen sind vorhanden.[Bild 99]	4.2.3 Abs. 6 – 9	Zone 22: gR	keine
		d) Wie c), jedoch ist g. e. A. gelegentlich im Bereich der Abwurf- bzw. Auftreffstelle zu erwarten. Staubablagerungen sind vorhanden.[Bild 98]	4.2.3 Abs. 6 – 9	Zone 21: im Nahbereich der Abwurfstelle bzw. des Auftreffbereichs; Zone 22: üR	keine

Nr.	Beispiel	Merkmale/Bemerkungen/ Voraussetzungen/Hinweise	Schutzmaßnahmen nach TRGS 722	Festlegung der Zonen zur Zündquellenvermeidung nach TRGS 723	Schutzmaßnahmen nach TRGS 724
(Sp. 1)	(Sp. 2)	(Sp. 3)	(Sp. 4)	(Sp. 5)	(Sp. 6)
3.3.2	**Umgebung von Befüll- und Entleerstellen (z. B. Big-Bag-Absackung, automatische Absackung, Waagen, Sackaufgabe) (siehe auch Punkt 3.1.2.1)**				
3.3.2.1	**In Räumen**	**a) Es werden nur geringe Mengen gehandhabt, z. B. Waage im Laborbereich. Unmittelbare Reinigung bei geringen Staubfreisetzungen, z. B. Verschütten.**	3.1 4.2.3 Abs. 6 - 9	keine Zone	keine
		b) Es kommt betriebsmäßig zu keiner Staubfreisetzung, z. B. durch Unterdruckfahrweise, Objektabsaugung. Unmittelbare Reinigung bei geringen störungsbedingten Staubfreisetzungen.	4.5.4 4.6.4 4.2.3 Abs. 6 - 9	keine Zone	keine
		c) Wie a), jedoch keine unmittelbare Reinigung. Bild 101	4.5.4 4.6.4 4.2.3 Abs. 6 - 9	Zone 22: Ausdehnung der Zone vom Einzelfall abhängig	keine
		d) Es kann zu Staubfreisetzungen kommen, die nicht unmittelbar zur Bildung von g. e. A. führen. Trotz regelmäßiger Reinigung können begrenzte Staubablagerungen nicht vermieden werden. Bild 101	4.5.4 4.6.4 4.2.3 Abs. 6 - 9	Zone 22: Ausdehnung der Zone vom Einzelfall abhängig	keine
		e) Wie d), jedoch treten Staubablagerungen im gesamten Raum auf. Trotz regelmäßiger Reinigung können Staubablagerungen nicht vermieden werden. Bild 102	4.2.3 Abs. 6 - 9	Zone 22: gR	keine

Nr.	Beispiel	Merkmale/Bemerkungen/ Voraussetzungen/Hinweise	Schutzmaß-nahmen nach TRGS 722	Festlegung der Zonen zur Zünd-quellenvermeidung nach TRGS 723	Schutzmaß-nahmen nach TRGS 724
(Sp. 1)	(Sp. 2)	(Sp. 3)	(Sp. 4)	(Sp. 5)	(Sp. 6)
zu 3.3.2.1	(In Räumen)	**f) Es kann verfahrensbedingt gelegentlich zu Staubfreisetzungen kommen, die zur Bildung von g. e. A. führen (z. B. bei Befüllung: Abriss oder Platzen eines Packmittels).**	4.5.4 4.6.4 4.2.3 Abs. 6 – 9	Zone 21: Ausdehnung abhängig von der möglichen Staubwolke Zone 22: weitere Ausdehnung vom Einzelfall abhängig.	keine
3.3.2.2	**Im Freien**	Wie 3.3.2.1, aber: Im Freien kann die Zonenausdehnung infolge von Witterungseinflüssen gegenüber vergleichbaren Situationen in Räumen verändert sein, in der Regel kann sie reduziert werden.			
3.3.3	**Beladen**				
3.3.3.1	**Beladen von offenen Fahrzeugen mit groben Schüttgütern mit Staubanteil (z. B. Getreide und Futtermittel)**				
3.3.3.1.1	**In Räumen**	**Das Beladen erfolgt üblicherweise in allseitig geschlossenen Durchfahrten mit Rolltoren an der Ein- und Ausfahrt. Beim Auslaufen am Verladetrichter und Aufschütten in offene Fahrzeuge lässt sich bei Produkten mit hohem Staubanteil durch Staubabsaugung g. e. A. nicht immer vermeiden.** [Bild 103]	4.6.4	Zone 21: im Fülltrichter und im offenen Laderaum des Fahrzeuges Zone 22: üR	keine
3.3.3.1.2	**Im Freien**	Wie 3.3.3.1, aber: Im Freien kann die Zonenausdehnung infolge von Witterungseinflüssen gegenüber vergleichbaren Situationen in Räumen verändert sein, in der Regel kann sie reduziert werden.			

Nr.	Beispiel	Merkmale/Bemerkungen/ Voraussetzungen/Hinweise	Schutzmaß- nahmen nach TRGS 722	Festlegung der Zonen zur Zünd- quellenvermeidung nach TRGS 723	Schutzmaß- nahmen nach TRGS 724
(Sp. 1)	(Sp. 2)	(Sp. 3)	(Sp. 4)	(Sp. 5)	(Sp. 6)
3.3.4	**Staubführende Leitungen und Förderanlagen**	**Filter siehe 3.3.5.**			
3.3.4.1	**Aspirationsleitungen und Absaugleitungen**	a) **G. e. A. ist betriebsmäßig nicht vorhanden. Staubablagerungen können vermieden werden durch Einhaltung hoher Absauggeschwindigkeiten (> 20 m/s), geeignete Rohrleitungsführung ohne Toträume, regelmäßige Kontrollen.** *Hinweis: Dabei sind auch Störungen des Prozesses und Schwankungen der Zusammensetzung der Produkte zu beachten. Explosionsübertragung kann – selbst bei zonenfreien Aspirationsleitungen – grundsätzlich nicht sicher vermieden werden.*	3.1	keine Zone	Ist für die vor- oder nachgeschalteten Anlagenteile konstruktiver Explosionsschutz erforderlich, ist dieser auch für die Aspirationsleitungen vorzusehen, z. B. Punkte 2.4 und 2.9
		b) **Wie a), jedoch können Staubablagerungen nicht sicher vermieden werden.** *Hinweis: Eine Explosionsübertragung über Aspirationsleitungen kann grundsätzlich nicht sicher vermieden werden.*		Zone 22	Ist für die vor- oder nachgeschalteten Anlagenteile konstruktiver Explosionsschutz erforderlich, ist dieser auch für die Aspirationsleitungen vorzusehen, z. B. Punkte 2.4 und 2.9

Nr.	Beispiel	Merkmale/Bemerkungen/ Voraussetzungen/Hinweise	Schutzmaßnahmen nach TRGS 722	Festlegung der Zonen zur Zündquellenvermeidung nach TRGS 723	Schutzmaßnahmen nach TRGS 724
(Sp. 1)	(Sp. 2)	(Sp. 3)	(Sp. 4)	(Sp. 5)	(Sp. 6)
zu 3.3.4.1	(Aspirationsleitungen und Absaugleitungen)	c) **Undefinierte Staubmengen treten auf und g. e. A. kann nicht sicher vermieden werden, z. B. Absaugung mehrerer Anlagenbereiche.** *Hinweis: Eine Explosionsübertragung über Aspirationsleitungen kann grundsätzlich nicht sicher vermieden werden.*		Zone 21	Ist für die vor- oder nachgeschalteten Anlagenteile konstruktiver Explosionsschutz erforderlich, ist dieser auch für die Aspirationsleitungen vorzusehen, z. B. Punkte 2.4 und 2.9
3.3.4.2	**Pneumatische Förderung**	**Saugförderung, Druckförderung (Produktaufgabe siehe 3.3.2.1).**			
		a) **Die Konzentration liegt während der Förderung so hoch, dass nur bei An- und Abfahrvorgängen (z. B. Dichtstromförderer) g. e. A. zu erwarten ist.**[Bild 103]	4.2	Zone 21	keine
		b) **Wie a), jedoch kann der Eintrag von wirksamen Zündquellen von außen (z. B. Glimmnest im Produkt) nicht sicher vermieden werden.**	4.2	Zone 21	erforderlich
		c) **G. e. A. ständig, über lange Zeiträume oder häufig zu erwarten.**		Zone 20	keine
		d) **Wie c), jedoch kann der Eintrag von wirksamen Zündquellen von außen (z. B. Glimmnest im Produkt) nicht sicher vermieden werden.**		Zone 20	erforderlich

Nr.	Beispiel	Merkmale/Bemerkungen/ Voraussetzungen/Hinweise	Schutzmaß-nahmen nach TRGS 722	Festlegung der Zonen zur Zündquellenvermeidung nach TRGS 723	Schutzmaß-nahmen nach TRGS 724
(Sp. 1)	(Sp. 2)	(Sp. 3)	(Sp. 4)	(Sp. 5)	(Sp. 6)
3.3.4.3	**Schneckenförderer, Trogkettenförderer**	**Produkt wird kontinuierlich zugeführt. Umfangsgeschwindigkeit der Schnecke bzw. Fördergeschwindigkeit so gering, dass Bildung von g. e. A. nur gelegentlich zu erwarten ist. Zur Vermeidung wirksamer Zündquellen wird z. B. berücksichtigt:** **– Fördergeschwindigkeit unterhalb 1 m/s** **– Antriebsleistung** **– Heißlaufen innenliegender Lager oder Wellendurchführungen.**		Zone 21	keine
3.3.4.4	**Elevatoren**	**Elevatoren gehören zu den Anlagenteilen, die das höchste Explosionsrisiko aufweisen. Aufgrund der Bauart kann g. e. A. in Elevatoren nur in seltenen Fällen sicher vermieden werden. Explosionen können aufgrund der langgestreckten Konstruktion größere Auswirkungen als in kubischen Behältern zur Folge haben. Somit ist bei der Beurteilung der Explosionsrisiken, der Auswahl und Umsetzung der Explosionsschutzmaßnahmen besonders sorgfältig vorzugehen.**			

Nr.	Beispiel	Merkmale/Bemerkungen/ Voraussetzungen/Hinweise	Schutzmaßnahmen nach TRGS 722	Festlegung der Zonen zur Zündquellenvermeidung nach TRGS 723	Schutzmaßnahmen nach TRGS 724
(Sp. 1)	(Sp. 2)	(Sp. 3)	(Sp. 4)	(Sp. 5)	(Sp. 6)
3.3.4.4.1	**Becherelevatoren, z. B. Gurtbecherwerke**	**a) Schüttgut bestehend aus Grobkorn (> 1 mm) mit Staubanteil (< 3 Gew.-%).** **Das Schüttgut mit dieser Kornzusammensetzung wird als nicht explosionsfähig angenommen, jedoch kann durch Anreicherung von Staub eine g. e. A. auftreten.** **Auch beim Vorhandensein einer Entstaubung (Aspiration) ist mit dem Auftreten von g. e. A. zu rechnen.** **Als Maßnahmen zur Vermeidung von Zündquellen sind beispielsweise Schieflauf-, Schlupf- und Drehzahlüberwachung sowie Maßnahmen zur Vermeidung elektrostatischer Aufladung vorhanden. Gleichzeitig sind der Eintrag von Zündquellen sowie das Auftreten von Selbstentzündungsvorgängen sicher vermieden.**	3.1	Zone 21	keine
		b) Wie a), jedoch können geräteeigene oder eingetragene Zündquellen sowie das Auftreten von Selbstentzündungsvorgängen nicht sicher vermieden werden.	3.1	Zone 21	erforderlich
		c) Wie a), jedoch kann eine Explosionsübertragung aus anderen Anlagenteilen nicht sicher vermieden werden.	3.1	Zone 21	erforderlich

Nr.	Beispiel	Merkmale/Bemerkungen/ Voraussetzungen/Hinweise	Schutzmaß-nahmen nach TRGS 722	Festlegung der Zonen zur Zünd-quellenvermeidung nach TRGS 723	Schutzmaß-nahmen nach TRGS 724
(Sp. 1)	(Sp. 2)	(Sp. 3)	(Sp. 4)	(Sp. 5)	(Sp. 6)
zu 3.3.4.4.1	(Becherelevatoren, z. B. Gurtbecherwerke)	**d) Wie a), jedoch Schüttgut mit höherem Staubanteil. Das Vermeiden von wirksamen Zündquellen als einzige Schutzmaßnahme ist nur bei Einhaltung definierter Randbedingungen möglich, z. B. geringe mechanische Belastung, zündunempfindliche Stäube, niedrige Brennzahl. Da auch bei seltenen Störungen keine Zündquellen wirksam werden dürfen, sind Experten hinzuzuziehen.** **Als Maßnahmen zur Vermeidung von Zündquellen sind zusätzlich zu den o. g. Randbedingungen u. a. Schieflauf-, Schlupf-, Drehzahl- und Temperaturüberwachung der Lager sowie Maßnahmen zur Vermeidung elektrostatischer Aufladung erforderlich. An die Zuverlässigkeit dieser Überwachungseinrichtung sind erhöhte Anforderungen zu stellen. Gleichzeitig sind der Eintrag von Zündquellen sowie das Auftreten von Selbstentzündungsvorgängen auszuschließen.**	3.1	Zone 20	keine
		e) Wie d), jedoch können geräteeigene oder eingetragene Zündquellen sowie das Auftreten von Selbstentzündungsvorgängen nicht sicher vermieden werden.	3.1	Zone 20	erforderlich
		f) Wie d), jedoch kann eine Explosionsübertragung aus anderen Anlagenteilen nicht sicher vermieden werden.	3.1	Zone 20	erforderlich

Nr.	Beispiel	Merkmale/Bemerkungen/ Voraussetzungen/Hinweise	Schutzmaßnahmen nach TRGS 722	Festlegung der Zonen zur Zündquellenvermeidung nach TRGS 723	Schutzmaßnahmen nach TRGS 724
(Sp. 1)	(Sp. 2)	(Sp. 3)	(Sp. 4)	(Sp. 5)	(Sp. 6)
3.3.4.4.2	**Winkelbecher-, Pendelbecherwerke, Wellkantenförderer**	**a) Schüttgut bestehend aus Grobkorn (> 1 mm) mit explosionsfähigem Staubanteil (Fraktion < 0,5 mm) < 3 Gew.-%. Staub mit geringer Staubungsneigung. Das Schüttgut mit dieser Kornzusammensetzung wird als nicht explosionsfähig angenommen, jedoch können Ablagerungen von Feinstäuben insbesondere im horizontalen Bereich nicht sicher vermieden werden.**	3.1 4.2	Zone 22	keine
		b) Wie a), jedoch enthaltener Staub mit nicht nur geringer Staubungsneigung.	3.1 4.2	Zone 21	keine
		c) Schüttgut mit höherem explosionsfähigem Staubanteil (Fraktion < 0,5 mm) ≥ 3 Gew.-%. **Auch beim Vorhandensein einer Entstaubung (Aspiration) ist mit dem Auftreten von g. e. A. zu rechnen.** **Wirksame Zündquellen, insbesondere heiße Oberflächen, z. B. heißlaufende Lager, und Selbstentzündung des Schüttgutes, sind ausreichend sicher vermieden.** **Als Maßnahmen zur Vermeidung von Zündquellen sind beispielsweise Drehzahl- und Temperaturüberwachung der Lager sowie Maßnahmen zur Vermeidung elektrostatischer Aufladung erforderlich. Gleichzeitig sind der Eintrag von Zündquellen sowie das Auftreten von Selbstentzündungsvorgängen auszuschließen.**	3.1 4.2	Zone 21	keine
		d) Wie c), jedoch können geräteeigene oder eingetragene Zündquellen sowie das Auftreten von Selbstentzündungsvorgängen nicht sicher vermieden werden.	3.1 4.2	Zone 21	erforderlich

Nr.	Beispiel	Merkmale/Bemerkungen/ Voraussetzungen/Hinweise	Schutzmaßnahmen nach TRGS 722	Festlegung der Zonen zur Zündquellenvermeidung nach TRGS 723	Schutzmaßnahmen nach TRGS 724
(Sp. 1)	(Sp. 2)	(Sp. 3)	(Sp. 4)	(Sp. 5)	(Sp. 6)
3.3.5	**Filternde Abscheider (Filter)**				
3.3.5.1	**Rohgasraum**	**a) G. e. A. tritt ständig, langzeitig oder häufig auf.**			
		a1) Die Konzentration des erfassten und abzuscheidenden Staubes, liegt ständig oder über lange Zeiträume über der UEG oder das regelmäßige Abreinigen des Filtermediums erfolgt häufig. Wirksame Zündquellen, insbesondere eingetragene Zündquellen oder Selbstentzündung, z. B. im Bereich von Ablagerungen, werden sicher vermieden.		Zone 20	keine
		Hinweis: *Bei Stäuben mit einer MZE < 10 mJ ist eine Einzelfallbetrachtung erforderlich.*			
		a2) Wie a1), jedoch ist die MZE < 3 mJ.		Zone 20	erforderlich
		a3) Wie a1), jedoch können wirksame Zündquellen, insbesondere eingetragene Zündquellen (z. B. Glimmnester oder Funken) oder Selbstentzündung im Abscheider nicht sicher vermieden werden.		Zone 20	erforderlich, insbesondere Punkte 2.4 und 2.9
		b) Das Auftreten von g. e. A. ist gelegentlich möglich.			
		b1) Die Konzentration des erfassten und abzuscheidenden Staubes liegt betriebsmäßig unter der UEG (Objektabsaugung, Aspiration) und das Abreinigen des Filtermediums erfolgt nur gelegentlich, z. B. am Schichtende. Wirksame Zündquellen, insbesondere eingetragene Zündquellen oder Selbstentzündung, z. B. im Bereich von Ablagerungen, werden sicher vermieden.	4.2	Zone 21	keine

Nr.	Beispiel	Merkmale/Bemerkungen/ Voraussetzungen/Hinweise	Schutzmaßnahmen nach TRGS 722	Festlegung der Zonen zur Zündquellenvermeidung nach TRGS 723	Schutzmaßnahmen nach TRGS 724
(Sp. 1)	(Sp. 2)	(Sp. 3)	(Sp. 4)	(Sp. 5)	(Sp. 6)
zu 3.3.5.1	(Rohgasraum)	*Hinweis:* *Bei Stäuben mit einer MZE < 10 mJ ist eine Einzelfallbetrachtung erforderlich.*			
		b2) Wie b1), jedoch können wirksame Zündquellen, insbesondere eingetragene Zündquellen (z. B. Glimmnester oder Funken) oder Selbstentzündung im Abscheider nicht sicher vermieden werden.	4.2	Zone 21	erforderlich, insbesondere Punkte 2.4 und 2.9
		c) Bildung von g. e. A. nicht zu erwarten.			
		c1) Wie a3) oder b2), jedoch wird g. e. A. durch Inertisieren immer sicher verhindert. Die Inertisierung kann mit Feststoffen oder Gasen erfolgen. Bei der Inertisierung mit Gasen ist sichergestellt, dass in Zeiten in denen keine Inertisierung vorliegt, z. B. beim Stillstand der Anlage keine nennenswerten Staubablagerungen vorhanden sind.	4.3 u. Anh. 2	keine Zone	keine
		d) Das Auftreten von g. e. A. ist nur selten und dann auch nur kurzzeitig möglich.			
		d1) Wie c1), jedoch ist trotz der Inertisierung der Anlage prozessbedingt (z. B. beim Stillstand der Anlage) kurzzeitig mit dem Auftreten von g. e. A. durch Aufwirbeln von Staubablagerungen zu rechnen. Während der Betriebszustände mit nicht ausreichender Inertisierung werden wirksame Zündquellen sicher vermieden.	4.3 u. Anh. 2	Zone 22	keine

Nr.	Beispiel	Merkmale/Bemerkungen/ Voraussetzungen/Hinweise	Schutzmaß- nahmen nach TRGS 722	Festlegung der Zonen zur Zünd- quellenvermeidung nach TRGS 723	Schutzmaß- nahmen nach TRGS 724
(Sp. 1)	(Sp. 2)	(Sp. 3)	(Sp. 4)	(Sp. 5)	(Sp. 6)
zu 3.3.5.1	(Rohgasraum)	d2) Wie d1), jedoch können während der Betriebszustände mit nicht ausreichender Inertisierung wirksame Zündquellen nicht sicher vermieden werden.	4.3 u. Anh. 2	Zone 22	erforderlich, insbesondere Punkte 2.4 und 2.9
		e) Das Auftreten von g. e. A. ist gelegentlich möglich.			
		e1) Wie c1), jedoch ist trotz der Inertisierung der Anlage prozessbedingt (z. B. beim An- und Abfahren) gelegentlich mit dem Auftreten von g. e. A. zu rechnen. Während der Betriebszustände mit nicht ausreichender Inertisierung werden wirksame Zündquellen sicher vermieden.	4.3 u. Anh. 2	Zone 21	keine
		e2) Wie c1), jedoch ist trotz der Inertisierung der Anlage prozessbedingt (z. B. beim An- und Abfahren) oder bei Fehlern in der Inertisierung oder deren Überwachung gelegentlich mit dem Auftreten von g. e. A. zu rechnen. Während der Betriebszustände mit nicht ausreichender Inertisierung können wirksame Zündquellen nicht sicher vermieden werden.	4.3 u. Anh. 2	Zone 21	erforderlich, insbesondere Punkte 2.4 und 2.9

Nr.	Beispiel	Merkmale/Bemerkungen/Voraussetzungen/Hinweise	Schutzmaßnahmen nach TRGS 722	Festlegung der Zonen zur Zündquellenvermeidung nach TRGS 723	Schutzmaßnahmen nach TRGS 724
(Sp. 1)	(Sp. 2)	(Sp. 3)	(Sp. 4)	(Sp. 5)	(Sp. 6)
3.3.5.2	**Reingasraum**	**a) Das Auftreten von g. e. A. ist gelegentlich möglich.**			
		a1) Im Rohgasraum liegt die Konzentration des erfassten und abzuscheidenden Staubes ständig oder über lange Zeiträume über der UEG. In Folge einer Filterstörung (z. B. Filterdurchbruch, Dichtungsprobleme) kann auf der Reinluftseite g. e. A. auftreten, es werden jedoch keine Maßnahmen zur kurzfristigen Erkennung und Beseitigung der Staubfreisetzung ergriffen. Wirksame Zündquellen werden sicher vermieden, (z. B. Einsatz von geeignetem Ventilator).		Zone 21	keine
		a2) Wie a1), jedoch können wirksame Zündquellen nicht sicher vermieden werden.		Zone 21	erforderlich, insbesondere Punkte 2.4 und 2.9
		b) Das Auftreten von g. e. A. ist nur selten und dann auch nur kurzzeitig möglich.			
		b1) Wie a1), jedoch wird ein Filterdurchbruch kurzfristig erkannt (z. B. durch ein Überwachungssystem) und Anlage wird unverzüglich abgefahren und instandgesetzt.		Zone 22	keine
		b2) Wie a2), jedoch wird ein Filterdurchbruch kurzfristig erkannt (z. B. durch ein Überwachungssystem) und Anlage wird unverzüglich abgefahren und instandgesetzt.		Zone 22	erforderlich, insbesondere Punkte 2.4 und 2.9

Nr.	Beispiel	Merkmale/Bemerkungen/ Voraussetzungen/Hinweise	Schutzmaß-nahmen nach TRGS 722	Festlegung der Zonen zur Zündquellenvermeidung nach TRGS 723	Schutzmaß-nahmen nach TRGS 724
(Sp. 1)	(Sp. 2)	(Sp. 3)	(Sp. 4)	(Sp. 5)	(Sp. 6)
zu 3.3.5.2	(Reingasraum)	b3) Die Konzentration des erfassten und abzuscheidenden Staubes im Rohgasraum liegt betriebsmäßig unter der UEG. Bei einem Filterdurchbruch oder fehlendem Filterelement wird nur sehr wenig Staub auf die Reingasseite verschleppt. Hierdurch kann im Reingasraum g. e. A. betriebsmäßig nur selten und dann nur kurzzeitig auftreten oder es kommt lediglich zu Staubablagerungen. Wirksame Zündquellen werden sicher vermieden (z. B. Einsatz von geeignetem Ventilator).		Zone 22	keine
		b4) Wie b3), jedoch können wirksame Zündquellen nicht sicher vermieden werden.		Zone 22	erforderlich, insbesondere 2.4 und 2.9
		c) Bildung von g. e. A. nicht zu erwarten.			
		c1) Wie b3) oder b4), jedoch ist die Staubmenge so gering, dass betriebsmäßig weder g. e. A. noch Staubablagerungen auftreten. Zusätzlich wird ein Filterdurchbruch kurzfristig erkannt (z. B. durch ein Überwachungssystem) und Anlage wird unverzüglich abgefahren, gereinigt und instandgesetzt.		keine Zone	keine

Nr.	Beispiel	Merkmale/Bemerkungen/ Voraussetzungen/Hinweise	Schutzmaßnahmen nach TRGS 722	Festlegung der Zonen zur Zündquellenvermeidung nach TRGS 723	Schutzmaßnahmen nach TRGS 724
(Sp. 1)	(Sp. 2)	(Sp. 3)	(Sp. 4)	(Sp. 5)	(Sp. 6)
zu 3.3.5.2	(Reingasraum)	c2) Durch Einsatz eines nachgeschalteten differenzdrucküberwachten Sicherheitsfilters (Polizeifilter) wird g. e. A. auf der Reinluftseite des nachgeschalteten Sicherheitsfilters auch im Falle eines Filterdurchbruchs am Hauptfilter vermieden. Im Fall eines Ansprechens der Differenzdrucküberwachung wird die Anlage umgehend abgefahren, gereinigt und instandgesetzt.	4.2	keine Zone nach Polizeifilter	keine
		c3) Starrkörper-Filterelemente wie z. B. Plattenfilter, Keramikfilter (Filterdurchbruch konstruktionsbedingt nicht möglich). Der korrekte Einbau der Filter ist überprüft.	4.2	keine Zone	keine
3.3.6	**Silos, Bunker**	**a) G. e. A. tritt ständig, langzeitig oder häufig auf. Das Produkt wird häufig ein- und ausgetragen oder umgewälzt und bleibt langzeitig in Schwebe. Wirksame (auch eingetragene) Zündquellen werden sicher vermieden.**[Bild 114]		Zone 20	keine
		b) Wie a), jedoch kann der Eintrag von wirksamen Zündquellen (z. B. Glimmnester) nicht sicher vermieden werden.		Zone 20	erforderlich
		c) G. e. A. tritt gelegentlich auf (z. B. Lagersilos mit geringer Entleerrate oder gelegentlich abfallende Anbackungen an Wänden). Wirksame (auch eingetragene) Zündquellen werden sicher vermieden.		Zone 21	keine
		d) Wie c), jedoch kann der Eintrag von wirksamen Zündquellen (z. B. Glimmnester) nicht sicher vermieden werden.		Zone 21	erforderlich

Nr.	Beispiel	Merkmale/Bemerkungen/ Voraussetzungen/Hinweise	Schutzmaßnahmen nach TRGS 722	Festlegung der Zonen zur Zündquellenvermeidung nach TRGS 723	Schutzmaßnahmen nach TRGS 724
(Sp. 1)	(Sp. 2)	(Sp. 3)	(Sp. 4)	(Sp. 5)	(Sp. 6)
zu 3.3.6	(Silos, Bunker)	e) **G. e. A. tritt normalerweise nicht auf. Es werden nur grobkörnige Stoffe mit geringem Feinanteil in großvolumige Silos eingetragen (z. B. Silos für gereinigtes Getreide).**		Zone 22	keine
		f) **G. e. A. im Silo bzw. Bunker durch Inertisierung immer sicher verhindert. Es ist zu beachten, dass auch bei ausreichender Inertisierung zum Vermeiden von Staubexplosionen, ein Entzünden von abgelagertem Staub möglich sein kann.**	4.3 u. Anh. 2	keine Zone	keine
3.3.7	**Mühlen und Auffangbehälter (Mahlgut)**	*Hinweis:* *Mühlennachbehälter bilden häufig eine Einheit mit der Mühle. Weitere Beispiele für nachgeschaltete Behälter werden unter 3.2 beschrieben.*			
3.3.7.1	**Mühlen**	a) **G. e. A. betriebsmäßig zu erwarten. Mühle (z. B. Hammermühle) ist im Fall von Störungen als wirksame Zündquelle anzusehen.** Bild 110		Zone 20	erforderlich
		b) **Wie a) jedoch kann die Mühle konstruktionsbedingt auch bei seltenen Störungen nicht als Zündquelle wirksam werden (z. B. Luftstrahlmühle ohne Rotorsichter).** Bild 111		Zone 20	keine
		c) **Aufgrund des hohen Stoffstromes ist g. e. A. nur gelegentlich beim An- und Abfahren zu erwarten, z. B. bei Kugelmühlen oder Walzenstühlen. Geräteeigene Zündquellen treten i.d.R. bei diesen Mühlentypen nicht auf.**		Zone 21	erforderlich, sofern der Eintrag von Zündquellen nicht hinreichend vermieden werden kann

Nr.	Beispiel	Merkmale/Bemerkungen/ Voraussetzungen/Hinweise	Schutzmaßnahmen nach TRGS 722	Festlegung der Zonen zur Zündquellenvermeidung nach TRGS 723	Schutzmaßnahmen nach TRGS 724
(Sp. 1)	(Sp. 2)	(Sp. 3)	(Sp. 4)	(Sp. 5)	(Sp. 6)
zu 3.3.7.1	(Mühlen)	**d) Wie c), jedoch kann der Eintrag von Zündquellen im Normalbetrieb und bei vorhersehbaren Störungen sicher vermieden werden.**		Zone 21	keine
		e) Wie a), b), c) oder d), jedoch ist g. e. A. durch Inertisierung immer sicher verhindert. Bild 112	4.3 u. Anh. 2	keine Zone	keine
3.3.7.2	**Auffangbehälter (Mahlgut)**	**a) G. e. A. betriebsmäßig zu erwarten. Eintrag von Zündquellen aus der vorgeschalteten Mühle möglich.**		Zone 20	erforderlich
		b) Wie a) jedoch ist g. e. A. durch Inertisierung immer sicher verhindert. **Weitere Beispiele für nachgeschaltete Behälter siehe 3.2.**	4.3 u. Anh. 2	keine Zone	keine
3.3.8	**Mischer (z. B. mechanische Mischer, mit oder ohne bewegliche Einbauten)**	**Die nachfolgenden Beispiele basieren auf praxisnahen Versuchen mit verschiedenen Horizontal- und Vertikalmischern. Die Versuche wurden mit unterschiedlichen Stäuben durchgeführt. Das Forschungsvorhaben hat gezeigt, dass wie bisher angewendet, ein Füllgrad von mindestens 70 % nicht grundsätzlich zur Vermeidung von g. e. A. führt.** **a) Das Auftreten von g. e. A. ist gelegentlich möglich.**			
		a1) Diskontinuierlich betriebene Vertikalmischer, Konusmischer: G. e. A. ist aufgrund einer geringen Staubungsneigung der Mischgüter und maximalen Umfangsgeschwindigkeit der beweglichen Einbauten von < 1 m•s^{-1} nur während des Befüllens und Entleerens vorhanden. Geräteeigene Zündquellen werden sicher vermieden. Der Eintrag von Zündquellen (z. B. Glimmnester) ist sicher vermieden.	4.2	Zone 21	keine

Nr.	Beispiel	Merkmale/Bemerkungen/ Voraussetzungen/Hinweise	Schutzmaß- nahmen nach TRGS 722	Festlegung der Zonen zur Zünd- quellenvermeidung nach TRGS 723	Schutzmaß- nahmen nach TRGS 724
(Sp. 1)	(Sp. 2)	(Sp. 3)	(Sp. 4)	(Sp. 5)	(Sp. 6)
zu 3.3.8	(Mischer (z. B. mechanische Mischer, mit oder ohne bewegliche Einbauten))	a2) Wie a1), jedoch können wirksame Zündquellen nicht sicher vermieden werden.	4.2	Zone 21	erforderlich
		b) G. e. A. tritt ständig, langzeitig oder häufig auf.			
		b1) Kontinuierliche und diskontinuierliche Mischer ohne bewegliche Einbauten: Das Staub/Luft-Gemisch liegt betriebsmäßig im Explosionsbereich. Geräteeigene Zündquellen werden sicher vermieden. Der Eintrag von Zündquellen (z. B. Glimmnester) ist sicher vermieden.[Bild 113]		Zone 20	keine
		b2) Kontinuierliche und diskontinuierliche Mischer mit beweglichen Einbauten (z. B. Horizontalmischer, Vertikalmischer). Geräteeigene Zündquellen werden sicher vermieden. Die beweglichen Einbauten können aufgrund der Konstruktion und Bauweise (Spaltmaß zwischen Wand und beweglichen Teilen, Wellenausführung und Lagerung) selbst bei seltenen Störungen nicht zur wirksamen Zündquelle werden. Zur Vermeidung wirksamer Zündquellen wird z. B. berücksichtigt:		Zone 20	keine

Nr.	Beispiel	Merkmale/Bemerkungen/ Voraussetzungen/Hinweise	Schutzmaßnahmen nach TRGS 722	Festlegung der Zonen zur Zündquellenvermeidung nach TRGS 723	Schutzmaßnahmen nach TRGS 724
(Sp. 1)	(Sp. 2)	(Sp. 3)	(Sp. 4)	(Sp. 5)	(Sp. 6)
zu 3.3.8	(Mischer (z. B. mechanische Mischer, mit oder ohne bewegliche Einbauten))	– überwachte Spülung der Wellendurchführungen, – Temperaturüberwachung an Teilen, bei denen ein Heißlaufen nicht sicher vermieden werden kann (z. B. innenliegende Lager), – Verzicht auf lösbare Verbindungen im Inneren, – regelmäßige Wartung und Instandhaltung Der Eintrag von Zündquellen (z. B. Glimmnester, Fremdkörper) ist sicher vermieden.			
		b3) Wie b1) oder b2), jedoch können Zündquellen nicht sicher vermieden werden.		Zone 20	erforderlich
		c) Wie b2), jedoch können während des Mischens geräteeigene Zündquellen nicht sicher vermieden werden, allerdings wird g. e. A. durch Inertisierung soweit verhindert, dass diese Zündquellen nicht wirksam werden. **Je nach Wirksamkeit der Inertisierung kann g. e. A. während des Mischens nicht, selten und nur kurzzeitig oder gelegentlich auftreten.** **Während des Befüllens und Entleerens können Zündquellen sicher vermieden werden.** **Es ist zu beachten, dass auch bei ausreichender Inertisierung zum Vermeiden von Staubexplosionen ein Entzünden von abgelagertem Staub möglich sein kann.** **Der Eintrag von Zündquellen (z. B. Glimmnester) ist sicher vermieden.**	4.3 u. Anh. 2	Zone 21	keine

Nr.	Beispiel	Merkmale/Bemerkungen/ Voraussetzungen/Hinweise	Schutzmaß-nahmen nach TRGS 722	Festlegung der Zonen zur Zünd-quellenvermeidung nach TRGS 723	Schutzmaß-nahmen nach TRGS 724
(Sp. 1)	(Sp. 2)	(Sp. 3)	(Sp. 4)	(Sp. 5)	(Sp. 6)
zu 3.3.8	(Mischer (z. B. mechanische Mischer, mit oder ohne bewegliche Einbauten))	**d) Wie c), jedoch können sowohl während des Befüllens bzw. Entleerens als auch während des Mischens geräteeigene störungsbedingte Zündquellen nicht sicher vermieden werden, allerdings wird g. e. A. durch Inertisierung in allen o.g. Prozessschritten soweit verhindert, dass diese Zündquellen nicht wirksam werden. Nach dem Entleeren können Staubablagerungen im Mischer vorhanden sein, die durch Aufwirbeln g. e. A. bilden können. Der Eintrag von Zündquellen (z. B. Glimmnester) ist sicher vermieden.**	4.3 u. Anh. 2	Zone 22	keine
		e) Diskontinuierliche Mischer mit bewegten Einbauten, bei denen während der Befüllung über die Zugabereihenfolge sichergestellt wird, dass zunächst die inerten Stoffe und danach die explosionsfähigen Stoffe eingefüllt werden. In der Fertigmischung ist der Anteil inerter Feststoffe > 90%. Während der Zugabe wird die Umfangsgeschwindigkeit des Mischers auf < 1 m/s begrenzt. Schnelllaufende Mischwerkzeuge sind während des Befüllvorgangs abgeschaltet. Zündquellen können sicher vermieden werden. Entmischung ist verhindert. Der Eintrag von Zündquellen (z. B. Glimmnester) ist sicher vermieden.	4.3 u. Anh. 2	Zone 21: im Mischer Zone 21: in der Befüllstelle	keine

Nr.	Beispiel	Merkmale/Bemerkungen/ Voraussetzungen/Hinweise	Schutzmaßnahmen nach TRGS 722	Festlegung der Zonen zur Zündquellenvermeidung nach TRGS 723	Schutzmaßnahmen nach TRGS 724
(Sp. 1)	(Sp. 2)	(Sp. 3)	(Sp. 4)	(Sp. 5)	(Sp. 6)
3.3.9	**Trockner**				
3.3.9.1	**Wirbelschichtanlagen (Wirbelschichtgranulatoren, Wirbelschichttrockner, Wirbelschichtcoating-Anlagen)**				
3.3.9.1.1	**Zuluftvorwärmer**	**a) Frischluftbetrieb: Konstruktionsbedingt ist kein Eindringen von Staub in gefahrdrohender Menge zu erwarten; auch wenn im Produktraum (siehe 3.3.9.1.3) hybride Gemische während der Trocknung auftreten können, ist im Zuluftvorwärmbereich das Auftreten von Lösungsmittel/Luft-Gemischen nicht zu erwarten.** Bild 104	4.2	keine Zone	keine
		b) Kreisgasbetrieb: Verfahrensbedingt können Staubablagerungen nicht in gefahrdrohender Menge auftreten. Hybride Gemische können infolge Kondensation und Reinigungsstufen im Kreisgas vermieden werden. Bild 104	4.2	keine Zone	keine
3.3.9.1.2	**Luftverteiler**	**a) Aufgrund der Produkteigenschaften (z. B. Partikelgröße) und der Konstruktion des Luftverteilerbodens kann kein Produkt durch den Luftverteilerboden fallen und Staubablagerungen in gefahrdrohender Menge können vermieden werden.**	4.2	keine Zone	keine
		b) Produkt kann durch den Luftverteilerboden fallen und es können Staubablagerungen in gefahrdrohender Menge auftreten. Bilder 104, 105	4.2	Zone 22	keine

Nr.	Beispiel	Merkmale/Bemerkungen/ Voraussetzungen/Hinweise	Schutzmaßnahmen nach TRGS 722	Festlegung der Zonen zur Zündquellenvermeidung nach TRGS 723	Schutzmaßnahmen nach TRGS 724
(Sp. 1)	(Sp. 2)	(Sp. 3)	(Sp. 4)	(Sp. 5)	(Sp. 6)
zu 3.3.9.1.2	(Luftverteiler)	**c) Wie a), jedoch können infolge lösungsmittelfeuchten Produkts oder durch den Sprühprozess bedingt Gas- bzw. Dampf/Luft-Gemische nicht sicher vermieden werden, kann zusätzlich zu a) g. e. A. durch Lösungsmitteldampf/Luft-Gemische störungsbedingt im Bereich des Luftverteilers auftreten.**	4.2	Zone 2	erforderlich
		d) Wie b), jedoch können infolge lösungsmittelfeuchten Produkts oder durch den Sprühprozess bedingt hybride Gemische nicht sicher vermieden werden, kann zusätzlich zu b) g. e. A. durch Lösungsmitteldampf/Luft-Gemische störungsbedingt im Bereich des Luftverteilers auftreten.		Zone 22 Zone 2	erforderlich
3.3.9.1.3	**Produktraum**	**a) Aufgrund der Produkteigenschaften (z. B. staubarme, abriebfeste Granulate) ist im Produktraum beim Trocknen g. e. A. betriebsmäßig nicht zu erwarten. Staubablagerungen können nicht sicher vermieden werden; es werden keine lösungsmittelfeuchten Produkte eingesetzt; es werden keine brennbaren Lösungsmittel versprüht. Der Eintrag von Zündquellen in den Trockner kann sicher vermieden werden. Entstehung von Selbstentzündung kann verfahrensbedingt und/oder produktbedingt sicher vermieden werden.**[Bild 104]	4.2	Zone 22	keine

Nr.	Beispiel	Merkmale/Bemerkungen/ Voraussetzungen/Hinweise	Schutzmaß- nahmen nach TRGS 722	Festlegung der Zonen zur Zünd- quellenvermeidung nach TRGS 723	Schutzmaß- nahmen nach TRGS 724
(Sp. 1)	(Sp. 2)	(Sp. 3)	(Sp. 4)	(Sp. 5)	(Sp. 6)
zu 3.3.9.1.3	(Produktraum)	b) **Im Produktraum kann beim Trocknen grobkörniger oder granulatartiger Produkte g. e. A. örtlich oder zeitlich begrenzt auftreten, z. B. bei nicht abriebfesten Produkten oder bei nicht vernachlässigbarem Feinanteil. Es werden keine lösungsmittelfeuchten Produkte eingesetzt; es werden keine brennbaren Lösungsmittel versprüht. Der Eintrag von Zündquellen in den Trockner kann sicher vermieden werden. Entstehung von Selbstentzündung kann verfahrensbedingt und/oder produktbedingt sicher vermieden werden.**	4.2	Zone 21	keine
		c) **Im Produktraum kann beim Trocknen staubförmiger Produkte g. e. A. auftreten.**[Bild 105] **Es werden keine lösungsmittelfeuchten Stäube eingesetzt; es werden keine brennbaren Lösungsmittel versprüht. Der Eintrag von Zündquellen in den Trocknern kann sicher vermieden werden. Entstehung von Selbstentzündung kann verfahrensbedingt und/oder produktbedingt sicher vermieden werden.** *Hinweis: Bei Stäuben mit einer MZE < 10 mJ ist eine Einzelfallbetrachtung erforderlich.*		Zone 20	keine

Nr.	Beispiel	Merkmale/Bemerkungen/ Voraussetzungen/Hinweise	Schutzmaß- nahmen nach TRGS 722	Festlegung der Zonen zur Zünd- quellenvermeidung nach TRGS 723	Schutzmaß- nahmen nach TRGS 724
(Sp. 1)	(Sp. 2)	(Sp. 3)	(Sp. 4)	(Sp. 5)	(Sp. 6)
zu 3.3.9.1.3	(Produktraum)	**d) Wie c), jedoch wird der Trockner inertisiert. Trotz der Inertisierung der Anlage ist entweder – bei Fehlern in der Inertisierung oder – bei Fehlern in der Überwachung der Inertisierung oder – bei Ablagerungen nach Aufheben der Inertisierung selten und kurzzeitig mit dem Auftreten von g. e. A. zu rechnen. Während der Betriebszustände mit nicht ausreichender Inertisierung werden wirksame Zündquellen vermieden.**	4.5 4.3 u. Anh. 2	Zone 22	keine
		e) Wie c), jedoch wird der Trockner inertisiert. Trotz der Inertisierung der Anlage ist entweder – bei Fehlern in der Inertisierung oder – bei Fehlern in der Überwachung der Inertisierung gelegentlich mit Auftreten von g. e. A. zu rechnen. Während der Betriebszustände mit nicht ausreichender Inertisierung werden wirksame Zündquellen vermieden.	4.5 4.3 u. Anh. 2	Zone 21	keine
		f) Wie a) bis c), jedoch kann das Vermeiden wirksamer Zündquellen nicht vollständig umgesetzt werden, daher wird der Trockner mit konstruktiven Explosionsschutzmaßnahmen geschützt.	4.5	Zone wie a) bis c)	erforderlich
		g) Wie c), jedoch ist das Auftreten hybrider Gemische während des Trocknungsprozesses nicht sicher vermieden; bedingt durch die hohe Luftzufuhr treten explosionsfähige Dampf/Luft-Gemische nur gelegentlich auf.	4.5	Zone 1 Zone 20	erforderlich

Nr.	Beispiel	Merkmale/Bemerkungen/ Voraussetzungen/Hinweise	Schutzmaßnahmen nach TRGS 722	Festlegung der Zonen zur Zündquellenvermeidung nach TRGS 723	Schutzmaßnahmen nach TRGS 724
(Sp. 1)	(Sp. 2)	(Sp. 3)	(Sp. 4)	(Sp. 5)	(Sp. 6)
zu 3.3.9.1.3	(Produktraum)	**h) Wie c), jedoch ist das Auftreten hybrider Gemische nicht sicher vermieden; daher wird der Trockner so inertisiert, dass die Bildung von g. e. A. sicher vermieden werden kann.**	4.5 4.3 u. Anh. 2 4.3 Abs. 6. u. 7	keine Zone	keine
3.3.9.1.4	**Produktraum bei eingebautem Produktrückhaltefilter**	Siehe 3.3.5.1 (Rohgasraum).			
3.3.9.1.5	**Umgebung der Wirbelschichtanlage**	**a) Im geöffneten Zustand der Wirbelschichtanlage treten Staubablagerungen in der Umgebung normalerweise nicht auf; wider Erwarten auftretende Staubablagerungen werden sofort entfernt.**	4.2 4.2.3 Abs. 6 – 9	keine Zone	keine
		b) Im geöffneten Zustand der Wirbelschichtanlage können Staubablagerungen in der Umgebung in gefahrdrohender Menge auftreten. Regelmäßige Reinigung wird durchgeführt.	4.2 4.2.3 Abs. 6 – 9	Zone 22	keine
		c) Zusätzlich zu a) kann es selten zu g. e. A. durch Lösungsmitteldampf/Luft-Gemische kommen.	4.2 4.2.3 Abs. 6 – 9 4.6	Zone 2	keine
		d) Zusätzlich zu b) kann es selten zu g. e. A. durch Lösungsmitteldampf/Luft-Gemische kommen.	4.2 4.2.3 Abs. 6 – 9 4.6	Zone 22 Zone 2	keine
3.3.9.2	**Sprühtrocknungsanlagen**				
3.3.9.2.1	**Heißluftzufuhr, Luftverteiler**	**Bildung von g. e. A. nicht zur erwarten, weil kein Eindringen von Staub in gefahrdrohender Menge zu erwarten. Lufterhitzung erfolgt indirekt.** Bild 106	4.2	keine Zone	keine

Nr.	Beispiel	Merkmale/Bemerkungen/ Voraussetzungen/Hinweise	Schutzmaßnahmen nach TRGS 722	Festlegung der Zonen zur Zündquellenvermeidung nach TRGS 723	Schutzmaßnahmen nach TRGS 724
(Sp. 1)	(Sp. 2)	(Sp. 3)	(Sp. 4)	(Sp. 5)	(Sp. 6)
3.3.9.2.2	**Trockenkammer**	a) **G. e. A. während des Betriebes der Anlage ständig oder häufig vorhanden. Dies gilt auch für den An- und Abfahrbetrieb.** [Bild 107] **G. e. A. im Nahbereich um den Zerstäuber nur selten vorhanden, da Produkt noch nicht ausreichend getrocknet.**		Zone 20 Zone 22: im Nahbereich um den Zerstäuber (zweifacher Scheibendurchmesser bei Zentrifugalzerstäubung oder zweifacher des Hülldurchmessers bei Düsenzerstäubung)	erforderlich
		b) **Wie a), jedoch können wirksame Zündquellen sicher vermieden werden, insbesondere Selbstentzündung und Elektrostatik müssen betrachtet werden.**		Zone 20 Zone 22: im Nahbereich um den Zerstäuber (zweifacher Scheibendurchmesser bei Zentrifugalzerstäubung oder zweifacher des Hülldurchmessers bei Düsenzerstäubung)	keine
		c) **Wie a), jedoch sicher inertisiert.** [Bild 108]	4.3 u. Anh. 2	keine Zone	keine
		d) **Wie a), jedoch wird Inertisierung zur regelmäßigen Reinigung aufgehoben.**	4.3 u. Anh. 2	Zone 22	keine
3.3.9.2.3	**Fließbett intern**	**Wirksame Zündquellen sind sicher vermieden.**			
		a) **Oberhalb des Siebbodens:** **G. e. A. während des Betriebes der Anlage ständig oder überwiegend vorhanden. Dies gilt auch für den An- und Abfahrbetrieb.** [Bild 106]		Zone 20	keine
		Unterhalb des Siebbodens: **G. e. A. selten, nur durch Staubablagerungen möglich.**		Zone 22	keine

Nr.	Beispiel	Merkmale/Bemerkungen/ Voraussetzungen/Hinweise	Schutzmaß-nahmen nach TRGS 722	Festlegung der Zonen zur Zündquellenvermeidung nach TRGS 723	Schutzmaß-nahmen nach TRGS 724
(Sp. 1)	(Sp. 2)	(Sp. 3)	(Sp. 4)	(Sp. 5)	(Sp. 6)
zu 3.3.9.2.3	(Fließbett intern)	**b) Wie a), jedoch wirksame Zündquellen sind nicht sicher vermieden.** Bild 107			
		Oberhalb des Siebbodens: Wie a).		Zone 20	erforderlich
		Unterhalb des Siebbodens: Wie a).		Zone 22	erforderlich
3.3.9.2.4	**Fließbett extern**				
3.3.9.2.4.1	**Oberhalb des Siebbodens**	**a) G. e. A. während des Betriebes der Anlage gelegentlich vorhanden. Dies gilt auch für den An- und Abfahrbetrieb.**		Zone 21	erforderlich, wenn das Eintragen von Zündquellen, z. B. aus der Trockenkammer, nicht sicher vermieden werden kann.
		b) G. e. A. während des Betriebes der Anlage ständig oder häufig vorhanden. Dies gilt auch für den An- und Abfahrbetrieb.		Zone 20	erforderlich, wenn das Eintragen von Zündquellen, z. B. aus der Trockenkammer, nicht sicher vermieden werden kann
3.3.9.2.4.2	**Unterhalb des Siebbodens**	**G. e. A. selten, nur durch Staubablagerungen möglich.** Bilder 106–107		Zone 22	keine

Nr.	Beispiel	Merkmale/Bemerkungen/ Voraussetzungen/Hinweise	Schutzmaßnahmen nach TRGS 722	Festlegung der Zonen zur Zündquellenvermeidung nach TRGS 723	Schutzmaßnahmen nach TRGS 724
(Sp. 1)	(Sp. 2)	(Sp. 3)	(Sp. 4)	(Sp. 5)	(Sp. 6)
3.3.9.2.5	**Zyklonabscheider**				
3.3.9.2.5.1	**Zuluftseite**	**G. e. A. während des Betriebes der Anlage ständig oder überwiegend vorhanden. Dies gilt auch für den An- und Abfahrbetrieb.**			
		a) Eingetragene und interne Zündquellen sowie die Übertragung von Explosionen sind sicher vermieden.		Zone 20	keine
		b) Wie a), jedoch können eingetragene oder interne Zündquellen oder Übertragung von Explosionen nicht sicher vermieden werden.		Zone 20	erforderlich
3.3.9.2.5.2	**Abluftseite**	**Einzelfallbetrachtung in Abhängigkeit von den Produkteigenschaften, der Betriebsweise und der Abscheideleistung des Zyklons.**			
		a) Das Auftreten von g. e. A. ist gelegentlich möglich.			
		a1) Eingetragene und interne Zündquellen sowie die Übertragung von Explosionen sind sicher vermieden.		Zone 21	keine
		a2) Wie a1), jedoch können eingetragene oder interne Zündquellen oder Übertragung von Explosionen nicht sicher vermieden werden.		Zone 21	erforderlich
		b) Das Auftreten von g. e. A. ist nur selten und dann auch nur kurzzeitig möglich.			
		b1) Eingetragene und interne Zündquellen sowie die Übertragung von Explosionen sind sicher vermieden.		Zone 22	keine
		b2) Wie b1), jedoch können eingetragene oder interne Zündquellen oder Übertragung von Explosionen nicht sicher vermieden werden.		Zone 22	erforderlich

Nr.	Beispiel	Merkmale/Bemerkungen/ Voraussetzungen/Hinweise	Schutzmaß-nahmen nach TRGS 722	Festlegung der Zonen zur Zündquellenvermeidung nach TRGS 723	Schutzmaß-nahmen nach TRGS 724
(Sp. 1)	(Sp. 2)	(Sp. 3)	(Sp. 4)	(Sp. 5)	(Sp. 6)
3.3.9.2.6	**Abluftfilter**	**Siehe 3.3.5.**			
3.3.9.2.7	**Feinpulverrückführung**	**G. e. A. während des Betriebes der Anlage gelegentlich vorhanden.**		Zone 21	keine
3.3.9.3	**Hordentrockner/ Tellertrockner**	**G. e. A. tritt während des Trocknungsvorgangs normalerweise nicht auf. G. e. A. kurzzeitig durch Aufwirbeln abgelagerten Staubes in Folge von betrieblichen Störungen möglich. Die Trocknung wird so betrieben, dass die Bildung brennbarer Schwelgase und eine Selbstentzündung des Produktes sicher vermieden werden.**[109]		Zone 22	keine
3.3.10	**Stationäre Strahlanlagen**	**Die bei der Durchführung von Strahlarbeiten anfallenden Stäube können in Abhängigkeit der Kombination aus Strahlmittel, Werkstückmaterial und dem Werkstück anhaftenden Stoffen (z. B. Öle, Oberflächenbeschichtungen) sowie weiterer Strahlprozessparameter brennbar und im Gemisch mit Luft explosionsfähig sein.**			
3.3.10.1	**Inneres von Strahlanlagen**				
3.3.10.1.1	**Inneres von Strahlkammern**	**a) Die Bildung von g. e. A. ist verhindert durch Strahlen mit nicht explosionsfähigem Strahlmittel und Betrieb mit Strahlmittelaufbereitung (mit Entfernen des Feinanteils) und Absaugung sowie Vermeidung von nennenswerten Ablagerungen in der Strahlkammer.** **b) Wie a), jedoch nicht alle Bedingungen erfüllt: Einzelfallbetrachtung erforderlich.**	4.2 4.6.4	keine Zone	keine
3.3.10.1.2	**Inneres von Strahlmittelaufbereitungen**	**Zur Strahlmittelaufbereitung gehören:** **– Mechanische Fördereinrichtung, z. B. Schnecke, Elevator** **– Windsichter.**			

Nr.	Beispiel	Merkmale/Bemerkungen/ Voraussetzungen/Hinweise	Schutzmaßnahmen nach TRGS 722	Festlegung der Zonen zur Zündquellenvermeidung nach TRGS 723	Schutzmaßnahmen nach TRGS 724
(Sp. 1)	(Sp. 2)	(Sp. 3)	(Sp. 4)	(Sp. 5)	(Sp. 6)
zu 3.3.10.1.2	(Inneres von Strahlmittelaufbereitungen)	**a) Die Bildung von g. e. A. ist verhindert durch Verwendung von nicht explosionsfähigem Strahlmittel, Entfernen des Feinanteils und Absaugung. Ablagerungen werden konstruktionsbedingt vermieden.**	4.6.4	keine Zone	keine
		b) Wie a), jedoch können Ablagerungen nicht vermieden werden. Geräteeigene und eingetragene Zündquellen werden vermieden.		Zone 22	keine
3.3.10.1.3	**Inneres von Abscheidern**				
3.3.10.1.3.1	**Inneres von Nassabscheidern**	**Der anfallende Staub wird in einem Nassabscheider gebunden und fällt nur noch als Schlamm an. Gefährliche Staubanbackungen oder -ansammlungen werden vermieden. Beim Vorhandensein von Aluminium- und Leichtmetallstäuben wird die Ansammlung gefährlicher Wasserstoff/Luft-Gemische durch Lüftungsmaßnahmen vermieden. Eine hinreichende Verdünnung ist bei laufender Absaugung gewährleistet; bei Stillstand reichen üblicherweise Abströmöffnungen an der Abscheider-Oberseite zur Vermeidung von Anreicherung. Die Abscheidung des Nassabscheiders wird ständig überwacht, z. B. Füllstandskontrolle.**	4.1 4.2 4.6.3	keine Zone	keine
3.3.10.1.3.2	**Inneres von Trockenabscheidern**	**a) Das Auftreten von g. e. A. ist sicher verhindert, wenn** **– mit einem inerten Strahlmittel (Korund-, Glas-, Keramikanteil) gestrahlt wird und der Anteil dieser Strahlmittel im Strahlstaub größer 90 % ist oder** **– Stahlwerkstücke mit Korund gestrahlt werden oder** **– nachgewiesen wurde, dass der anfallende Strahlstaub nicht staubexplosionsfähig ist.**	4.2	keine Zone	keine

Nr.	Beispiel	Merkmale/Bemerkungen/ Voraussetzungen/Hinweise	Schutzmaßnahmen nach TRGS 722	Festlegung der Zonen zur Zündquellenvermeidung nach TRGS 723	Schutzmaßnahmen nach TRGS 724
(Sp. 1)	(Sp. 2)	(Sp. 3)	(Sp. 4)	(Sp. 5)	(Sp. 6)
zu 3.3.10.1.3.2	(Inneres von Trockenabscheidern)	**b) Das Auftreten von g. e. A. ist nicht sicher verhindert, siehe 3.3.5 Filternde Abscheider (Filter).** *Hinweis: Bei Strahlen von Leichtmetallen bzw. Leichtmetall-Eisen-Kombinationen ist eine Einzelfallbetrachtung erforderlich.*			
3.3.10.1.4	**Inneres von Rohrleitungen**	**a) Gefährliche Staubablagerungen sind durch geeignete Leitungsführung (Einzelabsaugung) und Sicherstellung einer hohen Strömungsgeschwindigkeit sowie regelmäßiger Kontrolle und Reinigung vermieden.**	4.6.3	keine Zone	keine
		b) Zentralabsaugung mit mehreren Absaugstellen. Staubablagerungen können nicht sicher vermieden werden.	4.6.3	Zone 22	keine
3.3.10.2	**Umgebung von Strahlanlagen**	**Umgebung der Strahlkammer, der Strahlmittelaufbereitung, der Abscheider, Luftrückführungsstellen.**			
		a) Staubaustritt wird durch Unterdruckfahrweise vermieden. Ablagerungen von Strahlstaub und Strahlmittel werden durch ein festgelegtes Reinigungsmanagement beseitigt.	4.5.4 4.2.3 Abs. 6 – 9	keine Zone	keine
		b) Wie a); jedoch sind aufgrund fehlenden Reinigungsmanagements insbesondere im Bereich der Filter und Luftrückführung Staubablagerungen nicht sicher vermieden.	4.5.4	Zone 22: in einem Bereich um die Austrittstelle bis zum Boden. Ausdehnung ist vom Einzelfall abhängig	keine
		c) bei Verwendung von Nassabscheidern zum Abscheiden von Leichtmetallstäuben ist die Ansammlung von Wasserstoff im Deckenbereich durch Lüftungsmaßnahmen verhindert.	4.6	keine Zone	keine

Nr.	Beispiel	Merkmale/Bemerkungen/Voraussetzungen/Hinweise	Schutzmaß-nahmen nach TRGS 722	Festlegung der Zonen zur Zünd-quellenvermeidung nach TRGS 723	Schutzmaß-nahmen nach TRGS 724
(Sp. 1)	(Sp. 2)	(Sp. 3)	(Sp. 4)	(Sp. 5)	(Sp. 6)
3.3.11	**Freistrahlräume**				
3.3.11.1	**Inneres von Freistrahlräumen bei Strahlarbeiten**	**Ausführung von manuellen Strahlarbeiten in abgesaugten Räumen.**			
3.3.11.1.1	**Strahlarbeiten mit kontinuierlicher Rückführung**	**Das Strahlmittel wird vollflächig erfasst und kontinuierlich dem Strahlmittelkreislauf zurückgeführt, siehe 3.3.10.1.1.**			
3.3.11.1.2	**Strahlarbeiten mit diskontinuierlicher Rückführung**	**Beim Strahlen ist aufgrund der Absaugung nur mit einem sehr geringen Staubanteil im abgelagerten Strahlmittel und somit nicht mit dem Auftreten von g. e. A. zu rechnen. Das Strahlmittel wird nach Beendigung der Strahlarbeiten erfasst und dem Strahlmittelkreislauf zurückgeführt. Ein Überschreiten der UEG beim Reinigen ist unwahrscheinlich, kann aber nicht sicher vermieden werden.**	4.2 4.2.3 Abs. 6 – 9	Zone 22: gR	keine
3.3.11.2	**Inneres von Strahlmittelaufbereitungen**	**Siehe 3.3.10.1.2.**			
3.3.11.3	**Inneres von Abscheidern**	**Siehe 3.3.10.1.3.**			
3.3.11.4	**Inneres von Rohrleitungen**	**Siehe 3.3.10.1.4.**			
3.3.11.5	**Umgebung von Freistrahlräumen**	**Siehe 3.3.10.2.**			

Nr.	Beispiel	Merkmale/Bemerkungen/ Voraussetzungen/Hinweise	Schutzmaß-nahmen nach TRGS 722	Festlegung der Zonen zur Zündquellenvermeidung nach TRGS 723	Schutzmaß-nahmen nach TRGS 724
(Sp. 1)	(Sp. 2)	(Sp. 3)	(Sp. 4)	(Sp. 5)	(Sp. 6)
4	**Spezielle Anlagen**				
4.1	**Abwassertechnische Anlagen**	*Hinweis:* *Bei extremen Störungen oder Zugabe von reinem Sauerstoff sind zusätzliche Schutzmaßnahmen erforderlich.* *Dämpfe von außen eingetragener brennbarer Flüssigkeiten sind schwerer als Luft.* *Faulgas hat eine relative Dichte zur Luft von ca. 0,9. Das Ausbreitungsverhalten ist anhand des Dichteunterschiedes nicht eindeutig bestimmbar.*			
4.1.1	**Abwasserableitung**	**In den Abwasserableitungsanlagen ist im Normalbetrieb mit dem Auftreten einer g. e. A., durch Dämpfe brennbarer Flüssigkeiten (z. B. Benzin) und Gase (z. B. Faulgas, Flüssiggas) zu rechnen.**			
4.1.1.1	**Umschlossene Räume (Definition siehe DGUV Regel 103-003), in denen Abwasser gespeichert wird, sowie das Innere von Apparaten, Behältern und Leitungen geschlossener Ableitungssysteme (z. B. Pumpenvorlagen, Pumpensümpfe, Stollen, offene und geschlossene Regenbecken, Stauraumkanäle, Schächte, in die Druckrohre entlüftet werden, Dükerbauwerke)**	**Oberhalb der Flüssigkeit ist mit dem Auftreten einer g. e. A. zu rechnen (z. B. durch Dämpfe brennbarer Flüssigkeiten und/oder Faulgas).**			

Nr.	Beispiel	Merkmale/Bemerkungen/ Voraussetzungen/Hinweise	Schutzmaßnahmen nach TRGS 722	Festlegung der Zonen zur Zündquellenvermeidung nach TRGS 723	Schutzmaßnahmen nach TRGS 724
(Sp. 1)	(Sp. 2)	(Sp. 3)	(Sp. 4)	(Sp. 5)	(Sp. 6)
4.1.1.1.1	**In Räumen**	**a) Umschlossene Räume sind technisch gelüftet und durch Gaswarnanlagen überwacht. Automatische Schaltfunktionen der Gaswarnanlage mit Erhöhung der Lüftungsleistung.**	4.6.3 4.7.3	Zone 2: im Freisetzungsbereich in Abhängigkeit von der Freisetzungsrate und der Lüftung	keine
		b) Wie a), jedoch ohne Gaswarnanlage.	4.6.3	Zone 2: gR	keine
		c) Eine natürliche Lüftung ist gewährleistet.	4.6.2	Zone 1: gR	keine
4.1.1.1.2	**Im Freien**	**a) Die umschlossenen Räume sind natürlich gelüftet.**	4.6.2	Zone 2: bis Oberkante umschlossener Raum	keine
		b) Wie a), jedoch kann mit einer natürlichen Lüftung, z. B. bei tiefen Becken, nicht gerechnet werden.		Zone 1: bis Oberkante umschlossener Raum	keine
4.1.1.2	**Vom Abwasser durchflossene Räume (z. B. Kanäle, Druckrohrleitungen, durchflossene Schächte, Absturzbauwerke, Gerinne)**	**Oberhalb der Flüssigkeit ist mit dem Auftreten von Dämpfen brennbarer Flüssigkeiten und Gase zu rechnen.**			
		a) Die technische Lüftung ist so ausgelegt, dass oberhalb der Flüssigkeit nicht mit dem Auftreten einer g. e. A. zu rechnen ist.	4.6.3	keine Zone	keine
		b) Eine natürliche Lüftung ist vorhanden.	4.6.2	Zone 2: gR	keine
		c) Die natürliche Lüftung ist nicht vorhanden.		Zone 1: gR keine Zone: oberhalb des Kanaldeckels	keine

Nr.	Beispiel	Merkmale/Bemerkungen/ Voraussetzungen/Hinweise	Schutzmaßnahmen nach TRGS 722	Festlegung der Zonen zur Zündquellenvermeidung nach TRGS 723	Schutzmaßnahmen nach TRGS 724
(Sp. 1)	(Sp. 2)	(Sp. 3)	(Sp. 4)	(Sp. 5)	(Sp. 6)
4.1.1.3	**Räume, die über Öffnungen mit den unter 4.1.1.1 genannten Einrichtungen in Verbindung gebracht werden können (z. B. Räume mit trocken aufgestellten Abwasserpumpen oder geschlossenen Ableitungssystemen, Zugänge zu Regenbecken oder Stauräumen)**	**Beim Öffnen der Verbindungen zu unter 4.1.1.1 genannten Einrichtungen ist die Bildung einer g. e. A. nicht auszuschließen.**			
		a) Die Öffnung ist auf Dauer technisch dicht geschlossen und nur mit speziellen Hilfsmitteln zu öffnen; Raum mit natürlicher Lüftung.	4.5.2 4.6.2	keine Zone	keine
		b) Die Öffnung ist technisch dicht geschlossen; Raum mit natürlicher Lüftung.	4.5.3 4.6.2	Zone 2: 3 m um die Öffnung	keine
		c) Die Öffnung ist bestimmungsgemäß geschlossen, aber nicht technisch dicht; Raum mit natürlicher Lüftung; technische Lüftung der unter 4.1.1.1 genannten Einrichtungen bewirkt eine Luftströmung aus dem zu betrachtenden Raum in die unter 4.1.1.1 genannten Einrichtung.	4.5.4 4.6.2	keine Zone	keine
		d) Wie c), jedoch mit technischer Lüftung des Raumes und ohne technische Lüftung der unter 4.1.1.1 genannten Einrichtungen.	4.5.4 4.6.3	Zone 2: 1 m um die Öffnung	keine
		e) Wie d), jedoch natürliche Lüftung des Raumes.	4.5.4 4.6.2	Zone 1: 1 m um die Öffnung Zone 2: gR	keine

Nr.	Beispiel	Merkmale/Bemerkungen/ Voraussetzungen/Hinweise	Schutzmaß-nahmen nach TRGS 722	Festlegung der Zonen zur Zündquellenvermeidung nach TRGS 723	Schutzmaß-nahmen nach TRGS 724
(Sp. 1)	(Sp. 2)	(Sp. 3)	(Sp. 4)	(Sp. 5)	(Sp. 6)
4.1.2	**Abwasserbehandlung**	**Mit dem Auftreten einer g. e. A. durch Dämpfe brennbarer Flüssigkeiten ist vor allem in den Einlaufbereichen von Abwasserbehandlungsanlagen zu rechnen. Die Bildung einer g. e. A. durch Dämpfe brennbarer Flüssigkeiten ist auszuschließen, nachdem eine Abwasserbehandlung (z. B. in belüfteten Sandfängen, Belebungsbecken oder anderen Einrichtungen mit natürlicher oder technischer Lüftung) durchgeführt worden ist. Faulgase können durch lange Transportwege in der Abwasserleitung oder bei langen Verweilzeiten in der Abwasserbehandlungsanlage auftreten.**			
4.1.2.1	**Einlaufbauwerke, z. B. Schneckenhebewerke, Verteilerbauwerke**	**Oberhalb der Flüssigkeit ist mit dem Auftreten einer g. e. A. (z. B. durch Dämpfe brennbarer Flüssigkeiten und/oder Gase/Faulgas) zu rechnen.**			
		a) Abgedeckte Bauwerke mit technischer Lüftung.	4.6.3	Zone 2: gR	keine
		b) Wie a), jedoch mit natürlicher Lüftung.	4.6.2	Zone 1: gR	keine
		c) Nicht abgedeckte Bauwerke.	4.6.2	Zone 1: bis Oberkante Bauwerk	keine
4.1.2.2	**Rechenanlagen**	**Oberhalb der Flüssigkeit ist mit dem Auftreten einer g. e. A. (z. B. durch Dämpfe brennbarer Flüssigkeiten und/oder Faulgas) zu rechnen. In Abhängigkeit von vorgeschalteten Anlagenteilen kann die Wahrscheinlichkeit des Auftretens einer g. e. A. verringert werden.**			

Nr.	Beispiel	Merkmale/Bemerkungen/ Voraussetzungen/Hinweise	Schutzmaßnahmen nach TRGS 722	Festlegung der Zonen zur Zündquellenvermeidung nach TRGS 723	Schutzmaßnahmen nach TRGS 724
(Sp. 1)	(Sp. 2)	(Sp. 3)	(Sp. 4)	(Sp. 5)	(Sp. 6)
4.1.2.2.1	**In Räumen**	a) **Räume mit technischer Lüftung und durch Gaswarnanlagen mit Notfunktion überwacht (Abschaltung von Anlagenteilen, gefahrloses Abfahren der Anlagen).**	4.6.3 4.7.4	Zone 2: im Freisetzungsbereich in Abhängigkeit von der Freisetzungsrate und der Lüftung	keine
		b) **Räume mit technischer Lüftung.**	4.6.3	Zone 2: gR	keine
		c) **Wie b), jedoch mit natürlicher Lüftung.**	4.6.2	Zone 1: im Gerinne Zone 2: üR	keine
4.1.2.2.2	**Im Freien**	Wie 4.1.2.2, aber: Im Freien kann in Folge von Witterungseinflüssen gegenüber vergleichbaren Situationen in Räumen im Allgemeinen eine Zone mit geringeren Anforderungen festgelegt bzw. die Zonenausdehnung reduziert werden.		Zone 1: im Gerinne	keine
4.1.2.3	**Sandfang**	**Oberhalb der Flüssigkeit ist mit dem Auftreten einer g. e. A. (z. B. durch Dämpfe brennbarer Flüssigkeiten und/oder Gase/Faulgas) zu rechnen.**			
4.1.2.3.1	**Nicht belüfteter Sandfang**				
4.1.2.3.1.1	**In Räumen**	a) **Raum mit technischer Lüftung.**	4.6.3	Zone 2: im Gerinne	keine
		b) **Wie a), jedoch nur natürliche Lüftung.**	4.6.2	Zone 1: im Gerinne Zone 2: üR	keine
4.1.2.3.1.2	**Im Freien**		4.6.2	Zone 2: im Gerinne	keine

Nr.	Beispiel	Merkmale/Bemerkungen/ Voraussetzungen/Hinweise	Schutzmaßnahmen nach TRGS 722	Festlegung der Zonen zur Zündquellenvermeidung nach TRGS 723	Schutzmaßnahmen nach TRGS 724
(Sp. 1)	(Sp. 2)	(Sp. 3)	(Sp. 4)	(Sp. 5)	(Sp. 6)
4.1.2.3.2	**Belüfteter Sandfang**				
4.1.2.3.2.1	**In Räumen**	**a) Raum mit technischer Lüftung.**	4.6.3	keine Zone	keine
		b) Wie a), jedoch nur natürliche Lüftung.	4.6.2	Zone 2: gR	keine
4.1.2.3.2.2	**Im Freien**		4.6.2	keine Zone	keine
4.1.2.4	**Fäkalannahmestationen und deren Umgebung**	**Im Inneren der Fäkalannahmestation ist das Auftreten von g. e. A. zu erwarten.**			
4.1.2.4.1	**In Räumen**	**a) Objektabsaugung an der Austrittsstelle der Fäkalannahmestation.**	4.6.4	Zone 2: im Inneren	keine
		b) Aufstellungsraum mit technischer Lüftung.	4.6.3	Zone 1: im Inneren Zone 2: im Nahbereich der Anlage	keine
		c) Aufstellungsraum mit natürlicher Lüftung.	4.6.2	Zone 1: im Inneren Zone 2: üR	keine
4.1.2.4.2	**Im Freien**	**Objektabsaugung an der Austrittsstelle der Fäkalannahmestation.**	4.6.4	Zone 2: im Inneren	keine
4.1.2.5	**Weitere Anlagenbereiche der Abwasserbehandlung nach einer Behandlung wie unter 4.1.2.1, 4.1.2.2 und 4.1.2.3**	**Die Bildung einer g. e. A. ist nicht zu erwarten.**			
4.1.3	**Schlammbehandlung**	**Schlammbehandlung dient der Entwässerung und Stabilisierung vom Klärschlamm.**			
4.1.3.1	**Bauwerke, in denen Schlamm statisch eingedickt wird (Voreindicker) oder in denen nicht entwässerter und nicht anaerob stabilisierter Schlamm gespeichert wird (z. B. Schlammstapelbehälter)**	**Diese Bauwerke befinden sich grundsätzlich im Freien. Es muss mit Bildung einer g. e. A. durch Freisetzung von Faulgas gerechnet werden.**			

Nr.	Beispiel	Merkmale/Bemerkungen/ Voraussetzungen/Hinweise	Schutzmaß-nahmen nach TRGS 722	Festlegung der Zonen zur Zündquellenvermeidung nach TRGS 723	Schutzmaß-nahmen nach TRGS 724
(Sp. 1)	(Sp. 2)	(Sp. 3)	(Sp. 4)	(Sp. 5)	(Sp. 6)
4.1.3.1.1	**Abgedeckte Bauwerke**	**a) Z. B. technische Lüftung vorhanden.**	4.6.3	Zone 2: gesamtes Bauwerk	keine
		b) Wie a), jedoch mit natürlicher Lüftung.	4.6.2	Zone 1: gesamtes Bauwerk Zone 2: 1 m um Öffnungen des Bauwerkes	keine
4.1.3.1.2	**Offene Bauwerke**	**a) Natürliche Lüftung.**	4.6.2	Zone 2: gesamtes Bauwerk	keine
		b) Natürliche Lüftung ist nicht gewährleistet.		Zone 1: Inneres des offenen Behälters oder Schachtes keine Zone: außerhalb des offenen Behälters oder Schachtes	keine
4.1.3.2	**Geschlossene Faulbehälter**	**Eine g. e. A. kann im Faulbehälter durch Eindringen von Luft und in seiner Umgebung durch Ausströmen von Faulgas entstehen.**			
4.1.3.2.1	**Inneres des Gasraumes über dem Schlammspiegel (Faulbehälterkopf, Gashaube)**	**Inneres des Gasraumes, in dem entstehendes Faulgas gesammelt und zu Speicher, ggfs. Aufbereitung und Verbrauchern weitergeleitet wird.**			
		a) Im Normalbetrieb verhindert ein geringer Überdruck im Faulbehälterkopf ein Eindringen von Luft und damit die Bildung einer g. e. A. im Faulbehälter.	3.1	keine Zone: im Inneren des Gasraumes	keine
		b) Aufgrund zu erwartender Störungen oder gelegentlich auftretender verfahrensbedingter Betriebszustände kann auch im Normalbetrieb Luft in den Gasraum eintreten und so die OEG unterschritten werden. Das Auftreten von g. e. A. ist gelegentlich möglich.		Zone 1: über dem Schlammspiegel im Inneren des Gasraumes	keine

Nr.	Beispiel	Merkmale/Bemerkungen/ Voraussetzungen/Hinweise	Schutzmaßnahmen nach TRGS 722	Festlegung der Zonen zur Zündquellenvermeidung nach TRGS 723	Schutzmaßnahmen nach TRGS 724
(Sp. 1)	(Sp. 2)	(Sp. 3)	(Sp. 4)	(Sp. 5)	(Sp. 6)
4.1.3.2.2	**Öffnungen vom Gasraum zur Umgebung**	Siehe 4.1.4.1.2 und 4.1.4.4.			
4.1.3.3	**Schlammtasche**	**Unmittelbar am Faulturm angebrachter Schacht, in dem Schwimmschlamm und verdrängter Faulschlamm gesammelt werden.**			
		a) Nicht abgedeckte Schlammtasche.	4.6.2	Zone 1: gR im Schacht Zone 2: 1 m um Schachtoberkante	keine
		b) Abgedeckte Schlammtasche.		Zone 1: gR im Schacht Zone 2: 1 m um Öffnungen	keine
4.1.3.4	**Bauwerke (z. B. Trübwasserspeicher, Nacheindicker), in denen sich anaerob stabilisierter Schlamm (Faulschlamm) oder Trübwasser befindet**	**Diese Bauwerke befinden sich grundsätzlich im Freien. Es muss mit Bildung einer g. e. A. durch Freisetzung von Faulgas gerechnet werden. Siehe 4.1.3.1.**			
4.1.3.5	**Bereiche, in denen entwässerter Schlamm (anaerob oder aerob stabilisiert) gelagert wird**				
4.1.3.5.1	**In Räumen**	**a) Offene Lagerung (z. B. in einer Halle oder in offenen Containern in einer Halle). Raum mit technischer Lüftung.**	4.6.3	keine Zone	keine
		b) Wie a), jedoch Raum mit natürlicher Lüftung.	4.6.2	Zone 2: gR	keine

Nr.	Beispiel	Merkmale/Bemerkungen/ Voraussetzungen/Hinweise	Schutzmaßnahmen nach TRGS 722	Festlegung der Zonen zur Zündquellenvermeidung nach TRGS 723	Schutzmaßnahmen nach TRGS 724
(Sp. 1)	(Sp. 2)	(Sp. 3)	(Sp. 4)	(Sp. 5)	(Sp. 6)
4.1.3.5.2	**Im Freien**	**a) Offene Lagerung (z. B. Schlammlagerplatz oder offener Container).**	4.6.2	keine Zone	keine
		b) Lagerung in einem Behälter (z. B. Silo). Behälter mit technischer Lüftung.	4.6.3	keine Zone: im Behälter	keine
		c) Wie b), jedoch Behälter mit natürlicher Lüftung.	4.6.2	Zone 2: gR im Behälter	keine
		d) Wie b), jedoch Behälter ohne Lüftung.		Zone 1: gR im Behälter	keine
4.1.3.6	**Räume, in denen Schlamm maschinell entwässert/eingedickt wird**	**Die Bildung einer g. e. A. ist weder in der Anlage noch im Aufstellungsraum zu erwarten.**	4.6.2	keine Zone	keine
4.1.3.7	**Schlammtrockner und Räume, in denen getrockneter Schlamm gelagert wird**	**In Schlammvolltrocknungsanlagen ist mit einer g. e. A. durch Stäube zu rechnen. Trockensubstanz > 95 %.**		Hinweise siehe Punkt 3 EX-RL und VDI 2263 Staubbrände und Staubexplosionen erkennen und bewerten	
4.1.4	**Faulgasverwertung**	**Das in geschlossenen Faulbehältern erzeugte Faulgas wird im Gasraum über dem Schlammspiegel (Faulbehälterkopf) gesammelt und abgeleitet, anschließend ggf. aufbereitet, gespeichert, verwertet oder abgefackelt.**			
4.1.4.1	**Faulgas führende Anlagenteile, soweit nicht unter 4.1.4.2 bis 4.1.4.9 aufgeführt (z. B. Gasleitungen, -filter, -trockner)**				
4.1.4.1.1	**Inneres von Faulgas führenden Anlagenteilen**	**a) Die Bildung einer g. e. A. durch Eindringen von Luft wird verhindert durch einen ausreichenden Überdruck.**	3.1	keine Zone	keine

Nr.	Beispiel	Merkmale/Bemerkungen/ Voraussetzungen/Hinweise	Schutzmaßnahmen nach TRGS 722	Festlegung der Zonen zur Zündquellenvermeidung nach TRGS 723	Schutzmaßnahmen nach TRGS 724
(Sp. 1)	(Sp. 2)	(Sp. 3)	(Sp. 4)	(Sp. 5)	(Sp. 6)
zu 4.1.4.1.1	(Inneres von Faulgas führenden Anlagenteilen)	**b) Wie a), jedoch kein ausreichender Überdruck, aber die Anlagenteile, z. B. auch Kompensatoren und Rohrleitungen sind technisch dicht ausgeführt und werden mit ausreichend organisatorischen Maßnahmen kombiniert, wiederkehrende Prüfung der Faulgas führenden Anlagenteile auf Dichtheit und kontinuierliche Sauerstoffmessung im unmittelbaren Bereich des Gasgebläses mit automatischer Abschaltung des Gasgebläses bei Erreichen oder Überschreiten von 3 % Sauerstoffkonzentration.**	4.5.3 4.7.3	keine Zone	keine
		c) Aufgrund zu erwartender Störungen oder gelegentlich auftretender verfahrensbedingter Betriebszustände (z. B. Ansprechen von Unterdrucksicherungen beim Einsatz von Gasdruckerhöhungsgebläsen) kann Luft auch im Normalbetrieb in Faulgas führende Anlagenteile gelangen und so die OEG unterschritten werden.		Zone 1: gR in Faulgas führenden Anlagenteilen	keine
4.1.4.1.2	**Umgebung von Gasleitungen, -filtern und -trocknern**				
4.1.4.1.2.1	**In Räumen**	**a) Faulgas führende Anlagenteile auf Dauer technisch dicht.**	4.5.2	keine Zone	keine
		b) Faulgas führende Anlagenteile technisch dicht; Räume natürlich gelüftet; wiederkehrende Prüfung der Anlagenteile auf Dichtheit.	4.5.3 4.6.2	keine Zone	keine
		c) Faulgas führende Anlagenteile technisch dicht; jedoch mit betriebsbedingten Austrittsstellen (z. B. Probenahmestellen, Spülanschlüsse mit einfachem Absperrorgan) Räume technisch gelüftet; wiederkehrende Prüfung der Anlagenteile auf Dichtheit.	4.5.4 4.6.3	Zone 2: 3 m um die Öffnungen	keine

Nr.	Beispiel	Merkmale/Bemerkungen/ Voraussetzungen/Hinweise	Schutzmaßnahmen nach TRGS 722	Festlegung der Zonen zur Zündquellenvermeidung nach TRGS 723	Schutzmaßnahmen nach TRGS 724
(Sp. 1)	(Sp. 2)	(Sp. 3)	(Sp. 4)	(Sp. 5)	(Sp. 6)
zu 4.1.4.1.2.1	(In Räumen)	**d) Wie c), jedoch Räume mit natürlicher Lüftung.**	4.5.4 4.6.2	Zone 1: 1 m um die Öffnungen Zone 2: gR	keine
4.1.4.1.2.2	**Im Freien**	**a) Faulgas führende Anlagenteile dauerhaft technisch dicht.**	4.5.2	keine Zone	keine
		b) Faulgas führende Anlagenteile technisch dicht; wiederkehrende Prüfung der Anlagenteile auf Dichtheit.	4.5.3	keine Zone	keine
		c) Faulgas führende Anlagenteile technisch dicht; jedoch mit betriebsbedingten Austrittsstellen (z. B. Spülanschlüsse mit einfachem Absperrorgan); wiederkehrende Prüfung der Anlagenteile auf Dichtheit.	4.5.4	Zone 1: 1 m um Austrittsöffnung Zone 2: weitere 2 m um Austrittsöffnung	keine
4.1.4.1.3	**Umgebung von manuellen Probenahmestellen für Gas in Räumen und im Freien**	**Manuelle Probenahmestelle technisch dicht, da Absperreinrichtung gegen unbeabsichtigtes Öffnen gesichert. Zusätzlicher Verschluss, z. B. zweite Absperreinrichtung oder gedichtete Schraubkappe, natürliche Lüftung.**	4.5.3 4.6.2	keine Zone	keine
4.1.4.2	**Kondensatabscheider**	**Anlagenteile, die zur Entfernung von Kondensat aus faulgasführenden Anlagenteilen dienen. Kondensatabscheider verfügen immer über Einrichtungen, die einen Gasaustritt verhindern, der zu g. e. A. führt. Einfache Anschlüsse mit Absperreinrichtung, z. B. an Rohrleitungstiefpunkte angeschweißte Tüllen mit Kugelhahn entsprechen nicht mehr dem Stand der Technik.**			

Nr.	Beispiel	Merkmale/Bemerkungen/ Voraussetzungen/Hinweise	Schutzmaßnahmen nach TRGS 722	Festlegung der Zonen zur Zündquellenvermeidung nach TRGS 723	Schutzmaßnahmen nach TRGS 724
(Sp. 1)	(Sp. 2)	(Sp. 3)	(Sp. 4)	(Sp. 5)	(Sp. 6)
4.1.4.2.1	**In Räumen**	**a) Mechanischer Kondensatabscheider mit geschlossenem Entwässerungssystem, z. B. Kondensatschleuse. Raum mit natürlicher Lüftung.**	3.1 4.5.4 4.6.2	keine Zone	keine
		b) Kondensatabscheider mit Wasserverschluss. Funktion der Sperrflüssigkeitsvorlage, z. B. durch Mess-, Steuer- und Regeltechnik oder durch geschlossene Systeme, sichergestellt. Raum mit natürlicher Lüftung.	3.1 4.5.4 4.6.2	keine Zone	keine
		c) Kondensatabscheider mit Wasserverschluss. Funktion der Sperrflüssigkeitsvorlage nicht sichergestellt. Mit der Bildung von g. e. A. infolge von Durchschlag oder Austrocknen der Wasserverschlüsse oder infolge von Fehlbedienung ist zu rechnen. Raum mit natürlicher Lüftung.	4.6.2	Zone 1: gR Zone 2: 1 m um Öffnungen des geschlossenen Raumes	keine
4.1.4.2.2	**Im Freien**	**Entwässerungshähne im Freien oder im Freien mündende Leitungen von in Räumen aufgestellten Kondensatabscheidern.**	4.6.2	Zone 1: 1 m um Austrittsöffnung Zone 2: weitere 2 m um Austrittsöffnung	keine
4.1.4.3	**Gasbehälter für Faulgas**				
4.1.4.3.1	**Gasbehälter mit Stahlummantelung und gewichtsbelasteter Membran (Niederdruckgasbehälter)**	**Stahlummantelung oberhalb der Membran mit Öffnungen zur Atmosphäre versehen. Die Stahlummantelung des Gasraumes unterhalb der Membran ist auf Dauer technisch dicht und im Bereich der Membran technisch dicht. Wiederkehrende Prüfung (z. B. entsprechend DWA-Merkblatt M 376) der Membrane auf Dichtheit.**			
		Luftraum zwischen Membran und Stahlummantelung.	4.5.2 4.5.3 4.6.2	Zone 1	keine

Nr.	Beispiel	Merkmale/Bemerkungen/ Voraussetzungen/Hinweise	Schutzmaßnahmen nach TRGS 722	Festlegung der Zonen zur Zündquellenvermeidung nach TRGS 723	Schutzmaßnahmen nach TRGS 724
(Sp. 1)	(Sp. 2)	(Sp. 3)	(Sp. 4)	(Sp. 5)	(Sp. 6)
zu 4.1.4.3.1	(Gasbehälter mit Stahlummantelung und gewichtsbelasteter Membran (Niederdruckgasbehälter))	**Austrittsöffnungen aus dem Gasraum (z. B. Sicherheitseinrichtungen), siehe 4.1.4.4.**			
		Öffnungen vom Luftraum zur Atmosphäre.	4.5.4	Zone 2: im Nahbereich	keine
		Gasraum			
		a) wenn eine Absaugsicherung das Eindringen von Luft in den Gasraum verhindert.	3.1	keine Zone	keine
		b) wenn das Eindringen von Luft durch Ansprechen der Unterdrucksicherung möglich ist.	4.5.4	Zone 1	keine
4.1.4.3.2	**Behälter mit geringem Überdruck („Drucklose Gasbehälter")**	**Die natürliche Lüftung des Luftraums ist auch bei vollständiger Füllung des Gasraumes durch geeignete Maßnahmen sichergestellt (z. B. Führungsgerüst oder Anordnung der Membran).**	4.5.3 4.6.2		
		Gasraum, wenn das Eindringen von Luft möglich ist, z. B. beim Ansprechen von Unterdrucksicherungen und/oder Leckagen der Membran.		Zone 1: gR	keine
		Luftraum zwischen Membran und Ummantelung.		Zone 1: gR	keine
		Austrittsöffnungen aus dem Gasraum siehe 4.1.4.4.			
		Öffnungen vom Luftraum zur Atmosphäre.		Zone 2: im Nahbereich	keine

Nr.	Beispiel	Merkmale/Bemerkungen/ Voraussetzungen/Hinweise	Schutzmaß- nahmen nach TRGS 722	Festlegung der Zonen zur Zünd- quellenvermeidung nach TRGS 723	Schutzmaß- nahmen nach TRGS 724
(Sp. 1)	(Sp. 2)	(Sp. 3)	(Sp. 4)	(Sp. 5)	(Sp. 6)
4.1.4.3.3	**Gasbehälter mit druckbeaufschlagter Membran (Gegendruckbehälter)**	**Die Druckbeaufschlagung erfolgt durch ein Stützluftgebläse.**	4.5.3 4.6.2		
		Gasraum.		Zone 1: gR	keine
		Luftraum zwischen Innenmembran und Ummantelung.		Zone 1: gR	keine
		Austrittsöffnungen aus dem Gasraum (siehe 4.1.4.4).			
		Austrittsöffnung der Stützluft.		Zone 1: 1 m Zone 2: weitere 2 m	keine
		Ummantelung.		Zone 2: im Nahbereich	keine
4.1.4.3.4	**Freistehende Glockengasbehälter**	Siehe 4.2.3.2.2.			
4.1.4.3.5	**Freistehende Hochdruckgasbehälter (siehe DVGW – Arbeitsblatt G 433)**	Siehe 4.2.3.3.			
4.1.4.4	**Bereiche, in die Gasüberdruckentlastungen münden (z. B. am Faulbehälterkopf und am Gasbehälter)**	**Unmittelbar ins Freie mündende Überdruckentlastungen.**	4.6.2	Zone 1: 1 m um Austrittsöffnung Zone 2: weitere 2 m um Austrittsöffnung	keine

Nr.	Beispiel	Merkmale/Bemerkungen/ Voraussetzungen/Hinweise	Schutzmaß-nahmen nach TRGS 722	Festlegung der Zonen zur Zünd-quellenvermeidung nach TRGS 723	Schutzmaß-nahmen nach TRGS 724
(Sp. 1)	(Sp. 2)	(Sp. 3)	(Sp. 4)	(Sp. 5)	(Sp. 6)
4.1.4.5	**Faulgasaufbereitungsanlagen**	**Hierzu zählen Anlagen, die zur Aufbereitung und Nutzung des Faulgases auf der Kläranlage dienen.**			
4.1.4.5.1	**Gasentschwefler auf Basis von Eisenhydroxid**	**Entschwefler steht betriebsbedingt unter Überdruck. Die Bildung einer g. e. A. ist durch eine geeignete Steuerung und Überwachung der Luftzufuhr verhindert.** **Bei Entschweflern mit einer Masse, die sich bei der Regeneration selbst erwärmt, wird die Luftzufuhr zusätzlich durch eine Temperaturüberwachung geregelt.**			
		a) Gasreinigungsmasse wird im laufenden Betrieb über Schleusen entnommen und zugeführt.	3.1 4.2	Zone 1: in den Schleusen und 1 m um die Öffnungen Zone 2: weitere 2 m um die Öffnungen	keine
		b) Gasreinigungsmasse wird nicht im laufenden Betrieb entnommen und zugeführt. Anlage technisch dicht kombiniert mit organisatorischen Maßnahmen, wiederkehrende Prüfung auf Dichtheit.	3.1 4.2 4.5.3	keine Zone	keine
		Hinweis: *An Anlagen, die manuell entleert und befüllt werden, tritt eine g. e. A. im Bereich der Befüll- und Entleeröffnungen während der Befüll- und Entleervorgänge auf. In diesem Fall sind individuelle Explosionsschutzmaßnahmen erforderlich. Zusätzlich ist 4.1.4.1 zu betrachten.*			

Nr.	Beispiel	Merkmale/Bemerkungen/ Voraussetzungen/Hinweise	Schutzmaß-nahmen nach TRGS 722	Festlegung der Zonen zur Zündquellenvermeidung nach TRGS 723	Schutzmaß-nahmen nach TRGS 724
(Sp. 1)	(Sp. 2)	(Sp. 3)	(Sp. 4)	(Sp. 5)	(Sp. 6)
4.1.4.5.2	**Aktivkohlefilter in Räumen und im Freien**	**Aktivkohle wird nicht im laufenden Betrieb entnommen und zugeführt. Sofern Luft zugegeben wird, ist die Bildung einer g. e. A. durch eine geeignete Steuerung und Überwachung der Luftzufuhr verhindert.** **Anlage technisch dicht kombiniert mit organisatorischen Maßnahmen, wiederkehrende Prüfung auf Dichtheit.** *Hinweis:* *An Aktivkohleanlagen, die manuell entleert und befüllt werden, tritt eine g. e. A. im Bereich der Befüll- und Entleerungsöffnungen während der Befüll- und Entleervorgänge auf. In diesem Fall sind individuelle Explosionsschutzmaßnahmen erforderlich. Beim Wiederbefüllen kann es zu Staubablagerungen kommen. Zusätzlich ist 4.1.4.1 zu betrachten.*	3.1 4.2 4.5.3	keine Zone	keine
4.1.4.6	**Druckregler für Faulgas**	**a) Sicherheitsmembrane zusätzlich zur Arbeitsmembrane.**	3.1 4.6.2	keine Zone	keine
		b) Gas kann bei schadhafter Membrane in einen Raum austreten. Raum mit technischer Lüftung.	4.6.3 4.5.3	Zone 2: gR	keine
		c) Wie b), jedoch Raum mit natürlicher Lüftung.	4.6.2 4.5.3	Zone 1: gR Zone 2: 1 m um Öffnungen des Raumes	keine
		d) Wie b), jedoch Austritt ins Freie.	4.6.2 4.5.4	Zone 1: 1 m um Austrittsöffnung Zone 2: weiter 2 m um Austrittsöffnungen	keine

Nr.	Beispiel	Merkmale/Bemerkungen/ Voraussetzungen/Hinweise	Schutzmaßnahmen nach TRGS 722	Festlegung der Zonen zur Zündquellenvermeidung nach TRGS 723	Schutzmaßnahmen nach TRGS 724
(Sp. 1)	(Sp. 2)	(Sp. 3)	(Sp. 4)	(Sp. 5)	(Sp. 6)
4.1.4.7	**Verdichter für Faulgase**				
4.1.4.7.1	**Inneres von Gebläsen und Verdichtern**	**a) Die Bildung einer g. e. A. durch Eindringen von Luft wird verhindert durch saugseitige Überwachung eines ausreichenden Überdrucks in Verbindung mit automatischer Abschaltung des Gebläses.**	3.1	keine Zone	keine
		b) Die Bildung einer g. e. A. durch Eindringen von Luft wird verhindert durch kontinuierliche Sauerstoffmessung auf der Saugseite des Gasgebläses mit automatischer Abschaltung des Gasgebläses bei 3 % Sauerstoffkonzentration.	4.7.3	keine Zone	keine
		c) Im Inneren ist mit der Bildung einer g. e. A. durch Einsaugen von Luft (z. B. über die Unterdrucksicherung und beim Einsatz von Gegendruckbehältern) zu rechnen.	4.5.4	Zone 1	keine
4.1.4.7.2	**Umgebung von Gebläsen und Verdichtern**				
4.1.4.7.2.1	**In Räumen**	**a) Anlage auf Dauer technisch dicht.**	4.5.2 4.6.2	keine Zone	keine
		b) Anlage technisch dicht, Kühlluftstrom der Motoren gegen mögliche Austrittstellen gerichtet; Freisetzung wird mittels Gaswarnanlage automatisch erkannt und g. e. A. wird kurzfristig durch technische Lüftung beseitigt; wiederkehrende Prüfung der Anlagenteile auf Dichtheit.	4.5.3 4.6.3 4.7.3	Zone 2: im Nahbereich	keine
		c) Wie b), jedoch keine automatische Gaswarnanlage. Raum mit technischer Lüftung.	4.5.3 4.6.3	Zone 1: 1 m um den Verdichter Zone 2: gR	keine
		d) Wie c), jedoch Raum mit natürlicher Lüftung.	4.5.3 4.6.2	Zone 1: gR	keine

Nr.	Beispiel	Merkmale/Bemerkungen/ Voraussetzungen/Hinweise	Schutzmaß-nahmen nach TRGS 722	Festlegung der Zonen zur Zündquellenvermeidung nach TRGS 723	Schutzmaß-nahmen nach TRGS 724
(Sp. 1)	(Sp. 2)	(Sp. 3)	(Sp. 4)	(Sp. 5)	(Sp. 6)
4.1.4.7.2.2	**Im Freien**	Wie 4.1.4.7.2.1, aber: Im Freien kann in Folge von Witterungseinflüssen gegenüber vergleichbaren Situationen in Räumen im Allgemeinen eine Zone mit geringeren Anforderungen festgelegt bzw. die Zonenausdehnung reduziert werden.			
4.1.4.8	**Gasfackel**	**Das Ausströmen von Gas in die Umgebung bei nicht brennender Flamme wird verhindert durch eine automatische Absperreinrichtung gekoppelt mit selbsttätig wirkender Zündeinrichtung und Flammenüberwachung (Zündautomat). In der Gasleitung vor der Fackel befindet sich eine geeignete Flammendurchschlagsicherung.**	3.1	keine Zone	7.2
4.1.4.9	**Faulgas betriebene Maschinen und Brenner**	**Bildung von g. e. A. außerhalb der Maschinen/Brenner wird durch die Art der Konstruktion verhindert (DIN EN 746-2 Industrielle Thermoprozessanlagen). In der Gasleitung, vor der jeweiligen Einrichtung, befindet sich jeweils eine geeignete Flammendurchschlagsicherung.**	4.2 4.6.2 4.5.2	keine Zone: in der Umgebung	7.2

Nr.	Beispiel	Merkmale/Bemerkungen/ Voraussetzungen/Hinweise	Schutzmaß-nahmen nach TRGS 722	Festlegung der Zonen zur Zünd-quellenvermeidung nach TRGS 723	Schutzmaß-nahmen nach TRGS 724
(Sp. 1)	(Sp. 2)	(Sp. 3)	(Sp. 4)	(Sp. 5)	(Sp. 6)
4.1.5	**Abluftsysteme**	**a) Es wird ausschließlich aus einem explosionsgefährdeten Bereich abgesaugt.**	4.6.3	Zone wie Zone des abgesaugten Bereiches	keine
		b) Es wird aus verschiedenen Bereichen mit und ohne Explosionsgefahr abgesaugt.	4.6.3	Anhand der Lüftergleichung ist das Vorhandensein explosionsfähiger Atmosphäre abzuschätzen	keine

$$\dot{V}_{min} \geq \frac{\dot{G}_{max} \cdot f}{k_{zul} \cdot UEG} \cdot \frac{T}{293\ K}$$

$\dot{V}_{min}$ Mindestvolumenstrom der reinen Zuluft oder der Abluft (in m^3/min)

$\dot{G}_{max}$ maximaler Quellstrom (in g/min) der brennbraen Gase und Dämpfe

Bei betrieblichen Quellen (z.B. Dampfaustritt beim Öffnen der Apparatur oder bei Trocknungsprozessen) ist der maximale Quellstrom abschätzbar oder durch Versuche zu ermitteln. Bei störungsbedingten Quellen (z.B. Leckagen) ist die maximale Quellstärke nur unter gewissen Voraussetzungen abschätzbar; in diesen Fällen sind je nach der Wahrscheinlichkeit, mit der die angenommene Quellstärke überschritten werden kann, explosionsgefährdete Bereiche Zone 1 oder 2 festzulegen.

T maximale Lufttemperatur im belüfteten Raum (in K)

UEG Untere Explosionsgrenze (in g/m^3), bezogen auf 20 °C

k_{zul} Sicherheitsfaktor, um den die Konzentration c des brennbaren Gases oder Dampfes unter der UEG liegen muss (k_{zul} = c/UEG); in der Regel ist wegen der örtlichen und zeitlichen Schwankungen der Konzentration c sowie wegen der Messunsicherheiten der Überwachungseinrichtungen k_{zul} = 0,5 zu setzen.

f Gütefaktor (f ≥ 1) zur Erfassung der Qualität der Luftführung. Im Idealfall (keine Strömungshindernisse und Durchströmung aller Raumteile) ist f = 1 zu setzen. Anhaltspunkte für die über den Raum verteilte Luftführung und damit für den Gütefaktor f liefert die Konzentrationsverteilung. Bei Räumen mit ungünstigen Stömungsverhältnissen kann in der Regel f = 5 gesetzt werden.

Nr.	Beispiel	Merkmale/Bemerkungen/ Voraussetzungen/Hinweise	Schutzmaßnahmen nach TRGS 722	Festlegung der Zonen zur Zündquellenvermeidung nach TRGS 723	Schutzmaßnahmen nach TRGS 724
(Sp. 1)	(Sp. 2)	(Sp. 3)	(Sp. 4)	(Sp. 5)	(Sp. 6)
4.2	**Anlagen zur leitungsgebundenen Versorgung der Allgemeinheit mit Gas**				
4.2.1	**Gas-Druckregel- und Messanlagen, Normalbetrieb (GDRM-Anlagen)**	**Erdgas DVGW-Arbeitsblatt G 260.**			
4.2.1.1	**In Räumen**	**GDRM-Anlagen in Räumen errichtet nach den DVGW-Arbeitsblättern G 491 und G 492. Nach diesen Regelwerken gelten insbesondere: Be- und Entlüftungsöffnungen zu anderen Räumen sind nicht zulässig. Sie dürfen nur ins Freie münden. Es gelten spezielle Anforderungen an Anordnung und Querschnitte der Be- und Entlüftungsöffnungen.** **a) GDRM-Anlagen gewartet und instand gehalten nach DVGW-Arbeitsblatt G 495. MOP bis 5 bar; (MOP = Maximal zulässiger Betriebsdruck), Anlage wird daher als auf Dauer technisch dicht angesehen.**			
		a1) Keine Gasfreisetzung über Atmungsöffnungen in den Aufstellungsraum.	4.5.2	keine Zone	keine
		a2) Gasfreisetzung über Atmungsöffnungen in den Aufstellungsraum ≤ 30 l/h[1] möglich.	4.5.2 4.5.4 4.6.2	keine Zone	keine

Nr.	Beispiel	Merkmale/Bemerkungen/ Voraussetzungen/Hinweise	Schutzmaß-nahmen nach TRGS 722	Festlegung der Zonen zur Zünd-quellenvermeidung nach TRGS 723	Schutzmaß-nahmen nach TRGS 724
(Sp. 1)	(Sp. 2)	(Sp. 3)	(Sp. 4)	(Sp. 5)	(Sp. 6)
zu 4.2.1.1	(In Räumen)	a3) Gasfreisetzung über Atmungsöffnungen in den Aufstellungsraum mit > 30 l/h[1] bis 150 l/h[1] möglich.	4.5.2 4.5.4 4.6.2	Zone 1: An jedem Atmungsventil Zylinder (Ø = 0,6 m; Höhe H = 1,5 m) in Abströmrichtung, beginnend an der Austrittsöffnung. Zone 2: gR	keine

[1] Gasfreisetzungen über Atmungsöffnungen jeweils bezogen auf Luft im Normzustand. Der maximale Durchfluss von durchflussbegrenzenden Einrichtungen in Geräten, z. B. Atmungsventile, Sicherheitsmembranen, wird in den einschlägigen Normen mit Bezug auf Luft im Normzustand angegeben. Die auf Grund der geringeren Dichte geringfügig höhere maximale Durchflussrate von methanreichem Gas hat keine Auswirkung auf die Bildung einer g. e. A. Die angegebenen Durchflussraten beschreiben eine kontinuierliche Freisetzung in Bezug auf die angegebene Zeiteinheit.

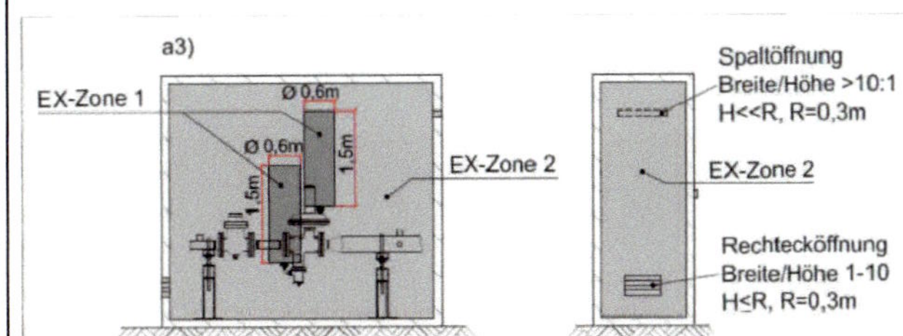

Zoneneinteilung Szenario 4.2.1.1 (a3)

Nr.	Beispiel	Merkmale/Bemerkungen/ Voraussetzungen/Hinweise	Schutzmaßnahmen nach TRGS 722	Festlegung der Zonen zur Zündquellenvermeidung nach TRGS 723	Schutzmaßnahmen nach TRGS 724
(Sp. 1)	(Sp. 2)	(Sp. 3)	(Sp. 4)	(Sp. 5)	(Sp. 6)
zu 4.2.1.1	(In Räumen)	a4) kleine Aufstellungsräume[2] (z. B. nicht begehbare Schrankanlage). Gasfreisetzung über Atmungsöffnungen in den Aufstellungsraum mit > 30 l/h[1] bis 150 l/h[1] möglich.	4.5.2 4.5.4 4.6.2	Zone 1: gesamter Aufstellungsraum; Zone 2: Be- und Entlüftungsöffnungen außen: - bei Spaltöffnung (Breite/Höhe B/H 10 und Höhe << R): R = 0,3 m oder - bei Rechtecköffnung (Breite/Höhe B/H 1 bis 10 und Höhe H ≤ R): R = 0,3 m und nach oben anschließend 1,5 m und Breite 0,3 m	keine

[2] Raumgröße unter ca. 15 m³

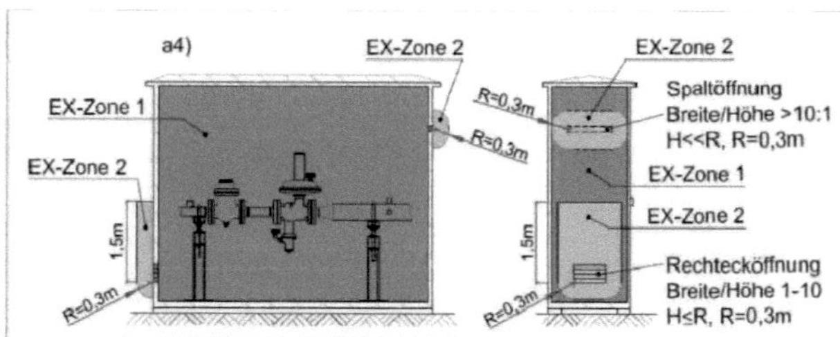

Zoneneinteilung Szenario 4.2.1.1 (a4)

Nr.	Beispiel	Merkmale/Bemerkungen/ Voraussetzungen/Hinweise	Schutzmaßnahmen nach TRGS 722	Festlegung der Zonen zur Zündquellenvermeidung nach TRGS 723	Schutzmaßnahmen nach TRGS 724
(Sp. 1)	(Sp. 2)	(Sp. 3)	(Sp. 4)	(Sp. 5)	(Sp. 6)
zu 4.2.1.1	(In Räumen)	**b) GDRM-Anlage gewartet und instand gehalten nach DVGW-Arbeitsblatt G 495.** MOP > 5 bar, Anlage wird daher als technisch dicht angesehen.			
		b1) Keine Gasfreisetzung über Atmungsöffnungen in den Aufstellungsraum.	4.5.3 4.6.2	Zone 2: gR	keine
		b2) Gasfreisetzung über Atmungsöffnungen ≤ 30 l/h in den Aufstellungsraum möglich.	4.5.3 4.5.4 4.6.2	Zone 2: gR	keine
		b3) Gasfreisetzung über Atmungsöffnungen in den Aufstellungsraum mit > 30 l/h[1] bis 150 l/h[1] möglich.	4.5.3 4.5.4 4.6.2	Zone 1: An jedem Atmungsventil Zylinder (Ø = 0,6 m; Höhe H = 1,5 m) in Abströmrichtung beginnend an der Austrittsöffnung Zone 2: gR	keine

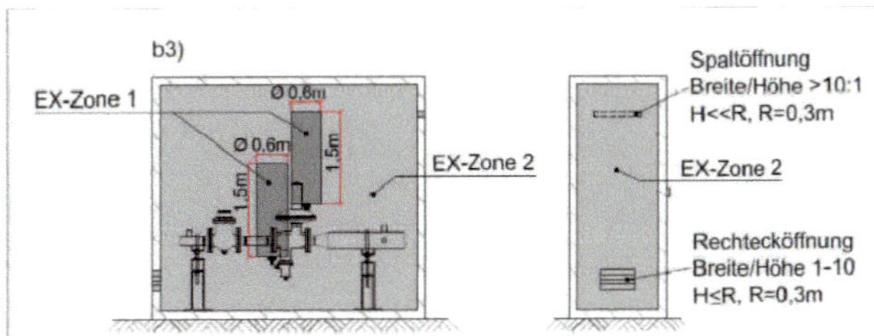

Zoneneinteilung Szenario 4.2.1.1 (b3)

Nr.	Beispiel	Merkmale/Bemerkungen/ Voraussetzungen/Hinweise	Schutzmaßnahmen nach TRGS 722	Festlegung der Zonen zur Zündquellenvermeidung nach TRGS 723	Schutzmaßnahmen nach TRGS 724
(Sp. 1)	(Sp. 2)	(Sp. 3)	(Sp. 4)	(Sp. 5)	(Sp. 6)
zu 4.2.1.1	(In Räumen)	b4) Kleine Aufstellungsräume (z. B. nicht begehbare Schrankanlage). Gasfreisetzung über Atmungsöffnungen in den Aufstellungsraum mit > 30 l/h[1] bis 150 l/h[1] möglich.	4.5.3 4.5.4 4.6.2	Zone 1: gesamter Aufstellungsraum; Zone 2: Be- und Entlüftungsöffnungen außen: – bei Spaltöffnung (Breite/Höhe B/H > 10 und Höhe << R): R = 0,3 m oder – bei Rechtecköffnung (Breite/Höhe B/H 1 bis 10 und Höhe H ≤ R): R = 0,3 m und nach oben anschließend 1,5 m und Breite 0,3 m	keine

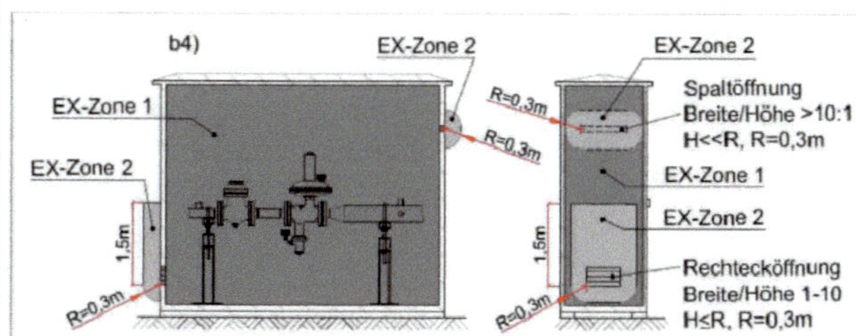

Zoneneinteilung Szenario 4.2.1.1 (b4)

Nr.	Beispiel	Merkmale/Bemerkungen/ Voraussetzungen/Hinweise	Schutzmaßnahmen nach TRGS 722	Festlegung der Zonen zur Zündquellenvermeidung nach TRGS 723	Schutzmaßnahmen nach TRGS 724
(Sp. 1)	(Sp. 2)	(Sp. 3)	(Sp. 4)	(Sp. 5)	(Sp. 6)
4.2.1.2	**Im Freien**	GDRM-Anlagen im Freien aufgestellt, DVGW Arbeitsblätter G 491 und G 492. Wie 4.2.1.1, aber: Im Freien kann in Folge von Witterungseinflüssen gegenüber vergleichbaren Situationen in Räumen im Allgemeinen eine Zone mit geringeren Anforderungen festgelegt bzw. die Zonenausdehnung reduziert werden.			
4.2.2	**Erdgastankstellen**	Siehe Erdgas DVGW-Arbeitsblatt G 260 Erdgastankstelle DVGW-Arbeitsblatt G 651/VD-TÜV 510.			
4.2.2.1	**Erdgasverdichter in Räumen**	**Erdgasverdichter mit Nebenanlagen und räumlicher Trennung zu den Pufferbehältern.**			
		a) Aufstellung im Raum/Schrank bei 20 % der UEG Alarm bei 40 % der UEG Abschalten. Anlage wird nicht entspannt.	4.5.3 4.6.2 4.7.3	Zone 1: gR Zone 2: Be- und Entlüftungsöffnungen außen (Zonenausdehnung richtet sich nach den Belüftungsverhältnissen vgl. auch Anlagen nach G 491, Punkt 4.2.1.1)	keine
		b) Aufstellung im Raum/Schrank bei 20 % der UEG Alarm und Aktivierung der Lüftung bei 40 % der UEG Abschalten der Anlage (Lüftung bleibt aktiv), Absperrung außerhalb des Aufstellungsraumes, Notentspannung des gesamten gasführenden Systems im Raum/Schrank nach außen.	4.5.3 4.6.3 4.7.4	Zone 2: gR (Anm.: Erfolgt regelmäßig eine manuelle Kondensatentleerung in den Aufstellungsraum der Anlage ist gR Zone 1)	keine

Nr.	Beispiel	Merkmale/Bemerkungen/ Voraussetzungen/Hinweise	Schutzmaßnahmen nach TRGS 722	Festlegung der Zonen zur Zündquellenvermeidung nach TRGS 723	Schutzmaßnahmen nach TRGS 724
(Sp. 1)	(Sp. 2)	(Sp. 3)	(Sp. 4)	(Sp. 5)	(Sp. 6)
zu 4.2.2.1	(Erdgasverdichter in Räumen)	**c) Aufstellung im Raum/Schrank Verdichter mit magnetisch gekoppeltem dichtungslosem Antrieb sowie geeignete Maßnahmen zur Verhinderung der Schwingungsübertragung. Restliche Anlagenteile sind technisch dicht.**	4.5.2 4.6.2	Zone 2: gR (Anm.: Erfolgt regelmäßig eine manuelle Kondensatentleerung in den Aufstellungsraum der Anlage, ist gR Zone 1)	keine
4.2.2.2	**Erdgasverdichter im Freien**	Wie 4.2.2.1, aber: Im Freien kann in Folge von Witterungseinflüssen gegenüber vergleichbaren Situationen in Räumen im Allgemeinen eine Zone mit geringeren Anforderungen festgelegt bzw. die Zonenausdehnung reduziert werden. *Hinweis:* *Dieses Fallbeispiel gilt nicht für im Freien aufgestellte Erdgastankgeräte mit einem Durchsatz unter 10 kg/h.*			
4.2.2.3	**Kondensatentleerung im Freien**	**Entleerung wird manuell durchgeführt.**	4.6.2	Zone 1: Kugel 1 m Durchmesser um Austrittsöffnung	keine
4.2.2.4	**Pufferbehälter in Räumen**	**Pufferbehälter Aufstellung im Raum/Schrank.**	4.5.3 4.6.2	Zone 2: gR	keine
4.2.2.5	**Verdichter und Pufferbehälter gemeinsam im Raum/Schrank**	**Verdichter mit Nebenanlagen und Pufferbehälter gemeinsam in einem Raum aufgestellt.**		Die Zonenfestlegung richtet sich nach dem Bauteil mit der höchsten Zonenanforderung entsprechend Punkt 4.2.2.1 oder 4.2.2.4	keine

Nr.	Beispiel	Merkmale/Bemerkungen/ Voraussetzungen/Hinweise	Schutzmaßnahmen nach TRGS 722	Festlegung der Zonen zur Zündquellenvermeidung nach TRGS 723	Schutzmaßnahmen nach TRGS 724
(Sp. 1)	(Sp. 2)	(Sp. 3)	(Sp. 4)	(Sp. 5)	(Sp. 6)
4.2.2.6	**Zapfsäule im Freien**	**a) Zapfsäule (Aufstellung der Zapfsäule außerhalb des Bereiches von g. e. A. resultierend von Ottokraftstoff oder Flüssiggas. Zonen für Zapfsäulen von Ottokraftstoff oder Flüssiggas sind nach TRbF 40 bzw. TRG 404 festzulegen).**	4.5.2 4.6.2	Zone 2: gR im Gehäuse der Zapfsäule	keine
		b) Zapfpistole/Abgabeeinrichtung.	4.5.3 4.6.2	keine Zone: durch konstruktive Maßnahmen wird beim Anschließen oder Entfernen der Zapfpistole an der Füllkupplung die Entstehung einer gefährlichen explosionsfähigen Atmosphäre vermieden (Rest-Gasvolumen kleiner 0,03 Normliter), es erfolgt eine gefahrlose Entspannung des Füllschlauches vor dem Entfernen der Zapfpistole	keine
4.2.2.7	**Abblase- und Entspannungsleitungen im Freien**	Siehe Punkt 5.14.			
4.2.3	**Gasbehälter**				
4.2.3.1	**Räume unter Niederdruck-Gasbehältern**		4.5.3	Zone 2: gR	keine

Nr.	Beispiel	Merkmale/Bemerkungen/ Voraussetzungen/Hinweise	Schutzmaß-nahmen nach TRGS 722	Festlegung der Zonen zur Zündquellenvermeidung nach TRGS 723	Schutzmaß-nahmen nach TRGS 724
(Sp. 1)	(Sp. 2)	(Sp. 3)	(Sp. 4)	(Sp. 5)	(Sp. 6)
4.2.3.2	**Bereiche um freistehende Niederdruck-Gasbehälter**	Siehe auch DVGW-Arbeitsblatt G 430.			
4.2.3.2.1	**Scheibengasbehälter**		4.5.4	Zone 1: Innenraum oberhalb der Scheibe um Entspannungsöffnungen: 5 m horizontal; 2 m nach unten und 10 m nach oben Zone 2: 6 m um den Behälter	keine
4.2.3.2.2	**Glockengasbehälter**		4.5.4	Zone 1: 1 m um den gasführenden Teil der Behälter Zone 2: 6 m um Behälter; nach unten 1 m; bei Wassertassen bis 1 m unter diese	keine
4.2.3.3	**Bereiche um freistehende Hochdruck-Gasbehälter**	Siehe auch DVGW-Arbeitsblatt G 433 Bildung von g. e. A. durch Undichtheiten möglich.	4.5.4	Zone 1: 5 m um mögliche Austrittsstellen, z. B. Mannlöcher, Kondensatablasseinrichtungen, Sicherheitsabblaseventile Zone 2: a) bei Behältern bis 100 m^3 Inhalt 6 m von Behälterprojektion b) bei Behältern über 100 m^3 Inhalt 10 m von Behälterprojektion	keine

Nr.	Beispiel	Merkmale/Bemerkungen/ Voraussetzungen/Hinweise	Schutzmaß-nahmen nach TRGS 722	Festlegung der Zonen zur Zünd-quellenvermeidung nach TRGS 723	Schutzmaß-nahmen nach TRGS 724
(Sp. 1)	(Sp. 2)	(Sp. 3)	(Sp. 4)	(Sp. 5)	(Sp. 6)
4.2.4	**Aufbereitung Rohbiogas**	**Anlagen für die Aufbereitung von Rohbiogas und Einspeisung von Biogas in Gasversorgungsnetze nach DVGW-Arbeitsblatt G 265-1 gewartet und instand gehalten nach DVGW-Merklbatt G 65-2.** *Hinweis:* *Flüssiggaslagerung im Tank oder Druckgasflaschen vergleiche EX-RL Nr. 1.2.2 und 1.2.3.* *Angegebene Drücke sind Überdrücke.* *Werden verschiedene Baugruppen in einem Aufstellungsraum gemeinsam untergebracht, richtet sich die Zone nach der Baugruppe mit der höchsten Zonenanforderung.*			
4.2.4.1	**Rohbiogasleitung zur Aufbereitungsanlage**	**Betrachtet wird hier das Innere der Rohrleitung vom letzten Gasspeicher der Biogaserzeugungsanlage(n) bis zur Aufbereitungsanlage einschließlich sämtlicher Abzweige und Einbauten (z. B. Wassertopf). Falls Luft eindringt, kann im Innern der Rohrleitung g. e. A. auftreten.**			
		a) Überdruckbetrieb: **Der Gasspeicher der Biogaserzeugungsanlage wird sicher im Überdruck betrieben (siehe Punkt 4.8.3.1 a). Ein ausreichender Überdruck in der nachgeschalteten Einspeiserohrleitung verhindert ein Eindringen von Luft in die Aufbereitungsanlage und damit die Bildung von g. e. A. im Inneren der Rohrleitung und in der Aufbereitungsanlage. Verdichter und Druckerhöhungsgebläse dürfen keinen Unterdruck in der Leitung erzeugen. Aufgrund der Wechselwirkung zwischen Biogaserzeugungsanlage und Biogasaufbereitungsanlage ist eine Einrichtung zur Sicherstellung des Überdrucks notwendig.**	3.1	keine	keine

Nr.	Beispiel	Merkmale/Bemerkungen/ Voraussetzungen/Hinweise	Schutzmaßnahmen nach TRGS 722	Festlegung der Zonen zur Zündquellenvermeidung nach TRGS 723	Schutzmaßnahmen nach TRGS 724
(Sp. 1)	(Sp. 2)	(Sp. 3)	(Sp. 4)	(Sp. 5)	(Sp. 6)
zu 4.2.4.1	(Rohbiogasleitung zur Aufbereitungsanlage)	**b) Der Gasspeicher der Biogaserzeugungsanlage wird sicher im Überdruck betrieben. Unterdruckbetrieb in der Rohrleitung ist nicht auszuschließen.**			
		b1) Liegt ein Unterdruck in der Rohrleitung vor, wird das Eindringen von Luft in die Leitung verhindert. Die Leitung ist auf Dauer technisch dicht.	4.5.2	keine	keine
		b2) Ausreichende organisatorische Maßnahmen sind vorhanden. Die Leitung ist technisch dicht. Liegt ein Unterdruck in der Rohrleitung vor, wird das Eindringen von Luft in die Leitung begrenzt. Die Sauerstoffkonzentration (max. 3 Vol.-%) im Inneren der Leitung wird überwacht, so dass das Entstehen von g. e. A. sicher vermieden wird. Bei Überschreitung des Grenzwertes wird die Aufbereitungsanlage abgeschaltet. Die Sauerstoffgrenzkonzentration liegt bei ca. 13 Vol.-%.	4.7.3 4.5.3 4.2	keine	keine

Nr.	Beispiel	Merkmale/Bemerkungen/ Voraussetzungen/Hinweise	Schutzmaß-nahmen nach TRGS 722	Festlegung der Zonen zur Zünd-quellenvermeidung nach TRGS 723	Schutzmaß-nahmen nach TRGS 724
(Sp. 1)	(Sp. 2)	(Sp. 3)	(Sp. 4)	(Sp. 5)	(Sp. 6)
zu 4.2.4.1	(Rohbiogasleitung zur Aufbereitungsanlage)	c) **Plötzlicher Eintritt von Luft in die Rohrleitung ist möglich (durch Lufteintritt in der vorgeschalteten Biogaserzeugungsanlage, z. B. im Fermenter/Gasspeicher) und damit auch die Bildung von g. e. A.** **Begrenzung der Ausdehnung von g. e. A. in der Rohrleitung und gegebenenfalls Apparaten durch Absperrung in der Leitung. Zwei unabhängige Messungen, z. B. eine sichere Sauerstoffkonzentrationsmessung (Abschaltung bei max. 3 Vol-%) in der Rohrleitung mit Auslösung von Notfunktionen, automatisches Absperren der Rohrleitung. Zusätzlich Methan OEG-Überwachung, bei Unterschreitung von 140 % der OEG von Methan im Gasgemisch erfolgt Absperrung der Rohrleitung (Bezugsgröße für den Wert der OEG ist hierbei die geringste zu erwartende Methankonzentration im Gasgemisch, vgl. dazu auch: Schröder, V. u. a.: die Explosionsgrenzen von Biogas in Luft, TÜ Bd. 49 (2008) Nr. 1/2 – Jan./Feb.).** **Die Lage der Absperrarmatur nach der Messstelle ergibt sich aus dem Totvolumen, das dem Produkt aus Reaktionszeit der Messung und Gasvolumenstrom entspricht und der Schließzeit der Absperrarmatur.**	4.7.4 4.5.3	Zone 1: in der Leitung bis zur Absperrarmatur eine Zone: nach der Absperrarmatur	keine

Nr.	Beispiel	Merkmale/Bemerkungen/ Voraussetzungen/Hinweise	Schutzmaß-nahmen nach TRGS 722	Festlegung der Zonen zur Zündquellenvermeidung nach TRGS 723	Schutzmaß-nahmen nach TRGS 724
(Sp. 1)	(Sp. 2)	(Sp. 3)	(Sp. 4)	(Sp. 5)	(Sp. 6)
4.2.4.2	**Umgebung von Gasleitungen, Armaturen, Druckbehälter**	**Gasführende technische Ausrüstungen sind mechanisch, chemisch und thermisch beständig, sowie**			
4.2.4.2.1	**In Räumen**	**a) bis 5 bar auf Dauer technisch dicht.**	4.5.2 4.6.2	keine	keine
		b) technisch dicht.	4.5.3 4.6.2	Zone 2: gR	keine
4.2.4.2.2	**Im Freien**	Wie 4.2.4.2.1, aber: Im Freien kann in Folge von Witterungseinflüssen gegenüber vergleichbaren Situationen in Räumen im Allgemeinen eine Zone mit geringeren Anforderungen festgelegt bzw. die Zonenausdehnung reduziert werden.			
4.2.4.3	**Umgebung von Kondensatablässen**	**Bei Entwässerungshähnen (Kondensatablass) ist mit der Bildung einer g. e. A zu rechnen:**			
4.2.4.3.1	**In Räumen**	**a) Durch den Einsatz von geschlossenen Entwässerungssystemen, Schleusen mit Doppelabsperrarmaturen oder Entwässerungsautomaten ist ein Gasaustritt verhindert.**	3.1 4.5.4	keine	keine
		b) keine geschlossenen Entwässerungssysteme, Schleusen mit Doppelabsperrarmaturen oder Entwässerungsautomaten, jedoch technische Lüftung vorhanden.	4.5.4 4.6.3	Zone 2: gR	keine
		c) Wie b), jedoch nur natürliche Lüftung vorhanden.	4.5.4 4.6.2	Zone 1: gR (Be- und Entlüftungsöffnungen außen vgl. Punkt 4.2.4.8)	keine
4.2.4.3.2	**Im Freien**	**Manuelle Kondensatentleerung.**	4.6.2	Zone 1: 1 m Durchmesser um die Austrittsöffnung	keine

Nr.	Beispiel	Merkmale/Bemerkungen/ Voraussetzungen/Hinweise	Schutzmaß- nahmen nach TRGS 722	Festlegung der Zonen zur Zünd- quellenvermeidung nach TRGS 723	Schutzmaß- nahmen nach TRGS 724
(Sp. 1)	(Sp. 2)	(Sp. 3)	(Sp. 4)	(Sp. 5)	(Sp. 6)
4.2.4.4	**Gasverdichter**	**Gasverdichter mit Nebenanlagen.**			
4.2.4.4.1	**In Räumen**	a) **Verdichter mit magnetisch gekoppeltem dichtungslosem Antrieb sowie geeignete Maßnahmen zur Verhinderung der Schwingungsübertragung. Restliche Anlagenteile sind technisch dicht.**	3.1 4.5.3 4.6.2	Zone 2: gR	keine
		b) **Gaswarnanlagen mit automatischer Auslösung von Notfunktionen:** – **bei maximal 20 % der UEG Alarm und Aktivierung der Lüftung** – **bei maximal 40 % der UEG abschalten der Anlage (Lüftung bleibt aktiv), Absperrung außerhalb des Aufstellungsraumes, Notentspannung des gesamten gasführenden Systems im Raum nach außen.**	4.7.4 4.5.3 4.6.3	Zone 2: gR	keine
		c) **Gaswarnanlagen mit automatischer Schaltfunktion** – **bei maximal 20 % der UEG Alarm** – **bei maximal 40 % der UEG abschalten, Anlage wird nicht entspannt.**	4.7.3 4.5.3 4.6.2	Zone 1: gR Zone 2: Be- und Entlüftungsöffnungen außen (Zonenausdehnung richtet sich nach den Belüftungsverhältnissen vgl. auch Anlagen nach DVGW G 491 (A), Punkt 4.2.1.1)	keine
4.2.4.4.2	**Im Freien**	Wie 4.2.4.4.1, aber: Im Freien kann infolge von Witterungseinflüssen gegenüber vergleichbaren Situationen in Räumen im Allgemeinen eine Zone mit geringeren Anforderungen festgelegt bzw. die Zonenausdehnung reduziert werden.			

Nr.	Beispiel	Merkmale/Bemerkungen/ Voraussetzungen/Hinweise	Schutzmaß-nahmen nach TRGS 722	Festlegung der Zonen zur Zündquellenvermeidung nach TRGS 723	Schutzmaß-nahmen nach TRGS 724
(Sp. 1)	(Sp. 2)	(Sp. 3)	(Sp. 4)	(Sp. 5)	(Sp. 6)
4.2.4.5	**Druckerhöhungsgebläse**	**Druckerhöhungsgebläse ist so konstruiert, dass ein Druckausgleich zwischen Druck- und Saugseite bei Abschaltung des Gebläses selbstständig auf Umgebungsdruck erfolgt.**			
4.2.4.5.1	**In Räumen**	a) **Gasführende Rohrleitungen und Gebläse, technische Ausrüstungen sind technisch dicht sowie mechanisch, chemisch und thermisch beständig und zusätzlich bei 20 % der UEG Alarm bei 40 % der UEG abschalten des Druckerhöhungsgebläses.**	4.7.3 4.5.3 4.6.2	keine Zone	keine
		b) **Gasführende Rohrleitungen und Gebläse, technische Ausrüstungen sind technisch dicht sowie mechanisch, chemisch und thermisch beständig.**	4.5.3 4.6.2	Zone 2: gR	keine
		c) **Aufstellung Druckerhöhungsgebläse in Räumen, Gebläse nicht technisch dicht.**	4.5.4 4.6.2	Zone 1: gR Zone 2: Be- und Entlüftungsöffnungen außen (vgl. Punkt 4.2.4.8)	keine
4.2.4.5.2	**Im Freien**	Wie 4.2.4.5.1, aber: Im Freien kann infolge von Witterungseinflüssen gegenüber vergleichbaren Situationen in Räumen im Allgemeinen eine Zone mit geringeren Anforderungen festgelegt bzw. die Zonenausdehnung reduziert werden.			
4.2.4.6	**Biogasaufbereitungsverfahren**	**Aufbereitungsverfahren für Rohbiogas, die im DVGW-Arbeitsblatt G 265-1 beschrieben werden.**			
4.2.4.6.1	**Druckwechseladsorption**				
4.2.4.6.1.1	**In Räumen**	a) **Gasführende Rohrleitungen, technische Ausrüstungen und Adsorber sind auf Dauer technisch dicht sowie mechanisch, chemische und thermisch beständig (Druck kleiner/gleich 5 bar).**	4.5.2 4.6.2	keine Zone	keine

Nr.	Beispiel	Merkmale/Bemerkungen/ Voraussetzungen/Hinweise	Schutzmaß-nahmen nach TRGS 722	Festlegung der Zonen zur Zündquellenvermeidung nach TRGS 723	Schutzmaß-nahmen nach TRGS 724
(Sp. 1)	(Sp. 2)	(Sp. 3)	(Sp. 4)	(Sp. 5)	(Sp. 6)
zu 4.2.4.6.1.1	(In Räumen)	**b) Gasführende Rohrleitungen, technische Ausrüstungen und Adsorber sind technisch dicht sowie mechanisch, chemisch und thermisch beständig.**	4.5.3 4.6.2	Zone 2: gR	keine
4.2.4.6.1.2	**Im Freien**	Wie 4.2.4.6.1.1, aber: Im Freien kann infolge von Witterungseinflüssen gegenüber vergleichbaren Situationen in Räumen im Allgemeinen eine Zone mit geringeren Anforderungen festgelegt bzw. die Zonenausdehnung reduziert werden.			
4.2.4.6.2	**Physikalische Wäsche (z. B. Druckwasserwäsche)**	**Gasführende Rohrleitungen, technische Ausrüstungen und Adsorber sind technisch dicht sowie mechanisch, chemisch und thermisch beständig.**			
4.2.4.6.2.1	**In Räumen**	**Anlagenteile technisch dicht und natürliche Lüftung vorhanden.**	4.5.3 4.6.2	Zone 2: gR	keine
4.2.4.6.2.2	**Im Freien**	Wie 4.2.4.6.2.1, aber: Im Freien kann infolge von Witterungseinflüssen gegenüber vergleichbaren Situationen in Räumen im Allgemeinen eine Zone mit geringeren Anforderungen festgelegt bzw. die Zonenausdehnung reduziert werden.			
4.2.4.6.3	**Aminwäsche**	**In der Waschkolonne kann Unterdruck auftreten, wenn nach einer Not-Abschaltung mit geschlossenen Ein- und Austrittsarmaturen das restliche CO_2 durch das Absorbtionsmittel aufgenommen wird.**			
		a) Flutung der Kolonne mit Inertgas.	4.3 und Anhang 2	keine	keine
		b) Wird der Volumenausgleich durch Luft hergestellt, können ca. 20 % des Kolonnenvolumens mit Luft geflutet werden, die sich mit dem vorhandenen Gas mischen. Bis zum vollständigen Erreichen der OEG-Grenze ist temporär eine g. e. A. vorhanden.		Zone 2: Im Inneren	keine

Nr.	Beispiel	Merkmale/Bemerkungen/ Voraussetzungen/Hinweise	Schutzmaß- nahmen nach TRGS 722	Festlegung der Zonen zur Zünd- quellenvermeidung nach TRGS 723	Schutzmaß- nahmen nach TRGS 724
(Sp. 1)	(Sp. 2)	(Sp. 3)	(Sp. 4)	(Sp. 5)	(Sp. 6)
4.2.4.6.4	**Membranverfahren**				
4.2.4.6.4.1	**Membranmodule und statische Anlagenteile**	**Gasführende Anlagenteile auf Dauer technisch dicht und Druck kleiner/gleich 5 bar (siehe 4.2.4.6.1).** **Gasführende Anlagenteile technisch dicht (Rohrleitungen, Membranmodulbehälter) (siehe 4.2.4.2).** **Gasführende Anlagenteile im Unterdruck (siehe 4.2.4.1).**			
4.2.4.6.4.2	**Druckerhöhung**	**Gasverdichter für Druckerhöhung zur Einspeisung in die Membranmodule (siehe 4.2.4.4.1 und 4.2.4.4.2).**			
4.2.4.7	**Aktivkohlefilter**	**An Aktivkohlefiltern für die Entschwefelung, die regelmäßig manuell entleert und befüllt werden, kann eine g. e. A. im Bereich der Befüll- und Entleerungsöffnungen während der befüll- und Entleervorgänge auftreten. Beim Entleeren kann es zu Staubablagerungen kommen.**	4.6.2	Zone 2 und 22: im Inneren und R = 1,5 m um Entleerungs- und Befüllöffnungen außen	keine
4.2.4.8	**Gas-Druckregel- und Messanlagen**	Siehe Nr. 4.2.1 und DVGW-Arbeitsblatt G 491.			
4.2.4.9	**Odorieranlage**	Siehe DVGW-Arbeitsblatt G 280-1.			
4.2.4.10	**Abblase- und Entspannungsleitungen im Freien**	Siehe Nr. 5 und DVGW-Merkblatt G 442, jedoch nur für aufbereitetes Gas anwendbar (Gase nach DVGW-Arbeitsblatt G 260, 2. Gasfamlie).			

Nr.	Beispiel	Merkmale/Bemerkungen/ Voraussetzungen/Hinweise	Schutzmaß- nahmen nach TRGS 722	Festlegung der Zonen zur Zünd- quellenvermeidung nach TRGS 723	Schutzmaß- nahmen nach TRGS 724
(Sp. 1)	(Sp. 2)	(Sp. 3)	(Sp. 4)	(Sp. 5)	(Sp. 6)
4.2.5	**Anlagen für die Einspeisung von Wasserstoff in Gasversorgungs- netze**	**Wasserstoff gemäß DVGW G 260 (Ausgabe 2020, Gruppe A und D)** **Folgende Anlagenkomponenten können in der Wasserstoff- einspeiseanlage gemäß G 265-3 vorhanden sein: Gas-Ver- dichter, GDRM-Anlagen, Rohrleitungen, Einspeisestelle. Ent- lüftungsöffnungen in Räumen sind an höchster Stelle anzuordnen, um Gasansammlungen im Deckenbereich zu ver- meiden. Größe der Be- und Entlüftungsöffnungen jeweils 0,5 % der Grundfläche des Raumes, sofern keine technische Lüftung (mindestens 3-facher Raumluftwechsel pro Stunde) vorgesehen ist.**			
4.2.5.1	**Gas-Verdichter**	**Gas-Verdichter für Wasserstoff gemäß DVGW G 265-3**			
4.2.5.1.1	**Verdichter in Räumen**	**a) Verdichter auf Dauer technisch Dicht (z. B. mit magne- tisch gekoppeltem dichtungslosem Antrieb, doppelt wir- kende Gleitringdichtung und Funktionsüberwachung oder Dichtsystem mit Spülung ins Freie und Dichtheits- überwachung) sowie geeignete Maßnahmen zur Verhin- derung der Schwingungsübertragung. Restliche Anlagen- teile sind technisch dicht.**	3.1 4.5.3 4.6.2	Zone 2: gR	keine
		b) Verdichter technisch dicht, mit Gaswarnanlage über- wacht, technische Lüftung sowie automatische Auslö- sung von Notfunktionen und Signalisierung: Bei 20 % der UEG Alarm und Aktivierung der Lüftung, bei 40 % der UEG Abschalten der Anlage (Lüftung bleibt aktiv). Ein- und ausgangsseitige Absperrung außerhalb des Auf- stellungsraumes, Notentspannung des gesamten gasfüh- renden Systems im Raum/Schrank gefahrlos ins Freie.	4.5.3 4.6.3 4.7.4	Zone 2: gR	keine

Nr.	Beispiel	Merkmale/Bemerkungen/ Voraussetzungen/Hinweise	Schutzmaßnahmen nach TRGS 722	Festlegung der Zonen zur Zündquellenvermeidung nach TRGS 723	Schutzmaßnahmen nach TRGS 724
(Sp. 1)	(Sp. 2)	(Sp. 3)	(Sp. 4)	(Sp. 5)	(Sp. 6)
		c) Wie b), jedoch nur natürliche Lüftung vorhanden. Das Gassystem bleibt unter Druck, Einströmen aus Speicher-/Pufferanlage ist nicht sicher verhindert.	4.5.3 4.6.2	Zone 1: gR Zone 2: um Be- und Entlüftungsöffnungen des Raumes nach außen (Zonenausdehnung richtet sich nach den Belüftungsverhältnissen vergleiche auch Anlagen nach DVGW G 491, Tabelle D.1, Punkt 4.2.1.1)	keine
4.2.5.1.2	**Im Freien**	**Wie 4.2.5.1.1, aber: Im Freien kann in Folge von Witterungseinflüssen gegenüber vergleichbaren Situationen in Räumen im Allgemeinen die Zonenausdehnung reduziert werden.**			
4.2.5.2	**Mess- und Regelanlage im Gebäude**	**GDRM-Anlagen in Räumen errichtet nach den DVGW-Arbeitsblättern G 491 und G 492. Nach diesen Regelwerken gelten insbesondere: Be- und Entlüftungsöffnungen zu anderen Räumen sind nicht zulässig. Sie dürfen nur ins Freie münden. Eine Gasfreisetzung über Atmungsöffnungen in den Aufstellungsraum für Wasserstoff wird grundsätzlich vermieden, da freigesetztes Gas über Atmungsleitungen ins Freie geführt wird.**			
		a) MOP bis 5 bar; (MOP = Maximal zulässiger Betriebsdruck), GDRM-Anlagen gewartet und instand gehalten nach DVGW Arbeitsblatt G 495 oder G 265-2. Anlage wird daher als auf Dauer technisch dicht angesehen.	4.5.2	keine Zone	keine
		b) Wie a), MOP > 5 bar	4.5.3 4.6.2	Zone 2: gR	keine

Nr.	Beispiel	Merkmale/Bemerkungen/ Voraussetzungen/Hinweise	Schutzmaß-nahmen nach TRGS 722	Festlegung der Zonen zur Zünd-quellenvermeidung nach TRGS 723	Schutzmaß-nahmen nach TRGS 724
(Sp. 1)	(Sp. 2)	(Sp. 3)	(Sp. 4)	(Sp. 5)	(Sp. 6)
zu 4.2.5.2	(Mess- und Regelanlage im Gebäude)	**c) MOP > 5 bar: Mit technischer Lüftung und Gaswarnanlage mit automatischer Auslösung von Notfunktionen und Signalisierung.** – **bei maximal 20 % der UEG Alarm und Aktivierung der Lüftung.** – **bei maximal 40 % der UEG Abschaltung mit Verriegelung der Anlage, Lüftung bleibt aktiv.**	4.7.4 4.5.3 4.6.3	Zone 2: gR	keine
4.2.5.3	**Rohrleitungen zwischen Wasserstoffeinspeiseanlage und Anschluss- bzw. Mischstation/stelle**	**Gasleitungen errichtet nach G 463, Betrieb und Instandhaltung gemäß G 465-1 bzw. G 466-1; freiverlegte Gasleitungen errichtet gemäß G 614-1, Betrieb und Instandhaltung gemäß G 614-2. Gasleitungen als auf Dauer technisch dicht anzusehen (konstruktive Maßnahmen kombiniert mit organisatorischen Maßnahmen „Dichtheitskontrolle").**			
4.2.5.3.1	**Innerhalb der Apparate/Rohrleitungen**	**Im Inneren ist die Bildung von g. e. A. nicht zu erwarten, auch nicht bei seltenen Störungen oder besonderen Betriebszuständen, weil die OEG sicher überschritten ist; bei Betriebszuständen, bei denen die OEG unterschritten werden kann (z. B. Erstinbetriebnahme, unkontrollierter Luftzutritt beim Öffnen der Rohrleitung) sind zusätzliche Schutzmaßnahmen (z. B. inertisieren, siehe auch TRBS 1112 Teil 1) erforderlich.**	4.2.2	keine Zone	keine
4.2.5.3.2	**Umgebung der Apparate/Rohrleitungen in Räumen**	**Gasführende Leitungen in Räumen siehe 4.2.5.2.**			
4.2.5.3.3	**Umgebung Apparate/Rohrleitungen im Freien**	**Gasführende Rohrleitungen und Apparate im Freien werden vor Inbetriebnahme auf Dichtheit geprüft. Im Betrieb erfolgt regelmäßige Wartung und Instandhaltung, deshalb ist nicht mit dem Auftreten gefährlicher explosionsfähiger Atmosphäre (g. e. A.) zu rechnen.**	4.5.2	keine Zone	keine

Nr.	Beispiel	Merkmale/Bemerkungen/ Voraussetzungen/Hinweise	Schutzmaßnahmen nach TRGS 722	Festlegung der Zonen zur Zündquellenvermeidung nach TRGS 723	Schutzmaßnahmen nach TRGS 724
(Sp. 1)	(Sp. 2)	(Sp. 3)	(Sp. 4)	(Sp. 5)	(Sp. 6)
4.2.5.4	**Anschluss- bzw. Mischstation/ stelle**	**Bei Vorhandensein unterschiedlicher Brenngase gelten bezüglich der Zoneneinteilung und Geräteauswahl die höheren Anforderungen des Wasserstoffs.**			
4.2.5.4.1	**Im Raum/Schrank untergebracht**	**Siehe 4.2.5.2.**			
4.2.5.4.2	**Im Freien**	**Siehe 4.2.5.3.3.**			
4.2.5.4.3	**Mischstelle im Erdreich**	**Siehe 4.2.5.3.**			
4.2.5.5	**Abblaseleitungen**	**Für die Ausdehnung der Zone an Mündungen von Abblase-, Atmungs- und Entspannungsleitungen ist eine Einzelfallbetrachtung notwendig (z. B. Freistrahlmodell). Eine Anwendung des DVGW Merkblattes G 442 ist für Wasserstoff nicht möglich. Hierzu wird derzeit eine Handlungshilfe erarbeitet, auf diese könnte nach Fertigstellung verwiesen werden.**			

Nr.	Beispiel	Merkmale/Bemerkungen/ Voraussetzungen/Hinweise	Schutzmaß-nahmen nach TRGS 722	Festlegung der Zonen zur Zünd-quellenvermeidung nach TRGS 723	Schutzmaß-nahmen nach TRGS 724
(Sp. 1)	(Sp. 2)	(Sp. 3)	(Sp. 4)	(Sp. 5)	(Sp. 6)
4.3	**Kohlenstaubanlagen und Brikett-fabriken**				
4.3.1	**Zentralmahlanlagen und Räume mit Brikettpressen**				
4.3.1.1	**Das Innere von Kohlemahlanlagen**	a) **Bildung von g. e. A. durch Kohlenstaub im Inneren der Mahlanlage wegen der realisierten Inertisierung nicht betriebsmäßig zu erwarten; es treten Kohlenstaubablagerungen betriebsmäßig auf, so dass die Entstehung von Glimmnestern oder Selbstentzündungsvorgänge trotz Inertisierung nicht vollständig ausgeschlossen sind. Bei längeren Stillstandszeiten wird die Anlage leer gefahren und die Inertisierung danach aufgehoben.**	4.3 und Anhang 2 4.5.2	Zone 22	keine
		b) **Die umgesetzten Inertisierungmaßnahmen erfolgen mit Rauchgas. Während der An- und Abfahrvorgänge sowie bei Störungen kann die Inertisierung nicht sichergestellt werden. Daher ist die Bildung von g. e. A. durch Kohlenstaub im Inneren der Mahlanlage nicht ausgeschlossen. Kohlenstaubablagerungen treten betriebsmäßig auf, so dass die Entstehung von Glimmnestern oder Selbstentzündungsvorgänge nicht ausgeschlossen sind.**	4.3 und Anhang 2, kann nicht vollständig erfolgen 4.5.2	Zone 21	erforderlich
4.3.1.2	**Umgebung von Mahlanlagen**	a) **Bildung von g. e. A. durch Kohlenstaub in der Umgebung sicher verhindert, da die Anlagen auf Dauer technisch dicht gegenüber Stäuben ausgeführt sind.**	4.5.2	keine Zone	keine

Nr.	Beispiel	Merkmale/Bemerkungen/ Voraussetzungen/Hinweise	Schutzmaßnahmen nach TRGS 722	Festlegung der Zonen zur Zündquellenvermeidung nach TRGS 723	Schutzmaßnahmen nach TRGS 724
(Sp. 1)	(Sp. 2)	(Sp. 3)	(Sp. 4)	(Sp. 5)	(Sp. 6)
zu 4.3.1.2	(Umgebung von Mahlanlagen)	**b) Technische Dichtheit der Anlage nicht auf Dauer gewährleistet; Leckagen und anfallende Stäube werden regelmäßig beseitigt.**	4.5.3 4.2.3 Abs. 6 – 9	Zone 22: Ausdehnung der Zone vom Einzelfall abhängig	keine
4.3.1.3	**Räume mit Brikettpressen**	**Kohlenstaubablagerungen sind betriebsmäßig vorhanden.**	4.6.2	Zone 22: gR	keine
4.3.2	**Roh- und Feinkohlenbunker**				
4.3.2.1	**Das Innere von Roh- und Feinkohlenbunkern**	**Die Bunker werden gelegentlich befüllt. Bildung von g. e. A. durch Kohlenstaub zu erwarten; wirksame Zündquellen, z. B. Glimmnester, können nicht vollständig ausgeschlossen werden.**	4.6.2	Zone 21	erforderlich
4.3.2.2	**Umgebung der Bunker**	**a) Die Aufstellung erfolgt im Raum. Bildung von g. e. A. durch Kohlenstaub zu erwarten.**	4.6.2	Zone 22: Ausdehnung vom Einzelfall abhängig	keine
		b) Die Aufstellung erfolgt im Raum. Bildung von g. e. A. durch Kohlenstaub zu erwarten.	4.6.3	Zone 22: Ausdehnung vom Einzelfall abhängig	keine
		c) Die Aufstellung erfolgt im Freien. Bildung von g. e. A. durch Kohlenstaub zu erwarten.	4.6.2	Zone 22: Ausdehnung vom Einzelfall abhängig	keine

Nr.	Beispiel	Merkmale/Bemerkungen/ Voraussetzungen/Hinweise	Schutzmaßnahmen nach TRGS 722	Festlegung der Zonen zur Zündquellenvermeidung nach TRGS 723	Schutzmaßnahmen nach TRGS 724
(Sp. 1)	(Sp. 2)	(Sp. 3)	(Sp. 4)	(Sp. 5)	(Sp. 6)
4.4	**Steinkohlenaufbereitungsanlagen**				
4.4.1	**Rohwaschkohlen- und Staubbunker**				
4.4.1.1	**Im Inneren**	**a) Bildung von g. e. A. durch Methanausgasung möglich. Aufgrund der Feuchtigkeit ist die Wirbelfähigkeit des Kohlenstaubes stark eingeschränkt, jedoch sind explosionsfähige Kohlenstaubablagerungen betriebsmäßig zu erwarten.**	4.6.2	Zone 1 Zone 22	keine
		b) Wie a)	4.6.3	Zone 2 Zone 22	keine
4.4.1.2	**Umgebung der Einrichtungen**	**a) Staubablagerungen nicht auszuschließen. Leckagen werden sofort beseitigt. Staubablagerungen werden unverzüglich entfernt.**	4.2.3 Abs. 6 – 9	keine Zone	keine
		b) Staubablagerungen sind aufgrund der Vielzahl möglicher Freisetzungsquellen und/oder der Sedimentationsgeschwindigkeit des Staubes zu erwarten. Staubablagerungen werden gelegentlich befeuchtet und regelmäßig beseitigt.	4.2.3 Abs. 6 – 9	Zone 22: Ausdehnung vom Einzelfall abhängig	keine
		c) Staubablagerungen sind aufgrund der Vielzahl möglicher Freisetzungsquellen und der Sedimentationsgeschwindigkeit des Staubes im gR zu erwarten, Ablagerungen werden regelmäßig beseitigt.	4.2.3 Abs. 6 – 9	Zone 22: gR	keine

Nr.	Beispiel	Merkmale/Bemerkungen/ Voraussetzungen/Hinweise	Schutzmaß-nahmen nach TRGS 722	Festlegung der Zonen zur Zünd-quellenvermeidung nach TRGS 723	Schutzmaß-nahmen nach TRGS 724
(Sp. 1)	(Sp. 2)	(Sp. 3)	(Sp. 4)	(Sp. 5)	(Sp. 6)
4.4.2	**Sieb- und Brecheinrichtungen sowie Sichter**				
4.4.2.1	**Im Inneren der Einrichtungen**	a) **G. e. A. durch Kohlenstaub tritt betriebsmäßig auf. Für Steinkohlen wirksame Zündquellen können vollständig vermieden werden, da die Kohlen grobkörnig und wenig zündempfindlich sind.**		Zone 20	keine
		b) **G. e. A. durch Kohlenstaub tritt betriebsmäßig auf. Für Steinkohlen wirksame Zündquellen können z. B. auf-grund der Feinkörnigkeit und Zündempfindlichkeit nicht vollständig vermieden werden.**		Zone 20	erforderlich, da betriebsmäßige Zündquellen nicht hinreichend ver-mieden werden können
4.4.2.2	**Umgebung der Einrichtungen**	Siehe 4.4.1.2.			

Nr.	Beispiel	Merkmale/Bemerkungen/ Voraussetzungen/Hinweise	Schutzmaß-nahmen nach TRGS 722	Festlegung der Zonen zur Zünd-quellenvermeidung nach TRGS 723	Schutzmaß-nahmen nach TRGS 724
(Sp. 1)	(Sp. 2)	(Sp. 3)	(Sp. 4)	(Sp. 5)	(Sp. 6)

Vorbemerkung zu Abschnitt 4.5

Zusätzlich zu Abschnitt 2.1 der Beispielsammlung werden hier spezielle branchenspezifische Lösungen aus dem Bereich der Beschichtungs- und Lackindustrie aufgeführt. Eine Übertragung auf andere Fragestellungen ist nicht ohne weiteres möglich. Bei der Festlegung der angegebenen Maßnahmen wurden spezielle Randbedingungen berücksichtigt, ohne sie in jedem einzelnen Punkt aufzuführen.

Beschichtungsstoffe in flüssiger Form sind z. B. Farben, Lacke, Firnisse, Imprägniermittel, Füll- und Isolierstoffe, Klebstoffe und Trennmittel, Beschichtungsstoffe aus festen Bestandteilen sind Beschichtungspulver und Flock. Neben den Beschichtungsstoffen sind auch die eingesetzten Stoffe bei Spül- und Reinigungstätigkeiten zu berücksichtigen.

Ein Teil der in diesem Abschnitt aufgeführten Beispiele zur Zoneneinteilung innerhalb und gegebenenfalls außerhalb von Beschichtungsanlagen basiert auf der Einhaltung einer maximalen Konzentration brennbarer Stoffe in Luft, die in den Beispielen als maximale Durchschnittkonzentrationen bezeichnet werden und deren Berechnung im Anhang dieses Abschnitts gezeigt und erläutert wird. Die Grundlagen für diese Berechnungen sind in europäischen Normen festgelegt. Dabei ist die sogenannte „Versprühte Höchstmenge flüssiger organischer Beschichtungsstoffe pro Stunde" bzw. die „pro Stunde versprühte höchste Pulverlackmenge" bzw. die „pro Stunde versprühte höchste Flockmenge" zu verstehen als der maximale Massestromwert, der auch bei kurzzeitigem Einsatz (z. B. für intermittierendes Beschichten) nicht überschritten werden kann. Es ist also in den folgenden Beispielen nicht der durchschnittliche Verbrauch an Beschichtungsstoffen, z. B. über eine Arbeitsschicht oder ein Jahr, zugrunde zu legen.

Im Bereich der Sprühwolke muss von explosionsfähiger Atmosphäre ausgegangen werden. Das Applikationsgerät (mit Zuführung) ist so einzusetzen, dass keine wirksame Zündquelle entsteht. Konventionelle, nichtelektrostatische Sprühpistolen weisen im bestimmungsgemäßen Betrieb selbst keine wirksamen Zündquellen auf, wenn sie geerdet sind. Der Sprühprozess kann aber zur Ladungserzeugung und Ladungstrennung mit Gefahr zündwirksamer Entladungen führen ebenso wie ein nicht geerdetes oder isolierendes Werkstück, an welches eine Erde herangeführt wird (z. B. durch geerdetes Werkzeug, Bedienungsperson).

Elektrostatische Sprüheinrichtungen müssen den relevanten europäischen Sicherheitsnormen (DIN EN 50050-1, DIN EN 50050-2, DIN EN 50050-3, DIN EN 50059, DIN EN 50176, DIN EN 50177, DIN EN 50223, DIN EN 50348) entsprechen und bestimmungsgemäß betrieben werden.

Beschichtungsanlagen, die gemäß den Normen DIN EN 16985 (einschließlich den Vorgänger-Normen DIN EN 12215, DIN EN 13355, DIN EN 12981) oder DIN EN 50223 gebaut und installiert sind, können ohne zusätzliche technische Maßnahmen mit der im Abschnitt 4.5 beschriebenen Zoneneinteilung betrieben werden. Auch auf ältere Anlagen, die die genannten Normen nicht erfüllen, können die Beispiele angewendet werden, wenn nachgewiesen ist, dass die Anlagen hinsichtlich der Maßnahmen zum Explosionsschutz gleichwertig sind.

Für ältere Anlagen, die den oben genannten Normen nicht entsprechen sowie hinsichtlich der Maßnahmen zum Explosionsschutz nicht auf gleichwertigem Stand sind, darf der Abschnitt 4.5 nicht angewendet werden. Eine Zonenfestlegung kann in diesen Fällen für ältere Anlagen nach dem so genannten Flammpunktkriterium erfolgen, siehe DGUV Information 209-046 „Lackierräume und -einrichtungen für flüssige Beschichtungsstoffe".

Nr.	Beispiel	Merkmale/Bemerkungen/ Voraussetzungen/Hinweise	Schutzmaß-nahmen nach TRGS 722	Festlegung der Zonen zur Zünd-quellenvermeidung nach TRGS 723	Schutzmaß-nahmen nach TRGS 724
(Sp. 1)	(Sp. 2)	(Sp. 3)	(Sp. 4)	(Sp. 5)	(Sp. 6)

Ergänzend zu Abschnitt 3 der Beispielsammlung ist bei mehrstufigen Rückgewinnungssystemen von Pulver- und Flockanlagen zur Zoneneinteilung eine Berechnung der Staub- bzw. Flockkonzentration möglich, weil der maximale Staubeintrag in das Rückgewinnungssystem bekannt ist. Auch diese Berechnung ist im Anhang dieses Abschnitts aufgeführt.

Die festgelegte Zone ergibt sich aus der eingebrachten Menge an Beschichtungsmaterial und den lüftungstechnischen Maßnahmen. Das Maß an Zündquellenvermeidung für in der Zone eingesetzte Arbeitsmittel richtet sich nach dieser Zoneneinteilung. Die Sprühpistole selbst stellt eine Besonderheit dar. An der Sprühpistole ist im Sprühkegel explosionsfähige Atmosphäre vorhanden, die auf Grund der Lüftung auf den Kegel beschränkt ist.

Hier ist die Anwendung des Zonenmodells nicht sinnvoll, da einerseits ein relativ weiter Bereich überstrichen wird, andererseits durch die Lüftung explosionsfähige Atmosphäre nur unmittelbar während des Ausbringens vorhanden ist. Die genannten Normen tragen dem Rechnung, so dass die entsprechend der Norm ausgeführten Sprühpistolen sicher betrieben werden können. Wenn es sich bei den Sprühpistolen um Geräte entsprechend der Richtlinie 2014/34/EU handelt, sollen diese in der Regel mindestens den Anforderungen an Geräte der Kategorie 2G genügen.

Nr.	Beispiel	Merkmale/Bemerkungen/ Voraussetzungen/Hinweise	Schutzmaßnahmen nach TRGS 722	Festlegung der Zonen zur Zündquellenvermeidung nach TRGS 723	Schutzmaßnahmen nach TRGS 724
(Sp. 1)	(Sp. 2)	(Sp. 3)	(Sp. 4)	(Sp. 5)	(Sp. 6)
4.5	**Verarbeiten von Beschichtungsstoffen mit organischen Anteilen**	**Die Zoneneinteilung in den Beispielen 4.5.2 bis 4.5.7 berücksichtigt die berechnete maximale Durchschnittskonzentration (siehe Vorbemerkung).** **Darüber hinaus können im Sprühkegel höhere Konzentrationen auftreten. Dies ist bei der Auswahl der Betriebsmittel und Verfahren zu berücksichtigen. Siehe Hinweise in den Spalten 3 und 5 der Beispiele 4.5.2, 4.5.3 und 4.5.5** (verweist auf 4.5.3 zurück).			
4.5.1	**Verarbeiten von nichtentzündbaren flüssigen Beschichtungsstoffen (wasserverdünnbar)**	**Entzündbare flüssige Beschichtungsstoffe siehe 4.5.2 und 4.5.3.** **Beschichtungsstoffe und bei Reinigungsarbeiten versprühte Spül- und Reinigungsflüssigkeiten erfüllen in ihrer Zusammensetzung folgende Formel:** **[Gew.% H_2O] > 1,70 x [Gew.% org. Lösemittel*] + 0,96 x [Gew.% Feststoff**]** * Gesamte organische flüssige Phase, einschließlich Flüssigkeiten mit Flammpunkten über 60 °C sowie die Flüssigkeiten, die nicht im Sicherheitsdatenblatt aufgeführt sind, wobei in diesem Fall die gesamte flüssige Phase im versprühten Zustand entzündbar ist. ** Gesamte feste Phase, die im versprühten Zustand entzündbar ist (entzündbare anorganische oder entzündbare organische Feststoffe), einschließlich der Feststoffe, die eine entzündbare anorganische oder entzündbare organische Beschichtung aufweisen.	4.1	keine Zone	keine

Nr.	Beispiel	Merkmale/Bemerkungen/ Voraussetzungen/Hinweise	Schutzmaßnahmen nach TRGS 722	Festlegung der Zonen zur Zündquellenvermeidung nach TRGS 723	Schutzmaßnahmen nach TRGS 724
(Sp. 1)	(Sp. 2)	(Sp. 3)	(Sp. 4)	(Sp. 5)	(Sp. 6)
zu 4.5.1	(Verarbeiten von nicht-entzündbaren flüssigen Beschichtungsstoffen (wasserverdünnbar))	**Organische Bestandteile sind beispielsweise Alkohole, Ester, Ketone wie Aceton und MEK sowie Bindemittel, z. B. Harze, und Pigmente, z. B. Flammruß.** **Zur weiteren Abstufung der Entzündbarkeit von Beschichtungsstoffen siehe DGUV Information 209-052.** **Flammpunkt der bei der Reinigung ohne Versprühen verwendeten Flüssigkeiten liegt ausreichend (siehe TRGS 721 Abschnitt 3.2 Abs. 7 Ziffer 2b) über Verarbeitungstemperatur.**			
4.5.2	**Verarbeiten von entzündbaren flüssigen Beschichtungsstoffen in Spritzständen und Spritzkabinen**	**Spritzstände und Spritzkabinen entsprechen den Sicherheitsanforderungen von DIN EN 16985, DIN EN 12215 oder DIN EN 13355.** **Im Bereich der Sprühwolke muss von explosionsfähiger Atmosphäre ausgegangen werden.** **Konventionelle, nichtelektrostatische Applikationsgeräte müssen DIN EN 1953 entsprechen.** **Applikationsgeräte müssen DIN EN 1953 entsprechen.** **Elektrostatische Applikationsgeräte müssen DIN EN 50050-1 bzw. DIN EN 50176 entsprechen.**			
4.5.2.1	**Im Inneren und an ständigen Öffnungen von Spritzständen und Spritzkabinen**	**a) Beschichten mit VOC-freien flüssigen Beschichtungsstoffen und Verwendung VOC-freier Reinigungsflüssigkeiten (manuell und automatisch) deren Flammpunkt > 60 °C ist und mindestens 15 K über der Verarbeitungstemperatur liegt, z. B. UV-Lacke.** Hinweis: VOC bzw. „flüchtige organische Verbindung" ist in der Richtlinie 2010/75/EU unter Kapitel 1 Artikel 3 Nr. 45 definiert.	4.2	Zone 2: im Bereich, der beim Verarbeitungsvorgang sowie bei Spül- und Reinigungsprozessen vom Sprühkegel erfasst werden kann	keine

Nr.	Beispiel	Merkmale/Bemerkungen/ Voraussetzungen/Hinweise	Schutzmaß- nahmen nach TRGS 722	Festlegung der Zonen zur Zünd- quellenvermeidung nach TRGS 723	Schutzmaß- nahmen nach TRGS 724
(Sp. 1)	(Sp. 2)	(Sp. 3)	(Sp. 4)	(Sp. 5)	(Sp. 6)
zu 4.5.2.1	(Im Inneren und an ständigen Öffnungen von Spritzständen und Spritzkabinen)	**b) Automatisches Beschichten entzündbarer flüssiger Beschichtungsstoffe mit festgelegten, wiederkehrenden Bewegungsabläufen der Applikationsgeräte z. B. mit Hilfe von Robotern oder Hubgeräten, maximale Durchschnittskonzentration $c \leq 25$ % der UEG der enthaltenen brennbaren Lösemittel.**	4.6.3	Im Bereich des Sprühkegels sind alle Zündquellen zu vermeiden. Zone 2: Segmente im Inneren der Kabine, die vom Sprühstrahl erreicht werden können, definiert durch den Bewegungsbereich der Applikationsgeräte mit einer Halbkugel um die Austrittsstelle mit einem Radius von 1,5 m in Applikationsrichtung Keine Zone: übriges Volumen der Kabine und an ständigen Öffnungen und Standöffnungen	keine
		c) Beschichten entzündbarer flüssiger Beschichtungsstoffe manuell oder automatisch ohne festgelegte, wiederkehrende Bewegungsabläufe, maximale Durchschnittskonzentration $c \leq 25$ % der UEG der enthaltenen brennbaren Lösemittel.	4.6.3	Zone 2: im Inneren der Kabine keine Zone: an ständigen Öffnungen und Standöffnungen	keine
		d) Automatisches Beschichten entzündbarer flüssiger Beschichtungsstoffe, maximale Durchschnittskonzentration 25 % $< c \leq 50$ % der UEG der enthaltenen brennbaren Lösemittel. *Hinweis:* *Berechnung der maximalen Durchschnittskonzentration entsprechend Anhang zu 4.5.2.*	4.6.3	Zone 1: im Inneren der Kabine Zone 2: 1 m Abstand/Radius um ständige Öffnungen und Standöffnungen	keine

Nr.	Beispiel	Merkmale/Bemerkungen/ Voraussetzungen/Hinweise	Schutzmaßnahmen nach TRGS 722	Festlegung der Zonen zur Zündquellenvermeidung nach TRGS 723	Schutzmaßnahmen nach TRGS 724
(Sp. 1)	(Sp. 2)	(Sp. 3)	(Sp. 4)	(Sp. 5)	(Sp. 6)
4.5.2.2	**Internes Volumen des Abscheidesystems von Spritzständen und Spritzkabinen (z. B. Nassabscheidung oder Filter)**	a) **Maximale Durchschnittskonzentration c ≤ 10 % der UEG der enthaltenen brennbaren Lösemittel.**	4.6.3	keine Zone	keine
		b) **Maximale Durchschnittskonzentration 10 % < c ≤ 25 % der UEG der enthaltenen brennbaren Lösemittel.**	4.6.3	Zone 2: im Inneren	keine
		c) **Maximale Durchschnittskonzentration 25 % < c ≤ 50 % der UEG der enthaltenen brennbaren Lösemittel.** *Hinweis:* *Berechnung der maximalen Durchschnittkonzentration entsprechend Anhang zu 4.5.2.*		Zone 1: im Inneren	keine
4.5.2.3	**Internes Volumen der Ab- und Umluftleitungen von Spritzständen und Spritzkabinen**	a) **Maximale Durchschnittskonzentration c ≤ 25 % der UEG der enthaltenen brennbaren Lösemittel.**	4.6.3	keine Zone	keine
		b) **Maximale Durchschnittskonzentration 25 % < c ≤ 50 % der UEG der enthaltenen brennbaren Lösemittel.** *Hinweis:* *Berechnung der maximalen Durchschnittkonzentration entsprechend Anhang zu 4.5.2.*	4.6.3	Zone 2: im Inneren und 1 m Abstand/Radius um den Auslass der Abluftleitung	keine

Nr.	Beispiel	Merkmale/Bemerkungen/ Voraussetzungen/Hinweise	Schutzmaßnahmen nach TRGS 722	Festlegung der Zonen zur Zündquellenvermeidung nach TRGS 723	Schutzmaßnahmen nach TRGS 724
(Sp. 1)	(Sp. 2)	(Sp. 3)	(Sp. 4)	(Sp. 5)	(Sp. 6)
4.5.3	**Verarbeiten von brennbaren Beschichtungspulvern in Sprühständen und Sprühkabinen mit elektrostatischen Sprüheinrichtungen**	**Sprühstände und Sprühkabinen entsprechen den Sicherheitsanforderungen von DIN EN 16985 oder DIN EN 12981. Im Bereich der Sprühwolke muss von explosionsfähiger Atmosphäre ausgegangen werden. Elektrostatische Sprüheinrichtungen müssen DIN EN 50050-2 bzw. EN 50177 entsprechen.**			
4.5.3.1	**Im Inneren von Sprühständen und Sprühkabinen**	**Elektrostatisches Beschichten brennbarer Beschichtungspulver (manuell oder automatisch), maximale Durchschnittskonzentration $c \leq 50$ % der UEG der brennbaren Beschichtungspulver.** *Hinweis:* *Berechnung der maximalen Durchschnittkonzentration entsprechend Anhang zu 4.5.3.*	4.6.3	Zone 22: im Inneren der Kabine	keine
4.5.3.2	**Internes Volumen der Ab- und Umluftleitungen von Sprühständen und Sprühkabinen**	**a) Wenn Pulveransammlung in den Luftkanälen vermieden ist.** *Hinweis:* *Normalerweise ist eine Mindestgeschwindigkeit der Luftströmung von 16 m/s (bei Flock 20 m/s) ausreichend, um Pulveransammlungen in Luftkanälen zu vermeiden.*	4.6.3	keine Zone	keine
		b) Wenn Pulveransammlungen in den Luftkanälen nicht vermieden werden kann.	4.6.3	Zone 22: im Inneren	keine
4.5.3.3	**Ständige Öffnungen von Sprühständen und Sprühkabinen**	**a) Wenn Pulverablagerungen im Bereich vor den Öffnungen sicher vermieden sind (z. B. durch eine von außen nach innen gerichtete Luftströmung an ständigen Öffnungen von mindestens 0,4 m/s).**	4.6.3	keine Zone	keine

Nr.	Beispiel	Merkmale/Bemerkungen/ Voraussetzungen/Hinweise	Schutzmaßnahmen nach TRGS 722	Festlegung der Zonen zur Zündquellenvermeidung nach TRGS 723	Schutzmaßnahmen nach TRGS 724
(Sp. 1)	(Sp. 2)	(Sp. 3)	(Sp. 4)	(Sp. 5)	(Sp. 6)
zu 4.5.3.3	(Ständige Öffnungen von Sprühständen und Sprühkabinen)	**b) Wenn Pulverablagerungen im Bereich vor den Öffnungen nicht sicher vermieden sind.**	4.6.3	Zone 22: 1 m Abstand/Radius um ständige Öffnungen und Standöffnungen	keine
4.5.3.4	**Vor- und Nachbeschichterplätze an Sprühkabinen mit vom Hersteller festgelegtem Sprühbereich**	**Overspray wird im Sprühbereich sicher erfasst, z. B. durch ausreichende Absaugwirkung der Kabinenlüftung. Ist der Sprühbereich weiter als 1 Meter von der Öffnung der Kabine entfernt, muss eine zusätzliche Absaugeinrichtung installiert sein. Die Ausdehnung des Sprühbereiches ist auf 2 m Abstand zur Kabinenöffnung begrenzt.**	4.6.3	Zone 22: 0,5 m Abstand/Radius um den festgelegten Sprühbereich	keine
4.5.4	**Pulverrückgewinnung**	**Die nachstehenden Beispiele berücksichtigen die üblichen Mindestzündenergien (≥ 2 mJ) von Beschichtungspulvern.**			
4.5.4.1	**Rohgasseite**	**a) Offenes System. Abreinigung der Filterelemente ist zeitlich nicht überwiegend (< 50 % der Betriebszeit).**	4.6.3	Zone 21	keine
		b) Geschlossenes System (Zyklon oder filternde Abscheider)			
		b1) Die Konzentration des im Zyklon erfassten und abzuscheidenden Staubes liegt betriebsmäßig unter der UEG.	4.2	Zone 21	keine
		b2) Die Konzentration des im filternden Abscheider erfassten und abzuscheidenden Staubes liegt betriebsmäßig unter der UEG (Objektabsaugung, Aspiration) und das Abreinigen des Filtermediums erfolgt nur gelegentlich, z. B. am Schichtende oder gesteuert über Druckdifferenz.	4.2 4.3 und Anhang 2	Zone 21	Punkte 2.4, 2.5, 2.6, 2.7 oder 2.8 jeweils in Kombination mit 8

Nr.	Beispiel	Merkmale/Bemerkungen/ Voraussetzungen/Hinweise	Schutzmaß-nahmen nach TRGS 722	Festlegung der Zonen zur Zündquellenvermeidung nach TRGS 723	Schutzmaß-nahmen nach TRGS 724
(Sp. 1)	(Sp. 2)	(Sp. 3)	(Sp. 4)	(Sp. 5)	(Sp. 6)
zu 4.5.4.1	(Rohgasseite)	b3) Wie b2, jedoch nicht in allen Punkten erfüllt.	4.3 und Anhang 2	Zone 20	Punkte 2.4, 2.5, 2.6, 2.7 oder 2.8 jeweils in Kombination mit 8
4.5.4.2	**Reingasseite**	**a) Bildung von g. e. A. nicht zu erwarten, siehe 3.3.5.2 c)**	4.2	keine Zone	keine
		b) Mehrstufige Filtersysteme ohne Filterüberwachung, aber mit einer maximalen Durchschnittskonzentration < 1 % der UEG hinter der Filterstufe. *Hinweis:* *Berechnung der maximalen Durchschnittskonzentration entsprechend Anhang zu 4.5.4.* *Hinweis:* *In den Arbeitsraum zurückgeführte Luft muss die Anforderungen der TRGS 900 erfüllen.*	4.6.3	Zone 22	keine
		c) Wie b), jedoch mit einer maximalen Durchschnittskonzentration ≥ 1 % bis < 10 % der UEG hinter der Filterstufe. *Hinweis:* *Berechnung der maximalen Durchschnittskonzentration entsprechend Anhang zu 4.5.4.* *Hinweis:* *In den Arbeitsraum zurückgeführte Luft muss die Anforderungen der TRGS 900 erfüllen.*	4.6.3	Zone 21	keine

Nr.	Beispiel	Merkmale/Bemerkungen/ Voraussetzungen/Hinweise	Schutzmaß- nahmen nach TRGS 722	Festlegung der Zonen zur Zünd- quellenvermeidung nach TRGS 723	Schutzmaß- nahmen nach TRGS 724
(Sp. 1)	(Sp. 2)	(Sp. 3)	(Sp. 4)	(Sp. 5)	(Sp. 6)
4.5.5	**Sprühstände und Sprühkabinen zum Verarbeiten von brennbarem Flock**	**Sprühstände und Sprühkabinen entsprechen den Sicherheitsanforderungen von DIN EN 50223.** **Im Bereich der Flockwolke muss von explosionsfähiger Atmosphäre ausgegangen werden. Elektrostatische Sprüheinrichtungen müssen DIN EN 50050-3 bzw. DIN EN 50223 entsprechen.** **Der Klebstoffauftrag findet außerhalb des Sprühstands / der Sprühkabine statt. Lösemitteldampfkonzentration < 20 % der UEG des Lösemittels.** **Elektrostatisches Beflocken (manuell oder automatisch), maximale Durchschnittskonzentration c ≤ 50 % der UEG von brennbarem Flock.** **Siehe 4.5.3 Verarbeiten von brennbaren Beschichtungspulvern in Sprühständen und Sprühkabinen mit elektrostatischen Sprüheinrichtungen.** *Hinweis:* *Berechnung der maximalen Durchschnittskonzentration entsprechend Anhang zu 4.5.5.*			
4.5.6	**Flockrückgewinnung**	**Siehe 4.5.4 Pulverrückgewinnung.** *Hinweis:* *Berechnung der maximalen Durchschnittskonzentration entsprechend Anhang zu 4.5.6 (siehe auch DGUV Information 209-052 „Elektrostatisches Beschichten“).* **Berechnung der Konzentration (siehe folgende Seiten).**			

Nr.	Beispiel	Merkmale/Bemerkungen/ Voraussetzungen/Hinweise	Schutzmaß- nahmen nach TRGS 722	Festlegung der Zonen zur Zünd- quellenvermeidung nach TRGS 723	Schutzmaß- nahmen nach TRGS 724
(Sp. 1)	(Sp. 2)	(Sp. 3)	(Sp. 4)	(Sp. 5)	(Sp. 6)

Anhang zu 4.5.2 und 4.5.3: Berechnung der maximalen Durchschnittskonzentration brennbarer Lösemittel gemäß DIN EN 16985, DIN EN 12215 und DIN EN 13355:
Um den Vergleich mit der unteren Explosionsgrenze (UEG) zu vereinfachen, wird die Konzentration als C_{UEG} (in % der UEG) ausgedrückt.

$$C_{UEG} = \frac{100 \cdot \overline{C}}{UEG} \qquad (1)$$

Die maximale Durchschnittskonzentration brennbarer Lösemittel in der Spritzkabine/dem Segment hängt ab von der eingebrachten Höchstmenge an Lösemittel und dem Mindest-Frischluftvolumenstrom:

$$\overline{C} = \frac{\dot{M}_{max} \cdot k_1 \cdot k_2 \cdot k_3}{Q_{min}} \qquad (2)$$

Der Mindest-Frischluftvolumenstrom Q_{min} kann aus der Luftgeschwindigkeit v und der Breite B und der Länge L des Luftstromquerschnitts berechnet werden:
$Q_{min} = v \cdot B \cdot L$
mit:

C_{UEG}	berechneter Wert der höchstzulässigen Konzentration brennbarer Lösemittel im Verhältnis zur *UEG*	in %
$\overline{C}$	maximale Durchschnittskonzentration brennbarer Lösemittel in Luft innerhalb der Spritzkabine/des Segmentes	in g/m³
UEG	untere Explosionsgrenze der Lösemittel oder Lösemittelgemische bei 293 K Wenn die Bestandteile der Lösemittelgemische bekannt sind, die *UEG* des Gemisches jedoch unbekannt ist, ist die *UEG* des Lösemittelbestandteiles mit dem geringsten Wert einzusetzen. Sind keine Angaben vorhanden, ist ein Wert von 40 g/m³ einzusetzen.	in g/m³
$\dot{M}_{max}$	versprühte Höchstmenge flüssiger organischer Beschichtungsstoffe, die je Stunde maximal ausgebracht werden kann.	in g/h
k_1	Massenanteil der in den flüssigen organischen Beschichtungsstoffen enthaltenen brennbaren Lösemittel während des Sprühverfahrens.	in %
k_2	Geschätzte Menge brennbarer Lösemittel, die in der Spritzkabine/dem Segment durch Verdunstung freigesetzt werden.	in %
k_3	Inhomogenitätsfaktor, der die Inhomogenität der Konzentration in der gesamten Lackierkabine berücksichtigt, insbesondere die hohe Konzentration zwischen Sprühpistole und Werkstück und seine nähere Umgebung. Die Werte reichen von 1 bis 5; für herkömmliche Sprühapplikationen liegt er bei 3, für hochdefinierte (automatische) Applikationsprozesse oder im Abscheidesystem kann ein niedrigerer Wert gewählt werden.	
Q_{min}	Mindest-Frischluftvolumenstrom innerhalb der Spritzkabine/des Segmentes, der die freigesetzten brennbaren Lösemittel auf die zulässige Konzentration herabsetzt.	in m³/h
v	mittlere Luftgeschwindigkeit in der Spritzkabine/des Segmentes.	in m/s
B	Breite der Spritzkabine/des Segmentes, in der/dem lackiert wird.	in m
L	Länge der Spritzkabine /des Segmentes, in der/dem lackiert wird.	in m

Anmerkung: Bei einer Mehrzonen-Spritzkabine muss jedes Segment separat berechnet werden.

Nr.	Beispiel	Merkmale/Bemerkungen/ Voraussetzungen/Hinweise	Schutzmaß-nahmen nach TRGS 722	Festlegung der Zonen zur Zündquellenvermeidung nach TRGS 723	Schutzmaß-nahmen nach TRGS 724
(Sp. 1)	(Sp. 2)	(Sp. 3)	(Sp. 4)	(Sp. 5)	(Sp. 6)

(Anhang zu 4.5.2: Beispielrechnung der Konzentration in der Spritzkabine zur Bestimmung der Zone)

Berechnungsbeispiel:

Annahmen:

Strömungsparameter einer vertikal belüfteten Spritzkabine (oder einem Segment, in dem lackiert wird):

Breite	B	= 4 m
Länge	L	= 8 m
mittlere Luftgeschwindigkeit	v	= 0,3 m/s
Höchstmenge der zugeführten Beschichtungsstoffe	M_{max}	= 20 000 g/h
untere Explosionsgrenze	UEG	= 40 g/m³
Gehalt an brennbaren Lösemitteln	k_1	= 85 % (0,85)
Verdunstungsanteil:	k_2	= 80 % (0,80)
Inhomogenitätsfaktor	k_3	= 3 (Standardwert)

gemäß (3)

$$Q_{min} = 0{,}3\,m/s \cdot 4\,m \cdot 8\,m \cdot 3600\,s/h = 34\,560\,m^3/h$$

gemäß (2)

$$\overline{C} = \frac{20\,000\,g/h \cdot 0{,}85 \cdot 0{,}8 \cdot 3}{34\,560\,m^3/h} = 1{,}18\,g/m^3$$

gemäß (1)

$$C_{UEG} = 100 \cdot \frac{1{,}18\,g/m^3}{40\,g/m^3} = 2{,}95\,\%$$

Ergebnis:

Eine Nennkonzentration von C_{UEG} = 2,95 % wird erreicht, wenn die technische Lüftung der Spritzkabine für eine mittlere Luftgeschwindigkeit von v = 0,3 m/s ausgelegt ist (und weitere oben beschriebenen Annahmen gelten). **Dabei liegt eine Zone 2 in der Spritzkabine/dem Segment vor.**

Nr.	Beispiel	Merkmale/Bemerkungen/ Voraussetzungen/Hinweise	Schutzmaß-nahmen nach TRGS 722	Festlegung der Zonen zur Zündquellenvermeidung nach TRGS 723	Schutzmaß-nahmen nach TRGS 724
(Sp. 1)	(Sp. 2)	(Sp. 3)	(Sp. 4)	(Sp. 5)	(Sp. 6)

Anhang zu 4.5.3 und 4.5.5: Berechnung der maximalen Durchschnittskonzentration brennbarem Beschichtungspulvers gemäß DIN EN 16985 oder DIN EN 12981 und brennbaren Flock gemäß DIN EN 50223

Um den Vergleich mit der unteren Explosionsgrenze (UEG) zu vereinfachen, wird die Konzentration als C_{UEG} (in % der UEG) ausgedrückt.

$$C_{UEG} = \frac{100 \cdot \overline{C}}{UEG} \qquad (4)$$

Die maximale Durchschnittskonzentration an brennbarem Pulverlack / Flock in der Beschichtungskabine hängt ab von der Menge der eingebrachten Höchstmenge an Pulverlack/Flock und dem Mindest-Frischluftvolumenstrom:

$$\overline{C} = \frac{\dot{M}_{max}}{Q_{min}} \qquad (5)$$

Der Mindest-Frischluftvolumenstrom Q_{min} errechnet sich aus der Luftgeschwindigkeit v und dem Gesamtquerschnitt der Öffnungen:

$$Q_{min} = v \cdot A \cdot 3\,600 \qquad (6)$$

mit:

C_{UEG}	Berechneter Wert der Konzentration an brennbarem Pulverlack/Flock im Verhältnis zur UEG	in %
$\overline{C}$	Maximale Durchschnittskonzentration an brennbarem Pulverlack/Flock in Luft innerhalb der Beschichtungskabine	g/m^3
UEG	untere Explosionsgrenze eines Pulverlack-/Flock-Luft-Gemisches. Wenn keine Angaben vorhanden sind, ist für Pulver ein Wert von 20 g/m^3, für Flock ein Wert von 100 g/m^3 einzusetzen.	g/m^3
$\dot{M}_{max}$	versprühte Höchstmenge von Pulverlack/Flock, die je Stunde maximal ausgebracht werden kann	g/h
Q_{min}	Mindest-Frischluftvolumenstrom innerhalb der Beschichtungskabine, der das brennbare Pulverlack-/Flock-Luft-Gemisch auf die zulässige Konzentration herabsetzt	m^3/h
v	mittlere Luftgeschwindigkeit in der Beschichtungskabine	m/s
A	Gesamtquerschnitt der Öffnungen einer Beschichtungskabine (Der Gesamtquerschnitt umfasst alle ständigen Öffnungen – z. B. Ein- und Auslassöffnungen für Werkstücke, Öffnungen für Bedienungspersonen und Sprühsysteme/Handsprüheinrichtungen)	m^2

Nr.	Beispiel	Merkmale/Bemerkungen/ Voraussetzungen/Hinweise	Schutzmaß- nahmen nach TRGS 722	Festlegung der Zonen zur Zünd- quellenvermeidung nach TRGS 723	Schutzmaß- nahmen nach TRGS 724
(Sp. 1)	(Sp. 2)	(Sp. 3)	(Sp. 4)	(Sp. 5)	(Sp. 6)

Anhang zu 4.5.4 und 4.5.6: Berechnung der maximalen Durchschnittskonzentration von brennbarem Pulverlack / Flock im Reinluftbereich an der Filteraustrittsseite
Zum Filtermedium transportierter brennbarer Pulverlack / Flock im Rohgasbereich der Rückgewinnungsanlage:

$$\dot{M}_{roh} = \dot{M}_{max} \cdot (1 - e_t) \cdot (1 - e_s) \qquad (7)$$

Dabei ist

e_t	Auftragswirkungsgrad des Beschichtungsprozesses; typischer Erfahrungswert des Applikationsspezialisten (z. B. für typische Applikationsverfahren zwischen 0,5 und 0,7)	dimensionslos
e_s	vom Hersteller vorgegebene Rückgewinnungseffizienz des Vorabscheiders (z. B. für Zyklon typischerweise zwischen 0,9 und 0,95)	dimensionslos
$\dot{M}_{roh}$	Massendurchsatz von brennbarem Pulverlack / Flock im Rohgasbereich der Rückgewinnungsanlage	in g/h
$\dot{M}_{max}$	versprühte Höchstmenge an brennbarem Pulverlack / Flock, die je Stunde maximal ausgebracht werden kann	in g/h

Brennbarer Pulverlack/Flock, das/der das Filtermedium zum Reingasbereich der Rückgewinnungsanlage passiert (das Berechnungsprinzip kann auch für Polizeifilter angewendet werden)

$$C_{rein} = \frac{e_{rfm} \cdot \dot{M}_{roh}}{Q_{op}} \cdot 1000 \qquad (8)$$

$$\dot{M}_{rein} = e_{rfm} \cdot \dot{M}_{roh} \qquad (9)$$

e_{rfm}	mittlere Durchlässigkeit des Filtermediums (Lieferantenzertifikat)	einheitslos
Q_{op}	Betriebsluftstrom in der Kabine für den Beschichtungsprozess	in m^3/h
C_{rein}	Konzentration Beschichtungspulver / Flock nach dem Filtermedium	in mg/m^3
$\dot{M}_{rein}$	Massendurchsatz an brennbarem Pulverlack / Flock im Reingasbereich der Rückgewinnungsanlage	in mg/h

Nr.	Beispiel	Merkmale/Bemerkungen/ Voraussetzungen/Hinweise	Schutzmaß-nahmen nach TRGS 722	Festlegung der Zonen zur Zünd-quellenvermeidung nach TRGS 723	Schutzmaß-nahmen nach TRGS 724
(Sp. 1)	(Sp. 2)	(Sp. 3)	(Sp. 4)	(Sp. 5)	(Sp. 6)

(Anhang zu 4.5.4 und 4.5.6: Berechnung der maximalen Durchschnittskonzentration von brennbarem Pulverlack/Flock im Reinluftbereich an der Filteraustrittsseite)
Berechnungsbeispiel:
Annahmen:

$e_t = 0{,}5$

$e_s = 0{,}95$

$Q_{op} = 12\,000\ \frac{m^3}{h}$

$\dot{M}_{max} = 180\,000\ \frac{g}{h}$

$e_{rfm} < 0{,}0003$

$UEG = 20\ \frac{g}{m^3}$

nach Gleichung (7):

$$\dot{M}_{roh} = 180\,000\,\frac{g}{h} \cdot (1 - 0{,}5) \cdot (1 - 0{,}95) = 4\,500\ \frac{g}{h}$$

nach Gleichung (8):

$$C_{rein} = \frac{0{,}0003 \cdot 4\,500\ g/h}{12\,000\ m^3/h} \cdot 1000 = 0{,}1125\ mg/m^3$$

nach Gleichung (9):

$$\dot{M}_{rein} = 0{,}0003 \cdot 4\,500\ \frac{g}{h} = 1{,}35\ \frac{mg}{h}$$

Ergebnis:
C_{rein} = 0,1125 mg/m^3 ist kleiner als 1 % der UEG (200 mg/m^3). **Danach liegt auf der Reingasseite des letzten Filters Zone 22 vor.** (siehe 4.5.4.2 b).

Nr.	Beispiel	Merkmale/Bemerkungen/ Voraussetzungen/Hinweise	Schutzmaß- nahmen nach TRGS 722	Festlegung der Zonen zur Zünd- quellenvermeidung nach TRGS 723	Schutzmaß- nahmen nach TRGS 724
(Sp. 1)	(Sp. 2)	(Sp. 3)	(Sp. 4)	(Sp. 5)	(Sp. 6)
4.6	**Medizinisch genutzte Räume im Sinne DIN VDE 100 Teil 710**	**In medizinisch genutzten Räumen werden brennbare Desinfektionsmittel vor allem für** **– die Hautantiseptik beim Patienten,** **– die Händedesinfektion** **sowie in seltenen Fällen zur Flächendesinfektion verwendet.** **Die primär wirksamen Komponenten stellen dabei die Alkohole** **– Ethanol,** **– 1-Propanol und** **– 2-Propanol** **dar.** **Grundsätzlich ist aus Gründen des Gesundheits- und Explosionsschutzes Scheuer- bzw. Wischdesinfektion der Sprühdesinfektion vorzuziehen, damit die Bildung von Aerosolen möglichst vermieden wird.**			
4.6.1	**Anwendung von brennbaren Desinfektionsmitteln**				
4.6.1.1	**Hautdesinfektion beim Patienten**	**Die Hautdesinfektion am Patienten vor einem chirurgischen Eingriff erfolgt in der Regel mit wässeriger alkoholischer Lösung.**			

Nr.	Beispiel	Merkmale/Bemerkungen/ Voraussetzungen/Hinweise	Schutzmaßnahmen nach TRGS 722	Festlegung der Zonen zur Zündquellenvermeidung nach TRGS 723	Schutzmaßnahmen nach TRGS 724
(Sp. 1)	(Sp. 2)	(Sp. 3)	(Sp. 4)	(Sp. 5)	(Sp. 6)
zu 4.6.1.1	(Hautdesinfektion beim Patienten)	**a) Das Auftragen des Desinfektionsmittels erfolgt im Wischverfahren mit einem getränkten Tupfer (nicht sprühen!). Vor Beginn des Eingriffs trocknet das Desinfektionsmittel mehrere Minuten an der Haut des Patienten an. Die Abdeckung der desinfizierten Eingriffsstelle erfolgt erst nach dem Antrocknen, damit keine Akkumulation des Desinfektionsmittels erfolgt.**	4.6.2	keine Zone Jedoch sind Zündquellen im Nahbereich der desinfizierten Stelle während des Aufbringens und Eintrocknens zu vermeiden.	keine
		b) Falls a) nicht in allen Punkten erfüllt.		Zone 2: Nahbereich	keine
4.6.1.2	**Händedesinfektion**	**Die Händedesinfektion erfolgt in der Regel mittels Einreibepräparaten mit einem Alkoholgehalt von mind. 60 %. Das Desinfektionsmittel tritt als Strahl aus dem Spender aus und wird – bei der hygienischen Händedesinfektion mind. 30 s (1 – 2 Hübe à 2 ml) in die Hände bzw. – bei der chirurgischen Händedesinfektion (ca. 15 Hübe à 2 ml) in die Hände und Unterarme eingerieben.**	4.6.2	keine Zone Jedoch sind Zündquellen im Nahbereich des Desinfektionsmittelspenders sowie des Anwenders während des Aufbringens und Eintrocknens zu vermeiden.	keine
4.6.1.3	**Flächendesinfektion**	**a) Flächendesinfektion mit nicht brennbaren VAH-gelisteten Desinfektionsmitteln.**		keine Zone	keine
		b) Verwendung alkoholischer Desinfektionsmittel, aber Bildung von g. e. A. nicht zu erwarten, weil			
		b1) Flammpunkt liegt ausreichend über der Verarbeitungstemperatur (siehe TRGS 721 Punkt 3.2 (7) Ziffer 2b), Temperaturerhöhungen liegen nicht vor und Versprühen oder Vernebeln ist ausgeschlossen.	4.2	keine Zone	keine

Nr.	Beispiel	Merkmale/Bemerkungen/ Voraussetzungen/Hinweise	Schutzmaßnahmen nach TRGS 722	Festlegung der Zonen zur Zündquellenvermeidung nach TRGS 723	Schutzmaßnahmen nach TRGS 724
(Sp. 1)	(Sp. 2)	(Sp. 3)	(Sp. 4)	(Sp. 5)	(Sp. 6)
zu 4.6.1.3	(Flächendesinfektion)	*Hinweis:* *Die Verarbeitungstemperatur entspricht der Raumtemperatur, sofern die Flächen vor der Desinfektion entsprechend abgekühlt sind.*			
		b2) Menge an ausgebrachter Gebrauchslösung ist auf maximal 50 ml je m^2 zu behandelnder Fläche begrenzt **oder** Gesamtmenge pro Raum ist auf maximal 100 ml je m^2 Raumgrundfläche begrenzt.	4.2	keine Zone Jedoch sind wirksame Zündquellen während der Desinfektion zu vermeiden.	keine
		Hinweis: *Alkoholische Desinfektionsmittel dürfen zur Flächendesinfektion nur noch eingesetzt werden, wenn eine schnell wirkende Desinfektion notwendig ist und ein Ersatzstoff nicht zur Verfügung steht.*			

Nr.	Beispiel	Merkmale/Bemerkungen/ Voraussetzungen/Hinweise	Schutzmaß- nahmen nach TRGS 722	Festlegung der Zonen zur Zündquellenvermeidung nach TRGS 723	Schutzmaß- nahmen nach TRGS 724
(Sp. 1)	(Sp. 2)	(Sp. 3)	(Sp. 4)	(Sp. 5)	(Sp. 6)
4.6.2	**Anwendung von volatilen Anästhetika**	In der Human- sowie Veterinärmedizin kommen aktuell bei stationären sowie ambulanten Eingriffen nahezu ausschließlich folgende Inhalationsanästhetika zur Anwendung. - Sevofluran - Desfluran - Isofluran Diese Inhalationsanästhetika sind unter atmosphärischen Bedingungen nicht entflammbar und bilden mit Luft keine explosionsfähigen Dampf/Luft-Gemische. Unter den Rahmenbedingungen der medizinischen Anwendung, d.h. bei erhöhtem O_2 – und/oder N_2O – Anteil, können diese volatilen Anästhetika dagegen durchaus ein explosionsfähiges Gemisch ausbilden. Die Durchführung der Inhalationsanästhesie erfolgt mittels halbgeschlossener bzw. geschlossener Rückatemnarkosesysteme. 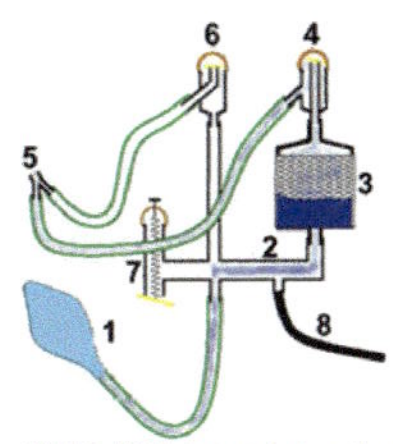 1 Beatmungsbeutel 2 Narkosearm 3 CO_2 – Absorber 4 Dom – Ventil 5 Y – Stück 6 Dom – Ventil 7 Überdruckventil 8 Frischluftzuleitung Bild 1: Rückatemnarkosesystem Die Begriffe „halbgeschlossenes System" bzw. „geschlossenes System" beziehen sich auf die Art der Atemkreislaufführung und nicht auf die Dichtheit des Atemkreislaufs. Bei einem halbgeschlossenen System wird nur ein Teil der ausgeatmeten Luft in das Kreissystem zurückgeführt, gleichzeitig wird das Überschussgas aus dem System ausgeleitet. Diese Abluft muss gem. TRGS 525 über eine Narkosegasabsaugung erfasst werden, die sie über eine Schlauchleitung mit Wandanschluss in das Abluftsystem führt (s. 4.6.2.3), und darf nicht in den Raum entweichen. Ein Narkosesystem wird als geschlossen bezeichnet, wenn die gesamte Exspirationsluft dem Patienten nach CO_2 – Elimination in der folgenden Inspiration wieder zugeleitet wird.			

Nr.	Beispiel	Merkmale/Bemerkungen/ Voraussetzungen/Hinweise	Schutzmaßnahmen nach TRGS 722	Festlegung der Zonen zur Zündquellenvermeidung nach TRGS 723	Schutzmaßnahmen nach TRGS 724
(Sp. 1)	(Sp. 2)	(Sp. 3)	(Sp. 4)	(Sp. 5)	(Sp. 6)
4.6.2.1	**Innerhalb des Atmungskreislaufes**	**Der Atmungskreislauf umfasst die Anästhesieeinheit als umschlossenes medizinisches Gassystem sowie die Atmungsorgane des Patienten. Innerhalb des Atmungskreislaufes ist aufgrund des erhöhten O_2- und/oder N_2O-Anteils mit der Bildung eines explosionsfähigen Gemisches zu rechnen.**	Da keine atmosphärischen Bedingungen vorliegen, ist innerhalb des Atmungskreislaufs keine Zoneneinteilung vorzunehmen. Wohl aber müssen Zündquellen entsprechend von Häufigkeit und Dauer des Auftretens explosionsfähiger Gemische vermieden werden		
4.6.2.1.1	**Anwendung von Isofluran**	**a) Im Sauerstoff-Luft-Gemisch** **Die gerätetechnisch maximal mögliche* Isofluran-Konzentration von 6 Vol-% liegt immer unterhalb der UEG, folglich kann bei keiner Sauerstoffkonzentration explosionsfähiges Gemisch vorliegen.** 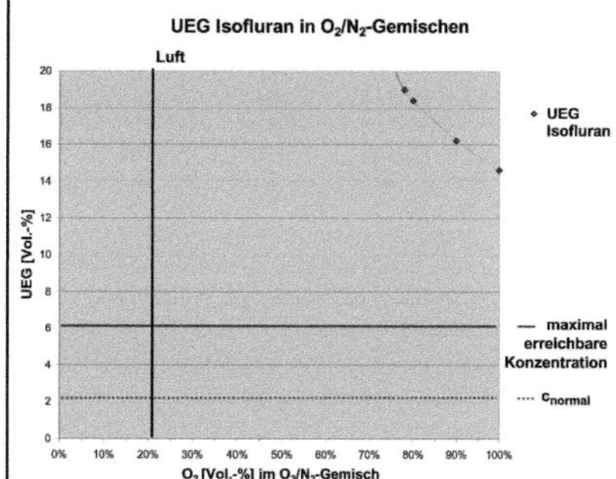 *** Bei älteren Verdampfern kann es durch unsachgemäße Handhabung, z. B. Kippen, zu deutlich höheren Konzentrationen kommen.**		Beim Einsatz von Isofluran ohne Lachgas sind keine Maßnahmen zur Zündquellenvermeidung erforderlich, da ein explosionsfähiges Gemisch nicht auftreten kann	keine

Nr.	Beispiel	Merkmale/Bemerkungen/Voraussetzungen/Hinweise	Schutzmaßnahmen nach TRGS 722	Festlegung der Zonen zur Zündquellenvermeidung nach TRGS 723	Schutzmaßnahmen nach TRGS 724
(Sp. 1)	(Sp. 2)	(Sp. 3)	(Sp. 4)	(Sp. 5)	(Sp. 6)
zu 4.6.2.1.1	(Anwendung von Isofluran)	**b) Im Sauerstoff-Lachgas-Gemisch** **Bei der gerätetechnisch maximal möglichen* Isofluran-Konzentration von 6 Vol-% liegt unterhalb einer Sauerstoffkonzentration von ca. 45 % explosionsfähiges Gemisch vor.** **In bestimmten Phasen der Anästhesie (z. B. beim Vertiefen der Narkose) kann der Ex-Bereich durchlaufen werden. Die UEG wird bei einer Isofluran-Konzentration im typischen Anwendungsbereich erst bei Sauerstoffkonzentrationen unter ca. 10 Vol-% (entsprechend > ca. 90 Vol-% Lachgas) überschritten. Dies wird in der Praxis durch die Lachgassperre verhindert.** 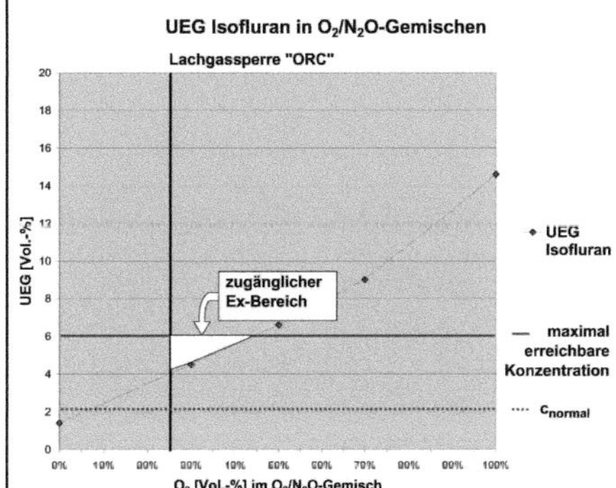 *** Bei älteren Verdampfern kann es durch unsachgemäße Handhabung, z. B. Kippen, zu deutlich höheren Konzentrationen kommen.**		Tätigkeiten mit Zündquellen, die im Normalbetrieb oder bei zu erwartenden Störungen wirksam werden können, sind zu vermeiden Eine Zündquellenbetrachtung der Betriebsmittel bei den vorliegenden Gemischen ist erforderlich Sollen während der laufenden Narkose Tätigkeiten ausgeführt oder Betriebsmittel eingesetzt werden, bei denen wirksame Zündquellen auftreten können, darf dies nur erfolgen, wenn sichergestellt wird, dass eine Konzentration **von 2 Vol-% Isofluran nicht überschritten** wird	keine

Nr.	Beispiel	Merkmale/Bemerkungen/ Voraussetzungen/Hinweise	Schutzmaßnahmen nach TRGS 722	Festlegung der Zonen zur Zündquellenvermeidung nach TRGS 723	Schutzmaßnahmen nach TRGS 724
(Sp. 1)	(Sp. 2)	(Sp. 3)	(Sp. 4)	(Sp. 5)	(Sp. 6)
4.6.2.1.2	**Anwendung von Sevofluran**	**a) Im Sauerstoff-Luft-Gemisch** **Bei der gerätetechnisch maximal möglichen* Sevofluran-Konzentration von 8 Vol-% liegt oberhalb einer Sauerstoffkonzentration von ca. 60 Vol-% explosionsfähiges Gemisch vor. In bestimmten Phasen der Anästhesie (z. B. beim Einleiten) wird der Ex-Bereich durchlaufen. Der typische Anwendungsbereich während der laufenden Narkose befindet sich unterhalb der UEG.** 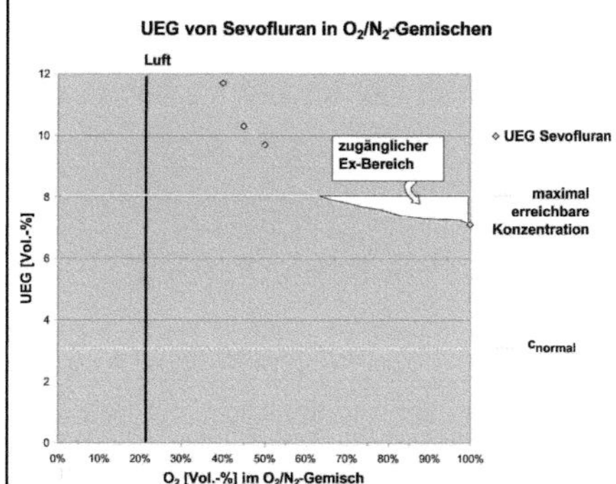 *** Bei älteren Verdampfern kann es durch unsachgemäße Handhabung, z. B. Kippen, zu deutlich höheren Konzentrationen kommen.**		Tätigkeiten mit Zündquellen, die im Normalbetrieb oder bei zu erwartenden Störungen wirksam werden können, sind zu vermeiden Eine Zündquellenbetrachtung der Betriebsmittel bei den vorliegenden Gemischen ist erforderlich Sollen während der laufenden Narkose Tätigkeiten ausgeführt oder Betriebsmittel eingesetzt werden, bei denen wirksame Zündquellen auftreten können, darf dies nur erfolgen, wenn sichergestellt wird, dass eine Konzentration von **3 Vol-% Sevofluran nicht überschritten** wird	keine

Nr.	Beispiel	Merkmale/Bemerkungen/ Voraussetzungen/Hinweise	Schutzmaßnahmen nach TRGS 722	Festlegung der Zonen zur Zündquellenvermeidung nach TRGS 723	Schutzmaßnahmen nach TRGS 724
(Sp. 1)	(Sp. 2)	(Sp. 3)	(Sp. 4)	(Sp. 5)	(Sp. 6)
zu 4.6.2.1.2	(Anwendung von Sevofluran)	**b) Im Sauerstoff-Lachgas-Gemisch** **Bei der gerätetechnisch maximal möglichen* Sevofluran-Konzentration von 8 Vol-% liegt unabhängig von der Sauerstoffkonzentration explosionsfähiges Gemisch vor.** **In bestimmten Phasen der Anästhesie (z. B. beim Einleiten) wird der Ex-Bereich durchlaufen.** **Der typische Anwendungsbereich während der laufenden Narkose befindet sich unterhalb der UEG.** 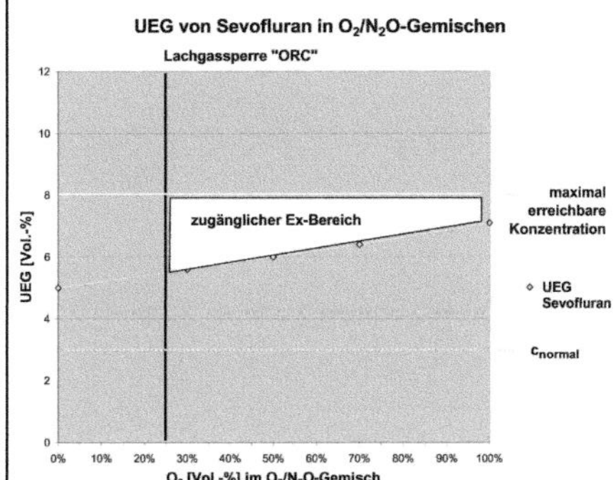 *** Bei älteren Verdampfern kann es durch unsachgemäße Handhabung, z. B. Kippen, zu deutlich höheren Konzentrationen kommen.**		Tätigkeiten mit Zündquellen, die im Normalbetrieb oder bei zu erwartenden Störungen wirksam werden können, sind zu vermeiden. Eine Zündquellenbetrachtung der Betriebsmittel bei den vorliegenden Gemischen ist erforderlich. Sollen während der laufenden Narkose Tätigkeiten ausgeführt oder Betriebsmittel eingesetzt werden, bei denen wirksame Zündquellen auftreten können, darf dies nur erfolgen, wenn sichergestellt wird, dass eine Konzentration **von 5 Vol-% Desfluran nicht überschritten** wird. Ist bei der Planung des Eingriffs abzusehen, dass Betriebsmittel eingesetzt werden müssen, bei denen wirksame Zündquellen im Normalbetrieb auftreten, ist vorrangig ein anderes Narkosegassystem (z. B. Insofluran, ohne Lachgas) oder ein medizinisches Ersatzverfahren (z. B. i. v. Narkose) zu wählen.	keine

Nr.	Beispiel	Merkmale/Bemerkungen/ Voraussetzungen/Hinweise	Schutzmaß-nahmen nach TRGS 722	Festlegung der Zonen zur Zündquellenvermeidung nach TRGS 723	Schutzmaß-nahmen nach TRGS 724
(Sp. 1)	(Sp. 2)	(Sp. 3)	(Sp. 4)	(Sp. 5)	(Sp. 6)
4.6.2.1.3	**Anwendung von Desfluran**	a) **Im Sauerstoff-Luft-Gemisch** **Bei der gerätetechnisch maximal möglichen Desfluran-Konzentration von 18 Vol-% liegt oberhalb einer Sauerstoffkonzentration von 82 % explosionsfähiges Gemisch vor. In bestimmten Phasen der Anästhesie (z. B. beim Einleiten) wird der Ex-Bereich durchlaufen. Der typische Anwendungsbereich während der laufenden Narkose befindet sich unterhalb der UEG.** 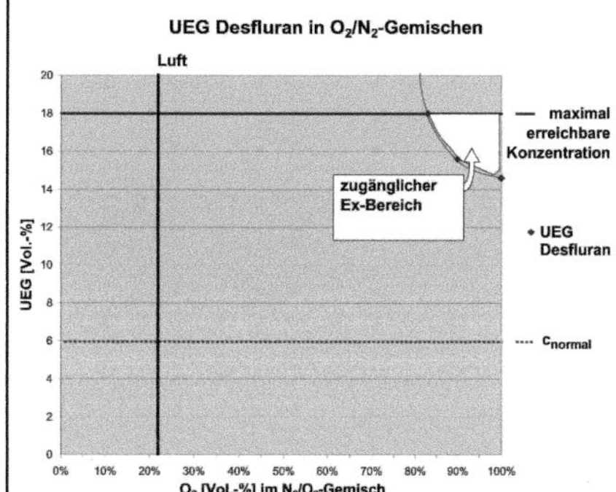		Tätigkeiten mit Zündquellen, die im Normalbetrieb oder bei zu erwartenden Störungen wirksam werden können, sind zu vermeiden Eine Zündquellenbetrachtung der Betriebsmittel bei den vorliegenden Gemischen ist erforderlich Sollen während der laufenden Narkose Tätigkeiten ausgeführt oder Betriebsmittel eingesetzt werden, bei denen wirksame Zündquellen auftreten können, darf dies nur erfolgen, wenn sichergestellt wird, dass eine Konzentration **von 7 Vol-% Desfluran nicht überschritten** wird	keine

Nr.	Beispiel	Merkmale/Bemerkungen/ Voraussetzungen/Hinweise	Schutzmaß-nahmen nach TRGS 722	Festlegung der Zonen zur Zündquellenvermeidung nach TRGS 723	Schutzmaß-nahmen nach TRGS 724
(Sp. 1)	(Sp. 2)	(Sp. 3)	(Sp. 4)	(Sp. 5)	(Sp. 6)
zu 4.6.2.1.3	(Anwendung von Desfluran)	**b) Im Sauerstoff-Lachgas-Gemisch** **Bei der gerätetechnisch maximal möglichen Desfluran-Konzentration von 18 Vol-% liegt unabhängig von der Sauerstoffkonzentration explosionsfähiges Gemisch vor. In bestimmten Phasen der Anästhesie (z. B. beim Einleiten) wird der Ex-Bereich durchlaufen.** **Der typische Anwendungsbereich während der laufenden Narkose befindet sich unterhalb der UEG.** 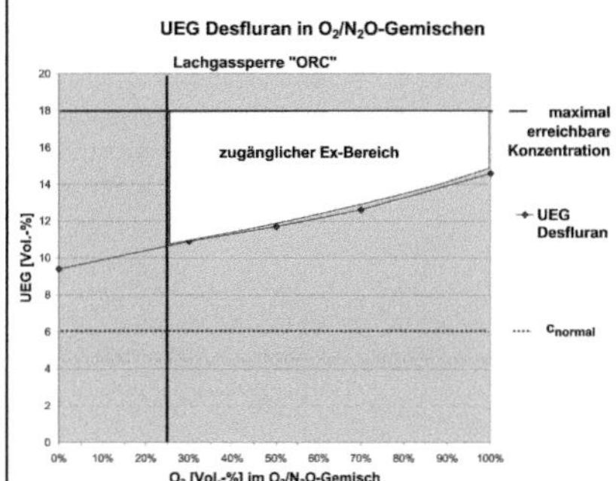		Tätigkeiten mit Zündquellen, die im Normalbetrieb oder bei zu erwartenden Störungen wirksam werden können, sind zu vermeiden Eine Zündquellenbetrachtung der Betriebsmittel bei den vorliegenden Gemischen ist erforderlich. Sollen während der laufenden Narkose Tätigkeiten ausgeführt oder Betriebsmittel eingesetzt werden, bei denen wirksame Zündquellen auftreten können, darf dies nur erfolgen, wenn sichergestellt wird, dass eine Konzentration **von 5 Vol-% Desfluran nicht überschritten** wird Ist bei der Planung des Eingriffs abzusehen, dass Betriebsmittel eingesetzt werden müssen, bei denen wirksame Zündquellen im Normalbetrieb auftreten, ist vorrangig ein anderes Narkosegassystem (z. B. Isofluran, ohne Lachgas) oder ein medizinisches Ersatzverfahren (z. B. i. v. Narkose) zu wählen	keine

Nr.	Beispiel	Merkmale/Bemerkungen/ Voraussetzungen/Hinweise	Schutzmaßnahmen nach TRGS 722	Festlegung der Zonen zur Zündquellenvermeidung nach TRGS 723	Schutzmaßnahmen nach TRGS 724
(Sp. 1)	(Sp. 2)	(Sp. 3)	(Sp. 4)	(Sp. 5)	(Sp. 6)
4.6.2.2	**Außerhalb des Atemkreislaufes**	**Das Narkosegerät wird nach TRGS 525 betrieben. Die geräteseitige Leckage wird auf < 150 ml/min begrenzt. An der Schnittstelle zwischen Narkosesystem und Patient sowie an Schlauchverbindungen, die geöffnet werden können („Diskonnektion"), können potenziell relevante Leckagen auftreten:**		Hinweis: *Unabhängig vom Auftreten explosionsfähiger Atmosphäre führen erhöhte Sauerstoff-Konzentration und/oder der Einsatz von Lachgas zu einer stark erhöhten Brandgefahr*	
		a) Intubationsnarkose mit geblocktem Endotrachealtubus. Unbeabsichtigte Diskonnektion kann vernünftigerweise ausgeschlossen werden. **Austretendes Inhalationsgemisch wird unmittelbar an der Austrittsstelle mit Luft verdünnt, so dass keine explosionsfähige Atmosphäre in gefahrdrohender Menge vorliegt.** *Hinweis:* *Auch kleine Leckagen können zu einer Gefährdung des Patienten führen, wenn in der unmittelbaren Nähe der Leckagestelle im Atemtrakt Zündquellen wirksam werden, z. B. bei Eingriffen im Atemwegsbereich.*	4.1 4.5.2	keine Zone Zündquellen im Nahbereich um den Endotrachealtubus sind auszuschließen oder es ist Isofluran im Sauerstoff-Luft-Gemisch anzuwenden	keine

Nr.	Beispiel	Merkmale/Bemerkungen/ Voraussetzungen/Hinweise	Schutzmaßnahmen nach TRGS 722	Festlegung der Zonen zur Zündquellenvermeidung nach TRGS 723	Schutzmaßnahmen nach TRGS 724
(Sp. 1)	(Sp. 2)	(Sp. 3)	(Sp. 4)	(Sp. 5)	(Sp. 6)
zu 4.6.2.2	(Außerhalb des Atemkreislaufes)	**b) Wie a), aber Diskonnektion kann erforderlich werden oder unbeabsichtigte Diskonnektionen können nicht ausgeschlossen werden. Bei einer Diskonnektion kann eine größere Menge an Inhalationsgemisch austreten, wodurch explosionsfähige Atmosphäre in gefahrdrohender Menge im Nahbereich vorliegen kann.**	4.1 4.5.3	Zone 2: im Nahbereich der Diskonnektionsstelle Bei der Anwendung von Isofluran im Sauerstoff-Luft-Gemisch entsteht kein explosionsgefährdeter Bereich	keine
		c) andere Narkoseverfahren, z. B. Maskennarkosen, Narkosen mit Larynxmaske oder ungeblocktem Endotrachealtubus. Da bei diesen Narkoseverfahren keine wirksame Abdichtung des Atemkreislaufs erfolgen kann, kann am Rand der Maske bzw. des Tubus eine größere Menge an Inhalationsgemisch austreten, wodurch gelegentlich explosionsfähige Atmosphäre in gefahrdrohender Menge im Nahbereich vorliegen kann.		Zone 1: im Nahbereich um den Kopf des Patienten und ggf. um die Diskonnektionsstelle Bei der Anwendung von Isofluran im Sauerstoff-Luft-Gemisch entsteht kein explosionsgefährdeter Bereich	keine

Nr.	Beispiel	Merkmale/Bemerkungen/ Voraussetzungen/Hinweise	Schutzmaßnahmen nach TRGS 722	Festlegung der Zonen zur Zündquellenvermeidung nach TRGS 723	Schutzmaßnahmen nach TRGS 724
(Sp. 1)	(Sp. 2)	(Sp. 3)	(Sp. 4)	(Sp. 5)	(Sp. 6)
4.6.2.3	**Narkosegasabführung**				
4.6.2.3.1	**Öffnungen im Verlauf der Narkosegasabführung**	**Um zu verhindern, dass die Absaugung den Atemkreislauf beeinträchtigt, ist eine Öffnung in der Narkosegasabführung erforderlich, durch die während des normalen Absaugbetriebs Raumluft eingesaugt und ins Abluftsystem fortgeleitet wird. Bei bestimmten Betriebszuständen, z. B. bei Betätigung des Sauerstoff-Flush, kann durch diese Öffnung maximal das Volumen des Atemkreislaufs in die Umgebung austreten. Die dabei an der Austrittsöffnung freigesetzte Menge führt in der Regel nicht zu einer gefahrdrohenden Menge explosionsfähiger Atmosphäre.**		Zone 2: im Nahbereich der Austrittsöffnung	keine
4.6.2.3.2	**Narkosegasabsaugung**	**Nach TRGS 525 ist die Narkosegasabsaugung vor Beginn des OP-Betriebs anzuschließen und zu überprüfen. Nach Ende des OP-Betriebs wieder aus dem Wandanschluss zu nehmen.**			
		a) durch unbelastete Luft im Abluftsystem erfolgt eine schnelle Verdünnung, so dass keine g. e. A. auftreten kann.		keine Zone	keine
		b) keine relevante Verdünnung durch unbelastete Luft im Abluftsystem		Zone 1: im Abluftsystem	keine

Nr.	Beispiel	Merkmale/Bemerkungen/ Voraussetzungen/Hinweise	Schutzmaßnahmen nach TRGS 722	Festlegung der Zonen zur Zündquellenvermeidung nach TRGS 723	Schutzmaßnahmen nach TRGS 724
(Sp. 1)	(Sp. 2)	(Sp. 3)	(Sp. 4)	(Sp. 5)	(Sp. 6)
4.7	**Umgang mit Acetylen**	**Bei Acetylen wird als Niederdruck ein Überdruck $\leq 0{,}2$ bar, als Mitteldruck ein Überdruck $0{,}2 < p_{ü} \leq 1{,}5$ bar und als Hochdruck ein Überdruck $1{,}5 < p_{ü} \leq 25$ bar bezeichnet. Acetylen riecht carbid- bzw. knoblauchartig und ist weit unter der unteren Explosionsgrenze per Geruch gut wahrnehmbar, sofern nicht dauerhaft vorhanden, weil bei längerer Exposition die Wahrnehmung eines Geruchs abnimmt. Diese Aussage trifft auch für das petrochemische Acetylen zu, das von der Geruchsintensität etwas weniger stark in Erscheinung tritt.**			
4.7.1	**Acetylenwerke**				
4.7.1.1	**Calciumcarbidlager**	**Verschlossene Gefäße, die nicht geöffnet werden.**			
		a) Luft- und wasserdichte Gefäße, die auch zur Lagerung im Freien bestimmt sind, z. B Container (Turn bin oder IBC). Beschädigung ausgeschlossen. Bildung von g. e. A. aufgrund der Bauweise nicht zu erwarten.	4.6.2 4.5.2	keine Zone	keine
		b) wasserdichte Gefäße, z. B. Trommeln, Fässer, müssen unter Dach gelagert werden, Transportschäden nicht ausgeschlossen.			
		b1) in Räumen, Lüftungsöffnungen insbesondere im Dachbereich vorhanden.	4.6.2 4.5.3	Zone 2: 5 m um die Gefäße	keine
		b2) unter Überdachungen im Freien	4.5.3	Zone 2: 3 m um die Gefäße	keine

Nr.	Beispiel	Merkmale/Bemerkungen/ Voraussetzungen/Hinweise	Schutzmaß-nahmen nach TRGS 722	Festlegung der Zonen zur Zündquellenvermeidung nach TRGS 723	Schutzmaß-nahmen nach TRGS 724
(Sp. 1)	(Sp. 2)	(Sp. 3)	(Sp. 4)	(Sp. 5)	(Sp. 6)
4.7.1.2	**Umfüllung von Calciumcarbid aus Gebinden (z. B. Trommeln, Bigbag) in Turnbin-Container**	**Bildung von g. e. A. um Gebindeöffnung bei Eindringen von Feuchtigkeit in die Gebinde, z. B. durch Beschädigung bei Lagerung und/oder Transport in seltenen Fällen möglich.**			
		a) Umfüllung aus Gebinden bis 200 kg, Objektabsaugung unmittelbar an der Umfüllstelle, die unmittelbar beim Öffnen der Gebinde (z. B. Fässer) wirksam wird.	4.6.4	keine Zone	keine
		b) Umfüllung aus Gebinden größer 200 kg, Objektabsaugung unmittelbar an der Umfüllstelle, die sofort beim Öffnen der Gebinde (z. B. Big Bag) wirksam wird.	4.6.4	Zone 2: Nahbereich um die Gefäßöffnung	keine
		c) Technische Lüftung.	4.6.3	Zone 2: 2 m um die Gefäßöffnung	keine
		d) Natürliche Lüftung.	4.6.2	Zone 2: 5 m um die Gefäßöffnung	keine
4.7.1.3	**Acetylenentwickler**				
4.7.1.3.1	**In Räumen**	**Vor dem Beschickungsvorgang werden die Beschickungsbehälter und die Schleuse mit Stickstoff gespült. Acetylen liegt im Entwickler unter Überdruck (Niederdruck oder Mitteldruck) vor. Damit wird der Eintrag von Luft vermieden.**	4.2 4.3 und Anhang 2 3.1	keine Zone: im Entwickler und in der Schleuse	keine
		Bildung von g. e. A. durch Freisetzung geringer Gasmengen in den Raum bei Entleerungsvorgängen der nicht vergasbaren Karbid-Bestandteile möglich. **Lüftungsöffnungen insbesondere im Dachbereich vorhanden.**	4.6.2	Zone 1: Zylinder 1 m um Entwickler vom Boden bis zum Dach Zone 2: üR	keine

Nr.	Beispiel	Merkmale/Bemerkungen/ Voraussetzungen/Hinweise	Schutzmaßnahmen nach TRGS 722	Festlegung der Zonen zur Zündquellenvermeidung nach TRGS 723	Schutzmaßnahmen nach TRGS 724
(Sp. 1)	(Sp. 2)	(Sp. 3)	(Sp. 4)	(Sp. 5)	(Sp. 6)
4.7.1.3.2	**Lagerung von Entwicklerrückständen**	**Bildung von g. e. A. durch Ausgasen möglich**			
4.7.1.3.2.1	**In Räumen**	a) **Technische Lüftung.**	4.6.3	keine Zone	keine
		b) **Lüftungsöffnungen insbesondere im Dachbereich vorhanden. Raum ständig gut durchlüftet.**	4.6.2	Zone 2: gR	keine
4.7.1.3.2.2	**Im Freien**	Wie 4.7.1.3.2.1, aber: Im Freien kann in Folge von Witterungseinflüssen gegenüber vergleichbaren Situationen in Räumen im Allgemeinen eine Zone mit geringeren Anforderungen festgelegt bzw. die Zonenausdehnung reduziert werden.			
4.7.1.4	**Behandlung von Kalkschlamm**				
4.7.1.4.1	**Kalkmilchkanäle**	**Im Kanal Bildung von g. e. A. möglich**			
		a) **mit Platten abgedeckter Kanal.**	4.6.2 4.5.3	Zone 0: im Kanal Zone 2: 1 m über der Kanalabdeckung	keine
		b) **Rohrleitung.**	4.6.2 4.5.2	Zone 0: im Rohr keine Zone: außerhalb der Rohre	keine
4.7.1.4.2	**Offener Kalkschlammpufferbehälter im Freien**	**Bildung von g. e. A. möglich.**	4.6.2	Zone 1: 1 m um die Einlauföffnung Zone 2: bis 1 m über Behälteroberkante	keine

Nr.	Beispiel	Merkmale/Bemerkungen/ Voraussetzungen/Hinweise	Schutzmaß- nahmen nach TRGS 722	Festlegung der Zonen zur Zündquellenvermeidung nach TRGS 723	Schutzmaß- nahmen nach TRGS 724
(Sp. 1)	(Sp. 2)	(Sp. 3)	(Sp. 4)	(Sp. 5)	(Sp. 6)
4.7.1.4.3	**Kalkschlammgruben im Freien**	**Bildung von g. e. A. durch Ausgasen möglich.**	4.6.2	Zone 1: 1 m um die Einlauföffnung Zone 2: Bis Grubenoberkante	keine
4.7.1.4.4	**Aufstellräume für Kalkschlammpumpen und Klärwasserpumpen**	**Lüftungsöffnungen insbesondere im Dachbereich vorhanden. Bildung von g. e. A. nicht zu erwarten.**	4.6.2	keine Zone	keine
4.7.1.5	**Lagerung von Kalkrückständen in Räumen, z. B. Filterkuchen aus Filterpressen**	**Bildung von g. e. A. durch Ausgasen möglich.**			
		a) Technische Lüftung.	4.6.3	keine Zone	keine
		b) Lüftungsöffnungen insbesondere im Dachbereich vorhanden. Raum ständig gut durchlüftet.	4.6.2	Zone 2: gR	keine
4.7.1.6	**Acetylenkühler, -trockner, -reiniger und Druckerhöhungsgebläse in Räumen**				
4.7.1.6.1	**Acetylenkühler, -trockner und -reiniger**	**Geschlossene Anlagen, Bildung von g. e. A. durch Undichtheiten möglich. Lüftungsöffnungen insbesondere im Dachbereich vorhanden. Bei Probenahme- und Entwässerungsstellen siehe 4.7.1.10.**	4.5.3 4.6.2	Zone 2: gR	keine
4.7.1.6.2	**Lagerung von Altsäure in Behältern**	**a) Inertisierung des freien Behältervolumens mit Stickstoff mit Entlüftung ins Freie.**	4.3 und Anhang 2	Zone 2: im Nahbereich um die Entlüftungsöffnung	keine
		b) Bildung von g. e. A. durch Ausgasen von Acetylen aus Altsäure mit Entlüftung ins Freie.	4.6.2	Zone 0: im Behälter Zone 1: 1 m um Entlüftungsöffnung Zone 2: weitere 2 m	keine

Nr.	Beispiel	Merkmale/Bemerkungen/ Voraussetzungen/Hinweise	Schutzmaßnahmen nach TRGS 722	Festlegung der Zonen zur Zündquellenvermeidung nach TRGS 723	Schutzmaßnahmen nach TRGS 724
(Sp. 1)	(Sp. 2)	(Sp. 3)	(Sp. 4)	(Sp. 5)	(Sp. 6)
4.7.1.6.3	**Druckerhöhungsgebläse und Filterkästen**	**Geschlossene Anlagen, Lüftungsöffnungen insbesondere im Dachbereich vorhanden.**			
		a) Inertisierung vor Öffnen der Anlage z. B. zur Reinigung der Filterelemente	4.5.3 4.6.2	Zone 2: im Nahbereich um die Verbindungsstellen und Wartungsöffnungen	keine
		b) Bildung von g. e. A. durch Undichtheiten bzw. bei Reinigung der Filterelemente möglich.	4.6.2	Zone 1: 1 m um die Einrichtung, nach oben bis zum Dach Zone 2: üR	keine
4.7.1.7	**Acetylenspeicher**	**Acetylen liegt unter Niederdruck oder Mitteldruck vor.**			
4.7.1.7.1	**In Räumen**	**Bildung von g. e. A. durch Ausgasen aus der Wassersperre möglich. Lüftungsöffnungen insbesondere im Dachbereich vorhanden. Bei Überfüllung Abblasen über Dach.**	4.5.3 4.6.2	Zone 2: 1 m um den Acetylenspeicher, nach oben bis zum Dach Zone 2: 5 m um die Abblaseöffnung	keine
4.7.1.7.2	**Im Freien**	**Bildung von g. e. A. durch Abblasen bei Überfüllung möglich.**	4.5.3	Zone 2: 5 m um die Abblaseöffnung	keine
4.7.1.8	**Acetylenverdichter in Räumen**	**Acetylen liegt unter Hochdruck vor. Bildung von g. e. A. durch Undichtheiten möglich. Lüftungsöffnungen insbesondere im Dachbereich vorhanden.**	4.5.3 4.6.2	Zone 1: 2 m um Verdichter Zone 2: üR	keine

Nr.	Beispiel	Merkmale/Bemerkungen/ Voraussetzungen/Hinweise	Schutzmaß-nahmen nach TRGS 722	Festlegung der Zonen zur Zündquellenvermeidung nach TRGS 723	Schutzmaß-nahmen nach TRGS 724
(Sp. 1)	(Sp. 2)	(Sp. 3)	(Sp. 4)	(Sp. 5)	(Sp. 6)
4.7.1.9	**Abfüllung**				
4.7.1.9.1	**Abfüllstellen (einschließlich Entleerstände für überfüllte Gebinde)**	**Bildung von g. e. A. betriebsmäßig möglich. In Rohrleitungen enthaltene Restmenge Acetylen kann austreten. Gasrücktritt- oder Absperrventil befindet sich in unmittelbarer Nähe der Anschlussstelle.**			
4.7.1.9.1.1	**In Räumen**	**Lüftungsöffnungen insbesondere im Dachbereich vorhanden.**	4.5.4 4.6.2	Zone 1: 3 m um Füll- und ggf. Entleerungsanschluss Zone 2: üR	keine
4.7.1.9.1.2	**Im Freien (z. B. Trailerabfüllung)**	Wie 4.7.1.9.1.1, aber: Im Freien kann in Folge von Witterungseinflüssen gegenüber vergleichbaren Situationen in Räumen im Allgemeinen eine Zone mit geringeren Anforderungen festgelegt bzw. die Zonenausdehnung reduziert werden.			
4.7.1.9.2	**Nach-Acetonierung**	**Bildung von g. e. A. durch technisch bedingte Acetonfreisetzung am Flaschenventil.**	4.6.2	Zone 1: 0,5 m um die Flasche	keine
4.7.1.9.3	**Lösemittelpumpen**	Siehe 2.13.10.			
4.7.1.9.4	**Lagerung von Aceton und DMF**	Siehe 2.11.1 und 2.11.2.			
4.7.1.10	**Vorgesehene Austrittsmöglichkeiten von Acetylen in die Umgebung**				
4.7.1.10.1	**Probenahmeeinrichtungen in Räumen**	**Bildung von g. e. A. durch Freisetzung geringer Mengen unter ständiger Mitarbeiterkontrolle.**	4.5.4 4.6.2	Zone 1: 1 m um die Probenahmeeinrichtung Zone 2: weitere 2 m	keine
4.7.1.10.2	**Entwässerungseinrichtungen (Kondensatablass) in Räumen**	**Beim Ablassen unter ständiger Mitarbeiterkontrolle Bildung von g. e. A. durch Freisetzen geringer Mengen von Acetylen, die beim Entleeren der Entwässerungseinrichtung mitgerissen werden.**	4.5.4 4.6.2	Zone 1: 1 m um die Ablassöffnung Zone 2: weitere 2 m	keine

Nr.	Beispiel	Merkmale/Bemerkungen/ Voraussetzungen/Hinweise	Schutzmaßnahmen nach TRGS 722	Festlegung der Zonen zur Zündquellenvermeidung nach TRGS 723	Schutzmaßnahmen nach TRGS 724
(Sp. 1)	(Sp. 2)	(Sp. 3)	(Sp. 4)	(Sp. 5)	(Sp. 6)
4.7.1.10.3	**Entlüftungs- und Abblaseleitungen ins Freie, z. B. betriebliche Entspannungs- oder Spüleinrichtungen und regelmäßig zu prüfende Notentspannungseinrichtungen**	**Bildung von g. e. A. um Leitungsmündung zu erwarten.**		Zone 1: 5 m seitlich und oberhalb und 1 m unterhalb der Leitungsmündung	keine
4.7.1.10.4	**Entlüftungs- und Abblaseleitungen von Acetylenspeichern ins Freie**	Siehe 4.7.1.7.2.			
4.7.1.10.5	**Entspannungsleitungen (von Notentspannungseinrichtungen) ins Freie**	**Acetylen liegt unter Niederdruck und Hochdruck vor. Bildung von g. e. A. durch Freisetzen von größeren Mengen nach außen. Entspannungsleitungen werden über Dach geführt.**		Zone 1: 3 m um die Entspannungsöffnungen Zone 2: weitere 2 m	keine
4.7.1.11	**Flaschenprüfung**	**Im Rahmen der wiederkehrenden Prüfungen werden z. B. folgende Vorgänge durchgeführt:** – **Flaschen entleeren** – **Innenbesichtigung** – **Ventilwechsel** **Die Voraussetzung für die weiteren Schritte Entlacken, Prägung, Korrosionsschutz, ist die technische Dichtheit der Flaschen.**			
4.7.1.11.1	**Flaschenentleerungsstand**	**Flaschen werden an Entleerungsbügel angeschlossen und Acetylen-Restmengen gezielt aus dem Raum geführt. Bildung von explosionsfähiger Atmosphäre betriebsmäßig beim Abklemmen möglich.**			

Nr.	Beispiel	Merkmale/Bemerkungen/ Voraussetzungen/Hinweise	Schutzmaßnahmen nach TRGS 722	Festlegung der Zonen zur Zündquellenvermeidung nach TRGS 723	Schutzmaßnahmen nach TRGS 724
(Sp. 1)	(Sp. 2)	(Sp. 3)	(Sp. 4)	(Sp. 5)	(Sp. 6)
4.7.1.11.1.1	**In Räumen**	**Lüftungsöffnungen insbesondere im Dachbereich vorhanden, Ansammlungen im Deckenbereich ausgeschlossen.**			
		a) Es ist ein Absperrventil im Bügel integriert, das bei korrekter Arbeitsweise verhindert, dass die austretende Gasmenge zu g. e. A. führt. Bei Fehlfunktion oder Fehlbedienung des Absperrventils kann es kurzzeitig zum Auftreten von g. e. A. im Nahbereich kommen.	4.5.3 4.6.2	Zone 2: im Nahbereich um Entleerungsanschluss	keine
		b) Ein Rückströmen aus Schlauchleitungen nicht sicher verhindert. Lüftungsöffnungen insbesondere im Dachbereich vorhanden. Ansammlungen im Deckenbereich ausgeschlossen.	4.5.4 4.6.2	Zone 1: 1 m um Entleerungsanschluss, Zone 2: weitere 2 m zylinderförmig	keine
4.7.1.11.1.2	**Im Freien**	**Durch die Konstruktion der Vordächer oder Überdachungen sind Ansammlungen im Deckenbereich ausgeschlossen.**			
		a) Ein Rückströmen aus Schlauchleitungen verhindert, z. B. durch Absperrventil im Bügel integriert. Freigesetzte Acetylenmenge führt nicht zu gefahrdrohender Menge.	4.5.3	Zone 2: im Nahbereich um Entleerungsanschluss	keine
		b) Wie a), jedoch ist ein Rückströmen aus Schlauchleitungen nicht sicher verhindert.		Zone 1: im Nahbereich um Entleerungsanschluss Zone 2: 3 m bzw. bis zur Überdachung	keine

Nr.	Beispiel	Merkmale/Bemerkungen/Voraussetzungen/Hinweise	Schutzmaßnahmen nach TRGS 722	Festlegung der Zonen zur Zündquellenvermeidung nach TRGS 723	Schutzmaßnahmen nach TRGS 724
(Sp. 1)	(Sp. 2)	(Sp. 3)	(Sp. 4)	(Sp. 5)	(Sp. 6)
4.7.1.11.2	**Innenbesichtigung, Ventilwechsel**	**Bildung von g. e. A. durch Ausgasung geringer Mengen aus geöffneten drucklosen Flaschen möglich. Lüftungsöffnungen insbesondere im Dachbereich vorhanden.**			
		a) Objektabsaugung.	4.6.4	Zone 2: im Nahbereich um Flaschenöffnung	keine
		b) Technische Lüftung.	4.6.3	Zone 2: 0,5 m um Flaschenöffnung	keine
		c) Natürliche Lüftung.	4.6.2	Zone 1: im Nahbereich um Flaschenöffnung Zone 2: 2 m bzw. bis zur Decke	keine
4.7.1.11.3	**Entlacken, Prägung, Korrosionsschutz**	**Wenn sichergestellt ist, dass kein Acetylen austritt und lösemittelfreie Lacke verwendet werden, ist keine g. e. A. durch Gase oder Dämpfe diesbezüglich zu erwarten.** **Die Staubzonenfreiheit beim Entlacken erfordert eine Einzelfallbetrachtung. Bürsten und Prägen stellen mechanische Zündquellen dar und dürfen nur ausgeführt werden, wenn keine explosionsfähige Atmosphäre durch Acetylen vorliegt.**	4.2	Keine Zone: bezüglich Gase/Dämpfe	keine

Nr.	Beispiel	Merkmale/Bemerkungen/ Voraussetzungen/Hinweise	Schutzmaß-nahmen nach TRGS 722	Festlegung der Zonen zur Zündquellenvermeidung nach TRGS 723	Schutzmaß-nahmen nach TRGS 724
(Sp. 1)	(Sp. 2)	(Sp. 3)	(Sp. 4)	(Sp. 5)	(Sp. 6)
4.7.2	**Kundenversorgungsanlagen**	**Die folgenden Ausführungen beziehen sich auf Anlagen, die nach DIN EN ISO 14114 errichtet worden sind (Flaschen-, Bündelbatterieanlagen sowie Traileranlagen). Unter Bereithalten wird verstanden, dass die Flaschen, Bündel bzw. Trailer an die Kundenversorgungsanlage angeschlossen und die Ventile der ortsbeweglichen Druckgasbehälter noch geschlossen sind mit Ausnahme automatischer Umschalteinrichtungen bei denen die Ventile geöffnet sein müssen. (Vergleiche TRBS 3145/TRGS 745 Nummer 2, Absatz 7).**			
4.7.2.1	**Bereithalten und Entleeren in Aufstellräumen**	**Als Aufstellräume gelten Aufstellplätze, die an mehr als zwei Seiten von Wänden umgrenzt sind. Die Aufstellräume müssen eine wirksame natürliche oder technische Lüftung aufweisen. Der Abstand von Wärmequellen zu den Druckgasflaschen oder Bündeln muss mindestens so groß sein, dass eine Erwärmung des ortsbeweglichen Druckgasbehälters nur bis zu einer Temperatur von 50 °C erfolgen kann.** *Hinweis:* *Innerhalb der Aufstellräume dürfen Flurförderzeuge und Fördermittel normaler Bauart betrieben werden, soweit dies der Betrieb der Acetylenbatterieanlage erfordert und durch entsprechende Maßnahmen (z. B. Lüftung) dafür gesorgt ist, dass keine g. e. A. vorliegt.* **Bei selten auftretenden Betriebsstörungen, z. B. der Regeleinrichtung kommt es zu einer Acetylenfreisetzung in den Aufstellungsraum, die nicht schnell erkannt wird und beseitigt werden kann. In Abhängigkeit von der Länge der Hochdruckschlauchleitungen kann die beim An- und Abschließen freigesetzte Gasmenge zu g. e. A. führen.**			

Nr.	Beispiel	Merkmale/Bemerkungen/ Voraussetzungen/Hinweise	Schutzmaßnahmen nach TRGS 722	Festlegung der Zonen zur Zündquellenvermeidung nach TRGS 723	Schutzmaßnahmen nach TRGS 724
(Sp. 1)	(Sp. 2)	(Sp. 3)	(Sp. 4)	(Sp. 5)	(Sp. 6)
zu 4.7.2.1	(Bereithalten und Entleeren in Aufstellräumen)	a) **Selten auftretende Betriebsstörungen (siehe oben) können nicht ausgeschlossen werden. Freigesetzte Gasmenge beim An- und Abschließen führt nicht zu g. e. A.**	4.5.4 4.6.2	Zone 1: 3 m um Regeleinrichtung Zone 2: üR und 0,5 m um die oberen Öffnungen im Bereich der Dachkonstruktion	
		b) **Wie a), jedoch freigesetzte Gasmenge beim An- und Abschließen führt zu g. e. A.**	4.5.4 4.6.2	Zone 1: 3 m um die Anschlussstelle und 3 m um Regeleinrichtung Zone 2: üR und 0,5 m um die oberen Öffnungen im Bereich der Dachkonstruktion	keine
4.7.2.2	**Bereithalten in Flaschenschränken bzw. Sicherheitsschränken**	a) **Bereithalten und Entleeren in Flaschenschränken mit Abluft ins Freie ohne technische Lüftung.** *Hinweis 1:* *In Flaschenschränken bzw. Sicherheitsschränken ohne technische Lüftung dürfen neben Druckgasbehältern für Acetylen zusätzlich nur Druckgasbehälter von Inertgasen – höchstens in der gleichen Anzahl – untergebracht sein. Druckgasbehälter mit verschiedenen, z. B. auch entzündbaren brandfördernden Gasen dürfen nur in Sicherheitsschränken nach DIN EN 14470 Teil 2 mit Abluft ins Freie mit technischer Lüftung bereitgehalten werden.* *Hinweis 2:* *Flaschenschränke sind nicht geeignet für Bereiche mit erhöhter und hoher Brandgefährdung*	4.6.2	Zone 1: im Inneren des Flaschenschrankes Zone 2: 0,5 m um den Flaschenschrank	keine

Nr.	Beispiel	Merkmale/Bemerkungen/ Voraussetzungen/Hinweise	Schutzmaß- nahmen nach TRGS 722	Festlegung der Zonen zur Zünd- quellenvermeidung nach TRGS 723	Schutzmaß- nahmen nach TRGS 724
(Sp. 1)	(Sp. 2)	(Sp. 3)	(Sp. 4)	(Sp. 5)	(Sp. 6)
zu 4.7.2.2	(Bereithalten in Flaschenschränken bzw. Sicherheitsschränken)	**b) Bereithalten und Entleeren in Sicherheitsschränken nach DIN EN 14470 Teil 2 mit Abluft ins Freie mit technischer Lüftung siehe Punkte 1.2.1.2 b) – e).**			
4.7.2.3	**Bereithalten und Entleeren im Freien**		4.6.2	Zone 2: 1 m um die komplette Kundenversorgungsanlage inkl. der Hochdruckteile und der Druckregelstation	keine
4.7.2.4	**Abblaseleitungen**	*Hinweise:* *Abblaseleitungen müssen so konstruiert und verlegt sein, dass austretendes Acetylen gefahrlos ins Freie geleitet wird. Abblaseleitungen müssen gegen das Eindringen von Regen geschützt sein. Der Gasstrom sollte nicht nach unten gerichtet sein. Abblaseleitungen dürfen nicht unterhalb von Gebäudeöffnungen, z. B. Fenster und Ansaugöffnungen münden. Die nachfolgenden Zonenfestlegungen gelten für Abblaseleitungen, deren Ausblaseerichtung von der Waagerechten 10° nach unten bis senkrecht nach oben ausgerichtet ist.*			
		Druckregelstationen mit maximaler Abblaseleistung $\leq$ 40 m^3/h.		Zone 2: 3 m seitlich und oberhalb, 1 m unterhalb der Rohrmündung	keine
		Druckregelstationen mit maximaler Abblaseleistung > 40 m^3/h.		Zone 2: 5 m seitlich und oberhalb, 1 m unterhalb der Rohrmündung	keine

Nr.	Beispiel	Merkmale/Bemerkungen/ Voraussetzungen/Hinweise	Schutzmaßnahmen nach TRGS 722	Festlegung der Zonen zur Zündquellenvermeidung nach TRGS 723	Schutzmaßnahmen nach TRGS 724
(Sp. 1)	(Sp. 2)	(Sp. 3)	(Sp. 4)	(Sp. 5)	(Sp. 6)
4.7.3	**Rohrleitungen und Pipeline**	**Acetylenführende Rohrleitungen unter innerem Überdruck, geschlossene Leitungssysteme.**			
4.7.3.1	**Im Inneren**	**Bildung von g. e. A. im Inneren der Rohrleitung nicht zu erwarten.**	4.5.2	keine Zone	keine *Hinweis:* *Wegen der Möglichkeit des Acetylenzerfalls sind konstruktive Maßnahmen erforderlich, um einen Selbstzerfall zu verhindern oder die Auswirkungen zu begrenzen.*
4.7.3.2	**In der Umgebung**	a) **Rohrleitungsverbindungen sind auf Dauer technisch dicht ausgeführt.**	4.5.2	keine Zone	keine
		b) **Rohrleitungsverbindungen sind technisch dicht ausgeführt, durch regelmäßige Kontrollen werden bereits geringe Leckagen frühzeitig erkannt und behoben, so dass keine g. e. A. auftritt.**	4.5.3	keine Zone	keine
		c) **Rohrleitungsverbindungen sind technisch dicht ausgeführt, durch regelmäßige Kontrollen werden Leckagen frühzeitig erkannt und behoben, so dass g. e. A., nur selten und kurzzeitig auftritt.**	4.5.3	Zone 2: Nahbereich in Abhängigkeit von der Freisetzungsrate und der Lüftung	keine

Nr.	Beispiel	Merkmale/Bemerkungen/Voraussetzungen/Hinweise	Schutzmaßnahmen nach TRGS 722	Festlegung der Zonen zur Zündquellenvermeidung nach TRGS 723	Schutzmaßnahmen nach TRGS 724
(Sp. 1)	(Sp. 2)	(Sp. 3)	(Sp. 4)	(Sp. 5)	(Sp. 6)
4.7.4	**Entnahmestellen**	Siehe 1.2.1.4			
4.7.5	**Schläuche und Schlauchanschlussstellen**	Siehe 1.2.1.5			
4.7.6	**Flaschenwagen mit Einzelflaschen für Acetylen zum Bereithalten und Entleeren**	**Für autogene Anwendungen z. B. Schweißen, Schneiden und verwandte Verfahren.** **Dichtheitsprüfungen werden sowohl beim Anschließen als auch beim Trennen von Druckgasbehältern durchgeführt.** **Ein Gasaustritt aufgrund von Kleinstleckagen an Dichtungen kann aufgrund der bei Acetylen verwendeten Armaturen und Anschlüsse ausgeschlossen werden.** **Durch regelmäßige Kontrollen werden bereits geringe Leckagen, z. B. an Schläuchen, frühzeitig erkannt und behoben, so dass keine g. e. A. auftritt.** **Flaschenventil beim Bereithalten geschlossen, Flaschendruckregler nach ISO 2503 Schläuche und Brenner angeschlossen, an Arbeitsplätzen für den Handgebrauch aufgestellt.**		keine Zone, jedoch sind Zündquellen im Nahbereich um die Anschlussstelle zu vermeiden	keine
4.7.7	**Lagerung von Acetylenflaschen in Räumen**	Siehe 1.2.1.1.1.	4.5.2	keine Zone	keine
4.7.8	**Im Freien**	Wie 1.2.1.1.1., aber: Im Freien kann in Folge von Witterungseinflüssen gegenüber vergleichbaren Situationen in Räumen im Allgemeinen eine Zone mit geringeren Anforderungen festgelegt bzw. die Zonenausdehnung reduziert werden.			

Nr.	Beispiel	Merkmale/Bemerkungen/ Voraussetzungen/Hinweise	Schutzmaß-nahmen nach TRGS 722	Festlegung der Zonen zur Zünd-quellenvermeidung nach TRGS 723	Schutzmaß-nahmen nach TRGS 724
(Sp. 1)	(Sp. 2)	(Sp. 3)	(Sp. 4)	(Sp. 5)	(Sp. 6)
4.8	**Biogasanlagen** Explosionsgefahren bei An- und Abfahrvorgängen werden hier für die beispielhafte Festlegung von Zonen nicht betrachtet. Es wird davon ausgegangen, dass Biogasanlagen so konzipiert werden, dass diese Vorgänge seltener als alle zwei Jahre stattfinden. Für Instandhaltungsmaßnahmen sowie An- und Abfahrvorgänge sind Einzelfallbetrachtungen erforderlich. Biogasanlagen mit diskontinuierlich betriebenen Fermentern werden nachfolgend nicht betrachtet. Bei Anlagenteilen, in denen mit dem Auftreten von explosionsfähiger Atmosphäre durch brennbare Stäube (z. B. bei Substratannahme, -aufbereitung und -einbringung sowie Gärresttrocknung, -förderung, -lagerung und -abfüllung) zu rechnen ist, sind zusätzlich die Beispiele unter Punkt 3) zu berücksichtigen. Im Folgenden sind die Begriffe wie folgt zu verwenden: Gasspeicher: Gasraum in einem im Gassystem vorhandenen Behälter oder Membransystem jeweils mit Volumenvariabilität. Gassystem: Gesamtheit aller zusammenhängenden gasführenden Anlagenteile.				

Nr.	Beispiel	Merkmale/Bemerkungen/ Voraussetzungen/Hinweise	Schutzmaß- nahmen nach TRGS 722	Festlegung der Zonen zur Zünd- quellenvermeidung nach TRGS 723	Schutzmaß- nahmen nach TRGS 724
(Sp. 1)	(Sp. 2)	(Sp. 3)	(Sp. 4)	(Sp. 5)	(Sp. 6)

Blockfließbild EX-RL Beispielsammlung

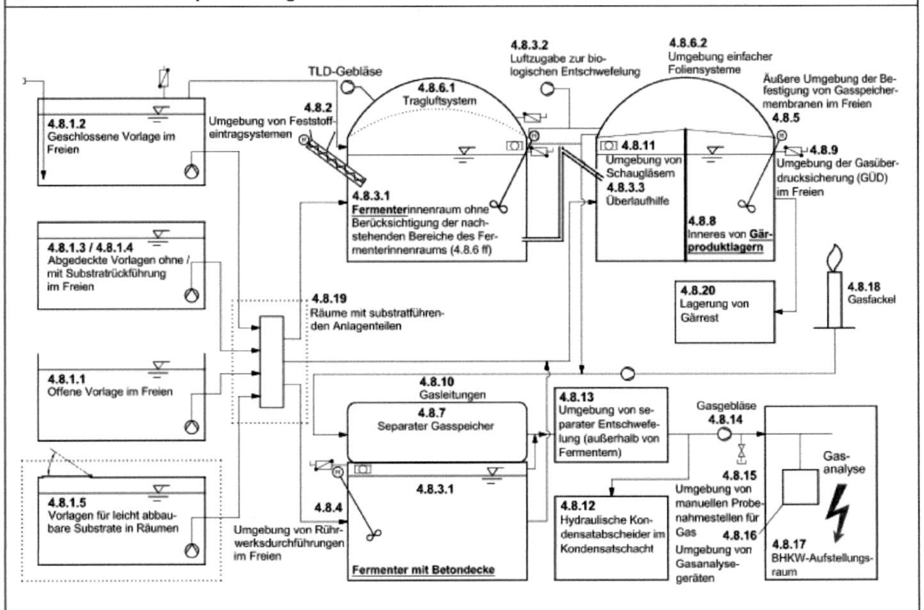

Nr.	Beispiel	Merkmale/Bemerkungen/ Voraussetzungen/Hinweise	Schutzmaßnahmen nach TRGS 722	Festlegung der Zonen zur Zündquellenvermeidung nach TRGS 723	Schutzmaßnahmen nach TRGS 724
(Sp. 1)	(Sp. 2)	(Sp. 3)	(Sp. 4)	(Sp. 5)	(Sp. 6)
4.8.1	**Vorlagen zur Substratannahme**	**Grube oder Behälter, offen oder geschlossen, zur Annahme, Zwischenspeicherung und Aufgabe von Substraten, ggf. unter Mischung, Rückführung von Substrat oder Gärresten, mit oder ohne Beheizung.**			
4.8.1.1	**Offene Vorlage im Freien**	**Grube oder Behälter für Gülle über den gesamten Querschnitt offen, mit oder ohne schwimmende Abdeckung (ohne Beheizung, ohne Substrat- und ohne Gärrestrückführung) Gasakkumulation nicht möglich.**	4.6.2	keine Zone	keine
4.8.1.2	**Geschlossene Vorlage im Freien**	**Grube oder Behälter mit technisch dichter Abdeckung, durch regelmäßige Kontrollen werden bereits geringe Leckagen frühzeitig erkannt, geeignete Gaspendelung zum Gassystem zur sicheren Verhinderung von Unterdruck und Überdruck, dichte Substratzufuhr durch Beschickung unter Substratspiegel. Zu diesen geschlossenen Vorlagen gehören auch Vorlagen mit Substratrückführung, Substratmischung und Beheizung.**			
4.8.1.2.1	**Inneres der geschlossenen Vorlage**		4.5.3	Zone: wie die Zone mit höchsten Anforderungen des angeschlossenen Gassystems	keine
4.8.1.2.2	**Umgebung der geschlossenen Vorlage**		4.5.3 4.6.2	keine Zone	keine

Nr.	Beispiel	Merkmale/Bemerkungen/ Voraussetzungen/Hinweise	Schutzmaßnahmen nach TRGS 722	Festlegung der Zonen zur Zündquellenvermeidung nach TRGS 723	Schutzmaßnahmen nach TRGS 724
(Sp. 1)	(Sp. 2)	(Sp. 3)	(Sp. 4)	(Sp. 5)	(Sp. 6)
4.8.1.3	**Abgedeckte Vorlagen ohne Substratrückführung und ohne Beheizung im Freien**	**Nicht technisch dichte Vorlagen, nicht an das Gassystem angeschlossen. Befüllöffnungen vorhanden.**			
4.8.1.3.1	**Vorlagen für leicht abbaubare Substrate**	**Leicht abbaubare Substrate sind z. B. flüssige und pastöse Bioabfälle.** **Ausreichender Volumenstrom (z. B. mindestens 5-facher Luftwechsel des Vorgrubenvolumens) durch überwachte Absaugung vorhanden.**	4.5.4 4.6.3	Zone 2: im Inneren keine Zone: außen	keine
4.8.1.3.2	**Vorlagen für Gülle**	**a) Technische Lüftung, mindestens 2-facher Luftwechsel.**	4.6.3	keine Zone	keine
		b) Ausreichend große gegenüberliegende unverschließbare Öffnungsflächen, z. B. nach Broschüre „Flüssigmist" der SVLFG 2016.	4.6.2	Zone 2: im Inneren keine Zone: außen	keine
		c) Nicht ausreichend große Öffnungsfläche. Luftaustausch nur aufgrund von Beschickungs- und Entleerungsvorgängen.		Zone 1: im Inneren Zone 2: im Nahbereich um die Öffnungen	keine
4.8.1.3.3	**Vorlagen für feste Stoffe unter Zumischung von Gülle (oder Wirtschaftsdünger)**	Siehe 4.8.1.3.2.			
4.8.1.4	**Vorlagen mit Substrat-, Filtrat- oder Gärrestrückführung im Freien**	Siehe 4.8.1.3.1.			
4.8.1.5	**Vorlagen für leicht abbaubare Substrate in Räumen**	**Leicht abbaubare Substrate sind z. B. flüssige und pastöse Bioabfälle.** **Ausreichender Luftvolumenstrom im Inneren der Vorlage (z. B. mind. 5-facher Luftwechsel des Vorgrubenvolumens) durch überwachte Absaugung vorhanden und Raum technisch gelüftet.**	4.5.4 4.6.3 4.6.4	Zone 2: im Inneren der Vorlage und 1 m um Befüllöffnung	keine

Nr.	Beispiel	Merkmale/Bemerkungen/ Voraussetzungen/Hinweise	Schutzmaß-nahmen nach TRGS 722	Festlegung der Zonen zur Zünd-quellenvermeidung nach TRGS 723	Schutzmaß-nahmen nach TRGS 724
(Sp. 1)	(Sp. 2)	(Sp. 3)	(Sp. 4)	(Sp. 5)	(Sp. 6)
4.8.1.6	**Hydrolysebehälter im Freien**	**Diskontinuierliche (tageweise) Beschickung mit festen und flüssigen Stoffen und Entnahme nach Versäuerungsphase mit bestimmungsgemäßer Bildung von Wasserstoff. Explosionsschutz für Wasserstoff ist erforderlich. Einzelfallbetrachtung erforderlich.**			
4.8.2	**Umgebung von Feststoffeintragssystemen**	**Rohrschneckensystem, das die Einsatzstoffe unter dem Flüssigkeitsspiegel des Fermenters einbringt.** **Der mögliche Entnahmevolumenstrom wird begrenzt und der Füllstand wird täglich kontrolliert oder bei Unterschreitung des minimalen Füllstands wird automatisch Alarm mit Abschaltung der Entnahme ausgelöst, so dass das Schneckensystem sich sicher unter dem Flüssigkeitsspiegel befindet.**	3.1 4.5.2	keine Zone	keine
4.8.3	**Gasraum im Fermenter**	**Äußere Umgebung siehe 4.8.5.**			
4.8.3.1	**Gasraum im Fermenter ohne Berücksichtigung der nachstehenden Anlagenteile (4.8.6 ff.)**	**Der Behälter ist ständig mit Gas gefüllt und unter Überdruck.** **Bei Druckabfall kann Luftsauerstoff ins Innere eintreten.**			
		a) Die Sauerstoffzufuhr ins Innere wird verhindert durch: – **Sicherstellung der Gasproduktion, z. B. durch regelmäßige Substratzugabe,** – **Dichtigkeit und Beständigkeit der Umschließung (Außenmembran),** – **Füllstandsüberwachung des Substrates und ggf. Abschaltung der Entnahmen aus der Flüssigphase (Gasabschluss) und** – **Sicherstellung der Überdruckfahrweise (auch bei Temperatursturz) durch**	3.1	keine Zone: im Inneren	keine

Nr.	Beispiel	Merkmale/Bemerkungen/ Voraussetzungen/Hinweise	Schutzmaß- nahmen nach TRGS 722	Festlegung der Zonen zur Zünd- quellenvermeidung nach TRGS 723	Schutzmaß- nahmen nach TRGS 724
(Sp. 1)	(Sp. 2)	(Sp. 3)	(Sp. 4)	(Sp. 5)	(Sp. 6)
zu 4.8.3.1	(Gasraum im Fermenter ohne Berücksichtigung der nachstehenden Anlagenteile (4.8.6 ff.))	• **geeignete Gaspendelung zwischen den Gasspeichern bzw. zum Gasspeicher,** • **ständige Überwachung von Gasüberdruck/Gasspeicherfüllstand im Innern und Gasentnahme, Abschalten der Abnehmer (z. B. Gasmotor) bei zu geringem Überdruck/Gasspeicherfüllstand und ausreichend veränderliches Volumen des Gasspeichers. Bei Tragluftdächern zusätzlich: Stützluftdruck kleiner als Druck im Gasspeicher, Dichtigkeit und Beständigkeit der Innenmembran.**			
		b) Wie a), jedoch sind nicht alle Maßnahmen zur Überwachung und Sicherstellung von Gasüberdruck realisiert. Das Auftreten von g. e. A. wird jedoch erkannt, und durch Maßnahmen wird sichergestellt, dass g. e. A. nur selten und kurzzeitig auftritt.	3.1	Zone 2	keine
		c) Aufgrund zu erwartender Störungen oder gelegentlich auftretender verfahrensbedingter Betriebszustände kann Luft ins Innere eintreten und so die OEG unterschritten werden. Das Auftreten von g. e. A. ist gelegentlich möglich.	3.1	Zone 1	keine

Nr.	Beispiel	Merkmale/Bemerkungen/ Voraussetzungen/Hinweise	Schutzmaßnahmen nach TRGS 722	Festlegung der Zonen zur Zündquellenvermeidung nach TRGS 723	Schutzmaßnahmen nach TRGS 724
(Sp. 1)	(Sp. 2)	(Sp. 3)	(Sp. 4)	(Sp. 5)	(Sp. 6)
4.8.3.2	**Luftzugabe zur biologischen Entschwefelung**	**Luftzugabe ins Innere des Fermenters. Leitungsdurchführungen durch die Fermenterhülle auf Dauer technisch dicht.**			
		Rückstromgesicherte Lufteinspeisung mit räumlich verteilter Zugabe; **$V_{Luft,max}$< 6 % von $V_{Biogas,nenn}$** **Begrenzung des Luftvolumenstroms wird durch technische Maßnahmen sichergestellt, z. B. maximale Kompressorkapazität. Außerdem erfolgt mindestens entweder:** – **regelmäßige Überprüfung des Sauerstoffanteils über Messung des Sauerstoffvolumenstroms (mindestens 2 x/Tag) und Plausibilitätsprüfung des Gasertrags oder** – **regelmäßige Messung des Sauerstoffanteils über Gasanalysegerät (mindestens 2 x/Tag).**	4.7	Zone 0: nur im Nahbereich der Lufteinblaseöffnungen daran anschließend Zone des Gassystems	keine
4.8.3.3	**Überlaufhilfe**	a) **Überlaufhilfe durch Schnecke.**	4.5.3 3.1	Zone: wie im nachfolgenden Gasraum	keine
		b) **Druckstoßüberlaufhilfe mit physikalischer Begrenzung der eingeblasenen Luft (Volumen- und Volumenstrombegrenzung).**	3.1	Zone 0: im Rohr und im Nahbereich des Überlaufs	keine
		c) **Wie b), jedoch ohne physikalische Begrenzung der eingeblasenen Luft.**	3.1	Zone 0: im Rohr und im Fermenter	keine
4.8.4	**Umgebung von Rührwerksdurchführungen im Freien**	**Durchführungen für Rührwerkswellen und Verstelleinrichtungen für Rührwerke, z. B. Seilzüge.**			
		a) **Durchführungen technisch dicht in Verbindung mit regelmäßiger Kontrolle und Wartung oder Rührwerksdurchführung unter Flüssigkeits-/Substratspiegel.**	4.5.3	keine Zone	keine
		b) **Durchführungen technisch dicht und über dem Flüssigkeits-/Substratspiegel.**	4.5.3	Zone 2: 1 m um Durchführung	keine

Nr.	Beispiel	Merkmale/Bemerkungen/ Voraussetzungen/Hinweise	Schutzmaßnahmen nach TRGS 722	Festlegung der Zonen zur Zündquellenvermeidung nach TRGS 723	Schutzmaßnahmen nach TRGS 724
(Sp. 1)	(Sp. 2)	(Sp. 3)	(Sp. 4)	(Sp. 5)	(Sp. 6)
4.8.5	**Äußere Umgebung der Abdichtung von Gasmembranen im Freien**	**Gilt für Fermenter, Gärproduktlager usw. Alle Befestigungselemente müssen den in der Statik zu Beanspruchungen getroffenen Annahmen standhalten. Erforderliche Klemmkräfte zur sicheren Einspannung der Membranen müssen dauerhaft aufrechterhalten und überwacht werden, z. B. durch Drucküberwachung mit Alarmierung. Das Innere wird unter 4.8.3 betrachtet.**			
		a) Befestigung ist technisch dicht mit ausreichenden organisatorischen Maßnahmen kombiniert, Befestigung wird regelmäßig auf technische Dichtheit geprüft. Die Klemmverbindung wird nur selten gelöst. Die technische Dichtheit wird insbesondere durch der Druckstufe entsprechende Dichtungen, Auslegung gegen Niederschlags- und Windlasten und organisatorische Schutzmaßnahmen auf Dauer gewährleistet. Maximales Druckniveau p_{max} = 5 hPa (abhängig vom Befestigungssystem). Biogasbeständige Dichtungen (z. B. NBR). Die technische Dichtheit wird erstmalig, nach Wiederverschließen und wiederkehrend nach Prüfplan mittels repräsentativer nachvollziehbarer und reproduzierbarer Messverfahren, beispielsweise mit schaumbildenden Mitteln oder geeignetem Gasspürgerät geprüft. Zwischenzeitlich wiederkehrende Kontrolle auf Leckagen, z. B. durch Ortung mittels methansensitiver Gaskamera.	4.5.3	keine Zone: außen	keine

Nr.	Beispiel	Merkmale/Bemerkungen/ Voraussetzungen/Hinweise	Schutzmaßnahmen nach TRGS 722	Festlegung der Zonen zur Zündquellenvermeidung nach TRGS 723	Schutzmaßnahmen nach TRGS 724
(Sp. 1)	(Sp. 2)	(Sp. 3)	(Sp. 4)	(Sp. 5)	(Sp. 6)
		b) Wie a), jedoch wird die Befestigung nicht nur selten gelöst.	4.5.3	Zone 2: 2 m um die Befestigung	keine
4.8.6	**Membransysteme von Fermentern oder Gärproduktlagern im Freien**	**Auslegung gegen Niederschlags- und Windlasten auf Dauer gewährleistet. Weitere Anforderungen bei Fermentern siehe 4.8.3 bzw. bei Gärproduktlagern siehe 4.8.8.**			
4.8.6.1	**Tragluftsystem**	**Zum Tragluftsystem gehören der Zwischenraum, der Tragluftein- und -auslass und das Stützluftgebläse.**			
		a) Der Tragluftauslass wird durch eine geeignete Gaswarneinrichtung mit Alarmierung überwacht. Verfügbarkeit der Stützluftversorgung und Querdurchströmung gewährleistet. Rückschlagklappe nach Stützluftgebläse.	4.7.2	Zone 2: im Inneren des Tragluftsystems ab Rückschlagklappe und 3 m um Abluftöffnungen sowie 0,5 m um Zuluftöffnungen	keine
		b) Wie a), jedoch ohne Rückschlagklappe.	4.7.2	Zone 2: im Inneren des Tragluftsystems und 3 m um Zu- und Abluftöffnungen	keine
		c) Wie a), jedoch ohne Gaswarneinrichtung; Einhaltung der aufgrund der Permeation zu erwartenden Methankonzentration in der Tragluft durch regelmäßige (mind. tägliche) Überwachung der Tragluft mit Gasspürgerät, Dokumentation und Auswertung hinsichtlich der Entwicklung der Methankonzentration.	4.7	Zone 2: im Inneren des Tragluftsystems ab Rückschlagklappe und 3 m um Abluftöffnungen sowie 0,5 m um Zuluftöffnungen	keine
		d) Wie c), jedoch ohne Rückschlagklappe.	4.7	Zone 2: im Inneren des Tragluftsystems und 3 m um Zu- und Abluftöffnungen	keine

Nr.	Beispiel	Merkmale/Bemerkungen/Voraussetzungen/Hinweise	Schutzmaßnahmen nach TRGS 722	Festlegung der Zonen zur Zündquellenvermeidung nach TRGS 723	Schutzmaßnahmen nach TRGS 724
(Sp. 1)	(Sp. 2)	(Sp. 3)	(Sp. 4)	(Sp. 5)	(Sp. 6)
zu 4.8.6.1	(Tragluftsystem)	**e) Wie a), jedoch ohne Gaswarneinrichtung.**		Zone 1: im Inneren des Tragluftsystems ab Rückschlagklappe Zone 2: 3 m um Abluftöffnungen sowie 0,5 m um Zuluftöffnungen	keine
		f) Wie b), jedoch ohne Gaswarneinrichtung.		Zone 1: im Inneren des Tragluftsystems Zone 2: 3 m um Zu- und Abluftöffnungen	keine
		g) Stützluftgebläse mit Überschussluftabgang (keine Querdurchströmung des Zwischenraumes, damit gelegentliches Aufkonzentrieren von diffundierendem Biogas und schlagartiges Freisetzen bei Anheben der Gasmembran oder Gebläsestillstand möglich). Durch die Atmung aufgrund der Druckschwankungen wird zeitlich überwiegendes Aufkonzentrieren verhindert.		Zone 0: im Zwischenraum Zone 1: 3 m um Öffnungen Zone 2: Gebläse bis Lufteintritt Zwischenraum	keine
4.8.6.2	**Umgebung einwandiger Membransysteme**	**a) Technische Dichtheit mit ausreichenden organisatorischen Maßnahmen kombiniert: Die technische Dichtheit wird erstmalig, nach Wiederverschließen und wiederkehrend nach Prüfplan mittels repräsentativer, nachvollziehbarer und reproduzierbarer Messverfahren, beispielsweise mit schaumbildenden Mitteln oder geeignetem Gasspürgerät geprüft. Zwischenzeitlich wiederkehrende Kontrolle auf Leckagen, z. B. durch Ortung mittels methansensitiver Gaskamera.**	4.5.3	keine Zone	keine

Nr.	Beispiel	Merkmale/Bemerkungen/ Voraussetzungen/Hinweise	Schutzmaßnahmen nach TRGS 722	Festlegung der Zonen zur Zündquellenvermeidung nach TRGS 723	Schutzmaßnahmen nach TRGS 724
(Sp. 1)	(Sp. 2)	(Sp. 3)	(Sp. 4)	(Sp. 5)	(Sp. 6)
zu 4.8.6.2	(Umgebung einwandiger Membransysteme)	**b) Wie a), jedoch keine ausreichenden organisatorischen Maßnahmen wie ohne wiederkehrende Kontrolle.**	4.5.3	Zone 2: 3 m um Folie und 2 m nach unten mit 45° (siehe Bild) 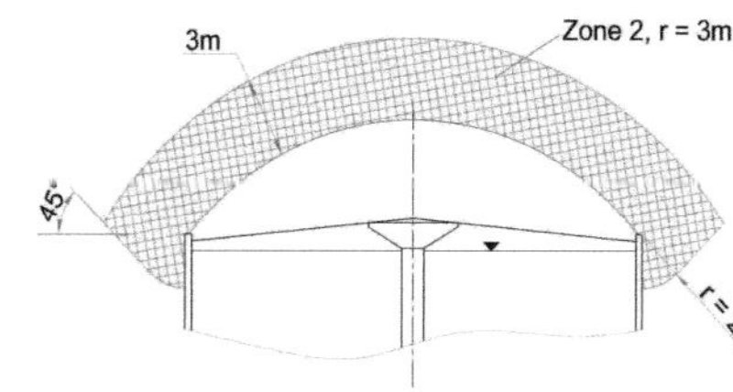	keine
4.8.7	**Separate Gasspeicher**	**Weitere separate Gasspeicher sind unter 4.1.4.3 beschrieben.**			
4.8.7.1	**Gassack**	**Gassack liegt auf dem Boden und wird durch eine feste Einhausung gegen Witterungseinflüsse geschützt. Die Einhausung ist auch bei befülltem Sack rundum zugänglich.**			
4.8.7.1.1	**In Räumen**	**a) konstante Durchlüftung des Zwischenraumes zwischen Gassack und Einhausung und Strömungs- und Konzentrationsüberwachung und Installation einer Gasüberdrucksicherung sowie Installation eines Gasunterdruckschalters.**	4.5.3 4.6.3 4.7.3	Zone 2: in der Einhausung und 3 m um alle Öffnungen zu anderen Räumen, sowie im Nahbereich um Öffnungen ins Freie mit Ausnahme der Gasüberdrucksicherungen (siehe 4.8.9) Im Innern gleiche Zone wie angeschlossenes Gassystem.	keine

Nr.	Beispiel	Merkmale/Bemerkungen/ Voraussetzungen/Hinweise	Schutzmaß- nahmen nach TRGS 722	Festlegung der Zonen zur Zünd- quellenvermeidung nach TRGS 723	Schutzmaß- nahmen nach TRGS 724
(Sp. 1)	(Sp. 2)	(Sp. 3)	(Sp. 4)	(Sp. 5)	(Sp. 6)
zu 4.8.7.1.1	(zu In Räumen)	**b) Wie a), jedoch nur natürliche Lüftung.**	4.5.3 4.6.2 4.7.3	Zone 1: in der Einhausung Zone 2: 3 m um alle Öff- nungen Im Innern gleiche Zone wie angeschlossenes Gassystem.	keine
4.8.7.1.2	**Im Freien**	Wie 4.8.7.1.1, aber: Im Freien kann in Folge von Witterungseinflüssen gegenüber vergleichbaren Situationen in Räumen im Allgemeinen eine Zone mit geringeren Anforderungen festgelegt bzw. die Zonenausdehnung reduziert werden.			
4.8.8	**Gasraum von Gärproduktlagern**				
4.8.8.1	**Gärproduktlager mit Verbindung zum Gassystem**	**a) Verhindern von Lufteinbrüchen durch** – **Sicherstellung der Überdruckfahrweise auch bei Gärproduktentnahme, z. B. durch ständige Überwachung von Gasüberdruck im Inneren und Absperrung von Gasentnahmeleitungen sowie der Entnahmen aus der Flüssigphase,** – **geplante, kontrollierte Gärproduktentnahme, insbesondere durch**	4.5.3 3.1	Im Inneren gleiche Zone wie Gassystem	keine

Nr.	Beispiel	Merkmale/Bemerkungen/ Voraussetzungen/Hinweise	Schutzmaß-nahmen nach TRGS 722	Festlegung der Zonen zur Zünd-quellenvermeidung nach TRGS 723	Schutzmaß-nahmen nach TRGS 724
(Sp. 1)	(Sp. 2)	(Sp. 3)	(Sp. 4)	(Sp. 5)	(Sp. 6)
zu 4.8.8.1	(Gärproduktlager mit Verbindung zum Gassystem)	• **Sicherstellung der Gaszufuhr,** • **Sichtkontrolle bei EPDM-Folien bzw. Gasfüllstandsüberwachung bei Doppelfoliensystemen bzw. unelastischen Membransystemen,** • **Drosselung des BHKW und** • **Abbrechen der Gärproduktentnahme bei minimalem Gasfüllstand,** – **Gewährleistung der technischen Dichtheit mit Hilfe erstmaliger und wiederkehrender Kontrollen, z. B. durch Ortung mit Gaskamera und Kontrolle mit schaumbildenden Mitteln oder geeignetem Gasspürgerät.** – **Bei Tragluftdächern zusätzliche Maßnahmen, siehe 4.8.6.1.**			
		b) **Wie a), jedoch Überdruckfahrweise bei Gärproduktentnahme nicht sichergestellt.**		Zone 1: im Inneren des Gärrestelagers und im Inneren des angeschlossenen Gassystems	keine

Nr.	Beispiel	Merkmale/Bemerkungen/ Voraussetzungen/Hinweise	Schutzmaß- nahmen nach TRGS 722	Festlegung der Zonen zur Zünd- quellenvermeidung nach TRGS 723	Schutzmaß- nahmen nach TRGS 724
(Sp. 1)	(Sp. 2)	(Sp. 3)	(Sp. 4)	(Sp. 5)	(Sp. 6)
4.8.8.2	**Gärproduktlager ohne Verbindung zum Gassystem**	**Gärprodukt mit geringem Gasproduktionspotenzial, wie z. B. nach VDI 3475 Blatt 4.**			
		a) **Offenes Gärproduktlager: kein Gasraum.**	4.6.2	keine Zone	keine
		b) **Gärproduktlager mit Gasraum, Be- und Entlüftungsöffnungen.**	4.6.2	Zone 2: im Inneren und 1 m um die Öffnungen	keine
		c) **Wie b), jedoch natürliche Lüftung nicht gewährleistet.**		Zone 1: im Inneren und 1 m um die Öffnung	keine
4.8.9	**Umgebung der Gasüberdrucksicherung (GÜD) im Freien**	**Austrittsstelle der GÜD ist mindestens 3 m über Bedienstandplatz (Begehungsebene) und 1 m über Behälteroberkante mit einer Abblaseleistung bis 250 m³/h, freies gefahrloses Abströmen nach oben oder seitlich. Die GÜD wird zur Sicherstellung der Funktion regelmäßig (z. B. täglich) überprüft.**			
		a) **Die vorhandene zusätzliche Gasverbrauchseinrichtung, entspricht hinsichtlich dem Explosionsschutz dem Stand der Technik, hat mindestens die Kapazität wie die maximale Gasproduktionsrate der Biogasanlage und Vorrang vor der GÜD. Die GÜD spricht daher nur in sehr seltenen Fällen an. Für den Fall des Ansprechens sind Bereiche mit möglicher Gefährdung nach TRGS 407 festzulegen.**	3.1	keine Zone	keine
		b) **Einschränken des Ansprechens der GÜD und Begrenzen einer Emission durch automatische Gasfüllstandsüberwachung zur Fahrweise mit Restvolumenreserve oder lastvariablen Verbrauch, z. B. BHKW mit Leistungsreserve, und Verbrennen durch zusätzliche und ständig verfügbare Gasverbrauchseinrichtung vor Ansprechen der GÜD.**	3.1	Zone 2: 3 m um Abblaseöffnung der GÜD	keine

Nr.	Beispiel	Merkmale/Bemerkungen/ Voraussetzungen/Hinweise	Schutzmaß-nahmen nach TRGS 722	Festlegung der Zonen zur Zündquellenvermeidung nach TRGS 723	Schutzmaß-nahmen nach TRGS 724
(Sp. 1)	(Sp. 2)	(Sp. 3)	(Sp. 4)	(Sp. 5)	(Sp. 6)
zu 4.8.9	(Umgebung der Gasüberdrucksicherung (GÜD) im Freien)	**c) Wie b), jedoch nicht alle Punkte erfüllt.**	3.1	Zone 1: 1 m um Abblaseöffnung der GÜD Zone 2: weitere 2 m 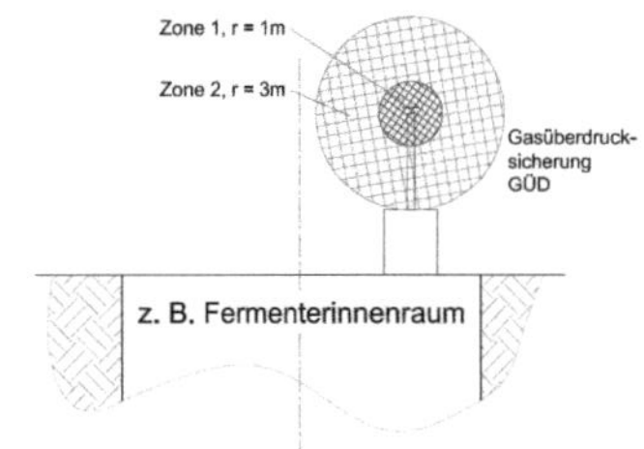 	keine
		d) Mit einer Abblaseleistung über 250 m³/h.		Eine Einzelfallbetrachtung ist erforderlich.	
4.8.10	**Gasleitungen**	**Inneres von Biogas führenden Rohrleitungen.**			
		a) Biogas führende Rohrleitungen technisch dicht; wiederkehrende Prüfung der Anlagenteile auf Dichtheit.	4.5.3 3.1	Gleiche Zone wie angeschlossene Anlagenteile	keine
		b) Wie a), jedoch wird das Eindringen von g. e. A. in die Rohrleitungen durch automatische Abtrennung vom angeschlossenen Gassystem verhindert.	4.5.3 3.1	keine Zone	keine

Nr.	Beispiel	Merkmale/Bemerkungen/ Voraussetzungen/Hinweise	Schutzmaßnahmen nach TRGS 722	Festlegung der Zonen zur Zündquellenvermeidung nach TRGS 723	Schutzmaßnahmen nach TRGS 724
(Sp. 1)	(Sp. 2)	(Sp. 3)	(Sp. 4)	(Sp. 5)	(Sp. 6)
4.8.11	**Umgebung von Schaugläsern**	**Weitere gasführende Anlagenteile unter 4.1.4.1.2 beschrieben.**			
4.8.11.1	**In Räumen**	**a) Schauglas gemäß Herstellererklärung auf Dauer technisch dicht.**	4.5.2	keine Zone	keine
		b) Schauglas technisch dicht, regelmäßige Dichtheitskontrolle nach Herstellerangaben.	4.5.3 4.6.2	keine Zone	keine
		c) Wie b), jedoch keine regelmäßige Dichtheitskontrolle.	4.5.3 4.6.2	Zone 1: im Nahbereich Zone 2: üR	keine
4.8.11.2	**Im Freien**	Wie 4.8.11.1, aber: Im Freien kann in Folge von Witterungseinflüssen gegenüber vergleichbaren Situationen in Räumen im Allgemeinen eine Zone mit geringeren Anforderungen festgelegt bzw. die Zonenausdehnung reduziert werden.			
4.8.12	**Kondensatabscheider**	**Die Kondensatabscheider befinden sich in der Regel zwischen Biogaserzeugung und Gasdruckerhöhungsgebläse. Der Sperrflüssigkeitsspiegel entspricht mindestens einem Druck von 15 hPa (150 mm Wassersäule) über dem maximalen Ansprechdruck von Sicherheitseinrichtungen.**			

Nr.	Beispiel	Merkmale/Bemerkungen/ Voraussetzungen/Hinweise	Schutzmaß-nahmen nach TRGS 722	Festlegung der Zonen zur Zündquellenvermeidung nach TRGS 723	Schutzmaß-nahmen nach TRGS 724
(Sp. 1)	(Sp. 2)	(Sp. 3)	(Sp. 4)	(Sp. 5)	(Sp. 6)
4.8.12.1	**In Räumen**	**Siehe 4.1.4.2.1**			
4.8.12.2	**Kondensatabscheider im Kondensatschacht (im Freien)**	a) **Die Füllhöhe wird messtechnisch überwacht mit automatischen sicherheitsgerichteten Folgehandlungen. Das Unterschreiten des Flüssigkeitsspiegels der Flüssigkeitsvorlage und somit ein Leerlaufen oder Leersaugen (Austreten von Gas oder Einsaugen von Luft) ist zuverlässig verhindert, z. B. durch** • **abschalten des Gasdruckerhöhungsgebläses oder** • **schließen der automatischen Gasklappe zum BHKW** • **oder automatisches Schließen des Kondensatablasses.**	3.1	keine Zone	keine
		b) **Keine messtechnische Überwachung. Natürliche Lüftung gewährleistet.** *Hinweis:* *Bei Kondensatabscheidern in Flussrichtung nach dem Gasdruckerhöhungsgebläse ist die Abhängigkeit von der Gebläsedruckkennlinie zu berücksichtigen und daher eine Einzelfallbetrachtung erforderlich. Bei Kondensatablässen, die nicht regelmäßig geöffnet werden, sind Herstellerangaben zu beachten, weitere Hinweise siehe 4.8.15.*	4.6.2	Zone 1: im Kondensatschacht Zone 2: 1 m um die Schachtöffnung	keine
		c) **Wie b), jedoch in abgedecktem Schacht. Akkumulation aufgrund der Lüftungsverhältnisse im Schacht.**		Zone 0: im Schacht Zone 1: 1 m um die Schachtabdeckung	keine

Nr.	Beispiel	Merkmale/Bemerkungen/ Voraussetzungen/Hinweise	Schutzmaß-nahmen nach TRGS 722	Festlegung der Zonen zur Zündquellenvermeidung nach TRGS 723	Schutzmaß-nahmen nach TRGS 724
(Sp. 1)	(Sp. 2)	(Sp. 3)	(Sp. 4)	(Sp. 5)	(Sp. 6)
4.8.13	**Umgebung von separaten Festbett-Entschwefelungsanlagen und Aktivkohleadsorbern in Räumen und im Freien**	**Die Anlagen befinden sich außerhalb von Fermentern. Die Gasreinigungsmasse, z. B. Aktivkohle oder Eisenmasse, wird nicht im laufenden Betrieb entnommen und zugeführt. Anlage technisch dicht kombiniert mit organisatorischen Maßnahmen, wiederkehrende Prüfung auf Dichtheit.** *Hinweis:* *An Anlagen, die manuell entleert und befüllt werden, tritt, sofern nicht vorher inertisiert wurde, eine g. e. A. im Bereich der Befüll- und Entleerungsöffnungen während der Befüll- und Entleervorgänge auf. In diesem Fall sind individuelle Explosionsschutzmaßnahmen erforderlich. Die Vorgaben des Herstellers sind zu beachten. Beim Wiederbefüllen kann es zu Staubablagerungen kommen.* *Zusätzlich ist 4.8.15 zu betrachten.* *Anlagen, bei denen die Gasreinigungsmasse im laufenden Betrieb über Schleusen entnommen und zugeführt wird, siehe 4.1.4.5.1 a).*	4.5.3	keine Zone	keine
4.8.14	**Gasgebläse**				
4.8.14.1	**Inneres von Gasgebläsen**	**Automatische Abschaltung bei minimalem Gasfüllstand im vorgeschalteten Gasspeichersystem. Die Zuleitung zum Gasgebläse kann unter Unterdruck stehen.** **Bei Tragluftdächern zusätzlich: Sicherstellung, dass Stützluftdruck kleiner als Druck des Gasspeichers, Dichtigkeit und Beständigkeit der Innenmembran.**			

Nr.	Beispiel	Merkmale/Bemerkungen/ Voraussetzungen/Hinweise	Schutzmaß-nahmen nach TRGS 722	Festlegung der Zonen zur Zünd-quellenvermeidung nach TRGS 723	Schutzmaß-nahmen nach TRGS 724
(Sp. 1)	(Sp. 2)	(Sp. 3)	(Sp. 4)	(Sp. 5)	(Sp. 6)
zu 4.8.14.1	(Inneres von Gasgebläsen)	a) **Für Gasspeichersysteme: In den vorgeschalteten Anlagen ist das Entstehen von g. e. A. durch Gewährleistung des Überdrucks, auch in den Gasleitungen sicher verhindert. Die Anlagenteile, z. B. auch Kondensatabscheider, Kompensatoren und Rohrleitungen, sind technisch dicht ausgeführt, wiederkehrende Prüfung des Gasgebläse und der vorgeschalteten Anlagenteile auf Dichtheit.**	4.5.3	keine Zone	keine
		b) **Wie a), jedoch nicht alle Bedingungen erfüllt, aber die Anlagenteile, z. B. auch Kompensatoren und Rohrleitungen sind technisch dicht ausgeführt und werden mit ausreichend organisatorischen Maßnahmen kombiniert, wiederkehrende Prüfung des Gasgebläses und der vorgeschalteten Anlagenteile auf Dichtheit und kontinuierliche Sauerstoffmessung im unmittelbaren Bereich des Gasgebläses mit automatischer Abschaltung des Gasgebläses bei 3 % Sauerstoffkonzentration.**	4.5.3 4.7.3	keine Zone	keine
		c) **Wie b), jedoch diskontinuierliche Überwachung maximal alle 30 Minuten der Sauerstoffkonzentration mit automatischer Abschaltung bei 3 % Sauerstoffkonzentration.**	4.5.3 3.1	Zone 2	keine
		d) **Mit der Bildung von g. e. A. durch Einsaugen von Luft ist gelegentlich zu rechnen.**	4.5.3	Zone 1	keine
4.8.14.2	**Umgebung von Gasgebläsen**	Siehe 4.1.4.7.2 Umgebung von Gebläsen und Verdichtern.			

Nr.	Beispiel	Merkmale/Bemerkungen/ Voraussetzungen/Hinweise	Schutzmaßnahmen nach TRGS 722	Festlegung der Zonen zur Zündquellenvermeidung nach TRGS 723	Schutzmaßnahmen nach TRGS 724
(Sp. 1)	(Sp. 2)	(Sp. 3)	(Sp. 4)	(Sp. 5)	(Sp. 6)
4.8.15	**Umgebung von manuellen Probenahmestellen für Gas in Räumen und im Freien**	**Absperreinrichtung gegen unbeabsichtigtes Öffnen gesichert. Zusätzlicher Verschluss, z. B. zweite Absperreinrichtung oder gedichtete Schraubkappe auf Dichtheit geprüft und natürliche Lüftung.**	4.6.2	keine Zone	keine
4.8.16	**Umgebung von Gasanalysegeräten**	**Gasanalysegerät technisch dicht kombiniert mit ausreichenden organisatorischen Maßnahmen (regelmäßige Dichtheitskontrolle) sowie ausreichende Lüftung im Raum.** **Nach der Gasanalyse wird das Gas aus dem Analysegerät ins Freie abgeleitet.**	4.5.3 4.6.3	keine Zone: im Raum Zone 2: im Nahbereich um die Ableitöffnung	7.2 am Eintritt des Gasanalysegerätes
4.8.17	**BHKW-Aufstellungsraum**	**a) Gasführende Anlagenteile auf Dauer technisch dicht durch eine technisch dichte Bauweise kombiniert mit organisatorischen Maßnahmen, wiederkehrende Prüfung auf Dichtheit.** **Keine zusätzlichen Einbauten im Aufstellungsraum wie Verdichter, Aktivkohleadsorber, o. ä. Überwachung des Aufstellungsraumes auf g. e. A.: z. B. bei 20 % der UEG Alarmierung und Maximierung der Lüfterleistung (mindestens 5-facher Luftwechsel), bei 40 % der UEG automatische Abschaltung des Verdichters und der Gaszufuhr am BHKW (Doppelmagnetventil), Gasdruck bei Gasalarm < 5 hPa. Manuelle Absperrung außerhalb des BHKW-Aufstellraumes.**	4.5.3 4.7.4 4.6.3	keine Zone	keine
		b) Wie a), jedoch nur technisch dicht aufgrund zusätzlicher Einbauten bis zur ersten sicherheitsgerichteten Absperrarmatur (z. B. Verdichter, Aktivkohleadsorber, Gasfilter o. ä., deren dauerhafte Dichtheit nicht über die gesamte Betriebsdauer gegeben ist), aber zusätzliche automatische Abschaltung der Gaszufuhr bei 40 % der UEG außerhalb des BHKW-Aufstellraumes (z. B. pneumatische Gasklappe)	4.5.3 4.7.4 4.6.3	keine Zone	keine

Nr.	Beispiel	Merkmale/Bemerkungen/ Voraussetzungen/Hinweise	Schutzmaßnahmen nach TRGS 722	Festlegung der Zonen zur Zündquellenvermeidung nach TRGS 723	Schutzmaßnahmen nach TRGS 724
(Sp. 1)	(Sp. 2)	(Sp. 3)	(Sp. 4)	(Sp. 5)	(Sp. 6)
zu 4.8.17	(BHKW-Aufstellungsraum)	**c) Wie a), jedoch bei Gasalarm ist ein Gasdruck unter 5 hPa nicht gewährleistet (z. B. keine Abschaltung des Gasgebläses), aber bei 40 % der UEG zusätzliche automatische Abschaltung der Gaszufuhr außerhalb des BHKW-Aufstellraumes (z. B. pneumatische Gasklappe).**	4.5.3 4.7.4 4.6.3	keine Zone	keine
4.8.18	**Gasfackel**	Siehe 4.1.4.8 (Gasfackel).			
4.8.19	**Räume mit substratführenden Anlagenteilen**	**Substratführende Anlagenteile sind z. B. Leitungen, Pumpen oder Schieber.**			
		a) Bodenniveau des Raumes über Erdgleiche, Anschlüsse von Installationen technisch dicht und natürliche Lüftung.	4.5.3 4.6.2	keine Zone	keine
		b) Wie a), jedoch Bodenniveau des Raumes unter Erdgleiche, aber technische Lüftung.	4.5.3 4.6.3	keine Zone	keine
		c) Wie a), oder b), jedoch ohne ausreichende Lüftung.	4.5.3	Zone 2: gR	keine

Nr.	Beispiel	Merkmale/Bemerkungen/ Voraussetzungen/Hinweise	Schutzmaßnahmen nach TRGS 722	Festlegung der Zonen zur Zündquellenvermeidung nach TRGS 723	Schutzmaßnahmen nach TRGS 724
(Sp. 1)	(Sp. 2)	(Sp. 3)	(Sp. 4)	(Sp. 5)	(Sp. 6)
4.8.20	**Lagerung des Feststoffanteils von Gärresten**	**Trennung des Gärrestes in eine feste und eine flüssige Phase. Lagerung des nicht aerobisierten und nicht getrockneten festen Gärrestes. Freisetzung von Biogas möglich.**			
4.8.20.1	**In einer Halle**	**a) Technische Lüftung und Überwachung des Lagerraumes auf g. e. A.: bei 20 % der UEG Alarmierung und Zuschalten eines weiteren Lüfters.**	4.6.3 4.7.3	keine Zone	keine
		b) Wie a), jedoch nur Maximierung der Lüfterleistung (mindestens 5facher Luftwechsel).	4.6.3 4.7.3	Zone 2 gR	keine
		c) Wie a), jedoch natürliche Lüftung.	4.6.2	Zone 1	keine
4.8.20.2	**Im Freien**			keine Zone	keine

Nr.	Beispiel	Merkmale/Bemerkungen/ Voraussetzungen/Hinweise	Schutzmaßnahmen nach TRGS 722	Festlegung der Zonen zur Zündquellenvermeidung nach TRGS 723	Schutzmaßnahmen nach TRGS 724
(Sp. 1)	(Sp. 2)	(Sp. 3)	(Sp. 4)	(Sp. 5)	(Sp. 6)
4.9	**Bedrucken, Verarbeiten und Veredeln von Papier und ähnlichen Stoffen sowie Bedrucken von Textilien unter Verwendung von brennbaren Flüssigkeiten als Lösemittel oder Lösemittelgemisch**	**Weitere Informationen siehe auch DIN EN 1010-1:2011-06 „Sicherheit von Maschinen – Sicherheitsanforderungen an Konstruktion und Bau von Druck- und Papierverarbeitungsmaschinen, Teil 1: Gemeinsame Anforderungen – Anhang A – Zoneneinteilung für Druck- und Veredlungsmaschinen".**			
4.9.1	**Abfüllräume für Farben, Lösemittel und dergleichen**	**Siehe 2.3.1.1, 2.3.1.2 und 2.3.2.1.**			
4.9.2	**Räume mit Druckmaschinen**	**Bedrucken und Lackieren (Flächendruck) von Stoffen wie z. B. Papier, Kunststoffen, Textilien, Folien.** **Vorräte an brennbaren Farben und/oder Lösemitteln im Arbeitsraum zur gelegentlichen Entnahme für den Fortgang der Arbeit (Tagesbedarf) nur in geschlossenen, bruchsicheren und unbrennbaren, ortsveränderlichen Vorratsbehältern.**			

Nr.	Beispiel	Merkmale/Bemerkungen/ Voraussetzungen/Hinweise	Schutzmaß- nahmen nach TRGS 722	Festlegung der Zonen zur Zünd- quellenvermeidung nach TRGS 723	Schutzmaß- nahmen nach TRGS 724
(Sp. 1)	(Sp. 2)	(Sp. 3)	(Sp. 4)	(Sp. 5)	(Sp. 6)
4.9.2.1	**Rollen-Rotations-Tiefdruckmaschinen**	**Flammpunkt nicht ausreichend über Verarbeitungstemperatur, Objektabsaugung an den Druckwerken über die Trockner. Siehe auch DIN EN 1010-1:2011-06, Anhang A. Regelmäßige Reinigung mit lösemittelhaltigen Reinigungsmitteln.**	4.6.4	Zone 0: im Vorratsbehälter; Zone 1: 1.) Der Bereich des Druckwerkes zwischen den Druckwerk-Seitenwänden einschließlich der Farbwanne bis zum Boden. 2.) Der Bedienungsgang zwischen den Druckwerken bis zu einer Höhe von 2,0 m einschließlich des Bereiches zwischen den Seitenwänden. 3.) Der Bereich des mit der Maschine verbundenen Farbtanks des Druckwerkes und der Bereich der Vorratsbehälter in einem Umkreis von 0,5 m bis zum Boden. 4) Der Bereich des bahnförmigen Materials in einem Umkreis von 0,25 m allseitig, bezogen auf die größtmögliche Druckbreite, bis zum Einlauf des bahnförmigen Materials in den Trockerkanal, höchstens jedoch bis zu einer Länge von 2,0 m des frisch bedruckten bahnförmigen Materials	keine

Nr.	Beispiel	Merkmale/Bemerkungen/ Voraussetzungen/Hinweise	Schutzmaßnahmen nach TRGS 722	Festlegung der Zonen zur Zündquellenvermeidung nach TRGS 723	Schutzmaßnahmen nach TRGS 724
(Sp. 1)	(Sp. 2)	(Sp. 3)	(Sp. 4)	(Sp. 5)	(Sp. 6)
4.9.2.2	**Rollen-Rotations-Flexodruckmaschinen**	**Flammpunkt nicht ausreichend über Verarbeitungstemperatur, Objektabsaugung an den Druckwerken über die Trockner. Siehe auch DIN EN 1010-1: 2011-06, Anhang A. Regelmäßige Reinigung mit lösemittelhaltigen Reinigungsmitteln.**	4.6.4	Zone 0: im Vorratsbehälter Zone 1: 1.) 0, 5 m um die Kontur der Druckwerke einschließlich der Farbwannen/Kammerrakeln und bis zum Boden. 2.) Um die mit der Maschine verbundenen Farbtanks des Druckwerkes und der Bereich der Vorratsbehälter 0,5 m bis zum Boden. 3.) Der Bereich des bahnförmigen Materials in einem Umkreis von 0,25 m allseitig, bezogen auf die größtmögliche Druckbreite, vom Einlauf des bahnförmigen Materials in das erste Druckwerk bis zum Einlauf des bahnförmigen Materials in den Trocknerkanal bzw. bis 2 m nach Auslauf des bahnförmigen Materials aus dem letzten Druckwerk	keine

Nr.	Beispiel	Merkmale/Bemerkungen/ Voraussetzungen/Hinweise	Schutzmaß-nahmen nach TRGS 722	Festlegung der Zonen zur Zünd-quellenvermeidung nach TRGS 723	Schutzmaß-nahmen nach TRGS 724
(Sp. 1)	(Sp. 2)	(Sp. 3)	(Sp. 4)	(Sp. 5)	(Sp. 6)
4.9.2.3	**Siebdruckmaschinen nach DIN EN 1010-1: 2011-06, Anhang A**	**Bogensiebdruckmaschinen/Rollensiebdruckmaschinen/Körpersiebdruckmaschinen. Flammpunkt der eingesetzten Farben bzw. Reinigungsmittel nicht ausreichend über Verarbeitungstemperatur, jedoch mindestens 40 °C. Technische Lüftung des Arbeitsraumes.**	4.6.3	Zone 0: im Vorratsbehälter Zone 1: 1.) Der Bereich um den Siebdruckrahmen bzw. Zylinder im Umkreis von 0,5 m allseitig und die senkrechte Projektion dieses Bereiches bis zum Boden 2.) Der Bereich der Vorratsbehälter in einem Umkreis von 0,5 m bis zum Boden 3.) Der Bereich der frischbedruckten Bogen bzw. des bahnförmigen Materials in einem Umkreis von 0,25 m allseitig, bezogen auf das größtmögliche Druckformat, vom Auslauf aus der Druckmaschine bis zu einer Länge von 2 m bzw. bis zum Einlauf in den Trocknerkanal	keine

Nr.	Beispiel	Merkmale/Bemerkungen/ Voraussetzungen/Hinweise	Schutzmaß- nahmen nach TRGS 722	Festlegung der Zonen zur Zünd- quellenvermeidung nach TRGS 723	Schutzmaß- nahmen nach TRGS 724
(Sp. 1)	(Sp. 2)	(Sp. 3)	(Sp. 4)	(Sp. 5)	(Sp. 6)
4.9.2.4	**Beschichtungsmaschinen, Kaschiermaschinen, Imprägniermaschinen mit Walzenauftragewerken**	**Flammpunkt nicht ausreichend über Verarbeitungstemperatur, Objektabsaugung an den Auftragswerken. Siehe auch DIN EN 1010-1: 2011-06, Anhang A. Regelmäßige Reinigung mit lösemittelhaltigen Reinigungsmitteln. Walzenauftragswerke mit geschlossenen und bis auf die Standfläche bzw. den Boden reichenden Gestellwänden.**	4.6.4	Zone 0: im Vorratsbehälter Zone 1: 1.) Der Bereich des Walzenauftragewerkes zwischen den Auftragewerk-Seitenwänden bis zum Boden. 2.) Der Bedienungsgang zwischen den Walzenauftragewerken bis zu einer Höhe von 2,0 m einschließlich des Bereiches zwischen den Seitenwänden bis zum Boden. 3.) Der Bereich der Wanne für Beschichtungs-, Imprägnier- und Klebstoffe, der Bereich des mit der Maschine verbundenen Tanks des Walzenauftragewerkes und der Bereich der Vorratsbehälter in einem Umkreis von 0,5 m bis zum Boden 4.) Der Bereich des bahnförmigen Materials in einem Umkreis von 0,25 m allseitig, bezogen auf die größtmögliche Auftragebreite, bis zum Einlauf des bahnförmigen Materials in den Trocknerkanal, höchstens jedoch bis zu einer Länge von 2,0 m des frisch beschichteten bahnförmigen Materials	keine

Nr.	Beispiel	Merkmale/Bemerkungen/ Voraussetzungen/Hinweise	Schutzmaß-nahmen nach TRGS 722	Festlegung der Zonen zur Zündquellenvermeidung nach TRGS 723	Schutzmaß-nahmen nach TRGS 724
(Sp. 1)	(Sp. 2)	(Sp. 3)	(Sp. 4)	(Sp. 5)	(Sp. 6)
4.9.2.5	**Räume mit Siebwaschanlagen und Siebwaschplätzen**				
4.9.2.5.1	**Manueller Siebwaschplatz**	a) **Siebreiniger mit Flammpunkt ausreichend über Verarbeitungstemperatur, Objektabsaugung, keine Aerosolbildung.**	3.1 4.6.4	keine Zone	keine
		b) **Siebreiniger mit Flammpunkt nicht ausreichend über Verarbeitungstemperatur, Objektabsaugung, keine Aerosolbildung.**	3.1 4.6.4	Zone 0: im Vorratsbehälter Zone 1: Inneres und unterhalb des Siebaufstellbereiches und mindestens 0,5 m vor dem Siebaufstellbereich horizontal und bis zum Boden, sowie in der Absaugung Zone 2: weitere 1 m horizontal und 0,5 m vertikal nach oben sowie bis zum Boden um die Anlage	keine

Nr.	Beispiel	Merkmale/Bemerkungen/ Voraussetzungen/Hinweise	Schutzmaßnahmen nach TRGS 722	Festlegung der Zonen zur Zündquellenvermeidung nach TRGS 723	Schutzmaßnahmen nach TRGS 724
(Sp. 1)	(Sp. 2)	(Sp. 3)	(Sp. 4)	(Sp. 5)	(Sp. 6)
4.9.2.5.2	**Siebwasch- und Entschichtungsanlage in getrennter Kammerbauweise**	**a) Siebreiniger mit Flammpunkt ausreichend über Verarbeitungstemperatur, Versprühen möglich.**	3.1 4.6.4	Zone 0: im Innern der Waschkammer und der Absaugung	keine
		b) Siebreiniger mit Flammpunkt nicht ausreichend über Verarbeitungstemperatur, Versprühen möglich.	3.1 4.6.4	Zone 0: im Innern der Waschkammer und der Absaugung Zone 1: 1 m horizontal um die Kontur des aus der Waschkammer herausgezogenen Siebes und 0,5 m vertikal sowie bis zum Boden Zone 2: 0,5 m um den Waschmitteltank und bis zum Boden	keine

Nr.	Beispiel	Merkmale/Bemerkungen/ Voraussetzungen/Hinweise	Schutzmaß-nahmen nach TRGS 722	Festlegung der Zonen zur Zündquellenvermeidung nach TRGS 723	Schutzmaß-nahmen nach TRGS 724
(Sp. 1)	(Sp. 2)	(Sp. 3)	(Sp. 4)	(Sp. 5)	(Sp. 6)

Abb. 1: Schematischer Aufbau einer Mülldeponie
Links: Methangasabfuhr und -verwendung
Rechts: Oberflächenabschluss

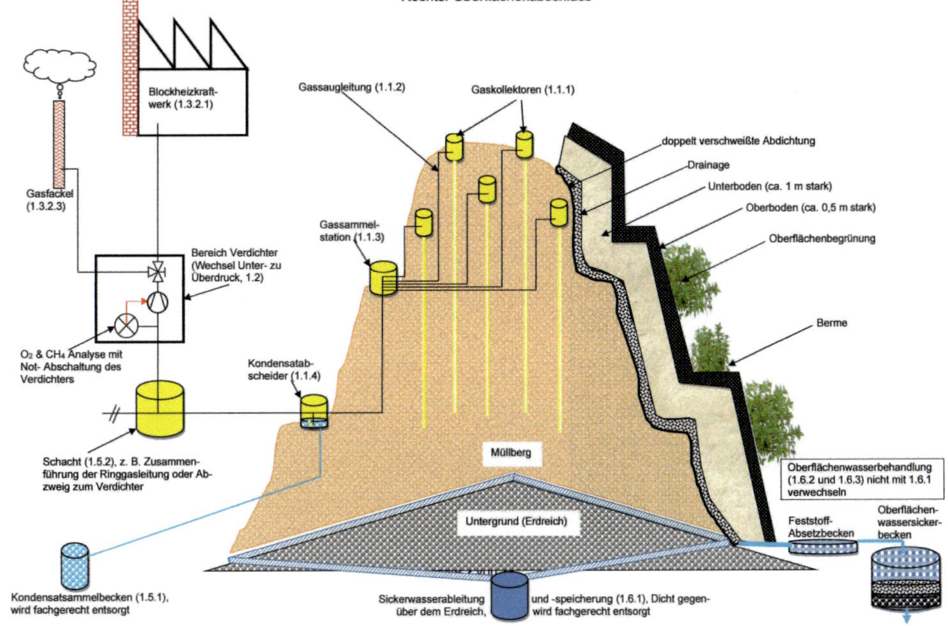

Nr.	Beispiel	Merkmale/Bemerkungen/ Voraussetzungen/Hinweise	Schutzmaßnahmen nach TRGS 722	Festlegung der Zonen zur Zündquellenvermeidung nach TRGS 723	Schutzmaßnahmen nach TRGS 724
(Sp. 1)	(Sp. 2)	(Sp. 3)	(Sp. 4)	(Sp. 5)	(Sp. 6)
4.10	**Deponiegasanlagen**	**Grundsätzlich sind Deponiegasanlagen als geschlossene Systeme zu gestalten (vgl. TRGS 722 Nr. 3.1). Anlagenteile sollen, wo möglich, auf Dauer technisch dicht gestaltet werden (vgl. TRGS 722 Nr. 4.5).**			
4.10.1	**Unterdruckseite Anlagenteile**	**Unterdruck gegenüber Atmosphäre**			
4.10.1.1	**Gaskollektoren und schachtförmige Bauwerke**	**Ausführung entsprechend Abschnitt 5.12 bzw. 5.14 der DGUV Regel 114-004 „Regeln für Sicherheit und Gesundheitsschutz bei der Arbeit auf und in Deponien". Bildung g. e. A. durch unkontrolliertes Eindringen von Luft (z. B. bei Beschädigungen, Störungen) möglich; Unterdruck gegenüber Atmosphäre, bei Ausfall oder Abschaltung des Verdichters baut sich ein leichter Überdruck auf.**	4.6.2	Zone 1: innerhalb Zone 2: 0,5 m um Öffnungen, flexible Verbindungen und Armaturen	keine
4.10.1.2	**Gasansaugleitungen einschließlich zugehöriger Apparate und Armaturen (unter und über Flur)**	**Gasdichte Rohre zum Verbinden von Gaskollektoren (4.10.1.1) und Gassammelstationen (4.10.1.3) sowie von Gassammelstationen (4.10.1.3) und Verdichter (4.10.2). Ausführung als auf Dauer technisch dichte Anlagenteile, Ansaugen von g. e. A. aus der Deponie möglich (gelegentlich kann störungsbedingt Luft eindringen).**	4.5.2	Zone 1: innerhalb der Rohrleitungen	keine
4.10.1.3	**Gassammelstationen**	**a) Bildung von g. e. A. durch Freisetzen von Deponiegas möglich, offene Bauweise**	4.6.2	Zone 2: im Nahbereich um Öffnungen, flexible Verbindungen und Armaturen	keine
		b) Wie a), jedoch geschlossener Raum, mit technischer Lüftung.	4.6.3	Zone 2: gR	keine
		c) Wie b), jedoch nur natürliche Lüftung.	4.6.2	Zone 1: gR Zone 2: 0,5 m um Öffnungen nach außen	keine

Nr.	Beispiel	Merkmale/Bemerkungen/ Voraussetzungen/Hinweise	Schutzmaßnahmen nach TRGS 722	Festlegung der Zonen zur Zündquellenvermeidung nach TRGS 723	Schutzmaßnahmen nach TRGS 724
(Sp. 1)	(Sp. 2)	(Sp. 3)	(Sp. 4)	(Sp. 5)	(Sp. 6)
4.10.1.4	**Kondensatabscheider mit Wasserverschluss**	**Anlagenteile, zur Entfernung des Kondensats aus deponiegasführenden Anlagenteilen.**			
		a) Funktion der Sperrflüssigkeitsvorlage, z. B. durch Mess-, Steuer- und Regeltechnik oder durch geschlossene Systeme, sichergestellt. Eine natürliche Lüftung ist gewährleistet.	3.1 4.5.4 4.6.2	Zone 2: gR	keine
		b) Keine messtechnische Überwachung. Eine natürliche Lüftung ist gewährleistet.	4.6.2	Zone 1	keine
4.10.2	**Verdichter für Deponiegase**				
4.10.2.1	**Inneres von Verdichtern**	**Bildung von g. e. A. wird durch kontinuierliche Sauerstoffmessung auf Unterdruckseite erkannt, jedoch wird der Verdichter zur Förderung des in den Leitungen verbleibenden Gemisches benötigt. Erkannte Leckagen werden beseitigt.**	4.7.2	Zone 1	keine
4.10.2.2	**Umgebung von Verdichtern in Räumen**	**a) Auf Dauer technisch dichte Verdichter.**	4.5.2 4.6.2	keine Zone	keine
		b) Technisch dichte Verdichter, Aufstellung in Maschinenhalle mit technischer Lüftung Freisetzung wird automatisch erkannt und g. e. A. wird kurzfristig beseitigt, Zuluft aus explosionsfreiem Bereich.	4.5.3 4.6.3 4.7	Zone 2: im Nahbereich um den Verdichter	keine
		c) Wie b), jedoch nur technische Lüftung.	4.5.3 4.6.3	Zone 2: gR	keine
		d) Wie c), jedoch natürliche Lüftung.	4.5.3 4.6.2	Zone 1: gR	keine
4.10.2.3	**Umgebung von Verdichtern im Freien**	**a) Auf Dauer technisch dichte Verdichter.**	4.5.2	keine Zone	keine
		b) Technisch dichte Verdichter.	4.5.3	Zone 2: im Abstand von 3 m um Öffnungen, flexible Verbindungen und Armaturen	keine

Nr.	Beispiel	Merkmale/Bemerkungen/ Voraussetzungen/Hinweise	Schutzmaß-nahmen nach TRGS 722	Festlegung der Zonen zur Zünd-quellenvermeidung nach TRGS 723	Schutzmaß-nahmen nach TRGS 724
(Sp. 1)	(Sp. 2)	(Sp. 3)	(Sp. 4)	(Sp. 5)	(Sp. 6)
4.10.3	**Druckseitige Anlagenteile**	**Überdruck gegenüber Atmosphäre**			
4.10.3.1	**Gasleitungen einschließlich zugehöriger Apparate und Armaturen mit Überdruck**	**Ausführung als auf Dauer technisch dichte Anlagenteile; Ansaugen von g. e. A. aus der Deponie möglich.**	4.5.2	Zone 1: Im Inneren	keine
4.10.3.2	**Umgebung**	**Nähere Umgebung um druckseitige Anlagenteile (4.10.3.1).**			
4.10.3.2.1	**Aufstellungsraum der Gasverbrauchseinrichtung, außer Gasfackel (4.10.3.2.3)**	**a) Bildung von g. e. A. durch besondere konstruktive Maßnahmen entsprechend Abschnitt 5.13.6 der DGUV Regel 114-004 „Regeln für Sicherheit und Gesundheitsschutz bei der Arbeit auf und in Deponien" verhindert (auf Dauer technisch dicht); eine natürliche Lüftung ist gewährleistet.**	4.5.2 4.6.2	keine Zone	keine
		b) Bildung von g. e. A., z. B. an lösbaren Verbindungen und Armaturen möglich (technisch dichte Apparaturen); technische Lüftung.	4.5.3 4.6.3	Zone 2: im Nahbereich um lösbare Verbindungen und Armaturen	keine
		c) Bildung von g. e. A., z. B. an lösbaren Verbindungen und Armaturen möglich (technisch dichte Apparaturen); eine natürliche Lüftung ist gewährleistet.	4.5.3 4.6.2	Zone 2: gR	keine
4.10.3.2.2	**Im Freien**	**a) Bildung von g. e. A. durch besondere konstruktive Maßnahmen entsprechend Abschnitt 5.13.6 der DGUV Regel 114-004 „Regeln für Sicherheit und Gesundheitsschutz bei der Arbeit auf und in Deponien" verhindert (auf Dauer technisch dicht).**	4.5.2	keine Zone	keine
		b) Bildung von g. e. A. durch Undichtheiten möglich (technisch dichte Apparaturen).	4.5.3	keine Zone	keine

Nr.	Beispiel	Merkmale/Bemerkungen/ Voraussetzungen/Hinweise	Schutzmaßnahmen nach TRGS 722	Festlegung der Zonen zur Zündquellenvermeidung nach TRGS 723	Schutzmaßnahmen nach TRGS 724
(Sp. 1)	(Sp. 2)	(Sp. 3)	(Sp. 4)	(Sp. 5)	(Sp. 6)
4.10.3.2.3	**Gasfackel**	**Das Ausströmen von Gas in die Umgebung bei Nichtbrennen der Flamme wird verhindert durch eine automatische Absperreinrichtung gekoppelt mit selbstständig wirkender Zündeinrichtung und Flammenüberwachung / Zündautomat). In der Gasleitung vor der Fackel befindet sich eine geeignete Flammendurchschlagssicherung.**	3.1	keine Zone	keine
4.10.4	**Mess- und Steuerräume**	**Räume sind technisch gelüftet und durch Gaswarnanlagen überwacht.**	4.6.3 4.7.3	keine Zone	keine
4.10.5	**Schächte, unterirdische Bauwerke, Stollen**				
4.10.5.1	**Kondensatsammelbecken**	**Becken zum Auffangen des Kondensatwassers aus dem Kondensatabscheider (4.10.1.4). Aufgrund der geringen Löslichkeit von Methan in Wasser ist nicht davon auszugehen, dass eine g. e. A. entstehen kann. Eine natürliche Lüftung ist gewährleistet.**	4.6.2	keine Zone	keine
4.10.5.2	**Das Innere von Schächten, unterirdischen Bauwerken, Stollen, außer Kondensatabscheider und Kondensatsammelbecken, z. B.** – **Zusammenführung einer Ringgasleitung** – **Abzweigung an Gasleitungen (z. B. für Probenahme oder Anschluss zum Verdichter)**	a) **Bildung von g. e. A. sowohl durch Eindringen von Deponiegas in das Bauwerk als auch durch Undichtigkeiten innerhalb des Bauwerkes durch konstruktive Maßnahmen verhindert (auf Dauer technisch dichte Apparaturen).**	4.5.2	keine Zone	keine

Nr.	Beispiel	Merkmale/Bemerkungen/ Voraussetzungen/Hinweise	Schutzmaßnahmen nach TRGS 722	Festlegung der Zonen zur Zündquellenvermeidung nach TRGS 723	Schutzmaßnahmen nach TRGS 724
(Sp. 1)	(Sp. 2)	(Sp. 3)	(Sp. 4)	(Sp. 5)	(Sp. 6)
zu 4.10.5.2	(Das Innere von Schächten, unterirdischen Bauwerken, Stollen, außer Kondensatabscheider und Kondensatsammelbecken, z. B. – Zusammenführung einer Ringgasleitung – Abzweigung an Gasleitungen (z. B. für Probenahme oder Anschluss zum Verdichter))	**b) Bildung von g. e. A. durch Eindringen von Deponiegas in das Bauwerk durch konstruktive Maßnahmen verhindert, aber innerhalb des Bauwerkes, z. B. an lösbaren Verbindungen und Armaturen, möglich (technisch dichte Apparaturen); Bereiche sind technisch gelüftet.**	4.5.3 4.6.3	Zone 2: im Nahbereich um Öffnungen, flexible Verbindungen und Armaturen	keine
		c) Wie b), jedoch nur natürliche Lüftung des Bereiches.	4.5.3 4.6.2	Zone 1: im Nahbereich um Öffnungen, flexible Verbindungen und Armaturen	keine
		d) Wie b), jedoch ohne Lüftung, natürliche Diffusion führt zu Ableitung des eingedrungenen Gases.		Zone 1: gR	keine
4.10.6	**Sickerwasserableitung und -speicherung (nicht mit Oberflächenwasser zu verwechseln)**	**In Sickerwasserableitungs- und speicheranlagen ist im Normalbetrieb mit dem Auftreten einer g. e. A. zu rechnen, z. B. durch Deponiegas.**			
4.10.6.1	**Das Innere von Leitungen sowie umschlossene Becken und Räume, die von Sickerwasser durchflossen werden oder in denen sich Sickerwasser befindet, z. B. Sickerwassersammelrohre, Pumpensümpfe, Vorlagebehälter, Speicherbecken**	**a) Oberhalb der Flüssigkeit ist mit dem Auftreten einer g. e. A. zu rechnen, z. B. durch Deponiegas; Räume sind technisch gelüftet und durch Gaswarnanlagen überwacht.**	4.6.3 4.7.4	Zone 1: im Nahbereich oberhalb der Flüssigkeit Zone 2: weitere 1 m oberhalb der Flüssigkeit	keine
		b) Wie a), jedoch ohne Gaswarnanlagen	4.6.3	Zone 1: im Nahbereich oberhalb der Flüssigkeit Zone 2: gR	keine
		c) Wie b), jedoch mit natürlicher Lüftung	4.6.2	Zone 1: gR	keine

Nr.	Beispiel	Merkmale/Bemerkungen/ Voraussetzungen/Hinweise	Schutzmaßnahmen nach TRGS 722	Festlegung der Zonen zur Zündquellenvermeidung nach TRGS 723	Schutzmaßnahmen nach TRGS 724
(Sp. 1)	(Sp. 2)	(Sp. 3)	(Sp. 4)	(Sp. 5)	(Sp. 6)
4.10.6.2	**Räume, die über Öffnungen mit den unter 4.10.6.1 genannten Einrichtungen in Verbindung gebracht werden können, z. B. Räume mit trocken aufgestellten Sickerwasserpumpen oder geschlossenen Ableitungssystemen**	**Beim Herstellen einer Verbindung mit den unter 4.10.6.1 genannten Einrichtungen ist die Bildung einer g. e. A. nicht auszuschließen.**			
		a) Die Öffnung ist bestimmungsgemäß dicht geschlossen und nur mit speziellen Hilfsmitteln zu öffnen; eine natürliche Lüftung ist vorhanden.	4.6.2	keine Zone	keine
		b) Wie a), jedoch ohne spezielle Hilfsmittel zu öffnen.	4.6.2	Zone 2: gR	keine
		c) Die Öffnung ist bestimmungsgemäß geschlossen, aber nicht gedichtet; Räume sind technisch gelüftet und durch Gaswarnanlagen überwacht.	4.6.3 4.7.4	Zone 2: im Nahbereich um Öffnung	
		d) Wie c), jedoch ohne Gaswarnanlage	4.6.3	Zone 2: 1 m um Öffnung	keine
		e) Wie d), jedoch nur natürliche Lüftung vorhanden.	4.6.2	Zone 1: 1 m um Öffnung Zone 2: gR	keine
4.10.6.3	**Offene Anlagenteile im Freien (z. B. offene Kanäle)**	**Eine g. e. A. ist lediglich an den Austrittsstellen möglich, in den offenen Kanälen ist die Bildung einer g. e. A. nicht zu erwarten, eine natürliche Lüftung ist vorhanden.**	4.6.2	Zone 2: im Nahbereich der Austrittsstelle	keine
4.10.6.4	**Geschlossenes Speicherbecken mit offenem Zulauf nach 4.10.6.3**	**Durch gegebene Lüftung im offenen Zulaufbereich ist die Bildung einer g. e. A. nicht zu erwarten, Sickerwasser ist an dieser Stelle frei von brennbaren Gasen.**		keine Zone	keine

Nr.	Beispiel	Merkmale/Bemerkungen/ Voraussetzungen/Hinweise	Schutzmaßnahmen nach TRGS 722	Festlegung der Zonen zur Zündquellenvermeidung nach TRGS 723	Schutzmaßnahmen nach TRGS 724
(Sp. 1)	(Sp. 2)	(Sp. 3)	(Sp. 4)	(Sp. 5)	(Sp. 6)
4.11	**Ammoniak (siehe auch 4.12 und 4.13 Kälteanlagen)**	**Inneres von Apparaten, siehe hierzu 1.3. Lagerung in ortsbeweglichen Druckgasbehältern siehe 1.2.1.1.1, Übergabestationen siehe 1.2.1.1.2.**			
4.11.1	**Verwenden von Ammoniak in Härteöfen**	**Ammoniak wird durch Verbrennung im Prozess verarbeitet und so das Auftreten von g. e. A. verhindert. Siehe beispielsweise DIN EN 746-2.**	4.5.3 4.6.2 4.7.2	keine Zone	keine
4.11.2	**Ammoniak-Kompressions-Kälteanlagen**	**Die Komponenten sind Verdichter, Sammler, Abscheider, Pumpen, Entgaser.**			
4.11.2.1	**Verdichter, Sammler, Abscheider, Entölen**				
4.11.2.1.1	**In Räumen**	**Maschinenräume nach DIN EN 378-3 Bildung von g. e. A. nicht zu erwarten. Elektrische Betriebsmittel, die nicht abgeschaltet werden können (z. B. Notbeleuchtung, Gaswarnsensoren), sind für Zone 2 geeignet ausgelegt.**	4.5.3 4.7.2	Zone 2: im Nahbereich um Ventile zum Entölen	keine
4.11.2.1.2	**Im Freien**	**Umgebung geschlossener gasführender Apparate, Behälter und Rohrleitungen: wie 4.11.2.4.2.**			
4.11.2.2	**Verflüssigen**				
4.11.2.2.1	**In Räumen**	**Maschinenräume nach DIN EN 378-3, Anlage auf Dauer technisch dicht, Anschlüsse technisch dicht, aus Gesundheitsschutzgründen installierte Gaswarnanlage alarmiert so rechtzeitig, dass Instandhaltungsmaßnahmen eingeleitet werden, bevor g. e. A. auftritt.**	4.5.2 4.7.2	keine Zone	keine
4.11.2.2.2	**Im Freien**	**Im Freien ist in der Umgebung geschlossener gasführender Apparate, Behälter und Rohrleitungen, auch bei größeren Freisetzungen, nicht mit der Bildung von g. e. A. durch Ammoniak zu rechnen.**			

Nr.	Beispiel	Merkmale/Bemerkungen/ Voraussetzungen/Hinweise	Schutzmaß-nahmen nach TRGS 722	Festlegung der Zonen zur Zünd-quellenvermeidung nach TRGS 723	Schutzmaß-nahmen nach TRGS 724
(Sp. 1)	(Sp. 2)	(Sp. 3)	(Sp. 4)	(Sp. 5)	(Sp. 6)
4.11.2.3	**Verdampfen**				
4.11.2.3.1	**In Räumen**	**Räume sind keine Maschinenräume nach DIN EN 378-3. Bereits bei geringen Freisetzungen wird durch die Gasdetektion die weitere Zufuhr von Ammoniak in den Verdampfer unterbrochen und Restanteile über die Saugseite abgeführt, so dass keine g. e. A. auftreten kann.**	4.5.3 3.1 4.7.3	keine Zone	keine
4.11.2.3.2	**Im Freien**	**Im Freien ist in der Umgebung geschlossener gasführender Apparate, Behälter und Rohrleitungen, auch bei größeren Freisetzungen, nicht mit der Bildung von g. e. A. durch Ammoniak zu rechnen.**			
4.11.2.4	**Füllanlagen**	**Füllanlagen für ortsbewegliche Druckgasbehälter. Für Kälteanlagen ist davon auszugehen, dass diese nur einmalig oder sehr selten befüllt werden. Dieser Befüllvorgang wird über besondere Gefährdungsbeurteilung abgedeckt. Siehe auch Beschreibung in TRAS 110.**			
4.11.2.4.1	**In Räumen**	**a) Bildung von g. e. A. nicht zu erwarten. Anlagenverrohrung auf Dauer technisch dicht. Freisetzung in den Raum an der Füllstelle verhindert durch:**			
		a1) Spülvorgang der Füllarmatur vor dem Abkoppeln.	4.2	keine Zone	keine
		a2) Absaugung der Füllarmatur vor dem Abkoppeln.	4.6.4	keine Zone	keine
		a3) Einhausung mit Absaugung und angeschlossener Abluftreinigung.	4.6.4	keine Zone	keine

Nr.	Beispiel	Merkmale/Bemerkungen/ Voraussetzungen/Hinweise	Schutzmaß- nahmen nach TRGS 722	Festlegung der Zonen zur Zünd- quellenvermeidung nach TRGS 723	Schutzmaß- nahmen nach TRGS 724
(Sp. 1)	(Sp. 2)	(Sp. 3)	(Sp. 4)	(Sp. 5)	(Sp. 6)
zu 4.11.2.4.1	(In Räumen)	**b) Bildung von g. e. A. nur selten zu erwarten, Objektabsaugung an der Füllstelle.**	4.6.4	Zone 2: im Nahbereich	keine
4.11.2.4.2	**Im Freien**	**Im Freien ist in der Umgebung geschlossener gasführender Apparate, Behälter und Rohrleitungen, auch bei größeren Freisetzungen, nicht mit der Bildung von g. e. A. durch Ammoniak zu rechnen.**			
4.11.2.5	**Entnahme- und Verbrauchsanlagen**				
4.11.2.5.1	**In Räumen**	**wie 1.2.2.1 aber:** **Für Ammoniak kann in Folge der hohen UEG gegenüber anderen Stoffen in Räumen im Allgemeinen die Zonenausdehnung reduziert werden.**			
4.11.2.5.2	**Im Freien**	**Im Freien ist in der Umgebung geschlossener gasführender Apparate, Behälter und Rohrleitungen, auch bei größeren Freisetzungen, nicht mit der Bildung von g. e. A. durch Ammoniak zu rechnen.**			
4.12	**Kälteanlagen mit brennbaren Kältemittel der Sicherheitsklasse A2L/ A2**	**Kältemittel z. B.: R32, R1234yf, R454A, R454C, R152a, etc. Kältemittel-Luftgemisch hat untere Explosionsgrenze über 3,5 Vol.-% nach ISO 817.**			
4.12.1	**Kältesatz/Kompaktanlage**	**Kältesatz entsprechend der DIN EN 378-1 - fabrikmäßig komplett zusammengebaute Kälteanlage in einem geeigneten Rahmen und/oder Gehäuse, die vollständig oder in mehreren Abschnitten gefertigt und transportiert wird und deren kältemittelführende Teile am Aufstellungsort nicht mehr zu verbinden sind, außer durch Absperrventile, wie z. B. Anschlussarmaturen.** **Wird auch als Kompaktanlage bezeichnet.** **Abblaseleitungen von Druckentlastungsventilen siehe 4.12.4.**			

Nr.	Beispiel	Merkmale/Bemerkungen/ Voraussetzungen/Hinweise	Schutzmaß-nahmen nach TRGS 722	Festlegung der Zonen zur Zünd-quellenvermeidung nach TRGS 723	Schutzmaß-nahmen nach TRGS 724
(Sp. 1)	(Sp. 2)	(Sp. 3)	(Sp. 4)	(Sp. 5)	(Sp. 6)
zu 4.12.1	(Kältesatz/Kompaktanlage)	**a) Alle Verbindungen auf Dauer technisch dicht.**	4.5.2	keine Zone	keine
		b) Verbindungen technisch dicht. Freisetzung wird durch Gaswarneinrichtung vor Erreichen der UEG erkannt und Auftreten von g. e. A. durch Einschalten der Notlüftung verhindert. Luftwechselzahl gemäß DIN EN 378-3 mit Abführung ins Freie.	4.5.3 4.6.3 4.7.3	keine Zone	keine
4.12.2	**Kühl-/Gefriergeräte mit eingebautem oder getrenntem Verflüssigersatz oder Motorverdichter**				
4.12.2.1	**Luftkühler im Kühlraum**	**Raum, in dem durch eine Kälteanlage die Temperatur unterhalb der Umgebungstemperatur gehalten wird.**			
		a) Alle Verbindungen durch konstruktive Maßnahmen, gegebenenfalls in Verbindung mit organisatorischen Maßnahmen, auf Dauer technisch dicht.	4.5.2	keine Zone	keine
		b) Verbindungen technisch dicht. Alarmierung der im Raum befindlichen Personen und Absperren des Kältemittelkreislaufs an den Zutrittsstellen zum Kühlraum zur Begrenzung der Austrittsmenge.	4.5.3 4.7.2 4.7.3	Zone 2: Ausdehnung in Abhängigkeit von der maximal freisetzbaren Menge	keine
		c) Verbindungen technisch dicht.	4.5.3	Zone 2: gR	keine
4.12.2.2	**Verflüssigersatz**	**a) Alle Verbindungen durch konstruktive Maßnahmen, gegebenenfalls in Verbindung mit organisatorischen Maßnahmen, auf Dauer technisch dicht.**	4.5.2	keine Zone	keine
		b) Verbindungen technisch dicht. Freisetzung wird vor Erreichen der UEG erkannt und Auftreten von g. e. A. durch Einschalten der Notlüftung verhindert. Luftwechselzahl gemäß DIN EN 378-3 mit Abführung ins Freie.	4.5.3 4.6.3 4.7.3	keine Zone	keine

Nr.	Beispiel	Merkmale/Bemerkungen/ Voraussetzungen/Hinweise	Schutzmaß-nahmen nach TRGS 722	Festlegung der Zonen zur Zünd-quellenvermeidung nach TRGS 723	Schutzmaß-nahmen nach TRGS 724
(Sp. 1)	(Sp. 2)	(Sp. 3)	(Sp. 4)	(Sp. 5)	(Sp. 6)
4.12.3	**Füllanlagen**				
4.12.3.1	**In Räumen**	**a) Anlagenverrohrung auf Dauer technisch dicht. Bildung von g. e. A. nicht zu erwarten, z. B. abgesaugte oder gespülte Füllarmaturen.**	4.2.2 4.5.2	keine Zone	keine
		b) Bildung von g. e. A. nur selten zu erwarten.			
		b1) Füllanlage in Einhausung mit gerichteter Strömung: Freisetzung in Umgebung durch Unterdruck verhindert.	4.6.3 4.6.4	Zone 2: im Inneren der Einhausung	keine
		b2) Wirksame Objektabsaugung an Füllarmatur.	4.6.4	Zone 2: im Nahbereich	keine
		b3) Technische Lüftung des Raumes.	4.6.3	Zone 2: 3 m	keine
4.12.3.2	**Im Freien**	Wie 4.12.3.1, <u>aber</u>: Im Freien kann infolge von Witterungseinflüssen eine Zone mit geringeren Anforderungen festgelegt bzw. die Zonenausdehnung reduziert werden.			
4.12.4	**Abblaseleitungen von Druckentlastungsventilen und Verdrängungsverdichtern**	**Definition nach DIN EN 378-1, Punkt 3.6.2. Berücksichtigung von Druckentlastungsventilen nach DIN EN 378-2, Punkt 6.2.6.2. Auslegung von Druckentlastungseinrichtung und Abblaseleitungen DIN EN 13136 Punkt 6.2, 6.3, 6.4 und 7. Ausblasstellen müssen so gestaltet werden, dass das Kältemittel gefahrlos abgeführt werden kann. Druckentlastungsventile müssen mindestens jährlich einer Sicht- und Dichtheitskontrolle unterzogen werden. Druckentlastungsventile müssen alle 5 Jahre getauscht oder neu kalibriert werden siehe DIN EN 378-4 Anhang D. Druckentlastungsventile zum Schutz der Anlage/ Anlagenteilen gegenüber Überdruck durch.**			

Nr.	Beispiel	Merkmale/Bemerkungen/ Voraussetzungen/Hinweise	Schutzmaß-nahmen nach TRGS 722	Festlegung der Zonen zur Zündquellenvermeidung nach TRGS 723	Schutzmaß-nahmen nach TRGS 724
(Sp. 1)	(Sp. 2)	(Sp. 3)	(Sp. 4)	(Sp. 5)	(Sp. 6)
zu 4.12.4	(Abblaseleitungen von Druckentlastungsventilen und Verdrängungsverdichtern)	a) **thermische Ausdehnung bei eingeschlossenen Flüssigkeiten DIN EN 13136 Punkt 6.4 selten oder kurzzeitiges Ansprechen damit Bildung von g. e. A. möglich, Freisetzung geringer Mengen an der Austrittstelle selten möglich.**	4.6.2	Zone 2: kugelförmig im Nahbereich um die Austrittsstelle	
		b) **thermische Ausdehnung bei äußerer Wärmequelle oder innerer Wärmequelle siehe DIN EN 13136.**	4.6.2	Zone 2: Zur Festlegung der Ausdehnung ist Einzelfallbetrachtung erforderlich.	
4.13	**Kälteanlagen mit brennbaren Kältemitteln der Sicherheitsklasse A3**	**Kältemittel, z. B.:** **Ethan (R-170), Ethen (R1150), Propan (R290), Propen (R1270), Isobutan (R600a), Butan (R600)** **Füllanlagen für Kältemittel, siehe 1.2.1.1.2 und 1.2.1.3.**			
4.13.1	**Kompaktanlagen**	**Definition entspricht einem Kältesatz oder einem betriebsfertigen Kältesatz gemäß EN 378-1.**			
4.13.1.1	**In Räumen**	**Wärmeabfuhr am Verflüssiger erfolgt entweder über ein flüssiges Sekundärmedium, welches dabei flüssig bleibt, oder direkt über Außenluft.** **Definition gemäß DIN EN 378-3.**			
		a) **Alle Verbindungen auf Dauer technisch dicht.**	4.5.2	keine Zone	keine
		b) **Verbindungen technisch dicht. Alle mit Kältemittel beaufschlagten Teile befinden sich in einem geschlossenen Gehäuse. Bauteile, die sich aufgrund ihrer Funktion nicht in einem Gehäuse befinden können, sind ausschließlich auf Dauer technisch dicht ausgeführt.**			
		b1) Permanente technische Lüftung des Gehäuses gemäß DIN EN 378-3 mit Abführung ins Freie.	4.5.3 4.6.3	keine Zone	keine

Nr.	Beispiel	Merkmale/Bemerkungen/ Voraussetzungen/Hinweise	Schutzmaßnahmen nach TRGS 722	Festlegung der Zonen zur Zündquellenvermeidung nach TRGS 723	Schutzmaßnahmen nach TRGS 724
(Sp. 1)	(Sp. 2)	(Sp. 3)	(Sp. 4)	(Sp. 5)	(Sp. 6)
zu 4.13.1.1	(In Räumen)	b2) Freisetzung im Gehäuse wird vor Erreichen der UEG durch Gaswarneinrichtung erkannt und Auftreten von g. e. A. wird durch automatisches Einschalten der technischen Lüftung des Gehäuses verhindert. Luftwechselzahl gemäß DIN EN 378-3 mit Abführung ins Freie.	4.5.3 4.6.3 4.7.3	keine Zone	keine
		c) Verbindungen technisch dicht. Alle mit Kältemittel beaufschlagten Teile befinden sich nicht in einem geschlossenen Gehäuse. Maschinenraum gemäß DIN EN 378-3 technisch belüftet.	4.5.3 4.6.3	Zone 2: Zur Festlegung der Ausdehnung ist Einzelfallbetrachtung erforderlich.	keine
4.13.1.2	**Im Freien**	Wie 4.13.1.1, aber: Im Freien kann infolge von Witterungseinflüssen eine Zone mit geringeren Anforderungen festgelegt bzw. die Zonenausdehnung reduziert werden.			
4.13.2	**Abblaseleitungen von Druckentlastungsventilen**	**Siehe 4.12.4.**			

Lfd.-Nr.:	Kurztitel	Vorschriften-Nr.:	Ausgabe
5	Hinweise auf weitere Beispiele in Regeln, Merkblättern und Informationen, die hinsichtlich des Explosionsschutzes mit dem Fachbereich Rohstoffe und chemische Industrie der Deutschen Gesetzlichen Unfallversicherung, Sachgebiet „Explosionsschutz" abgestimmt sind		
5.1	Zurzeit nicht belegt		
5.2	Lagern von flüssigen und festen Gefahrstoffen in ortsfesten Behältern sowie Füll- und Entleerstellen für ortsbewegliche Behälter	TRGS 509	2014 (2020)
5.3	Fassmerkblatt „Umgang mit entleerten gebrauchten Gebinden"	T 005 der BG RCI	2016
5.4	Lagerung von Gefahrstoffen in ortsbeweglichen Behältern	TRGS 510	2020 (überarbeitet 2021)
5.5	Vermeidung von Brand-, Explosions- und Druckgefährdungen an Tankstellen und Gasfüllanlagen zur Befüllung von Landfahrzeugen	TRBS 3151/TRGS 751	2019
5.6	Elektrostatisches Beschichten	DGUV Information 209-052 (früher BGI 764)	2009/ Redaktioneller Stand 2014
5.7	Lackierräume und -einrichtungen; Bauliche Einrichtungen, Brand- und Explosionsschutz, Betrieb	DGUV Information 209-046 (früher BGI 740)	2016
5.8	Brand- und Explosionsschutz an Werkzeugmaschinen deutsche Version (siehe auch 5.21)	DGUV Information 209-026 (früher BGI/GUV-I 719 D)	2012
5.9	Einsatz von Flurförderzeugen – Batterieladeanlagen für Flurförderzeuge	BGHW Spezial SP 02	2008 Unveränderter Nachdruck: 2010
5.10	Gasverdichteranlagen	DVGW Arbeitsblatt G 497	2019
5.11	Sicherheitstechnische Hinweise über das Verwenden von Aluminiumpulver, -pellets und -pasten bei der Herstellung von Porenbeton	DGUV Information 213-003 (früher BGI 626)	2006
5.12	Reinigen von Werkstücken mit Reinigungsflüssigkeiten	DGUV Information 209-088	2017
5.13	zurzeit nicht belegt		
5.14	Explosionsgefährdete Bereiche an Ausblaseöffnungen von Leitungen zur Atmosphäre an Gasanlagen	Berufsgenossenschaft Energie, Textil, Elektro, Medienerzeugnisse, DVGW-Regelwerk, Technischer Hinweis-Merkblatt DVGW G 442 (M)	2015

Lfd.-Nr.:	Kurztitel	Vorschriften-Nr.:	Ausgabe
5.15	Lösemittel	DGUV Information 213-072 (früher BGI 621 (M 017 der BG RCI))	2019
5.16	Schleifen, Bürsten und Polieren von Aluminium – Vermeiden von Staubbränden und Staubexplosionen	DGUV Regel 109-001 (früher BGR 109)	2020
5.17	Zurzeit nicht belegt.		
5.18	Oberflächenbehandlung in Räumen und Behältern	TRGS 507	2010
5.19	Praxisleitfaden zur Erstellung eines Explosionsschutzdokumentes für Brennereien und Spirituosenbetriebe	FSA-Schriftenreihe Nr. F05-0501/05-08	12/2016
5.20	Zurzeit nicht belegt.		
5.21	Brand- und Explosionsschutz an Werkzeugmaschinen englische Version (siehe auch 5.8)	DGUV Information 209-027 (früher BGI/GUV-I 719 E)	2012
5.22	Zurzeit nicht belegt.		
5.23	Flüssiggasanlagen, Flüssiggasflaschen – Beispiele zur Zoneneinteilung	Hinweise der BGN	Letzte Einsicht 02/2015
5.24	Technische Regel Flüssiggas	TRF 2021, DVFG	04/2021
5.25	Leitfaden zur Vermeidung von Staubexplosionen bei der Gewinnung und Verarbeitung von Zucker	BG RCI (www.exinfo.de, Seiten ID: #NQK8)	03/2021
5.26	Praxisleitfaden zur Erstellung eines Explosionsschutzdokumentes für Betriebe der Getreideverarbeitung, Getreidelagerung und des Handels	FSA-Schriftenreihe Nr. F05-0501/01-06	10/2014

Erläuterungen zu den in der Beispielsammlung benutzten Abkürzungen

Ausdehnung der Zonen	**Die Zahlenangabe für die Ausdehnung der Zonen ist stets in Metern zu verstehen. Sofern keine besondere Angabe über die geometrische Ausdehnung der Zone gemacht ist, bedeutet die Zahl den Radius einer Kugel um die Quelle für die Bildung explosionsfähiger Atmosphäre (Austrittstelle brennbarer Stoffe oder dgl.).**
b) wie a)	**Bedeutet in Sp. 3 (Merkmale/Bemerkungen/Voraussetzungen/Hinweise):** **gleicher Sachverhalt wie unter a) angegeben, in Sp. 4 wird jedoch eine andere Schutzmaßnahme vorgesehen; daraus kann sich in Sp. 5 eine andere Zoneneinteilung ergeben als bei a).**
g. e. A.	**gefährliche explosionsfähige Atmosphäre**
gR	**Schutzmaßnahmen nach TRGS 723 sind im ganzen Raum durchzuführen.**
keine	**Schutzmaßnahmen nach TRGS 724 sind nicht erforderlich.**
OEG	**Obere Explosionsgrenze**
UEG	**Untere Explosionsgrenze**
üR	**übriger Raum**

TRGS 722 Abschnitt	**Schutzmaßnahme**	**TRGS 722** Abschnitt	**Schutzmaßnahme**
3.1	Konzeptionelle Überlegung bei der Planung	4.5.4	Betriebsbedingte Austritte brennbarer Gefahrstoffe
4.2	Konzentrationsbegrenzung	4.6	Lüftungsmaßnahmen
4.2.3 Abs. 6 – 9	Maßnahmen zum Beseitigen von Staubablagerungen in der Umgebung staubführender Behälter	4.6.2	Natürliche Lüftung
4.3 u. Anh. 2	Inertisierung für das Innere von Anlagen	4.6.3	Technische Lüftung (Raumlüftung)
4.3 Abs. 6 u. 7	Inertisierung explosionsfähiger Atmosphäre aus hybriden Gemischen	4.6.4	Objektabsaugung
4.4	Vermeidung gefährlicher explosionsfähiger Gemische durch Druckabsenkung oder Reduzierung der Auswirkung durch Druckabsenkung	4.7	Überwachung der Konzentration in der Umgebung von Anlagen oder Anlagenteilen
4.5	Dichtheit von Anlagenteilen	4.7.2	Gaswarneinrichtungen mit Alarmierung
4.5.2	Auf Dauer technisch dichte Anlagenteile	4.7.3	Gaswarneinrichtungen mit automatischen Schaltfunktionen
4.5.3	Technisch dichte Anlagenteile	4.7.4	Gaswarneinrichtungen mit automatischer Auslösung von Notfunktionen

Kleines Lexikon Explosionsschutz

Alarmschwelle

Die höchstens einzustellende Alarmschwelle (Alarmkonzentration) ist derjenige am Überwachungsgerät einzustellende Wert, der unter Berücksichtigung realistischer Ausnahmen über

- die betrieblichen Bedingungen (Schwankungen der Sauerstoffkonzentration und Verzögerung der Wirksamkeit eingeleiteter Schutzmaßnahmen) und
- die messtechnischen Bedingungen (Alarmverzögerung des Messgerätes und Messabweichungen des Messgerätes)

so rechtzeitig zur Auslösung eines Alarmes führt, dass eine Überschreitung der höchstzulässigen Sauerstoffkonzentration in der inertisierten Anlage vermieden oder die Anlage auf andere Weise in einen sicheren Zustand überführt werden kann.

Alarmschwelle ist eine vorgegebene oder justierbare Einstellung des Gerätes, die zur Voreinstellung der Konzentration dient, bei der automatisch eine Anzeige, ein Alarm oder ein anderes Ausgangssignal von dem Gerät ausgelöst wird.

Arbeitsmittel

Arbeitsmittel sind Werkzeuge, Geräte, Maschinen oder Anlagen. Anlagen, die für die Arbeit verwendet werden, und überwachungsbedürftige Anlagen.

Arbeitsplätze

Arbeitsplätze sind Bereiche von Arbeitsstätten, in denen sich Beschäftigte bei der von ihnen auszuübenden Tätigkeit regelmäßig über einen längeren Zeitraum oder im Verlauf der täglichen Arbeitszeit nicht nur kurzfristig aufhalten müssen.

Arbeitsplatzgrenzwerte

Der Arbeitsplatzgrenzwert ist der Grenzwert für die zeitlich gewichtete durchschnittliche Konzentration eines Stoffes in der Luft am Arbeitsplatz in Bezug auf einen gegebenen Referenzzeitraum. Er gibt an, bei welcher Konzentration eines Stoffes akute oder chronische schädliche Auswirkungen auf die Gesundheit im Allgemeinen nicht zu erwarten sind.

Arbeitsräume

Der Arbeitgeber hat solche Arbeitsräume bereitzustellen, die eine ausreichende Grundfläche und Höhe sowie einen ausreichenden Luftraum aufweisen.

Arbeitsraum ist ein dreidimensionaler Raum, in dem sich Personen aufhalten können.

Arbeitsstätte

Arbeitsstätten sind:

- Orte in Gebäuden oder im Freien, die sich auf dem Gelände eines Betriebes oder einer Baustelle befinden und die zur Nutzung für Arbeitsplätze vorgesehen sind,
- andere Orte in Gebäuden oder im Freien, die sich auf dem Gelände eines Betriebes oder einer Baustelle befinden und zu denen Beschäftigte im Rahmen ihrer Arbeit Zugang haben.

Zur Arbeitsstätte gehören auch:

- Verkehrswege, Fluchtwege, Notausgänge,
- Lager-, Maschinen- und Nebenräume,
- Sanitärräume (Umkleide-, Wasch- und Toilettenräume),
- Pausen- und Bereitschaftsräume,
- Erste-Hilfe-Räume,
- Unterkünfte.

Arbeitsstoffe

Arbeitsstoffe sind alle Stoffe einschließlich chemischer und biologischer Arbeitsstoffe, Zubereitungen und Erzeugnisse, die bei der Arbeit verwendet, hergestellt oder bearbeitet werden oder entstehen. Hierzu gehören alle Stoffe und Zubereitungen (z. B. Materialien, Werkstoffe und Werkstücke), die von und mit Arbeitsmitteln bearbeitet werden, die zur Benutzung von Arbeitsmitteln erforderlich sind oder bei der Bereitstellung/Benutzung von Arbeitsmitteln entstehen können. Zu den Arbeitsstoffen zählen alle Einsatzstoffe, Hilfsstoffe, Zwischenprodukte, Endprodukte, Reaktionsprodukte, Abfälle, unabsichtlich entstehende Stoffe, Verunreinigungen und Gegenstände, die bearbeitet werden.

Arbeitstemperatur

Temperatur oder Temperaturbereich, auf die (den) die Anlage zum bestimmungsgemäßen Betrieb ausgelegt ist.

ATEX

Seit dem 20.4.2016 gilt innerhalb der Europäischen Union ausschließlich die Richtlinie 2014/34/EU für Geräte und Schutzsysteme zur bestimmungsgemäßen Verwendung in explosionsgefährdeten Bereichen. Vorläufer war die Richtlinie 94/9/EG.

Neben der Richtlinie 2014/34/EU für die Beschaffenheit von Geräten hat der Anwender auch die Richtlinie 1999/92/EG über die Sicherheit der Arbeitnehmer zu beachten, die durch explosionsfähige Atmosphäre gefährdet werden können.

Ausdehnung der Zone

Abstand vom Rand der Freisetzungsquelle in beliebiger Richtung bis zu dem Punkt, an dem die Gefahr, die mit der Freisetzung zusammenhängt, nicht mehr existiert.

Bestimmungsgemäße Betriebsbedingungen

Die dem Gerät oder dem Schutzsystem vom Hersteller zugewiesene Aufgabe, die auf den vom Hersteller angegebenen Bemessungswerten beruht.

Bestimmungsgemäße Verwendung

Bestimmungsgemäße Verwendung ist

- die Verwendung, für die ein Produkt nach den Angaben desjenigen, der es in den Verkehr bringt, geeignet ist, oder
- die übliche Verwendung, die sich aus der Bauart und Ausführung des Produkts ergibt.

Bestimmungsgemäßer Betrieb

Der bestimmungsgemäße Betrieb einer Anlage ist der Betrieb, für den die Anlage nach ihrem technischen Zweck bestimmt und ausgelegt ist. Er umfasst

- den Normalbetrieb,
- den An- und Abfahrbetrieb,
- die Inbetriebnahme und Außerbetriebnahme,
- den Probebetrieb und
- die Inspektions-, Wartungs- und Instandsetzungsvorgänge.

Bei bestimmungsgemäßem Betrieb befindet sich die Anlage im Gutzustand oder im zulässigen Fehlzustand.

Brennbare Flüssigkeit

Flüssigkeit, die unter vorhersehbaren Betriebsbedingungen brennbaren Dampf erzeugen kann.

DGUV Regel 113-001 Explosionsschutz-Regeln (EX-RL)

DGUV Regeln richten sich in erster Linie an den Unternehmer und sollen ihm Hilfestellung bei der Umsetzung seiner Pflichten aus staatlichen Arbeitsschutzvorschriften und/oder Unfallverhütungsvorschriften geben sowie Wege aufzeigen, wie Arbeitsunfälle, Berufskrankheiten und arbeitsbedingte Gesundheitsgefahren vermieden werden können. DGUV Regeln bündeln das Erfahrungswissen aus der Präventionsarbeit der Unfallversicherungsträger. Aufgrund ihres besonderen Entstehungsverfahrens und ihrer inhaltlichen Ausrichtung auf konkrete betriebliche Abläufe oder Einsatzbereiche (Branchen-/Betriebs-/Bereichsorientierung) sind DGUV Regeln fachliche Empfehlungen zur Gewährleistung von Sicherheit und Gesundheit. Sie haben einen hohen Praxisbezug und Erkenntniswert, werden von den beteiligten Kreisen mehrheitlich für erforderlich gehalten und können deshalb als geeignete Richtschnur für das betriebliche Präventionshandeln herangezogen werden. Sind zur Konkretisierung staatlicher Arbeitsschutzvorschriften von den dafür eingerichteten Ausschüssen technische Regeln ermittelt worden, sind diese vorrangig zu beachten. Im Ausschuss für Betriebssicherheit (ABS) wurde festgelegt, dass der Textteil der EX-RL ohne Anlagen und ohne Beispielsammlung in die Technischen Regeln zur Betriebssicherheit einfließen soll. Insofern wurde der Textteil der EX-RL in die Technische Regeln zur Betriebssicherheit (TRBS) und die Technischen Regeln für Gefahrstoffe (TRGS) implementiert. Die Abstimmungen zwischen dem ABS UA 2 „Prozessanlagen", AGS UA II „Schutzmaßnahmen" und dem Fachbereich „Rohstoffe und chemische Industrie der Deutschen Gesetzlichen Unfallversicherung" Sachgebiet „Explosionsschutz" laufen so, dass der Textteil ausschließlich im ABS UA 2 bzw. AGS UA II bearbeitet wird. Änderungs- und Ergänzungsvorschläge, die beim Fachbereich „Rohstoffe und chemische Industrie der Deutschen Gesetzlichen Unfallversicherung" Sachgebiet „Explosionsschutz" eingehen, werden an den ABS UA 2 bzw. AGS UA II weitergeleitet. Damit bleibt dem Anwender weiterhin ein in sich geschlossenes Basiswerk zum Explosionsschutz erhalten. Die Struktur der EX-RL ist folgender Tabelle zu entnehmen:

Textteil	TRBS 1001	Struktur und Anwendung der Technischen Regeln für Betriebssicherheit
	TRBS 1111	Gefährdungsbeurteilung
	TRBS 1112	Instandhaltung

	TRBS 1112 Teil 1	Explosionsgefährdungen bei und durch Instandhaltungsarbeiten – Beurteilung und Schutzmaßnahmen
	EmpfBS 1114	Anpassung an den Stand der Technik bei der Verwendung von Arbeitsmitteln
	TRBS 1115	Sicherheitsrelevante Mess-, Steuer- und Regeleinrichtungen
	TRBS 1122	Änderungen von Gasfüllanlagen, Lageranlagen, Füllstellen, Tankstellen und Flugfeldbetankungsanlagen – Ermittlung der Prüfpflicht nach Anhang 2 Abschnitt 3 BetrSichV und der Erlaubnispflicht gemäß § 18 BetrSichV
	TRBS 1123	Prüfpflichtige Änderungen von Anlagen in explosionsgefährdeten Bereichen – Ermittlung der Prüfnotwendigkeit gemäß § 15 Absatz 1 BetrSichV
	TRBS 1201	Prüfungen und Kontrollen von Arbeitsmitteln und überwachungsbedürftigen Anlagen
	TRBS 1201 Teil 1	Prüfung von Anlagen in explosionsgefährdeten Bereichen
	TRBS 1201 Teil 3	Instandsetzung an Geräten, Schutzsystemen, Sicherheits-, Kontroll- und Regelvorrichtungen im Sinne der Richtlinie 2014/34/EU
	TRBS 1203	Zur Prüfung befähigte Personen

	TRBS 3151/TRGS 751	Vermeidung von Brand-, Explosions- und Druckgefährdungen an Tankstellen und Gasfüllanlagen zur Befüllung von Landfahrzeugen
	TRGS 407	Tätigkeiten mit Gasen – Gefährdungsbeurteilung
	TRGS 509	Lagern von flüssigen und festen Gefahrstoffen in ortsfesten Behältern sowie Füll- und Entleerstellen für ortsbewegliche Behälter
	TRGS 510	Lagerung von Gefahrstoffen in ortsbeweglichen Behältern
	TRGS 720	Gefährliche explosionsfähige Gemische – Allgemeines
	TRGS 721	Gefährliche explosionsfähige Gemische – Beurteilung der Explosionsgefährdung
	TRGS 722	Vermeidung oder Einschränkung gefährlicher explosionsfähiger Gemische
	TRGS 723	Gefährliche explosionsfähige Gemische – Vermeidung der Entzündung gefährlicher explosionsfähiger Gemische
	TRGS 724	Gefährliche explosionsfähige Gemische – Maßnahmen des konstruktiven Explosionsschutzes, welche die Auswirkung einer Explosion auf ein unbedenkliches Maß beschränken
	TRGS 725	Gefährliche explosionsfähige Atmosphäre – Mess-, Steuer- und Regeleinrichtungen im Rahmen von Explosionsschutzmaßnahmen

	TRGS 727 (DGUV Information 213-060; T 033)	Vermeidung von Zündgefahren infolge elektrostatischer Aufladungen
	DGUV Information 213-106	Explosionsschutzdokument
Anlagen	Anlage 1	GefStoffV (neu)
	Anlage 2a	ÜAnlG
	Anlage 2b	BetrSichV (neu)
	Anlage 3	Hinweis auf das Verzeichnis der geprüften Gaswarngeräte (www.exinfo.de, Seiten-ID #6HY9)
	Anlage 4	Beispielsammlung zur Einteilung explosionsgefährdeter Bereiche in Zonen nach TRGS 722, Nummer 3.3, Absatz 4 (blau)

Ein Begriffsglossar befindet sich auf der Homepage der BAuA unter www.baua.de

Dichteverhältnis

Dichteverhältnis (für Gase und Dämpfe) gibt die Dichte des betreffenden Stoffes im dampf- oder gasförmigen Zustand bezogen auf Luft (Luft = 1) des gleichen Zustandes an.

Dichtheit von Apparaturen

Die Bildung von gefährlichen explosionsfähigen Gemischen innerhalb und außerhalb von Anlagenteilen kann durch die Dichtheit des Anlagenteils verhindert oder eingeschränkt werden. (2) Hierbei wird unterschieden in: 1. auf Dauer technisch dichte Anlagenteile, 2. technisch dichte Anlagenteile und 3. Anlagenteile mit betriebsbedingtem Austritt brennbarer Gefahrstoffe. Anlagenteile sind auf Dauer technisch dicht, wenn

- sie so ausgeführt sind, dass sie aufgrund ihrer Konstruktion technisch dicht bleiben, oder
- ihre technische Dichtheit durch Wartung und Überwachung ständig gewährleistet wird.

Anlagenteile, die auf Dauer technisch dicht sind, verursachen durch ihre Bauart in ihrer Umgebung im ungeöffneten Zustand keine explosionsgefährdeten Bereiche.

Explosion

Plötzliche Oxidations- oder Zerfallsreaktion mit Anstieg der Temperatur, des Druckes oder beider gleichzeitig.

Explosionsfähige Atmosphäre

Gemisch aus Luft und brennbaren Gasen, Dämpfen, Nebeln oder Stäuben unter atmosphärischen Bedingungen, in dem sich der Verbrennungsvorgang nach erfolgter Entzündung auf das gesamte unverbrannte Gemisch überträgt.

Bemerkung: Als atmosphärische Bedingungen gelten hier Gesamtdrücke von 0,8 bar bis 1,1 bar und Gemischtemperaturen von – 20 °C bis + 60 °C.

Explosionsfähige Atmosphäre ist ein Gemisch mit Luft unter atmosphärischen Bedingungen von brennbaren Substanzen in Form von Gas, Dampf, Nebel, Pulvern oder Flock, in dem sich nach erfolgter Zündung der Verbrennungsvorgang auf das gesamte unverbrannte Gemisch überträgt.

Explosionsfähigste Atmosphäre (bezogen auf den Explosionsdruck)

Explosionsfähige Atmosphäre mit einer Konzentration an brennbaren Stoffen, bei der sich unter vorgeschriebenen Bedingungen nach der Entzündung der höchste Wert für den maximalen Explosionsdruck ergibt.

Explosionsfähiges Gemisch

Ein explosionsfähiges Gemisch ist ein Gemisch aus brennbaren Gasen, Dämpfen, Nebeln oder aufgewirbelten Stäuben und Luft oder einem anderen Oxidationsmittel, das nach Wirksamwerden einer Zündquelle in einer sich selbsttätig fortpflanzenden Flammenausbreitung reagiert, so dass im Allgemeinen ein sprunghafter Temperatur- und Druckanstieg hervorgerufen wird.

Explosionsgefährdeter Bereich

Explosionsgefährdeter Bereich ist ein Bereich, in dem gefährliche explosionsfähige Atmosphäre auftreten kann.

Explosionsgrenzen

Explosionsgrenzen sind Grenzen des Explosionsbereiches. Untere Explosionsgrenze (UEG) und Obere Explosionsgrenze (OEG) ist der untere bzw. obere Grenzwert der Konzentration eines brennbaren Stoffes in einem Gemisch von Gasen, Dämpfen,

Nebeln und/oder Stäuben, in dem sich nach dem Zünden eine von der Zündquelle unabhängige Flamme gerade nicht mehr selbstständig fortpflanzen kann.

Explosionspunkte

Unterer Explosionspunkt (UEP) bzw. oberer Explosionspunkt (OEP) einer brennbaren Flüssigkeit ist die Temperatur, bei der die Konzentration (Stoffmengenanteil) des gesättigten Dampfes im Gemisch mit Luft die untere bzw. obere Explosionsgrenze erreicht. Bei reinen Stoffen und azeotropen Gemischen lassen sich mit Hilfe der Explosionspunkte und der Dampfdruckkurve die Explosionsgrenzen bestimmen.

Explosionsschutzdokument

Bei der Dokumentation nach § 6 Abs. 8 GefStoffV hat der Arbeitgeber in Abhängigkeit der Feststellungen nach § 6 Abs. 4 GefStoffV die Gefährdungen durch gefährliche explosionsfähige Gemische besonders auszuweisen (Explosionsschutzdokument). Daraus muss insbesondere hervorgehen,

1. dass die Explosionsgefährdungen ermittelt und einer Bewertung unterzogen worden sind,
2. dass angemessene Vorkehrungen getroffen werden, um die Ziele des Explosionsschutzes zu erreichen (Darlegung eines Explosionsschutzkonzeptes),
3. ob und welche Bereiche entsprechend Anhang I Nr. 1.7 GefStoffV in Zonen eingeteilt wurden,
4. für welche Bereiche Explosionsschutzmaßnahmen nach § 11 und Anhang I Nr. 1 GefStoffV getroffen wurden,
5. wie die Vorgaben nach § 15 BetrSichV umgesetzt werden und
6. welche Überprüfungen nach § 7 Abs. 7 GefStoffV und welche Prüfungen zum Explosionsschutz nach Anhang 2 Abschnitt 3 BetrSichV durchzuführen sind.

Flammpunkt

Flammpunkt ist die niedrigste Temperatur, bei der unter festgelegten Versuchsbedingungen eine Flüssigkeit brennbares Gas oder brennbaren Dampf in solcher Menge abgibt, dass bei Kontakt mit einer wirksamen Zündquelle sofort eine Flamme auftritt.

Freisetzungsquelle

Stelle oder Ort, von dem aus brennbare Gase, Dämpfe oder Flüssigkeiten in die Atmosphäre gelangen können, so dass sich eine explosionsfähige Gasatmosphäre bilden könnte.

Freisetzungsrate

Menge an brennbarem Gas oder Dampf, die pro Zeiteinheit von der Freisetzungsquelle abgegeben wird.

Frischluft

Luft, die von einer nicht verschmutzten Quelle innerhalb oder außerhalb des Gebäudes in die Spritzkabine angesaugt wird.

Gaswarneinrichtung

Einrichtung zur Warnung vor gefährlichen Gaskonzentrationen. Sie umfasst das eigentliche Gaswarngerät, die zugehörige Energieversorgung, ggf. ein Probenahmesystem und Schaltkontakte bzw. Signalgeber.

Gefahrdrohend

Eine explosionsfähige Atmosphäre, die in solchen Mengen auftreten kann, dass besondere Schutzmaßnahmen für die Aufrechterhaltung des Schutzes von Sicherheit und Gesundheit der betroffenen Arbeitnehmer erforderlich werden, gilt als gefahrdrohend. Eine explosionsfähige Atmosphäre, die nicht in solchen Mengen zu erwarten ist, dass besondere Schutzmaßnahmen erforderlich werden, gilt als nicht gefahrdrohend und führt damit nicht zu einer Zone.

Gefährdungsbeurteilung

Die Gefährdungsbeurteilung ist die systematische Ermittlung und Bewertung relevanter Gefährdungen der Beschäftigten am Arbeitsplatz mit dem Ziel, erforderliche Maßnahmen festzulegen.

Gefährliche explosionsfähige Atmosphäre (g. e. A.)

Gefährliche explosionsfähige Atmosphäre ist ein gefährliches explosionsfähiges Gemisch mit Luft als Oxidationsmittel unter atmosphärischen Bedingungen (Umgebungstemperatur von –20 °C bis +60 °C und Druck von 0,8 bar bis 1,1 bar).

Gefährliches explosionsfähiges Gemisch

Ein gefährliches explosionsfähiges Gemisch ist ein explosionsfähiges Gemisch, das in solcher Menge auftritt, dass besondere Schutzmaßnahmen für die Aufrechterhaltung der Gesundheit und Sicherheit der Beschäftigten oder anderer Personen erforderlich werden.

Geräte

Als Geräte gelten Maschinen, Betriebsmittel, stationäre oder ortsbewegliche Vorrichtungen, Steuerungs- und Ausrüstungsteile sowie Warn- und Vorbeugungssysteme, die einzeln oder kombiniert zur Erzeugung, Übertragung, Speicherung, Messung, Regelung und Umwandlung von Energien und zur Verarbeitung von Werkstoffen bestimmt sind und die eigene potenzielle Zündquellen aufweisen und dadurch eine Explosion verursachen können.

Hybrides Gemisch

Hybrides Gemisch ist ein Gemisch von Luft mit brennbaren Stoffen in unterschiedlichen Aggregatzuständen.

Bemerkung 1: Beispiele für hybride Gemische sind Gemische aus Methan, Kohlenstaub mit Luft oder Gemische aus Benzindampf und Benzintröpfchen mit Luft.

Bemerkung 2: Auch wenn die Konzentration einer oder mehrerer Brennstoffkomponenten unter deren unterer Explosionsgrenze liegt, kann das hybride Gemisch explosionsfähig sein.

Inerte Gase

Als inerte Gase kommen grundsätzlich alle unbrennbaren Gase in Betracht, die mit dem Produkt nicht reagieren. Neben dem i. d. R. verwendeten Stickstoff können auch andere Gase eingesetzt werden. Die inertisierende Wirkung nimmt im Allgemeinen in der aufgeführten Reihenfolge ab:

- Kohlendioxid
- Wasserdampf
- Rauchgase
- Stickstoff
- Edelgase

Bei Stäuben von Metallen, wie Al und Mg, sind Reaktionen mit Wasser und CO_2 und in Einzelfällen auch mit N_2 möglich.

Bei der Verwendung von Wasserdampf muss berücksichtigt werden, dass die Inertisierung durch Kondensation des Dampfes aufgehoben werden kann.

Inertgas

Unbrennbares Gas, das zu der Verbrennung nicht beiträgt und das keine brennbaren Reaktionsprodukte erzeugen kann.

Inertisierung

Zufügen inerter Stoffe zur Verhinderung des Entstehens explosionsfähiger Atmosphäre.

Kompendium Explosionsschutz[4]

Das „Kompendium Explosionsschutz – Sammlung der relevanten Vorschriften zum Explosionsschutz mit Fragen und Antworten für die Praxis" besteht aus drei Bänden und einer CD-ROM. Im Teil A findet man auf zurzeit über 1 333 Fragen zum Explosionsschutz die entsprechenden Antworten. Der Teil B ist ein Anhang, der die wichtigsten Regelungen zum Explosionsschutz enthält. Auf der CD-ROM sind neben den beiden Teilen auch Videosequenzen zu einigen Explosionsschutzmedien und weitere Regelungen (z. B. Technische Regeln und Normen) enthalten. Das Werk wird durch Ergänzungslieferungen aktuell gehalten und ausgebaut.

Kontinuierlicher Freisetzungsgrad

Freisetzung, die ständig auftritt oder von der erwartet wird, dass sie häufig oder langzeitig auftritt.

Lüftung

Bewegung der Luft und ihr Austausch durch Frischluft, durch Wind, Temperaturgefälle oder technische Mittel (z. B. Lüfter oder Sauggebläse).

Natürliche Lüftung ist Luftaustausch ohne gezielte technische Mittel. Der Luftaustausch erfolgt aufgrund von Dichte- bzw. Druckdifferenzen innerhalb/außerhalb eines Raumes oder durch Wind.

Technische Lüftung ist eine Luftzirkulation durch einen oder mehrere Ventilatoren.

Technische Lüftung ist der durch einen oder mehrere Ventilator(en) erzielte Luftaustausch.

Medianwert M

Wert für die mittlere Korngröße: 50 Gew.-% des Staubes sind gröber und 50 Gew.-% sind feiner als der Medianwert.

Nicht verbindlicher Leitfaden

Mitteilung der Kommission über den nicht verbindlichen Leitfaden für bewährte Verfahren im Hinblick auf die Durchführung der Richtlinie 1999/92/EG des Europäischen

Parlaments und des Rates über Mindestvorschriften zur Verbesserung des Gesundheitsschutzes und der Sicherheit der Arbeitnehmer, die durch explosionsfähige Atmosphäre gefährdet werden können.

Nichtexplosionsgefährdeter Bereich

Nicht gefährdeter Bereich ist ein Bereich, in dem mit explosionsfähiger Gasatmosphäre in solchen Mengen nicht gerechnet werden muss, dass besondere Maßnahmen bezüglich der Bauweise, der Installation und der Verwendung von elektrischen Betriebsmitteln erforderlich sind.

Nichtstaubexplosionsgefährdeter Bereich

Bereich, in dem brennbarer Staub nur in solchen Mengen vorhanden ist, dass nicht mit der Bildung bedeutender Mengen explosionsfähiger Staub/Luft-Gemische gerechnet werden muss.

Obere Explosionsgrenze

Die obere Explosionsgrenze (OEG) ist die obere Grenze des Explosionsbereiches.

Prüfröhrchen

Glasröhrchen, das chemische Reagenzien enthält und in dem gleichzeitig oder unmittelbar danach eine Farbänderung erzeugt und angezeigt wird, wenn eine Probe eines Gasgemisches oder einer Arbeitsplatzatmosphäre hindurchgesaugt wird.

Quelle der Staubfreisetzung

Quelle der Staubfreisetzung ist ein Punkt oder Ort, von dem aus brennbarer Staub in die Atmosphäre freigesetzt werden kann.

Schwelpunkt

Schwelpunkt ist die niedrigste Temperatur, bei der ein Staub brennbare dampf- oder gasförmige Produkte („Schwelgas") in solchen Mengen entwickelt, dass diese im Luftraum oberhalb der Schüttung durch eine kleine Flamme entzündet werden können.

Staubexplosionsfähigkeit

Ein Stoff ist staubexplosionsfähig, wenn er im Gemisch mit Luft durch Einwirken einer Zündquelle definierter Energie zu einer sich selbst erhaltenden Flammenausbreitung initiiert werden kann, die im geschlossenen Behälter mit einer Drucksteigerung verbunden ist.

Staubexplosionsgefährdeter Bereich

Bereich, in dem brennbarer Staub als Wolke in solchen Mengen vorhanden ist oder vorhanden sein kann, dass besondere Vorsichtsmaßnahmen für die Gestaltung und Verwendung von Geräten erforderlich sind, um die Entzündung eines explosionsfähigen Staub/Luft-Gemisches zu verhindern.

Bemerkung: Explosionsgefährdete Bereiche werden beruhend auf der Häufigkeit und Dauer des Auftretens von explosionsfähigen Staub/Luft-Gemischen in Zonen unterteilt.

Staubexplosionsklassen

Klassen, in die Stäube aufgrund ihrer K_{St}-Werte eingeordnet werden:

Staubexplosionsklasse	K_{St} (bar · m · s^{-1})
St 1	> 0 bis 200
St 2	> 200 bis 300
St 3	> 300

Staub/Luft-Gemisch

In Luft aufgewirbelter Staub. Kennzeichnende Größe ist die Staubkonzentration.

Staubschichten

Schichten, Ablagerungen und Aufhäufungen von brennbarem Staub sind wie jede andere Ursache, die durch Aufwirbelung zur Bildung einer explosionsfähigen Atmosphäre (Wolke) führen kann, zu berücksichtigen. Das Beseitigen von brennbarem Staub außerhalb des Arbeitsprozesses (Reinhaltung einer Anlage und deren Umgebung) ist eine sicherheitstechnisch bedeutsame Maßnahme bei der Realisierung des Explosionsschutzkonzeptes und wirkt sich vorteilhaft bei der Zoneneinteilung aus.

Temporäre Zone

Bemerkung: Kein definierter Begriff. Bei der Festlegung von Zonen ist neben der Dauer des Auftretens explosionsfähiger Atmosphäre in gefahrdrohender Menge bereits auch die zeitliche Komponente über die Häufigkeit des Vorhandenseins dieser berücksichtigt.

Zone 0

Zone 0 ist ein Bereich, in dem gefährliche explosionsfähige Atmosphäre als Gemisch aus Luft und brennbaren Gasen, Dämpfen oder Nebeln ständig, über lange Zeiträume oder häufig vorhanden ist (GefStoffV).

Bemerkung: Der Begriff „häufig" ist i. S. v. „zeitlich überwiegend" zu verwenden.

Zone 1

Zone 1 ist ein Bereich, in dem sich bei Normalbetrieb gelegentlich eine gefährliche explosionsfähige Atmosphäre als Gemisch aus Luft und brennbaren Gasen, Dämpfen oder Nebeln bilden kann.

Zone 2

Zone 2 ist ein Bereich, in dem bei Normalbetrieb eine gefährliche explosionsfähige Atmosphäre als Gemisch aus Luft und brennbaren Gasen, Dämpfen oder Nebeln normalerweise nicht oder aber nur kurzzeitig auftritt (GefStoffV).

Bemerkung: Dies ist gleichbedeutend damit, dass gefährliche explosionsfähige Atmosphäre nur selten und auch nur kurzzeitig auftritt.

Zone 20

Zone 20 ist ein Bereich, in dem gefährliche explosionsfähige Atmosphäre in Form einer Wolke aus in der Luft enthaltenem brennbaren Staub ständig über lange Zeiträume oder häufig vorhanden ist.

Bemerkung: Der Begriff „häufig" ist i. S. v. „zeitlich überwiegend" zu verwenden.

Zone 21

Zone 21 ist ein Bereich, in dem sich bei Normalbetrieb gelegentlich eine gefährliche explosionsfähige Atmosphäre in Form einer Wolke aus in der Luft enthaltenem brennbaren Staub bilden kann.

Zone 22

Zone 22 ist ein Bereich, in dem bei Normalbetrieb eine gefährliche explosionsfähige Atmosphäre in Form einer Wolke aus in der Luft enthaltenem brennbaren Staub normalerweise nicht oder aber nur kurzzeitig auftritt.

Bemerkung 1: Dies ist gleichbedeutend damit, dass gefährliche explosionsfähige Atmosphäre nur selten und auch nur kurzzeitig auftritt.

Bemerkung 2: Schichten, Ablagerungen und Aufhäufungen von brennbarem Staub sind wie jede andere Ursache, die zur Bildung einer gefährlichen explosionsfähigen Atmosphäre führen kann, zu berücksichtigen.

Zonen

Explosionsgefährdete Bereiche werden nach der Häufigkeit des Auftretens und der Dauer des Vorhandenseins einer explosionsfähigen Gasatmosphäre in Zonen eingeteilt.

Zonenausdehnung

Entfernung in beliebiger Richtung von der Freisetzungsquelle bis zu der Stelle, an der das Gas-/Luft-Gemisch durch Luft auf einen Wert unterhalb der unteren Explosionsgrenze verdünnt worden ist.

Zoneneinteilung

Explosionsgefährdete Bereiche werden nach Häufigkeit und Dauer des Auftretens gefährlicher explosionsfähiger Atmosphäre in Zonen unterteilt. Diese Einteilung gilt als Grundlage für die Festlegung von Maßnahmen, insbesondere zur Vermeidung der Entzündung gefährlicher explosionsfähiger Atmosphäre.

Literaturverzeichnis

Literaturverzeichnis			
Lfd-Nr.	Autor bzw. Bezeichnung	Titel	Ausgabedatum
1.	RL 2014/34/EU	Richtlinie 2014/34/EU des Europäischen Parlaments und des Rates zur Angleichung der Rechtsvorschriften der Mitgliedstaaten für Geräte und Schutzsysteme zur bestimmungsgemäßen Verwendung in explosionsgefährdeten Bereichen	26.2.2014
2.	RL 1999/92EG	Richtlinie 1999/92/EG des Europäischen Parlaments und des Rates über Mindestvorschriften zur Verbesserung des Gesundheitsschutzes und der Sicherheit der Arbeitnehmer, die durch explosionsfähige Atmosphäre gefährdet werden können	16.12.1999
3.	BetrSichV	Verordnung über Sicherheit und Gesundheitsschutz bei der Verwendung von Arbeitsmitteln (Betriebssicherheitsverordnung – BetrSichV)	3.2.2015 Zuletzt geändert durch Art. 7 G v. 27.7.2021 BGBl 3146
4.	Dyrba, Kompendium Explosionsschutz	Kompendium Explosionsschutz – Sammlung der relevanten Vorschriften zum Explosionsschutz mit über 1 300 Fragen und Antworten für die Praxis	2023 Loseblattwerk, wird ca. drei- bis viermal jährlich aktualisiert
5.	https://exinfos.de/services/seminare/	Moderne Weiterbildungsmethoden	Letzte Einsicht 3/2023
6.	DGUV-Regel 113-001	Explosionsschutz-Regeln (EX-RL – Regeln für das Vermeiden der Gefahren durch explosionsfähige Atmosphäre mit Beispielsammlung	12/2022
7.	GefStoffV	Verordnung zum Schutz vor Gefahrstoffen (Gefahrstoffverordnung – GefStoffV)	26.11.2010 Zuletzt geändert durch Art. 2 V v. 21.7.2021 BGBl 3115
8.	TRGS 720	Technische Regel für Gefahrstoffe – TRGS 720, Gefährliche explosionsfähige Atmosphäre – Allgemeines	Juli 2020

Literaturverzeichnis			
Lfd-Nr.	Autor bzw. Bezeichnung	Titel	Ausgabedatum
9.	TRGS 721	Technische Regel für Gefahrstoffe – TRGS 721, Gefährliche explosionsfähige Atmosphäre – Beurteilung der Explosionsgefährdung	Oktober 2020
10.	TRGS 722	Technische Regel für Gefahrstoffe – TRGS 722, Vermeidung oder Einschränkung gefährlicher explosionsfähiger Gemische	Februar 2021
11.	R 003 DGUV Information 2013-065	Sicherheitstechnische Kenngrößen Ermitteln und Bewerten	4/2016
12.	Dyrba, B.	Vermeiden von Staubexplosionen und Staubbränden in der Fleischmehlindustrie (Sichere Chemiearbeit, S. 190 – 194)	2/1998
13.	TRBS 3151/TRGS 751	Vermeidung von Brand-, Explosions- und Druckgefährdungen an Tankstellen und Gasfüllanlagen zur Befüllung von Landfahrzeugen	September 2019 Zuletzt geändert GMBl. S. 183 vom 14.3.2022 [Nr. 8]
14.	APEA/IP	GUIDANCE FOR THE DESIGN, CONSTRUCTION, MODIFICATION AND MAINTENANCE OF PETROL FILLING STATIONS	2004 Revised 6/2011
15.	DIN EN ISO 80079-36	Nicht-elektrische Geräte für den Einsatz in explosionsgefährdeten Bereichen, Teil 1: Grundlagen und Anforderungen	12/2016
16.	www.exinfo.de, Seiten-ID #C2S3	Aktuelle Forschung	Letzte Einsicht 3/2023
17.	VDI 2263, Blatt 6	Staubbrände und Staubexplosionen, Gefahren – Beurteilung – Schutzmaßnahmen, Brand- und Explosionsschutz an Entstaubungsanlagen	8/2017
18.	KB 028-2	Rechtlicher Wegweiser im Explosionsschutz	9.9.2021
19.	Arbeitsschutzgesetz	Gesetz über die Durchführung von Maßnahmen des Arbeitsschutzes zur Verbesserung der Sicherheit und des Gesundheitsschutzes der Beschäftigten bei der Arbeit (Arbeitsschutzgesetz – ArbSchG)	7.8.1996
20.	SUVA	Explosionsschutz: Grundsätze Mindestvorschriften Zonen SUVAPro Sicher arbeiten	15.2.2020

Literaturverzeichnis			
Lfd-Nr.	Autor bzw. Bezeichnung	Titel	Ausgabedatum
21.	KAN-Geschäftsstelle	Grundsatzpapier zur Rolle der Normung im betrieblichen Arbeitsschutz	Bek. d. BMAS v. 24.11.2014, GMBl. 2015 S. 1 [Nr. 1]
22.	Bundesarbeitsblatt	Gemeinsamer Standpunkt des Bundesministeriums für Arbeit und Sozialordnung, der obersten Arbeitsschutzbehörde der Länder, der Träger der gesetzlichen Unfallversicherungen, der Sozialpartner sowie des DIN zur Normung im Bereich der auf Artikel 118a des EWG-Vertrages gestützten Richtlinien	1/1993
23.	DIN EN 14470-1	Feuerwiderstandsfähige Lagerschränke – Teil 1: Sicherheitsschränke für brennbare Flüssigkeiten	7/2004
24.	DIN EN 14470-2	Feuerwiderstandsfähige Lagerschränke – Teil 2: Sicherheitsschränke für Druckgasflaschen	11/2006
25.	DIN EN 12583	Gasversorgungssystem – Gas-Verdichterstationen – Funktionale Anforderungen	7/2014
26.	DIN EN 14678-2	Flüssiggas-Geräte und Ausrüstungsteile – Flüssiggas-Geräte für Autogastankstellen – Teil 2: Bauteile außer Zapfsäulen und Anforderungen an die Aufstellung	4/2012
27.	DIN EN 60079-10-1 (VDE 0165 Teil 101)	Elektrische Betriebsmittel für gasexplosionsgefährdete Bereiche – Teil 10-1: Einteilung der explosionsgefährdeten Bereiche	2/2022
28.	DIN EN 60079-10-2 (VDE 0165-102)	Explosionsgefährdete Bereiche – Teil 10-2: Einteilung der Bereiche – Staubexplosionsgefährdete Bereiche	10/2015
29.	www.fsa.de	Praxishilfen zur Erstellung eines Explosionsschutzdokumentes für Betriebe der Getreideverarbeitung, Getreidelager und des Handels	Letzte Einsicht 3/2023
30.	www.fsa.de	Praxisleitfaden zur Erstellung eines Explosionsschutzdokumentes für Brauereien	Letzte Einsicht 3/2023
31.	IVSS-Broschüre	Praxishilfen zur Erstellung des Explosionsschutzdokumentes	1/2006

Literaturverzeichnis			
Lfd-Nr.	Autor bzw. Bezeichnung	Titel	Ausgabedatum
32.	KB 028-1	Brand- und Explosionsgefahren - Schutzmaßnahmen für sichere Tätigkeiten mit brennbaren Stoffen	22.2.2021
33.	DIN EN 12921-3	Maschinen zur Oberflächenreinigung und -vorbehandlung von industriellen Produkten mittels Flüssigkeiten oder Dampfphasen – Teil 3: Sicherheit von Anlagen, in denen brennbare Reinigungsflüssigkeiten verwendet werden.	2/2010
34.	VDI 2263, Blatt 5.1	Staubbrände und Staubexplosionen, – Gefahren – Beurteilung – Schutzmaßnahmen, Explosionsschutz bei Wirbelschichtanlagen – Hinweise und Ausführungsbeispiele für Hersteller und Betreiber	10/2014
35	DGUV Information 209-046	Lackierräume und -einrichtungen für flüssige Beschichtungsstoffe Bauliche Einrichtungen, Brand- und Explosionsschutz, Betrieb	August 2016
36.	Dr. Dyrba, B./Dyrba, P.	Keine Abstriche beim Ex-Schutz	Elektropraktiker 3/2021, HUSS-Medien GmbH
37.	Bartknecht/Pelmont	Explosionstechnik	2021
38.	TI4	Sicherheitsregeln für Biogasanlagen	2015
39.	Frobese, D./Hübner, J.	Zoneneinstufung in Leichtflüssigkeitsabscheidern, TÜ, Band 47, Nr. 7/8	7/8/2006
40.	T 005 (bisher BGI 535)	Fassmerkblatt Umgang mit entleerten gebrauchten Gebinden	2023
41.	Portz, H.	Unterschätzte Explosionsgefahren bei brennbaren binären Gas- oder Dampfgemischen	Sicherheitsingenieur 2/2006, S. 20–24
42.	Merkblatt R 007, bisher BGI/GUV-I 5153	Lehren aus Ereignissen Sicherheitstechnische Erkenntnisse für die Bewertung chemischer Reaktionen und thermisch sensibler Stoffe	4/2011
43.	IVSS Beispielsammlung „Staubexplosionsschutz an Maschinen und Apparaten" Teil 1	Mühlen, Brecher, Mischer, Abscheider, Siebmaschinen	2012

Literaturverzeichnis			
Lfd-Nr.	Autor bzw. Bezeichnung	Titel	Ausgabedatum
44.	Hesener, U./Blum, C./ Barth, U./Dyrba, B.	Forschungsbericht: „Explosionsschutzmanagement für klein- und mittelständische Unternehmen der pharmazeutischen Produktion", DMT, Bochum	2/2002
45.	Hesener, U./Blum, C./ Barth, U./Dyrba, B.	Erstellung von Explosionsschutzdokumenten anhand von Anlagenbeispielen der pharmazeutischen Industrie, Sichere Handhabung brennbarer Stäube, VDI-Bericht 1601	2001
46.	Broeckmann, B.	Zoneneinteilung in Theorie und Praxis, Technische Überwachung	12/1999 1/2/2000
47.	Dyrba, B.	Sind explosionsfähige Gemische bei 100 mbar möglich? Sichere Chemiearbeit, S. 23	2/1998
48.	Förster, H./Hirsch, W./ Hempel, D.	Brand- und Explosionsgefahr beim Versprühen von brennbaren Flüssigkeiten und von deren Gemengen mit Wasser. PTB Bericht-W-62	4/1995
49.	Chemsafe: www.dechema.de	Datenbank sicherheitstechnischer Kenngrößen	Letzte Einsicht 3/2023
50.	GESTIS-STAUB-EX	Datenbank „Brenn- und Explosionskenngrößen von Stäuben", http://www.dguv.de/ifa/gestis/gestis-staub-ex/index.jsp	Letzte Einsicht 3/2023
51.	DGUV Information 213-106	Explosionsschutzdokument	Juni 2021
52.	VDI-Richtlinie 2263	Staubbrände und Staubexplosionen – Gefahren – Beurteilung – Schutzmaßnahmen	2/2017
53.	DIN 53170	Lösemittel für Lacke und ähnliche Beschichtungsstoffe; Bestimmung der Verdunstungszahl	8/2009
54.	DIN 14491	Schutzsysteme zur Druckentlastung von Staubexplosionen	10/2012
55.	www.exinfo.de, Seiten-ID #6HY9	Liste funktionsgeprüfter Gaswarngeräte	Letzte Einsicht 3/2023
56.	DVGW-Mitteilung G 442	Explosionsgefährdete Bereiche an Ausblaseöffnungen von Leitungen zur Atmosphäre an Gasanlagen	7/2015
57.	TRGS 510	Lagerung von Gefahrstoffen in ortsbeweglichen Behältern	12/2020
58.	A 016	Gefährdungsbeurteilung – Sieben Schritte zum Ziel	10.11.2018

Literaturverzeichnis			
Lfd-Nr.	**Autor bzw. Bezeichnung**	**Titel**	**Ausgabedatum**
59.	A 017	Gefährdungsbeurteilung – Gefährdungskatalog	Februar 2020
60.	Leitfaden	Nicht verbindlicher Leitfaden zu Richtlinie 1999/92/EG	25.8.2003
61.	IVSS-Broschüre	„Staubexplosionen – Schutz vor Explosionen durch brennbare Stäube"	2002
62.	DGUV Information 213-057 T 023	Gaswarneinrichtungen für den Explosionsschutz - Einsatz und Betrieb (Merkblatt T 023 der Reihe „Sichere Technik")	2/2016
63.	https://exinfos.de/services/seminare/	Homepage der Firma Dyrba Explosionsschutz Bildung und Beratung – Seminare	Letzte Einsicht 3/2023
64.	DIN EN 61025	Fehlzustandsbaumanalyse	8/2007
65.	DIN IEC 62502, VDE 0050-3	Verfahren zur Analyse der Zuverlässigkeit – Ereignisbaumanalyse	6/2011
66.	DIN EN 60812	Fehlzustandsart- und -auswirkungsanalyse	8/2015
67.	DIN EN 15794	Bestimmung von Explosionspunkten brennbarer Flüssigkeiten; Deutsche Fassung EN 15794:2009	2/2010
68.	www.wesitec.de	Hompage der Firma WeSiTec	Letzte Einsicht 3/2023
69.	FBRCI-015	Erläuterung zur Zoneneinteilung	5/2022
70.	Roth, F./Dr. Dyrba, B.	Prüfungen im Explosionsschutz nach BetrSichV	Sicherheitsingenieur 12/2022, Dr. Curt Haefner-Verlag GmbH
71.	Dyrba, P.	Ist eine explosionsgeschützte Deckenbeleuchtung in einer Tischlerei erforderlich?	Elektropraktiker 5/2022, HUSS-Medien GmbH
72.	Dr. Dyrba, B./Dyrba, P.	Mobiles Lernen: Moderne Schulungsmöglichkeiten am Beispiel des Explosionsschutzes	arbeitssicherheit.de, 4/2021, Wolters Kluwer Deutschland GmbH
73.	Dyrba, P.	Kompetenzen im Explosionsschutzes Die Bedeutung von Fachkompetenz für die Sicherheit in Ex-Anlagen	Ex-Magazin, 12/2021, R. Stahl AG
74	Dr. Dyrba, B./Dyrba, P.	Elektrostatik	Sicherheitsingenieur 4/2021, Dr. Curt Haefner-Verlag GmbH

Literaturverzeichnis			
Lfd-Nr.	**Autor bzw. Bezeichnung**	**Titel**	**Ausgabedatum**
75	TRGS 725	Gefährliche explosionsfähige Atmosphäre - Mess-, Steuer- und Regeleinrichtungen im Rahmen von Explosionsschutzmaßnahmen	Januar 2016
76	TRGS 507	Oberflächenbehandlung in Räumen und Behältern	März 2009
77	TRGS 509	Lagern von flüssigen und festen Gefahrstoffen in ortsfesten Behältern sowie Füll- und Entleerstellen für ortsbewegliche Behälter	Juni 2022
78	Dr. Möller, T./Dr. Dyrba, B.	Ex-Bereiche an Ausblaseöffnungen von Wasserstoff-Anlagen	Sicherheitsingenieur 1-2/2023, Curt Haefner-Verlag GmbH

Verzeichnis der Abbildungen

Verzeichnis der Tabellen

Zu den Autoren

Dr. Berthold Dyrba studierte von 1970 bis 1974 Verfahrenstechnik und verteidigte als wissenschaftlicher Assistent 1978 erfolgreich seine Dissertation zum Thema „Theoretische und experimentelle Untersuchungen zur Ablöschung von Explosionen".

Als Sicherheitsingenieur in einem chemischen Großbetrieb mit 18.000 Beschäftigten führte er in der Zeit von 1979 bis 1985 vornehmlich die sicherheitstechnische Begleitung sämtlicher Investitionsvorhaben des Unternehmens durch. Besondere Schwerpunkte bildeten die Durchführung von Gefährdungsanalysen und die Aufklärung der Ursachen schwerer Unfälle, insbesondere von Explosionen.

Von 1985 bis 1990 war er als Leiter des Staublabors und als Fachingenieur der Medizin im Arbeitsmedizinischen Zentrum für die chemische Industrie beschäftigt.

1990 bis 1993 war Dr. Dyrba als Technischer Aufsichtsbeamter bei der BG Chemie tätig. Von 1993 bis 2016 leitete er den Fachbereich „Explosionsschutz" der BG Rohstoffe und chemische Industrie (BG RCI) in Heidelberg.

Ab 2016 ist er freiberuflich als Fachmanager Explosionsschutz tätig und bildet über die Firma „Dyrba Explosionsschutz Bildung und Beratung" u. a. Fachmanager Explosionschutz aus (s. www.exinfos.de).

Die Arbeit in nationalen und internationalen Gremien war ständiger Bestandteil seiner beruflichen Tätigkeit:

1987 bis 1990	Leitung des Fachausschusses „Technische Arbeitshygiene"
1993 bis 1999	Obmann des Normenausschusses „Sicherheitstechnische Grundsätze"
1993 bis 2001	Mitglied im Deutschen Ausschuss für brennbare Flüssigkeiten
1993 bis 2001	Mitglied im Deutschen Ausschuss für explosionsgeschützte elektrische Anlagen
1993 bis 2000	Mitglied des Koordinierungsausschusses „Sicherheitstechnik" beim Bundesministerium für Arbeit
1996 bis 2001	Mitglied des Beraterkreises der Bundesanstalt für Materialforschung und -prüfer „Datenbank für sicherheitstechnische Kenngrößen – Chemsafe"
1993 bis 2018	Mitglied in der Internationalen Vereinigung für soziale Sicherheit (IVSS), Sektion „Chemie", Arbeitsgruppe „Explosionsschutz" und Sektion „Maschinensicherheit", Arbeitsgruppe „Explosionsschutz"
1993 bis 2016	Obmann des Sachgebietes „Explosionsschutz" im Fachausschuss „Chemie" der Deutschen Gesetzlichen Unfallversicherung

1995 bis 2016	Mitglied im EG-Beraterkreis des Bundesministeriums für Arbeit und Soziales zur Europäischen Richtlinie 2014/34/EU
2002 bis 2014	Mitglied im UA 5 bzw. UA 3 „Brand- und Explosionsschutz" des Betriebssicherheitsausschusses des Bundesministeriums für Arbeit und Soziales
2005 bis 2012	Obmann des Arbeitskreises „Mess- und Warngeräte gefährlicher Gaskonzentrationen" im Fachausschuss „Chemie" der Deutschen Gesetzlichen Unfallversicherung
2007 bis 2016	Fachzertifizierer der Prüf- und Zertifizierungsstelle des Fachausschusses „Chemie" der Deutschen Gesetzlichen Unfallversicherung
seit 2016	Freiberufler als Fachmanager Explosionsschutz und Leiter der Firma Dyrba Explosionsschutz Bildung und Beratung

Aufgrund der Mitgliedschaft in verschiedenen Gremien, der Begleitung von Forschungsvorhaben, der Untersuchung von Unfällen, der Beratung von Mitgliedsunternehmen der BG RCI, der Tätigkeit als Referent und Dozent sowie der über 20-jährigen federführenden Bearbeitung der Explosionsschutz-Regeln (EX-RL, DGUV-Regel 113-001) wurden über 200 Fachveröffentlichungen publiziert und weit über 300 Fachvorträge gehalten.

Dr. Dyrba ist Autor und Herausgeber von ca. 20 Printpublikationen, wie z. B. des „Kompendium Explosionsschutz in Frage und Antwort" sowie von E-Learning-Produkten, die im Carl Heymanns Verlag erscheinen.

Er leitet erfolgreich die Ausbildung zum Fachmanager Explosionsschutz.

Patrick Dyrba

Patrick Dyrba studierte von 2006 bis 2009 nach einer abgeschlossenen kaufmännischer und technischen Ausbildung an der Hochschule Heidelberg Wirtschaftsingenieurwesen. Während seines Studiums absolvierte er ein Auslands-Studiensemester an der Universidad del Valle de Atemajac (UNIVA) in Guadalajara, Mexiko. Im Rahmen seines Auslands-Praxissemesters wirkte er an der Automatisierung einer Spritzgussanlage bei der Firma Tecniplast in Guadalajara in Mexiko mit. In seiner Diplomarbeit beschäftigte er sich mit dem Thema Explosionsschutz und war an der Entwicklung eines Staubkonzentrationsmessgerätes zur messtechnischen Abschätzung vorliegender Staubexplosionsgefahren beteiligt.

Seine berufliche Kariere startete er 2010 bei der Berufsgenossenschaft Nahrungsmittel und Gastgewerbe im Fachbereich Lärm und Vibration. Ab 2015 war er in der Prüf- und Zertifizierungsstelle als Prüfer und Zertifizierer für persönliche Schutzausrüstung „Stech- und Schnittschutz" tätig.

In der Zeit von 2016 bis 2018 absolvierte er berufsbegleitend sein Masterstudium auf dem Gebiet des Arbeitsschutzes an der Dresden International University (DIU) in Dresden. Während seiner Abschlussarbeit beschäftigte er sich mit dem Thema neuer Lehr- und Lernformen in der Erwachsenenbildung.

Seit April 2019 ist er gemeinsam mit Dr. Berthold Dyrba im Explosionsschutz tätig. Seine Spezialaufgaben sind die Aus- und Weiterbildung zum Explosionsschutz, die Entwicklung neuer Module zum adaptiven, personalisierten und mobilen Lernen, die Durchführung von Zündquellenanalysen sowie die Erarbeitung von Explosionsschutzkonzepten und -dokumenten. Er ist maßgeblich an der Bearbeitung der Firmenpräsentation (Website) des Kompendiums Explosionsschutz und weiterer Fachveröffentlichungen beteiligt. Er gibt die vierteljährlich erscheinenden Fachinformationen Explosionsschutz der Firma Dyrba Explosionsschutz Bildung und Beratung heraus.

Seit 2020 promoviert er an der TU-Dresden im Bereich Berufspädagogik zum Thema „Neue Lehr- und Lernmethoden in der Erwachsenenqualifizierung für Fach- und Führungskräfte mit sehr hoher Verantwortung am Beispiel des Explosionsschutzes insbesondere in der chemischen Industrie".

1998 bis 2001	Ausbildung zum Kaufmann im Einzelhandel
2002 bis 2003	Fachhochschulreife
2003 bis 2005	Ausbildung zum Mechatroniker
2006 bis 2009	Studium Wirtschaftsingenieurwesen
1/2008 bis 4/2008	Auslands-Studiensemester an der Universidad del Valle de Atemajac (UNIVA) in Guadalajara, Mexiko
5/2008 bis 10/2008	Auslandspraxis-Semester in der Firma Tecniplast in Guadalajara, Mexiko
2010 bis 2019	Wissenschaftlicher Mitarbeiter im Sachgebiet Lärm und Vibrationen Berufsgenossenschaft Nahrungsmittel und Gastgewerbe (BGN), Mannheim
2015 bis 2019	Prüfer und Zertifizierer im Bereich PSA „Stech- und Schnittschutz" der Prüf- und Zertifizierungsstelle Nahrungsmittel und Verpackung, Mannheim
2016 bis 2018	Management Sicherheit und Gesundheit bei der Arbeit – M. Sc. Dresden International University (DIU)
2019 bis 2020	Geschäftsführer bei Dyrba & Kollegen Explosionsschutz GmbH
6/2019	Lehrgang zum staatlich anerkannten Bühnenpyrotechniker
8/2019	Qualifizierung zum Fachmanager Explosionsschutz
10/2020	Qualifizierung zum Adaptive Learning Engineer (AREA9 Lyceum)

Seit 2021	Als Fachmanager Explosionsschutz in der Firma Dyrba Explosionsschutz Bildung und Beratung tätig
12/2021	Hochschulzertifikat Modul „Allgemeine Pädagogik"
11/2021	Hochschulzertifikat Modul „Didaktik und Methodik II"
2/2022	Hochschulzertifikat Modul „Didaktik und Methodik I"

Stichwortverzeichnis

E

F

G

R

S

T

U

V

W

Z